Kuangshan Jianshe yu Yantu Gongcheng

Jinian Zhongguo Meitan Xuehui Kuangshan Jianshe yu Yantu Gongcheng Zhuanye Weiyuanhui Chengli 40 Zhounian（1980—2020）

矿山建设与岩土工程

——纪念中国煤炭学会矿山建设与岩土工程专业委员会成立40周年

（1980－2020）

龙志阳　编著

中国矿业大学出版社

·徐州·

内容提要

本书回顾了中国煤炭学会矿山建设与岩土工程专业委员会光辉的发展历程，系统地总结了专业委员会40年来所做出的巨大成绩，主要包括矿山建设与岩土工程专业委员会1～8届和煤矿规划设计专业委员会1～2届主要工作，矿井建设学术会议、全国矿山建设学术会议、全国高等学校矿井建设学术会议、各省市煤炭学会矿山建设学术会议（含苏鲁冀皖彭四省一市建井学术交流会）、国内外矿山学术会议等章节；也系统地叙述了专业委员会会刊《建井技术》《煤炭工程》杂志的创刊和发展过程以及情报中心站的工作；全方位地整理和统计了我国矿山建设领域科技成果、标准、工法、图书、奖励荣誉、国内外井巷施工纪录等，最后介绍了专业委员会委员的情况。本书资料丰富，内容翔实，条理清晰，层次分明，是记述我国矿山建设与岩土工程发展的不可多得的珍贵资料。

本书可供煤炭行业矿山建设和岩土工程专业的研究人员、施工技术人员等参考使用。

图书在版编目(CIP)数据

矿山建设与岩土工程：纪念中国煤炭学会矿山建设与岩土工程专业委员会成立40周年：1980—2020 / 龙志阳编著. —徐州：中国矿业大学出版社，2020.10

ISBN 978-7-5646-4716-2

Ⅰ. ①矿… Ⅱ. ①龙… Ⅲ. ①矿山建设－中国－文集 ②岩土工程－中国－文集 Ⅳ. ①TD2-53②TU4-53

中国版本图书馆CIP数据核字(2020)第197383号

书　　名　矿山建设与岩土工程
　　　　——纪念中国煤炭学会矿山建设与岩土工程专业委员会成立40周年(1980—2020)
编　　著　龙志阳
责任编辑　吴学兵
出版发行　中国矿业大学出版社有限责任公司
　　　　（江苏省徐州市解放南路　邮编221008）
营销热线　(0516)83884103　83885105
出版服务　(0516)83995789　83884920
网　　址　http://www.cumtp.com　**E-mail**:cumtpvip@cumtp.com
印　　刷　江苏苏中印刷有限公司
开　　本　787 mm×1092 mm　1/16　**印张** 30.75　**彩插** 18　**字数** 799千字
版次印次　2020年10月第1版　2020年10月第1次印刷
定　　价　200.00元

《矿山建设与岩土工程——纪念中国煤炭学会矿山建设与岩土工程专业委员会成立40周年(1980—2020)》编审委员会

中国煤炭学会矿山建设与岩土工程专业委员会

中国煤炭学会成立于1962年，现有团体会员和理事单位141家，个人会员57 663人，资深会员505人，基本涵盖了地质、采矿、洗选、装备、管理等全部与煤相关专业技术学科，指导全国21个省级煤炭学会开展工作。2019年12月，学会召开第八次全国会员代表大会，选举产生了新一届理事会。理事会由179人组成，其中，常务理事59人。学会根据学科分类和工作需要共设工作委员会、专业委员会、编辑委员会等分支机构38个，其中工作委员会5个、专业委员会31个、编辑委员会2个。成立近60年来，中国煤炭学会始终以邓小平理论和"三个代表"重要思想及习近平新时代中国特色社会主义思想为指导，全面落实科学发展观和新发展理念，团结和动员广大煤炭科技工作者，坚持以改革促发展，完善自身能力建设，开展国际交流，创建工作品牌，推动行业科技创新和人才成长，为繁荣我国煤炭科学技术事业、促进煤炭学科进步、提升煤炭行业发展科学化水平做出贡献。

1980年1月成立的中国煤炭学会矿井建设专业委员会(2015年更名为中国煤炭学会矿山建设与岩土工程专业委员会)是中国煤炭学会31个按专业(或学科)设置的专业委员会之一。中国煤炭学会矿山建设与岩土工程专业委员会每年组织召开全国矿山建井学术会议，其任务是总结我国矿山建设中的新技术、新工艺、新材料、新设备，推广和交流技术革新和科学研究成果，介绍国外建井技术动态，组织建井技术和学术问题的专题讨论等，为实现矿山建井技术现代化服务。有关学术问题，将坚定不移地贯彻"百花齐放、百家争鸣"的方针，发扬学术民主，鼓励和提倡各种不同学术观点的探讨和辩论，形成生动活泼的学术气氛，提高学术水平。1978年开始到2019年，全国共举办各类矿山建井学术会议约110次，参加会议代表约16 000人，交流论文10 800多篇。

截至2019年底，我国共有各类矿山约9万个，其中煤矿约0.46万个、金属矿山约0.6万个、非金属矿山约8万个。据不完全统计，全国地下开采矿山约占矿山总数的10%左右，接近1万个，煤炭、冶金、有色、核工业和非金属等行业，都有数量庞大的矿山建设工程。中华人民共和国成立70多年来，我国在矿井建设方面积累了丰富的经验，建井工作从少到多、从小到大、从浅到深、从易到难，结合地质条件研究发展并推广使用了大量新的施工方法，例如，矿建工程方面从短砌混合作业到立井施工机械化配套，以及注浆法、冻结法、钻井法、反井法、板桩法、沉井法、帷幕法、降低水位法、光面爆破、锚喷支护等新工法；土建工程方面的预制构件、大板结构、井塔平移；机电安装工程方面的预安装、整体平吊、树脂锚固井筒装备等，都是从无到有发展起来的。40年来，中国煤炭学会矿山建设与岩土工程专业委员会一直站在矿山建设技术发展的前沿，作为我国矿山建设技术发展和交流的平台，不断推广新技术和新工艺，并将煤炭建井行业技术在其他行业井巷工程中推广应用，引领我国建井技术勇往直前地飞速发展，为我国煤炭工业的繁荣、国民经济的腾飞做出了巨大的贡献！

序

1980年1月，沐浴着改革开放的春风，中国煤炭学会矿山建设与岩土工程（原矿井建设）专业委员会扬帆起航了。40年来，矿山建设与岩土工程专业委员会一直屹立在我国矿山建设技术发展的波峰浪潮之上，成为我国矿山建设技术发展和交流的卓越平台，凝聚起建井行业四面八方的力量，激发出无数技术创新的火花，引领我国建井技术勇往直前地飞速发展，为我国煤炭工业的繁荣、国民经济的腾飞做出了巨大的贡献！

矿山建设与岩土工程专业委员会是中国煤炭学会31个按专业设置的专业委员会之一，挂靠在煤炭科学研究总院建井研究院（煤炭科学研究总院北京建井研究所）。在这辉煌的40年间，矿山建设与岩土工程专业委员会经历了8届委员会，召开全国矿山建设学术会议42次，并创办《建井技术》科技期刊。在学会的正确领导下，专业委员会积极总结我国矿山建设中的新技术、新工艺、新材料、新设备，推广、交流技术革新和科学技术成果，并在介绍国外建井技术动态、组织建井技术专题讨论、活跃学术气氛、提高学术水平、举荐优秀人才等方面做出了突出的贡献。

在矿山建设与岩土工程专业委员会成立40周年之际，我们组织编写了这本《矿山建设与岩土工程——纪念中国煤炭学会矿山建设与岩土工程专业委员会成立40周年(1980—2020)》。书中回顾了专业委员会光辉的发展历程，系统地总结了专业委员会40年来所做出的巨大成绩，主要包括矿山建设与岩土工程专业委员会1～8届和煤矿规划设计专业委员会1～2届主要工作，矿井建设学术会议、全国矿山建设学术会议、全国高等学校矿井建设学术会议、各省市煤炭学会矿山建设学术会议（含苏鲁冀皖彭四省一市建井学术交流会）、国内外矿山学术会议等章节；也系统地叙述了专业委员会会刊《建井技术》《煤炭工程》杂志的创刊和发展过程以及情报中心站的工作；全方位地整理和统计了我国矿山建设领域科技成果、标准、工法、图书、奖励荣誉、国内外井巷施工纪录等，最后介绍了专业委员会委员的情况。本书资料丰富，内容翔实，条理清晰，层次分明，是记述我国矿山建设与岩土工程发展的不可多得的珍贵资料。

矿山建设与岩土工程专业委员会属社会团体，其发展依赖于挂靠单位的精心管理和煤炭企业、煤矿建设企业、设计院、科研院所、高等院校、外行业相同业务单位等各界的大力支持，尤其是承办全国矿山建设学术年会的单位，他们做了大量的筹备工作并给予资金支持，在此一并表示衷心的感谢！

当前，随着国家宏观经济的调整，能源需求结构的转变，我国煤炭行业的发展面临着严峻的考验，这也给我们建井人提出了行业内外新的课题，需要我们在矿山建设、岩土工程方面深入探索、认真研究，依靠技术创新，走出属于我们自己的道路。因此希望矿山建设与岩土工程专业委员会在未来的征途上，不畏艰险、群策群力、交流探索、凝聚共识，继续为我国矿山建设与岩土工程的发展发挥独特的作用，为我国国民经济的腾飞做出更大的贡献。

陈湘生博士
中国工程院院士
深圳大学特聘教授
深圳大学土木与交通工程学院院长、未来地下城市研究院院长
深圳市地铁集团有限公司技术委员会主任
煤炭科学研究总院建井研究院院长

1988年苏鲁皖冀彭四省一市建井学术会议合影

1992年液压凿岩技术研讨会

1997年全国煤炭建设信息网工作会议

1998年中国煤炭学会矿井建设专业委员会学术年会

1998年全国水利水电施工技术信息网技术交流会

2001年中国煤炭学会理事长濮洪九等参加矿井建设专业委员会会议

2001年全国矿山建设学术年会

2002年全国矿山建设学术年会

2007年全国矿山建设学术年会

2015年全国矿山建设学术年会建井研究院参加会议人员合影

2016年全国矿山建设学术年会合影

2016年全国矿山建设学术年会建井研究院参加会议人员合影

全国矿山建设学术年会论文集

2018年全国矿山建设学术年会会场

2019年全国矿山建设学术年会会场

目　录

第1章　中国煤炭学会矿山建设与岩土工程(原矿井建设)专业委员会

1.1　中国煤炭学会矿山建设与岩土工程专业委员会总体概述

1.1.1　专业委员会发展历程

中国煤炭学会矿井建设专业委员会成立于 1980 年 1 月。

第 1～3 届(1980 年 1 月—1995 年 1 月)矿井建设专业委员会主任委员为原煤炭工业部基建司总工程师、原北京建井研究所所长沈季良,煤炭科学研究总院北京建井研究所是中国煤炭学会矿井建设专业委员会的挂靠单位,具体办事机构设在《建井技术》编辑部。

第 4 届(1995 年 1 月—2000 年 12 月)矿井建设专业委员会主任委员为原煤炭工业部总工程师、时任中联煤层气有限责任公司董事长陈明和,委员大多是部、省、局(公司)、矿、科研院所、大专院校、设计院所等单位的专业领导、总工程师和技术人员,共 50 多人。

第 5 届(2001 年 1 月—2008 年 5 月)矿井建设专业委员会主任委员仍为陈明和。2002 年矿井建设专业委员会根据上级指示合并了煤矿规划设计专业委员会,更名为中国煤炭学会煤矿建设与岩土工程专业委员会。联合了全国煤炭高等院校矿山建设学术会、四省一市矿山建设学术会,继续召开学术交流会。

第 6 届(2008 年 5 月—2015 年 9 月)煤矿建设与岩土工程专业委员会主任委员为煤炭科学研究总院建井研究分院院长周兴旺,具体办事机构设在煤炭科学研究总院建井研究分院。经申请,2015 年更名为中国煤炭学会矿山建设与岩土工程专业委员会(除专用称呼外,以下均采用此名称)。

第 7 届(2015 年 9 月—2019 年 9 月)矿山建设与岩土工程专业委员会主任委员仍为周兴旺。

第 8 届(2019 年 9 月至今)矿山建设与岩土工程专业委员会主任委员为刘志强。

历届矿山建设与岩土工程(原矿井建设)专业委员会主任、副主任、秘书长见表 1-1。

表 1-1　历届矿山建设与岩土工程(原矿井建设)专业委员会主任、副主任、秘书长

届	主任	挂靠单位副主任	秘书长	任期
第 1 届	沈季良	濮洪九	虞相	1980 年 1 月—1985 年 8 月
第 2 届	沈季良	张永成	徐文逵	1985 年 8 月—1990 年 1 月
第 3 届	沈季良	张永成	徐文逵、崔增祁	1990 年 1 月—1995 年 1 月
第 4 届	陈明和	安国樑(常务)	王长生、李树青	1995 年 1 月—2000 年 12 月
第 5 届	陈明和	周兴旺(常务)	王长生	2001 年 1 月—2008 年 5 月

表 1-1(续)

届	主任	挂靠单位副主任	秘书长	任期
第 6 届	周兴旺	刘志强(常务)	王长生	2008 年 5 月—2015 年 9 月
第 7 届	周兴旺	刘志强(常务)	龙志阳	2015 年 9 月—2019 年 9 月
第 8 届	刘志强		龙志阳	2019 年 9 月至今

1.1.2 专业委员会工作任务

中国煤炭学会矿山建设与岩土工程专业委员会是中国煤炭学会 27 个按专业(或学科)设置的专业委员会之一,按中国煤炭学会专业委员会简则的规定,专业委员会的任务有 10 项:① 组织领导本专业的各项学术活动;② 制定本专业的年度学术活动计划,参与或接受委托提出本学科专业发展规划意见,参与商讨有关业务部门制定的近期和长远的科学技术发展规划,对国家当前的技术政策、技术措施进行讨论和提出建议;③ 参与或接受委托主持本学科专业名词术语或辞书编辑、修改工作;④ 参与或组织会员和技术人员的继续教育;⑤ 开展科学普及工作;⑥ 评选优秀学术论文,推荐优秀人才,参评孙越崎科技奖等活动;⑦ 联系本专业有关科学技术人员,反映他们的意见、要求和建议;⑧ 随时掌握本专业的国内外科学技术情况、学术水平及发展方向,发展同国外相关科技团体和科技工作者的学术交流和友好联系;⑨ 在理事会领导下参加国际学术活动;⑩ 承担学会交办的有关本专业的咨询和软课题研究任务。

1.1.3 矿山建设学术会议

中国煤炭学会矿山建设与岩土工程专业委员会(原矿井建设专业委员会)自 1980 年成立以来,除平均每年组织一次学术交流活动外,还组织专家开展本专业的技术咨询、技术服务等活动,为行业和社会做好服务。专业委员会成立 40 年来共举办各类学术会议 42 次,据不完全统计,参会代表 5 000 多人,交流论文 4 000 多篇。2001 年以后每年组织召开一次全国性矿山建设与岩土工程学术交流会,交流矿山建设与岩土工程学科最新成果,为煤矿安全生产的技术创新搭建了交流新技术、新方法的平台,推动了矿山建设与岩土工程学科的发展。此外,正式出版《矿山建设新进展》等 10 多部矿山建设论文集,另有内部资料论文集 10 多部。

专业委员会召开的全国矿山建设学术会议见表 1-2。

表 1-2 全国矿山建设学术会议

序号	时间	地点	会议名称	参会人数	优秀论文/篇	收录论文/篇	举办单位
1	1979 年 11 月 5—11 日	杭州	矿井建设学术会议	221	—	125	中国煤炭学会
2	1980 年 10 月 19—25 日	苏州	注浆学术会议	112	—	46	中国煤炭学会矿井建设专业委员会
3	1982 年 10 月 6—12 日	贵阳	井巷支护与安全学术会议	190	41	97	中国煤炭学会矿井建设专业委员会

表 1-2(续)

序号	时间	地点	会议名称	参会人数	优秀论文/篇	收录论文/篇	举办单位
4	1983年12月5—11日	邯郸	矿井施工组织学术会议	200	66	115	中国煤炭学会矿井建设专业委员会
5	1984年	龙口	软岩巷道掘进与支护学术会议	—	—	—	中国煤炭学会矿井建设专业委员会
6	1985年8月2—6日	信阳	全国冻结技术学术会议	207	31	—	中国煤炭学会矿井建设专业委员会、焦作矿业学院、河南省煤矿基建公司
7	1986年10月	淮北	井巷锚喷支护学术会议	—	—	54	中国煤炭学会矿井建设专业委员会
8	1987年8月12—16日	哈尔滨	全国煤矿立井工程学术讨论会议	107	—	61	中国煤炭学会矿井建设专业委员会、黑龙江省煤炭学会、东煤公司、兖州矿务局、淮北煤矿建设公司
9	1988年11月14—17日	郑州	矿井建设前期准备工作及施工组织学术会议	80	—	49	中国煤炭学会矿井建设专业委员会、中国统配煤矿总公司基建部
10	1989年10月25—28日	昆明	煤炭建井科技成就学术交流会议	104	20	65	中国煤炭学会矿井建设专业委员会
11	1990年7月3—7日	忻州	松软围岩巷道地质与支护学术研讨会议	—	11	51	中国煤炭学会矿井建设专业委员会、中国统配煤矿总公司基建局、山西公司基建局
12	1991年9月11—14日	大同	巷道掘进施工与机械化研讨会议	—	—	38	中国煤炭学会矿井建设专业委员会、中国统配煤矿总公司基建局、大同矿务局
13	1991年11月15日	北京	第六届国际地层冻结会议	97	9	65	中国煤炭学会矿井建设专业委员会
14	1992年7月16—20日	宣化	液压凿岩技术研讨会议	—	—	—	中国煤炭学会矿井建设专业委员会、宣化采掘机械厂、煤炭科学研究总院北京建井研究所
15	1992年11月7—11日	重庆	煤矿建设管理学术研讨会议	72	—	55	中国煤炭学会矿井建设专业委员会、中国统配煤矿总公司基建局
16	1994年11月6—9日	淮南	煤矿立井凿井技术研讨会议	109	22	37	中国煤炭学会矿井建设专业委员会
17	1995年9月11—14日	福州	地层冻结工程技术和应用学术会议	90	15	83	中国煤炭学会矿井建设专业委员会、中煤建设开发总公司、北京煤炭学会、中国制冷学会第5届专业委员会、福建省煤炭工业总公司
18	1996年10月7—13日	张家界	煤矿巷道掘进施工技术学术会议	70	22	51	中国煤炭学会矿井建设专业委员会、北京煤炭学会
19	1997年6月11—12日	南昌	煤炭基本建设行业可持续发展研讨会议	50	10	—	中国煤炭学会矿井建设专业委员会、北京煤炭学会
20	1998年8月25—29日	黄山	注浆堵水加固技术及其应用学术会议	50	18	57	中国煤炭学会矿井建设专业委员会

表 1-2(续)

序号	时间	地点	会议名称	参会人数	优秀论文/篇	收录论文/篇	举办单位
21	1999 年 10 月 22—25 日	舟山	立井井筒施工技术学术会议	46	12	77	中国煤炭学会矿井建设专业委员会
22	2000 年 9 月 19—21 日	无锡	井筒井壁破坏机理及防治技术研讨会议	63	11	58	中国煤炭学会矿井建设专业委员会、煤炭工业技术委员会矿山建设专业委员会
23	2001 年 8 月 20—23 日	泰安	2001 年全国矿山建设学术会议	98	—	95	中国煤炭学会矿井建设专业委员会、山东科技大学
24	2002 年 8 月 26—29 日	郑州	2002 年全国矿山建设学术会议	130	—	191	中国煤炭学会煤矿建设专业委员会、河南煤炭学会矿井建设专业委员会
25	2003 年 8 月 12—15 日	大连	2003 年全国矿山建设学术会议	168	20	180	中国煤炭学会煤矿建设专业委员会、辽宁工程技术大学
26	2004 年 8 月 6—10 日	黄山	2004 年全国矿山建设学术会议	167	25	189	中国煤炭学会煤矿建设与岩土工程专业委员会、淮北矿业(集团)有限责任公司
27	2005 年 8 月 6—8 日	乌鲁木齐	2005 年全国矿山建设学术会议	156	29	229	中国煤炭学会煤矿建设与岩土工程专业委员会、全国高校矿山建设专业学术会、中国矿业大学
28	2006 年 8 月 17—19 日	昆明	2006 年全国矿山建设学术会议	190	29	266	中国煤炭学会煤矿建设与岩土工程专业委员会、淮南矿业集团
29	2007 年 9 月 17—18 日	宜昌	2007 年全国矿山建设学术会议	109	27	180	中国煤炭学会煤矿建设与岩土工程专业委员会、河南理工大学
30	2007 年 11 月 28 日	宣化	煤矿岩巷掘进机械化作业线学术研讨会议	77	—	—	中国煤炭学会煤矿建设与岩土工程专业委员会、宣化华泰矿冶机械有限公司
31	2008 年 10 月 12—13 日	黄山	2008 年全国矿山建设学术会议	137	29	245	中国煤炭学会煤矿建设与岩土工程专业委员会、国投新集能源股份有限公司
32	2009 年 11 月 16—20 日	厦门	2009 年全国矿山建设学术会议	176	23	248	中国煤炭学会煤矿建设与岩土工程专业委员会、安徽建筑工业学院
33	2010 年 11 月 2—5 日	三亚	2010 年全国矿山建设学术会议	118	37	255	中国煤炭学会煤矿建设与岩土工程专业委员会、新汶矿业集团
34	2011 年 10 月 25—26 日	贵阳	2011 年全国矿山建设学术会议	113	22	137	中国煤炭学会煤矿建设与岩土工程专业委员会、中平能化建工集团有限公司
35	2012 年 11 月 17—18 日	广州	2012 年全国矿山建设学术会议	160	18	128	中国煤炭学会煤矿建设与岩土工程专业委员会、中煤矿山建设集团有限责任公司

表 1-2(续)

序号	时间	地点	会议名称	参会人数	优秀论文/篇	收录论文/篇	举办单位
36	2013 年 11 月 5—7 日	徐州	2013 年全国矿山建设学术会议	248	23	136	中国煤炭学会煤矿建设与岩土工程专业委员会、中国矿业大学
37	2014 年 10 月 18—20 日	北京	2014 年全国矿山建设学术会议	212	31	172	中国煤炭学会煤矿建设与岩土工程专业委员会、中国矿业大学(北京)力学与建筑工程学院、天地科技建井研究院
38	2015 年 10 月 29 日	重庆	2015 年全国矿山建设学术会议	246	20	116	中国煤炭学会矿山建设与岩土工程专业委员会、重庆巨能建设(集团)有限公司
39	2016 年 10 月 21—22 日	焦作	2016 年全国矿山建设学术会议	160	10	55	中国煤炭学会矿山建设与岩土工程专业委员会、河南理工大学、河南省煤炭学会矿井建设专业委员会
40	2017 年 11 月 8—9 日	宣城	2017 年全国矿山建设学术会议	167	31	172	中国煤炭学会矿山建设与岩土工程专业委员会、淮南矿业(集团)有限责任公司
41	2018 年 11 月 2—5 日	西安	2018 年全国矿山建设学术会议暨纪念首届全国高等学校矿山建设专业学术年会召开 40 周年庆祝大会	216	19	170	中国煤炭学会矿山建设与岩土工程专业委员会、西安科技大学、陕西陕煤铜川矿业有限公司、陕西陕煤陕北矿业有限公司、陕西陕煤黄陵矿业有限公司等
42	2019 年 9 月 21—22 日	武汉	2019 年全国矿山建设学术会议	200	20	100	中国煤炭学会矿山建设与岩土工程专业委员会、武汉大学
合计				5 116	701	4 448	

1.2　中国煤炭学会矿山建设与岩土工程专业委员会第 1～8 届主要工作

1.2.1　第 1 届矿井建设专业委员会(1980 年 1 月—1985 年 8 月)

主　任:沈季良

副主任:陈明和　濮洪九　李　善

秘书长:虞　相

委　员:沈季良　陈明和　濮洪九　李　善　吴　京　于公纯　任荣昌　刘允秀
蒋学乐　刘振国　胡德铨　王　柯　曾小泉　曾士敏　王永祥　余　力
周文安　李文英　钟发楹　虞　相　张永成　杜嘉鸿　杨寿祺　秦淞君
王守道

中国煤炭学会矿井建设专业委员会成立于 1980 年 1 月。1979 年 11 月 5—11 日,中国煤炭学会在浙江省杭州市召开了“矿井建设学术会议”,这是中华人民共和国成立以来煤矿建井专业领域第一次综合性的学术活动。

1980 年 10 月 19—25 日,中国煤炭学会矿井建设专业委员会在江苏省苏州市召开了“注浆学术会议”。

1982 年 10 月 6—12 日,中国煤炭学会矿井建设专业委员会在贵州省贵阳市召开了“井巷支护与安全学术会议”。

1983 年 12 月 5—11 日,中国煤炭学会矿井建设专业委员会在河北省邯郸市召开了“矿井施工组织学术会议”。

1984 年,中国煤炭学会矿井建设专业委员会在山东省龙口市召开了“软岩巷道掘进与支护学术会议”。

1.2.2　第 2 届矿井建设专业委员会(1985 年 8 月—1990 年 1 月)

主　任:沈季良
副主任:雷景良　张永成　崔云龙
秘书长:徐文逵
委　员:沈季良　雷景良　张永成　崔云龙　曾小泉　曾士敏　王永祥　周培恩
蒋学乐　胡德铨　何国纬　马英明　周文安　吴理云　秦凇君　王怀义
王介峰　钟发楹　袁克智　任荣昌　濮洪九　虞　相　潘子芬　朱柏石
曹毓侠　李钟遥　邸乐山　潘泳文　鲍　仪　王守道　徐文逵

1985 年 8 月 2—6 日,中国煤炭学会矿井建设专业委员会、焦作矿业学院、河南省煤矿基建公司在河南省信阳市联合召开了“全国冻结技术学术会议”。

1986 年 10 月,中国煤炭学会矿井建设专业委员会在安徽省淮北市召开了“井巷锚喷支护学术会议”。

1987 年 8 月 12—16 日,中国煤炭学会矿井建设专业委员会、黑龙江省煤炭学会、东煤公司、兖州矿务局和淮北煤矿建设公司在黑龙江省哈尔滨市联合召开了“全国煤矿立井工程学术讨论会议”。

1988 年 5 月 10—26 日,中国煤炭学会矿井建设专业委员会委托煤炭科学研究总院北京建井研究所与广东省煤炭工业研究所在广州市联合举办了第一期预应力锚固技术学习班,系统讲授预应力锚固技术(包括预应力锚固设计原理、预应力锚索和预应力大锚杆)的结构、材料、配套机具、施工工艺和应用实例,此外还讲授了新奥法施工技术在煤矿中的应用、锚喷支护新技术的发展、井巷破损工程和边坡加固技术等内容。

1988 年 11 月 14—17 日,中国煤炭学会矿井建设专业委员会和中国统配煤矿总公司基建部在河南省郑州市联合召开了“矿井建设前期准备工作及施工组织学术会议”。

1989 年 10 月 25—28 日,中国煤炭学会矿井建设专业委员会在云南省昆明市召开了“煤炭建井科技成就学术交流会议”。

1.2.3　第 3 届矿井建设专业委员会(1990 年 1 月—1995 年 1 月)

主　任:沈季良
副主任:史锦壁　张永成
秘书长:徐文逵　崔增祁

委　员:沈季良　史锦壁　张永成　王德民　朱柏石　任荣昌　邸乐山　何国纬
袁克智　胡德铨　钟发楹　徐文逵　秦淞君　崔云龙　曹毓侠　虞　相
蒋学乐　潘子芬　雷景良　鲍　仪　濮洪九　曾小泉　王可敏　史天生
许振元　张　文　李　瑞　陈志国　佟承章　崔增祁　熊声誉　曹文厚
姚树声　任惠钧　陈新万　李继权　黄　磊　路耀华　邹承健　王嘉宾
李跃庭　莫立崎

1990 年 7 月 3—7 日,中国煤炭学会矿井建设专业委员会、中国统配煤矿总公司基建局及山西公司基建局在山西省忻州市联合召开了“松软围岩巷道地质与支护学术研讨会议”。

1991 年 9 月 11—14 日,中国煤炭学会矿井建设专业委员会、中国统配煤矿总公司基建局及大同矿务局在山西省大同市联合召开了“巷道掘进施工与机械化研讨会议”。

1991 年 11 月 15 日,中国煤炭学会矿井建设专业委员会在北京市召开了“第六届国际地层冻结会议”。

1992 年 7 月 16—20 日,中国煤炭学会矿井建设专业委员会在宣化采掘机械厂、煤炭科学研究总院北京建井研究所的协助下,在河北省宣化市召开了“液压凿岩技术研讨会议”。

1992 年 11 月 7—11 日,中国煤炭学会矿井建设专业委员会与中国统配煤矿总公司基建局在重庆市召开了“煤矿建设管理学术研讨会议”。

1994 年 11 月 6—9 日,中国煤炭学会矿井建设专业委员会在安徽省淮南市召开了“煤矿立井凿井技术研讨会议”。

1.2.4　第 4 届矿井建设专业委员会(1995 年 1 月—2000 年 12 月)

第 4 届矿井建设专业委员会是 1995 年正式换届产生的,任期是 1995—1999 年。中国煤炭学会秘书处 1999 年 4 月在南宁市召开的秘书长工作会议上口头宣布各专业委员会的换届工作都延至学会换届之后,此后,本专业委员会的换届工作暂时中止,但仍在做准备工作。2000 年初,中国煤炭学会第 4 届 9 次常务理事会书面提出了《关于已到届的专业(工作)委员会进行换届调整工作的意见》,提出 1999 年和 2000 年到届的“应到时换届”的正式决定,本专业委员会又重新开始进行换届工作。这样,第 4 届矿井建设专业委员会的换届工作于 2000 年结束。

名誉委员:吴　京　沈季良　濮洪九
主　　任:陈明和
副 主 任:安国樑(常务)　张鹏耀　崔增祁　雷景良　路耀华　戴必清
秘 书 长:王长生　李树青
委　　员:于占一　于继淳　王长生　王印贵　王捷帆　王嘉宾　王德民　邓文芳
成家钰　刘式如　刘其兴　许振远　安国樑　沈　煜　张彦禄　程真富
李树文　李树青　李俊良　陈　桦　陈明和　何国纬　杜润泉　张　文
张建成　张胜利　张鹏耀　陆德全　邹承健　范　坚　金克宁　杨铁春
庞棱生　赵光地　钟亚平　钟德辉　胡德铨　徐文逵　莫立崎　郭晋蒲
郭增媛　崔云龙　崔增祁　雷景良　虞　相　路耀华　潘子芬　戴必清

第 4 届矿井建设专业委员会主任委员由时任中国煤炭学会副理事长、煤炭工业部总工程师陈明和兼任。1997 年增补委员陈湘生、矫郁亮、高明德、王可寰;1998 年增补副主任陈湘生，委员王贵淳、刘云涛、王建平；1999 年增补副主任王长生（常务）、李俊良，委员王明远。至 2000 年换届时，共有名誉委员 2 名（吴京名誉委员于 1996 年 8 月逝世）、主任委员 1 名、副主任委员 9 名、委员 54 名（刘式如委员于 1999 年 3 月逝世）。

1995 年 9 月 11—14 日，中国煤炭学会矿井建设专业委员会、中煤建设开发总公司、北京煤炭学会、中国制冷学会第 5 届专业委员会与福建省煤炭工业总公司在福建省福州市共同召开了“地层冻结工程技术和应用学术会议”。

1996 年 10 月 7—13 日，中国煤炭学会矿井建设专业委员会与北京煤炭学会在湖南省张家界市共同召开了“煤矿巷道掘进施工技术学术会议”。

1997 年 6 月 11—12 日，中国煤炭学会矿井建设专业委员会与北京煤炭学会在江西省南昌市召开了“煤炭基本建设行业可持续发展研讨会议”。

1998 年 8 月 25—29 日，中国煤炭学会矿井建设专业委员会在安徽省黄山市召开了“注浆堵水加固技术及其应用学术会议”。

1999 年 10 月 22—25 日，中国煤炭学会矿井建设专业委员会在浙江省舟山市召开了“立井井筒施工技术学术会议”。

2000 年 9 月 19—21 日，中国煤炭学会矿井建设专业委员会与煤炭工业技术委员会矿山建设专业委员会在江苏省无锡市召开了“井筒井壁破坏机理及防治技术研讨会议”。

矿井建设专业委员会在学术会议召开期间，共召开了 5 次到会委员参加的委员会议，内容以评估当届当次学术活动、研究第二年学术活动为主，组织专家评选优秀论文；推荐全国煤炭青年科技奖获奖者，已推荐并获奖者有陈湘生、李功洲、张国鑫；推荐全国孙越崎青年科技奖获奖者，已推荐并获奖者有周兴旺、龙志阳、刘志强、龚建宇；推荐茅以升北京青年科技奖获奖者，被推荐的楼根达获得了该项奖励。此外，矿井建设专业委员会组织为《当代矿工》撰写科普稿件，加强与其他学术机构的联系，如与北京煤炭学会联合召开了几次学术会议，争取到北京煤炭学会的资助；与计算机通讯专业委员会联络，共同选择开年会地点等；积极参加中国煤炭学会组织的年会等活动；响应科协千厂千会号召，与中煤特殊工程公司签办合作协议。

1.2.5 第 5 届煤矿建设与岩土工程（矿井建设）专业委员会（2001 年 1 月—2008 年 5 月）

名誉主任：濮洪九　洪伯潜

名誉委员：崔云龙

主　　任：陈明和

副 主 任：周兴旺（常务）　刘长安　安国樑　张胜利　雷景良

秘 书 长：王长生

委　　员：于纪存　王长生　王升鸿　王明远　王贵淳　王捷帆　邓文芳　邓维国
白廷辉　刘长安　安国樑　乔秉越　李俊良　杨汉宏　何九洲　何国纬
何满潮　张世芳　张向东　张建成　陆　伦　陈明和　陈湘生　周兴旺
周国庆　段康廉　胡　林　胡德铨　袁　亮　柴顺志　莫立崎　殷作如
陶友山　常焕生　崔增祁　梁庚宸　程　桦　傅挺宇　赛云秀

2002 年 4 月 8 日，中国煤炭学会下发了《关于撤销规划设计专业委员会并入矿井建设专业委员会更名为煤矿建设专业委员会及调整扩充组成人员的通知》，指出：矿井建设专业委员会、煤矿规划设计专业委员会，按照民政部和中国科协关于分支机构复查登记的要求，由于煤矿规划设计专业委员会几年来未开展活动，根据本专业委员会的申请，经学会5届2次常务理事会议审定，同意撤销煤矿规划设计专业委员会，并入矿井建设专业委员会，更名为“煤矿建设专业委员会”，调整、扩充组成人员，扩充设计专业委员。

按照《专业(工作)委员会组成人员实施细则》，经申报并商定，第5届煤矿建设专业委员会负责人、增补委员及挂靠单位批复如下：名誉主任濮洪九、洪伯潜，名誉委员崔云龙，主任委员陈明和，副主任委员周兴旺、刘长安、安国樑、张胜利、雷景良，秘书长王长生，增补委员(共14人)王结义、王燕宾、孔祥国、刘兴隆、孙震、杨彬、吴文彬、吴嘉林、张通变、周少雷、孟融、康忠佳、黄祖业、戴少康，挂靠单位煤炭科学研究总院北京建井研究所。

2004年8月8日，经中国煤炭学会理事会议审定，同意煤矿建设专业委员会更名为“煤矿建设与岩土工程专业委员会”。

2000年10月11日，在煤炭科学研究总院北京建井研究所召开了“联合召开矿山建设学术年会”的筹备会议，会议由原煤炭部总工程师、中国煤炭学会矿井建设专业委员会主任陈明和教授级高级工程师主持。参加会议的代表有全国高等学校矿山建设专业委员会秘书长崔云龙教授、苏鲁皖冀彭四省一市煤炭建井学会秘书长虞咸祥教授级高级工程师、山东科技大学土木建筑学院院长吕爱钟教授、河南省煤管局邓文芳处长，以及北京建井研究所所长暨矿井建设专业委员会副主任周兴旺研究员、安国樑教授级高级工程师、王长生研究员等。会议协商研究了“全国高等学校矿山建设专业年会”“苏鲁皖冀彭四省一市煤炭建井学术年会”和“中国煤炭学会矿井建设专业委员会学术研讨会”联合召开的有关事宜。

2001年8月20—23日，由中国煤炭学会煤矿建设专业委员会主办、山东科技大学承办的“2001年全国矿山建设学术会议”在山东省泰安市召开。

2002年8月26—29日，由中国煤炭学会煤矿建设专业委员会主办、河南煤炭学会矿井建设专业委员会承办的“2002年全国矿山建设学术会议”在河南省郑州市召开。

2003年8月12—15日，由中国煤炭学会煤矿建设专业委员会主办、辽宁工程技术大学承办的“2003年全国矿山建设学术会议”在辽宁省大连市召开。

2004年8月6—10日，由中国煤炭学会煤矿建设与岩土工程专业委员会主办、淮北矿业(集团)有限责任公司承办、国投新集能源股份有限公司协办的“2004年全国矿山建设学术会议”在安徽省黄山市召开。

2005年8月6—8日，由中国煤炭学会煤矿建设与岩土工程专业委员会和全国高校矿山建设专业学术会主办、中国矿业大学承办的“2005年全国矿山建设学术会议”在新疆乌鲁木齐市召开。

2006年8月17—19日，由中国煤炭学会煤矿建设与岩土工程专业委员会主办、淮南矿业集团承办的“2006年全国矿山建设学术会议”在云南省昆明市召开。

2007年9月17—18日，由中国煤炭学会煤矿建设与岩土工程专业委员会主办、河南理工大学承办的“2007年全国矿山建设学术会议”在湖北省宜昌市召开。

2007年11月28日，由中国煤炭学会煤矿建设与岩土工程专业委员会主办、宣化华泰矿冶机械有限公司承办的“煤矿岩巷掘进机械化作业线学术研讨会议”在河北省宣化市召开。

1.2.6 第6届煤矿建设与岩土工程专业委员会(2008年5月—2015年9月)

顾　　问:濮洪九　洪伯潜　陈明和

主　　任:周兴旺

副 主 任:程真富　郑高升　张开顺　周国庆　刘志强(常务)

秘 书 长:王长生

副秘书长:张　洁　左永江

委　　员:孔祥国　王昌傲　王明远　王贵成　王捷帆　王燕宾　邓文芳　史基盛
徐颖教　付厚利　刘长安　纪洪广　吴玉华　张开顺　张世芳　张向东
张彦禄　汪春芹　程真富　张耀飞　李功洲　李宏达　李俊良　杨　彬
杨仁树　汪仁和　沈慰安　闵　龙　陈远坤　陈俊焰　周兴旺　周国庆
林鸿苞　郑高升　岳燕京　金　川　胡　林　赵广清　赵永平　徐贵孝
徐辉东　柴顺志　董荣泉　盛天宝　刘希亮　程　桦　蒲耀年　臧桂茂
王学军　白廷辉　陈旭忠　何清江　仝洪昌　耿建平　李悦东　赵世晨

第6届煤矿建设与岩土工程专业委员会于2008年8月经中国煤炭学会批准确认。在中国煤炭学会的领导下,在挂靠单位中煤科工集团天地科技建井研究院的大力支持和资助下,煤矿建设与岩土工程专业委员会在学术交流、组织建设、人才培养等方面积极开展工作,专业委员会的凝聚力、影响力和自我发展、自我管理能力不断增强,为我国煤炭工业的持续健康发展做出了积极贡献。

本届专业委员会成立以来,每年组织召开一次全国性煤矿建设与岩土工程学术会议(共7次),正式出版《矿山建设工程技术新进展》等7部煤矿建设与岩土工程论文集,交流煤矿建设与岩土工程学科最新成果,为煤矿建设的技术创新搭建了交流新技术、新方法的平台,推动了煤矿建设与岩土工程学科的发展。

完成中国煤炭学会布置的2011—2015年煤矿建设学科评价发展报告。在煤炭行业中,井巷工程主要包括矿山建设工程、开拓工程、延深工程和辅助工程等。矿山建设工程是指为了将煤炭从地下采出,从地表开始开凿直至煤层的一系列井筒、巷道与硐室工程;开拓工程是指矿井生产过程中,为保证采煤工作面与采区的正常接续所开凿的水平或倾斜巷道、硐室等工程;延深工程是指为保证开采水平的接续所进行的井筒延深和新水平的巷道开拓工程;辅助工程则指为保证采矿活动的安全,开凿的一系列运输、排水、通风及行人巷道、硐室等工程。在矿山建设的三大工程(井巷工程、土建工程和机电安装工程)中,井巷工程量占总工程量的50%～70%,甚至更多,因此井巷工程是决定矿山建设工程质量和工期的关键因素。此外,井巷工程与采矿生产紧密相连,是煤炭生产过程中最基本、最主要的环节。在我国井巷工程设计与施工中,一直贯彻"以掘保采,以采促掘,采掘并举,掘进先行"的方针,因此,煤炭工业的发展依赖于井巷工程学科的发展和进步。井巷工程学科的进步不仅与相关学科的发展息息相关,而且井巷工程所面临的更复杂的地质环境、更困难的工程条件、更严格的工程要求等均为相关学科的技术发展提供了平台和动力。在国际日益白热化的"三深"(深空、深海、深地)科技竞争中,相对而言"深地"的研究更为薄弱和困难,而井巷工程学科则肩负着我国"深地"科学研究的重大使命。因此,井巷工程学科不仅对相关学科建设具有重要的意义,而且在国家科技发展中处于特殊的地位。

本届煤矿建设与岩土工程专业委员会共发展了40名同志成为中国煤炭学会专业会员。2010年8月18日,中国煤炭学会批复仝洪昌、耿建平为增补委员,左永江为副秘书长;2011年10月18日,批复刘志强为常务副主任。2012年12月,在“纪念中国煤炭学会成立五十周年大会暨高层学术论坛”上,煤矿建设与岩土工程专业委员会被中国煤炭学会评为“2009—2011年度先进集体”,煤矿建设与岩土工程专业委员会秘书长王长生教授被中国煤炭学会授予“中国煤炭学会贡献奖”。2013年10月,在北京召开的中国煤炭学会第7次全国会员代表大会上,煤矿建设与岩土工程专业委员会主任、天地科技股份有限公司主任工程师周兴旺当选为中国煤炭学会第7届理事会常务理事,煤矿建设与岩土工程专业委员会委员刘志强当选为第7届理事会理事。2013年,根据各单位人员变动情况,原由合肥设计研究院赵广清、安徽理工大学汪仁和担任的专业委员会委员改由时任合肥设计研究院西北所所长汪春芹教授级高级工程师、安徽理工大学土木建筑学院院长徐颖教授担任,增聘国投哈密能源开发有限责任公司总经理李悦东高级工程师、副总经理赵世晨教授级高级工程师为专业委员会委员,根据本人申请解聘鸡西矿业集团有限责任公司柴顺志专业委员会委员。

煤矿建设与岩土工程专业委员会组织进行了2008—2015年度全国煤炭青年科技奖申报工作,向中国煤炭学会推荐多人参加评选,荣获全国煤炭青年科技奖的有:天地科技建井研究院李长忠(2008年)、宋雪飞(2012年)、邱天德(2014年)。此外还组织进行了2008—2015年度全国孙越崎青年科技奖申报工作,向中国煤炭学会推荐多人参加评选,荣获全国孙越崎青年科技奖的有:天地科技建井研究院李方政(2008年)、赵宏伟(2010年)、孙建荣(2011年)、王强(2012年)、冯旭海(2013年)。煤矿建设与岩土工程专业委员会为青年科技工作者和生产一线的青年科技人才搭建了学术交流的平台,其中推荐的天地科技建井研究院钻井研究所副所长王强荣获2010年全国煤炭工业生产一线优秀青年科技工作者。青年科技工作者积极参加每年的煤矿建设与岩土工程学术年会,踊跃向煤矿建设与岩土工程论文集投稿,有些高水平的研究成果在大会上进行了交流,从而加快了煤矿建设与岩土工程青年科技人才的培养。

2008年10月12—13日,由中国煤炭学会煤矿建设与岩土工程专业委员会主办、国投新集能源股份有限公司承办的“2008年全国矿山建设学术会议”在安徽省黄山市召开。

2009年11月16—20日,由中国煤炭学会煤矿建设与岩土工程专业委员会主办,安徽建筑工业学院承办,国投新集能源股份有限公司、中煤矿山建设集团有限责任公司、淮北矿业(集团)有限公司协办的“2009年全国矿山建设学术会议”在福建省厦门市召开。

2010年11月2—5日,由中国煤炭学会煤矿建设与岩土工程专业委员会主办、新汶矿业集团承办、山东科技大学协办的“2010年全国矿山建设学术会议”在海南省三亚市召开。

2011年10月25—26日,由中国煤炭学会煤矿建设与岩土工程专业委员会主办,中平能化建工集团有限公司承办,河南理工大学、邯郸君强矿山科技有限公司等单位协办的“2011年全国矿山建设学术会议”在贵州省贵阳市召开。

2012年11月17—18日,由中国煤炭学会煤矿建设与岩土工程专业委员会主办,中煤矿山建设集团有限责任公司承办,安徽理工大学、安徽大学和煤矿深井建设技术国家工程实验室协办的“2012年全国矿山建设学术会议”在广东省广州市召开。

2013年11月5—7日,由中国煤炭学会煤矿建设与岩土工程专业委员会主办、中国矿业大学承办的“2013年全国矿山建设学术会议”在江苏省徐州市召开。

2014 年 10 月 18—20 日，由中国煤炭学会煤矿建设与岩土工程专业委员会主办，中国矿业大学(北京)力学与建筑工程学院、天地科技建井研究院承办，华煤集团有限公司、北京华培中创文化发展有限公司等单位协办的“2014 年全国矿山建设学术会议”在北京市召开。

1.2.7 第 7 届煤矿建设与岩土工程专业委员会(2015 年 9 月—2019 年 9)

名誉主任：濮洪九 洪伯潜 陈明和 蔡美峰
名誉委员：张胜利 张开顺 王长生 李俊良 陈远坤 周 立
主 任：周兴旺
副 主 任：刘志强(常务) 安和人 杨仁树 赵士兵 代东生 唐永志
秘 书 长：龙志阳
副秘书长：张 洁 张云利
委 员：于新胜 马芹永 马维清 王建平 仝洪昌 代东生 徐辉东 林功旺
白廷辉 龙志阳 乔卫国 任 清 刘志强 刘英杰 刘泉声 安和人
纪洪广 佟 强 吴玉华 张太平 张向东 张顶立 李功洲 李术才
李红辉 李德春 杜贵文 杨 彬 杨小林 杨仁树 杨更社 汪春芹
沈慰安 邱天德 张超辉 陈旭忠 陈岐范 陈湘生 陈耀文 周兴旺
周国庆 岳燕京 林鸿苞 郑高升 宫守才 施佳音 胡彦华 赵士兵
赵兴东 唐永志 徐拴海 耿建平 袁庆国 顾大钊 高岗荣 居宪博
盛天宝 程 桦 程真富 董荣泉 蒲耀年 蓝成仁 臧桂茂 宗敦峰
李建斌

第 7 届煤矿建设与岩土工程专业委员会于 2015 年 9 月经中国煤炭学会批准成立，并申请更名为“中国煤炭学会矿山建设与岩土工程专业委员会”获批准。第 6 届委员中留下继续推荐聘任者 26 人，占新推荐聘任委员的 40%；新推荐聘任的委员 39 人，占 60%。新推荐聘任的委员中，中青年占 34%以上。第 7 届矿山建设与岩土工程专业委员会委员中，正高级职称 59 人，副高级职称 6 人。本届委员中推荐了煤炭行业以外(冶金、有色、水电、交通、地铁等)的几位专家，加强非煤炭矿山和岩土工程方面的学术交流。增聘名誉委员 6 人。

2015 年 10 月 29 日，由中国煤炭学会矿山建设与岩土工程专业委员会主办，重庆巨能建设(集团)有限公司承办，北京科技大学、天地科技建井研究院、重庆市煤炭学会、重庆大学、煤矿深井建设国家工程实验室、《建井技术》和《煤炭科学技术》编辑部等协办的“2015 年全国矿山建设学术会议”在重庆市召开。

2016 年 10 月 21—22 日，由中国煤炭学会矿山建设与岩土工程专业委员会主办、河南理工大学和河南省煤炭学会矿井建设专业委员会承办的“2016 年全国矿山建设学术会议”在河南省焦作市召开。

2017 年 11 月 8—9 日，由中国煤炭学会矿山建设与岩土工程专业委员会主办、淮南矿业(集团)有限责任公司承办、安徽理工大学等单位协办的“2017 年全国矿山建设学术会议”在安徽省宣城市召开。

2018 年 11 月 2—5 日，由中国煤炭学会矿山建设与岩土工程专业委员会主办，西安科技大学、陕西陕煤铜川矿业有限公司、陕西陕煤陕北矿业有限公司、陕西陕煤黄陵矿业有限公司等单位承办，陕西煤业化工建设(集团)有限公司、陕西煤业化工技术研究院有限责任公司、陕西陕煤蒲白矿业有限公司、陕西陕煤彬长矿业有限公司等单位协办的“2018 年全国矿山建设学术会议暨纪念首届全国高等学校矿山建设专业学术年会召开 40 周年庆祝大会”在陕西省西安市召开。

在第 7 届矿山建设与岩土工程专业委员会期间，完成了中国煤炭学会矿山建设与岩土工程专业委员会成立 35 周年纪念册的编写和发行。矿山建设与岩土工程专业委员会常务副主任刘志强牵头编纂的《中国煤炭科学技术志》第四篇第三章“矿井建设”完成初稿的汇报，与会专家踊跃发言、共同研讨，提高了志书编纂的认知和水平。

2017 年初，中国煤炭学会矿山建设与岩土工程专业委员会分别与《煤炭工程》和《建井技术》杂志社签订会刊协议，并向中国煤炭学会矿山建设与岩土工程专业委员会会员免费赠送本杂志。

《中国矿山建设网》(www.chinamineconstruction.com)是国内外矿山建设和岩土工程工作者交流信息、技术和施工经验，展示矿山设备、施工项目的平台，于 2017 年 2 月 8 日上线，信息栏目主要有协会和联合会、学会和专委会、研究设计单位、大学和实验室、矿山建设企业、矿山设备厂家、学术和展览会、科技图书期刊等。矿山建设与岩土工程栏目主要有国内矿山、国外矿山、竖井立井、平巷斜井、隧道管廊、冻结工程、钻井反井、注浆加固、岩土工程、建筑工程、爆破工程等。中国煤炭学会资深会员，中国煤炭学会矿山建设与岩土工程专业委员会、爆破专业委员会、建筑工程专业委员会委员和会员，不需要注册可以直接下载资料。中国矿山建设网公众号自 2017 年 1 月上线，目前每年有 12 万人次阅读。

中国煤炭学会矿山建设与岩土工程专业委员会网站(www.chinamcge.com)是矿山建设、地下工程、岩土工程和隧道地铁工程等领域交流教学、科研、设计、施工和项目管理的平台，于 2017 年 1 月 9 日上线，信息栏目主要有走进专委会、各省专委会、专家委员会、新闻动态、政策法规、行业信息、科学研究、学术活动、行业专家、在线办公、成果推广、咨询中心、专业图书等。会员注册后有大量的课件、论文、图书、视频、照片和资料可供下载。目前每年有 10 万人次阅读。

2015 年 6 月 25 日，由中国煤炭学会主编的《中国煤炭科学技术志》编纂工作协调与培训会在北京会议中心召开。中国煤炭工业协会副会长孙之鹏、中国煤炭学会秘书长刘峰、中国矿业大学(北京)校长杨仁树、北京市地方志办公室副主任谭烈飞、中国煤炭科工集团上海有限公司董事长何敬德、煤炭规划院院长周桐出席了此次会议。会议由中国煤炭工业协会副会长田会主持。会议明确了主要参编单位和人员，以及各篇、章、节的负责单位与责任人，成立了以负责单位为组长的篇、章、节编纂组，并向参编单位及人员颁发了《中国煤炭科学技术志》编纂单位证牌和编纂专家聘书。《中国煤炭工业志》编纂委员会和档案馆专家分别做了专题讲座，对参编人员进行志书编纂和档案使用知识培训。会议期间，编纂组通过研究讨论，确定大纲设置，界定篇、章、节内容，研定节内纲目，落实执笔人员。各篇、章、节参编人员根据编纂内容推荐相关单位及人员参编。

2017 年 10 月，根据中国煤炭学会精神开展增补工作，对矿山建设与岩土工程专业委员会委员实行动态管理，当时共有委员 65 人，其中主任 1 名、副主任 6 名，4 名委员因工作原因不能参加专业委员会的活动。增补中煤建设集团公司总经理陆伦为副主任委员；因非煤行业岩土工程和地下工程业务增多，技术交流频繁，增补中铁隧道集团公司总工程师洪开荣、中南大学资源与安全工程学院院长曹平等 15 人为委员；另免去 4 名委员职务。为了便于对矿山建设和岩土工程中的实际技术问题开展专家咨询工作，发挥这些专家在矿山建设行业中的作用，经中国煤炭学会矿山建设与岩土工程专业委员会研究决定，特聘一批专家承担矿山设计、井巷施工、采掘施工、岩土工程等方面的咨询服务工作，特聘专家分 5 个专业领域，首批特聘专家 98 人。

1.2.8 第 8 届矿山建设与岩土工程专业委员会(2019 年 9 月至今)

名誉主任：陈湘生 顾大钊 周兴旺

名誉委员：蒲耀年 耿建平 杨仁树 程 桦 陈俊焰 吴玉华

主 任：刘志强

副 主 任：唐永志 赵士兵 代东生 杨 杰 徐杨青 仝洪昌

秘 书 长：龙志阳

副秘书长：张 洁 谭 杰 王宇慧

委 员：毕湘利 陈根林 陈岐范 陈耀文 崔海涛 单仁亮 邓 楠 邓红卫
杜贵文 冯月新 高岗荣 高红波 宫守才 韩 雪 何芳现 何希霖
和孙文 洪开荣 胡彦华 黄 忠 纪洪广 贾希林 金 鑫 居宪博
雷 风 李德春 李方政 李功洲 李红辉 李建斌 李建奇 李术才
李永强 李长忠 林功旺 刘泉声 刘双仲 刘希亮 龙志阳 龙祖根
马芹永 马世志 孟志强 宁兴刚 庞军林 乔卫国 任 清 任建喜
施佳音 谭 杰 谭亚辉 汪春芹 王宗敏 徐 亮 徐辉东 徐拴海
徐锁庚 薛 雷 杨双锁 叶继红 于新胜 余 斌 袁兆宽 臧桂茂
张安林 张顶立 张瑞新 张向东 赵兴东 周国庆 周华群 周茂普
周晓敏 祝明桥 宗敦峰

第 8 届矿山建设与岩土工程专业委员会共有委员 84 人(含主任委员和副主任委员)，正高级职称 73 人，副高级职称 9 人；中青年占 34%以上。第 8 届矿山建设与岩土工程专业委员会委员中推荐了煤炭行业以外(冶金、有色、水电、交通、地铁等)的几位专家，加强非煤矿山和岩土工程方面的学术交流。第 8 届矿山建设与岩土工程专业委员会增换名誉主任委员 3 人，新增教授级高级工程师蒲耀年等 6 人为名誉委员。

2019 年 9 月 21—22 日，由中国煤炭学会矿山建设与岩土工程专业委员会主办、武汉大学承办的“2019 年全国矿山建设学术会议”在湖北省武汉市召开。在会上，中国煤炭学会综合部副主任昌孝存宣布第 8 届矿山建设与岩土工程专业委员会组成。

1.3 矿井建设学术会议

1.3.1 1979 年矿井建设学术会议

1979 年 11 月 5—11 日，中国煤炭学会在浙江省杭州市召开了“矿井建设学术会议”。这是中华人民共和国成立以来煤矿建井专业方面第一次综合性的学术活动。提交会议讨论、交流的学术论文和专题报告共有 125 篇。这些论文基本上汇集了我国当时煤矿建井研究中的丰硕成果，反映了我国建井学术活动的深度和水平。深井冻结关键问题的理论研究取得重要进展。我国曾用冻结法成功地开凿过 170 多个竖井井筒，但在深井(300 m 以上)冻结施工中仍存在“两壁一钻”(深井冻结壁和井壁、钻深冻结孔)的技术难题，不少论文针对冻结壁和井壁这两个突出关键问题进行了深入的探讨。北京建井研究所与中国矿业学院合作撰写的《冻结井筒井壁受力状况及分析》一文，运用大量实测资料，揭示了冻结压力与冻结壁位移的产生和发展规律，论述了内、外井壁应力的变化规律。淮南煤炭学院和两淮特凿公司在《竖井冻结壁温度场有限元分析的一些结果》一文中，利用有限元方法解二维热传导方程，给多因素影响的平面温度场的求解提供了依据。

1.3.2　1980 年注浆学术会议

1980 年 10 月 19—25 日，中国煤炭学会矿井建设专业委员会在江苏省苏州市召开了“注浆学术会议”。除煤炭系统外，还有中国科学院及冶金、铁道、水利、电力、交通、化工、建材等部门及中国人民解放军工程兵、基建工程兵等 56 家单位的 112 位代表出席了本次会议。代表分别来自各有关的高等院校、科研和设计院所、技术管理部门和注浆施工的第一线，这些注浆技术方面的专家汇聚一堂，回顾了我国注浆技术的发展情况，深入探讨了在煤矿生产建设及其他工程建设中所存在的注浆技术问题。在煤矿生产建设中，地下水害常常成为威胁安全、影响速度和质量、危害工人健康和增加工程成本的因素，有时甚至造成淹井停产。为了防治地下水害，曾经采用过多种疏导或封堵措施，其中以岩层注浆方法的应用最为普遍，实践也证明这种方法是行之有效的技术措施。提交这次学术会议的 46 篇论文，涉及立井掘进时的岩层注浆堵水技术、井壁壁后注浆堵水技术、矿井突水的注浆封堵技术、矿区帷幕浅截注浆技术和注浆材料。

1.3.3　1982 年井巷支护与安全学术会议

1982 年 10 月 6—12 日，中国煤炭学会矿井建设专业委员会在贵州省贵阳市召开了“井巷支护与安全学术会议”。参加会议的有煤炭、冶金、铁道、水电、化工、建工等部门，以及中国科学院和高等院校等有关单位 190 名代表。会议收到论文、报告、资料共 97 篇。大会宣读 10 篇，分组会宣读 31 篇。会议宣读的松软岩层巷道支护、立井锚喷支护、岩体工程力学、特殊凿井的深井支护、锚喷支护防尘措施、快硬水泥药包和安全质量等文章，反映了当前施工中存在的主要问题。代表们在分组会上各抒己见，展开了热烈的讨论。代表们认为，在松软岩层中，掘进后立即安设常规支护是不适宜的，应先采用柔性或可缩性支护(临时支护)，使之产生一定变形，释放部分应力，然后经过测试再适时安设刚性支架(二次支护)，形成封闭式结构。对后一种方法已初步摸索出一些规律。文章中还提出了根据围岩分类、测试数据等来正确选择支护设计参数并指导施工。对立井采用锚喷支护的问题存在较大分歧，大多数代表认为，这种支护方式在一般情况下用作临时支护是可行的，只有在岩石强度高、围岩应力小、井筒断面不大的条件下，取得足够的测试数据后，才能作为永久支护方式。代表认为，为了保证支护质量，除了必须制定并严格执行规章制度外，还应加强工程地质及水文地质工作，对施工条件及时提出报告。对已发生的安全、质量方面的事故，应认真进行分析总结。会上还交流了新材料、新工艺及其发展动向。会议中结合煤炭工业部领导提出的在短期内井巷施工平均速度提高 50%的目标，代表们进行了专题讨论，提出了许多加快矿井建设的好建议,并由大会汇总后上报。会议中还召开了第二次矿井建设专业委员会全体会议,总结了前段工作,讨论和安排了今后的任务。

1.3.4 1983 年矿井施工组织学术会议

1983 年 12 月 5—11 日,中国煤炭学会矿井建设专业委员会在河北省邯郸市召开了"矿井施工组织学术会议"。200 位对矿井建设施工组织有深入研究的专家、教授及科研、设计、施工、管理部门有实践经验的工程技术人员汇聚一堂,集中精力探讨了我国煤炭系统在矿井建设施工组织中存在的问题、研究成果和实践经验。大会宣读和讨论了 66 篇论文和报告,还进行了专题座谈。立足改革、解放思想、理论联系实际、密切结合我国矿井建设施工组织中的现存问题,是这次会议的主要特点。在提高思想、统一认识的基础上,与会代表们提出了加强施工组织工作的重要意义、加强施工组织的研究和设计机构建设、加快设计改革步伐、加强矿井建设施工组织科学方面的人才培养、加强施工组织的立法工作、发展装配式建筑和移动式凿井设备、建立专业化凿井队伍、推广应用系统工程和电算技术等具体的工作建议。由于这些建议不仅从理论上阐明了我国煤矿矿井建设中存在问题的解决途径,同时也提出了切实可行的解决办法,所以得到了煤炭工业部基建司负责同志及与会其他矿井建设部门领导同志的好评。

1.3.5 1984 年软岩巷道掘进与支护学术会议

1984 年,中国煤炭学会矿井建设专业委员会在山东省龙口市召开了"软岩巷道掘进与支护学术会议"。本次会议对井巷锚喷支护的理论和实践中的突出问题进行了专题讨论,深入地探讨了在大型硐室、软弱围岩和破碎地带中采用锚喷支护的具体技术问题和实践经验,从而进一步提高了对锚喷支护机理的认识,丰富了锚喷技术研究的内容。

1.3.6 1985 年全国冻结技术学术会议

1985 年 8 月 2—6 日,中国煤炭学会矿井建设专业委员会、焦作矿业学院、河南省煤矿基建公司在河南省信阳市联合召开了"全国冻结技术学术会议",这是一次联合建井学术会议,包括中国煤炭高校建井专业第 6 届建井学术会议、中国煤炭学会矿井建设专业委员会建井学术会议、中国制冷学会第 5 届冻结凿井学术会议、河南省煤炭学会建井学术会议、河南省煤矿基建公司建井学术会议。参加会议的有煤炭工业部所属高等院校和科研、生产及基建单位,煤炭工业出版社及煤矿专业技术期刊等单位,冶金、核工业和中国科学院等系统,清华大学、重庆大学及山东冶金工业学院等 70 多家单位的教学、科研、工程技术人员共 207 人,提交论文 31 篇。作者除在大会上宣读论文外,还分立井平巷、特殊施工、岩石力学与支护、钻眼爆破等小组分别宣读。

1.3.7 1986 年井巷锚喷支护学术会议

1986 年 10 月,中国煤炭学会矿井建设专业委员会在安徽省淮北市召开了"井巷锚喷支护学术会议"。早在 1985 年 10 月,矿井建设专业委员会就发出了《关于井巷锚喷支护学术讨论会议征集论文的通知》,数月间,征文通知引起了广泛响应,各有关单位报送了多篇技术报告和学术论文,经过初步评选,符合这次学术会议征文范围的文章共有 54 篇,会议筹备组就初选目录提出了报送正式文本的具体要求。与会代表们对我国煤矿井巷锚喷支护技术的发展做了全面回顾,交流了近几年的科研成果,介绍了新的实践经验,找出了差距,提出了存在的问题及解决的方向。除了具体技术问题外,还一致认为应在施工的科学组织上、施工队伍的技术培训上以及在有关具体政策(如管理、定额等)上,健全和完善规章制度,给井巷锚喷支护的发展提供组织保证。为进一步提高我国煤矿井巷锚喷支护的技术水平,还需要继续进行大量的工作,需要煤炭行业甚至全国有关行业通力协作,加强科学研究工作,及时总结和交流实践经验,提高锚喷技术的技术经济效益。

1.3.8　1987年全国煤矿立井工程学术讨论会议

1987年8月12—16日,为进一步探讨"提高矿井建设速度、缩短矿井建设周期、节约矿井建设投资"问题,中国煤炭学会矿井建设专业委员会、黑龙江省煤炭学会、东煤公司、兖州矿务局和淮北煤矿建设公司在黑龙江省哈尔滨市联合召开了"全国煤矿立井工程学术讨论会议"。与会专家、教授和工程技术人员107人,交流论文61篇。这些论文内容广泛、资料丰富,基本上反映了我国煤炭系统近10年来在立井开凿技术方面的科研成果和实践经验;在立井开凿方法方面提出了一些颇具新意的方案,对作为立井开凿技术基础的水文地质工作提出了初步研究方略,指出了当前立井开凿技术领域中存在的主要问题,特别对立井开凿方式进行了深入广泛的讨论和总结。会议一致认为,提高立井工程速度是缩短煤矿矿井建设工期的关键环节。立井井筒工程量在煤矿建设井巷总工程量中延米数只占4%～6%、岩石开拓量占20%,但其开凿工期要占矿井建设总工期的30%～50%,因此,立井工程速度一直是影响我国煤矿建设周期的重要因素。

1.3.9　1988年矿井建设前期准备工作及施工组织学术会议

1988年11月14—17日,中国煤炭学会矿井建设专业委员会和中国统配煤矿总公司基建部在河南省郑州市联合召开了"矿井建设前期准备工作及施工组织学术会议"。本次会议到会代表共80人,交流学术论文49篇。高级专家沈季良等同志亲自主持了会议,范维唐副总经理莅临会议并讲了话。矿井施工组织是我国煤矿基建工作中的薄弱环节,在很大程度上决定着矿井建设的技术经济效益。这次会议交流的论文表明,近5年来这一学科的研究有很大进展,网络管理、计算机控制和自动调整等方面都取得了可喜成果。对于施工组织工作的研究,目前已由"矿井施工组织"扩展到"矿区施工组织"的范畴,这在学术上有一定突破,对即将开发的河南永城矿区具有现实参考价值。

1.3.10　1989年煤炭建井科技成就学术交流会议

1989年10月25—28日,中国煤炭学会矿井建设专业委员会在云南省昆明市召开了"煤炭建井科技成就学术交流会议"。来自中国统配煤矿总公司的领导,施工、科研、设计单位和高校、地方煤矿、铁道部的专家、教授、工程技术人员共104人参加了会议。大会共收到论文65篇。中国统配煤矿总公司副总经理濮洪九同志就当前煤炭工业形势、发展趋势、存在的困难及今后的任务等做了报告。代表们受到了鼓舞,明确了方向。中国统配煤矿总公司基建局总工程师许忠良同志围绕深井技术攻关、加速巷道掘进机械化做了报告。云南省煤炭厅王显政副厅长、李文正副理事长分别介绍了云南省煤炭工业发展概况。在会上有20

名代表做了有关矿区建设经验，立井普通、特殊施工，平巷施工工艺及施工管理等方面的报告，并交流了国内外井巷施工经验。部分论文在分组会上宣读。与会代表通过讨论认为，今后在深井开凿技术、软岩支护与岩巷掘进机械化等方面应组织攻关。此次会议特点是代表来源广，论文质量较高，基本上反映了中华人民共和国成立40年来煤矿基本建设的面貌。由于上下结合、互通信息，会议取得了良好效果。

1.3.11 1990年松软围岩巷道地质与支护学术研讨会议

1990年7月3—7日，中国煤炭学会矿井建设专业委员会、中国统配煤矿总公司基建局及山西公司基建局在山西省忻州市联合召开了“松软围岩巷道地质与支护学术研讨会议”。到会的有科研单位、大专院校、设计部门、施工企业、管理机关从事该项工作的学者、专家、工程技术人员和企业领导。会议收到论文51篇，精选宣读了25篇，并选出了优秀论文11篇。鉴于煤矿软岩面积较大，多年来被广泛关注，为了交流经验、指导施工，会议决定委托《建井技术》编辑部征集出版这次会议的文集。本次研讨会讨论热烈活泼，经验交流深透，根据不同地区、不同地质构造，代表谈了各自的教训、经验和成果。经过分析讨论，代表共同认为在松软岩层施工应以弹塑性支护为主，不能采用强抗支护措施，应观察摸索矿压释放规律，以锚网喷为主进行支护是最有效的方法；同时强调了地质设计、科研、施工的一体化，只有通过密切配合、协作，加强施工质量管理，才能有效治理松软岩层问题。会上还提出，目前有些单位还在盲目施工造成人力、物力、财力的损失，希望这些单位尽快采取措施。

1.3.12 1991年巷道掘进施工与机械化研讨会议

1991年9月11—14日，中国煤炭学会矿井建设专业委员会、中国统配煤矿总公司基建局及大同矿务局在山西省大同市联合召开了“巷道掘进施工与机械化研讨会议”。提交会议的论文共38篇。

1.3.13 1992年液压凿岩技术研讨会议

1992年7月16—20日，中国煤炭学会矿井建设专业委员会在宣化采掘机械厂、煤炭科学研究总院北京建井研究所的协助下，在河北省宣化市召开了“液压凿岩技术研讨会议”。来自煤炭、机电、冶金、有色、铁道和地质等系统的科研、高等院校、产品制造、生产使用和管理部门的有关专家、科技人员参加了会议。会议就液压凿岩机全性能与检测、液压凿岩机与液压钻车可靠性指标、液压凿岩机压力级别与阀的结构形式、手持式液压凿岩机目标函数、液压凿岩机的计算机性能预测和液压凿岩机的应用技术与经济效益等实质性问题进行了研讨。会议期间，与会同志参观了宣化采掘机械厂的CTH液压钻车产品加工与装配车间和重点零部件试验室。与会代表认为，液压凿岩机及其配套设备已逐渐在我国矿山和其他岩石工程中发挥作用，今后更应注重使液压凿岩设备在生产建设中发挥更大作用。

1.3.14 1992年煤矿建设管理学术研讨会议

近年来，我国煤矿建井技术及装备水平逐步提高和完善，但矿井建设技术经济效益并未达到预期的效果，在外部条件相似的情况下，各建设企业在工程速度和效率等方面也存在明显差距，其原因虽是多方面的，而其中的管理问题是重要的、普遍性的影响因素。鉴于上述考虑,1992 年 11 月 7—11 日,中国煤炭学会矿井建设专业委员会与中国统配煤矿总公司基建局在重庆市召开了“煤矿建设管理学术研讨会议”。本次会议重点探讨矿井建设中管理机制、管理手段科学化等方面的实践经验、研究成果和存在问题等。与会代表共 72 名,分别来自管理、设计、施工、科研、教学等部门。经过近一年的征文及准备,选定其中 55 篇文章作为会议正式论文,主要内容涉及管理政策与措施、工程承包及招投标、建设项目监理、网络及计算机管理技术、科学管理实践经验等有关方面。通过大、小会议,分别宣讲了论文,并对若干问题进行了深入研讨。

1.3.15　1994 年煤矿立井凿井技术研讨会议

1994 年 11 月 6—9 日,中国煤炭学会矿井建设专业委员会在安徽省淮南市召开了“煤矿立井凿井技术研讨会议”。109 名参会代表讨论了 1995 年学术活动计划,研究了第 4 届矿井建设专业委员会换届人选。会议收到论文 37 篇,大会交流 22 篇、小组交流 15 篇。本次会议针对普通凿井、特殊凿井、治水、快速施工、反井钻进、检测技术、矿井设计等问题进行了交流讨论,对如何进一步研制换代型凿井装备,特别是普通凿井装备的提高、完善提出了方向。会议讨论的重点是加快立井施工速度和建井行业适应市场经济的问题。目前立井施工技术尚未成龙配套,需要进一步做工作。深井地压、地温问题已经涌现,尤其在华东一带更为突出,应尽快组织力量研究解决冻结井和深井筒的井壁厚度以及因大地沉降破坏井壁等问题,研制新材料、新工艺实现井壁的壁薄高强。同时应着手研制 1 200 m 以上深井的施工技术和配套设备,做好技术储备。

1.3.16　1995 年地层冻结工程技术和应用学术会议

1995 年 9 月 11—14 日,中国煤炭学会矿井建设专业委员会、中煤建设开发总公司、北京煤炭学会、中国制冷学会第 5 届专业委员会与福建省煤炭工业总公司在福建省福州市共同召开了“地层冻结工程技术和应用学术会议”。自 1955 年开滦林西矿风井首用冻结法施工以来,地层冻结技术在我国应用已整整 40 年。40 年来,在广大科研、设计、教学、施工人员卓有成效的努力下,冻结法施工技术从无到有、规模从小到大,在科研、装备、技术、学术和施工水平诸方面都得到了长足的发展,形成了相当规模的专业研究、设计、施工力量,具备了建设 500 m 冻结立井的基本技术条件。冻结法可靠性高、安全性好,已成为我国矿山在复杂的软弱含水地层中建设立井、斜井等地下结构物最主要的特殊施工法之一。据统计,截至 1995 年,我国已施工的冻结立井有 390 多个,总延米近 6.6 万米,最大冻结深度 435 m,穿越的最厚表土层厚 374 m;已施工的冻结斜井 6 个,最大斜长 114 m,穿越的最厚表土层厚 84.3 m。近年来,冻结法又成功应用到在淤泥中施工地下仓库、地铁硐室等困难的城市建设项目之中,显示了冻结法的潜在优越性。我国幅员辽阔,多种多样的复杂地层和不断发展的煤炭事业,为地层冻结技术在我国的实践和发展提供了世界上少有的自然条件和机会。现在,我国已成为国际上广泛应用冻结法的国家之一,1984 年成为国际地层冻结会议(ISGF)国际组织委员会 8 个成员国之一。1991 年第 6 届国际地层冻结会议在北京召开,1994 年在法国召开的第 7 届国际地层冻结会议上发表的 67 篇论文中,有 16 篇是由我国作者独立或同其他国家研究者共同完成的,这些都说明我国在该技术领域具有良好的技术和研究力量。为了总结经验、提高水平、发展技术、开拓新的应用领域,值此地层冻结技术在我国应用40周年之际，矿井建设专业委员会等单位组织召开了本次会议。会议共收到83篇论文，并汇编成论文集。论文集涉及冻土力学、制冷技术、矿山冻结工程设计和施工、支护结构、城建冻结工程应用等方面的内容，其中既有试验、测试和理论研究成果，又有大量的成功施工经验和事故处理经验的总结，还有对今后冻结法应用的展望，表明了在该技术方面研究和实践的广泛性和达到的水平。论文的作者既有成绩卓著的老专家、老教授，也有学有所长的中青年科研人员和工程技术人员，显示了我国在该技术领域深厚的技术和研究力量。本论文集的出版，将对地层人工冻结技术的进一步发展起到促进作用。今后，我国冻结法应用的研究主要是攻克超500 m深度冻结井的关键技术，提高冻结法技术的综合效益，逐步扩大冻结技术在城市建设工程中的研究和施工应用。

1.3.17 1996年煤矿巷道掘进施工技术学术会议

1996年10月7—13日，中国煤炭学会矿井建设专业委员会与北京煤炭学会在湖南省张家界市共同召开了“煤矿巷道掘进施工技术学术会议”。来自全国50家单位的代表70人参加了会议。本次会议共收到论文51篇，其中北京建井研究所提交17篇。此次会议回顾了岩巷掘进在煤矿建设和生产中的重要地位，指出了巷道施工还存在机械化水平、施工工艺、施工效率、施工质量等不适应煤矿生产发展的需要，提出了提高岩巷机械化水平的技术途径，即从科研入手，依靠科技进步和科研成果转化，联合组织机械化施工配套与攻关。研讨会又召开了建井专业委员会会议，布署了下届专业委员会的会议内容。

1.3.18 1997年煤炭基本建设行业可持续发展研讨会议

1997年6月11—12日，中国煤炭学会矿井建设专业委员会与北京煤炭学会在江西省南昌市召开了“煤炭基本建设行业可持续发展研讨会议”。出席会议的专家为50人。会后还以矿井建设专业委员会的名义向领导部门提出了“关于煤炭基建行业可持续发展的建议”。

1.3.19 1998年注浆堵水加固技术及其应用学术会议

1998年8月25—29日，中国煤炭学会矿井建设专业委员会在安徽省黄山市召开了“注浆堵水加固技术及其应用学术会议”。参加会议的代表有来自煤炭、冶金、铁道、市政等行业的生产、基建、设计、科研、院校、工厂、出版、政府管理部门和单位的专家学者共50人。本次会议共收到论文57篇，其中北京建井研究所29篇。已出版《注浆堵水加固技术及其应用——中国注浆技术43年论文集》。会前正式出版了论文集，共收录地面预注浆、工作面预注浆、壁后注浆和高压喷射注浆技术及其应用等方面的论文57篇；此外还收录了近半个世纪以来我国煤矿地面预注浆、工作面预注浆工程项目方面取得的科研成果。会议期间，交流的论文主要包括综合注浆技术、S形钻孔注浆技术以及地面注浆与揭穿突出煤层的关系等内容，东北大学、上海隧道公司、北京五维地下工程有限公司、铁道部隧道科研所等外系统单位的专家、学者介绍了他们在注浆堵水加固技术及其应用方面的成就与发展。中国煤炭学会副理事长、矿井建设专业委员会主任陈明和在会上做了重要讲话。

1.3.20　1999年立井井筒施工技术学术会议

1999年10月22—25日,中国煤炭学会矿井建设专业委员会在浙江省舟山市召开了"立井井筒施工技术学术会议"。到会代表46人,共发表论文77篇,有10位代表做了学术报告。这77篇论文被收录在由煤炭工业出版社出版的《立井井筒施工技术——中国凿井技术50年论文集》中。

1.3.21　2000年井筒井壁破坏机理及防治技术研讨会议

2000年9月19—21日,中国煤炭学会矿井建设专业委员会与煤炭工业技术委员会矿山建设专业委员会在江苏省无锡市召开了"井筒井壁破坏机理及防治技术研讨会议"。参加会议的代表共63人,发表论文58篇。冻结法和钻井法是我国煤矿井筒建设施工的重要方法,40多年来,在广大科研、设计、教学、施工人员的积极努力下,取得了长足的进步,其总体技术已达到或接近国际先进水平。近年来,冻结法又成功地应用到地下铁道、地下仓库、桥梁建设等困难地层的城建项目中,表明了冻结技术具有广泛的适用性。自1987年以来,我国的淮北、永夏、徐沛、兖州等矿区有40多个用冻结法和钻井法施工的井筒井壁出现了破坏现象,给煤矿的安全生产造成极大的影响,部分矿井被迫停产修复,造成巨大的经济损失,引起地质、建井和采矿各方面专家的高度重视,并进行了研究和卓有成效的治理。这些井壁的破坏多发生在第四系表土层与基岩交界面附近,且集中在每年的七八月份,破坏形态近似,地表下沉明显。采用破壁注浆、地面注浆等方法处理井壁破坏,取得了一定成效,同时对新建井壁结构也采取了一系列措施,但仍有许多亟需研究探讨的问题。各方面的专家、学者对井壁破坏的原因、机理、处理方法和新的井壁结构形式进行了深入的研究,取得了许多成果。为了更好地总结经验,促进新型井壁结构的研究,以有效解决井壁破坏问题,矿井建设专业委员会等单位联合召开了这次学术研讨会并出版论文集。论文集共包括6部分,收录施工工艺与实践、破坏理论、检测方法、井壁结构设计等方面论文58篇,其对井筒设计、施工、科研、教育、生产、安全等各方面人员有一定的参考价值。

1.4　全国矿山建设学术会议

1.4.1　2001年全国矿山建设学术会议

2001年8月20—23日,由中国煤炭学会矿井建设专业委员会主办、山东科技大学承办的"2001年全国矿山建设学术会议"在山东省泰安市召开。本次会议由"全国高等学校矿山建设专业年会""苏鲁皖冀彭四省一市煤炭建井学术年会"和"中国煤炭学会矿井建设专业委员会学术研讨会"联合组成。会议共征集到学术论文126篇,经评审小组评审,共录用论文95篇。这些论文集中反映了矿井建设、地面建筑、岩土工程、工程管理等方面的成果,旨在总结和探讨该领域的发展,促进我国矿山建设学术交流。

1.4.2　2002年全国矿山建设学术会议

2002年8月26—29日,由中国煤炭学会煤矿建设专业委员会主办、河南煤炭学会矿井建设专业委员会承办的“2002 年全国矿山建设学术会议”在河南省郑州市召开。参加这次会议的共有 130 名来自全国各地的专家、学者。中纪委委员、中国煤炭学会理事长、煤矿建设专业委员会名誉主任濮洪九，河南省副省长张以祥等出席会议并讲话。与会专家表示，煤矿建井的春天即将来临，对矿井建设也提出了新的要求和挑战。矿山建设包含的内容很丰富，有井巷开拓、特殊凿井、地面工业广场的建筑、机电设备安装、地质勘探与煤矿设计等，矿井投产后要实现高产高效，必须在矿山建设时期打好基础。当前煤炭开采深度不断加大，矿井建设难度也越来越大。东部矿井开发的冲积层越来越深，如山东巨野煤田已经达到 600 m 左右，这给矿山建设加大了难度。因此，必须加大科研投入，开发新技术，用新技术指导矿山建设，把科研与建设结合起来。与会专家指出，今后的矿山建设，要加强信息建设和沟通，建立矿山建设信息网，为矿山建设的经验和技术交流提供一个及时便利的窗口；要成立矿山建设专家委员会，充分发扬矿山建设的精神，培养一批年轻有为的矿山建设人才，使矿山建设不断向前迈进。与会专家强调，矿山建设的眼光不能局限于煤矿，要面向整个矿山，要在其他行业也能发挥煤矿建设队伍特别能战斗的光荣传统，为整个矿山建设服务。同时要及时吸收消化国际矿山建设方面的经验，以提高我国矿井建设的科技水平。

1.4.3 2003 年全国矿山建设学术会议

2003 年 8 月 12—15 日，由中国煤炭学会煤矿建设专业委员会主办、辽宁工程技术大学承办的“2003 年全国矿山建设学术会议”在辽宁省大连市召开。这是矿山建设学术交流的盛会，也是煤矿建设行业相互合作的会议。随着国民经济的发展，煤炭作为我国基础能源仍占主要地位，煤炭供需关系逐年变化，形势越来越好。市场经济改革、科学技术进步、煤炭资源条件变化，对新的煤矿建设提出了更高的要求——新的矿区建设与开发势在必行。如山东巨野、安徽顾桥和刘庄等矿区均积极开发建设，这些新区冲积层厚、井深大、地压大、地温高，开发起来有一定难度，这就要求尽快对这些矿山建设条件加以研究。建筑工业新工艺、新技术、新材料以及新设计突飞猛进的发展，为建井工作者高质量、高速度、高水平、低成本地建设矿山地面工程创造了条件。这就要求建井工作者要用先进的科学技术、装备和管理手段武装自己，以适应和促进矿山建设的发展。本次矿山建设学术年会力图通过学术交流，为提高行业的科学技术水平尽一些力量。经过全国矿山建设专家、学者和工程技术人员及经营管理者几个月的辛勤劳动，报送论文达 240 篇，征得论文范围之广、文章之多是近年来空前的，文章的水平也较往年有所提高。这些论文涉及矿山建设的各个方面，有较高的科学性、先进性、学术性和实用性，经过专家评选纳入本届年会论文集的论文达 180 篇，包括矿山建设专题综述、立井与硐室的设计与施工、巷道的设计与施工、土木工程及其他类、机电设备与安装及矿山工程管理等。入选论文的共同特点是密切结合生产建设实践，抓住科研关键，使科研与生产相结合、理论与实践相结合，有一定的理论深度与学术水平，对解决矿山施工的某些疑难问题和提高施工技术水平有一定的指导意义。论文的作者有经验丰富的老专家、老教授，也有许多勇于开拓进取、乐于奉献、与时俱进的中青年技术人员和经营管理者。

1.4.4 2004 年全国矿山建设学术会议

2004 年 8 月 6—10 日，由中国煤炭学会煤矿建设与岩土工程专业委员会主办、淮北矿业(集团)有限责任公司承办、国投新集能源股份有限公司协办的“2004 年全国矿山建设学术会议”在安徽省黄山市召开。来自全国煤矿建设、科研、高等院校、设计等64家单位的代表167人参加了会议。全国广大工程建设者踊跃撰稿,本次会议共收到有关学术论文240余篇,经过专家审阅共收录189篇,并由中国矿业大学出版社正式出版论文集。会议组织了12名专家对论文进行评选,选出优秀论文25篇。

会议由原煤炭部总工程师、中国煤炭学会顾问、中国煤炭学会煤矿建设与岩土工程专业委员会主任陈明和教授主持并致开幕辞。出席会议的还有中国工程院洪伯潜院士、淮北矿业(集团)李伟总工程师、中国煤炭建设协会安和人副会长、中国矿业大学王建平副校长及李明远、郑高升、王长生、周国庆等。安徽建筑工业学院程桦院长、中国工程院洪伯潜院士、中国煤炭建设协会安和人副会长、煤炭科学研究总院北京建井研究所李功洲副所长和中国矿业大学岩土所杨维好所长等做了专题报告。本届年会是在我国煤炭生产及煤矿基本建设蓬勃发展的形势下召开的,新的快速建井纪录不断涌现。山东淄博矿业集团仅用7年时间建成年实际生产能力超过800万吨的矿区,创建了快速高效建井的“济北模式”,其中,唐口矿3个千米立井平均月成井均超过了100 m,中煤第一建设公司49工程处在朝阳煤矿主井创造了单月进尺220.6 m的全国最高纪录。巨野龙固2个主井钻井深度582.7 m获得成功,济西与程村冻结深度分别达到了488 m和485 m,这些成功的经验均在论文集中有所表述。论文集分专题综述、立井及相关硐室设计与施工、冻结法施工、地质水文与注浆堵水加固、矿井设计与施工、矿山建设技术在其他相关领域的应用、建筑设计与施工、机电与安装、工程管理等部分。中国煤炭学会煤矿建设与岩土工程专业委员会秘书长王长生研究员做大会总结。报告指出,由于我们的学术会议比较结合实际,会议代表一致反映收获较大,因而积极参加,使学术会议无论从参加人数,还是论文投稿数量、论文出版与交流的数量均有逐年上升的趋势。我们相信在与会代表的共同努力下,全国矿山建设学术年会一定会越办越好。2005年学术会议的主题是:继续广泛深入地探讨深厚冲积层建井技术;缩短矿井建设工期,快速建井;岩石巷道综合机械化快速施工;优化矿区、矿井设计;井巷工程质量检测技术。会议确定2005年全国矿山建设学术会议由中国矿业大学承办。中国矿业大学王建平副校长、建筑工程学院周国庆院长在大会表态一定要筹备好2005年的学术年会。会议对本届年会的承办单位——淮北矿业(集团)有限责任公司在论文集的出版及会议顺利召开的服务工作等方面的贡献深表感谢。

1.4.5　2005年全国矿山建设学术会议

2005年8月6—8日,由中国煤炭学会煤矿建设与岩土工程专业委员会和全国高校矿山建设专业学术会主办、中国矿业大学承办的“2005年全国矿山建设学术会议”在新疆乌鲁木齐市召开。会议由陈明和主任主持,中国煤炭学会濮洪九理事长出席了会议并做了重要指示。来自全国基建、生产、科研、设计、高校等20多家单位的156人参加了会议。

大会由煤矿建设与岩土工程专业委员会常务副主任周兴旺致开幕辞。中国煤炭学会理事长濮洪九亲临大会开幕式,并做了重要讲话。他从国家能源发展战略的高度,特别是从煤炭行业科学发展及可持续发展的角度详细分析了煤炭工业的现状,提出了煤炭工业和矿山建设的发展方向就是建设高效、安全、环保的现代化矿井。他还向与会代表介绍了《关于促进煤炭工业健康发展的若干意见》(国发〔2005〕18号)的主要内容,特别强调了煤炭企业应保持清醒的头脑,了解市场、分析市场,保持煤炭行业平稳有序发展,避免煤炭行业的大起大落，同时指出煤炭行业必须坚持科教兴煤的战略，重视人才、保护人才和吸引人才，高校要加强矿业人才的培养，保证行业的人才竞争力和可持续发展。

新疆维吾尔自治区政府副秘书长俞贞贵到会祝贺，并向代表们介绍了新疆的政治、经济和社会发展情况，特别对新疆的煤炭资源及其开发战略做了重点介绍。新疆煤炭管理局、煤矿安全监察局党组书记杜鲁坤向与会代表介绍了新疆的煤炭生产情况及开发计划，新疆煤炭储量异常丰富，正在加大开发力度，生产能力将逐步达到1亿吨。为解决运输问题，煤变油、煤变气、煤变电将成为重要的技术方向。目前神华等国内外企业开始介入新疆煤炭资源的开发。

会议特邀4位专家做了专题报告。为建设安全、环保型现代化矿井，变害为利、变废为宝，中国煤炭学会顾问、煤矿建设与岩土工程专业委员会主任陈明和做了“煤矿建设的同期必须加强瓦斯综合利用和治理”的专题报告，分析了我国煤层瓦斯排放的现状，提出了在建井期间对瓦斯进行综合治理和利用的措施和方法，有着巨大的经济效益和社会效益。中国煤炭建设协会副会长安和人介绍了2004年以来煤矿建设的基本情况及协会的工作，并就“工程总承包和项目管理的发展”做了专题报告，为煤矿建筑企业的体制改革、进入国际市场、增强市场竞争力和适应性提供了新的思路。中国矿业大学崔广心教授的专题报告“深表土中地下工程特殊施工法”，分析了我国煤矿建井面临的技术难题和技术发展方向，提出了必须加强深土力学、深土冻土力学、深部地下结构工程力学的理论研究和技术创新，同时把技术优势向非矿山领域拓展，迎接地下工程世纪的挑战。济南煤炭设计院何国纬设计大师在“矿井建设的若干问题”的专题报告中，系统介绍了我国煤矿设计的发展历程，对现代化矿井设计的发展提出了“综合机械化开采是核心，集中生产、合理开拓是关键，运输连续化、提升自动化是保证”等一整套设计的思想、理念和方法。

会议共收到论文326篇，其中的229篇收入论文集并由中国矿业大学出版社正式出版。会议评选出优秀论文29篇。部分优秀论文在大会上进行了宣读，内容包括深厚表土冻结法凿井的理论及关键技术研究、巷道快速施工技术、施工装备、项目管理等。会上中煤第一建设公司、淮南矿业集团、淮北矿业集团分别介绍了集团的现状及发展战略规划。高校代表还就矿山建设的学科发展、专业建设、人才培养进行了交流，并希望高校间进一步加强合作和交流。会议在广泛交流和研讨的基础上，由高校矿山建设学术会秘书长王建平做大会总结。与会代表一致认为，随着煤炭资源的不断开发，矿山建设的自然条件越来越恶劣，技术难度越来越大，从事矿山建设的设计、施工、科研、高校、生产企业以及装备厂家和管理部门，必须通力合作，共同应对深井建设面临的巨大挑战，积极倡导、呼吁参与和支持深井建设的研究，积极推动相关的科学研究项目和技术创新，煤炭建筑企业应积极进行组织的革新，通过联合、兼并等多种方式，实现组织的再造，积极推广工程总承包，项目管理的工程承包及管理模式，不断提高深井建设的设计、施工管理水平，增强矿山建设行业的核心竞争力，保持行业的可持续发展。为此，要进一步加强煤矿建设与岩土工程专业委员会的工作，期望更多的专家、学者、科技人员、管理人员积极参与一年一度的矿山建设学术年会。会议决定，2006年全国矿山建设年会由淮南矿业集团承办。

1.4.6 2006年全国矿山建设学术会议

2006年8月17—19日，由中国煤炭学会煤矿建设与岩土工程专业委员会主办、淮南矿业集团承办的“2006年全国矿山建设学术会议”在云南省昆明市召开。随着国民经济发展对能源需求的不断加大,建设大型煤炭基地和现代化矿井已成为国家的重要战略决策。2004年建成安全高效矿井177处,年产量达5.6亿吨,占全国总产量的28.7%;2005年,国有大矿在建规模4.5亿吨;2006—2010年计划建设规模4.4亿吨。我国浅部煤矿大部分已被开发,涉及特厚冲积层的煤炭开采将逐年增多并达到较大的规模,煤炭资源的不可再生性,使建设大型煤炭基地竖井必然要走向由浅转深、由易转难的阶段,因而如何穿过深厚冲积层建井,就成为我们共同面对的关键性技术问题。近几年,煤矿建设单位、施工企业、设计研究院所、高等院校和施工装备厂家抓住煤矿建设的良好机遇,积极提高自主创新能力,形成产学研密切协作、优势互补的格局,为解决矿井建设面临的共性、关键性技术难题发挥了聪明才智,迈出了可喜的一步。本次会议收到论文409篇,达到历届年会的高峰。结合郭屯、龙固、淮南丁集等一批深井建设中的问题,广大基层科技人员大胆探索、勤奋实践,推动了相关技术的发展,总结出了丰硕的成果和经验。这些论文经专家多层次审查,最终选取266篇结成论文集,并评选出29篇优秀论文。论文集所选内容涵盖了深厚冲积层特殊凿井技术的设计理论,深井施工技术,矿井深部巷道的高地应力、软岩及大断面支护等主要技术问题,突出解决一个“深”字,将对业界同行大有裨益。我们要贯彻落实科学发展观,将推动自主创新作为学术交流的重要任务,活跃学术思想,促进企业成为自主创新的主体;及时总结、传播煤矿建设中的新理论、新技术和新工法,搭建创新人才培养的平台;大力推进以企业为主体、以市场为导向、产学研紧密结合的技术创新体系建设,为矿建领域的科技进步做出贡献。

1.4.7 2007年全国矿山建设学术会议

2007年9月17—18日,由中国煤炭学会煤矿建设与岩土工程专业委员会主办、河南理工大学承办的“2007年全国矿山建设学术会议”在湖北省宜昌市召开。来自建设单位、施工单位、科研设计与高等院校各方面代表109人出席了会议。会议出版论文集一册,收录论文180篇。经过专家组评选,共评出优秀论文27篇,并在大会上做了表彰。本次会议交流了煤矿建设的新技术、新经验。中国工程院院士洪伯潜做了题为“再论钻井井壁悬浮下沉轴向稳定”的报告,宣化华泰矿冶机械有限公司总经理任清做了题为“岩石巷道机械化掘进作业线的调研”报告,煤炭科学研究总院建井分院王强高级工程师做了题为“反井钻井技术在地下工程中的应用与发展”的报告,安徽建筑工业学院院长程桦教授做了题为“深厚表土层大型钻井井壁设计理论与施工技术”的报告,中国矿业大学杨维好教授做了题为“基岩冻结单层井壁研究”的报告,山东科技大学王明远教授做了题为“深部巷道支护技术”的报告。这些专题报告内容涵盖了矿山建设的井筒与巷道、掘进与支护、特殊凿井与普通凿井,使代表对煤矿建设的现状与前景有了进一步了解。优秀论文的作者苏生、庞荣庆、郭永富等在大会上宣讲了自己的论文。

1.4.8 2007年煤矿岩巷掘进机械化作业线学术研讨会议

2007年11月28日,由中国煤炭学会煤矿建设与岩土工程专业委员会主办、宣化华泰矿冶机械有限公司承办的“煤矿岩巷掘进机械化作业线学术研讨会议”在河北省宣化市召开。

出席会议的有神华、淮南、淮北、徐州、邯郸、鹤壁、峰峰、平煤、大同、霍州、西山、兖矿、新汶、铁法、白沙等矿业集团，中煤一建、五建等施工单位，煤炭科学研究总院建井研究分院及会议承办单位宣化华泰矿冶机械公司共计 77 名代表。经过紧张的报告和研讨，大家一致认为这次会议开得很有必要，与会代表简明扼要地介绍和总结了目前全国岩巷掘进施工的现状，提出了存在的问题，并对岩巷掘进机械化作业线提出了许多宝贵的建议，会议取得了圆满成功。

1.4.9 2008 年全国矿山建设学术会议

2008 年 10 月 12—13 日，由中国煤炭学会煤矿建设与岩土工程专业委员会主办、国投新集能源股份有限公司承办的“2008 年全国矿山建设学术会议”在安徽省黄山市召开。来自建设单位、施工单位、科研设计单位、监理单位及大专院校等 38 家单位的 137 名代表出席了会议。名誉主任陈明和教授主持开幕式。国投新集能源股份有限公司刘谊总经理致欢迎辞。安徽煤矿安监局桂来保局长介绍了安徽煤炭生产形势并欢迎与会专家到安徽开展工作。煤矿建设与岩土工程专业委员会主任周兴旺研究员宣读了中国煤炭学会文件《关于第 6 届煤矿建设与岩土工程专业委员会组成人员的批复》，总结了第 5 届煤矿建设与岩土工程专业委员会的工作，提出了煤矿建设生产实践要与科学发展观紧密结合的主题，并对下一步工作提出了几点设想。会上，中国工程院洪伯潜院士做了题为“钻井法凿井持续发展的技术关键”的专题报告，国投新集能源股份有限公司郑高升副总经理做了题为“新集矿区建设发展实践”的专题报告，宣化华泰矿冶机械有限公司李志坚总工程师做了题为“煤矿竖井 YSJZ4.8 液压钻机及电动小型挖掘机技术探讨”的专题报告，安徽建筑工业学院程桦院长做了题为“我国深厚冲积层冻结法凿井技术新进展”的专题报告，煤炭科学研究总院建井研究分院副院长刘志强研究员和煤炭工业合肥设计院汪春芹副所长等优秀论文作者宣讲了优秀论文。本届年会文集共收录论文 245 篇，分上、下两册正式出版，经专家组评选，共评出优秀论文 29 篇，大会对优秀论文的作者进行了表彰。

煤矿建设与岩土工程专业委员会主任周兴旺研究员做会议总结，他指出这次会议规模大、论文水平高，达到了广泛交流的目的；这次会议的承办单位国投新集能源股份有限公司及协办单位安徽建筑工业学院、安徽理工大学做了大量的工作，并代表大会向他们表示感谢。同时，对今后的相关工作提出了几点意见：一是要继续贯彻落实中国煤炭学会“1248 品牌工程”的要求，把全国矿山建设学术年会办成有影响的、一流的学术年会，要与时俱进地进一步开展学术交流活动；二是要充分利用专家资源，进一步拓展咨询活动，“十二五”期间，在解决西北地区大直径井筒建设、斜井通过复杂地层特殊施工工法和岩巷掘进机械化作业线、解决采掘失调等方面做一些工作；三是要通过成果鉴定、成果集成和工法集成形成重大成果，对煤矿建设近年来技术日新月异的进步给予充分的评价。最后指出，一定要继续民主办会，大力发展学会会员与资深会员，充分利用委员单位的资源，通力合作办好专业委员会的各项工作。

1.4.10 2009 年全国矿山建设学术会议

2009 年 11 月 16—20 日，由中国煤炭学会煤矿建设与岩土工程专业委员会主办，安徽建筑工业学院承办，国投新集能源股份有限公司、中煤矿山建设集团有限责任公司、淮北矿业(集团)有限公司协办的“2009年全国矿山建设学术会议”在福建省厦门市召开。出席会议的有来自全国矿山建设的建设、施工、科研设计和大专院校等53家单位的176名代表。会议正式出版论文集2册,收录论文248篇,评选出优秀论文23篇,部分优秀论文在大会进行了宣读。会议首先由安徽建筑工业学院程桦院长致欢迎辞。国家能源咨询专家委员会副主任、中国煤炭学会濮洪九理事长发表讲话,他对大会召开表示祝贺。煤矿建设与岩土工程专业委员会周兴旺主任发表讲话,对这次盛会的承办及协办单位所做的工作给予了充分肯定,并介绍了专业委员会的工作,近几年来煤矿建设方面取得的成绩以及对西部地区开发的一些设想。中国工程院洪伯潜院士做了题为“千米深井钻井法凿井井壁结构优化设计”的报告,淮南矿业集团唐永志副总工程师做了题为“淮南矿区深部大型矿井建设关键技术”的报告,新汶矿业集团张开顺副总经理做了题为“龙固矿深井大断面巷道与硐室软弱围岩控制技术”的报告,安徽建筑工业学院程桦院长做了题为“我国西部地区新井建设关键技术问题”的报告,煤炭科学研究总院建井研究分院龙志阳副所长做了题为“千米深井凿井技术及发展新动向”的报告,牛学超教授、方运买高级工程师、李现春教授级高级工程师、王明远教授、郭永富教授级高级工程师、李明教授级高级工程师、李振东教授级高级工程师也做了精彩的报告。周兴旺主任做了大会总结报告。报告总结了全国矿山建设学术年会的特点是:学术气氛浓,内容广泛,涵盖了特殊凿井、井巷工程、新成果、新经验等。

1.4.11　2010年全国矿山建设学术会议

2010年11月2—5日,由中国煤炭学会煤矿建设与岩土工程专业委员会主办、新汶矿业集团承办、山东科技大学协办的“2010年全国矿山建设学术会议”在海南省三亚市召开。来自全国各地的煤炭企业集团、施工单位、科研设计院所、大专院校、生产厂家等共计36家单位的118名代表出席了会议。会议收到论文512篇,从中选出论文255篇,由山东科技大学编辑出版学报2册。经过专家组评审,选出优秀论文37篇,其中一等奖10篇、二等奖12篇、三等奖15篇。中国煤炭学会煤矿建设与岩土工程专业委员会名誉主任陈明和主持开幕式。山东新汶矿业集团副总经理张开顺致开幕辞。中国煤炭建设协会理事长安和人做了“我国煤矿建设基本情况”的报告,总结了“十一五”煤炭生产的基本情况、煤矿建设的规模与投资、获得国家奖励的煤矿基本建设工程、设计与施工企业的基本情况、施工最高纪录、标准与规范、施工安全等。大会学术交流由专业委员会副主任张开顺与秘书长王长生主持。共有8位专家、教授做了学术报告。安徽大学校长程桦教授做了题为“深立井连接硐室群围岩失稳的研究”报告,国投煤炭集团李功洲研究员做了题为“600 m特厚冲积层冻结法凿井关键技术研究与应用”报告,山东科技大学王渭明教授做了题为“西部软岩特征与建井关键技术研究”报告,宣化华泰矿冶机械公司研发部刘建主任做了题为“全液压竖井钻机的研发与应用”报告,北京科技大学刘娟红教授做了题为“高矿化地下水腐蚀环境中混凝土井壁劣化的问题与对策”报告。中煤矿山建设集团71处郭保国总工程师等宣讲了优秀论文。煤矿建设与岩土工程专业委员会主任周兴旺主持闭幕式并做了大会总结报告。报告总结了近年建井技术的累累硕果,提出再接再厉为“十二五”做出贡献,解决西部地区煤矿建设、超千米深井建设、岩巷安全快速施工等技术难题,并对山东新汶矿业集团承办这次学术会议给予的人力及资金的大力支持表示感谢,对山东科技大学出版学报2册(论文集)以及会务组的辛勤劳动表示感谢。中平能化建工集团有限公司董事长仝洪昌接会旗,表示要承办好2011年全国矿山建设学术会议,进一步搭建好相互沟通交流的平台。

1.4.12 2011年全国矿山建设学术会议

2011年10月25—26日,由中国煤炭学会煤矿建设与岩土工程专业委员会主办,中平能化建工集团有限公司承办,河南理工大学、邯郸君强矿山科技有限公司等单位协办的"2011年全国矿山建设学术会议"在贵州省贵阳市召开。出席会议的有来自全国大型煤矿企业集团公司、科研院所、设计院、大专院校的113名代表。中国煤炭学会煤矿建设与岩土工程专业委员会名誉主任陈明和主持开幕式。承办单位中平能化建工集团有限公司总经理仝洪昌致欢迎辞。秘书长王长生宣读本届学术年会优秀论文作者。本届学术年会共收到论文370篇,其中137篇入选2011全国矿山建设学术年会论文集(《河南理工大学学报》增刊出版)。经评审,确定《772～800 m全井深冻结安全快速施工经验体会》等22篇论文为该年会优秀论文,其中一等奖8篇、二等奖14篇。大会特邀知名专家做学术报告。安徽大学校长程桦教授的报告为"我国西部地区新井建设存在关键技术问题及对策",中国矿业大学杨维好教授的报告为"含水岩层中单层冻结井壁技术研究进展"。年会优秀论文获奖作者宣讲了论文。天地科技建井研究院刘志强宣讲论文为《ZFY3.5/400 d电控反井钻机技术及应用》,兖矿新陆建设发展有限公司檀鲁新宣讲论文为《热虹吸蒸发式撬块在矿井冻结工程中的应用》,南京设计研究院李现春宣讲论文为《井筒装备创新设计》,邯郸君强建筑科学研究院王丽娟、北京科技大学刘娟红、安徽理工大学李栋伟等也宣讲了论文。煤矿建设与岩土工程专业委员会主任周兴旺主持闭幕式及总结讲话。讲话中总结了"十一五"煤矿建井技术取得的进展,展望了"十二五"煤矿建井技术即将开展的研究项目。专业委员会挂靠单位天地科技建井研究院院长周立讲话,表示将一如既往地支持专业委员会的工作。

1.4.13 2012年全国矿山建设学术会议

2012年11月17—18日,由中国煤炭学会煤矿建设与岩土工程专业委员会主办,中煤矿山建设集团有限责任公司承办,安徽理工大学、安徽大学和煤矿深井建设技术国家工程实验室协办的"2012年全国矿山建设学术会议"在广东省广州市召开。中国煤炭学会理事长濮洪九出席会议,并做了重要讲话。中煤矿山建设集团有限责任公司董事长赵士兵致辞。中国矿业大学力学与建筑工程学院院长靖洪文教授作为特邀专家出席了会议,并做了关于"新上海一号煤矿副井马头门合理支护技术研究"的专题报告。这次学术会议,共吸引了来自矿山施工、煤炭生产、装备制造、设计监理、高等院校等相关行业的160名代表参加,也是矿建行业规模最大、成果最多的学术会议之一。本次会议论文集收录论文128篇。经严格评审,《矿山建设施工技术和装备的应用与发展》《西部地区软岩地层钻井法施工立井井筒的可行性论证》《我国煤矿井筒地面预注浆关键装备发展现状及展望》《深立井连接硐室群围岩控制技术及支护对策》等18篇优秀论文在会上进行了交流和研讨,得到了与会代表的一致好评。

1.4.14 2013年全国矿山建设学术会议

2013年11月5—7日,由中国煤炭学会煤矿建设与岩土工程专业委员会主办、中国矿业大学承办的“2013年全国矿山建设学术会议”在江苏省徐州市召开。来自全国煤炭行业研究、设计、施工、经营管理的知名专家、学者共计248人参加了会议。大会采取特邀报告、专题报告与现场互动讨论交流等方式进行学术交流，其内容丰富多彩。在为期3天的学术交流会上，中国煤炭建设协会会长安和人的特邀报告全面分析了我国煤矿基本建设情况和煤炭行业形势，中国煤炭科工集团华宇公司副所长李志刚的特邀报告系统介绍了我国第十四大煤炭基地——新疆煤炭基地的开发规划和开发进展情况，安徽大学校长程桦教授、中煤第三建设集团总工程师王厚良教授级高级工程师、中国矿业大学力学与建筑工程学院院长靖洪文教授、深部岩土力学与地下工程国家重点实验室博士生导师杨维好教授等19位专家学者做了精彩的学术报告，内容涉及矿井建设过程中的环境保护与节能减排技术，深井降温与防治水技术，矿井建设自动化集成技术与应用，西部地区矿井建设关键技术与工程实例，深部软岩支护技术与应用，矿山井巷工程、隧道工程机械化快速施工技术，深立井、长斜井冻结法施工技术，注浆技术在矿山井巷工程及其他岩土工程中的应用，西部井筒钻井法施工可行性研究，煤矿建设与岩土工程项目管理等。学术报告整体水平很高，综合反映了近年来我国煤矿基本建设领域的最新研究成果、最新技术成果及前沿研究方向，得到了与会专家、学者及现场工程技术人员的极大关注，并就相关问题展开了热烈的讨论，积极为解决现场工程技术难题献计献策，充分体现了大会公平、公正、公开的学术氛围，搭建了百花齐放、兼容并蓄的交流平台，建立了理论研究与现场实践结合的纽带。煤矿建设与岩土工程专业委员会主任周兴旺代表组委会对大会做了全面的总结。他指出，今年的学术年会是历年来规模最大、学术交流最充分、学术氛围最浓厚的一次会议，本次会议的召开，交流了国内外矿山建设最新动态，展示了矿山建设近年来的建设成就，对促进我国矿山建设技术进步、推动矿山建设发展起到了积极的作用。周兴旺主任充分肯定了此次会议的成功，高度评价了会议的学术水平及实践价值，较好地发挥了学会综合学术平台的交流功能，希望今后充分发挥学会这个平台的作用，将会议办得更好、更成功。本次会议发表论文136篇，出版了两集学报增刊，并且单独出版论文集，评选出2013年度全国矿山建设优秀学术论文23篇，其中一等奖5篇、二等奖18篇。

1.4.15　2014年全国矿山建设学术会议

2014年10月18—20日，由中国煤炭学会煤矿建设与岩土工程专业委员会主办，中国矿业大学(北京)力学与建筑工程学院、天地科技建井研究院承办，华煤集团有限公司、北京华培中创文化发展有限公司等单位协办的“2014年全国矿山建设学术会议”在北京市召开。本次会议围绕矿山工程建设领域的技术进步和前瞻性问题进行了交流、研讨。来自国内政府主管部门、高校、科研院所、矿业企业等60多家单位的212名代表，共同就具有推广价值的新技术、新工艺和新产品等热点技术问题进行了深入交流和探讨。天地科技股份有限公司周兴旺主持开幕式并介绍与会领导、专家和代表，中国矿业大学(北京)校长杨仁树教授致欢迎辞，中国煤炭工业协会名誉会长、中国煤炭学会名誉理事长、原煤炭工业部副部长濮洪九，中国煤炭建设协会会长安和人出席大会开幕式并做报告。会议共收到论文172篇，已汇编成论文集，内容涉及建井理论，井壁安全，立井井筒施工，斜井、巷道与硐室施工，地面建筑及一般岩土工程，工程管理等方面。这次会议论文总体上学术水平较高，已向《煤炭学报》投稿9篇、向《岩石力学与工程学报》投稿6篇，另在《建井技术》发表54篇。在172篇论文中，评选出年会优秀论文31篇，其中，一等奖4篇、二等奖13篇、三等奖14篇，会上向获奖作者颁发了奖证。中国工程院院士、北京科技大学蔡美峰教授做了题为“矿山建设工程中的岩石力学研究”的报告，国家安全生产监督管理总局技术委员会委员、国家煤矿安全监察局水害防治专家组组长、中国矿业大学(北京)武强教授做了题为“我国矿井水防控与资源化利用的研究进展、问题和展望”的报告，中国煤炭科工集团煤炭工业规划设计研究院李瑞峰教授做了题为“煤炭峰值预测和对策”的报告，中国煤炭科工集团有限公司首席科学家、天地科技建井研究院副院长、煤矿深井建设技术国家工程实验室主任刘志强研究员做了题为“凿井新技术装备发展”的报告。

1.4.16 2015年全国矿山建设学术会议

2015年10月29日，由中国煤炭学会矿山建设与岩土工程专业委员会主办，重庆巨能建设(集团)有限公司承办，北京科技大学、天地科技建井研究院、重庆市煤炭学会、重庆大学、煤矿深井建设国家工程实验室、《建井技术》和《煤炭科学技术》编辑部等协办的“2015年全国矿山建设学术会议”在重庆市召开。来自全国60多家科研院所、矿业企业，以及相关职能部门的246名专家、学者参加了会议。本次会议由中国煤炭学会矿山建设与岩土工程专业委员会主任周兴旺主持。

大会开幕式上，重庆煤炭学会理事长杨晓峰、重庆能源投资集团副总经理李文树、重庆巨能建设(集团)有限公司董事长刘英杰分别致欢迎辞，对前来参会的专家学者表示了热烈的欢迎。会上，首先由中国煤炭学会综合部部长岳燕京宣读第7届矿山建设与岩土工程专业委员会委员组成人员名单，她就专业委员会成立35年来，全国矿山建设学术会议成为中国煤炭学会品牌学术年会作了说明，并对开展学术活动所取得的成就给予充分肯定。本次大会针对我国矿山工程建设领域的关键技术和热点问题，尤其是在西部地区和深部矿井建设中所面临的关键问题，以及矿井建设领域的新技术、新工艺、新成果、新观点等方面进行了交流。

大会特别邀请了中国科学院院士宋振骐、深圳地铁集团总工程师陈湘生、重庆大学郑林江副教授、中国矿业大学(北京)高延法教授4位专家做特邀报告。4位专家分别对煤矿安全高效开采和环境灾害控制理论及技术发展、城市轨道交通地下工程建设技术与管理、基于物联网的煤矿粉尘在线监测大数据服务平台、深井软岩巷道钢管混凝土支架支护技术等课题做了全面深入的分析。此外，来自国家安全生产监督管理总局老干部局、同济大学、武汉大学、安徽理工大学、北京科技大学、重庆能源投资集团科技公司、天地科技建井研究院等单位的10名专家、学者做了学术报告，内容包括“我国深井冻结法凿井井壁结构形式探讨”“深部破裂软弱围岩，流变应力恢复法是地应力测试的有效方法”“煤矿深立井连接硐室群围岩扰动效应与控制技术”“腐蚀环境中立井井壁服役安全问题与对策研究新进展”“煤矿井下控制水力压裂增透关键技术及应用”“松藻软煤锚杆支护和锚杆固压作用机理的探索和实践”“‘十二五’建井新技术工艺与装备发展”等，全面涵盖建井理论基础研究、冻结理论技术、软煤支护技术、TBM硬岩掘进技术等内容。同时，大会还对各种新技术、新工艺、新产品和矿山建设图书等进行了推广宣传。学术报告结束后，中国煤炭学会矿山建设与岩土工程专业委员会主任周兴旺做会议总结。他表示，此次会议承办单位服务周到细致，与会专家、学者的学术报告非常精彩，使行业内外得到了广泛的交流，涌现出了一批新技术、新工艺，为美丽矿山建设做出了贡献。随后,他做了第6届矿山建设与岩土工程专业委员会工作报告和第7届专业委员会工作安排,他希望第7届专业委员会继续开展好学术交流,搞好学术年会,更好地为各位专家、学者服务。最后,重庆巨能建设(集团)有限公司副总经理李永强将会旗交接给了2016年会议承办单位河南理工大学,并祝愿学术年会越办越好。河南理工大学校长杨小林接过会旗后表示,将借鉴各届学术会议的承办经验,继续办好2016年的学术会议,同时也欢迎广大专家学者参加2016年学术会议。本次会议收录论文116篇,论文汇集了矿山建设工程领域的新理论、新材料、新工艺、新装备及应用经验等方面的最新研究成果,会议评选出优秀论文20篇。本次大会发行了中国煤炭学会矿山建设与岩土工程专业委员会成立35周年纪念册。

1.4.17 2016年全国矿山建设学术会议

2016年10月21—22日,由中国煤炭学会矿山建设与岩土工程专业委员会主办、河南理工大学和河南省煤炭学会矿井建设专业委员会承办的"2016年全国矿山建设学术会议"在河南省焦作市召开。会议主要围绕矿山工程建设领域的关键技术和热点问题进行了交流和探讨,邀请业界知名专家做专题报告,推介和宣传近年来矿山建设领域取得的新技术、新工艺、新材料和新设备。近50家单位包括高校、科研院所和企事业单位的160位专家、学者,以及河南理工大学部分师生参加了本次会议。矿山建设与岩土工程专业委员会常务副主任、天地科技建井研究院副院长刘志强主持开幕式。河南理工大学校长杨小林致欢迎辞。中国煤炭建设协会理事长孙守仁,中国煤炭学会综合部主任岳燕京,河南省煤炭工业管理办公室、河南省煤矿安全监察局、河南省发展改革委能源局等相关领导参加会议。孙守仁理事长在讲话中运用大量数据,指明了我国煤炭事业的发展趋势及研究方向,介绍了我国在控制煤炭产能、限制地区煤炭开采等方面采取的调整措施。河南省煤炭学会常务副理事长陈党义通过近年来的煤炭生产安全事故,阐述了煤炭开采难度,强调了煤炭产业要发展必须要做深化改革,学习和利用新设备、新技术、新手段。河南省煤矿安全监察局副局长姚景州在讲话中回顾了河南省在矿井建设中的成就,希望通过本次年会交流与探讨,为提升煤矿建设水平做出新贡献。河南省发展改革委能源局副局长李迎在讲话中阐述了河南省在"十三五"规划中能源发展的整体思路及要实现"四个基地、一个枢纽、两个中心"的目标。开幕式后,安徽大学校长程桦、天地科技建井研究院副院长李功洲、煤炭工业郑州设计研究院副总经理吴里杨、伊泰集团红庆河煤矿总工程师刘阳军、北京科技大学土木与资源学院副院长纪洪广等15位业界知名专家围绕深部矿井建设面临的关键理论与技术、矿井建设机械化装备配套及快速施工实践、矿井建设信息化施工及项目管理等诸多领域做了专题报告。一年一度的矿山建设年会是我国矿山建设工作者学习和探讨矿山工程建设领域的技术进步和前瞻性问题的重要平台,同时为矿山建设事业的发展起到了推动作用。本次会议展示了国内外现代化矿山建设的新技术、新工艺、新材料和新设备,可谓是国内行业的一次大型技术盛会。此次会议设置了图书展,主要包括近几十年的科技成果、施工手册以及执着追求、严谨创新的科技工作者们的著作,充分展示天地科技建井研究院在矿井建设领域的雄厚实力、品牌优势和科研水平。工程图书展得到了与会专家、学者和代表的一致好评。本次学术年会组委会共录用论文55篇,评选出优秀论文10篇。

1.4.18 2017年全国矿山建设学术会议

2017年11月8—9日，由中国煤炭学会矿山建设与岩土工程专业委员会主办、淮南矿业(集团)有限责任公司承办、安徽理工大学等单位协办的“2017年全国矿山建设学术会议”在安徽省宣城市召开。会议主要围绕矿山工程建设领域的关键技术和热点问题进行了交流和探讨，邀请了业界知名专家做了专题报告，推介和宣传了近年来矿山建设领域取得的新技术、新工艺、新材料和新设备。近50家单位包括高校、科研院所和企事业单位的167位专家、学者以及安徽理工大学部分师生参加了本次会议。会议由矿山建设与岩土工程专业委员会主任周兴旺主持开幕式，淮南矿业(集团)有限责任公司副总经理、总工程师唐永志致欢迎辞。中国工程院院士顾大钊、中国煤炭学会副秘书长岳燕京、深圳地铁集团有限公司总工程师陈湘生、中煤科工集团研究员申宝宏、原安徽大学校长程桦教授及来自煤炭、冶金、有色、核工等各行业的相关领导参加了会议。顾大钊院士在“矿山建设工程的创新和转型”报告中，指明了我国矿山建设事业的发展趋势及研究方向；程桦教授在“表土薄基岩深立井井筒破损机理与治理”报告中，通过近年来的井筒破坏实例，阐述了破损机理与治理新技术、新手段；陈湘生总工程师在“地铁隧道施工技术及最新进展兼述近接施工变形控制技术”中回顾了煤矿建设技术为地下工程做出的新贡献；申宝宏研究员在“煤炭科学技术现状与展望”报告中阐述了国家在“十三五”规划及中长期能源和基础科研发展的整体规划。一年一度的矿山建设年会是我国矿山建设工作者学习和探讨矿山工程建设领域的技术进步和前瞻性问题的重要平台，同时推动了矿山建设事业的发展。本次会议展示了国内外现代化矿山建设的新技术、新工艺、新材料和新设备，可谓是国内行业的一次大型技术盛会。此次会议天地科技建井研究院为与会代表设置了图书展，主要包括近几十年的科技成果、施工手册以及执着追求、严谨创新的科技工作者们的著作，充分展示了矿山建设领域的雄厚实力、品牌优势和科研水平。工程图书展得到了与会专家、学者和代表的一致好评。本次学术年会组委会共收到论文200篇，录用论文172篇，评选出优秀论文31篇，优秀论文已在《安徽理工大学学报》《煤炭工程》《建井技术》《煤炭科学技术》上分别刊登。会议对优秀学术论文进行了表彰。

1.4.19 2018年全国矿山建设学术会议

2018年11月2—5日，由中国煤炭学会矿山建设与岩土工程专业委员会主办，西安科技大学、陕西陕煤铜川矿业有限公司、陕西陕煤陕北矿业有限公司、陕西陕煤黄陵矿业有限公司等单位承办，陕西煤业化工建设(集团)有限公司、陕西煤业化工技术研究院有限责任公司、陕西陕煤蒲白矿业有限公司、陕西陕煤彬长矿业有限公司等单位协办的“2018年全国矿山建设学术会议暨纪念首届全国高等学校矿山建设专业学术年会召开40周年庆祝大会”在陕西省西安市召开。本次会议以“新时代我国矿山建设工程科技创新与发展”为主题，围绕矿山建设工程领域的热点、难点及重点问题进行探讨和研究。中国工程院院士王双明，1978年全国高等学校矿山建设专业学术年会发起者、原西安矿业学院采矿系主任杜玉枝教授，及来自北京、安徽、山东、陕西等全国各地区相关领域的216名专家、学者参加了本届会议。开幕式由西安科技大学副校长李树刚主持，校长蒋林出席开幕式并致欢迎辞，他首先代表全体师生对本次会议的召开表示热烈的祝贺，对出席大会的各位代表表示热烈的欢迎，向长期以来关心、支持西安科技大学建设和发展的各位领导、专家表示诚挚的感谢，并对该校的发展概况、矿山建设专业学科发展情况及科研成果做了介绍。他表示，在全国高等学校矿山建设专业学术年会召开40周年之际召开本届会议，将为我国矿山建设工作者搭建重要的学习与交流平台，在推动矿山建设科技创新、事业发展的过程中发挥重要作用，此次会议的召开也必将进一步提高我国矿山建设领域的科学研究水平。会上，中国煤炭学会矿山建设与岩土工程专业委员会副主任刘志强、秘书长龙志阳，陕西陕煤铜川矿业有限公司党委书记、执行董事王蓬，陕西陕煤陕北矿业有限公司党委书记、执行董事吴群英也分别致辞。王双明院士做了题为“对西部煤炭开发与生态环境保护的认识与思考”的学术报告。杜玉枝教授回顾了1978年以来全国矿山建设学术年会的发展历程。西安科技大学建筑与土木工程学院院长任建喜教授介绍了会议筹备情况。开幕式后，会议特邀了中煤西安设计工程有限责任公司(中煤能源研究院有限公司)副总经理郑忠友，陕西煤业化工建设(集团)有限公司副总经理兼总工程师王明智，陕西延长石油矿业有限责任公司副总经理崔建平，武汉大学土建学院院长刘泉声，神华宁夏煤业集团有限责任公司总工程师周光华，安徽理工大学土木建筑学院院长马芹永，山东科技大学土木工程与建筑学院院长乔卫国，中煤科工集团西安研究院有限公司总经理助理、工程地质研究所所长徐拴海，西安科技大学土木工程学科带头人谷拴成，西安科技大学副校长来兴平分别做了专题报告。本次会议收到论文220篇，经过大会学术委员会审查，录用170篇，评选出优秀论文19篇，并推荐给《煤炭工程》正式发表。本论文集收录的论文分为特邀报告、井巷施工理论与实践、矿山岩体力学与支护、结构与岩土工程理论与实践、矿山机电理论与实践、绿色矿山与项目管理和青年学者论文等7个部分，内容涉及矿山建设工程与岩土工程的规划、勘察、设计、施工与管理等诸多方面的最新研究和应用成果，具有重要的理论价值和工程实践意义。本届会议是我国矿山建设领域的一次盛会，在研讨问题的同时分享了该工程领域的研究成果、先进技术以及最新产品，不仅为国内矿山建设领域同行提供了交流的重要平台，而且对于矿山建设专业学科领域的高等教育与科研水平的提高具有重要的推动作用。

1.4.20　2019年全国矿山建设学术会议

2019年9月21—22日，由中国煤炭学会矿山建设与岩土工程专业委员会主办、武汉大学承办的“2019年全国矿山建设学术会议”在湖北省武汉市召开。中国煤炭学会综合部主任岳燕京宣布第8届矿山建设与岩土工程专业委员会组成，其中名誉主任3人、名誉委员6人、主任1人、副主任6人、秘书长和副秘书长4人、委员75人。来自全国各地相关领域的200名专家学者参加了本次会议。本次会议共收到论文128篇，论文集收录100篇，评选出优秀论文20篇。本次会议以“新时代我国矿山建设工程科技创新与发展”为主题，围绕矿山建设工程领域的热点、难点及重点问题进行探讨和研究，为我国矿山建设工作者搭建重要的学习与交流平台，提高了矿山建设与岩土工程专业委员会在业界的影响力，对矿山建设领域科研水平的提高具有重要的推动作用，并有助于了解“一带一路”国内外矿山建设最新动态。会上，代表们就矿山建设近年来的建设成就进行学术报告和自由探讨，在探讨的同时还各自分享了该工程领域的研究成果、先进技术以及最新产品。

龙志阳的“矿山建设发展历程”、程桦的“煤矿立井全断面软岩掘进机研发思考”、刘泉声的“深部复杂地层TBM高效破岩机理、卡机灾害预测控制研究及川藏铁路隧道TBM适应性研究思考"、杨维好的"斜井冻结井壁技术的发展与展望"、马芹永的"补偿收缩钢纤维混凝土支护结构模型试验与应用"、王树仁的"分级加卸载含水砂岩能量演化及尾牙效应分析"、荆国业的"全断面竖井掘进机凿井技术"、余锐的"经底鼓治理矩形巷道在侧向动载下的响应分析"、张文龙的"深部软岩巷道围岩稳定性分析与控制研究"等专题报告受到了与会代表的好评。此后,代表还参加了中国矿山建设 70 周年纪念座谈会,与参会专家、学者就矿山建设、岩土工程等学术问题及相关工程难题进行了深入的讨论和交流。2019 年全国矿山建设学术会议是我国矿山建设领域的一次盛会,为国内矿山建设领域同行提供了重要的交流平台,对矿山建设专业学科领域高等教育与科研水平的提高具有重要的推动作用,同时也让师生对土木工程领域如今的发展有了更深的了解和领悟。

1.5 煤矿规划设计专业委员会

1.5.1 第 1 届煤矿规划设计专业委员会(1987—1997 年)

主　　任:邸乐山
副 主 任:李　善　许忠良　王兆椿
学术秘书长:许德佐
委　　员:邸乐山　李　善　许忠良　王兆椿　许德佐　王庆麟　王秀岩　刘兆庚
许文实　范柏祯　王升鸿　陈同伦　张鸿榆　李庚午　薛　钊　陶绍斌
翁嗣超　郑秀楷　华顺添　焦东鹏　孟广弟　王士云　刘宪邦　孙恩棠
钱森培　吴晋初　王　俊　姚孝瑞　白庚禄

为了加强全国各煤矿设计单位科技人员在学术上的横向联系,创造条件共同研究、交流煤矿规划设计改革工作中遇到的学术理论问题,经中国煤炭学会第 2 届常务理事会第 5 次会议审议,批准成立煤矿规划设计专业委员会,挂靠在煤炭部规划设计总院。该专业委员会是中国煤炭学会的分支机构,是联系煤矿规划设计专业科技人员的组织之一。其工作范围是研究煤炭工业长远规划和合理布局的科学方法与决策依据,改革煤炭工业设计,交流设计经验,承担咨询服务;研究地方小煤矿的技术改造和发展;研究改善设计手段,为煤矿的规划设计服务等。

1.5.2 第 2 届煤矿规划设计专业委员会(1998—2002 年)

主任委员:李　铎
副主任委员:张荣立(常务)姜庆俊　何国伟
学术秘书长:陈子彤
委　　员:于伯杰　王升鸿　王秀岩　王步云　王作储　王结义　王彦青　王燕宾
卞昭庆　谢树鹏　兰贵枝　刘成孝　刘金贵　江道累　关连义　纪金连
李　铎　李兴业　李成泰　李庚午　杨存部　吴文彬　吴德泉　何国伟
张荣立　陈子彤　金元仲　罗　晶　周德荣　范士凯　范振启　赵勇强
段锡章　侯云健　姜庆俊　倪剑飞　郭均生　郭景江　康忠佳　黄祖业
覃新平　翟焕新　戴少康　张　贵

2002年4月8日，中国煤炭学会下发的《关于撤销规划设计专业委员会并入矿井建设专业委员会更名为煤矿建设专业委员会及调整扩充组成人员的通知》指出，按照民政部和中国科协关于分支机构复查登记的要求，由于煤矿规划设计专业委员会几年来未开展活动，根据本专业委员会的申请，经学会5届2次常务理事会议审定，同意撤销煤矿规划设计专业委员会，并入矿井建设专业委员会，更名为“煤矿建设专业委员会”，调整、扩充组成人员，扩充设计专业的委员。

第2章　我国高等学校矿山建设(岩土工程)专业发展及学术会议开展

中国矿业学院1953年创建的建设系开始设立矿井建设专业，后继东北工学院、合肥矿业学院、淮南矿业学院、山东矿业学院等设立了矿井建设专业，1977年恢复高考后，又有焦作矿业学院和西安矿业学院设立矿井建设专业。目前，全国设立矿山建设(岩土工程)专业的高等院校主要有13所，这些学校培养了大批的矿井建设专业技术人才。恢复高考后，全国高等学校每年招收矿井建设专业本科生400余人，以后逐年增加，各主要高校教学资源见表2-1。为了推动教学和科研工作，由高校教师发起的全国高等学校矿井建设专业学术会议先后举办了20届，发表论文2 200多篇。

2.1　设有矿山建设(岩土工程)专业的高等学校

矿山建设(岩土工程)专业属于大土木类，主要教学内容有煤矿(金属矿)的矿山规划与设计，井筒和巷道的设计、施工、管理，涉及材料、爆破、测量、水文地质、岩土、工程管理等领域。

在煤炭行业，矿山建设(岩土工程)专业主要的工作内容是井巷工程，它主要包括矿山建设工程、开拓工程、延深工程和辅助工程等。矿山建设工程是指为了将煤炭从地下采出，从地表开始开凿直至煤层的一系列井筒、巷道与硐室工程；开拓工程是指矿井生产过程中，为保证采煤工作面与采区的正常接续所开凿的水平或倾斜巷道、硐室等工程；延深工程是指为保证开采水平的接续所进行的井筒延深和新水平的巷道开拓工程；辅助工程是指为了保证采矿活动的安全，开凿的一系列运输、排水、通风及行人巷道、硐室等工程。在矿山建设的三大工程(井巷工程、土建工程和机电安装工程)中，井巷工程量占总工程量的50%～70%甚至更多，因此井巷工程是决定矿山建设质量和工期的关键因素。此外，井巷工程与采矿生产紧密相连，是煤炭生产过程中最基本、最主要的环节。在我国井巷工程设计与施工中，一直贯彻“以掘保采，以采促掘，采掘并举，掘进先行”的方针，因此，煤炭工业的发展依赖于矿山建设(岩土工程)学科的发展和进步。矿山建设(岩土工程)学科的进步不仅与相关学科的发展息息相关，而且井巷工程所面临的更复杂的地质环境、更困难的工程条件、更严格的工程要求等均为相关学科科学技术的发展提供了平台和动力。在国际日益白热化的“三深”(深空、深海、深地)科技竞争中，相对而言，“深地”的研究更为薄弱和困难，而矿山建设(岩土工程)学科则对我国“深地”科学研究负有不可推卸的重大使命。因此，矿山建设(岩土工程)学科不仅对相关学科建设具有重要的意义，而且在国家科技发展中处于特殊的地位。

表 2-1　各高等院校矿山建设(岩土工程)教学资源

1978 年学校名称	2019 年学校名称	2019 年学院名称	1978 年班级数	2014 年班级数	统计年份	矿山建设专业人数	地下(土木)工程专业人数	合计人数	教师人数	教授人数	副教授人数	教师硕士以上人数
中国矿业学院	中国矿业大学	力学与土木工程学院	2	2	1949—2014	2 842	937	3 779	202	57	77	152
	中国矿业大学(北京)	力学与建筑工程学院	—	2	1998—2014	—	1 000	1 000	120	32	43	100
山东矿业学院	山东科技大学	土木工程与建筑学院	2	2	1958—2014	2 118	1 486	3 604	114	18	35	93
阜新矿业学院	辽宁工程技术大学	土木工程学院	2	4	1962—2014	2 120	1 080	3 200	86	18	35	70
西安矿业学院	西安科技大学	建筑与土木工程学院	2	2	1959—2014	1 697	1 000	2 697	115	17	40	75
淮南煤炭学院	安徽理工大学	土木建筑学院	1	3	1955—2014	2 581	1 620	4 201	114	20	38	88
山西矿业学院	太原理工大学	矿业工程学院	1	2	1978—2014	827	364	1 191	172	22	46	105
焦作矿业学院	河南理工大学	土木工程学院	1	2	1978—2014	1 012	1 347	2 359	153	23	60	124
河北煤矿学院	河北工程大学	土木工程学院	—	2	1986—2014	1 080	620	1 700	104	22	39	89
湘潭矿业学院	湖南科技大学	土木工程学院	—	3	1966—2014	—	600	600	119	19	38	50
鸡西矿业学院	黑龙江科技大学	建筑工程学院	—	—	1986—2014	—	1 000	1 000	91	18	41	50
东北工学院	东北大学	资源与土木工程学院	1	—	1953—1999	2 580	—	2 580	212	61	60	160
北京钢铁学院	北京科技大学	土木与资源工程学院	1	—	1953—1999	—	1 000	—	224	44	60	150
合计			13	24		16 857	12 054	27 911	1 826	371	612	1 306

2.1.1 中国矿业大学

1. 学校简介

中国矿业大学是教育部直属的全国重点高校、国家“211 工程”“985 优势学科创新平台项目”和国家“双一流”建设高校，同时也是教育部与江苏省人民政府、原国家安全生产监督管理总局共建高校。学校为全国首批具有博士和硕士授予权的高校之一，设有研究生院。学校坐落于素有“五省通衢”之称的国家历史文化名城——江苏省徐州市。学校有文昌校区和南湖校区两个校区。

中国矿业大学始于英国福公司 1909 年创办的焦作路矿学堂。1931 年，更名为私立焦作工学院。抗战爆发，1938 年西迁陕西城固，与东北大学工学院、北平大学工学院、北洋大学工学院联合组建国立西北工学院。抗战胜利后，几经辗转，于 1949 年 9 月迁回焦作原址。1949 年 12 月，焦作工学院拨归燃料工业部领导。1950 年 3 月，在天津建立了新中国第一所矿业高等学府——中国矿业学院。1951 年 4 月，学校从焦作搬迁至天津办学。1952 年，北洋大学、唐山交大、清华大学的采矿系调整到中国矿业学院。1953 年，学校迁至北京，改称北京矿业学院，成为北京学院路著名的“八大学院”之一。1970 年，学校迁至四川省合川县三汇坝镇，更名为四川矿业学院。1978 年，学校开始搬迁至江苏省徐州市办学，恢复中国矿业学院校名，并在北京学院路原址设立中国矿业学院北京研究生部。1988 年，学校更名为中国矿业大学，邓小平同志亲笔为学校题写校名。1997 年，中国矿业大学北京研究生部改设为中国矿业大学北京校区。1998 年，煤炭工业部撤销，学校划归国家煤炭工业局管理。2000 年，学校整体划转教育部直属管理。2003 年，中国矿业大学北京校区从中国矿业大学分离出去，命名为中国矿业大学(北京)，至此，中国矿业大学和中国矿业大学(北京)成为两个相互独立的办学实体。2004 年，学校成为全国正式拥有研究生院的 56 所高校之一。2006 年，学校成为“985 优势学科创新平台项目”建设高校。2017 年，学校成为“双一流”学科建设高校。

伴随着历史的风雨，历经时代的沧桑，中国矿业大学与中国工业化进程同步发展，与人民共和国一起成长，100 多年来，历经 14 次搬迁、12 次易名，历经艰辛，颠沛流离，却依然薪火相传，弦歌不辍。在旧中国，学校把“教育英才，备物质建设之先锋；从事研究，求吾国学术之独立”作为历史责任；在新时代，学校把“开发矿业、开采光明、建设祖国、造福人类”作为神圣使命。经过一代又一代矿大人的努力奋斗，铸就了中国煤炭高等教育的一流品牌和独特的精神文化品格，形成了“好学力行、求是创新、艰苦奋斗、自强不息”的校园精神，“学而优则用、学而优则创”的办学理念，“勤奋、求实、进取、奉献”的优良校风。学校建设与发展，得到了党和国家领导人亲切关怀。毛泽东同志“开发矿业”的题词曾激励着一代代矿大人为事业不懈奋斗；邓小平同志亲笔批示指引学校在改革开放中走上中兴之路；江泽民同志来校视察学校科研工作并为我校建校 90 周年题词；胡锦涛同志为我校建校 100 周年发来贺信；习近平同志出席了我校与德国杜伊斯堡-埃森大学签署两校教育与科技合作协议；贾庆林同志作为全国政协主席出席了我校与澳大利亚格里菲斯大学合办的旅游孔子学院揭牌仪式。陈至立、周济、袁贵仁、陈宝生、陈希、翁铁慧等教育部历任领导也一直关心学校事业发展。

中国矿业大学作为当今全国唯一以矿业命名的特色鲜明的高水平大学，在上级主管部门、煤炭能源行业和社会各界的支持下，通过长期发展和建设，已经形成了以工科为主、以矿业为特色，理工文管等多学科协调发展的学科专业体系和多科性大学的基本格局，在与煤炭能源的勘探、开发、利用,资源、环境和生产相关的矿建、安全、测绘、机械、信息技术、生态恢复、管理工程等领域形成了优势品牌和鲜明特色。学校设有 22 个学院,另有徐海学院和银川学院两个独立学院。学校现有 63 个本科专业,33 个一级学科硕士点,18 个专业学位授权点,17 个一级学科博士点,16 个博士后科研流动站;有 1 个一级学科国家重点学科,8 个二级学科国家重点学科,1 个国家重点(培育)学科;6 个"十三五"省重点学科,6 个"江苏高校优势学科建设工程"立项学科。在教育部 2017 年第四轮学科评估中,矿业工程、安全科学与工程 2 个学科被评为 A+,测绘科学与技术、地质资源与地质工程 2 个学科被评为 A-;工程学、地球科学、材料科学、化学、数学、环境与生态学和计算机科学 7 个学科 ESI 排名进入全球大学和科研机构的前 1%,其中工程学学科领域进入 ESI 全球前 1‰。

学校拥有一支高水平的师资队伍,现有各类教职工 3 100 多人。在 1 977 名专任教师中,有教授 419 人,副教授 793 人;博士生导师 435 名,硕士生导师 1 009 名,拥有博士学位的教师比例达 80%。教师队伍中,有国家级教学团队 4 个、国家自然科学基金委创新研究群体 3 个、教育部创新团队 4 个、江苏高等学校优秀科技创新团队 6 个。拥有 14 名两院院士(含外聘),9 人获国家杰出青年科学基金,6 人入选国家"万人计划",4 人获国家优秀青年科学基金,9 人入选国家"新世纪百千万人才工程"培养对象,24 人入选其他国家重点人才项目,5 人被评为国家级教学名师,1 人获首届中国青年科学家奖,12 人被评为国家有突出贡献的中青年专家,31 人享受国务院颁发的政府特殊津贴,3 人被评为"全国模范教师",5 人被评为"全国优秀教师",4 人获全国五一劳动奖章,1 人获何梁何利基金科技进步奖,9 人获孙越崎能源大奖,13 人获中国青年科技奖,3 人获光华工程科技奖"青年奖",7 人获全国优秀科技工作者,3 人被评为"全国优秀博士后"。学校始终坚持以育人为本,致力于培养德智体全面发展、富有社会责任感、创新精神和实践能力的高素质人才,积极推进教育教学改革,教学成果丰硕。学校以孙越崎学院为载体,进一步完善人才培养模式,为拔尖人才培养、个性化教育建立绿色通道。建校以来,先后为国家和社会输送了 33 万余名毕业生,他们当中许多人已成长为国家现代化建设及行业发展的科技精英、管理骨干和领军人物。2002 年以来,学校先后获 8 项国家级教学成果奖,建成 15 门国家级精品课程,11 部教材入选"十二五"国家级规划教材;拥有 14 个国家特色专业建设点,11 个"教育部卓越工程师计划试点专业"和 3 个教育部综合改革试点专业;拥有 3 个国家级实验教学示范中心、2 个国家仿真模拟实验教学中心和 1 个国家级人才培养模式创新试验区。学校入选"国家大学生创新性实验计划"项目高校和"卓越工程师教育培养计划"试点高校;建设了全国高校实践育人创新创业基地和国家级大学生科技创业实习基地。学校先后有 16 篇博士论文入选全国百篇优秀博士论文。学校先后被评为全国和江苏省毕业生就业工作先进集体及全国创新创业典型经验高校和江苏省创业教育示范校,2012 年被国务院授予"全国就业先进工作单位"称号。目前全校有全日制普通本科生 23 900 余人,各类硕士、博士研究生 13 000 余人,留学生 660 余人。

围绕人才培养的核心任务和国家及行业的战略需求,学校致力于科学研究,提升学校的创新能力,取得了一大批高水平科技成果。"十二五"以来,共承担包括国家"863 计划"、"973 计划"、国家科技重大专项、重点研发计划、国家自然科学基金项目等国家级科研项目 1 469 项,省部级科研项目 922 项;获国家科学技术奖 35 项,获奖数量位居全国高校前列;2 人获何梁何利基金科学与技术奖;获省部级科技奖励 328 项;授权国内专利 8 763 件(其中发明专利 3 661 件)，授权境外发明专利 538 件。研究与发展经费快速增长，目前年均到账科研经费超过 5 亿元。学校建设了完备的高水平科技创新平台，拥有 2 个国家重点实验室，1 个国家工程技术研究中心，1 个国家工程研究中心，1 个国家地方联合工程实验室，1 个省部共建协同创新中心，4 个教育部重点实验室，3 个教育部工程研究中心，1 个教育部野外科学观测研究站，22 个其他省部级重点实验室、工程(技术)研究中心(含研究基地)，2 个省级协同创新中心，组建了低碳能源研究院、物联网(感知矿山)研究中心、可持续能源研究院、能源资源战略发展研究院和人工智能研究院 5 个直属科研机构，建成了 1 个国家大学科技园。学校图书馆拥有藏书 287 万册，数字图书 789 万册。数字化校园建设不断向前推进。中国煤炭科技博物馆(矿业安全博物馆)每年接待社会各界的参观者 14 000 多人。

学校积极发挥自身优势，服务行业人才培养、科技进步及地方经济社会发展，推进产学研协同创新。以校董事会为平台大力推进社会服务，校董事会成员单位发展到 121 家，全面合作单位达到 78 家，与 8 个地级市建立了全面合作关系，与 14 家国有大型企业共建了研究机构。中国矿业大学国家大学科技园被评为江苏省唯一的“A 类(优秀)国家大学科技园”；中德能源与矿区生态环境研究中心被誉为“中德科技合作的典范”。学校承担了国家安全生产监督管理总局“十二五”期间万名煤矿总工程师培训任务，在煤炭行业影响力显著提升。学校积极开展国内外学术交流与合作，不断推进国际化办学。目前，学校同 25 所世界排名前 200 强的高校签署了合作协议。创新高等教育国际协同模式，成立了国际学院，建设了中澳矿业研究中心等国际合作平台，联合 10 多所国外知名高水平大学发起成立了“国际矿业、能源与环境高等教育联盟”。在澳大利亚格里菲斯大学创办了旅游孔子学院。多次成功举办了国际矿业科学与技术大会、中国工程院化工冶金与材料工程学部学术年会等国际性学术会议，学术交流日益活跃。

源深流自远，行健天同功。中国矿业大学第十四次党代会提出了新时代的奋斗目标是：到 21 世纪中叶，把我校建成能源资源特色世界一流大学。

2. 力学与土木工程学院简介

中国矿业大学力学与土木工程学院具有百余年办学历史，其中，土木工程学科起源于 1909 年的焦作路矿学堂土木工程科，1953 年成立矿井建设专业，成为国内第一个定位于培养矿山土木工程专业技术人才的专业；力学学科起源于 1951 年的中国矿业学院基础课程组。两大古老而传统的学科各自经过漫长、曲折的发展，逐渐成长为中国矿业大学的优势学科。2010 年，力学学科整体从理学院划出，与成立于 1996 年的建筑工程学院合并，组建力学与建筑工程学院，实现了两大学科的强强联合。2016 年，学校专业重组，将建筑学专业调整出学院，力学与建筑工程学院遂更名为力学与土木工程学院。百余年的传承与发展，学院秉承“学而优则用、学而优则创”的办学理念，逐渐形成了“人本、学术”的学院环境、“务本、进取”的学院精神。

学院设有土木工程、工程力学、建筑环境与能源应用工程、工程管理 4 个本科专业，土木工程、力学 2 个一级学科博士后流动站、一级学科博士学位授权点和一级学科硕士学位授权点，11 个二级学科博士学位授权点和二级学科硕士学位授权点，3 个专业硕士学位授权点。“教授工程学术，养成建设人才，而应社会之需要”，中华人民共和国成立以来，学院先后为国家和社会输送近 2 万名毕业生，培养了一大批国家级行业科技精英、管理骨干和领军人物。进入 21 世纪以来，土木工程、工程管理、建筑环境与能源应用工程 3 个专业先后通过住房和城乡建设部专业教育评估。土木工程成为国家级一类特色专业、国家级一流专业和江苏省“十二五”重点专业建设点,工程力学成为国家级一类特色专业、江苏省“十二五”重点专业和江苏省一流专业建设点,工程管理成为国家级一流专业建设点和江苏省特色专业。学院拥有土建类专业国家级工程实践教育中心、江苏省力学实验示范中心、土木类专业创新实践教育中心。2010 年以来,2 篇博士论文入选全国百篇优秀博士论文提名论文,4 人荣获“中国土木工程学会高校优秀毕业生”称号。2016 年学院获第 10 届全国大学生结构设计竞赛一等奖,2017 年获第 11 届全国周培源大学生力学竞赛“基础力学实验”团体赛一等奖,2018 年获全国大学生人工环境工程学科奖学金竞赛一等奖(全国第一名)。学院现有全日制普通本科生 2 036 人,全日制博士生、硕士生 1 133 人。

学院形成了以地下土木工程、力学为特色,地上土木工程、工程管理、建筑环境与能源应用工程协调发展的学科专业体系和基本格局。拥有岩土工程、工程力学国家级重点学科,土木工程、力学江苏省一级重点学科,土木工程江苏省优势学科,地下工程灾害预测与控制江苏省优势序列学科,土木工程江苏省一级学科国家重点学科培育建设点。“十一五”以来,学院共承担包括“973 计划”,“863 计划”,高等学校学科创新引智计划,国家自然科学基金重大、重点及优秀青年科学基金项目等项目 20 余项;获得省部级及以上科技奖励近 50 项,其中国家级科技奖励 6 项。学院拥有深部岩土力学与地下工程国家重点实验室、煤矿深井建设技术国家工程实验室,6 个省级科研平台,2 个省级协同创新中心。

学院现有教职工 202 人,其中专任教师 172 人。在职及兼职双聘院士、国家杰出青年科学基金获得者、国家优秀青年科学基金获得者共计 12 人。专任教师中教授 57 人,副教授 77 人,博士生导师 54 人,具有博士学位教师 152 人,博士学位教师占比 88.4%。学院现有国家自然科学基金创新群体 1 个、科技部创新群体 1 个、教育部创新团队 1 个、江苏省创新团队 1 个、江苏省双创计划 1 个、江苏省优秀科研创新群体 1 个。学院与英国诺丁汉大学、瑞士洛桑联邦理工大学、美国北卡罗来纳大学等十几个国家的几十所高校和科研机构建立了密切的交流与合作关系,特别是与诺丁汉大学的合作交流已开展 15 年。学院拥有 2 个教育部审核评估通过的国际合作办学项目,已有 3 届毕业生,其中建环专业与澳大利亚皇家墨尔本理工大学合作办学项目已获批创建江苏省中外合作办学高水平示范性建设项目。每年邀请国内外近 40 位知名大学及权威科研机构的知名专家和学者访问学院,并选派 10 余名教师赴美国、英国等高水平大学进修、访问或合作研究。成功举办了混凝土与结构新进展国际学术研讨会、中英岩土工程学者交流会、深埋隧(巷)道国际研讨会等国际会议。

绘水泥钢筋之骨,筑城市空间之躯。目前,力学与土木工程学院正站在新的历史起点,学院将在学校“建成世界一流矿业大学”的目标引领下,强本固基,砥砺拓新,力争经过 10 年左右的艰苦努力,将学院建设成为特色鲜明,拥有国内一流、国际有影响力的土木工程学科、力学学科的高水平研究型学院。

2.1.2　中国矿业大学(北京)

1. 学校简介

中国矿业大学(北京)是教育部直属的全国重点高校、国家“211 工程”“985 优势学科创新平台项目”、世界一流学科建设高校,是全国首批产业技术创新战略联盟高校,同时也是教育部与原国家安全生产监督管理总局共建高校。1960 年和 1978 年,学校先后两次被确定为全国重点高校，为全国首批具有博士和硕士授予权的高校之一，设有研究生院和12个学院。学校有两个校区：学院路校区坐落于北京市高校云集的海淀区学院路，沙河校区坐落于北京市昌平沙河高教区。学校的前身是焦作路矿学堂，始建于1909年，位于河南焦作。1931年，更名为私立焦作工学院。1938年，学校西迁并与东北大学、北洋大学、北平大学的工学院联合组建国立西北工学院。1946年，焦作工学院复校并于1949年回迁焦作。1950年学校迁至天津，更名为中国矿业学院。1952年院系调整期间，清华大学、天津大学、唐山铁道学院的采矿科系调整到中国矿业学院，学校因此聚集了全国一流的采矿科学技术人才。1953年，学校迁至北京，更名为北京矿业学院。1970年，学校迁至四川合川，更名为四川矿业学院。1978年，在北京学院路原址设立中国矿业学院北京研究生部，恢复招收和培养研究生；1988年，学校更名为中国矿业大学，邓小平同志亲笔为学校题写校名。1997年，成立了中国矿业大学(北京校区)；1998年恢复招收本科生；2000年，学校划转教育部直属管理。2003年1月，经中央编制部门批复同意，以“中国矿业大学(北京)”名义办学。1997年，学校被确定为国家“211工程”重点建设高校，2006年成为“985优势学科创新平台项目”建设高校，2017年成为世界一流学科建设高校。学校建设与发展，始终得到党和国家领导人亲切关怀。毛泽东同志发出“开发矿业”的号令，邓小平同志亲笔题写学校校名，江泽民同志来校视察科研工作并为学校建校90周年题词，胡锦涛同志为学校建校100周年发来贺信。110年来，学校与中国工业化进程同步发展，与人民共和国一起成长。经过一代又一代矿大人的努力奋斗，学校形成了“明德至善、好学力行”的校训，铸就了中国能源工业高等教育的一流品牌和独特的精神文化品格。中国矿业大学(北京)在上级主管部门、能源行业和社会各界的支持下，通过长期发展和建设，已经形成了以理工为主、以矿业与安全为特色，理工文管法经等多学科协调发展的学科专业体系和多科性大学的基本格局。在煤炭能源的勘探、开发、利用，资源、环境和生产相关的矿建、安全、测绘、机械、信息技术、生态恢复、管理工程等领域形成了优势品牌和鲜明特色。

学校现有34个本科招生专业，有17个一级学科博士点，34个一级学科硕士点，12个硕士专业学位授权类别；2个一级学科国家重点学科，8个二级学科国家重点学科，1个国家重点培育学科，21个省部级重点学科；16个博士后科研流动站。在第四轮学科评估中，矿业工程、安全科学与工程进入A+类，测绘科学与技术、地质资源与地质工程进入A－类。工程学、地球科学、材料科学、化学、数学、环境/生态学、计算机科学等7个学科进入ESI排名前1%。矿业工程、安全科学与工程学科入围“双一流”建设学科名单。城市工程地球物理、城市地下空间工程学科入选北京高校高精尖学科建设名单。学校拥有一支高水平的师资队伍，现有各类教职工1 040人。专任教师中，有教授182人，副教授241人；博士生导师211名，硕士生导师241名；拥有博士学位的教师比例达80%以上。教师队伍中，有教育部“创新团队发展计划”4个，中国科学院院士1名，中国工程院院士5名，双聘院士10名，俄罗斯工程院外籍院士2名，阿根廷国家工程院院士1名，何梁何利基金科学与技术进步奖3人，“长江学者奖励计划”特聘教授9人，国家973项目首席科学家5人；先后有7人获国家杰出青年科学基金，12人入选“新世纪百千万人才工程”国家级人选，43人被列入教育部跨世纪、新世纪优秀人才支持计划，7人被评为国家有突出贡献的中青年专家，4人入选国家“万人计划”，1人被评为“长江学者奖励计划”青年学者，2人被评为“全国优秀教师”，17人被评为“北京市高等学校教学名师”，1人获全国五一劳动奖章，8人获孙越崎能源大奖，6人获中国青年科技奖。多人荣获国际国内人才奖项及协会、基金资助奖项。学校始终坚持以育人为本,积极构建能源工业精英教育教学体系,致力于培养德智体美劳全面发展、富有社会责任感、创新精神和实践能力的高素质人才。广大毕业生当中许多人已成长为国家现代化建设及行业发展的科技精英、管理骨干和领军人物。学校先后有 8 个专业荣获国家"第一类特色专业建设点"项目,8 个专业荣获北京市高等学校特色专业项目,采矿工程、安全工程、矿物加工工程、资源勘查工程等 4 个专业通过工程教育专业认证。拥有 1 个国家级实验教学示范中心,2 个国家级工程实践教育中心。1998 年以来,我校学生参加省级以上国内外科技竞赛千余人次获奖;先后有 8 篇博士论文入选全国百篇优秀博士论文。目前全校有本科生 7 919 人、硕士生 6 001 人、博士生 1 310 人。围绕人才培养的核心任务和国家及行业的战略需求,学校致力于科学研究,提升学校的创新能力,取得了一大批高水平科技成果。2001 年至今,获得国家级科技奖励 35 项、省部级科技奖励 659 项。学校建设了完备的高水平科技创新平台,拥有 2 个国家重点实验室、2 个国家工程研究中心、2 个教育部工程研究中心、2 个北京市重点实验室。学校积极发挥自身优势,服务行业人才培养、科技进步及地方经济社会发展,推进产学研协同创新。以校理事会为平台大力推进社会服务,校理事会成员单位发展到 91 家;学校拥有我国首家以能源与安全为特色的国家级大学科技园——"中关村能源与安全科技园"和"中国矿业大学留学人员创业园",并与北京市共建能源安全产业技术研究院,组成了学校产学研用及科技成果转化体系,成为中关村国家自主创新示范区及首都区域创新体系建设的重要组成部分。学校积极开展国内外学术交流与合作,不断推进国际化办学。目前,与国内 10 所高水平行业特色型大学联合发起成立"北京高科大学联盟",与 53 所世界著名高校和科研院所签订了校际合作协议,与百余所国外知名大学和科研院所的相关学科开展了学术交流;多次举办国际煤岩学委员会年会、国际有机岩石学年会(ICCP-TSOP)联合会议、行为安全与安全管理国际会议、国际有机岩石学会(TSOP)年会、国际采矿科学与技术大会、国际采矿岩层控制会议等国际性学术会议,学术交流日益活跃。

2. 力学与建筑工程学院简介

中国矿业大学(北京)力学与建筑工程学院的前身是中国矿业学院 1953 年创建的建设系。1978 年,中国矿业大学北京研究生部成立,矿山建设工程专业和矿山工程力学专业恢复研究生招生,1997 年,中国矿业大学(北京校区)成立,于 1998 年恢复本科招生,而原来的矿山建设工程专业和矿山工程力学专业也更名为土木工程专业和工程力学专业。土木工程专业于 1999 年恢复招收第一届本科生,工程力学专业于 2000 年恢复招收第一届本科生,当时隶属资源与安全工程学院和基础学院。力学与建筑工程学院具有百余年办学历史,学院由 5 个系(工程力学系、岩土与矿建工程系、建筑学系、建筑工程系和城市地下空间工程系)和 2 个实验中心(工程力学和土木工程试验中心)组成。学院拥有岩石力学与分形研究所、岩土力学研究中心、爆破工程研究中心、现代爆破技术应用研究所、防灾工程研究所、建筑设计与人居环境研究中心等科研机构,支撑了深部岩土力学与地下工程、煤炭资源与安全开采两个国家重点实验室。学院拥有 2 个国家重点学科(岩土工程、工程力学),2 个一级学科北京市重点学科(土木工程、力学),2 个教育部"长江学者奖励计划"特聘教授设岗学科(岩土工程、工程力学),1 个北京市级实验教学示范中心(工程力学),12 个博士点、19 个硕士点、4 个本科专业,平均每年招收本科生和研究生 700 人左右。学院拥有雄厚的师资力量,现有教师 120 余人,其中中国科学院院士 1 人,中国工程院院士 1 人,双聘院士 2 人;教授 32 人,副教授 45 人；国家 973 项目首席科学家 2 人，国家杰出青年科学基金和优秀青年科学基金获得者 4 人，长江学者和青年长江学者 3 人，享受政府特殊津贴专家 8 人，教育部跨世纪/新世纪优秀人才支持计划 13 人，教育部创新团队 1 个，北京市教学名师和青年教学名师 4 人，北京市卓越青年科学家 1 人等。全国百篇优秀博士论文 2 篇、北京市优秀博士论文 1 篇。学院的研究成果先后荣获国家自然科学二等奖 2 项、国家技术发明二等奖 1 项、国家科学技术进步二等奖 7 项，省部级科技奖 130 余项。学院重视对学生基础知识、科研能力和创新意识的培养，雄厚的师资力量和先进的教学实验设备为人才成长提供了坚实的保障。在全体师生的共同努力下，在各位领导和广大同仁的长期关心和帮助下，近年来土木工程专业在国内外各类专业评估或学科排名中不断提升，目前已经稳步提高至全国前 5%以内，软科 2018 年排名第 28，2019 年排名第 20，2019 年成功获批为国家一流专业；城市地下空间工程 2019 年成功获批为国家一流专业，北京市高精尖重点建设学科，北京市重点建设的一流专业。因此，中国矿业大学（北京）土木工程专业已经在我国煤炭建设领域处于引领地位。

2.1.3 山东科技大学

1. 学校简介

山东科技大学建校于 1951 年，现已发展成为一所工科优势突出，行业特色鲜明，工学、理学、管理学、文学、法学、经济学、艺术学等多学科相互渗透、协调发展的省属重点大学。学校是山东省重点建设的应用基础型人才培养特色名校。学校在青岛、泰安、济南三地办学，总占地面积 243 万平方米（3 640 余亩），建筑面积 142 万平方米，固定资产总值 19.33 亿元，教学仪器设备总值 5.27 亿元。学校设有 19 个学院、9 个教学系（部）、4 个科研机构和 1 个独立学院。有 9 个博士后科研流动站；8 个博士学位授权一级学科，43 个博士学位授权二级学科；24 个硕士学位授权一级学科，127 个硕士学位授权二级学科；7 个硕士专业学位类别，19 个工程硕士授权领域；81 个本科专业。有国家重点（培育）学科 1 个，省部共建国家重点实验室培育基地 1 个，国家地方联合工程研究中心 1 个，省部级重点学科、实验室（基地）和工程（技术）研究中心 61 个，其中教育部重点实验室 1 个、教育部工程研究中心 1 个，另有青岛市重点学科 3 个、重点实验室 4 个、工程实验室 2 个、工程（技术）研究中心 3 个。学校设有国家制造业信息化培训中心授权业务中心、山东-俄罗斯科技合作中心、青岛市制造业信息化人才培训基地。俄罗斯自然科学院在学校设有中国唯一的“中国科学中心”。学校现有在校生 40 200 余人，其中博士、硕士研究生 5 700 余人，成人教育类学生 21 000 余人。有教职工 2 900 余人，其中中国科学院院士 3 人，中国工程院院士 1 人，国家“千人计划”人选 1 人，教育部创新团队 2 个，山东省高校创新团队 2 个，长江学者特聘教授 1 人，国家杰出青年科学基金获得者 1 人，海外青年学者合作研究基金获得者 1 人，泰山学者优势特色学科人才团队领军人才 1 人，泰山学者海外特聘专家 4 人，泰山学者特聘教授 4 人，泰山学者攀登计划人选 1 人，“新世纪百千万人才工程”国家级人选 5 人，教育部新世纪优秀人才支持计划人选 5 人，享受国务院政府特殊津贴人员 17 人，国家有突出贡献的中青年专家 5 人，山东省有突出贡献的中青年专家 18 人，博士生导师 153 人，全国模范、优秀教师 4 人，省级优秀教师 4 人，省级教学名师 8 人。

学校有国家级特色专业 7 个，国家级综合改革试点专业 1 个，国家级人才培养模式创新实验区 1 个，国家级精品视频公开课 2 门，国家级精品资源共享课 3 门，国家级精品课程 4

门,国家级双语教学示范课程2门,国家级教学团队1个,国家级实验教学示范中心2个,国家级虚拟仿真实验教学中心1个,国家级工程实践教育中心1个,国家级大学生校外实践教育基地1个。学校是国家"卓越工程师教育培养计划"和"大学生创新创业训练计划项目"实施高校。近年来学校获国家级教学成果奖二等奖4项,省级教学成果奖70余项。2007年,学校在教育部本科教学工作水平评估中被评为优秀等级。学校毕业生就业率保持在全省高校前列,已为社会培养了25万余名各类人才。学校具有较强的基础研究、应用研究和科技开发能力及多学科交叉的综合科技优势。在矿业工程、安全科学与工程、测绘科学与技术、地质资源与地质工程、控制科学与工程、软件工程、机械工程、管理科学与工程、岩土工程、计算机软件与理论等领域有较强的学科基础和学术优势,设有工程技术及人文社会科学类专业研究院所90余个。"十二五"以来,学校承担各级各类科研项目4 026项,计划与合同经费9.5亿元。其中,纵向项目1 846项、计划经费3.3亿元,横向项目2 180项、合同经费6.2亿元。获上级科技奖励816项,其中国家级科技奖励4项、省部级科技奖励274项。2014年科研立项938项,计划与合同经费2.05亿元,其中纵向项目597项、计划经费1.17亿元,获各类科技奖励175项,其中省部级政府奖49项。

2. 土木工程与建筑学院简介

学院现有7个系和1个实验中心,拥有土木工程一级学科博士学位授权点,土木工程一级学科博士后科研流动站;拥有工程硕士和工程管理硕士2个硕士专业学位类别。学院现有7个本科专业,本科生、研究生2 995人,教职工119人,其中教授18人、副教授35人、博士生导师8人,教师中获得博士学位75人。山东省"泰山学者"海外特聘教授1人、教育部新世纪优秀人才支持计划人选1人、山东省有突出贡献的中青年专家1人、山东省教学名师1人、青岛市教学名师3人、青岛市拔尖人才1人、山东科技大学教学名师8人。岩土工程学科为山东省高等学校学术带头人设岗学科和山东省"泰山学者"设岗学科,分别为"十五""十一五"强化建设学科和"十二五"特色重点建设学科。防灾减灾工程及防护工程学科和纳米印压为山东省"泰山学者"设岗学科。土木工程学科在全国第四轮学科评估获得B一等次,是山东科技大学9个进入B类学科之一。学院拥有山东省土木工程防灾减灾重点实验室、山东省岩土与结构工程技术研究中心、山东省岩土与结构工程"十一五"高校重点实验室、地下工程"十二五"高校重点实验室、青岛市绿色建筑工程技术研究中心、青岛市土木功能材料与智能结构工程实验室等学科建设平台,是中国煤炭学会爆破专业委员会、山东省岩石力学与工程学会、山东力学学会爆破专业委员会等学术机构的挂靠单位。

学院先后获得国家教学成果二等奖1项,山东省高等教育和研究生教育教学成果一等奖2项、二等奖3项、三等奖4项,全国煤炭行业教育教学成果特等奖1项、一等奖2项、二等奖1项、三等奖1项,山东省优秀教材一等奖1部、二等奖3部。拥有"岩石力学""结构力学"等7门省级精品课程,土木工程专业为国家级和山东省特色专业,通过了住房和城乡建设部专业评估(认证)。土建类力学系列课程教学团队和岩土与地下工程系列课程教学团队为山东省省级教学团队。学院实验中心土木工程实验室为山东省土木工程实验教学示范中心。近年来,学院先后承担国家自然科学基金等国家级科研项目40余项,省、部级科研项目58项,获国家科技进步二等奖6项,获省部级科学技术一等奖6项、二等奖26项。授权国际专利和发明专利300余项。出版著作60余部,在国内外发表论文1 700余篇,其中SCI、EI收录400余篇。

2.1.4 辽宁工程技术大学

1. 学校简介

辽宁工程技术大学创建于1949年，是一所具有70多年悠久历史的国家重点大学。中华人民共和国成立前夕，为恢复生产、发展经济、支援解放全中国，经东北人民政府批准，分别成立了阜新工科高级职业学校、抚顺工科高级职业学校、鹤岗工科高级职业学校、鸡西煤矿工业学校以及东北煤矿工人速成学校。1958年，在这些学校的基础上，分别成立了阜新煤矿学院、抚顺煤矿学院、鸡西矿业学院和辽宁煤矿师范学院。20世纪60年代初期院校调整，四校合并，校址选于辽宁省阜新市，定名为阜新煤矿学院，成为东北地区唯一一所煤炭高等院校。1978年学校更名为阜新矿业学院。1996年学校更名为辽宁工程技术大学。1998年学校由原煤炭工业部划归辽宁省人民政府管理，实行中央与地方共建、以地方管理为主的体制。1999、2000年，原阜新工业学校、辽宁电子计算机学校和辽宁省财政学校先后并入学校。现设有25个学院、67个本科专业。在册学生3.2万余人，其中全日制在校博士生、硕士生、本科生、留学生2.6万余人。70多年来，一代又一代辽宁工大人秉承"诚朴求是、博学笃行"的校训，弘扬"朴实无华、坚韧顽强、无私奉献"的太阳石精神，改革创新，苦干实干，创造了辉煌业绩，取得了令人瞩目的伟大成就。1978年被国务院确定为全国首批88所重点院校之一；1981年被批准为首批硕士学位授予单位；1993年获准为博士学位授予单位、有条件接收留学生单位；1999年被批准设立博士后科研流动站，同年获得工程硕士专业学位授予权；2009年获得工商管理硕士(MBA)专业学位授予权；2010年获工程管理硕士专业学位授予权；2011年获批为教育部第二批卓越工程师教育培养计划高校；2012年获批为接受中国政府奖学金学生院校；2013年获批为国家"中西部高校基础能力建设工程"重点建设高校；2017年被评为全国创新创业典型经验高校，同年成为辽宁省国内高水平大学重点建设高校，矿业工程、安全科学与工程、测绘科学与技术3个学科入选辽宁省双一流建设学科。现已成为以工为主，工、管、理等多学科协调发展，办学特色突出，办学设施完善，师资力量雄厚的著名高等学府。

辽宁工程技术大学教学科研设施完善、学习生活环境幽雅。学校建有阜新校区中华路校园、玉龙校园和葫芦岛校区龙湾校园，占地4 240亩，其中阜新校区占地1 900亩、葫芦岛校区占地2 340亩，校舍建筑面积73万平方米。总建筑面积4.5万平方米的3座现代化图书馆分布在3个校园，馆藏图书(含电子图书)近290万册，各类数据库60余个，中外文期刊1 600多种。学校编辑出版《辽宁工程技术大学学报(自然科学版)》和《辽宁工程技术大学学报(社会科学版)》，其中《辽宁工程技术大学学报(自然科学版)》是中文核心期刊、中国科技核心期刊、RCCSE中国核心学术期刊、美国(CA)来源期刊、荷兰Scopus来源期刊、美国EBSCO来源期刊、美国Ulrichweb来源期刊，俄罗斯(AJ，VINITI)来源期刊。《辽宁工程技术大学学报(社会科学版)》是全国高校优秀社科期刊。辽宁工程技术大学坚持走特色发展之路，拥有一批特色鲜明、实力较强的传统学科。建有矿业工程、力学、测绘科学与技术、安全科学与工程4个博士后科研流动站；拥有8个一级学科博士学位授权点、26个二级学科博士学位授权点、16个一级学科硕士学位授权点、60个二级学科硕士学位授权点；拥有工商管理硕士、工程硕士(含17个授权领域)、会计、公共管理4个专业学位授权点；拥有1个国家重点(培育)学科、3个辽宁省一流建设学科、9个省级重点学科；拥有8个国家级特色专业、7个教育部卓越工程师教育培养计划试点专业、2个本科重点支持专业;拥有1个国家级教学团队、1个国家级实验教学示范中心、6个国家级工程实践教育中心。学校大力推进"专业+人工智能"新工科建设,产生了一批生机勃勃的新兴学科。2018年,学校与腾讯云计算(北京)有限责任公司、上海墨桐花开教育科技有限公司联合成立辽宁工程技术大学-腾讯云人工智能学院,进一步推进"专业+人工智能、云计算、大数据、互联网+等"新工科建设,培养新工科人才。辽宁工程技术大学大力实施人才强校战略,不断加大人才队伍建设力度,建设了一支数量适当、结构合理、发展趋势好、专业水平和教学水平高、具有创新精神和实践能力、充满生机活力的师资队伍。现有专任教师1 484人,其中高级职称教师874人,中组部千人计划1人,长江学者1人,辽宁省攀登学者6人,辽宁省特聘教授9人,二级教授26人,1名教师被确定为国家千人计划人选,3名教师被确定为"新世纪百千万人才工程"国家级人选,66名教师被确定为"辽宁省百千万人才工程"百千层次人选,一批教师分别被确定为省部级学科学术带头人、教育部教学指导委员会委员、国家自然科学基金专家评审组成员、国家安全生产专家组成员、国家煤炭工业技术委员会委员、省学位委员会学科评议组成员及各类学会与学术期刊编委会委员。

辽宁工程技术大学作为国家卓越工程师教育培养计划高校,始终把人才培养质量视为学校的生命,以培养应用创新型人才为目标,着力推进应用创新型人才培养体系建设和实践,不断深化人才培养模式改革,培养学生"太阳石精神"和应用创新能力,让每一名学生成为最好的自己。2006年,学校以优秀成绩通过教育部本科教学工作水平评估。近年来,学校先后有80余项教学成果获国家和辽宁省优秀教学成果奖。毕业生就业率连年达95%以上,居辽宁省高校前列。广大毕业生以脚踏实地、吃苦耐劳、勇于实践、团结协作、甘于奉献的精神,赢得了国家机关和企事业单位的欢迎,受到了社会的好评。教务处被教育部评为全国普通高校优秀教务处,学校先后两次被教育部评为全国普通高校毕业生就业工作先进集体,2010年被评为全国首批毕业生就业典型经验高校,2016年获批为全国首批深化创新创业教育改革示范高校,2017年被评为全国创新创业典型经验高校。辽宁工程技术大学积极转变科技发展方式,创新发展模式,立足辽宁,面向全国,积极服务区域经济社会与地矿行业发展,着力为地方经济社会发展提供科技支撑,着力打造国家能源领域重要的科技创新基地。建有国家大学科技园、国家级科技企业孵化器、国家技术转移示范机构;建有1个教育部重点实验室、1个国家地方联合工程研究中心、1个国家安全生产技术基础研究中心、1个煤炭行业协同创新中心;建有2个辽宁省高等学校重大科技平台、18个省部级重点建设实验室、13个省部级工程技术研究中心。近年来,先后承担国家科技攻关、国家自然科学基金、"973计划""863计划"等各类科研课题3 500余项,240余项成果获得国家和省部级奖励,先后有4项成果获国家科技进步二等奖。拥有一批具有自主知识产权的关键技术,在矿山灾害治理、安全技术与工程、测绘科学与技术、管理科学与工程、机械制造等研究领域形成了明显优势和突出特色,在冲击地压预测与防治、煤炭自燃火灾防治、煤矿瓦斯防治理论与技术、安全结构分析与预测、全球卫星导航精密单点定位理论与算法、遥感卫星对地观测系统图像处理理论与方法等许多研究领域已达到国内国际先进水平。学校连续组织参加了中国国际高新技术成果交易会,多次获得"中国国际高新技术成果交易会优秀组织奖";先后举办国际测绘与地球空间信息研讨会、智能装备及机器人技术国际研讨会、煤矿冲击地压防治工程前沿技术高端论坛、第35届国际采矿岩层控制会议、2017国际智慧矿山创新论坛、管理科学与工程学会2017年年会暨第15届中国管理科学与工程论坛等近百次国际学术会议和全国学术会议，具有较高的学术声誉和国际知名度。

辽宁工程技术大学始终坚持开放办学，对外交流与合作日益扩大。与阜新、朝阳、营口、铁岭等市签订了市校共建合作协议，与神华集团、中煤能源集团、中平能化集团、大同煤业集团、山西焦煤集团等20多家国内大型企业签订了实质性校企合作协议。学校拥有国家安全培训一级资质、全国煤炭行业职业经理人资格认证一级培训资质和全国煤炭行业经营管理干部工商管理培训资质。在省内高校中率先成立了教育发展基金会，拥有董事会单位120家。学校建立了长期、稳固的校际交流与合作国际合作平台，已与美国、加拿大、哥伦比亚、英国、德国、法国、波兰、意大利、爱尔兰、瑞典、俄罗斯、乌克兰、乌兹别克斯坦、澳大利亚、新西兰、日本、韩国、新加坡、越南、蒙古、巴基斯坦、柬埔寨、马来西亚、泰国、尼泊尔、南非等30多个国家和地区的近200所高等院校和科研机构建立了校际合作关系，在学者交流、人才培养、科学研究等领域开展实质性合作。学校还与美国劳伦斯科技大学开展“3+2”、与澳大利亚詹姆斯库克大学开展“2+2”等学生联合培养项目。2008年成为接收辽宁省政府奖学金生院校，2012年获批教育部“中国政府奖学金自主招生资格院校”，2013年成为国家汉语水平考试(HSK)辽宁地区考点，2017年获批“丝绸之路”来华留学生中国政府奖学金项目。学校留学生生源国达35个，建立了涵盖研修生、本科生、硕士生、博士生的留学培养体系。学校坚持“扩大规模，提高层次，保证质量，规范管理”的来华留学工作方针，在稳步提升留学生招生规模和层次的同时，不断提高留学生教育教学质量，注重内涵式发展，打造“留学工大”的教育品牌。

辽宁工程技术大学校园文化生活丰富多彩。作为首批全国大学生素质拓展计划试点高校，创新构建实施双嵌入素质拓展学分模式，学生课外素质拓展活动内容不断丰富，数量和质量不断提高，形成以“一节、两月、三类讲座、四项工程、十五项赛事”为框架的校园文化活动体系。作为全国第二批大学生创新性实验计划项目高校，先后有1 000余个学生项目获得国家和省级资助，学校被评为全国大学生创新创业训练计划工作实施先进单位。通过“五位一体”本科生课外科研训练体系，实现专业教师的全参与和对本科生创新创业能力培养的全覆盖。4名本科生先后荣获“中国青少年科技创新奖”，1个学生科研团队获全国大学生“小平科技创新团队”称号。学校获批团中央KAB创业俱乐部，学生在国家级和省级创新创业竞赛中获奖近2 000项，1个学生社团被授予全国百佳大学生创业社团，2名学生被授予全国百名大学生创业英雄。持续开展以低年级侧重社会观察，高年级侧重专业实践为主要形式的社会实践活动，多项成果、多个集体和个人受到国家级或省级表彰。学生广泛参与志愿服务活动，积极投身志愿服务西部计划、志愿服务辽西北计划和研究生支教团工作，学校3次荣获“全国大学生志愿服务西部计划优秀等次项目办”。学校被确定为首批全国共青团基层组织建设和基层工作试点单位，3次被共青团中央授予“全国五四红旗团委”，多个团支部被授予“全国五四红旗团支部”“全国高校践行社会主义核心价值观示范团支部”和“全国活力团支部”。大学生习近平新时代中国特色社会主义思想宣讲团荣获“全国高校优秀学生社团标兵”等多项荣誉。

栉风沐雨，春华秋实。辽宁工程技术大学以其优良的学风和校风，多次被辽宁省政府、省教育厅授予“文明单位”“精神文明创建工作先进单位”“安全文明校园”“优良学风校”等荣誉称号。建校71年来，学校为国家培养了13万余名优秀毕业生，其中有10余名校友先后当选为中央委员、中央候补委员和中纪委委员，有数十名校友当选为国家部委领导、省委书记、省长，有 3 名校友当选为中国工程院院士，有一批优秀校友担任大中型企业负责人。学校位列 2017—2018 中国重点大学综合竞争力排行榜理工类第 49 位。

2. 土木工程学院简介

土木工程学院前身可追溯到 1958 年原阜新煤矿学院采矿工程系矿井建设教研室。1961 年抚顺煤矿学院、鸡西矿业学院、辽宁煤矿师范学院与阜新煤矿学院四校合一，定名为阜新煤矿学院，其中 3 所工科学校矿井建设专业合并后，师资队伍得以充实，质量大幅提高。1974 年学校开始招收 3 界矿井建设专业工农兵大学生；1977 年国家全面恢复高考第一届即招收 2 个班矿井建设专业本科生；1988 年在矿井建设和工业与民用建筑两个本科专业基础上成立建设工程系；1993 年与建筑学等专业整合成立土木建筑工程系；2000 年更名为土木建筑工程学院；2008 年调整为以土木工程(地下建筑工程、交通土建工程)、交通工程等专业为主的土木与交通学院和以土木工程(建筑工程、涉外建筑工程)、建筑学、给排水科学与工程、建筑环境与能源应用工程等专业为主的建筑工程学院；2017 年进行了学科专业调整，更名为土木工程学院。学院下设建筑工程系、地下工程系、道路与桥梁工程系、给排水科学与工程系、建筑环境与能源应用工程系；现有土木工程、给排水科学与工程、建筑环境与能源应用工程、城市地下空间工程和道路桥梁与渡河工程 5 个本科专业，其中土木工程专业为国家级特色专业和辽宁省重点建设专业；拥有土木工程实验实训中心，下设土木工程实验中心和土木工程检测中心。全院在校本科生 1 800 余人，硕士和博士研究生 400 余人，是学校专业特色鲜明、教学设施完善、科研实力较强、就业前景最好的教学单位之一。截至目前已为国家培养了 15 000 余名土木建筑领域高级工程技术及管理人才。

学院拥有一支职称、学历、年龄和学缘结构合理、研究方向稳定的学科学术梯队，形成了以土木工程学科为支撑带动专业发展的良好势头。在 86 名教师中，博士生导师 14 人、教授 18 人、副教授 35 人、讲师 29 人，具有和正在攻读博士学位教师 55 人，其中博士后 23 人。拥有国务院政府特殊津贴获得者 2 人；辽宁省特聘教授 2 人；辽宁省教学名师 2 人；辽宁省“兴辽英才计划”高层次人才培养支持计划人选 4 人，其中科技创新领军人才 1 人、教学名师 1 人、青年拔尖人才 2 人；辽宁省“百千万人才工程”百人层次人选 4 人、千人层次 2 人、万人层次 7 人；辽宁省优秀人才支持计划获得者 6 人；学校优秀青年教师提升计划 6 人。学院依托的土木工程一级学科近年来取得了长足的发展，1981 年岩土工程获全国首批硕士学位授予权，2001 年土木工程获一级学科硕士学位授予权，2005 年岩土工程获博士学位授予权，2018 年土木工程获一级学科博士学位授予权。目前，土木工程一级学科下设有结构工程、岩土工程、桥梁与隧道工程、市政工程、供热供燃气通风及空调工程、防灾减灾工程及防护工程、土木工程材料、土木工程建造与管理等 8 个二级学科，其中防灾减灾工程及防护工程为辽宁省重点学科和辽宁省优势特色重点学科。建有矿山沉陷灾害防治辽宁省高校重点实验室。学院教师主持承担国家自然科学基金、中国博士后科学基金、教育部博士点学科专项基金等国家、省部级项目 100 余项；与中国建筑第五工程局有限公司等央企和全国著名煤炭企业合作的横向课题 200 余项，科研经费达 6 000 多万元。研究成果获多项科技进步奖，其中”混凝土帷幕施工新技术“获国家科技进步三等奖，另获省部级科技进步奖 40 余项、市级科技进步奖 90 余项；授权发明专利 60 余项；发表学术论文 1 000 余篇，其中被 SCI、EI 和 ISTP 检索 300 余篇；出版学术著作 30 余部。

学院非常重视人才培养工作，不断深化本科教学改革工作，拥有1个首批国家级大学生工程实践教育中心和2个辽宁省大学生工程实践教育基地，是中国建筑技术集团有限公司的产学研合作单位。从2008年开始，在教育部“十一五”国家级课题和辽宁省教改项目资助下，结合学校土木类专业特点，进行了“土木类专业工程人才培养模式改革与创新”。通过深化校企协同合作教育模式，培养了学生工程实践能力；通过模拟建筑设计院的毕业设计体系综合改革，提高了学生工程设计能力；通过搭建科技创新竞赛平台，提高了学生工程创新能力。学院实现了高等工程教育人才培养目标，教学成果获辽宁省教学成果一等奖1项(2018年申报了国家教学成果奖)、二等奖1项、三等奖2项。拥有“土木工程概论”“土力学与地基基础”等6门辽宁省精品课和精品资源共享课；出版国家规划教材《建筑结构抗震与防灾》等教材20余部。土木工程专业2018年通过全国工程专业认证申请，2019年5月评估认证专家进校考察。学院正在以“大土木、大格局、大发展”的理念，秉承“诚朴求是、博学笃行”的校训，抢抓机遇，开拓创新，在新工科背景下，努力培养土木类应用创新型人才，为实现我校建设高水平特色型大学的目标而奋斗。

2.1.5 西安科技大学

1. 学校简介

西安科技大学历史悠久，底蕴深厚。学校办学历史可以追溯到1895年成立的北洋大学工学院采矿冶金科，1938年迁并于西北工学院矿冶系，1957年并入西安交通大学，1958年从西安交通大学分出成立独立的西安矿业学院，是当时隶属原煤炭工业部仅有的2所5年制本科院校之一。1998年学校实行“中央与地方共建，以地方管理为主”，划转陕西省。1999年更名为西安科技学院，2003年更名为西安科技大学。学校是应急管理部和陕西省人民政府共建高校、教育部卓越工程师教育培养计划实施高校、国家建设高水平大学公派研究生项目实施高校、国家特色重点学科项目实施高校、国家中西部高校基础能力建设工程实施高校、陕西省高水平大学建设高校、陕西省“一流大学、一流学科”建设高校。2004年，学校在教育部本科教学工作水平评估中获得优秀等级。2017年，学校在全国第四轮学科水平评估中，安全科学与工程学科进入A类，成为陕西省属高校中唯一的A类工程学科。2018年8月，学校入选陕西省“国内一流大学建设高校”，安全科学与工程学科入选“国内一流大学建设高校”建设学科。2020年7月，西安科技大学工程学学科成功进入ESI全球排名前1%。学校先后荣获陕西省“文明校园”“平安校园”、西安市“园林化单位”称号。

学校占地面积121万平方米，有雁塔和临潼两个校区，设有研究生院和20个学院(部)。拥有安全技术及工程国家重点学科，8个省级优势特色(重点)学科，涵盖46个二级学科。拥有国家能源煤炭分质清洁转化重点实验室、国家煤炭工业采矿工程重点实验室(省部级)、西部煤矿安全教育部工程研究中心等18个省部级以上科研平台，1个教育部创新团队。现有8个国家特色专业、11个省级特色专业，1门国家精品课程、1门国家精品资源共享课程、67门省级精品资源共享课程(精品课程)、13门省级一流本科课程、2门省级双语教学示范课程，1个国家级教学团队、28个省级教学团队，1个国家级人才培养模式创新实验区、15个省级人才培养模式创新实验区、2个国家级实验教学示范中心(虚拟仿真实验教学中心)、18个省级实验教学示范中心(虚拟仿真实验教学中心)。“十一五”以来，学校获国家级教学成果奖2项。

学校现有 6 个博士后科研流动站,7 个一级学科博士点,25 个一级学科硕士点,6 个工程硕士专业学位类别及工商管理硕士(MBA)、会计硕士(MPAcc)、应用统计硕士、翻译硕士、工程管理(MEM)专业学位授权点,60 个本科专业,形成了以地矿、安全及其相关学科为特色,以工科为主体,工、理、文、管、法、经、艺协调发展的办学格局,全日制在校生 2.3 万人。

学校有教职工近 2 300 人,其中专任教师 1 300 余人,教授、副教授 600 余人,教师中具有博士、硕士学位者 1 200 余人。其中中国工程院院士 1 人、“长江学者奖励计划”特聘教授 3 人、国务院学位委员会学科评议组成员 2 人、国家“万人计划”科技创新领军人才 2 人、“百千万人才”工程国家级人选 6 人、教育部新世纪优秀人才支持计划入选者 8 人、陕西省“三五人才工程”人选 12 人、陕西省“三秦学者”特聘教授 3 人、陕西省“千人计划”人选 35 人、享受国务院政府特殊津贴 44 人、陕西省青年科技新星 14 人。学校还有一支由 300 余名专家、教授组成的高水平兼职教师队伍,其中双聘院士 17 人。

“十二五”以来,学校承担科研项目 7 100 余项,其中国家重大科技专项课题、“973 计划”“863 计划”、国家科技支撑计划、国家重点研发计划、国家自然科学基金以及国家社科基金等国家级项目 419 项,科研经费合同总额逾 14 亿元,获国家科技进步奖 5 项,获省部级以上科技奖 290 余项,授权专利 4 100 余项。

学校先后与美国、英国、俄罗斯、日本、荷兰、澳大利亚等 20 多个国家和地区的近 60 所高校、科研机构建立了稳定友好的合作关系。学校是“1+2+1 中美人才培养计划”项目创始院校之一,与澳大利亚塔斯马尼亚大学、麦考瑞大学联合开展 2 个中外合作办学项目。学校与美国北亚利桑那大学等学校联合开展了双学位项目,与俄罗斯、加拿大、英国、德国、马来西亚等国家和地区的高校开展了本科、研究生学期交换生项目,以及赴剑桥大学、牛津大学、多伦多大学等各类短期出国(境)交流学习项目 40 余个。学校已招收来自巴基斯坦等 27 个国家 160 名博、硕士及本科国际学生来校学习。70 余年来,在教育部、原煤炭工业部、中共陕西省委、陕西省人民政府的领导下,几代西科人顽强拼搏、艰苦创业,将人才培养、科学研究、社会服务和文化传承创新紧密结合,为煤炭工业和区域经济社会发展做出了重要贡献。展望未来,西安科技大学将秉承“团结、勤奋、求实、创新”的优良校风和“励志图存、自强不息”的学校精神,锐意改革、开拓创新,努力把学校建设成为国内一流的特色鲜明的高水平教学研究型大学,为服务区域经济社会和行业发展做出新的更大的贡献!

2. 建筑与土木工程学院简介

建筑与土木工程学院成立于 2002 年。学院的前身是 1989 年成立的建筑工程系,最早可追溯到 1959 年建校初期设立的矿井建设专业(五年制本科)。学院 1988 年开始招收工业与民用建筑专业本科生,1989 年以矿井建设专业和工业与民用建筑专业为基础成立建筑工程系,2002 年成立建筑与土木工程学院。经过 60 多年的发展,学院已从起初的一个矿井建设专业发展到拥有土木工程、建筑学、城乡规划、给排水科学与工程、城市地下空间工程等 5 个本科专业。

学院现有教职工 144 人,其中教师 115 人、实验室人员 14 人、行政人员 15 人。学院师资力量雄厚,有博士生导师 15 人、硕士生导师 65 人、教授/教授级高级工程师 11 人、特聘教授 8 人、客座/兼职教授 21 人、副教授/高级工程师 40 人、陕西省“三秦”学者特聘教授 1 人、陕西省“百人”计划 1 人、陕西省“千人”计划 1 人、教育部新世纪优秀人才 1 人、陕西省高等学校教学名师 1 人、陕西省师德先进个人 1 人、陕西省青年突击手 1 人、陕西省青年科技新星2人、陕西省高等学校青年杰出人才支持计划1人、陕西省“特支计划”青年拔尖人才1人。学院在校生达到2 400人，其中博、硕士研究生约400人（含国际留学生），本科生约2 000人。

学院设有土木工程（含建筑工程、桥梁与隧道工程、岩土与地下工程3个专业方向）、建筑学、城乡规划、给排水科学与工程、城市地下空间工程等5个本科专业。其中土木工程专业为国家级特色专业和陕西省“一流专业”，2010年通过住房和城乡建设部土木工程专业本科教育评估，2015年通过复评，获6年有效期。学院设有土木工程卓越班和中澳（澳大利亚塔斯马尼亚大学）土木工程合作办学班。学院设有土木工程博士后科研流动站，具有土木工程一级学科博（硕）士学位授予权，下设6个二级博士学科方向（岩土工程、结构工程、防灾减灾工程与防护工程、桥梁与隧道工程、供热供燃气通风与空调工程、市政工程）和7个二级硕士学科方向（岩土工程、结构工程、防灾减灾工程与防护工程、桥梁与隧道工程、供热供燃气通风与空调工程、市政工程、建筑与城市绿色环境），土木工程学科为陕西省重点学科，2014年岩土工程学科获批陕西省“三秦学者”岗位，土木水利类招收专业学位研究生。

学院拥有完善先进的教学科研设施，拥有国家级矿山建设工程虚拟仿真实验教学中心1个，西安市岩土与地下工程重点实验室1个，陕西省实验教学示范中心1个，土木工程实验实训中心1个，给排水科学与工程实验实训中心1个，以及涵盖学院所有专业的40余间实验室，面积8 000余平方米。拥有实验仪器设备2 000余台（套），价值4 000余万元。建立并实施了“科研全面渗透本科教学”的机制，所有实验室均向师生开放，为人才培养提供了重要的实践和研究平台，并积极开展各类课外科技竞赛活动，取得了丰硕的成果。近年来，学院承担和完成大量国家级、省部级科研项目100余项，形成了比较鲜明的学科特色。在岩土力学及其数值方法、岩土加固理论与技术、煤巷锚杆支护、爆破理论与技术、建筑结构计算与加固、桥隧结构检测与维护、给排水系统优化设计与水污染控制、水资源利用与保护、地下结构抗震防灾及治理，以及工程结构新材料研制等方面都取得了一大批有影响力的研究成果。2018年，学院王晓利教授以第一完成人、第一完成单位获国家科技进步二等奖1项。

学院长期坚持以培养应用型创新人才为目标，坚持以学生为中心，通过深化人才培养模式改革，优化课程体系，强化课程内涵建设，完善实践教学体系，加强创新创业教育，积极开展各类课外科技学术竞赛活动，不断提升人才培养质量，培养出一大批基础扎实、敬业奉献、吃苦耐劳、深受用人单位欢迎的高级应用型人才。

2.1.6 安徽理工大学

1. 学校简介

安徽理工大学是安徽省重点建设的特色高水平大学，是安徽省和应急管理部共建高校，是国家中西部高校基础能力建设工程支持建设的高校，是教育部卓越工程师教育培养计划实施高校。学校占地约3 200亩。2006年，学校在教育部本科教学工作水平评估中获优秀等次。学校创建于1945年，是安徽省第一所工科高校，是全国最早开展矿业人才培养的两所高校之一。1955年学校由淮南煤矿工业专科学校升格为合肥矿业学院，1958年更名为合肥工业大学，1971年与煤矿有关的学科专业等整建制迁回淮南，与淮南煤矿学校（1963年淮南矿业学院大部迁至山东泰安后，留下部分组建淮南煤矿学校）合并组建淮南煤炭学院。之后，经历了淮南矿业学院、淮南工业学院等办学时期，期间，原华东煤炭医学专科学校和淮南化学工程学校相继并入。1998 年学校由煤炭工业部划转安徽省,实行“中央与地方共建,以地方管理为主”的管理体制。2002 年学校更名为安徽理工大学。学校拥有一支专兼职结合、结构合理的高水平师资队伍。学校现有教职工近 2 000 人,专任教师近 1 300 人,具有高级职称人员 600 余人,其中中国工程院院士 1 名、国务院学位委员会学科评议组成员 1 人、国家级领军人才 3 人、教育部新世纪优秀人才支持计划 6 人、安徽省学术技术带头人及其后备人选 35 人、享受国务院政府特殊津贴 42 人;还有一支由 400 多名专家、教授组成的高水平兼职教师队伍,其中双聘院士 22 人、海外院士 1 人;拥有安徽省高校领军人才重大项目团队 4 个、重点项目人才团队 2 个。

学校设有研究生院和 18 个学院(部)。拥有 6 个博士后科研流动站、6 个一级学科博士点、33 个二级学科博士点,21 个一级学科硕士点、109 个二级学科硕士点、9 个硕士专业学位授权类别,80 个本科专业。拥有 1 个安徽省高峰学科(特别支持)、7 个省级重点学科,获批 2 个省学科建设重大项目和 2 个省级一流学科奖补资金项目。在第四轮全国学科评估中,7 个学科榜上有名,其中 6 个学科位列省属高校第一。学校形成了以工科为主体,以地矿、爆破等学科为特色,工、理、医、管、文、经、法、艺协调发展的办学体系。学校现有全日制在校本科生 24 000 余人,博士、硕士研究生近 3 000 人。通过工程教育认证专业 8 个、国家级特色专业 6 个、国家级专业综合改革试点 4 个,国家精品课程和精品视频公开课各 1 门,国家级教学团队 1 个,国家级人才培养模式创新实验区 1 个,国家级实验教学示范中心 1 个,国家级工程实践教育中心 5 个。2016 年获批安徽省第一批省级创业学院。

学校围绕人才培养根本任务,深化教育教学改革,形成了“厚基础、重实践、求创新、高素质”的创新型人才培养特色。建校以来,共为国家培养各类人才 20 余万名。恢复高考后的本科毕业生中,彭苏萍、袁亮、陈湘生当选中国工程院院士。2016 年,学校首批入选教育部“全国创新创业典型经验高校”称号(全国 50 所高校)、“全国首批深化创新创业教育改革示范高校”称号(全国 99 所高校),2 次被评为“全国普通高等学校毕业生就业工作先进集体”,被评为“安徽省就业工作先进集体”,连续七年被评为“安徽省普通高等学校毕业生就业工作标兵单位”,连续两年在全省就业动态监测体系测评中获第一名。学校在“2018 年全国普通高校竞赛评估结果(本科)TOP100”排行榜榜单中位居全国第 58 名。学校 2017 年入围“挑战杯”全国大学生课外学术科技作品竞赛发起高校,学生在“挑战杯”大学生课外学术科技作品竞赛、“创青春”大学生创业大赛、“互联网+”大学生创新创业大赛等各类科技创新、学科和体育竞赛中获国际、国家和省部级奖励 2 000 余项,大学生机器人协会、大学生航模与科技践行协会先后入选全国“小平科技创新团队”,多名学生获评“中国青少年科技创新奖”“全国大学生自强之星”等荣誉称号。

学校紧紧围绕经济社会需求开展科学研究和技术服务工作,发起成立“煤炭安全智能精准开采协同创新组织”。“十二五”以来,承担各类科研项目 3 800 余项,其中“973 计划”、“863 计划”、国家科技支撑计划、国家重点研发计划、国家自然科学基金以及国家社科基金等国家级项目 360 余项,年均科研经费近 1.5 亿元。“十二五”以来,获得国家级奖 5 项、省部级一等奖 18 项、全国创新争先奖 1 项、中国专利奖 1 项,获安徽省创新争先团队奖 1 个、安徽省创新争先奖 1 项、安徽省专利金奖 1 项,以及教育部、安徽省及国家行业协会等科技成果奖励 240 项,授权国内发明专利和国际发明专利 800 余项。学校获批深部煤矿采动响应与灾害防控国家重点实验室、煤炭安全精准开采国家地方联合工程研究中心、工业粉尘防控与职业安全健康教育部重点实验室、国家创新人才培养示范基地。学校现拥有煤矿深井建设技术国家工程实验室(共建)以及部(省)重点实验室、工程实验室、工程研究中心、协同创新中心、国际科技合作基地、院士工作站等省部级研究创新平台32个。依托深部煤矿采动响应与灾害防控国家重点实验室和煤炭安全精准开采国家地方联合工程研究中心成立了7个研究所。

加强校政、校地、校企、校校等单位合作,先后与萍乡市人民政府、黄山市人民政府、铜陵市人民政府、芜湖市人民政府、晋城市人民政府、鄂尔多斯伊金霍洛旗、铜陵有色金属控股有限公司、国家能源投资集团有限责任公司、中国中煤能源集团有限公司、中国科学院合肥物质科学研究院、中国矿业大学等签署战略合作协议。先后成立了环境友好材料与职业健康研究院(芜湖)、能源革命工程技术研究院(晋城)、国家重点实验室先进制造技术中心(合肥分中心)。积极融入合肥综合性国家科学中心,参与安徽省能源研究院组建,负责煤炭高效清洁利用方向研究工作。学校积极开展对外学术交流活动,先后与国内近80余家大型企业、科研院所建立了全面合作关系,并与美国、英国、德国、澳大利亚、波兰、日本、俄罗斯、乌克兰、新加坡、韩国等国家(地区)的60多所大学和研究机构建立了长期稳定的国际合作关系,派遣人员到国外高校讲学、访问、攻读学位、开展科技合作,互派留学生,有"一带一路"沿线14个国家的留学生在校学习。常年邀请国内外著名专家、学者来校讲学和进行学术交流。展望未来,安徽理工大学将秉承"团结、奋进、博学、奉献"的校训,弘扬"志存高远、追求卓越、求真务实"的校园精神,保持艰苦奋斗、求真务实的优良传统,努力建设特色鲜明的高水平教学研究型大学,为经济社会发展做出新的更大贡献。

2. 土木建筑学院简介

安徽理工大学土木建筑学院具有悠久的办学历史,始于1945年安徽省立蚌埠高级工业职业学校创办的土木科,是学校创办初期的三个专业之一;经过70多年的建设发展,已成为教学质量高、办学特色鲜明的学院之一;是学校重点建设的三个研究型学院之一。学院拥有土木工程博士后科研流动站,土木工程一级学科博士、硕士学位授权点,建筑学、力学一级学科硕士学位授权点,土木工程学科是学校重点建设的三个一流学科之一。学院拥有煤矿深井建设技术国家工程实验室、矿山地下工程教育部工程研究中心、土木工程国家级工程实践教育中心、地下工程理论与技术安徽省高校科研创新团队、矿山建设工程安徽省高校重点实验室。学院的办学指导思想是牢固树立"创新、协调、绿色、开放、共享"发展理念,深化综合改革,落实立德树人,以培养人才的社会责任感、创新精神和实践能力为宗旨,着力加强学科建设和师资队伍建设,实施创新强院、特色强院、质量强院,构建和谐学院,进一步提升学院在国内外的影响力,全面提高人才培养质量和总体办学水平。

目前,学院在校学生共计3 000余人,其中本科生2 300余人,博士、硕士生700余人。现有教职工131名,其中专职教师114名,正高职称20人,副高职称38人,博士生导师12人,中国工程院双聘院士2人,特聘教授2人,教育部新世纪优秀人才2人,安徽省学术和技术带头人5人、后备人选1人,国家教学名师1人,安徽省模范教师1人,安徽省教学名师3人,安徽省高校学科拔尖人才4人,享受政府特殊津贴6人。学院设有矿山建设工程、岩土与地下工程、建筑工程、道路与桥梁工程、建筑学、工程管理、建筑环境与能源工程、城市地下空间工程等8个系和地下结构研究所;岩土力学、建筑工程、地下工程结构、道路桥梁、建筑环境与能源应用、冻土力学与工程、虚拟仿真等7个实验室;CAI中心;资料室;成立有地下工程结构研究所、冻土力学与工程研究所、爆破安全技术研究所、道路工程研究所、土木工程材料研究所和岩土锚固与注浆技术研究所等 6 个研究机构。学院设有土木工程、建筑学、工程管理、建筑环境与能源应用工程、城市地下空间工程、风景园林、工程造价、道路桥梁与渡河工程、智能建造等 9 个本科专业，其中土木工程专业为"教育部第一类特色专业"，建筑学为教育部-欧特克专业综合改革试点专业，岩土工程和结构工程为安徽省重点学科。毕业生因素质高、动手能力强深受用人单位欢迎，许多毕业生已成为所在单位技术骨干或高层管理人才。

近年来，学院承担国家级和省部级等纵向科研课题 130 余项，横向经费达 9 000 余万元；获国家科技进步二等奖 4 项，省部级科学技术奖励 37 项，其中省级一等奖 6 项、二等奖 10 项、三等奖 20 项；获国家发明专利 60 余项；发表学术论文 1 100 余篇，其中 SCI、EI 收录 200 余篇；出版专著和规划教材 70 余部。这些成绩为学院的人才培养和学科建设，不断提升学院的办学实力，把土木建筑学院建设成为国内知名的学院奠定了雄厚的基础。

2.1.7　太原理工大学

1. 学校简介

太原理工大学是一所历史悠久、底蕴深厚、特色鲜明的世纪学府。其前身是创立于 1902 年的山西大学堂西学专斋，为中国创办最早的三所国立大学之一，坐落于具有 2 500 多年建城史的国家历史文化名城——太原。1953 年，学校独立建校，定名太原工学院，直属国家高教部。1962 年划归山西省管理。1984 年更名为太原工业大学。1997 年，太原工业大学与直属于国家煤炭工业部的山西矿业学院(始建于 1958 年)合并，组建太原理工大学，同年跻身国家"211 工程"重点建设大学行列，开启了改革发展的新篇章。2017 年，学校入选国家"双一流"重点建设高校，迎来了崭新的发展时期。100 多年来，学校始终秉承"求实、创新"的校训，坚持"以人为本、文体为舟、承载德智、全面发展"的办学传统，彰显"敢为人先、敢于竞争、勇于创新"的精神气质，涌现出一批学术大师、行业翘楚和道德楷模，如著名教育家赵宗复、"中国石油之父"孙健初、中国"前寒武纪地质学开拓者和奠基人"王曰伦、圆弧齿轮专家朱景梓、"煤化工科技领域的开拓者之一"谢克昌、"知识分子楷模"栾茀、"草原公仆"云布龙等，深刻诠释着百年老校"得天下英才以育之、育一代新人以报国"的崇高追求。学校以工为主、理工结合、多学科协调发展，涵盖理学、工学、经济学、法学、教育学、文学、管理学、艺术学等 8 个门类，设有 24 个专业学院、1 个中外合作办学学院。现有明向、迎西、虎峪、柏林等 4 个校区，占地面积近 214 万平方米，校舍总建筑面积 149 万平方米。截至目前，学校有全日制学生 38 664 名、国际学生 588 名、教职工 3 591 名。现有中国科学院院士 1 名、中国工程院院士 3 名、双聘院士 10 名、教育部"长江学者奖励计划"特聘(讲座)教授 5 名、国家杰出青年科学基金获得者 7 名、"新世纪百千万人才工程"国家级人选 13 名。学校入选全国"三全育人"综合改革试点高校和创新创业 50 强高校，荣膺首批"全国文明校园"称号。

学校紧紧围绕"以学生为中心"的办学理念，坚持立德树人根本任务和一流大学建设目标，致力于培养德智体美劳全面发展的社会主义建设者和接班人。目前学校 18 个专业通过了国际工程教育专业认证，17 个专业入选国家级一流本科专业建设点；各类创新团队在国内外竞赛中屡创佳绩，大学生学科竞赛成绩稳居全国高校 50 强；"清泽心雨"思政平台获批教育部高校思想政治工作精品项目，"螺丝钉之家"入选全国学雷锋活动示范点。学校高度重视并着力构建全方位、多层次体育工作格局和积极健康的校园文化氛围，竞技体育成绩斐然，是国内迄今为止唯一一所获得过男篮、男足两项全国总冠军的大学。学校科研实力雄厚，成就卓著，曾连续两次作为首席科学家单位承担国家重点基础研究发展计划（“973 计划”）项目，累计承担“863 计划”“国家重点研发计划”等国家级项目 1 338 项；获得国家科技三大奖 42 项。学校拥有省部共建国家重点实验室培育基地 1 个、教育部重点实验室 4 个、教育部创新团队 2 个、科技部重点领域创新团队 1 个。近年来，学校努力打造服务国家和区域经济社会发展的才智引擎，成果转化、技术转移等累计为地方和行业企业创造经济效益逾百亿元。“汾水之滨，煌煌学堂”。学校将以习近平新时代中国特色社会主义思想为指导，不忘初心，牢记使命，以推动社会进步、实现国家富强、谋求人类福祉为己任，坚定不移朝着综合性研究型高水平一流大学目标奋勇前行。

2. 矿业工程学院简介

1997 年，由安全工程系、地质与测绘科学系、矿物加工利用系组合成立太原理工大学矿业工程学院，设有采矿工程、地下工程、地球科学与工程、测绘科学与技术、矿物加工工程、煤矿机电等 6 个系和采矿工程、矿物加工工程、资源勘查工程、勘查技术与工程、测绘工程、地理信息科学、城市地下空间工程、地质工程、煤矿机械化、煤矿电气化等 10 个本科专业和方向，其中采矿工程、矿物加工工程、资源勘查工程、测绘工程为山西省特色品牌专业。学院所有专业涉及矿业工程、安全科学与工程、地质资源与地质工程、测绘科学与技术 4 个一级学科，其中矿业工程、地质资源与地质工程为一级学科博士学位授权点，采矿工程、矿物加工工程、矿产普查与勘探、岩土工程、工程力学、安全科学与工程、地下工程、煤矿机电工程为 8 个二级学科博士学位授权点。学院拥有硕士学位授权点 13 个，包括采矿工程、安全科学与工程、矿物加工工程、矿产普查与勘探、地球探测与信息技术、地质工程、大地测量学与测量工程、地图制图学与地理信息工程、摄影测量与遥感、岩土工程、工程力学、地下工程、煤矿机电工程；工程硕士授权领域 3 个，包括矿业工程、地质工程、安全工程。采矿工程为国家重点培育学科、山西省重点学科，安全科学与工程、矿产普查与勘探为山西省重点学科，矿物加工工程为山西省重点建设学科。学院设有矿业工程、安全科学与工程 2 个一级学科博士后科研流动站。建有省部级重点实验室 2 个——原位改性采矿教育部重点实验室和矿产资源安全高效开采山西省重点实验室，建有省部级工程技术研究中心 2 个——山西省绿色矿山工程技术研究中心和山西省安全工程技术研究中心，建有山西省煤层气高效开采与利用省级协同创新中心和山西省地质灾害与防控、遗弃煤炭资源安全绿色开采校级协同创新中心 2 个。全院有教职工 186 人，其中教师 153 人，工程院院士 3 人，教授 23 人，副教授 60 人，124 人拥有博士学位，占教师总数的 81%。目前，在校本科生 3 493 人、硕士研究生 488 人、博士研究生 106 人，学生总人数达 4 087 人。

地下工程系前身是 1958 年山西矿业学院建校时设立的采矿工程系井巷工程教研组以及 1978 年开始招生的 4 年制本科矿井建设专业。为了加强学科发展，1984 年成立了矿井建设系；1994 年建筑工程本科专业首届招生；1997 年岩土工程本科专业首届招生；1998 年地下工程本科专业首届招生；2005 年成立了地下工程系，设有矿建工程教研室、地下工程教研室；2010 年城市地下空间工程本科专业首届招生，分为矿井建设、地下工程两个培养方向。几十年来，地下工程学科培养了数千名本科及研究生并承担了多项纵、横向科研项目，取得了一系列开创性的研究成果。地下工程学科教研机构设置历史沿革：1984 年 9 月之前,在山西矿业学院采矿工程系设井巷工程教研室、矿压教研室;1984年9月—1986年9月,成立山西矿业学院矿建工程系,设井巷工程教研室、岩石力学教研室;1986年9月—1997年7月,在山西矿业学院采矿工程系设井巷工程教研室、岩石力学与矿压教研室、爆破教研室;1997年7月—2005年9月,在太原理工大学矿业工程学院采矿工程系设井巷工程教研室、岩石力学与矿压教研室、爆破教研室;2005年9月起,成立太原理工大学矿业工程学院地下工程系,设矿山工程教研室、地下工程教研室。地下工程学科是太原理工大学在原矿井建设学科基础上发展起来的,在矿业工程一级学科下设有地下工程二级学科博士点和硕士点,在土木工程一级学科下设有岩土工程二级学科博士点和硕士点,在力学一级学科下设有工程力学二级学科博士点和硕士点。从事地下工程学科教学科研的教师35人,其中教授10人、副教授16人、讲师9人。

2.1.8　河南理工大学

1. 学校简介

1909年,河南理工大学的前身——焦作路矿学堂,在黄河之滨、太行之阳的焦作诞生,成为我国第一所矿业高等学府和河南省建立最早的高等学校。学校历经福中矿务大学、私立焦作工学院、国立西北工学院、国立焦作工学院、焦作矿业学院和焦作工学院等重要历史时期,2004年更名为河南理工大学,是中央与地方共建、以地方管理为主的河南省特色骨干大学,河南省人民政府与原国家安全生产监督管理总局共建高校,入选国家"中西部高校基础能力建设工程"高校。20世纪上半叶,著名教育家蔡元培、工矿泰斗孙越崎、地质学家翁文灏和张仲鲁、张清涟、张伯声等众多学者先后在校执教,引领学校承载起培养工矿高级专门技术人才的历史责任,为民族工业振兴、国家经济发展和社会文明进步做出了特殊贡献。历经时艰形成的"自强不息、奋发向上"办学精神和"明德任责"校训、"好学力行"校风更是生生不息、薪火相传。中华人民共和国成立后,学校始终坚持社会主义办学方向,着力拓宽学科专业领域,扩大办学规模,提升办学层次,现已发展成为具有博士、硕士、学士三级学位授予权的特色高水平大学,致力于培养具有社会责任感、健全人格,扎实基础、宽阔视野,创新精神、实践能力,能够担当民族复兴大任的时代新人。

1958年9月,中共河南省委批准建立焦作矿业学院,中共焦作市委第一书记、市长张超兼焦作矿业学院院长。1959年3月,焦作煤矿学校并入焦作矿业学院。1959年9月,焦作矿业学院归属煤炭工业部领导。1961年10月,郑州煤炭工业学院并入焦作矿业学院。1995年4月5日,经国家教委批准,焦作矿业学院恢复焦作工学院校名。2004年5月,经教育部批准,焦作工学院更名为河南理工大学。中华人民共和国成立后,学校坚持服务煤炭工业的办学方向,为中南五省以及华北、西北地区煤炭工业发展输送大批高级专门人才,成为煤炭工业重要的人才培养基地,赢得"关内看焦作"之美誉。进入改革开放时期,学校在强化为地矿服务的同时,着力拓宽学科专业领域,积极发展研究生教育,实现由行业院校向通用工科及多科性院校的根本转变。特别是21世纪以来,学校牢牢把握高等教育大发展的历史机遇,紧紧围绕建设高水平大学的目标,锐意改革,开拓进取,各项事业实现跨越式发展。学校于2002年后相继获得博士学位授予权、省重点建设骨干高校、教育部本科教学工作水平评估优秀学校、河南省与原国家安全生产监督管理总局共建高校、"中西部高校基础能力建设工程"高校,办学层次、水平、实力和知名度、影响力显著提升。

学校现有南校区、北校区、西校区3个校区，占地面积4 100余亩，建筑面积140余万平方米。设有22个教学学院和国际教育学院、继续教育学院（安全技术培训中心）；设有79个本科专业，涵盖工、理、管、经、法、文、教、艺、医九大学科门类，面向全国招生，全日制在校生43 000余人；与30多个国家和地区近80所高校和科研机构建立友好合作关系，与国外知名大学合作举办4个教育部中外合作办学本科教育项目，与澳大利亚昆士兰大学等开展本科生校际2+2/4+2联合培养项目，入选教育部“中外高水平大学学生交流计划”；建有电工电子、工程训练中心等5个国家级实验教学示范中心和3个国家级虚拟仿真实验教学中心（含项目），教学科研仪器设备总值7.94亿元，固定资产总值达23.5亿元，纸质图书339万余册，实现教学科研条件现代化。建成省级大学科技园、“众创空间”、大学生创新创业实践示范基地和全国高校实践育人创新创业基地；拥有3个图书馆、2所附属医院；万兆校园网实现无线全覆盖，建成私有云平台、信息门户、一站式服务大厅、高性能计算平台等智慧校园基础设施，荣获教育部“高等教育信息化先进单位”称号，入选河南省首批“智慧校园建设试点高校”；建有1座大型现代化体育馆，运动场馆总面积达14万平方米，多次承办CUBA、CUFA等大型体育赛事，是国家体育总局命名的“全国群众体育先进单位”；学生公寓和食堂分别被评为河南省高校“示范性学生公寓”和“示范性学生食堂”。

学校大力实施“人才强校”战略，拥有一支实力雄厚的人才队伍。现有教职工3 113人，其中高级职称1 076人，具有博士学位1 078人。两院院士14人（含双聘），“新世纪百千万人才工程”国家级人选3人，享受国务院政府特殊津贴专家28人，国家级教学名师、全国模范教师、全国优秀教师、教育部新世纪优秀人才、省特聘教授、省管优秀专家、省教学名师、省部级学术带头人和省骨干教师等200余人，建有省部级以上教学科研创新团队46个。学校工科优势突出，安全、地矿学科特色鲜明，理学、经管、人文、医学等学科协调发展。工程学、材料学、化学学科进入ESI全球排名前1%，其中工程学进入前5‰；安全科学与工程学科在第四轮学科评估中全国排名第三，为全省普通高校唯一A类学科；矿业工程学科为“软科世界一流学科”河南省高校唯一世界50强学科；建有4个省特色骨干学科群、22个省一级重点学科。建成6个博士后科研流动站、6个一级学科博士点、21个一级学科硕士点、16个硕士专业学位授权类别，具有硕士学位推免权和开展本硕、硕博连读资格，入选“全国工程硕士研究生教育特色工程领域”，获批全国工程专业研究生联合培养示范基地，建有2个省级优秀研究生校外创新实践基地。学校是教育部卓越工程师教育培养计划实施高校，建有国家级高校本科教学工程项目64项，其中国家级一流专业6个、特色专业10个，通过工程教育专业认证专业10个，国家级教学团队4个，国家级一流课程、精品课程等17门；获得101项国家、省级教学成果奖，被教育部本科教学工作审核评估专家誉称“小城办大学的典范”。

学校着力推进科技创新与社会服务，为国家安全生产、能源工业和区域经济社会发展提供技术与智力支撑。“十二五”以来，学校先后承担国家级科研项目650余项，其中重大、重点项目14项，国家自然科学基金545项，国家社科基金40项，累计获得科研经费18.5亿元；获国家和省部级科研成果奖466项，其中国家科技进步二等奖7项；SCI收录论文3 000余篇，“三报一刊”、CSSCI来源期刊及SSCI收录论文650篇；发明专利授权1 455项，获中国专利优秀奖2项，连续2年位列河南省知识产权综合能力“十强”高校第2位，有效专利持有量2 070项，居全国高校第89位。建成省部共建协同创新中心、国家地方联合工程实验室、国家重点实验室培育基地等国家、省部级科研平台、人文社科基地等56个。深化校地、校企战略合作,主动融入区域经济社会发展主战场,已成为国家煤炭工业和河南省经济社会发展重要的人才培养基地、科技创新基地和安全培训基地。一个多世纪以来,百年理工已为国家培养和输送了 27 万名优秀毕业生,造就了以张沛霖、李恒德、师昌绪、刘广志、傅恒志、张铁岗等院士为代表的一大批杰出科学家、教育家,以武胡景、郭洪祥、陈学斌、钟力生、尚海涛、李金明、王明义、宋德福、赵铁锤、霍金花等为代表的一大批省部级领导干部,以杨建国、王祥喜、郭金刚、刘银志等为代表的众多杰出企业家,以及一大批市厅级地方党政和高等学校领导干部。他们在不同的历史时期,为祖国建设的各行各业竭忠尽智、发光发热,传递着母校的价值和情怀,成就着母校的光荣与梦想。

百年栉风沐雨,世纪锦绣华章。站在振兴百年理工新的起点上,全体理工人正以习近平新时代中国特色社会主义思想为指引,传承兴学育人、强校报国的价值追求,不忘初心,牢记使命,自强不息,砥砺前行,续写无愧于新时代的壮丽诗篇,为早日建成国内一流特色高水平大学而努力奋斗!

2. 土木工程学院简介

土木工程学院办学历史可溯源到 1909 年焦作路矿学堂的土木工程科,1978 年设置矿井建设专业,1994 年成立建筑工程系,1999 年更名为土木建筑工程系,2005 年更名为土木工程学院。现有岩土工程系、建筑工程系、道路与桥梁工程系、工程管理系、建筑环境与能源应用工程系、城市地下空间工程系、力学系 7 个教学系和 1 个实验中心。

学院现有教职工 130 人,专任教师 104 人,其中,教授 22 人、副教授 39 人,博士生导师 11 人、硕士生导师 89 人,具有博士学位教师 87 人、国外访问学者 32 人,全国师德师风先进个人 1 人,享受国务院政府特殊津贴 2 人,教育部土木工程专业指导委员会副主任委员 1 人,河南省力学专业指导委员会副主任委员 1 人,“新世纪百千万人才工程”国家级人选 1 人,教育部新世纪优秀人才 1 人,国家外国专家局高端人才 1 人,省特聘教授 1 人,省教育厅学术技术带头人 5 人,省骨干教师 12 人,中原名师 1 人,河南省师德标兵、河南省五一劳动奖章获得者、河南省模范教师、河南省教学标兵、省级教学名师等 9 人,省普通高等学校“大美学工”十佳优秀学生工作者 1 人,省优秀辅导员 1 人,校级太行学者 2 人、太行名师 5 人。学院拥有矿山建筑工程和矿山岩土工程 2 个交叉学科博士学位授权点,土木工程、力学和管理科学与工程 3 个一级学科硕士学位授权点,土木水利、工程管理 2 个硕士专业学位类别,拥有土木工程(设建筑工程、道路与桥梁工程、岩土工程三个专业方向)、工程管理、工程力学、建筑环境与能源应用工程、城市地下空间工程 5 个本科专业及土木工程专业本科中外合作办学、留学生项目,在读博士、硕士研究生及本科生 3 000 余人。现有专业实验室面积 6 578.2 平方米,教学与科研仪器设备共计 3 505 台(套)。

学院拥有 2 个省一级重点学科、5 个省级科研平台、3 个省级科研创新团队、2 个校级研究所及 6 个院级科研团队。近 5 年,获批国家自然科学基金重点项目、国家自然科学基金及省部级等纵向科研项目 110 项,各类科研经费累计超过 6 000 万元;在国内外学术期刊上发表论文 733 篇,其中 SCI/EI 收录 245 篇;出版学术专著 20 部;获省部级等科研奖项 24 项,授权发明专利 65 项。学院坚持教学中心地位,教学内涵建设不断加强。建有 1 个国家级一流专业建设点、1 个国家级特色专业、1 个河南省一流专业建设点、1 个省级专业综合改革试点专业,1 门国家级双语教学示范课程、1 门国家精品在线开放课程、2 门省级精品课程、1 门省级精品资源共享课程、1 门省级精品视频公开课程、3 门省级精品在线开放课程、2 门省级一流课程、3 项省级本科教育疫情防控期间线上教学优秀课程奖、1 个省级实验教学示范中心、1 个省级教学团队、1 项省级虚拟仿真实验教学项目、1 个省级优秀基层教学组织。近 5 年，共出版教材 21 部，其中国家级规划教材 1 部；获国家级教学成果二等奖 1 项、河南省教学成果特等奖 1 项、河南省教学成果二等奖 3 项；获国家级新工科研究与实践项目 1 项、河南省教研教改重大及重点项目 6 项、河南省新工科研究与实践项目 2 项；建立校企联合实践教学基地 37 个，获批大学生创新创业训练计划项目 26 项，建立大学生社会实践基地 2 个。

学院的学生工作以学生成长、成才为目标，以学风建设为主线，以创新能力培养为重点，大力推进全员育人。近 5 年，学生在全国大学生数学建模竞赛、英语竞赛中获奖 359 项；在全国高等院校学生 BIM 系列大赛、周培源大学生力学竞赛、中南赛区结构力学竞赛、河南省大学生结构模型设计大赛等赛事中获奖近 172 人次；在河南省“互联网＋”大学生创新创业大赛、河南省大学生建筑模型大赛“绿色建筑”专项竞赛、中国制冷空调行业大学生科技竞赛、全国高等院校“斯维尔杯”建筑应用技能大赛、中国机器人大赛竞赛中，获奖 800 人次；学生就业率平均达到 95%以上。学院积极开展国际合作交流。近 5 年，先后与加拿大麦吉尔大学、澳大利亚新南威尔士大学、美国杜克大学、爱尔兰利莫瑞克大学、日本室兰工业大学等 12 所国外高校开展教育、科技交流与合作；派出 32 名教师赴美国、加拿大、澳大利亚、爱尔兰等外国高校做访问学者、博士后研究和课程进修；邀请国外专家学者学术交流 30 人次，出国(境)参加学术交流 150 余人次。

学院将全面贯彻落实全国教育大会精神，主动适应国家发展战略和土木工程行业发展需求，坚持内涵、质量、特色协调发展，全面提升办学水平。

2.1.9 河北工程大学

1. 学校简介

河北工程大学是河北省重点骨干大学，河北省人民政府与水利部共建高校，河北省国家一流大学建设第二层次高校，河北省文明单位，坐落在中国历史文化名城、“成语典故之都”邯郸市。办学条件优良，校园环境优美。学校新校区总占地面积 4 098 亩，建筑面积 76.65 万平方米。现有教职工 2 565 人，专任教师 1 770 人。博士、硕士研究生 2 427 人，全日制普通本科生 23 961 人，留学生 156 人。教职工中有双聘院士 2 人、国家“千人计划”入选专家 1 人、“长江学者奖励计划”特聘教授 1 人、国家杰出青年科学基金获得者 1 人、国家“万人计划”科技领军人才 1 人、“新世纪百千万人才工程”国家级人选 2 人、河北省高端人才 2 人、享受国务院政府特殊津贴专家 6 人、省级教学名师 8 人、国家“青年千人计划”入选专家 1 人、教育部“新世纪优秀人才支持计划”入选者 3 人、享受河北省政府特殊津贴专家 8 人、河北省新世纪“三三三人才工程”56 人。拥有装备先进的教学、科研实验室，馆藏纸质图书总量 235 万册。建有万兆光纤主干、千兆到桌面的校园网络以及无线覆盖网络。学校附属医院为三级甲等综合医院，附属学校为独立设置和编制经费单列单位。

学科门类齐全，工程特色鲜明。现有工学、理学、管理学、农学、医学、文学、经济学、法学、艺术学、教育学、历史学 11 个学科门类；有 85 个本科专业，其中与工程相关的专业 68 个，占比达 80%。拥有河北省唯一的服务国家特殊需求博士人才培养项目——水资源水环境调控及综合管理，拥有河北省唯一的水利工程博士后科研流动站。拥有机械工程等 14 个硕士学位授权一级学科，工商管理硕士(MBA)、电子信息硕士、农业硕士等 12 个硕士专业学位授权类别。

人才培养质量较高,享有良好的社会声誉。学校具有推荐优秀应届本科毕业生免试攻读硕士学位研究生资格。建有 4 个国家级特色专业、2 个国家“本科专业综合改革试点”项目专业、1 个国家级大学生校外实践教育基地建设项目、7 个省级实验教学示范中心、4 个省级本科教育创新高地、8 个省级品牌特色专业、5 个省级“本科专业综合改革试点”项目专业、4 个双学士学位教育试点专业、2 个省级大学生校外实践教育基地、1 个省级虚拟仿真实验教学中心。毕业生就业率和就业质量持续保持在较高水平。建校 60 余年来,学校培养了 20 余万名毕业生,涌现出众多杰出专业技术人才和企业高管、政界精英。大学生创新创业能力显著提升。学校是河北省首批深化创新创业教育改革示范高校,河北工程大学青蓝众创空间通过河北省科技厅众创空间认定,获评河北省大学生创业孵化示范园。2014 年以来,在中国“互联网+”大学生创新创业大赛、中国大学生方程式汽车大赛、全国大学生机器人大赛等竞赛中获国家级奖励 600 余项,其中,获第 3 届中国“互联网+”大学生创新创业大赛铜奖 1 项;第 17 届全国大学生机器人大赛 Robocon 赛总决赛亚军,并获大赛一等奖;大学生凌云车队 2016 年、2017 年、2018 年连续三年进入中国大学生方程式汽车大赛十强;2018、2019 年连续两年获全国大学生数学建模竞赛一等奖。文化传承与创新成绩斐然。凝练、打造和弘扬“大工程文化”,“大工程文化育工程人”项目获评教育部思政司高校思想政治工作精品项目、全省宣传思想文化创新案例。建立“甘丹书院”“紫山讲堂”“道德讲堂”,成立全国高校第一个“一二九师”精神研究会,深入传播红色文化。积极构建古建筑文化,建立古建筑构件展室并在此基础上筹建古建筑博物馆,现拥有古建筑构件 1 700 余件,其中北齐佛塔砖系列藏品国内罕见,学术价值巨大。强化学校文化育人功能,2006 年以来,共有 14 名学生获评“中国大学生自强之星”。文艺作品首获全国第 5 届大学生艺术展演一等奖、河北省文艺振兴奖、全省精神文明“五个一工程”优秀作品。注重体育文化建设,“十二五”以来,在全国大学生田径锦标赛等国家级赛事中获冠军 39 项。田径队多次蝉联河北省大运会团体冠军,3 名学生分别打破女子 10 000 米竞走、男子链球和三级跳远河北省大学生纪录,1 名学生入选国家队。男篮每年代表河北省参加全国大学生篮球联赛(CUBA)。搜狐、新浪等门户网站及《光明日报》《中国体育报》等媒体多次对学校竞技体育做了报道,社会反响热烈。科学研究与社会服务成果丰硕。“十二五”以来,学校承担 138 项国家级科研项目,其中国家自然科学基金重点项目 1 项,以及 977 项省部级科研项目。发表 1 386 篇 SCI、EI 收录期刊论文。获 253 项职务发明专利。获 150 项省部级科研奖励,其中河北省科技进步奖一等奖 2 项、河北省自然科学奖一等奖 1 项、河北省社科优秀成果奖一等奖 1 项。获 22 项省级教学成果奖,其中一等奖 4 项。1 项成果获中国地质学会 2015 年度“十大地质科技进展”。建设有 3 个院士工作站、1 个国家级技术转移示范机构、3 个省级协同创新中心、7 个省级重点实验室、12 个省级工程技术研究中心、6 个省级产业技术研究院、5 个省级工程实验室以及 2 个省级哲学社会科学研究基地。国际交流与合作成效显著。学校与美国、英国、日本、德国、俄罗斯等 19 个国家和地区的 50 余所高校建立了稳固的学术交流与合作关系,与 20 余所高校开展了双学位和交换生项目,招收有来自乌克兰、巴基斯坦等国家的留学生,与美国东密歇根大学、波兰比亚威斯托克技术大学、乌克兰国立化工大学、白俄罗斯国立技术大学等开展师生交流交换、合作办学并联合组建研究机构。学校主办《河北工程大学学报(自然科学版)》和《河北工程大学学报(社会科学版)》;作为唯一主编单位,与英国科学出版社联合出版 SCI 和 EI 同时检索学术期刊 *Energy Exploration & Exploitation*；作为第一主编单位，与美国阿拉斯加大学、英国朗堡大学、乌克兰国立建筑技术大学联合创办 Scopus 数据库收录期刊 *World Journal of Engineering*。

2. 土木工程学院简介

土木工程学院有 40 年的办学历史。目前有土木工程、交通工程、无机非金属材料工程、工程力学、道路桥梁与渡河工程、城市地下空间工程 6 个本科专业，土木工程专业是河北省一流本科专业建设点。拥有土木工程工学硕士学位一级学科授权点、土木水利（建筑与土木方向）专业硕士学位授权类别。设有建筑工程、交通工程、材料工程、工程力学等 4 个教学系。拥有华北地区规模较大的结构实验室以及配套齐全的力学、结构、土工、材料、交通、沥青、BIM 等 7 个实验室，实验室建筑面积 14 282 平方米，仪器设备总值 2 500 多万元。拥有结构工程省级重点发展学科，结构、力学 2 个省级实验教学示范中心。拥有土木工程国家级特色专业建设点，大土木工程专业群建设省级教育创新高地。

学院现有教师 112 人，其中教授及相应职称 19 人，副教授及相应职称 38 人，河北省"新世纪三三三人才工程"3 人，河北工程大学教学名师 5 人。师资队伍中具有博士学位的 43 人，具有硕士学位的 63 人。近 5 年，土木工程学院教师主持国家自然科学基金 3 项，国家重点研发计划子课题 1 项，河北省自然科学基金 10 项，及其他纵向项目 50 余项，承担横向课题 80 余项，科研总经费达 1 600 多万元；发表学术论文 200 余篇，组织出版《材料力学》《画法几何及建筑制图》《工程网络计划技术》《地下建筑结构设计》《特种结构》《工程力学》等 10 多部专著或教材；省级教学成果奖 3 项；河北省精品课 6 门；河北省高校精品在线开放课程 2 门。土木工程专业是教育部首批 18 所 CDIO 工程教学模式试点专业之一，土木工程导论、混凝土结构设计、道路勘测设计等课程是 CDIO 工程教育模式改革重点课程。学院与国有大型企业合作共建 3 个省级工程技术研究中心——河北省装配式结构技术创新中心、河北省煤矿地面储运建筑工程技术研究中心、河北省市政道桥施工工程技术研究中心。建有河北工程大学施工管理研究所、河北工程大学 BIM 技术研究中心、河北工程大学交通铺面工程技术研究所等 3 个校级科研平台。与中煤建安共建河北省建筑与土木工程专业学位研究生培养实践基地。这些平台为学院科研及学生高质量的培养创造了良好的条件。学院坚持以教学为中心，大力实施"质量工程"，努力培养"善学善行"的复合型应用人才，实施"善建者家园工程""高质量就业工程"，取得显著成效。连续多年开展结构设计大赛、力学大赛、桥梁设计大赛、BIM 建模及施工管理大赛等活动；组织学生参加全国大学生创新创业训练计划项目、"挑战杯"全国大学生科技学术作品竞赛、"互联网＋"大学生创新创业大赛等课外科技创新活动。40 年来，学院已培养毕业生近万名，这些毕业生扎实的理论知识、良好的工作能力，受到全国用人单位的广泛好评。尤其在环渤海、长三角、珠三角等地区，许多人已成为科研、教学、工程设计与施工单位的业务骨干和企事业单位的高层管理人员，为国家建设与发展做出了突出贡献。

2.1.10 湖南科技大学

1. 学校简介

湖南科技大学始于 1949 年 8 月成立的湘北建设学院，2003 年 11 月经教育部和湖南省人民政府批准，由原国家煤炭工业部在南方的唯一本科院校湘潭工学院与湖南省第二大本科师范院校湘潭师范学院合并组建而成，实行中央与湖南省共建。现占地面积 3 107 亩，建筑面积 100 余万平方米，图书馆文献总量 511 万余册，其中纸质藏书 246 万余册。学校设有 1 个研究生院、19 个教学院、1 个独立学院、1 个继续教育学院，有 90 个本科专业，涵盖哲学、经济学、法学、教育学、文学、历史学、理学、工学、农学、管理学、艺术学等 11 个学科门类，拥有 8 个国家特色专业、17 个省级特色专业、3 个卓越工程师教育培养计划专业、1 个国家专业综合改革试点专业、3 个省级“十二五”专业综合改革试点专业。面向全国 31 个省(市、自治区)和港澳台地区招生，并招收外国留学生。现有全日制在校本科生、研究生及留学生 3.5 万余人。学校拥有 3 个一级学科博士后科研流动站，4 个博士学位授权一级学科、29 个博士学位授权二级学科，24 个硕士学位授权一级学科、188 个硕士学位授权二级学科，拥有工程硕士、教育硕士(EdM)、翻译硕士(MTI)、会计硕士(MPAcc)等 4 个专业硕士学位授权类别及“硕师计划”推免权资格，并可开展同等学力人员在职申请硕士学位和高校教师硕士工作。

学校现有教职工 3 300 余人，其中专任教师 1 583 人，正高职称 329 人，博士学位教师 659 人，有国家“863 计划”主题评审专家 1 人，教育部科技委委员 1 人，国家有突出贡献的中青年专家、“新世纪百千万人才工程”国家级人选、国家级教学名师等 10 人，享受国务院政府特殊津贴专家 32 人，教育部“新世纪优秀人才支持计划”8 人，湖南省“芙蓉学者计划”特聘教授 3 人，湖南省百人计划 2 人，湖南省教学名师、十佳师德标兵、优秀教师、优秀教育工作者 19 人，湖南省“新世纪 121 人才工程”人选 46 人，湖南省学科带头人及培养对象 38 人，湖南省普通高校青年骨干教师及培养对象 179 人。

学校拥有地理空间信息技术国家地方联合工程实验室、理论有机化学与功能分子教育部重点实验室、先进矿山装备教育部工程研究中心、页岩气资源利用湖南省重点实验室、海洋矿产资源探采装备技术湖南省工程实验室等 23 个国家、省部级自科类科技创新平台；有湖南省战略性新兴产业研究基地、湖南省新型工业化研究基地、湖南省党建理论研究基地等 9 个省级社科类创新平台；有 79 个教学实验室(中心)，其中 1 个国家级实验教学示范中心、5 个湖南省基础课示范实验室、13 个中央与地方共建基础实验室、11 个中央与地方共建特色优势学科专业实验室；有 43 个中央财政支持地方高校发展项目；有 5 个湖南省实践教学示范中心、1 个教育部“卓越计划”校外实践教育基地、5 个省级校企合作人才培养示范基地、3 个省级大学生创新训练中心、1 个省级虚拟仿真实验教学中心、159 个固定实习基地、18 个省级优秀教学实习基地。

学校不断提高办学水平，形成了以本科教育为主体、研究生教育快速发展的办学格局与育人体系。学校注重创新人才培养模式，有 1 个国家级教学团队、5 个省高校科技创新团队。近年来，主持省级以上教研教改课题 750 余项，获国家级教学成果奖 3 项，其中一等奖 1 项，省部级教学成果奖 48 项，省级优秀课程、重点课程和精品课程 39 门。学生在德国红点设计大奖、中国青少年科技创新大赛、全国“挑战杯”大学生课外学术科技作品竞赛、数学建模竞赛、电子设计竞赛等赛事中多次获得优异成绩；毕业生以品行优秀、素质全面、能力突出而广受用人单位好评，就业率和考研录取率居全省同类高校前列。70 多年来，学校已向社会输送了 20 余万名各类高层次人才。

学校注重科学研究与学术创新。承担国家“863 计划”、“973 计划”、国家科技支撑计划、国防基础研究、国家自然科学基金和国家社会科学基金项目等国家级科研项目 570 余项，省级以上科研项目近 3 500 项，年入校科研经费位居省属高校前列；获国家和省部级科研成果奖 210 多项，其中国家科技进步二等奖 3 项，中国高校人文社会科学研究优秀成果奖 4 项。获得国家授权专利、软件著作权等 547 项，推广新技术近 100 项。出版学术专著(教材)328 部，办有《湖南科技大学学报(自然科学版)》《湖南科技大学学报(社会科学版)》《矿业工程研究》《当代教育理论与实践》等刊物，其中《湖南科技大学学报(社会科学版)》入选 CSSCI 来源期刊、全国高校百强社科学报，《湖南科技大学学报(自然科学版)》和《湖南科技大学学报(社会科学版)》均入选中文核心期刊要目总览，“毛泽东研究”专栏被评为全国社科学报优秀栏目。

2. 土木工程学院简介

土木工程学院始于 1988 年成立的建筑工程系，办学 30 余年，毕业校友达万余人。现有教职工 143 人，其中专任教师 111 人，教授 18 人，副教授 41 人，具有博士学位的教师 92 人，拥有各类省级以上优秀人才 19 人。学院现有土木工程(湖南省重点专业，含建筑工程、路桥工程、城市地下工程三个专业方向)、给排水科学与工程、工程管理、建筑环境与能源应用工程(湖南省特色专业、博士点招生涵盖学科)、工程力学 5 个本科专业，拥有岩土工程稳定与健康监测湖南省重点实验室、结构抗风与振动控制湖南省重点实验室、湖南省土木工程施工过程与质量安全控制重点实验室、湖南省智慧建造装配式被动房工程技术研究中心和工程检测中心。土木工程和建筑环境与能源应用工程专业先后于 2018 年、2019 年通过住房和城乡建设部高等教育土木工程专业评估委员会、建筑环境与能源应用工程专业评估委员会专业评估(认证)。土木工程学科拥有一级硕士学位授予权，在国家第四轮学科评估中获得 C＋水平(全国排名第 54～67 位)，2018 年入选湖南省“双一流”建设国内一流培育学科，2019 年软科排名居 48 名(前 30%)。

学院始终坚持以人才培养为中心，以高素质人才培养为目标，注重创新人才培养模式，大力培养一流的创新型人才。学院现有在校本科生、研究生近 2 300 人。拥有地方高校土木工程专业高素质应用人才培养模式创新试验区、湖南省校企合作人才培养基地、湖南省高校“土木工程施工技术创新”产学研合作示范基地、湖南省高校研究生产学研培养基地；拥有大型结构静力、动力实验室，风洞实验室和各类专业实验室，实验室总面积 8 000 余平方米，设备资产原值 5 500 余万元，为本科生、研究生培养奠定了良好的实验、实践基础。近年来，学院学生获国家及省部级各类科技竞赛奖励 80 余项，就业率均保持在 95%以上，考研率在 20%以上。

2.1.11 黑龙江科技大学

1. 学校简介

黑龙江科技大学是黑龙江、吉林乃至内蒙古地区唯一一所以矿业为特色的高校，是黑龙江省人民政府与国家应急管理部(原国家安全生产监督管理总局)共建高校，是教育部教学工作水平评估优秀高校，是服务国家特殊需求“煤矿事故应急救援与影响控制”博士层次人才培养项目的唯一一所高校，是安全科学与工程一级学科博士后科研流动站设立高校，是黑龙江“十二五”期间重点建设的特色应用型本科高校，是“矿产资源开发利用”省级特色学科项目和博士学位授权立项建设高校。在 73 年的办学历程中，学校始终践行“厚德博学、强吾兴邦”的校训，铸就了“自强不息、创业创新”的学校精神，培养出了 10 万余名优秀人才，为区域经济和我国煤炭工业的发展做出了突出的贡献，被誉为“煤炭工业的脊梁”。

学校前身是 1947 年中国共产党在鸡西建立的东北第一所煤矿工人干部学校。1954 年与鹤岗煤矿学校合并成立鸡西煤矿学校。1958 年在此基础上成立本科教育鸡西矿业学院。1964 年因院校调整又改为鸡西煤矿学校。1978 年复建本科教育鸡西矿业学院，1981 年改称黑龙江矿业学院，隶属于原国家煤炭工业部。1998 年划归地方，实行中央与地方共建、以黑龙江省管理为主的体制。2000 年更名为黑龙江科技学院。2013 年更名为黑龙江科技大学。

学校坐落于冰城夏都哈尔滨市的松花江畔，办学历史悠久，文化底蕴深厚。73 年的发展历程谱写了一部艰辛的创业史，可概括为三部曲：

第一部曲——依煤而生，曲折发展。学校因煤而生、依煤而长。边陲煤城办学 56 载，几代科院人凭借北大荒精神、铁人精神、煤矿工人特别能战斗的精神，始终以服务煤炭为己任，甘守清贫，艰苦创业，献身煤炭，为国家煤炭工业和区域经济社会发展奉献了全部的青春和热血。1997 年学校顺利通过了国家教学工作合格评价，办学水平、办学特色得到专家组的一致好评。

第二部曲——二次创业，跨越发展。为更好地为国家煤炭工业和区域经济社会发展做贡献，学校抢抓高等教育迈向大众化的战略机遇，于 2001—2003 年白手起家在哈尔滨建设新校区。历尽千辛万苦，攻坚克难，用“泪水、汗水和血水”在一片废墟上建起一座现代化的新校园。2003 年 8 月，学校主体由鸡西市迁入哈尔滨市，实现了办学空间的跨越。以新校区建设为契机，实施学科专业建设工程和人才强校战略，2003 年获得硕士学位授予权，实现了办学层次的跨越。

第三部曲——办学转型，科学发展。2004 年以来，实施内涵发展和特色发展，2008 年在国家教学工作水平评估中获得“优秀”，2010 年被确定为黑龙江“十二五”期间重点建设的特色应用型本科高校，2012 年获得服务国家特殊需求的“煤矿事故应急救援与影响控制”博士人才培养项目，2014 年获批安全科学与工程一级学科博士后科研流动站，2017 年获批“硕士研究生推免权”“矿产资源开发利用”省级特色学科项目和博士学位授权立项建设单位，为学校的发展注入了新的生机与活力。

“十三五”开局之际，学校科学确立了应用型的办学定位、“立足应用，精准育人”的办学理念，绘就出创建特色鲜明的高水平应用型科技大学的长远发展蓝图和“百年名校”的宏伟目标，汇聚全校力量，聚力转型发展，激发办学活力。

学校不断积淀和创新，已经发展成为一所工学、管理学、经济学、理学、法学、文学多学科协调发展的普通高等学校，形成了“一校两地三校区”的办学格局。

学校以立德树人为根本任务。坚持“育人为本、德育为先，以学为要、固基强实”的思想和“以生为本、为生尽责”的服务理念，以立足应用的教学理念为引导，以学生成长成才需求、地方经济与行业发展需求为导向，遵循教育教学规律与人才成长规律，努力培养“思想道德素质高、工程实践能力强”的高素质应用型人才，人才培养质量不断提高。现有全日制在校生 22 657 人，其中研究生、博士生 883 人。“十五”以来，本科生一次就业率在 90%以上，连续保持省内高校前三名，被教育部授予“全国毕业生就业 50 强高校”“全国青年就业创业教育先进集体”。在全国、全省大学生标志性竞赛中，获奖数量和层次居于省内高校领先水平。

学校坚持以教育教学为中心。坚持应用型的办学定位，不断深化教育教学改革，科学构建符合经济社会发展需求的应用型人才培养体系，实施产教融合、校企协同育人的人才培养模式，教育教学水平不断提升。现有57个本科专业，其中国家特色专业建设点4个、省重点专业10个。建成1门国家级精品课、14门省级精品课。建成2个国家级大学生校外实践教育基地、1个省级人才培养模式创新示范区、1个省级虚拟仿真实验教学中心、1个省级示范性虚拟仿真实验教学项目、4个省级实验教学示范中心、2个振兴东北老工业基地人才培训中心、1个国家煤矿安全培训基地。

学校坚持以学科建设为龙头。围绕区域、行业和国家发展需求，按照学科链与产业链相协调，产学研有机结合的建设思想，构建以工科为主体，矿业为特色的多学科协调发展的学科体系。“双一流”建设期间，学校为黑龙江省特色学科建设高校，建有“矿产资源开发利用”特色学科建设项目，是黑龙江省拟新增博士学位授权立项建设单位，拥有“煤矿事故应急救援与影响控制”博士特需人才培养项目，具有安全科学与工程博士一级学科学位授予权，拥有1个博士后科研流动站。学校拥有矿业工程、安全科学与工程、机械工程、电气工程、材料科学与工程、化学工程与技术、土木工程、马克思主义理论、工商管理、公共管理10个硕士一级学科学位授权点，计算机应用技术1个硕士二级学科学位授权点，拥有资源与环境、机械、能源动力、电子信息、土木水利、工商管理(MBA)、会计、金融、社会工作9个硕士专业学位授权类别。拥有采矿工程、矿物加工工程、电力电子与电力传动、机械设计及理论、材料加工工程、岩土工程、工商管理、思想政治教育、安全技术与工程9个省级领军人才梯队。建有国家级中心实验室1个、省部级重点实验室5个、省部级工程技术研究中心10个、省级重点培育智库1个、省高校人文社科重点研究基地1个。具有国内一流的工程训练与基础实验中心等一批高端服务平台。

学校高度重视人才队伍建设。坚持“以师为尊、为师服务”的理念，构建开放、多元、有序、效能的人才资源管理体系，实施“五大工程23项计划”的人才强校战略，加强高层次人才队伍建设。全国优秀教师、省模范教师、省优秀教师24人，省教学名师、教学新秀9人。省级领军人才梯队8个。国家级教学团队1个，省级教学团队4个。聘请教育界、企业界、政界知名人士等150余人为兼职教授。长期聘用企业工程技术骨干145人为“双师型”教师，直接服务特色人才培养。

学校高度重视科学研究工作。坚持应用为主，把科研解决企业生产实际问题作为重点，不断推进科技工作向“质量性、战略性、组织性、导向性”转型，科技水平和服务能力不断增强。“十二五”以来，承担国家科技支撑计划、国家重点研发计划、国家自然科学基金等国家级项目80项、省部级项目266项，科技经费总额4.5亿余元。获省部级科技奖励90项，其中一等奖5项、二等奖27项、三等奖58项。

学校建有5个省、部级重点实验室，10个省、部级工程技术研究中心和1个省级重点培育智库。学校围绕区域和国家战略发展需求，强化学科交叉融合，搭建了系列服务平台。其中，服务新材料战略性新兴产业的石墨技术创新服务平台跻身国家战略，总体负责“十二五”国家科技支撑计划项目“高纯石墨材料开发及其典型应用”，成为黑龙江和国家石墨新材料产业发展人才与技术主要支撑；服务高端装备制造战略性新兴产业和国防战略的现代装备制造研发平台，是军委总装备部颁发军品研发资质的高校之一，直接为国防与军工企业服务；服务国家安全生产技术支撑体系的“瓦斯等烃气输运管网安全基础研究”国家级中心实验室是国内外较早进行水合物技术预防瓦斯灾害和瓦斯固化储运的研究平台；牵头成立黑龙江省 3D 打印产业技术创新战略联盟,致力于 3D 打印技术创新研发和技术攻关;牵头申报了“矿产资源开发利用”省级协同创新中心,服务黑龙江省煤炭、石墨等矿产资源产业发展。

学校坚持加强国际交流合作。积极推进跨文化学习与互动,不断拓宽国际合作领域,先后与俄罗斯、白俄罗斯、加拿大、奥地利、美国、德国、法国等开展合作办学和科技交流,引进、吸收国外优质教育资源,取得了国际合作办学的新经验,成为黑龙江省中外合作办学的典范。

全面提高党建的科学化水平。以习近平新时代中国特色社会主义思想为统领,坚持党要管党、从严治党,全面加强和改进党的各项建设,为大学建设提供了强大动力和坚强保证。先后荣获“全国文明单位”“全国五一劳动奖状”“全国教育系统关心下一代工作先进集体”“全国五四红旗团委”等 20 余项国家级荣誉和省“先进基层党组织”“文明单位标兵”“师德建设十佳单位”等 80 余项省级荣誉。

当前,学校正在高举习近平新时代中国特色社会主义思想伟大旗帜,学习贯彻党的十九大精神,奋进新时代、勇担新使命,紧紧围绕立德树人根本任务,坚持“四个服务”的目标方向,聚焦内涵建设,推进高质量发展,奋力谱写新时代学校改革发展新篇章,开启了创建矿业特色鲜明的高水平应用型科技大学和“百年名校”梦的新征程,为国家经济发展、现代化新黑龙江建设和行业发展做出新的更大的贡献!

2. 建筑工程学院简介

建筑工程学院前身是具有 40 余年办学历史的土木工程系,经过 30 余年的发展建设,原土木工程系下设土木工程、建筑学、城市规划、工程管理四个本科专业,随着学校的发展布局和建设需要,原土木工程系于 2004 年更名为建筑工程学院。

学院近 5 年新开设 2 个本科专业,现有 6 个本科专业,分别是土木工程、工程管理、道路桥梁与渡河工程、建筑学、城乡规划、风景园林专业;现有土木工程一级学科硕士授权点 1 个、建筑与土木工程领域专业学位授权点 1 个;拥有 1 个岩土工程省级领军人才学科梯队。学院按学科专业布局下设 6 个系,拥有 8 个集教学科研为一体的专业实验室,专业研究所 3 个。学院师资队伍力量雄厚,有专任教师 90 人,其中具有博士学位教师 20 人、硕士学位教师 48 人,教授 9 人、副教授 40 余人、讲师 30 余人,硕士导师 18 人,每年本科生招生规模 400 人左右、在校研究生 100 余人。

近年来,学院在管理、教学、科研等诸多方面取得多项成绩和荣誉,荣获省级教学先进集体、省级教学成果一等奖、国家科技进步奖、教育部技术发明一等奖,多名教师获得国家自然科学基金项目资助;本科生一次就业率均在 90%以上,40%以上的毕业生就业于世界 500 强企业。学院坚持产学研相结合,积极参与国家及地方经济建设,特别是为建筑、规划和土木工程相关的工程项目提供技术支持。

2.1.12　东北大学

1. 学校简介

东北大学始建于 1923 年 4 月 26 日,是一所具有爱国主义光荣传统的大学。1928 年 8 月至 1937 年 1 月,著名爱国将领张学良将军兼任校长。1949 年 3 月,在东北大学工学院和理学院(部分)的基础上成立沈阳工学院。1950 年 8 月,定名为东北工学院,1993 年 3 月,复名为东北大学，1997 年 1 月原沈阳黄金学院并入东北大学，1998 年 9 月划转为教育部直属高校。学校是国家首批“211 工程”和“985 工程”重点建设高校，2017 年 9 月，经国务院批准，进入一流大学建设高校行列。在近百年的办学历程中，东北大学始终坚持与国家发展和民族复兴同向同行，形成了“自强不息、知行合一”的校训精神。历史上，东北大学师生曾是“一二·九”运动的主力和先锋，在建设时期，学校先后研发出国内第一台模拟电子计算机、第一台国产 CT、第一块超级钢以及钒钛磁铁矿冶炼新技术、钢铁工业节能理论和技术、控轧控冷技术、混合智能优化控制技术等一大批高水平科研成果，兴办了第一个大学科学园，在技术创新、转移和产学研合作方面形成了自己的办学特色。

东北大学坐落在东北中心城市辽宁省沈阳市，在河北省秦皇岛市设有东北大学秦皇岛分校。学校占地总面积 255 万平方米，建筑面积 179 万平方米。学校现有教职工 4 470 人，其中专任教师 2 741 人。有中国科学院和中国工程院院士 5 人、海外院士 4 人、国家级人才项目入选者 112 人、国家级青年人才项目入选者 43 人、教育部新世纪优秀人才 102 人、国家自然科学基金创新群体 4 个。学校设有 100 多个研究机构，其中国家重点实验室、国家工程(技术)研究中心等国家级科技基地 10 个。设有国家级协同创新中心 2 个、辽宁省协同创新中心 3 个。

东北大学是一所以工为主的多科性大学，涵盖哲学、经济学、法学、教育学、文学、理学、工学、管理学、艺术学等门类。工程学学科进入 ESI 世界前 1‰。设有 76 个本科专业，其中国家级特色专业 15 个、国家级一流本科专业建设点 15 个；现有 24 个一级学科博士点、121 个二级学科博士点、35 个一级学科硕士点、182 个二级学科硕士点、4 个工程博士专业学位类别和 15 个工程硕士专业学位类别；有 19 个博士后流动站；有 3 个一级学科国家重点学科、4 个二级学科国家重点学科、1 个国家重点(培育)学科，共涵盖 16 个二级学科。学校充分释放一流学科建设的带动辐射作用，已形成高峰引领、高原支撑、卓越促进、特色牵动、可持续发展的学科建设格局。

东北大学具备培养学士、硕士、博士和博士后的完整教育体系。学校全日制在校生 48 000 余人，其中本科生 30 059 人，硕士研究生 13 212 人，博士研究生 4 176 人。学校围绕立德树人的根本任务，在拔尖创新型人才培养、教学理念更新、教学方法研究、培养模式探索等方面取得了丰硕成果。以《东北大学一流本科教育建设实施方案》《东北大学本科卓越教育行动计划(2017—2023)》为标志，人才培养改革取得重大进展，中国高校创新人才培养暨学科竞赛评估中，学生获奖总数排名全国第一，总评分名列全国第七。“十三五”以来，东北大学共获得国家级教学成果奖 3 项，国家级精品视频公开课 11 门，国家级精品资源共享课 15 门，国家级精品在线开放课程(慕课)24 门，国家级虚拟仿真实验项目 2 项，教育部新工科研究与实践项目 4 项。学生获得创新创业竞赛国际大奖 357 项、国家级奖励 1 462 项、优秀创新创业项目 1 009 项，专利 207 项，共有 72 家学生创业企业落地。学生生源质量、毕业生就业率及就业质量保持较高水平。

学校坚持服务国家战略和区域发展的科研方向，鼓励自由探索，推动协同创新，基础研究水平稳步提高，技术创新竞争力不断增强。“十三五”以来，学校承担各类科技项目 5 353 项，获省部级及以上科技奖励 214 项，其中国家科技进步一等奖和国家自然科学二等奖等国家科技奖励 9 项，省部级一等奖 61 项；获得国家专利 2 653 项，其中发明专利 2 350 项；被三大检索收录的论文共 17 413 篇。

学校在技术创新、技术转移和成果转化方面形成了独特的比较优势，探索出了一条政产学研用相结合的有效途径，实现了学科、人才、科研、产业良性互动发展。学校入选首批教育部高校科技成果转化试点示范基地及国家发改委全面创新改革试验百佳案例。2017—2018年科技成果转化交易额直属高校排名第5位。学校坚持面向新一代信息技术、新材料、生命健康和交叉科技前沿等领域，推动大学科学园建设，为东北大学服务国民经济建设和东北老工业基地全面振兴奠定了新的重要基础。

学校面向世界，开放办学，先后与37个国家和地区的246所大学、研究机构建立了长期稳定的合作关系；加大引进海外人才的力度，进一步提升引进国外智力的层次，建立了4个国家学科创新引智基地，每年聘请近600位海外知名专家来校讲学或合作科研；提高学生的国际化视野与专业水平，学校积极拓展包括国家公派、联合培养、交换学习、短期交流、海外实习等海外交流项目，每年派出约700名学生赴海外高校交流学习；与国外高水平大学开展深入合作，切实引入国际先进教育理念和优质教育资源，设有国际合作办学项目3个；不断扩大留学生规模，提高培养质量，现有来自99个国家和地区的各类留学生1 530人在校学习。

面向未来，东北大学将以习近平新时代中国特色社会主义思想为指导，继续遵循“教育英才”的办学宗旨，围绕办学目标和定位，坚定地走“创新型、特色化、开放式”发展道路，为建成“在中国新型工业化进程中起引领作用的‘中国特色、世界一流’大学”而不懈努力。

2. 资源与土木工程学院简介

资源与土木工程学院成立于1995年9月，由采矿工程系和矿物工程系组建而成。资源与土木工程学院作为首批“211工程”“985工程”重点建设单位，现有矿业工程、力学、土木工程、安全科学与工程4个一级学科博士学位授权点及矿产普查与勘探二级学科博士学位授权点，矿业工程、测绘科学与技术、土木工程、地质资源与地质工程、安全科学与工程5个一级学科硕士学位授权点及工程力学、环境工程2个二级学科硕士学位授权点，6个工程硕士招生领域，7个本科专业。采矿工程为国家重点学科，矿物加工工程为国家重点(培育)学科，矿业工程为一级学科，工程力学、结构工程、矿产普查与勘探、大地测量学与测量工程等二级学科为辽宁省重点学科。设有矿业工程、地质资源与地质工程、力学、安全科学与工程4个博士后流动站。现已形成特色鲜明的矿业工程与土木工程两大学科群。学院认真贯彻落实“造就名师、培养骨干、优化结构、提高素质”的师资队伍建设方针，紧紧抓住引进、培养、使用三个环节，积极采取措施加大人才引进力度，加强创新团队建设，加快青年教师培养。

学院不断提升教学与人才培养质量。获全国多媒体课件大赛奖、辽宁省优秀教学成果奖、校教学成果奖40余项；获国家精品课1门、辽宁省精品课3门；安全工程专业为国家第二批高等学校特色专业建设点，矿物加工工程、采矿工程、环境工程专业分别为国家第四批、第六批、第七批高等学校特色专业建设点，采矿工程、安全工程、矿物加工工程专业先后通过全国工程教育专业认证。岩土力学与工程实验室为辽宁省实验教学示范中心。1篇博士学位论文获全国优秀博士学位论文及国际罗哈奖。建院以来，获各级奖励270项，其中国家科技进步奖5项、国家技术发明奖1项、省部级二等奖及以上奖励107项。承担国家“973计划”“863计划”、国家科技攻关、国家杰出青年科学基金、自然科学基金等各类科研课题3 682项，总经费4.1亿元。发表论文5 930篇；出版专著、教材204部；获国家专利152项，其中发明专利106项；开发具有自主知识产权的软件15套。拥有辽宁省高等学校创新团队2个。建有深部金属矿山安全开采教育部重点实验室、辽宁省采矿工程重点实验室、辽宁省矿物材料工程技术研究中心等科研基地。

采矿工程专业始建于1926年，是我国第一个黑色金属矿山采矿工程专业，至今90余载，专业发展历史悠久，积淀深厚，是中华人民共和国矿业工程的奠基者与开拓者，为我国高等学校和矿山企业培养了多名院士和大批优秀科技人才。1981年和1984年分别获得硕士学位和博士学位授予权，1987年被评为首批国家重点学科，1992年首批设置博士后流动站，1996年成为国家首批"211工程"重点建设学科，1998年设置特聘教授岗位，2004年成为国家首批"985工程"重点建设学科，2004年采矿工程实验室成为辽宁省重点实验室，2011年深部金属矿山安全高效开采实验室成为教育部重点实验室，2015年金属矿山岩石力学与安全开采虚拟仿真教学中心成为国家级教学中心。2008年成为东北大学首个通过全国工程教育认证专业，2010年获批国家级特色专业，2012年被列入国家卓越工程师培养计划。自1993年以来，采矿工程专业已培养博士生219名、硕士生386名、本科生近2 000名，每年招生规模在60～90人。截至2016年10月，采矿工程专业本科在校生人数为277人，已成为国内采矿学科高层次人才培养的重要基地之一。

采矿工程学科经过多年来的建设，形成了按照宽口径、重实践、国际化的原则，培养创新能力突出，基础理论扎实，有较强组织能力、社会活动能力和语言文字表达能力的创新型专业人才。结合采矿工程专业的特点，课程体系设置不但重视基础理论的学习，而且注重拓宽学生的知识面，将科学理论基础与学科前沿技术结合，注重学生自主研究能力和应用实践能力的培养；采用创新实验班和卓越工程师班的加强模式，提高本科生培养质量，更主要的是培养学生"扎根现场、苦中有乐、勇于奉献"的精神。采矿工程学科现有采矿工程研究所、岩石破裂与失稳研究所，涵盖数字矿山技术、井巷与地压控制、矿产资源综合利用、资源经济等研究方向。

采矿工程专业现有专任教师及实验技术人员共计50人，其中专任教师45人、实验工程技术人员5人。专任教师中具有博士学位40人，博士生导师11人、教授16人、副教授11人、讲师(含师资博士后)18人。其中，国务院学位委员会学科评议组成员1人、国家千人计划1人、教育部"长江学者奖励计划"特聘教授3人、国家杰出青年科学基金获得者3人、国家优秀青年科学基金获得者1人、"新世纪百千万人才工程"国家级人选2人、教育部新世纪优秀人才5人、中国青年科技奖获得者1人。

2.1.13 北京科技大学

1. 学校简介

北京科技大学于1952年由天津大学(原北洋大学)、清华大学等6所国内著名大学的矿冶系科组建而成，现已发展成为以工为主，工、理、管、文、经、法等多学科协调发展的教育部直属全国重点大学，是全国首批正式成立研究生院的高等学校之一。1997年5月，学校首批进入国家"211工程"建设高校行列。2006年，学校成为首批"985工程"优势学科创新平台建设高校。2014年，学校牵头的，以北京科技大学、东北大学为核心高校的"钢铁共性技术协同创新中心"成功入选国家"2011计划"。2017年，学校入选国家"双一流"建设高校。2018年，学校获批国防科工局、教育部共建高校。建校68年来，学校逐步形成了"学风严谨，崇尚实践"的优良传统，为社会培养各类人才20余万人，大部分已成为国家政治、经济、科技、教育等领域尤其是冶金、材料行业的栋梁和骨干。党和国家领导人罗干、刘淇、徐匡迪、黄孟复、范长龙、郭声琨、刘晓峰等都曾在校学习，另有39名校友当选为中国科学院或中国工程院院士，一大批校友走上了省长、市长的领导岗位，一大批校友担任中国一重、宝武集团、河钢集团、中国铝业、中国五矿、中国钢研等国家特大型企业的董事长或总经理。学校被誉为“钢铁摇篮”。

学校位于高校云集的北京市海淀区学院路，占地约80.39万平方米(包括管庄校区)，校舍建筑总面积97万平方米(包括管庄校区)。学校现有1个国家科学中心，1个“2011计划”协同创新中心，2个国家重点实验室，2个国家工程(技术)研究中心，2个国家科技基础条件平台，1个国家科技资源共享服务平台，2个国家级国际科技合作基地，56个省、部级重点实验室、工程研究中心、国际合作基地、创新引智基地等。特别是2007年，学校作为第一所教育部直属高校牵头承担了国家重大科技基础设施项目——重大工程材料服役安全研究评价设施，并负责筹建国家材料服役安全科学中心。图书馆实体馆藏236万余册(件)。定期出版《工程科学学报》、《北京科技大学学报(社会科学版)》、*International Journal of Minerals*、*Metallurgy and Materials*、《思想教育研究》、《物流技术与应用》、《金属世界》、《粉末冶金技术》等重要学术刊物。

学校由土木与资源工程学院、冶金与生态工程学院、材料科学与工程学院、机械工程学院、能源与环境工程学院、自动化学院、计算机与通信工程学院、数理学院、化学与生物工程学院、东凌经济管理学院、文法学院、马克思主义学院、外国语学院、高等工程师学院，以及研究生院、体育部、管庄校区、融合创新研究院、天津学院、顺德研究生院、新金属材料国家重点实验室、钢铁冶金新技术国家重点实验室、新材料技术研究院等组成。现有20个一级学科博士学位授权点，30个一级学科硕士学位授权点，80个二级学科博士学位授权点，138个二级学科硕士学位授权点，另有15个硕士专业学位授权点，17个博士后科研流动站，53个本科专业。学校冶金工程、材料科学与工程、矿业工程、科学技术史4个全国一级重点学科学术水平蜚声中外(2017年进入国家世界一流学科建设行列；在第四轮学科评估中，冶金工程、科学技术史获评A+，材料科学与工程获评A)，安全科学与工程、环境科学与工程、控制科学与工程、动力工程与工程热物理、机械工程、计算机科学与技术、土木工程、化学、外国语言文学、管理科学与工程、工商管理、马克思主义理论等一批学科具有雄厚实力，力学、物理学、数学、信息与通信工程、仪器科学与技术、纳米材料器件、光电信息材料与器件等基础学科与交叉学科焕发出勃勃生机。2019年，安全科学与工程、人工智能科学与工程入选北京高校高精尖学科建设行列。截至2019年底，全日制在校生2.5万余人，其中本、专科生13 545人，各类研究生11 042人(其中硕士生7 570人、博士生3 472人)，国际学生876人。此外还有学历继续教育学生40 570人，在站博士后270人。已形成研究生教育、全日制本科、高职教育和继续教育多层次、较完整的人才培养体系。学校拥有一支治学严谨的师资队伍。教职工总数3 381人，具有正高级专业技术职务的教职工556人，具有副高级专业技术职务的教职工798人，其中专任教师1 851人。现有中国科学院院士6人(双聘3人)，中国工程院院士8人(双聘4人)，国务院学位委员会学科评议组成员4人，国家973项目首席科学家3人，国家级有突出贡献专家15人，省部级有突出贡献专家10人，“长江学者奖励计划”特聘教授15人、青年学者6人，国家杰出青年科学基金获得者20人，“万人计划”领军人才14人、青年拔尖人才4人，国家级教学名师2人，“新世纪百千万人才工程”国家级人选18人，国家优秀青年科学基金获得者18人，北京市教学名师34人，教育部跨世纪/新世纪优秀人才 103 人。

学校的科研实力十分雄厚。1978 年至 2019 年底，共申请专利 8 963 项，授权专利 5 523 项；有 2 000 余项科研成果获国家和省部级等各种奖励，其中国家级奖励 181 项。1999 年教育部编辑的《中国高等学校科技 50 年高校获奖重大成果一览表》中收录北京科技大学 12 项重大科研成果，在全国高校中名列前茅。据教育部统计，1978—2011 年，学校获国家科技进步一等奖 4 项，列全国高校第 4。学校"块体非晶合金的结构和强韧化研究""一维氧化锌的界面调控及其应用基础研究"的科研成果在基础研究和应用基础研究领域，做出了重大科学贡献。近 5 年学校"露天转地下高效转型建设大型数字化地下金属矿山的研究与实践""电弧炉炼钢复合吹炼技术的研究应用""复杂组分战略金属再生关键技术创新及产业化""高性能特种粉体材料近终形制造技术及应用"等大批科研成果在国民经济建设中发挥了重要作用，获得了巨大的经济效益和社会效益。据 2019 年发布的数据，2018 年学校师生发表论文被 SCIE、EI 收录数量分别居全国高校第 31 位和 22 位。学校不断拓展社会服务领域和发展空间，与国内 160 多个省、市、区政府，大型企事业单位签署了全面合作协议。同时，学校瞄准世界前沿，加强国际合作，先后与德国亚琛工业大学、日本东京工业大学、英国牛津大学、美国伊利诺伊大学香槟分校和乌克兰国立技术大学等近 220 所国际大学和科研机构建立了合作关系，并开展了实质性的合作。

以培养德智体美劳全面发展的社会主义建设者和接班人为根本任务，学校注重学生综合素质和创新创业能力培养。学校每年被评为全国高校社会实践先进单位，学校学生在历年国家及北京市的各种竞赛中多次获得殊荣。特别是学生团队在"互联网＋"大学生创新创业大赛、"挑战杯"全国大学生科技学术竞赛、"创青春"全国大学生创业大赛、全国大学生智能汽车竞赛、全国大学生机器人大赛、全国大学生节能减排与社会实践大赛等竞赛中屡创佳绩，MEI 机器人团队、智能车队先后获评大学生"小平科技创新团队"称号。学校积极营造"科学与艺术共融，人文与创新并存"的校园氛围，学生艺术团屡获佳绩，原创校史话剧《绽放》获得校园戏剧最高奖。学校高度重视学生思想品德教育，努力营造培养学生爱国主义、集体主义和社会主义精神的校园文化氛围，先后被授予"北京市文明校园""北京市思想政治工作优秀单位""北京市党建和思想政治工作先进普通高校"及"首都文明单位标兵"等荣誉称号。2018 年，学校入选教育部首批"三全育人"综合改革试点高校。学校的体育竞技水平和群众性体育活动在北京乃至全国享有盛誉，涌现了一批以李敏宽、楼大鹏为代表的国家优秀运动员、教练员和体育官员。学生田径代表队在全国及北京市高校竞赛中数度折桂；女篮代表队在北京市高校联赛中连续 12 次夺冠，并于 2005 年挺进 CUBA 全国八强。学校目前拥有约 8.2 万平方米的现代化体育场地。学校体育馆作为 2008 年奥运会、残奥会竞赛场馆，圆满完成了北京奥运会柔道、跆拳道，残奥会轮椅篮球、轮椅橄榄球四项赛事，学校体育馆团队被党中央国务院授予"北京奥运会、残奥会先进集体"荣誉称号。今天，北京科技大学全体师生正满怀信心，迈着坚定的步伐，向着"把北京科技大学建设成为以工为主，工、理、管、文、经、法等多学科协调发展，规模适度，特色突出，国内一流，国际知名的高水平研究型大学"的目标而奋进。

2. 土木与资源工程学院简介

北京科技大学土木与资源工程学院的前身是北京钢铁工业学院采矿系。采矿系是 1952 年建校伊始最早成立的系之一，由当时的北洋大学采矿系、华北大学工学院采矿系和清华大学采矿系为主组建。1985 年,学校成立地质系。1994 年 11 月,采矿系和地质系合并,组建资源工程学院。2002 年 1 月,资源工程学院更名为土木与环境工程学院。2016 年 7 月,学院更名为土木与资源工程学院。目前,学院下设 5 个系、1 个中心、4 个研究所、1 个教育部重点实验室和 1 个北京市重点实验室,即资源工程系、土木工程系、安全科学与工程系、矿物加工工程系、建筑环境与能源工程系,实验中心,空间遥感与 GIS 应用研究所、矿井避险技术研究中心、尾矿膏体处置技术研究中心、应用力学研究所,金属矿山高效开采与安全教育部重点实验室和城市地下空间工程北京市重点实验室。学院学科特色鲜明,呈现出多学科和谐发展。目前拥有 2 个国家一级重点学科(矿业工程、安全科学与工程)、2 个国家二级重点学科(采矿工程、矿物加工工程)、2 个北京市重点学科(工程力学、岩土工程),以及 2 个国家特色专业(采矿工程、安全工程)和 2 个北京市特色专业(采矿工程、安全工程)。拥有 4 个一级学科博士点(矿业工程、力学、安全科学与工程、土木工程)、11 个二级学科博士点(采矿工程、矿物加工工程、工程力学、流体力学、安全科学与工程、岩土工程、结构工程、防灾减灾工程及防护工程、桥梁与隧道工程、市政工程、供热供燃气通风及空调工程)、15 个普通硕士学科点(采矿工程、矿物加工工程、工程力学、流体力学、安全科学与工程、岩土工程、结构工程、防灾减灾工程及防护工程、桥梁与隧道工程、市政工程、供热供燃气通风及空调工程、矿物学、矿产普查与勘探、地质工程、地球探测与信息技术)、4 个工程硕士授权领域(矿业工程、建筑与土木工程、地质工程、安全科学与工程)、4 个博士后流动站(矿业工程、力学、安全科学与工程、土木工程)和 5 个本科专业(采矿工程、土木工程、安全工程、矿物加工工程、建筑设备与能源应用工程)。

学院有一支治学严谨的师资队伍,其中教授 44 人。师资队伍中,中国工程院院士 1 人、国务院学位委员会学科评议组成员 1 人、"长江学者奖励计划"特聘教授 2 人、国家杰出青年科学基金获得者 2 人、全国教学名师 1 人、全国模范教师 1 人、"新世纪百千万人才工程"国家级人选 4 人、中国青年科技奖获得者 2 人、全国优秀科技工作者 2 人、教育部跨世纪优秀人才培养计划入选者 2 人、教育部新世纪优秀人才支持计划入选者 9 人、教育部创新团队 1 个、北京市教学名师 3 人、北京市优秀教学团队 1 个、北京市优秀教师 2 人、北京市高等学校青年学科带头人 2 人、北京市优秀青年骨干教师 4 人、宝钢教育基金优秀教师 4 人。学院教师先后承担了国家科技支撑计划、"973 计划""863 计划"、国家自然科学基金项目等 300 余项,全年到校科研经费连续 8 年达到 1 亿元左右。学院与美国、日本、澳大利亚、英国、瑞典、加拿大、俄罗斯、乌克兰等国的 20 余所大学和研究机构建立有合作关系。学院有 30 多位教师在国内外的学术机构中担任重要学术职务,如国际岩石力学局理事、国际岩石力学学会专业委员会委员、国务院学位委员会学科评议组成员、中国有色金属学会常务委员会副主任、中国金属学会采矿学会理事长、中国岩石力学与工程学会教育委员会主任委员等。目前,挂靠在学院的国家二级学会 4 个,即中国金属学会采矿专业委员会、中国岩石力学与工程学会教育委员会、冶金自动化学会 CAD 与 CAM 学术委员会、中国硅酸盐学会工艺岩石学专业委员会;国际学会 1 个,即亚洲太平洋国际流体包体学会。

今天的土木与资源工程学院正面临着前所未有的历史机遇,学院将秉持"厚德博学、砺能善创"的院训,发扬"学风严谨、崇尚实践"的优良传统,以建设重点学科为基础,以提升科学研究创新能力为主体,以提高人才培养质量为核心任务,为全力打造特色鲜明、国内一流的研究型学院而努力奋斗。土木工程系是于 1996 年 12 月由原来的岩石力学教研室、爆破工程教研室、工程力学教研室、采矿工程教研室和矿物材料研究室的部分教师合并组建而成，秉承我国岩石力学与工程学科的创始人、奠基人及教育家于学馥教授的历史人文与工学精神，在现任我国知名工程院蔡美峰院士领导和开拓下，20 多年来，土木工程系从国内外引进一大批高层次土木工程专业优秀人才，已形成了一支年富力强、知识结构合理、具有团队精神及创新意识的教学科研集体。土木工程系现设有土木工程本科专业，学制 4 年，授予学士学位；土木工程一级学科博士学位授予点兼硕士学位授予点(包括岩土工程、结构工程、防灾减灾工程及防护工程、市政工程、桥梁与隧道工程、供热供燃气通风及空调工程等 6 个二级学科点)，工程力学、流体力学、一般力学与力学基础等 3 个二级学科博士学位授予点兼硕士学位授予点，建筑与土木工程(专业学位)硕士学位授予点，此外还有土木工程和力学 2 个博士后流动站。其中，岩土工程、工程力学为北京市重点学科。土木工程系还设有“城市与地下空间工程”北京市重点实验室、“强震区轨道交通工程抗震研究”北京市国际科技合作基地以及“空间遥感与 GIS 应用研究所”等多个实验与科研中心。

近年来，我国金属采矿持续发展，山东胶州半岛金矿、云南会泽铜矿、辽宁本溪鞍钢等深部金属采矿进入新阶段，一大批超 1 500 m 以深的金属矿山井筒将矿山建设带入一个新阶段。“深部金属矿建井与提升关键技术”是北京科技大学牵头的“十三五”国家重点研发计划项目，参与单位包括山东黄金集团有限公司、中国黄金集团公司、中国恩菲工程技术有限公司、东北大学、中南大学、北京中煤矿山工程有限公司、北京矿冶研究总院、中钢马鞍山矿山研究院等国内 20 家大型企业、重点高校和科研院所。该课题主要研究深部地层地应力及相关物理场探测机理，寻求深部地层建井工程性能及科学表征方法；研究建井与服役中的各种风险及不确定性，建立深竖井建井工程风险分析理论和基于风险控制的优化设计方法；研究高应力硬岩地层精准破岩机理，建立硬岩地层高效掘进成井技术体系；研究复杂力学作用和各种有害因素对井筒的耦合作用，研发深井井筒结构可靠性保障与井帮围岩控制技术；研究大功率深井高速提升与控制基本原理，研发大吨位提升装备结构、轻量化容器、大功率提升机变频器智能控制及安全制动等关键技术。通过以上研究，形成 2 000 m 以浅金属矿深竖井高效掘进成井关键技术与装备能力和大吨位高速提升与控制关键技术与装备能力。

2.2 全国高等学校矿井建设学术会议

为了交流学术和教学经验，提高全国煤炭高校建井专业的科研与教学水平，活跃学术氛围，增强各院校同行业教师的友谊和团结，1978 年初，经有关院校建井专业的代表协商决定，每 1～2 年举办一次全国高等学校矿井建设学术会议。全国高等学校矿井建设学术会议于 1978 年首次召开，至 2000 年先后举办了 20 届年会，发表论文 2 200 多篇(见表 2-2)。每届会议就参加的单位来看，既有煤炭高校，又有相关高校及施工、科研和设计单位，范围广泛；就参加的人数来看，少则五六十人，多者两百余人；就涉及的学科来看，既有矿建，又有土建与设备安装，包括了矿井建设的各个领域；就发表的论文来看，既有科研成果与教学改革，又有施工经验与设计成就，既有井巷工程，又有凿岩爆破、岩土力学与支护，内容十分丰富。自第 6 届会议开始将论文装订成册，自第 14 届会议开始将论文公开出版。全国高等学校矿井建设学术会议，对更好地沟通信息、交流经验、提高水平、培养人才、增进了解、搞好协作，将科学技术转化为生产力起到了积极的作用，对推动建井技术的发展发挥了巨大作用。

表 2-2　全国高等学校矿井建设学术会议

序号	时间	地点	会议名称	参会人数	优秀论文/篇	收录论文/篇	举办单位
1	1978年11月6—14日	西安	第1届全国高等学校矿井建设学术会议	101	26	26	西安矿业学院
2	1979年11月5—11日	黄山	第2届全国高等学校矿井建设学术会议	83	—	75	淮南煤炭学院、中国制冷学会、两淮煤炭建设总指挥部
3	1981年8月10—16日	烟台	第3届全国高等学校矿井建设学术会议	142	57	94	山东矿业学院
4	1982年8月2—10日	阜新	第4届全国高等学校矿井建设学术会议	123	—	62	阜新矿业学院、东北工学院
5	1983年7月19—28日	无锡	第5届全国高等学校矿井建设学术会议	182	99	131	中国矿业学院、中国制冷学会、江苏省煤管局、江苏省煤炭学会及无锡市煤炭工业公司
6	1985年8月2—6日	信阳	第6届全国高等学校矿井建设学术会议	207	31	—	焦作矿业学院、河南省煤矿基建公司
7	1986年8月3—8日	太原	第7届全国高等学校矿井建设学术会议	161	—	103	山西矿业学院、山西省煤炭学会
8	1987年8月12—16日	承德	第8届全国高等学校矿井建设学术会议	—	—	—	河北煤炭建筑工程学院、兴隆矿务局
9	1988年7月26—29日	丹东	第9届全国高等学校矿井建设学术会议	97	—	110	东北工学院
10	1989年8月2—5日	西安	第10届全国高等学校矿井建设学术会议	97	—	96	西安矿业学院
11	1990年8月2—5日	温州	第11届全国高等学校矿井建设学术会议	91	17	99	淮南煤炭学院
12	1991年7月	龙口	第12届全国高等学校矿井建设学术会议	—	—	95	山东矿业学院
13	1992年8月1—4日	鸡西	第13届全国高等学校矿井建设学术会议	142	—	157	阜新矿业学院
14	1993年8月	—	第14届全国高等学校矿井建设学术会议	—	—	87	中国矿业大学
15	1994年8月	济源	第15届全国高等学校矿井建设学术会议	—	—	91	焦作矿业学院、焦作矿务局、济源市太行煤矿
16	1996年7月28日—8月2日	太原	第16届全国高等学校矿井建设学术会议	50	—	64	山西矿业学院

表 2-2(续)

序号	时间	地点	会议名称	参会人数	优秀论文/篇	收录论文/篇	举办单位
17	1997 年 8 月	石家庄	第 17 届全国高等学校矿井建设学术会议	—	—	88	河北建筑科技学院
18	1998 年 8 月	湖南	第 18 届全国高等学校矿井建设学术会议	—	—	74	湘潭工学院
19	1999 年 9 月 18—19 日	西安	第 19 届全国高等学校矿井建设学术会议	110	—	53	西安科技学院
20	2000 年 8 月 5—8 日	黄山	第 20 届全国高等学校矿井建设学术会议	—	—	59	淮南矿业学院

2.2.1 第 1 届全国高等学校矿井建设学术会议

1978 年 11 月 6—14 日，第 1 届全国高等学校矿井建设学术会议在西安市召开。全国 8 所煤炭高等院校的教师及有关生产、设计、施工、科研、管理等方面 40 家单位的工程技术人员共 101 人出席了会议，交流学术论文 26 篇。井巷施工方面有：沉井法和混凝土帷幕法凿井的研究，冻结法冻涨力、地压实测，注浆法过表土流沙层等。破岩方面有：深孔光面爆破的研究、爆破中的间隙效应、空气等离子破岩技术、工业雷管的测试仪器和测试方法等。矿井压力和井巷支护方面有：锚喷支护在软岩中的模拟试验，厚表土竖井地压的研究，锚喷支护材料的研究，用有限单元法分析巷道应力状态，井巷松弛围岩、光面爆破、锚喷支护的测试技术等。这次报告会内容丰富、题材新颖，结合当前井巷施工的实际问题，反映了煤炭高等院校科研、教学工作蓬勃发展的新气象。会议期间还参观了西安矿业学院的实验室。根据代表们的要求，会议决定下一年将由淮南煤炭学院主办，在两淮煤炭基地召开第 2 届全国高等学校矿井建设学术会议，并建议中国煤炭学会成立建井专业委员会。

2.2.2 第 2 届全国高等学校矿井建设学术会议

1979 年 11 月 5—11 日，第 2 届全国高等学校矿井建设学术会议在黄山市召开，本次会议由淮南煤炭学院、中国制冷学会和两淮煤炭建设总指挥部主办。出席这届会议的包括各煤炭高校及全国建井施工、设计、科研机构共 43 家单位的 83 名代表。会议共收到特殊凿井、岩体力学、井巷施工、凿岩爆破技术等方面的论文、报告 75 篇。会议座谈和交流的论文、报告，既有理论研究和新技术、新工艺、新设备的应用，也有宝贵的实践经验总结，内容丰富、生动活泼。这些论文和报告，为我国煤炭建井事业的现代化、繁荣和发展煤炭科学技术做出了有益贡献。会后，许多论文陆续被推荐在相关刊物上发表。为了充分发挥和利用这些研究成果，经有关院校代表协商决定，从第 1、2 届会议尚未发表的论文、报告中遴选出优秀论文编成文集，并委托《中国矿业学院学报》发表，以供读者阅读。今后每届会议的论文选集，将及时由主办院校负责编印发行。

2.2.3 第3届全国高等学校矿井建设学术会议

1981年8月10—16日,第3届全国高等学校矿井建设学术会议在烟台市召开。出席会议的代表共142人,会议收到论文94篇,按专业分组宣讲论文57篇。会议代表们就冻结凿井、破岩原理与技术、井巷施工机械化、锚喷技术、软岩支护及建井组织与管理等方面进行了专题讨论。有关代表还就建井专业的教学与科研进行了交流并共同讨论了三种建井专业教材的大纲编写设想。

2.2.4 第4届全国高等学校矿井建设学术会议

1982年8月2—10日,由阜新矿业学院主持、东北工学院协助召开的第4届全国高等学校矿井建设学术会议在阜新市召开。出席这次会议的代表共123名,来自12个省、市的43家单位。会议收到建井方面的论文、报告共62篇。会议第一阶段的教学经验交流中,对有关矿井建设专业的教学计划和人才培养等问题交换了意见。大家一致认为,必须把矿井建设专业办好,今后应加强实践性教学环节,改善和加强实习、实验工作,使学生掌握必要的生产技能、实验方法和测试技术,专业课中加强电化教学,以利于理论联系实际,要尽快地完成一套《井巷工程》《特殊凿井》电化教学片;除教材外应多编写一些教学参考书,以扩展学生的视野;教师要教书育人,做好学生的思想政治工作。此外,对中国矿业学院、淮南矿业学院编写的《特殊凿井习题集》和《井巷工程》等教材进行了讨论,对矿井建设专业系统工程的教学工作交换了意见。

2.2.5 第5届全国高等学校矿井建设学术会议

1983年7月19—28日,第5届全国高等学校矿井建设学术会议、中国制冷学会第4届冻结凿井学术会议和江苏省煤炭学会建井学术会议在无锡市联合召开。这次会议由中国矿业学院、中国制冷学会、江苏省煤管局、江苏省煤炭学会及无锡市煤炭工业公司主办。出席会议的有煤炭系统高等院校及科研、设计、施工、情报和管理部门的教授、专家、科技工作者和领导干部,以及冶金、地质、建材、水利、核工业和中国科学院系统的有关同志,共72家单位182名代表。会议首先传达和学习了方毅同志在全国煤炭科技大会上的讲话,传达了高扬文部长在全国煤炭科技大会上报告的精神,与会代表受到了很大启发和鼓舞。会议分成四个专业组进行。大会共收到论文131篇,宣读了99篇。其中,冻结凿井及其他特殊凿井法方面的论文38篇,宣读了25篇,主要内容有:冻土力学特性的试验研究,冻结壁位移、应力及温度场的测试、实验和有限元分析,冻结壁厚度计算方法,井壁结构、设计和施工工艺,冻结压力中井壁应力的实测研究,冻结管断裂原因及防治,冻结方案及工艺,冻结过程的声波检测,钻沉法凿井新工艺研究,螺杆式冷冻机等。井巷工程与管理组织方面的论文36篇,宣读了24篇,主要内容有:井巷快速施工的新技术、新工艺、新设备的研究,井巷施工机械化配套,作业方式的合理选择,统筹方法在矿井施工和组织管理中的应用,建井工期相关因素分析,建井技术现状和展望等。岩石力学与支护方面的论文28篇,宣读了24篇,主要内容有:岩石力学性质的试验研究,井巷地压,软岩巷道稳定性分析,井壁应力分析和设计,圆柱状试样径向点荷试验研究,井巷支护结构动态分析,井壁与围岩的无损检测等。破岩技术与理论方面的论文12篇,宣读了10篇,主要内容有:不耦合装药破岩机理的模型试验,瓦斯矿井应用微差爆破安全性的探讨，控制爆破法拆除水塔的试验，球齿压头的破岩现象和分析，多功能发爆器研制等。矿井地面建筑方面的论文 8 篇，宣读了 7 篇，主要内容有：扩大子结构法计算高层结构的探讨，用差分法计算平板，混凝土亚微结构对破坏过程和强度的影响，几种减水剂减水效果的测定，电子计算机房空调问题的研究与设计等。通过会议交流，代表们一致认识到为实现党的十二大提出的宏伟目标，发展煤炭工业，必须依靠科学技术的进步，科研必须面向生产建设，建井科学研究要为加速建井速度、缩短建井周期、降低工程造价而努力，为煤炭工业翻番做出应有贡献。会议期间各高等院校还专门进行了教学经验和教学方法方面的交流，围绕建井专业如何改革的问题进行了专题座谈，并对《井巷设计与施工》教材，研究生主要学位课程的大纲内容、模型、教具及电化教学 3 个具体问题进行了研究讨论。

2.2.6 第 6 届全国高等学校矿井建设学术会议

1985 年 8 月 2—6 日，由焦作矿业学院及河南省煤矿基建公司主办的联合建井学术会议（第 6 届全国高等学校矿井建设学术会议、中国煤炭学会矿井建设专业委员会建井学术会议、中国制冷学会第 5 届冻结凿井学术会议、河南省煤炭学会建井学术会议、河南省煤矿基建公司建井学术会议）在信阳市召开。参加会议的有煤炭工业部所属高等院校及科研、生产、基建单位，煤炭工业出版社及煤矿专业技术期刊等单位，冶金、核工业和中国科学院等系统，以及清华大学、重庆大学、山东冶金工业学院等 70 多家单位的教学、科研、工程技术人员共 207 人。与会人员在大会上宣读优秀论文，并分立井、平巷、特殊施工、岩石力学与支护、钻眼爆破几个专业分组讨论。

2.2.7 第 7 届全国高等学校矿井建设学术会议

1986 年 8 月 3—8 日，第 7 届全国高等学校矿井建设学术会议、山西省煤炭学会建井学术会议与山西煤管局基建局建井学术会议在太原市山西矿业学院召开。参加会议的有煤炭系统高等院校及科研、设计、生产、基本建设、情报和管理部门，以及冶金、化工系统共 58 家单位 161 人。会议收到论文 103 篇，包括平巷施工技术、立井施工技术、特殊凿井、钻眼爆破、岩石力学与支护及建井专业教学改革等方面，分 5 个专业组对所有论文进行了交流。这次联合学术会议在山西矿业学院院长和山西省煤炭学会理事长的主持下，煤炭部基建司代表对《“七五”期间煤矿基本建设技术进步及科研规划纲要》作了说明。与会代表在专业组会上充分发表意见，对论文进行了认真讨论。代表们还参观了冶金部长沙矿井研究院制作的井巷工程模型。参加会议的有关单位举行了矿井施工技术的研讨会，贯彻科研为生产服务的方针，本着施工、科研、教学三结合的方向，交流了当前改革的经验，并提出了横向联合的建议。会议协商第 8 届全国高等学校矿井建设学术会议于 1987 年暑期召开，由河北煤炭建筑工程学院筹办。

2.2.8 第 8 届全国高等学校矿井建设学术会议

1987 年 8 月 12—16 日，第 8 届全国煤炭高等学校矿井建设学术会议在承德市召开，由河北煤炭建筑工程学院主办、兴隆矿务局协办。

2.2.9　第 9 届全国高等学校矿井建设学术会议

1988 年 7 月 26—29 日,第 9 届全国高等学校矿井建设学术会议在丹东市召开。本届会议由东北工学院负责筹备组织。参加会议的代表来自煤炭、冶金、化工等系统,有高校、科研、情报及矿务局、基建公司与所属的工程处、煤矿等单位,共计 97 人。会议共收到论文 110 篇。代表中有老一辈的专家、教授、高级工程师,有中年技术骨干,还有许多年轻的后起之秀。大家欢聚一堂,交流畅谈近年来取得的科研新成果、新成就。会议采取大会宣读论文与分组报告、讨论相结合的方式,论文内容有理论性的,也有经验总结的,内容丰富、选题广泛,有一定的深度和广度。通过这次会议,代表们开阔了眼界、沟通了信息、加强了彼此的联系。会议期间召开了高校建井专业委员会,商定第 10 届全国高等学校矿井建设学术会议于 1989 年在陕西省召开,由西安矿业学院负责组织筹备。

2.2.10　第 10 届全国高等学校矿井建设学术会议

1989 年 8 月 2—5 日,由西安矿业学院主办的第 10 届全国高等学校矿井建设学术会议在西安市召开。来自全国高校、科研、设计、生产建设共 36 家单位的 97 名代表出席了本次会议。本次会议收到论文 96 篇,包括井巷、土建、爆破、特殊凿井、岩石力学和支护、系统工程等专业。论文内容丰富,有理论分析和实验研究,有生产建设的新工艺、新技术,还有矿井建设和教学改革方面的内容,有较高的参考价值。

2.2.11　第 11 届全国高等学校矿井建设学术会议

1990 年 8 月 2—5 日,第 11 届全国高等学校矿井建设学术会议在温州市召开。出席会议的有全国设有矿井建设专业的有关高校,以及煤炭系统的基建、生产、科研、出版等 34 家单位的 91 名代表。会议共收到论文 99 篇,包括井巷设计与施工、岩石力学与支护、爆破工程与系统工程、结构与专题研究等。大会宣读论文 17 篇,其余论文分别在钻眼爆破、井巷工程、岩石力学与结构等 3 个学科小组会上进行交流。本次会议交流充分、讨论热烈、学术气氛浓厚。会议期间高校代表专门讨论了矿井建设专业的教学改革与教学计划。大家一致认为这次学术会议是在我国矿井基本建设开始回升的良好形势下召开的,今后要更加团结奋进,努力办好矿井建设专业,培养更多优秀的矿建技术人才,为煤矿的基本建设做出更大的贡献。会议决定,第 12 届全国高等学校矿井建设学术会议于 1991 年暑期召开,由山东矿业学院筹办。

2.2.12　第 12 届全国高等学校矿井建设学术会议

1991 年 7 月,第 12 届全国高等学校矿井建设学术会议在龙口市召开,本次会议由山东矿业学院主办。1991 年 3 月会议筹备组发出征文通知后,得到了各有关单位专家、教授及工作在矿井建设岗位上的同行们的大力支持和积极配合,他们撰写并提交了大量反映我国矿井建设的新技术、新工艺、新材料、新设备及教学、科研成果的学术论文。本次会议共收到论文 95 篇,按其学科门类分别汇编成 5 个分册,即井巷工程、特殊凿井,钻眼爆破,岩石力学和支护,系统工程,以及地面建筑、教学和其他。

2.2.13 第13届全国高等学校矿井建设学术会议

1992年8月1—4日，第13届全国高等学校矿井建设学术会议在鸡西市鸡西矿务局召开。来自全国的142名代表参加了本届学术会议。会议收到论文157篇。论文内容基本上反映了我国矿井建设方面的新理论、新技术、新工艺、新设备、新材料以及教学改革方面的成果。东煤公司于占一副局长做了“依靠科技进步发展煤矿建设”的报告；鸡西矿务局副局长刘荣森介绍了鸡西矿务局1983年以来各类井筒创纪录的情况，1991年末各类巷道平均月进度比1983年提高了60.5%，特别是立井单进1991年创出月成井187.1 m的全国纪录，1992年又创出月成井201 m的全国新纪录。代表们就井巷工程、特殊凿井、钻眼爆破、地面建筑、岩石力学与支护、系统工程、教学研究及其他等方面进行了广泛的学术交流，研究和探讨了当前矿井建设各方面的新理论、新技术及存在的问题。通过这次学术交流活动进一步加强了高校、科研、设计、矿井建设单位及厂矿之间的相互了解和联系。

2.2.14 第14届全国高等学校矿井建设学术会议

1993年8月，第14届全国高等学校矿井建设学术会议召开，本次会议由中国矿业大学主办。本次会议出版了由翁家杰教授作序言的《现代矿井建设技术》论文集，论文集中共收录了全国矿井建设有关的教学、科研、生产、设计单位的文章87篇，内容包括井巷工程、特殊凿井、岩石力学与支护、钻眼爆破、矿井建筑工程、矿井建设施工管理和教学研究等七个方面。

2.2.15 第15届全国高等学校矿井建设学术会议

为更好地推进学科的发展，交流科研成果，推广先进技术，提高学术水平，焦作矿业学院、焦作矿务局、济源市太行煤矿三家单位，于1994年8月联合主办了第15届全国高等学校矿井建设学术会议，并将与会者宣读的论文择优汇编成《矿井建设理论与实践》论文集。这本论文集集结了来自全国有关高校、科研、设计和施工单位的学术论文91篇。作者中有年逾古稀的矿井建设方面的老专家、老教授，他们的论述高屋建瓴，为学科的发展起到了重要的指导作用；同时也有众多学有所长、成绩显著的中青年科技工作者，他们在矿井建设方面取得了优异的成果，反映了年青一代对矿井建设事业的执着追求与进取。论文涉及井巷工程、岩石力学与支护、爆破工程、建筑工程、矿井建设经营与管理、计算机应用技术、教育改革等方面，内容广泛，既有一定的理论深度与创新，也对解决矿井建设中存在的某些问题有一定的指导意义。这本论文集是我国广大矿井建设科技人员辛勤劳动的结晶，可供广大矿井建设工作者参考。年会的召开与论文集的出版，无疑将对我国矿井建设理论与实践的发展和科学研究工作起到促进作用。相信广大从事矿井建设的人员，今后必将取得更多、更好的成果，为我国矿井建设做出新的贡献。

2.2.16 第16届全国高等学校矿井建设学术会议

1996年7月28日—8月2日，第16届全国高等学校矿井建设学术会议在太原市山西矿业学院召开，本次会议由山西矿业学院主办。山西矿业学院常务副院长郭勇义致欢迎辞，全国高校矿井建设专业学术会秘书长崔云龙教授、山西省煤管局基建局马长恩总工程师到会讲话，并宣读了四省一市建井学术会秘书长王传久教授的贺信，东北大学杜嘉鸿教授做了专题学术报告。本届会议共收到学术论文 80 余篇，经评审，筛选出 64 篇由山西矿业学院学报出版建井专辑。全国各有关高等院校、设计、科研、生产与基建单位、《煤炭报》等 16 家单位的专家和论文作者 50 人参加了会议并宣读了论文。与会代表对当前形势下矿井建设专业如何适应市场经济需要，更好地办出特色、提高水平统一了意见，并提议在会后向煤炭部有关领导详细汇报。高校代表还对全国高校矿井建设专业学术会议的领导机构进行了酝酿，大家一致同意，当年筹备年会的院校为副秘书长单位，高校代表还对继续开好矿井建设学术年会的有关问题进行了热烈探讨，并提出了宝贵的建议。8 月 2 日会议举行闭幕式，崔云龙秘书长致闭幕辞并对会议做了全面的总结。会议商定，第 17 届全国高等学校矿井建设学术会议由河北建筑科技学院筹办。

2.2.17　第 17 届全国高等学校矿井建设学术会议

1997 年 8 月，第 17 届全国高等学校矿井建设学术会议和河北省岩石力学与工程学会第 4 次会议在石家庄市联合召开，本次会议由河北建筑科技学院主办。为开好本次年会和出版论文集，河北建筑科技学院和石家庄铁道学院的领导给予了大力支持，采矿系和岩土与结构工程研究所的领导与老师们做了大量的卓有成效的工作，付出了辛勤的劳动。会议出版的论文集共收录论文 88 篇。

2.2.18　第 18 届全国高等学校矿井建设学术会议

1998 年 8 月，第 18 届全国高等学校矿井建设学术会议在湖南省召开，本次会议由湘潭工学院主办。湖南省煤炭厅对本次会议的召开给予了亲切关怀和大力支持，湘潭工学院的领导和资源、工程系的全体师生进行了大量卓有成效的工作，付出了辛勤的劳动。会议出版的论文集共收录论文 74 篇。

2.2.19　第 19 届全国高等学校矿井建设学术会议

1999 年 9 月 18—19 日，第 19 届全国高等学校矿井建设学术会议在西安市召开，本次会议由西安科技学院承办。此次会议与西安科技学院建筑工程系建系 10 周年庆典活动一起举办。论文集由西安科技学院学报增刊出版，共收录论文 53 篇。西安科技学院建筑工程系主任王芝银教授主持大会，中国矿业大学、淮南矿业学院、山东矿业学院等 13 所煤炭高校的 110 位代表出席了会议。

2.2.20　第 20 届全国高等学校矿井建设学术会议

2000 年 8 月 5—8 日，第 20 届全国高等学校矿井建设学术会议在黄山市召开，本次会议由淮南矿业学院主办。来自全国各有关高校、设计、科研、生产与基建单位、《煤炭报》等 56 家单位的专家参加了本次会议。会议论文集以淮南矿业学院专刊出版，共收录论文 59 篇。与会代表认为“全国高等学校矿山建设专业年会”“苏鲁皖冀彭四省一市煤炭建井学术年会”和“中国煤炭学会矿井建设专业委员会学术研讨会”需要联合召开，决定下一届由山东科技大学举办。

2.3 煤炭高校土木与建筑工程学院院长论坛

2.3.1 第1届煤炭高校土木与建筑工程学院院长论坛

2014年10月19日，第1届煤炭高校土木与建筑工程学院院长论坛在中国矿业大学(北京)力学与建筑工程学院召开，中国矿业大学(北京)力学与建筑工程学院院长单仁亮主持会议。来自中国矿业大学、中国矿业大学(北京)、安徽理工大学、山东科技大学、辽宁工程技术大学、太原理工大学、河南理工大学、西安科技大学、河北工程大学、黑龙江科技大学、湖南科技大学、华北科技学院、河北建筑工程学院和贵州工程应用技术学院14所高校的院长、学者和武汉大学出版社的相关负责人等30多位代表出席论坛。论坛以"加强煤炭高校土木与建筑科技协同创新，促进教育教学共同发展"为主题，与会领导和专家开展了深入的探讨和研究。会上各高校代表分别介绍了本校发展历史、学院现状、土木建筑专业教育情况，期待院校间开展合作，共同发展，同时认为应加强煤炭高校土建类高等教育教学改革、专业建设、人才培养、实践教学等方面的合作交流。与会代表参观了中国矿业大学(北京)力学与建筑工程学院城市地下工程、矿井建设工程、爆破工程等实验室。会议确定今后每年召开一次煤炭高校土木与建筑工程学院院长论坛，各高校自愿申请和轮流主持。

2.3.2 第2届煤炭高校土木与建筑工程学院院长论坛

2015年7月18日，第2届煤炭高校土木与建筑工程学院院长论坛在山东科技大学隆重召开。山东科技大学副校长任廷琦、土木工程与建筑学院相关负责人与来自全国14所煤炭高校的土木与建筑工程学院院长、专家参加了论坛开幕式。开幕式由山东科技大学土木工程与建筑学院院长王来主持。山东科技大学副校长任廷琦在开幕式上致辞，对论坛的召开表示祝贺，向各位院长、专家、代表的到来表示欢迎，对各位长期以来给予学校的支持和关心表示感谢。他简要介绍了学校的发展情况和取得的成绩，并指出，本次论坛是交流经验、加强合作、推动学科专业发展的重要平台，对提升煤炭高校土木与建筑工程学科的建设水平、提高人才培养质量具有十分重要的意义，希望专家多提宝贵意见，继续关心和支持山东科技大学的建设和发展。与会领导、专家围绕论坛主题，结合各高校自身情况，从学科建设、学生就业等方面进行了深入探讨和交流。大家一致认为，作为煤炭高校，土木工程学科传统特色优势不能丢，同时要逐步提高办学质量，并要以本次论坛为交流、合作和共勉的平台，努力使之成为共赢的平台。论坛期间，与会领导、专家参观了土木工程与建筑学院相关实验室。

2.3.3 第3届煤炭高校土木与建筑工程学院院长论坛

2016年9月23日，由辽宁工程技术大学土木与交通学院承办的第3届煤炭高校土木与建筑工程学院院长论坛在辽宁省葫芦岛兴城市召开。来自中国矿业大学、中国矿业大学(北京)、山东科技大学、西安科技大学、河南理工大学、河北工程大学、河北建筑工程学院、黑龙江科技大学、安徽理工大学、太原理工大学、华北科技学院、湖南科技大学和辽宁工程技术大学共13所高校的土木与建筑工程学院院长、副院长、系主任共40余人出席了此次会议。

会议由辽宁工程技术大学土木与交通学院院长张向东教授主持，副校长邵良杉教授代表学校在开幕式上致辞。本次会议主题为“创新发展形势下土木工程高等教育的改革与实践”，与会代表围绕“土木工程专业综合改革”“土木工程专业人才培养体系的完善”“土木工程专业规范与工程教育专业认证”“拔尖创新型人才培养模式改革与实践”“土木工程专业人才国际化能力培养”“土木工程课程教学内容、教学方法的改革与实践”“专业学位研究生教育综合改革”“学术型研究生教育改革与实践”等议题做了 10 个专题报告，并就土木工程专业高层次人才引进、师资队伍建设、国际化教育合作、专业评估与认证、本科生实践能力培养等工作进行了广泛交流与深入研讨。

2.3.4　第 4 届煤炭高校土木与建筑工程学院院长论坛

2017 年 9 月 15—16 日，由安徽理工大学土木建筑学院承办的第 4 届煤炭高校土木与建筑工程学院院长论坛在安徽理工大学召开。来自煤炭系统高校土木与建筑工程学院和煤炭科学研究总院等 15 家单位共 50 余位领导、专家出席了本次会议。安徽理工大学副校长孟祥瑞教授在会议开幕式上致辞。与会专家围绕会议主题“新形势下土木工程教育改革与创新”做了 11 个大会专题报告，还就学院专业建设、专业评估(认证)、高层次人才培养与引进、师资队伍建设、学科建设、研究生培养等工作进行了广泛交流与深入研讨。会后，与会专家参观了安徽理工大学土木建筑学院实验室。

2.3.5　第 5 届煤炭高校土木与建筑工程学院院长论坛

2018 年 6 月 24 日，第 5 届煤炭高校土木与建筑工程学院院长论坛在西安科技大学临潼校区骊山校园召开。来自中国矿业大学、太原理工大学、安徽理工大学、山东科技大学、湖南科技大学、河南理工大学、黑龙江科技大学、河北工程大学、河北建筑工程学院和西安科技大学共 10 所煤炭高校的土木与建筑工程学院院长、副院长、系主任等相关人员共 30 余人参加了本次大会。西安科技大学副校长王贵荣出席会议并代表学校致辞。西安科技大学建筑与土木工程学院副院长邱继生主持大会，任建喜院长介绍了建筑与土木工程学院的教学科研基本情况。本次会议主题为“创新发展形势下土木工程高等教育的改革与实践”，与会代表围绕“土木工程专业综合改革”“土木工程专业人才培养体系的完善”“土木工程专业规范与工程教育专业认证”等议题做了 10 个专题报告，并就土木工程专业高层次人才引进、师资队伍建设、国际化教育合作、专业评估与认证、本科生实践能力培养等工作进行了交流与研讨。

2.3.6　第 6 届煤炭高校土木与建筑工程学院院长论坛

2019 年 12 月 14—15 日，第 6 届煤炭高校土木与建筑工程学院院长论坛在黑龙江科技大学召开，来自中国矿业大学、中国矿业大学(北京)、辽宁工程技术大学、西安科技大学、河北工程大学、山东科技大学、湖南科技大学、安徽理工大学等全国煤炭高校的土木与建筑工程学院书记、院长及系主任等 30 余位代表参加了会议。黑龙江科技大学校长郝传波出席了开幕式并致辞，他首先代表学校欢迎来自各高校的专家、学者，然后介绍了学校的发展历程、人才培养、科学研究、社会服务的优势与特色，并表达了与各兄弟院校加强合作交流共同发展的美好愿景。开幕式由黑龙江科技大学建筑工程学院院长韩雪主持。韩雪院长首先做了

“学院建设和人才培养”的主题报告，从学院的基本情况、专业设置及学位点建设、人才培养特色及做法等方面进行了交流。中国矿业大学(北京)力学与建筑工程学院党委书记单仁亮教授，院长左建平教授，西安科技大学建筑与土木工程学院院长任建喜教授，湖南科技大学土木工程学院院长祝明桥教授，辽宁工程技术大学土木工程学院院长刘海卿教授，山东科技大学土木工程与建筑学院院长王崇革教授，安徽理工大学土木建筑学院院长庞建勇教授，中国矿业大学力学与土木工程学院副院长马占国教授，河北工程大学土木工程学院副院长孟文清教授等多位专家分别做了主题报告，分享交流了队伍建设、学科专业建设、人才培养、教学改革、平台建设等诸多方面的成果和经验。论坛期间，与会专家一起参观考察了黑龙江科技大学建筑工程学院的结构实验室、土力学实验室、虚拟仿真实验室和 BIM 实验室。本次论坛的召开对煤炭高校土木建筑相关学科、专业之间的交流和共同发展具有良好的促进作用。

第3章　各省煤炭学会矿井建设委员会

中国煤炭学会下辖21个省级煤炭学会，其中河南省、湖南省、江苏省、山东省、江西省、陕西省、山西省、安徽省、甘肃省和河北省等煤炭学会成立了矿井建设专业委员会。

3.1　苏鲁皖冀彭四省一市建井学术交流会

苏鲁皖冀彭四省一市建井学术交流会从1985年开始，由江苏、山东、安徽、河北四省煤炭学会及徐州市煤炭学会轮流组织举办，到1999年共举办15届(见表3-1)，参加会议代表约2 000人，交流论文近1 000篇。通过学术交流，广大科技人员增长了知识，提高了学术和技术水平。

表3-1　苏鲁皖冀彭四省一市建井学术交流会统计表

序号	时间	地点	会议名称	参会人数	优秀论文/篇	收录论文/篇	主办单位
1	1985年6月25—30日	安庆	第1届四省一市建井学术交流会	124	20	75	安徽省煤炭学会
2	1986年11月23—24日	石家庄	第2届四省一市建井学术交流会	18	—	42	河北省煤炭学会
3	1987年9月24—28日	无锡	第3届四省一市建井学术交流会	150	22	46	江苏省煤炭学会、徐州市煤炭学会
4	1988年9月16—20日	烟台	第4届四省一市建井学术交流会	137	28	49	山东省煤炭学会矿井建设专业委员会
5	1989年9月19—23日	安庆	第5届四省一市建井学术交流会	152	—	66	安徽省煤炭学会矿井建设专业委员会
6	1990年9月11—16日	秦皇岛	第6届四省一市建井学术交流会	161	41	71	河北省煤炭学会矿井建设专业委员会
7	1991年10月11—15日	苏州	第7届四省一市建井学术交流会	151	45	67	江苏省煤炭学会
8	1992年8月	青岛	第8届四省一市建井学术交流会	142	32	74	山东省煤炭学会
9	1993年8月	黄山	第9届四省一市建井学术交流会	120	35	73	安徽省煤炭学会矿井建设专业委员会
10	1994年10月11—15日	承德	第10届四省一市建井学术交流会	141	57	67	河北省煤炭学会矿井建设专业委员会

表 3-1(续)

序号	时间	地点	会议名称	参会人数	优秀论文/篇	收录论文/篇	主办单位
11	1995 年 8 月	建德	第 11 届四省一市建井学术交流会	—	—	54	江苏省煤炭学会、徐州市煤炭学会、大屯煤电公司
12	1996 年 9 月 14—17 日	烟台	第 12 届四省一市建井学术交流会	180	12	50	山东省煤炭学会矿井建设专业委员会、兖州矿业(集团)有限责任公司
13	1997 年 10 月 11—16 日	淮南	第 13 届四省一市建井学术交流会	117	19	63	安徽省煤炭学会矿井建设专业委员会、新集集团总公司
14	1998 年 9 月 16—21 日	唐山	第 14 届四省一市建井学术交流会	76	13	50	河北省煤炭学会矿井建设专业委员会、开滦矿务局科协
15	1999 年 10 月 22—25 日	无锡	第 15 届四省一市建井学术交流会	—	—	59	江苏省煤炭学会、徐州市煤炭学会建工专业委员会、徐州矿务集团公司

3.1.1 第 1 届四省一市建井学术交流会

第 1 届四省一市建井学术交流会于 1985 年 6 月 25—30 日在安徽省安庆市召开，本次会议由安徽省煤炭学会主办。到会代表共 124 名。特邀代表中有煤炭部基建司技术处处长王介峰同志，中国矿业学院北京研究生部杨善元教授、崔云龙副教授，《建井技术》编辑部徐文逵工程师，焦作矿业学院李瑞高级工程师，西安矿业学院曾仲节高级工程师，河南省煤炭厅李世钧高级工程师等。代表中有年近古稀的专家、学者和知名人士，有多年战斗在建井第一线的工程技术人员，还有刚参加建井工作的年轻人。学术交流会议于 25 日上午举行开幕式。淮南煤矿建井公司副总经理黄磊同志致开幕辞，并以东道主的身份预祝学术交流会议成功，他指出：四省一市在建井方面都有深厚表土的共性问题，有的遇到了冻结管断裂事故，有的遇到了高温难题，我们要通过会议检阅建井力量，组织起来协作攻关，为四省一市的建井事业做出更大的贡献。这次学术交流会议共收到论文 40 篇、译文 35 篇。40 篇论文中，河北省 11 篇、山东省 8 篇、江苏省与徐州市共 12 篇、安徽省 8 篇，还有 1 篇是特邀代表杨善元教授提交的。这 40 篇论文中，普通井巷施工法及机具改革 14 篇、特殊施工 5 篇、支护 6 篇、钻眼爆破 4 篇、管理与施工方案分析 6 篇、其他 5 篇。共有 20 篇论文在大会上宣读。论文中既有施工方案的选择与分析，也有具体施工方法与机具的改进；既有大量提高建井水平的硬技术，也有关于管理方面的软科学；既有大量实践经验的总结，也有不少理论上的分析与提高。与会代表一致反映，这次学术交流会议论文涉及面广、质量较高、源自实践、能指导施工，这是四省一市建井工作者共同努力的结果。苏鲁皖冀彭四省一市在建井条件上很类似，通过学术交流会议可迅速交流经验，这对四省一市的建井事业发展有巨大的促进作用。

3.1.2　第 2 届四省一市建井学术交流会

第 2 届四省一市建井学术交流会于 1986 年 11 月 23—24 日在河北省石家庄市召开，本次会议由河北省煤炭学会主办。出席会议的有河北省煤炭学会领导段继昌、李跃三、张跃等，以及各矿务局、建井处、设计院、煤研所的代表，共 18 人。本次会议共收到论文 42 篇。

3.1.3　第 3 届四省一市建井学术交流会

第 3 届四省一市建井学术交流会于 1987 年 9 月 24—28 日在江苏省无锡市召开，本次会议由江苏省煤炭学会和徐州市煤炭学会主办。出席会议的共有 54 家单位的 150 名代表，其中有建井界的老前辈、老专家、教授、学者，也有年富力强、肩负重任的中年工程技术人员，还有一批朝气蓬勃的年轻建井工作者，整个会议充满着改革、创新、求实的精神。本次会议实际收到论文 67 篇，其中 21 篇不符合要求未送评审，在参加评审的 46 篇论文中，共选出优秀论文 22 篇，其中一等奖 2 篇、二等奖 8 篇、三等奖 12 篇。这些优秀论文的特点是选题正确、首次发表，具有建井方面的先进性、科学性和实用性。从内容上来看，有的介绍了建井理论，有的总结了施工经验，有的介绍了各类测试方法及对测试结果的分析，有的提出了设计与施工的改进建议，还有的从宏观上讨论研究了施工的管理与体制改革。

3.1.4　第 4 届四省一市建井学术交流会

第 4 届四省一市建井学术交流会于 1988 年 9 月 16—20 日在著名的海滨城市山东省烟台市召开，本次会议由山东省煤炭学会矿井建设专业委员会主办，并得到了山东省地方煤矿培训中心的大力支持。会议由山东省煤炭学会秘书长王传久高级工程师主持，沙东英处长受山东煤管局局长的委托致开幕辞，并宣读了山东省煤炭学会对大会的贺信。中国统配煤矿总公司基建部李树青工程师，全国煤炭高校建井专业学术会议秘书长、煤炭教育顾问团秘书长崔云龙同志，中国煤炭经济学院院长张燮伦同志到会祝贺。出席会议的共有 52 家单位的 137 名代表，代表中既有建井界的老前辈、老专家，又有年富力强、肩负重任的中年骨干，还有朝气蓬勃的青年建井科技工作者。代表们欢聚一堂，既宣读论文，又介绍新产品；既有小组讨论，又有会外交流。整个会议充满了团结协作、奋发向上、积极进取的热烈气氛。本届会议收到论文 49 篇，其中江苏省及徐州市 12 篇、山东省 10 篇、安徽省 12 篇、河北省 15 篇。大会聘请郭庆贵、崔云龙、周文安、任荣昌、钟日新等 9 位建井专家、教授对论文进行评审，选出优秀论文 28 篇，其中一等奖 2 篇、二等奖 6 篇、三等奖 20 篇。这些论文的主要特点是密切结合当前建井工程的实践，总结经验，深入分析，提出问题，指明方向。例如，如何从设计和施工上加快矿井建设速度、缩短建井工期、提高工程质量，如何改革井壁结构、采用高强混凝土、开发新材料、节约水泥，如何提高机械化水平改进施工工艺和企业管理。有理论、有实践、有分析、有建议，内容丰富、证据充分、观点明确，很有说服力，具有重大现实意义和实用价值。

3.1.5　第 5 届四省一市建井学术交流会

第 5 届四省一市建井学术交流会于 1989 年 9 月 19—23 日在安徽省安庆市召开，本次会议由安徽省煤炭学会矿井建设专业委员会主办。来自各生产建设、科研、教学、设计单位和有关厂家的152名代表参加了会议。大会共收到论文66篇，其中江苏省13篇、山东省15篇、安徽省14篇、河北省15篇、徐州市9篇。这些论文的共同特点是紧密结合当前的建井工程实际，认真总结经验教训，并上升到理论和规律的高度，内容丰富、论据充分、观点明确、文字简练、富有说服力。对改进施工工艺、提高工程质量、保证施工安全、加快建设速度和缩短建井工期，具有重大现实意义和实用价值。东煤公司介绍了东北地区几个立井快速施工和缩短建井工期的经验，受到了好评。

3.1.6 第6届四省一市建井学术交流会

第6届四省一市建井学术交流会于1990年9月11—16日在河北省秦皇岛市召开，本次会议由河北省煤炭学会矿井建设专业委员会主办。来自生产、基建、科研、设计、院校、情报、出版等共45家单位的161名代表出席了会议。大会共收到建井方面的论文71篇，其中江苏省21篇、山东省12篇、安徽省13篇、河北省14篇、徐州市11篇。这些论文在大会和分组会分别进行了交流。会议特邀山西煤管局、山东矿业学院、苏南煤机厂和常熟井筒专用设备厂的专家、教授做了有关专题报告。为保证论文的质量，会议聘请了有关专家、教授组成了优秀论文评审委员会，对收到的论文进行了认真严格的评审，本着科学性、先进性、实用性和结构严谨、文字简练的原则，共评出优秀论文41篇，其中一等奖2篇、二等奖4篇、三等奖35篇。

3.1.7 第7届四省一市建井学术交流会

第7届四省一市建井学术交流会于1991年10月11—15日在江苏省苏州市召开，本次会议由江苏省煤炭学会主办。参加本届学术交流会议的共有151名代表。本次会议共收到论文67篇，经大会优秀论文评审委员会评审，共评出优秀论文45篇。这些论文紧密结合当前建井工程实际，内容丰富、论据充分，贯彻了科研为生产建设服务的指导方针，对改进施工工艺、提高工程质量、保障施工安全、加快工程建设速度和缩短建井工期与建设周期，有一定的现实意义和实用价值。通过交流，达到了彼此沟通、互相学习、取长补短、共同提高的目标。

3.1.8 第8届四省一市建井学术交流会

第8届四省一市建井学术交流会于1992年8月在山东省青岛市召开，本次会议由山东省煤炭学会主办。参加本届学术交流会议的共有142名代表。本次会议共收到论文74篇，编录的论文集分五个分册，第一分册立井(上)，第二分册立井(下)，第三分册巷道、硐室，第四分册土建、安装，第五分册综合，经大会优秀论文评审委员会评审，共评出优秀论文32篇。

3.1.9 第9届四省一市建井学术交流会

第9届四省一市建井学术交流会于1993年8月在安徽省黄山市召开，本次会议由安徽省煤炭学会矿井建设专业委员会主办。来自煤炭建设单位、生产管理部门、大专院校、科研和设计单位的工程技术人员、教授、专家共计120人参加了会议。这次会议共征集建井学术论文73篇，其中特邀论文5篇。会议代表交流论文35篇。

3.1.10　第 10 届四省一市建井学术交流会

第 10 届四省一市建井学术交流会于 1994 年 10 月 11—15 日在河北省承德市召开，本次会议由河北省煤炭学会矿井建设专业委员会主办。来自煤炭建设单位、生产管理部门、大专院校、科研和设计单位的工程技术人员、教授、专家共计 141 人参加了会议。这次会议共征集建井学术论文 67 篇，其中特邀论文 8 篇。会议代表交流论文 40 余篇。同时邀请了 4 名教授和专家做了学术专题报告。会议组织 15 名专家组成优秀论文评审委员会，评出优秀论文 57 篇。这些论文充分体现了当前煤矿建设技术方面的先进性、科学性及广泛实用性。会议起到了先进科学技术的互相交流、传播作用，推动了四省一市建井事业的发展。

3.1.11　第 11 届四省一市建井学术交流会

第 11 届四省一市建井学术交流会于 1995 年 8 月在浙江省建德市召开，本次会议由江苏省煤炭学会、徐州市煤炭学会和大屯煤电公司联合主办。由王传久、虞咸祥作序的论文集共收录论文 54 篇，其中有各省、市经评审推荐的 49 篇，特邀专家撰写的 5 篇。论文的内容包括矿井建设专论、井巷工程施工、科研成果、特殊凿井、地面建筑和设备安装施工经验、工程管理和系统工程总结。论文集还推荐了几项国内最新科研成果，如煤炭的地下气化等。论文集收录论文的共同特点是密切结合生产建设实践，抓住技术关键，科研与生产结合，理论与实践结合，有一定的理论深度和学术水平，对解决煤矿施工的某些疑难问题和提高施工技术水平有一定的指导意义。论文集对科研、教学亦有较大的参考价值。

3.1.12　第 12 届四省一市建井学术交流会

第 12 届四省一市建井学术交流会于 1996 年 9 月 14—17 日在山东省烟台市召开，本次会议由山东省煤炭学会矿井建设专业委员会与兖州矿业（集团）有限责任公司联合主办。出席会议的代表共计 180 人，交流学术论文 50 篇，这些论文已由中国矿业大学出版社正式出版，书名为《矿井建设技术论文集（第 2 集）》。本届年会论文评出一等奖 7 篇、二等奖 13 篇、三等奖 21 篇、纪念奖 4 篇，特邀专家论文特别荣誉奖 5 篇。学术论文总体水平较高，其中对冻结井施工的冻结壁设计、防井壁破坏、素混凝土井壁设计进行了创造性研究，取得了重要成果；在井筒注浆堵水、综合注浆等方面也有进展；在软地基工程、深井地压研究、井塔基础开裂治理方面获得了大量研究数据，摸索出了相关工程的施工经验。会议评出了陈明华、曹静、程国志、王汉文等 10 位最佳宣讲论文优秀奖。为加强学术会领导，本届年会宣布了增加副秘书长名单与分工，协助王传久秘书长负责学术会的全面工作。在闭幕式上，建井界老专家张耀同志以个人收入赞助学术会优秀论文奖励基金 1 万元，为学术会做出了贡献。会上为张耀同志颁发了特别荣誉证书和奖杯，为论文作者颁发了奖励证书和奖金，举行了隆重的学术会会旗交接仪式。

3.1.13　第 13 届四省一市建井学术交流会

第 13 届四省一市建井学术交流会于 1997 年 10 月 11—16 日在安徽省淮南市新集矿区召开，本次会议由安徽省煤炭学会矿井建设专业委员会与新集集团总公司联合主办。出席会议的代表共计 117 人。会前聘请 18 名专家对 54 篇论文进行了评审，评出一等奖 10 篇、二等奖 26 篇、三等奖 13 篇，另有 9 篇专家、教授的论文获特别荣誉奖。论文的总体水平比较高，且内容新颖，具有推广应用价值。开幕式上新集集团总公司总经理刘明善致欢迎辞，并介绍了建设现代化新集矿区投资省、造价低、速度快的经验，煤炭部原总工程师陈明和、安徽省煤炭厅厅长尹国援做了热情洋溢的讲话，学术会秘书长王传久做了“高举邓小平理论伟大旗帜把煤炭建井事业推向前进”的发言。在会上交流宣讲论文 37 篇，经代表投票选出最佳宣讲者 10 人。闭幕式上常务副秘书长虞咸祥做了会议总结，为获奖论文作者颁发了荣誉证书和奖金，宣读了会议纪要，交接了会旗。

3.1.14 第 14 届四省一市建井学术交流会

第 14 届四省一市建井学术交流会于 1998 年 9 月 16—21 日在河北省唐山市开滦矿务局召开，本次会议由河北省煤炭学会矿井建设专业委员会和开滦矿务局科协联合主办。河北省煤炭工业局副局长张文学、省煤炭学会秘书长于向东、开滦矿务局副局长钟亚平和总工程师殷作如等省、市及开滦矿务局的领导参加了会议。开幕式由省煤炭学会矿井建设专业委员会副主任赵冠军主持。这次会议在收到各省推荐的 50 篇论文中，经编委编审修改出版《矿井建设技术论文集(第 4 集)》。经评审组对入选的论文进行评审，评出一等奖 13 篇、二等奖 28 篇、三等奖 9 篇，其中一、二等奖获奖比例高达 82%，总体水平与往年相比有了明显的提高，是历届年会最高的。会议决定对获奖论文颁发荣誉证书和奖金。在闭幕式上举行了交换会旗仪式。

3.1.15 第 15 届四省一市建井学术交流会

第 15 届四省一市建井学术交流会于 1999 年 10 月 22—25 日在江苏省无锡市召开，本次会议由江苏省煤炭学会、徐州市煤炭学会建工专业委员会和徐州矿务集团公司联合主办。会议出版论文 59 篇，包括理论研究成果与实践密切结合的创新与探讨。这些论文的发表和交流，无疑将对煤炭建井技术的发展和提高、煤炭建设企业进一步走向市场起到促进作用。

3.2 各省煤炭学会建井学术交流会

中国煤炭学会下辖 21 个省级煤炭学会，其中河南省、湖南省、江苏省、山东省、江西省、陕西省、山西省、安徽省、甘肃省和河北省等煤炭学会都分别举办了矿井建设专业委员会专题学术交流会，见表 3-2。这些学术交流会的召开促进了各省矿井建设事业的发展，下面详细介绍部分学术交流会。

表 3-2 各省煤炭学会部分建井学术交流会统计表

时间	地点	会议名称	参会人数	优秀论文/篇	收录论文/篇	举办单位
1975 年	郑州	河南省矿井建设学术交流会	—	—	—	河南省煤炭学会
1985 年 8 月 3—6 日	信阳	河南省煤炭学会建井学术会	207	31	—	河南煤炭基建公司、焦作矿业学院

表 3-2(续)

时间	地点	会议名称	参会人数	优秀论文/篇	收录论文/篇	举办单位
1987 年 8 月 2 日	郑州	河南省煤炭学会专题学术研讨会	—	—	—	河南煤炭基建公司、河南省煤炭学会矿井建设专业委员会
1992 年 6 月 30 日—7 月 2 日	永城	河南省煤矿建设特殊凿井技术经验交流会	52	—	31	河南省煤炭学会、永夏矿区建设管理委员
2002 年	郑州	河南省煤炭学会建井学术会	—	—	—	河南省煤炭学会
1981 年 11 月 19—21 日	—	湖南省建井学术讨论会	34	—	66	湖南省煤炭学会矿井建设专业委员会
1982 年 12 月 8—11 日	徐州	江苏省矿井合理建设技术、学术讨论会	47	8	20	江苏省煤炭学会矿井建设专业委员会
1983 年 10 月 1 日	龙口	山东省第 1 届建井专业学术交流会	—	—	15	山东省煤炭学会
1993 年 6 月 10—12 日	樟树	江西省煤矿立井施工研讨会	28	—	18	江西省煤炭学会矿井建设专业委员会、江西省煤矿建设公司
1986 年 12 月 10—13 日	西安	陕西省矿井建设学术交流会	58	—	40	陕西省煤炭学会矿井建设专业委员会、煤矿开采专业委员会
2010 年	—	安全高效矿井建设与开采技术学术会	80	—	49	陕西省煤炭学会
2012 年 6 月 28 日	忻州	山西省煤炭学会矿井建设学术研讨会	104	20	65	山西省煤炭学会
2011 年 11 月 12 日	潜山	安徽省煤炭学会矿井建设专业委员会 6 届 1 次学术研讨会	—	11	51	安徽省煤炭学会
2014 年 9 月 26 日	合肥	安徽省煤炭学会矿井建设专业委员会 6 届 2 次学术研讨会	124	15	—	安徽省煤炭学会矿井建设专业委员会、安徽理工大学
2015 年 10 月 23—24 日	合肥	安徽省矿建专业 6 届 3 次学术研讨会	—	—	50	安徽省煤炭学会
1995 年	兰州	甘肃省首届煤炭基建论文发布会	60	30	94	甘肃省煤炭工业局、甘肃省煤炭学会基建专业委员会、甘肃省煤炭工业技术经济委员会
1983 年 5 月 23—27 日	秦皇岛	河北省快速建井学术讨论会	72	—	—	河北省煤炭学会矿井建设专业组

3.2.1 湖南省建井学术讨论会

湖南省建井学术讨论会于1981年11月19—21日召开，本次会议由湖南省煤炭学会矿井建设专业委员会主办。会上有15位同志做了学术报告和专题发言，34位与会同志就井巷工程、土建、机电等科学技术问题进行了认真探讨。会议一致认为，加快井巷掘进速度，缩短建井工期，提高掘进工效，进一步提高光面爆破和锚喷支护的技术经济效果，降低喷射混凝土的粉尘和回弹量，提高井巷掘进机械化水平和加强建井施工的科学管理等内容，应作为湖南省煤炭学会矿井建设专业委员会今后深入研究的基本课题。

1986年9月20—22日，湖南省煤炭学会基建分会召开了年会。分会全体理事、秘书、湖南省煤矿基建公司所属处厂部分学会积极分子参加了会议。会议传达贯彻了中国煤炭学会二届二次理事(扩大)会议和湖南省煤炭学会常务理事会议精神，总结了一年来的工作经验教训，安排了下一阶段的活动内容。这次年会还特邀湘潭矿业学院李亦波副教授和省厅助理工程师杨盾雨同志到会，并请他们分别做了"险井壁超声波检测与计算机验算"和"系统工程概论"的学术报告。同时交流了江西省煤炭学会基建专业委员会的有关工作经验，学习了煤炭科学研究院赖应得工程师的学术论文《能量支护论》。为了把学会真正办成广大科技工作者之家，这次年会还本着改革精神，广泛听取了与会同志对办好学会的意见，同时号召广大会员充分发挥聪明才智、积极努力工作，为促进科技进步、发展我国煤矿基本建设事业做出新的贡献。

3.2.2 甘肃省首届煤炭基建论文发布会

甘肃省首届煤炭基建论文发布会于1995年新年伊始在甘肃省兰州市窑街矿务局召开，本次会议由甘肃省煤炭工业局、甘肃省煤炭学会基建专业委员会、甘肃省煤炭工业技术经济委员会联合主办。参加会议的代表共60名，来自全省煤炭地质勘探、设计、科研、施工、建设业主和基建管理部门，甘肃省科学技术协会也派代表出席了会议。会议交流论文94篇，有37篇论文在会上发布。经专家评审，选出优秀基建论文30篇，其中《甘肃煤炭工业井巷掘进施工技术实践的分析及对12个主要问题的探讨》等6篇论文获一等奖、《砚北矿井施工供电方案优化》等10篇论文获二等奖、《矿区机修体制的探讨》等14篇论文获三等奖。论文覆盖了煤炭基建的各个领域，总结和交流了近年来本省煤炭基建战线取得的技术成果。通过会议及开展论文评选活动，调动了广大工程技术人员的积极性，对推动科技进步和加快甘肃省煤炭基本建设的步伐具有深远意义。

3.2.3 江苏省矿井合理建设技术、学术讨论会

江苏省矿井合理建设技术、学术讨论会于1982年12月8—11日在江苏省徐州市召开，本次会议由江苏省煤炭学会矿井建设专业委员会主办。参加会议的有江苏省煤炭局、科研、设计、基建、生产及大专院校共16家单位的47名代表。会议收到专题论文20篇，从基建、管理、科研、设计、现场施工等各个方面，交流经验和提出设想、建议，探讨矿井合理建设的各种有效途径。会议期间，通过17篇专题论文宣讲和小组讨论，从中评选出优秀学术论文8篇。与会代表认为，这次矿井建设专业委员会第一次学术会议，专题重点突出，文章数量较多，内容对指导当前的施工有很强的实用性，而且在今后施工、生产中能产生一定的经济效

益及积极的促进作用。会议期间，矿井建设专业委员会召开了第一次全委会，回顾总结了全年工作，商讨了1983年度的工作计划。全委会要求广大会员和专业人员刻苦攻关，不断提高技术理论水平和业务能力，为促进江苏省煤炭生产和技术的发展做出贡献。

3.2.4　河北省快速建井学术讨论会

为了适应国家四个现代化建设对能源的紧迫需要，河北省煤炭学会矿井建设专业组于1983年5月23—27日在河北省秦皇岛市组织召开了快速建井学术讨论会。本次会议到会的代表和特邀代表共72名，来自22家单位。这是河北省煤炭学会矿井建设专业组开展学术活动以来到会人数最多的一次。除河北本省的设计、科研、施工、生产和学术刊物等各方面的代表外，还有来自北京、陕西、河南、山东、江西和安徽等6省、市的矿井建设专业方面的13名专家、学者和知名人士，以及建井界的老前辈、老领导。秦皇岛市科协负责人也到会祝贺。

3.2.5　山东省第1届建井专业学术交流会

山东省第1届建井专业学术交流会于1983年10月1日在山东省龙口市龙口矿区召开。这次会议收到的15篇论文涉及的专业面比较广泛。关于特殊凿井法的有淹水沉井192.5 m试验与可移式螺杆冷冻机组试制成功的报告；关于普通凿井法的有液压滑模、立井掘进机械化配套、激光指向仪在深井施工中的应用、东滩立井深孔爆破的掏槽方式等；关于巷道施工的有协庄快一队的机械化作业线工业性试验报告、新型锚杆的试制与试验、锚喷支护在软岩中的应用、兴隆庄煤巷月进861 m的经验等。

3.2.6　河南省建井学术交流会

河南省煤炭学会矿井建设专业委员会成立于河南省矿井建设第二个高潮的20世纪70年代。首届专业委员会挂牌在河南煤炭基建公司，由该公司总工程师任主任委员，项林中和薛峰涛担任秘书长。这期间共组织了3次较大规模的学术活动：一是1975年由河南省煤炭学会组织的河南省矿井建设学术交流会，在郑州市河南煤炭基建公司召开；二是1985年8月3—6日由河南煤炭基建公司和焦作矿业学院共同组织的河南省煤炭学会建井学术会，在河南省信阳市召开，会后刊出了论文专集；三是1987年8月2日由河南煤炭基建公司和河南省煤炭学会矿井建设专业委员会共同组织的全国煤炭建设单位及高校参加的以缩短建井工期为专题的学术研讨会，在郑州市河南煤炭基建公司召开。随着河南省煤炭建设地域东移，开发了永夏矿区，开始了特殊凿井时期。第2届河南省煤炭学会矿井建设专业委员会挂牌在河南省煤炭厅基建处，主任委员和秘书长分别由基建处处长邓文芳和质监站站长赵社邦担任。期间学术交流颇为活跃，先后召开了3次学术交流会，出版论文专集3册，及时总结了豫东厚冲积层建井经验，为煤炭建设的第三次高潮做好了技术准备。

河南省煤矿建设特殊凿井技术经验交流会于1992年6月30日—7月2日在河南省永城市召开，本次会议由河南省煤炭学会和永夏矿区建设管理委员会主办。参加会议的有来自设计、施工、科研、建设、监理等单位参加陈四楼矿建设的专家、教授、工程技术人员，以及中国统配煤矿总公司基建局、河南省科技协会、河南省煤炭厅的领导等共52人，共收到有关冻结井结果、低温早强高强混凝土、冻结时井筒井壁位移实测、滑模筑壁、工作面注浆、钻井技术以及工程管理等论文31篇。通过技术交流和现场参观，代表们深为永夏矿区的建设成就所鼓舞，一致认为，陈四楼矿主、副井冲积层厚度和冻结厚度均居全国之首，施工难度比以往的任何冻结井都大，由于依靠了科学技术进步，总结了以往的经验教训，采用了综合技术措施，使两个井顺利地通过了表土冻结段，没有发生断管和井壁压坏现象，创造了我国深冻结井安全、优质施工的新水平。这一重大成就体现了科学是第一生产力的指导作用，是建设、设计、施工、科研和工程管理等工作密切配合的产物，是采用新技术、新工艺、新材料的结果。陈四楼矿主、副井冻结法施工的成功将为我国深厚冲积层矿井的冻结法施工提供宝贵的经验，标志着我国冻结井技术的发展进入了一个新阶段。陈四楼风井采用钻井法施工，解决了泥浆絮凝处理难题，使钻井法在永城矿区扎下根基。比外，还交流了工作面注浆、支护，石屑代砂混凝土和工程监理以及省内其他矿井特殊施工等经验。总之，永夏矿区建设的各方面成绩都很显著，在煤炭和建筑业中都有一定的名望。

3.2.7 江西省煤矿立井施工研讨会

江西省煤矿立井施工研讨会于1993年6月10—12日在江西省樟树市临江镇召开，本次会议由江西省煤炭学会矿井建设专业委员会和江西省煤矿建设公司联合主办。省内外12家单位的28人出席了会议。本次会议交流论文18篇，包括千米立井施工经验总结，利用永久井塔凿井，注浆堵水技术，井内凿井设备吊挂技术的提升，排水、通风设备和设施的改革，地热危害防治，以及排矸系统优化等。代表们还对丰城曲江煤矿千米立井的施工组织设计进行了认真研讨，为该井的安全顺利开凿提供了有益的技术支持。

3.2.8 山西省煤炭学会矿井建设学术研讨会

山西省煤炭学会矿井建设学术研讨会于2012年6月28日在山西省忻州市召开，本次会议由山西省煤炭学会主办。山西省煤炭厅总工程师兼山西省煤炭学会理事长李成先、山西省科协副主席关原成等出席了会议。太原理工大学矿业工程学院梁卫国院长及康立勋、杨双锁、苏学贵、贾喜荣应邀出席了会议，会上梁卫国院长做了题为“关于煤炭工业发展‘十二五’规划的相关问题”的学术报告，杨双锁教授和贾喜荣教授也分别做了学术报告。会议旨在发挥科技优势，推动山西煤炭基本建设工作健康快速发展。会议选举了山西省煤炭学会矿井建设专业委员会委员，梁卫国院长当选为副主任委员，杨双锁、苏学贵当选为专业委员。

3.2.9 安徽省煤炭学会矿井建设专业委员会6届1次学术研讨会

安徽省煤炭学会矿井建设专业委员会6届1次学术研讨会于2011年11月12日在安徽省潜山市召开，本次会议由安徽省煤炭学会主办、煤矿深井建设技术国家工程实验室协办。煤矿深井建设技术国家工程实验室主任王厚良、副主任丁明出席了此次会议。会上，安徽大学校长程桦、安徽理工大学土木工程学院院长徐颖分别做了“煤矿巷道掘进技术现状与展望”“我国煤矿建井技术几个热点问题”的精彩主题报告。与会的专家、代表就目前该领域的新工艺、新技术、新方法进行了交流、探讨，并对矿建技术发展提出了积极的建议。出席此次会议的还有安徽省煤炭学会秘书长聂士奎，以及淮北矿业集团、淮南矿业集团、皖北煤电集团、国投新集集团、省煤田地质局、安徽理工大学等百余名专家、代表。

安徽省煤炭学会矿井建设专业委员会6届2次学术研讨会于2014年9月26日在安徽省合肥市安徽大学隆重召开，本次会议由安徽省煤炭学会矿井建设专业委员会主办、安徽理工大学承办。大会开幕式由安徽理工大学土木建筑学院党委书记盛真主持。安徽理工大学副校长孟祥瑞教授出席开幕式并讲话。孟祥瑞在讲话中向各位代表介绍了学校的发展情况及矿井建设学科的发展现状，并感谢各位代表及相关单位对安徽理工大学发展的长期支持。主办单位王厚良总工程师、省煤炭学会秘书长聂士奎在开幕式上分别致辞。此次大会共有来自省煤炭学会、淮南矿业集团、淮北矿业集团、皖北煤电集团、国投新集集团、中煤矿井建设集团、省煤田地质局、煤炭工业合肥设计院、淮南顺辉锚固公司、安徽大学、安徽建筑大学、安徽理工大学等单位人员124人参加。开幕式后，与会代表合影留念，大会进入各专题的交流环节。共有15位专家在此次学术研讨会做了精彩学术报告。本次学术研讨会的召开，为安徽省矿井建设专业技术人员搭建了交流平台，开阔了视野，增进了参会人员相互之间的友谊。9月26日下午，大会在热烈的气氛中圆满落幕，安徽理工大学土木建筑学院党委书记盛真与煤炭工业设计院副院长王勇就下届年会的举办事宜进行了交接。

3.2.10 陕西省建井学术交流会

陕西省矿井建设学术交流会于1986年12月10—13日在陕西省西安市召开，本次会议由陕西省煤炭学会矿井建设专业委员会、煤矿开采专业委员会联合主办。出席会议的有省煤炭学会、省爆破学会、省煤炭局、省科研所、省内各矿务局及基建公司、西安煤矿设计院以及西安矿业学会等25家单位的58名代表。大会收到科技论文40篇，其中矿建28篇、开采12篇。会议由省煤炭学会理事、西安矿业学院副院长刘听成教授致开幕辞。大会代表对一些重要成果（如煤炭质量管理问题，黄陵一号井美国连续式采煤机开采设计，快硬水泥锚杆研制、推广与应用等）表现出了极浓厚的兴趣。各位代表就生产、科研、管理等方面互相交流讨论了新理论、新技术、新经验、新成就、新设想，一致认为学会召开这样的学术会议，生动活泼、取长补短，加强了煤矿生产、建设、设计和科研之间的联系，反映了陕西省煤炭战线的新面貌，为适应改革新形势，大力促进陕西省煤炭建设和生产起了相当大的作用。两个专业委员会分别召开了委员例会，决定1987年度工作重点要面向生产实践，加强横向联合及协作，为生产建设服务。矿井建设专业委员会决定，在陕西煤炭建设公司王村指挥部研究解决王村矿井多绳摩擦轮落地绞车的安装及调试问题，在澄合矿务局研究加快建井速度，力争王村矿井两年半达产的一系列技术问题；着手为神木矿区建设提供研究服务。开采专业委员会决定要进一步落实、提高机械化综采技术水平，要举办相关的科技讲座。

安全高效矿井建设与开采技术学术会于2010年召开，本次会议由陕西省煤炭学会主办。会议出版了论文集《安全高效矿井建设与开采技术》，这是陕西省煤矿建设与开采技术的论文集锦，其中包括矿井建设与巷道支护、开采技术及装备、矿井地质、管理等方面的内容。书中介绍了目前煤炭行业中一些比较前沿的技术和管理经验，对我国煤炭事业的发展具有一定的促进作用。

第4章 《建井技术》杂志

《建井技术》创刊于1980年，为原国家科学技术委员会批准的全国性矿井建设专业的综合性技术期刊，是中国核心期刊(遴选)数据库收录期刊、中文科技期刊数据库期刊、中国期刊全文数据库期刊、中国期刊网期刊和原国家科学技术委员会中国科技论文统计源期刊，国内外公开发行，每年发行6期。主管单位为国家煤矿安全监察局，主办单位为煤炭科学研究总院，承办单位为天地科技建井研究院、中国煤炭学会矿山建设与岩土工程专业委员会及北京中煤矿井工程有限公司。

4.1 《建井技术》创刊

大家动手办好《建井技术》——代发刊词

中国煤炭学会副理事长沈季良

中华人民共和国诞生后，煤炭工业获得了飞跃发展，从1949年到1979年，建成投产了四亿五千多万吨的矿井，煤炭年产量由三千二百多万吨增加到六亿三千五百多万吨，跃居世界第三位。

从目前的产量数字看，似乎我国煤炭产量不算少，但正如邓副主席在《目前的形势和任务》报告中指出的："我们要经常记住，我们国家大，人口多，底子薄，只有长期奋斗，才能赶上发达国家的水平……我们去年的原煤也达到六亿三千多万吨，似乎不算少，但是按每人平均占有量计算，我们就少多了。"

发展国民经济，首先要发展能源。煤炭是我国的主要能源，因此煤炭工业的发展必须先行。华主席1979年6月18日在第五届全国人民代表大会第二次会议上的《政府工作报告》中指出："为了尽快改变燃料动力严重不足的状况，我们必须一手抓生产，一手抓节约。一方面，煤炭工业要努力改变部分矿井采掘接替紧张甚至采掘失调的状况，搞好现有矿井的技术改造，加快新井建设……另一方面，各行各业都要努力降低消耗，节约使用能源，杜绝浪费"。邓副主席在《目前的形势和任务》报告中还指出："到本世纪末，争取国民生产总值每人平均达到一千美元……现在我们只有二百几十美元，如果达到一千美元，就要增加三倍。"这就说明我国必须大力发展国民经济，大力发展能源，大力发展煤炭工业。初步框算，本世纪末煤炭产量要达到15亿吨左右才行。如果节煤搞得好，煤炭产量可以少些。由于老矿挖潜是有限度的，只凭现有矿井的技术改造，远远不能满足国民经济对煤炭的要求，另外生产矿井还存在逐渐衰老的问题，因此建设新井的任务今后势必越来越重，加快新井建设也显得日益重要。

中华人民共和国成立30年来，我国在矿井建设方面积累了丰富的经验。我们的建井工作，从少到多、从小到大、从浅到深、从易到难、从山区到平原，通过表土和流沙、通过老矿和溶洞、通过岩层和煤层。我们打破了传统施工方法的框框，结合地质条件研究发展并推广使用了很多新的施工方法，像矿建工程方面的板桩法、沉井法、帷幕法、降低水位法、注浆法、冻结法、钻井法、光面爆破、锚喷支护等；土建工程方面的预制构件、大板结构、井塔平移；机电安装工程方面的预安装、整体平吊、树脂锚固井筒装备等，都是从无到有发展起来的。煤炭科学研究事业、专业技术教育和卫生教育事业，都获得了蓬勃的发展，极大地壮大和武装了煤炭战线的科学技术队伍，并相应建设了矿井设计队伍和煤矿专用设备的制造单位，促进了技术水平的迅速提高。矿井建设施工机械化程度日益提高，施工组织方面已开始应用运筹学和优选法等先进理论。远在 20 世纪 50 年代，我国的快速建井技术就一度闻名世界，但由于林彪与“四人帮”的干扰破坏，把一切全搞乱了，以致矿井建设工期大大拖长，建井技术停滞不前，甚至还有倒退。我们必须很好地总结过去的经验，彻底贯彻党中央提出的“调整、改革、整顿、提高”八字方针，为实现华主席“加快新井建设”的号召而努力。

在这新形势下，《建井技术》创刊了，我和全国煤矿基本建设战线上的同志们一样，感到由衷的高兴，衷心祝贺它的诞生，祝愿它欣欣向荣，茁壮成长。

《建井技术》既是传播煤矿建井技术的综合性期刊，也是中国煤炭学会矿井建设专业委员会组织学术交流的园地，它的任务是报道我国煤矿矿井建设中的新技术、新工艺、新材料、新设备，推广和交流技术革新和科学研究成果，介绍国外建井技术动态和组织建井技术和学术问题的专题讨论等，为实现煤矿建井技术现代化服务。有关学术问题，《建井技术》将坚定不移地贯彻“百花齐放、百家争鸣”的方针，发扬学术民主，鼓励和提倡各种不同学术观点的探讨和辩论，形成生动活泼的学术气氛，来提高学术水平，并根据“实践是检验真理的唯一标准”这个马克思主义哲学准则来鉴定判明学术理论的准确性。

为了把《建井技术》办成煤矿建井专业权威性的技术刊物，除了要靠编辑人员的努力外，更要靠煤矿基本建设战线广大科技工作者和有关院校师生的关心和支持。希望大家大力支持、积极关心它的组稿、编辑和出版发行工作，经常提出批评和建议，使它内容充实丰富、形式生动活泼，成为我国从事建井专业工作同志们喜爱的刊物，让它在加快矿井建设和促进我国四个现代化建设方面多做贡献。

最后还应提到的是，《建井技术》也应当成为我们向冶金、二机、化工、水电及铁道等兄弟部门学习先进技术的桥梁。煤矿建井与各兄弟部门的矿井工程虽然分别具有特定的条件，但其主要技术特征是基本一致的，因而有必要进行经常性的经验交流，互相学习、取长补短，以促进我国建井技术的全面发展。所以，应当主动地与各有关兄弟部门取得联系，也希望兄弟部门各有关方面给予大力支持。

《建井技术》的正式创刊，是我们煤矿建井事业中的一件大事，值此机会，谨向参加编辑工作的同志和广大读者、作者同志们表示热烈祝贺。我相信，随着我国煤矿建井事业的蓬勃发展，《建井技术》一定会日益壮大和成熟。让我们大家一齐动手办好我们自己的刊物吧！

祝《建井技术》明天更美好！

4.2 《建井技术》发展历程

《建井技术》创刊于 1980 年，1990 年由季刊改为双月刊，2006 年由小 16 开本改为大 16

开本，1992—2008 年间被选定为全国煤矿开采类中文核心期刊。主要报道我国煤矿基本建设方针政策、先进经验、技术发展和科技成果及有关的地下工程技术。刊物发行到全国煤炭生产和建设的各基层单位、大专院校、科研院所、设计单位，以及冶金、化工、水电、铁路、城建、核工业等单位或部门。读者对象为从事矿井工程和岩土工程建设的施工、科研、设计、监理和教学的技术人员、管理人员、技术工人、院校师生。

《建井技术》历届主编、副主编、负责人见表 4-1。

表 4-1 《建井技术》历届主编、副主编、负责人

<table>
<tr><th></th><th>主编</th><th>副主编</th><th>负责人、主任</th><th>任期</th><th>备注</th></tr>
<tr><td rowspan="11">建井技术
编辑部</td><td></td><td></td><td>李丰阁</td><td>1980 年 6 月—1981 年 1 月</td><td></td></tr>
<tr><td>张永成</td><td></td><td>徐文逵</td><td>1981 年 2 月—1983 年 12 月</td><td></td></tr>
<tr><td rowspan="3">徐文逵</td><td></td><td>徐文逵</td><td>1984 年 1 月—1994 年 7 月</td><td></td></tr>
<tr><td>董贻直</td><td></td><td>1993 年 6 月—1995 年 9 月</td><td></td></tr>
<tr><td></td><td>董贻直</td><td>1994 年 8 月—1994 年 12 月</td><td></td></tr>
<tr><td rowspan="3">王长生</td><td>董贻直</td><td></td><td>1995 年 1 月—1995 年 9 月</td><td></td></tr>
<tr><td></td><td>孙勇</td><td>1995 年 10 月—1997 年 3 月</td><td>孙勇执行主编</td></tr>
<tr><td>孙勇</td><td>孙勇</td><td>1997 年 3 月—2000 年 9 月</td><td></td></tr>
<tr><td>周兴旺</td><td>孙勇</td><td>孙勇</td><td>2000 年 9 月—2010 年 12 月</td><td></td></tr>
<tr><td rowspan="2">刘志强</td><td>孙勇</td><td>韩光利</td><td>2011 年 1 月—2014 年 12 月</td><td></td></tr>
<tr><td>孙勇</td><td>王桦</td><td>2015 年 1 月至今</td><td></td></tr>
</table>

4.3 《建井技术》出版工作

《建井技术》报道的主要内容为：矿井建设中的矿建、土建、机电安装工程技术，生产矿井开拓延深、扩建、改造等基建工程技术，矿井设计技术，矿井地质、通风、测量技术，地方矿井基建工程技术，项目管理及监理，城市地铁、隧道、道桥、地基等岩土工程技术（包括地下特殊施工技术），企业经营管理先进经验。

作为我国煤炭基本建设行业的综合性技术期刊，《建井技术》要以创刊 40 周年为契机，继续坚持正确的办刊方向，模范执行国家新闻出版政策法规，切实把科学发展观落实到期刊发展的各个方面、各个环节。全体编辑人员要继续努力，不断提高办刊质量和水平，力争把《建井技术》办成在全国煤炭基建行业及相关行业有较大影响的精品期刊。

《建井技术》创刊以来，经过几代人呕心沥血的不懈努力，现已成为煤炭基建行业科技传播和技术交流的重要平台，在促进科技进步、提高创新能力、加快科技成果向生产力的转化等方面发挥着不可替代的作用。截至 2019 年底，已出版 219 期，刊载论文约 3 450 篇，1 750 多万字。相信在各级领导的关心支持下，在编委会的指导下，加上读者、作者的厚爱和关心，以及编辑部全体工作人员的努力，一定会把《建井技术》办得更好。

4.4 《建井技术》编委会

4.4.1 第 1 届《建井技术》编委会(1997 年 1 月—2001 年 4 月)

主　　任:陈明和
副 主 任:雷景良　路耀华　朱德仁　戴必清　李延江　张胜利　崔增祁
　　　　　王建平　陈湘生
常务副主任:路耀华　陈湘生
委　　员:王长生　王可寰　王印贵　王捷帆　王建青　刘云涛　刘式如　刘兴禄
　　　　　乔秉越　安国樑　李展伯　李树青　庞棱生　庞荣庆　莫立崎　高明德
　　　　　徐　良　程　桦　蒲加力　刘长安　张汉兴　张禄基

4.4.2 第 2 届《建井技术》编委会(2001 年 5 月—2008 年 12 月)

主　任:陈明和
副主任:洪伯潜　雷景良　崔云龙　周兴旺　张胜利　王建平
委　员:马文义　王长生　王捷帆　邓文芳　白廷辉　乔秉越　刘长安　安国樑
　　　　佘才高　张汉兴　张禄基　李俊良　沈慰安　陆　伦　陈湘生　郑高升
　　　　胡　林　赵森林　莫立崎　袁　亮　陶友山　程　桦　葛世平

4.4.3 第 3 届《建井技术》编委会(2009 年 1 月—2010 年 12 月)

主　　任:陈明和
副 主 任:洪伯潜　崔云龙　周兴旺　张胜利　王建平
委　　员:马文义　王长生　王捷帆　邓文芳　白廷辉　乔秉越　刘长安　安国樑
　　　　　佘才高　张禄基　李俊良　沈慰安　陆　伦　陈湘生　郑高升　胡　林
　　　　　赵森林　莫立崎　袁　亮　陶友山　程　桦　葛世平
协办单位:(排名不分先后)
　　　　　中煤建设集团有限公司
　　　　　中煤第五建设公司
　　　　　中平能化建工集团有限公司
　　　　　山西宏厦第一建设有限责任公司
　　　　　中煤第七十一工程处
　　　　　河南富昌建设工程有限责任公司
　　　　　中煤矿井建设集团有限责任公司
　　　　　中鼎国际工程有限责任公司矿井隧道建设分公司
　　　　　河南国龙矿业建设有限公司
　　　　　河南郑煤矿业建设有限责任公司
　　　　　兖矿新陆建设发展有限公司
　　　　　中平能化建工集团有限公司建井三处

4.4.4 第4届《建井技术》编委会(2011年1月—2014年12月)

顾　　问：洪伯潜　中国工程院院士
宋振骐　中国科学院院士
袁　亮　中国工程院院士
王　安　中国工程院院士

主　　任：濮洪九

常务副主任：刘志强

副 主 任：王建平　安和人　杨仁树　李新宝　张开顺　张胜利　陆　伦　周　立
周兴旺　周　英　赵士兵　顾大钊　梁　袁　敬守廷

委　　员：王　新　王长生　王厚良　王党生　王捷帆　孔令珍　龙志阳　卢相忠
由胜武　申宝宏　仝洪昌　邢庆贵　乔卫国　任　清　刘林松　刘纯贵
刘希亮　孙洪灵　孙　勇　纪洪广　杨更社　杨杰明　李方政　李功洲
李俊良　李红辉　沈慰安　张向东　张彦禄　陈旭忠　陈远坤　陈湘生
范世平　周华群　孟凡良　郑高升　赵明方　赵森林　胡　林　胡建东
姜　利　姜金球　袁庆国　徐兵壮　高岗荣　程　桦　蒲耀年　臧桂茂
颜传宝

协 办 单 位：(排名不分先后)
中国中煤能源集团
中煤建设集团有限公司
中煤第五建设公司
中煤第一建设公司
平煤建工集团有限公司
神华集团科技发展部
唐山开滦建设集团有限责任公司
北京科技大学土木与环境工程学院
山东科技大学土木建筑学院
中平能化建工集团有限公司
山西宏厦第一建设有限责任公司
中煤第七十一工程处
河南富昌建设工程有限责任公司
中煤矿井建设集团有限责任公司
河南国龙矿业建设有限公司
河南郑煤矿业建设有限责任公司
兖矿新陆建设发展有限公司
中平能化建工集团有限公司建井三处
煤炭科学研究总院检测研究分院
煤炭工业济南设计研究院
淮北矿业(集团)有限责任公司

4.4.5 第 5 届《建井技术》编委会(2015 年 1 月—2018 年 12 月)

顾　　问:洪伯潜　中国工程院院士
宋振骐　中国科学院院士
袁　亮　中国工程院院士
王　安　中国工程院院士
何满潮　中国科学院院士
蔡美峰　中国工程院院士

主　　任:濮洪九

常务副主任:刘志强

副 主 任:申宝宏　刘　峰　安和人　孙守仁　杨仁树　杨更社　佟　强　张龙生
张胜利　陆　伦　周　立　周兴旺　周　英　周国庆　赵士兵　顾大钊
殷建国　梁　袁

委　　员:马芹永　马维清　王　桦　王　强　王　新　王长生　王厚良　孔令珍
左永江　龙志阳　由胜武　付小敏　代东生　仝洪昌　邢庆贵　乔卫国
任　清　刘希亮　刘纯贵　刘林松　孙　勇　纪洪广　李凤君　李方政
李功洲　李永强　李红辉　李俊良　杨维好　沈慰安　张云利　张向东
张彦禄　陈旭忠　陈湘生　陈耀文　范世平　林鸿苞　周卫金　周华群
单仁亮　居宪博　赵明方　胡彦华　姜金球　袁庆国　徐兵壮　高岗荣
程　桦　蒲耀年　靖洪文　臧桂茂　谭　杰　颜传宝

协 办 单 位:(排名不分先后)
神华集团有限责任公司
中国中煤能源集团有限公司
山东能源集团有限公司
淮北矿业(集团)有限责任公司
国投新集能源股份有限公司
新汶矿业集团有限责任公司
中国矿业大学
中国矿业大学(北京)
北京科技大学
山东科技大学
安徽理工大学
西安科技大学
河南理工大学
辽宁工程技术大学
深部岩土力学与地下工程国家重点实验室
煤炭科学研究总院检测研究分院
中国煤炭科工集团南京设计研究院
煤炭工业济南设计研究院有限公司

山西约翰芬雷华能设计工程有限公司
中煤建设集团有限公司
中煤矿山建设集团有限公司
中煤第一建设有限公司
中煤第五建设有限公司
金诚信矿业建设集团有限公司
中平能化建工集团有限公司
华煤集团有限公司
铜陵有色金属集团铜冠矿山建设股份有限公司
中国华冶科工集团有限公司
晋城宏圣建筑工程有限公司
重庆巨能建设(集团)有限公司
张家口宣化华泰矿冶机械有限公司
徐州汉元矿山科技有限公司

4.4.6 第6届《建井技术》编委会(2019年1月至今)

顾　　问:洪伯潜　中国工程院院士
宋振骐　中国科学院院士
袁　亮　中国工程院院士
王　安　中国工程院院士
何满潮　中国科学院院士
蔡美峰　中国工程院院士
顾大钊　中国工程院院士

主　　任:陈湘生

常务副主任:刘志强

副 主 任:代东生　刘　峰　李方政　安和人　孙守仁　杨仁树　杨更社　佟　强
张龙生　陆　伦　周兴旺　周华群　周　英　周国庆　赵士兵　殷建国
梁　袁　程　桦

委　　员:马芹永　马维清　王　桦　王　强　王建平　王清标　孔令珍　方江华
左永江　代革联　龙志阳　冯旭海　卢相忠　由胜武　付小敏　仝洪昌
乔卫国　任　清　刘希亮　刘纯贵　刘林松　孙　勇　纪洪广　吴　波
吴德义　李　文　李　志　李凤君　李功洲　李永强　李红辉　李栋伟
杨维好　沈慰安　张云利　张平松　张向东　张安兵　张志红　张彦禄
陈旭忠　陈清华　陈耀文　范世平　林鸿苞　周　红　周卫金　周晓敏
孟志强　孟益平　单仁亮　赵玉玲　赵志根　赵明方　胡彦华　荣传新
席培胜　祝明桥　姚直书　徐　颖　徐良骥　徐辉东　高岗荣　高洪波
董东林　蒲耀年　蓝成仁　靖洪文　蔡　峰　蔡海兵　臧桂茂　谭　杰

协 办 单 位:(排名不分先后)
国家能源投资集团有限责任公司

中国中煤能源集团有限公司
山东能源集团有限公司
淮北矿业(集团)有限责任公司
国投新集能源股份有限公司
新汶矿业集团有限责任公司
中国矿业大学
中国矿业大学(北京)
北京科技大学
山东科技大学
安徽理工大学
西安科技大学
河南理工大学
辽宁工程技术大学
深部岩土力学与地下工程国家重点实验室
煤炭科学研究总院检测研究分院
中国煤炭科工集团南京设计研究院
通用技术集团工程设计有限公司
山西约翰芬雷华能设计工程有限公司
中煤建设集团有限公司
中煤矿山建设集团有限公司
中煤第一建设有限公司
中煤第五建设有限公司
金诚信矿业建设集团有限公司
中平能化建工集团有限公司
华煤集团有限公司
铜陵有色金属集团铜冠矿山建设股份有限公司
中国华冶科工集团有限公司
晋城宏圣建筑工程有限公司
重庆巨能建设(集团)有限公司
张家口宣化华泰矿冶机械有限公司
徐州汉元矿山科技有限公司

第5章 《煤炭工程》杂志

《煤炭工程》(原名《煤矿设计》)杂志，创办于1954年，是我国煤炭系统创刊最早的期刊(其历史沿革见表5-1)，现由中国煤炭科工集团有限公司主管，中煤国际工程设计研究总院有限公司主办，是中文核心期刊、中国科技核心期刊和矿业工程类核心期刊。作为科技期刊，《煤炭工程》杂志始终以刊登技术性论文为主，聚焦煤炭工业的设计、施工、生产、科研、机械制造、管理等方面的新成就、新经验和新动向，是煤炭行业的重要宣传窗口和相互交流与学习的平台。从创刊至2020年，已出版52卷、510期，刊载论文约16 647篇。《煤炭工程》历届主编见表5-2。

表5-1 《煤炭工程》杂志历史沿革

时间	刊名	时间	刊期	时间	主管单位	时间	主办单位
1954年10月—1959年12月	煤矿设计	1954年10月—1959年12月	月刊	1954年10月—1955年7月	燃料工业部	1954年10月—1955年7月	煤炭管理总局设计管理局
1966年1月—1966年8月	煤矿设计通讯	1966年1月—1966年8月	月刊	1955年8月—1959年12月	煤炭工业部	1955年8月—1958年1月	煤炭工业部设计管理局
1977年12月—2001年6月	煤矿设计	1977年12月—1980年12月	双月刊	1966年1月—1966年8月	煤炭工业部	1958年2月—1959年7月	煤炭工业部基建司
2001年7月至今	煤炭工程	1981年1月至今	月刊	1977年12月—1988年4月	煤炭工业部	1959年8月—1959年12月	北京煤矿设计院
				1988年5月—1993年7月	中国统配煤矿总公司	1966年1月—1966年8月	北京煤矿设计院
				1993年8月—1998年6月	煤炭工业部	1977年12月—1983年7月	煤炭工业部设计管理局
				1998年7月—2000年12月	国家煤炭工业局	1983年8月—1989年4月	煤炭工业部规划设计总院
				2001年1月—2013年12月	国家煤矿安全监察局	1989年5月—2001年12月	北京煤炭设计研究院
				2014年1月至今	中国煤炭科工集团有限公司	2002年1月—2009年12月	中煤国际工程设计研究总院
						2010年1月—2013年12月	煤炭工业规划设计研究院
						2014年1月—2020年4月	煤炭工业规划设计研究院有限公司
						2020年4月至今	中煤国际工程设计研究总院有限公司

备注：1960年1月—1965年12月、1966年9月—1977年11月停刊。

表 5-2 《煤炭工程》杂志历届主编

杂志名称	主编	性别	职务	任职时间	职称
《煤矿设计》	许铁樵	男	主编	1988 年 5 月—1994 年 9 月	教授级高级工程师
《煤矿设计》	孙缨	男	主编	1994 年 10 月—1997 年 9 月	教授级高级工程师
《煤矿设计》	陈永斌	男	主编	1997 年 10 月—2001 年 6 月	教授级高级工程师
《煤炭工程》	陈永斌	男	主编	2001 年 7 月—2003 年 11 月	教授级高级工程师
《煤炭工程》	李振涛	男	总编	2003 年 12 月—2008 年 12 月	教授级高级工程师
《煤炭工程》	黄忠	男	总编	2009 年 1 月—2011 年 9 月	教授级高级工程师
《煤炭工程》	周桐	男	总编	2011 年 10 月—2017 年 12 月	教授级高级工程师
《煤炭工程》	严民杰	男	总编	2018 年 1 月—2019 年 12 月	教授级高级工程师
《煤炭工程》	黄忠	男	总编	2020 年 1 月至今	教授级高级工程师

5.1 《煤炭工程》创刊起步期(1954—1966 年)

1954 年底，在以苏联为我国工业化建设榜样的前提下，《煤炭工程》的前身《煤矿设计》创办了，主管单位是燃料工业部，主办单位是煤矿管理总局设计管理局，主要介绍苏联煤炭工业先进技术和经验，聚集专家对我国煤矿设计工作的建议。1955 年 7 月，煤炭工业部成立，杂志的主管单位变更为煤炭工业部，主办单位是煤炭工业部设计管理局。1958 年 2 月，杂志并入煤炭工业部基建司，1960 年由于自然灾害被迫停刊。1966 年，煤炭工业部贾林放副部长牵头，再次创办《煤矿设计》杂志，暂定名为《煤矿设计通讯》，主办单位为北京煤矿设计院，但受“文化大革命”影响，仅办了不到一年就停刊了。

以伊姆塞涅茨基、柯罗布柯夫为首的一批苏联专家开启了我国煤炭勘察设计的序幕，他们纷纷撰稿，内容大到我国煤矿设计方法、设计标准、施工图管理，小到采矿、通风、排水、提升、运输等各个专业技术和设备选择，甚至到计算法和参数的选取，全面指导了我国煤矿建设的进程。从学习、消化、吸收再到实践，1956 年第 5 期，抚顺煤矿设计分院杨兆清发表了第一篇我国煤矿技术人员所撰写的《对露天爆破崩溃宽度计算公式的分析》，随后北京煤矿设计院安士恒针对杨兆清的文章提出了不同意见，从而为当时的《煤矿设计》开展学术交流、倡导百家争鸣开了一个好头。

5.2 《煤炭工程》提高创新期(1977—2001 年)

1977 年，煤炭工业部设计管理局根据煤炭工业发展的形势和设计工作的需要，决定复刊《煤矿设计》杂志。之后，杂志的主管、主办单位随着机构的更迭而变换，主管单位先后变更为煤炭工业部、中国统配煤矿总公司、国家煤炭工业局、国家煤矿安全监察局，主办单位先后变更为煤炭工业部设计管理局、煤炭工业部规划设计总院、北京煤炭设计研究院。

我国的煤矿设计从无到有、从小到大，设计技术水平逐步提高，走过了模仿、探索、挫折、创新的曲折历程，杂志的论文也从开始的苏联专家撰稿，到我国技术人员翻译转载，再到我国技术专家在实践中探索前行自行撰稿。我国地域辽阔，煤田地质条件复杂，在借鉴国外先进技术的基础上，煤炭技术人员意识到不能完全照搬，应该消化吸收再创新，走适合我国实际情况的发展道路。这期间涌现出了一批煤矿技术骨干，他们勇于与同行交流，并在杂志上发表交流了推行标准设计和通用设计的措施，以及在煤矿设计和生产中有关开拓开采方式、提升运输方式、选煤工艺流程等方面取得的成就、经验及遇到的问题。尤其在十一届三中全会以后，在建设现代化矿井的要求下，煤炭技术人员不仅从开拓、开采上改革创新，提高机械化程度，加快建设速度，提高生产效率，而且在设计手段上、管理方式上均取得长足发展。科技进步促进了杂志论文理论与技术含量的提升，通过论文的交流促进了科学技术在全行业的推广应用。

5.3 《煤炭工程》全面发展期(2001 年至今)

2001 年 7 月，根据煤炭行业发展的需要，伴随着科研院所的改企转制，为扩充刊物发表内容的范围，《煤矿设计》杂志更名为《煤炭工程》。2002 年 1 月，主办单位变更为中煤国际工程设计研究总院。2010 年 1 月，主办单位变更为煤炭工业规划设计研究院。由于中国煤炭科工集团有限公司改制的要求以及新闻出版总署要求主管、主办单位有隶属关系的原因，2014 年 1 月主管单位变更为中国煤炭科工集团有限公司，主办单位变更为煤炭工业规划设计研究院有限公司。2020 年，为提高《煤炭工程》杂志办刊专业实力，主办单位由煤炭工业规划设计研究院有限公司再次变更为中煤国际工程设计研究总院有限公司。《煤炭工程》杂志的主管单位、主办单位的变更只是隶属关系的改变，更名也只是宣传范围的扩大，为读者服务、推动行业技术进步却是杂志始终不变的传承。

进入 21 世纪，煤炭工业快速发展，并提出“安全、高效、环保”的主旋律。更名后的《煤炭工程》杂志乘借东风，在《煤矿设计》的基础上扩大了论文收录范围，除设计技术外，又增加了施工技术、生产技术、装备技术、研究探讨、工程管理等栏目内容。十多年来，《煤炭工程》杂志通过这些栏目发表了专家、学者和现场科技人员撰写的具有较高水平的学术理论和应用技术方面的煤炭科技论文，论文内容相当广泛，论述了超前的设计理念，先进的设计技术，优秀、典型的设计案例；煤炭工程施工的先进技术，典型复杂工程施工优秀案例及经验，特殊施工条件下的工程施工新技术、新设备与新材料；适应不同开发条件的各种新的生产技术，包括采煤方法、通风安全、运输提升等环节的技术；煤炭工业生产设备的发展与应用，借以推动煤炭工业生产机械化向更高的层次发展。研究探讨的论文大都来自大专院校、科研院所，以学术论文为主，反映了当代国内外煤炭科学技术的研究成果，对煤炭科学技术的发展起到了推动和引导作用。在固定栏目的基础上，为适应时势还不定期地设置“专家论坛”栏目，邀请一批专家学者和行业领导就行业当下的重要问题与热点进行专题论述，借以起到了行业发展与研究的引导、示范作用。

5.4 《煤炭工程》理事会、编委会、协办单位和支持单位

5.4.1 理事会

理 事 长：王显政

5.4.2 编委会

5.4.3 协办单位

国家能源投资集团有限责任公司
中国神华能源股份有限公司
中国中煤能源集团有限公司
中国煤炭科工集团有限公司
中国国际工程咨询公司
山西焦煤集团有限责任公司
阳泉煤业(集团)有限责任公司
大同煤矿集团有限责任公司
山西晋城无烟煤矿业集团公司
山西汾西矿业(集团)有限责任公司
神华神东煤炭集团有限责任公司
神华宁夏煤业集团公司
神华准格尔能源有限责任公司

黑龙江龙煤鹤岗矿业有限责任公司
内蒙古伊泰集团有限公司
中煤科工集团北京华宇工程有限公司
中煤科工集团武汉设计研究院有限公司
中煤科工集团重庆设计研究院有限公司
中煤科工集团南京设计研究院有限公司
中煤科工集团沈阳设计研究院有限公司
中煤科工集团太原研究院有限公司
中煤西安设计工程有限责任公司
中煤天津设计工程有限责任公司
中煤科工能源投资有限公司
煤炭工业合肥设计研究院有限责任公司
煤炭工业太原设计研究院集团有限公司
通用技术集团工程设计有限公司
煤炭工业石家庄设计研究院
中赟国际工程有限公司
内蒙古煤矿设计研究院有限责任公司
宁夏煤矿设计研究院有限责任公司
兰州煤矿设计研究院
江苏省第一工业设计院股份有限公司
四川省煤炭设计研究院贵州省煤矿设计研究院有限公司
湖南第一工业设计研究院有限公司
天地科技股份有限公司设计研究院
大同煤矿集团设计研究有限责任公司
陕西煤炭建设总公司
中煤第一建设公司
中煤第三建设公司
唐山市神州机械有限公司

5.4.4 支持单位

中国煤炭工业协会
中国煤炭学会
中国煤炭建设协会
中国煤炭学会矿山建设与岩土工程专业委员会
中国矿业大学
中国矿业大学(北京)
山东科技大学
西安科技大学
安徽理工大学

太原理工大学
煤炭资源与安全开采国家重点实验室
深部岩土力学与地下工程国家重点实验室
西部矿井开采及灾害防治重点实验室
煤矿瓦斯治理国家工程研究中心

第6章 国内外矿井建设学术会议

6.1 中国煤炭工业技术委员会矿井建设专家年会

6.1.1 矿井建设专家委员会

第1届煤炭工业技术委员会矿井建设专家委员会
主　　任:朱德仁
副 主 任:周兴旺　郑友毅　安和人　张胜利
委　　员:冯冠学　乔卫国　刘　波　刘志强　刘英杰　张开顺　张向东　张梦彪
李功洲　杨仁树　杨更社　汪崇鲜　周　英　柏建彪　胡　林　胡仕倖
赵时运　景海河　游　浩　蒲先学　蒲耀年
挂靠单位:煤炭科学研究总院建井研究分院
联 络 员:刘志强

第2届煤炭工业技术委员会矿井建设专家委员会
主　　任:朱德仁
副 主 任:周兴旺　郑友毅　安和人　张胜利
委　　员:冯冠学　乔卫国　刘　波　刘志强　刘英杰　张开顺　张向东　张梦彪
李功洲　杨仁树　杨更社　汪崇鲜　陈建平　周　英　柏建彪　胡　林
胡仕倖　赵时运　景海河　游　浩　蒲先学　蒲耀年
挂靠单位:煤炭科学研究总院建井研究分院
联 络 员:刘志强

第3届煤炭工业技术委员会矿井建设专家委员会
名誉主任:王广德　中国煤炭工业协会原副会长
主　　任:殷建国　中国中煤能源集团总经理助理、中煤建设集团总经理
副 主 任:安和人　李功洲　杨仁树　杨更社　郑友毅
委　　员:王观昌　王昌傲　王建军　王结义　王晓利　田景刚　代东生　丛德俊
乔卫国　刘志强　刘希亮　刘英杰　孙春东　严广劳　李长忠　李华东
李德波　杨忠东　杨晓华　何家发　张向东　张梦彪　陆　伦　陈旭忠
陈建平　陈荣德　苗河根　林鸿苞　周光华　周兴旺　庞卫东　孟庆文
赵兵文　赵　宏　胡　刚　胡仕倖　徐　伟　徐　颖　盛天宝　程　桦
游　浩　蓝成仁　蒲耀年　裴大文

挂靠单位：中煤第五建设有限公司

联 络 员：陆　伦

6.1.2　2014 年矿井建设专家年会

2014 年 12 月 16 日，煤炭工业技术委员会矿井建设专家委员会在江苏省徐州市中煤第五建设有限公司召开了“矿井建井技术与装备——发展现状与未来展望”专家研讨会。煤炭工业协会原副会长、名誉主任王广德，行业协调部主任孙守仁，矿井建设委员会主任殷建国分别讲话，李功洲主持会议。会上有 8 位专家就经济新常态下，探索如何以企业为主体、以市场为导向、产学研相结合，来推进矿井建设技术与装备新发展，提高行业和企业的科技水平做了专题发言。会议代表讨论了 2015 年矿井建设专家委员会工作计划，安排在 2015 年分别召开“冻结立井井壁力学计算与设计”“煤矿井下混凝土湿喷工艺及机械化作业”为主题的专家研讨会。矿井建设专业委员会专家及特邀部分专家、企业代表共计 57 人参加了此次会议。

6.1.3　2015 年矿井建设专家年会

2015 年 7 月 9 日，“煤炭工业技术委员会矿井建设专家委员会 2015 年年会暨矿井建设技术交流与研讨会”在西安市召开。会议由煤炭工业技术委员会矿井建设专家委员会主办，中煤建设集团有限公司、中煤西安设计工程有限责任公司承办。中国煤炭工业协会副会长、煤炭工业技术委员会副主任委员兼秘书长田会，中国煤炭工业协会行业协调部主任、煤炭工业技术委员会副秘书长孙守仁出席了会议。煤炭工业技术委员会矿井建设专家委员会委员及特邀专家，来自煤炭科研、设计院所，培养矿建专业的大学和矿井建设企业 30 多家单位共 70 余人参加了会议。会议由煤炭工业技术委员会矿井建设专家委员会副主任李功洲主持。煤炭工业技术委员会矿井建设专家委员会主任殷建国介绍了本委员会的工作任务。中国煤炭工业协会副会长田会在讲话中分析了目前我国矿井建设行业现状，指出在新形势下，更要坚持不懈抓技术创新、科学管理、人才培养、激励机制创新工作。煤炭工业技术委员会高级顾问、中国科学院院士何满潮等 10 位专家委员以“煤矿切顶卸压沿空留巷技术”“深长斜井井筒外载荷及井壁设计”“全断面隧道掘进装备在矿井建设中的应用探讨”“西部地区立井井壁设计及案例应用”等为题，就煤矿生产、施工、设计、科研等方面做了学术报告，北京中煤公司副总工程师龙志阳研究员在会上做了“千米深井凿井技术及装备”的专题报告。本次会议收录论文 116 篇，论文汇集了矿井建设工程领域的新理论、新材料、新工艺、新装备及应用经验等方面的最新研究成果，会议评选出优秀论文 20 篇。

6.2　国际竖井设计与施工学术会议

国际竖井设计与施工学术会议目前共召开了 4 届，前 3 届由英国组织，第 4 届由加拿大组织。

6.2.1　第 1 届国际竖井设计与施工学术会议

1959 年，英国采矿工程研究院在伦敦市举办了“第 1 届国际竖井设计与施工学术会议”,即“凿井与巷道学术会议”。会议收到来自荷兰、比利时、澳大利亚、英国、美国等十几个国家的施工技术、科研成果和技术发展等方面的报告 25 篇,其中包括世界最深的立井、金属矿反井、水力发电站地下工程、长隧道和大硐室的施工经验,以及特殊施工法的改进途径等。第 1 届国际竖井设计与施工学术会议报告目录见表 6-1。

表 6-1 第 1 届国际竖井设计与施工学术会议报告目录

序号	报告题目	序号	报告题目
第一部分 立井掘进		第三部分 特殊凿井	
1	南非的凿井技术	1	联邦德国煤矿的凿井技术
2	法国稽士矿区十九号井的开凿技术	2	荷兰煤矿的凿井方法
3	比利时的暗井和反井掘砌方法	3	岩石冻结法的理论研究
4	加拿大的凿井技术	4	1947 年以来英国的凿井情况
5	瑞典的开凿反井和立井施工技术	5	波兰的凿井问题
第二部分 岩巷掘进		6	匈牙利在井筒和隧道中使用膨润土注浆的经验
1	法国北部和巴代卡莱煤矿的岩巷掘进	7	注浆凿井法的历史
2	联邦德国煤矿的岩巷掘进	8	波兰在凿井中克服困难的实例
3	英国煤矿的岩巷掘进	第四部分 其他	
4	美国的隧道掘进	1	比利时不停产条件下用冻结法改建井筒
5	加拿大的岩巷掘进	2	英国井巷掘进中的爆破技术
6	澳大利亚雪山区水电计划的地下工程	3	立井和岩巷高速施工的新机械
7	比利时煤矿在软岩内开掘大断面圆形石门用混凝土块作支护	4	南非金矿区联合组织对于开凿新井的计划工作
		5	英国煤矿井巷掘进中的技术分析

6.2.2 第 2 届国际竖井设计与施工学术会议

1989 年,英国矿冶院在英国哈罗盖特市举办了“第 2 届国际竖井设计与施工学术会议”。会议稿件同样来自全世界范围的作者,共收到论文 24 篇。会议主席是第 3 次会议筹备委员会的成员。第 2 届国际竖井设计与施工学术会议报告目录见表 6-2。

表 6-2 第 2 届国际竖井设计与施工学术会议报告目录

序号	报告题目	作者
1	南非凿井实践	H. MacConachie
2	荷兰国家矿井的新矿井	J. M. Weehuizen
3	澳大利亚雪山地下工程方案的若干问题	L. W. Gilmour
4	瑞典反井钻机和工法	V. S. Epstein
5	联邦德国煤矿建井技术	F. Jansen, E. Glebe
6	软土地区大断面石门掘进及混凝土砌块衬砌	P. Stassen, H. van Duyse
7	英国煤矿的隧道掘进	R. F. Lansdown, W. A. McClunie

表 6-2(续)

序号	报告题目	作者
8	匈牙利竖井和隧道膨润土灌浆试验	L. Sdrosi, A. Fitzek
9	1947 年以来英国建井技术	F. Marsh
10	加拿大建井技术	W. E. Bennett, P. Harrison, G. E. Smith
11	美国掘进技术	S. Kimball
12	联邦德国煤矿巷道掘进技术	H. Middendorf
13	Lens19 号凿井技术(北部巴辛煤矿和加莱帕斯煤矿)	F. Pot
14	新整合金田集团矿井规划	Z. M. Jamieson, M. P. Pearse
15	加拿大掘进技术	Z. M. Jamieson, M. P. Pearse
16	英国煤矿凿井和掘进方法研究	J. N. Booth, R. G. Watt
17	波兰的凿井问题	J. Gafanka
18	波兰克服凿井困难的一个实例	Fr. Misiong, B. Sztukowski
19	竖井黏结剂的应用历史	F. G. Atherton, W. S. Garrett
20	凿井掘进爆破实践	B. G. Fish, R. W. Water
21	岩石冻结过程的理论研究	G. Mankovsky
22	保持每天 3 000 t 正常循环的同时施工 50 m 深冻结井	J. Venter
23	钻井和通过壁后无支护的悬挂沉井方法开挖竖井	P. Stassen, H. van Duyse
24	新型高速凿井巷道掘进机	J. Voropinov, R. Kittrich

6.2.3　第 3 届国际竖井设计与施工学术会议

2012 年 4 月 22—28 日，英国材料、矿物和采矿学会(IOM3)在伦敦举办了“第 3 届国际竖井设计与施工学术会议”。来自 18 个国家的 170 多名代表参加了会议，其中包括英国、美国、加拿大、德国、中国、法国、南非、澳大利亚、波兰、意大利、以色列等国家的代表。亚洲只有中国参加，中国代表团共 7 人(北京科技大学 3 人、煤炭科研单位 2 人、金诚信公司 2 人)。会上共发表交流了 40 篇报告，主要内容包括竖井岩石力学研究、衬砌设计、施工工艺、新设备、新材料等方面。除了矿井竖井外，还涵盖了市政工程竖井、海上石油平台竖井等。在冻结、注浆、钻井、沉井等特殊施工工艺方面都有专题报告。数天的会议日程紧凑且有条不紊，会议主席 F. A. Auld 对中国代表团的参加表示热烈欢迎，并高度赞扬中国代表的主题报告。众多知名国际矿井承包商参加了此届会议，通过交流，他们对中国的一些大项目开始感兴趣。参加这届大会的有大学、设计公司、工程公司技术部门的相关人员，其中包括诺丁汉大学、Exeter 大学矿井学院、Hatch、SRK、Tetra Tech 等机构。为了便于在学术和技术方面展开交流，会议的演讲题目比较广，涉及的内容主要有矿井竖井的理论研究成果及其在衬砌设计中的应用。如英国的公司通过多年在深竖井岩石力学方面的研究，提出围岩应力变化规律的模型和具体参数，在软岩中采用双层井壁衬砌，并在第一层和第二层之间增加 8 mm 厚的钢板膜；在施工设备方面，德国和波兰的公司采用掘进机施工竖井，用吸入方式排碴，工作面无人操作；在钻井法、天井钻机施工、冻结法、注浆法、沉井法以及市政工程竖井施工工艺等方面都有工程实例的介绍。这次会议，不仅提供了代表近 20 年竖井建设活动和技术发展情况的论文集，而且提供了志同道合的研究人员进行基本信息交流的平台。第 3 届国际竖井设计与施工学术会议报告目录见表 6-3。

表 6-3 第 3 届国际竖井设计与施工学术会议报告目录

序号	报告题目	作者
1	气动沉箱实践性介绍	D. Allenby，D. Kilburn
2	英国深井施工现状，地下核废料储存场所的竖井设计经验	F. A. Auld
3	软、中等硬度岩石情况下的机械化凿井方式	W. Burger，M. Rauer
4	视频和激光摄像头结合应用于老矿井竖井的检查	L. Cauvin
5	淤积层(超过 500 m 厚度)冻结竖井施工技术	陈文豹，李功洲，陈章庆
6	土木和矿井项目竖井工程中钢纤维混凝土支护的应用	B. De Rivaz
7	土建工程竖井施工	P. J. Doig
8	采矿和竖井承包商在地下核废料处理领域的活动	J. Greinacher，B. Dunlop，T. Oellers
9	用于大规模能源储存的深竖井施工	C. Grieco，G. Brierley，L. Home
10	3 000 万吨/年矿井的设计特征	何国伟等
11	抗岩石变形(随时间推移而产生)竖井衬砌设计	S. E. Hollingsworth，S. O. Colbeck，F. A. Auld
12	Boulby 钾盐矿竖井衬砌的数字模型	Y. Jia，L. R. Stace
13	深部钾盐矿竖井项目(盐岩中)竖井衬砌设计	G. du T. Judeel，G. J. Keyter，N. Harte
14	竖井衬砌中由于弯曲情况引起的压力变化	J. Klein
15	矿井关闭与接通设施对老旧工作面至地表的瓦斯涌出的影响——以法国洛林盆地煤铁矿为例	C. Lagny，R. Salmon，Z. Pokryszka 等
16	欧洲竖井事故案例研究与分析	A. Lecomte，R. Salmon，W. Yang 等
17	掘进机(TBM)在竖井和冻结施工中的应用	M. Löffler，T. Ahlbrecht，W. Schwarz
18	中国 1 000 m 深井现状和发展	龙志阳，桂良玉
19	大直径钻孔提升系统——煤矿规划者的新机遇	D. Martin，R. Hunt，A. P. Jones
20	地下城市建设——赫尔辛基、芬兰在建筑物中施工 16 条竖井	G. Nuijten
21	盐矿竖井衬砌	T. Oellers，A. Kisse，R. Wernecke
22	海上竖井(直径 6 m、深 64 m)设计和施工	R. J. Pine，J. Cockett
23	竖井关闭充填材料的实验室和井下测试	S. Prusek，S. Bock，J. Szymala 等
24	采用防水隔膜技术的新流体力学竖井衬砌层设计	D. Sanders
25	机械化竖井施工的革新	P. Schmah
26	设计让施工做得更好：矿井竖井的过去、现在和将来	R. Slack
27	北美大规模冻土挖掘	J. Sopko，B. Braun，R. Chamberland
28	第 7 水平坑底岩石支护技术设计(1 250 m 竖井)	U. Stadie，A. Studeny，F. Lüttig
29	Lee 隧道竖井设计与施工 1——隔壁施工	M. Stanley，J. Gatward，D. Puller 等

表 6-3(续)

序号	报告题目	作者
30	Lee 隧道竖井设计与施工 2——竖井底部施工、滑模衬砌	M. Stanley, J. Gatward, D. Puller 等
31	阿姆斯特丹竖井施工情况	A. Tasker
32	用于竖井凿井和衬砌设计目的的探孔的使用和局限	T. Trapp, M. Löffler, T. Oellers
33	大型井筒设计与施工的三个应用实例	F. Vincenza
34	伦敦 Green Park 地铁站入口施工	P. Wall, A. Feiersinger
35	中国煤矿竖井施工技术的现状和前景	徐辉东，蔡献
36	近年来中国煤矿施工的成就	张永成，刘志强，段邦奎
37	凿井与注浆同时施工	左永江，周兴望
38	在高压含水层中进行混凝土衬砌的新设计公式	周晓敏，等
39	土和岩石环境中大尺寸竖井设计与施工的挑战	F. Vincenza
40	新防水技术在竖井施工和恢复中的应用	D. Sanders

6.2.4　第 4 届国际竖井设计与施工学术会议

2019 年 11 月 18—23 日，由加拿大采矿、冶金和石油协会(CIM)主办的“第 4 届国际竖井设计与施工学术会议(SDC2019)”在加拿大多伦多市顺利举办。会议以“下一代井筒建设发展”为主题，吸引全球 20 多个国家专家、学者前来，对世界范围内竖井建设的设计经验、施工技术、机械装备等方面进行了全面的讨论与交流，对“更深、更快、更安全”发展路线上的建井关键性技术问题进行了研究成果的展示与讨论。

本次会议是继 1959 年(伦敦)、1989 年(哈罗盖特)、2012 年(伦敦)后的第 4 次大会，也是第一次在北美举办。会议设有 2 个会场共 16 场报告，出版的会议论文集包含 43 篇文章(见表 6-4)。会议交流日程如下：18 日，William Shaver 先生对最近 50 年机械化竖井掘进及其他凿井方法中的重大创新做了总结，并集中讨论了 50 年里在采矿建井过程中的经验教训，来帮助建井行业达到“更深、更快、更安全”的目标；中煤五建程志彬总工程师对中国目前的凿井技术和方法进行了介绍，并结合典型的在建深井案例及规划，对中国建井未来的技术要求及发展趋势做了说明。19 日，Richard Mclvor 先生对矿井提升平台的设计问题提出提升设备是提升平台设计的基础，并且除了考虑永久性服务外，对于凿井过程中的临时性服务，也需要周全考虑，才能确保施工过程的安全、高效；北京科技大学周晓敏教授及其学生和晓楠，对金属矿和非金属矿的井壁设计问题的研究成果进行了分享，并和国际相关专家对井壁的材料配比、结构细节进行了交流与探讨。20 日，Timothy Wakefield 先生等几位，分别介绍了各个国家矿井案例的设计与施工情况，大大丰富了本次井筒建设技术交流的多样性和创新性；中国矿业大学赵晓东教授和王博教授分别介绍了混凝土劣化评估方法及中国大型凿井井架的设计与应用，展示了中国近年来在井筒工程中井壁评价及井架设计方面关键技术的重要突破。

表 6-4　第 4 届国际竖井设计与施工学术会议论文目录

序号	论文题目	作者
1	英国深井混凝土井壁的设计与施工	F. A. Auld
2	深部凿井机械发展	F. A. Auld
3	基于安全与效率的大直径钻爆井筒 Galloways 高效设计	T. E. Wakefield
4	Bhp Jansen 盲井项目案例分析	P. Rennkamp
5	无设备可用性限制的传统凿井方法	S. W. Henley
6	沉积盆地的钾盐矿凿井技术——Scissors Creek 案例	A. Prugger
7	热力耦合模型在冻结矿井中的应用	S. O. Colbeck, A. Pearson, F. A. Auld
8	环境外力下井壁屈曲问题:改进的"Amstutz"屈曲理论	A. Pearson, S. O. Colbeck, F. A. Auld
9	岩土工程用于最大生产效率的顺从性理论	W. Naudts, E. Landry
10	基于摄影测量学的快速三维井筒扫描技术	R. P. Preston, G. Bonin
11	单井筒钾盐矿底部结构系统的设计与施工	T. Tikka, J. Ouellet, E. Nolasco
12	钾盐矿老旧井壁的评估方法	J. Anderson, J. Nolan, S. Gillis 等
13	白俄罗斯 Slavkaliy Nezhinsky 钾盐矿冻结井筒 SBR 机械施工技术	J. Greinacher, F. Otten
14	凿井或维修期间准确实时的井位修正技术	G. Preciado, G. Bonin, S. Gillis 等
15	凿井前钢底座的安装技术	D. M. Ziebarth
16	概念设计到施工完成的十年——Lucky Friday4 号井筒	D. Berberick
17	Nutrien Allan 钾盐矿井筒混凝土衬砌修复技术	D. R. Murray
18	Nutrien Utrien Scissors Creek 服务井筒凿井技术	K. J. Melong, C. Tech
19	煤矿井架的动力分析及其抗震设计	M. Hardy
20	澳大利亚至今最大全衬砌通风盲井项目	B. Michael, Z. John
21	封闭井筒稳定性监测技术	S. Bock, T. Schepp, T. Friedrich
22	安全第一——远程地下开挖修复技术	G. P. van Greunen
23	基于先进井壁监测仪器的工程地质勘察技术	S. Bock, J. Franz, M. Weber 等
24	竖井高压管道的设计方法	W. Kempson
25	ISO/TC 82——采矿国际标准的重要性	W. Kempson
26	赞比亚 1 892 m 深井反钻技术	L. S. Schultz, S. Deonarain, T. Bester 等
27	Phakisa3 号通风井筒改造工程	L. S. Schultz, S. Deonarain
28	最小化资本投资条件下最大化井筒提升容量方法	A. A. Wessels, D. P. Allison
29	井筒设计案例分析:Niocorp Developments 的 Elk Creek 项目	C. Dougherty
30	Ontario Msha 矿井提升设备运行及其维护准则	D. Miners
31	井筒检查的标准化方法	S. Gillis, S. Hopkins, R. Preston

表 6-4(续)

序号	论文题目	作者
32	全断面钻爆冻结井筒凿井案例分析	M. Mayhew
33	墨西哥及南美井筒项目经济性长期规划	M. Arriagada, I. Arriagada
34	一种评估竖井井壁混凝土劣化的简化方法	赵晓东,周国庆
35	中国竖井凿井方法现状	龙志阳
36	统一尺寸下新城金矿井壁及围岩力学参数对比研究	周晓敏,徐衍,和晓楠等
37	煤矿施工及生产中的无线技术	J. G. Berg, J. B. Mulligan
38	新型大型井架的设计及应用	王博,刘志强
39	泛美银矿公司的 La Colorada 井筒发展情况	G. J. Gree, M. G. Wafforn
40	基于新奥法的深井井壁设计方法	和晓楠,梁洪振,周晓敏等
41	矿井提升平台设计准则	R. A. McIvor
42	凿井阶段(Galloways)设计的创新方法	J. Holder
43	至 2070 年:凿井技术发展的下一个 50 年	W. M. Shave

21 日,在会务组的组织下,前往位于萨德伯里的克雷格矿中盲井建设项目进行现场考察,这是一个刚刚开始的建设项目,通过克雷格矿进入到约 1 230 m 深处建设一个直径 7.2 m 的混凝土衬砌井筒,其作用是为位于地表以下 2 500 m 深处的开采工作提供进出和通风。在考察前,项目技术人员对该井的设计和建井方法进行了概述,然后安排到井下查看井架布置、建井机械设备等。参观完毕后,项目人员与来访人员进行了深入交流,对参观过程中的问题进行了解答,并收集了相关建议以供参考。本次国际会议为矿井井筒建设的行业会议,聚集了大量的国际行业知名企业和大学,到访的中国代表团成员表示收获颇多,受益匪浅。同时,与该会议主席商议后确定下一届会议将于 2021 年在北京召开,为我国建井行业带来更广阔的交流平台。

6.2.5　第 5 届国际竖井设计与施工学术会议准备情况

2012 年,第 3 届国际竖井设计与施工学术会议组委会主席 F. A. Auld 先生希望中国组织举办第 5 届国际竖井设计与施工学术会议。第 3 届组委会委员、原煤炭科学研究总院北京建井研究所所长张永成先生多次向有关部门建议中国申请举办第 5 届国际竖井设计与施工学术会议(竖井方面的"奥运会")。近 10 年中国建井技术的进步显著,立井井筒施工和特殊施工技术已跨入世界先进行列。目前,我国每年施工各种矿井竖井井筒 350～400 个,平均井深 600～700 m,净直径 4.5～12.5 m,占全世界矿井竖井井筒的 80%以上。另外在国内水利水电、交通、市政工程大量施工竖井,井深 50～500 m,净直径 3～30 m。2012 年施工的核桃峪矿副井井深 1 005 m,净径 9.0 m,冻结深度 950 m,超过英国 930 m 的冻结深度世界纪录。云南驰宏锌锗股份有限公司会泽 3# 竖井井筒净直径 6.5 m,井深 1 526 m,是目前国内最深的竖井工程,2014 年 7 月份创造了月成井 181.60 m 的纪录。目前国内矿井建设企业在国际竞争中承担了印度、巴基斯坦、孟加拉国、摩洛哥、土耳其等 10 余个国家的矿井和选煤厂的建设任务,初步走向世界。

由中国煤炭学会在中国科协申请主办,天地科技建井研究院经过与中国矿业大学、北京科技大学、中煤矿井建设集团有限责任公司、金诚信矿业建设集团有限公司初步商定联合举办2021年第5届竖井设计与施工学术会议。中国煤炭学会矿山建设与岩土工程专业委员会牵头，天地科技建井研究院、煤炭深井建设技术国家工程实验室和北京科技大学参加，组织力量对第3届国际竖井设计与施工学术会议论文进行翻译，并于2016年上半年出版。该论文集中译本的出版将为举办第5届竖井设计与施工学术会议打下良好的基础。争取将来把国际竖井设计与施工学术会议组织秘书处长期挂靠在中国煤炭学会矿山建设与岩土工程专业委员会。

6.3 煤炭工业矿井建设科技情报学术和交流会议

1983—1999年，煤炭工业矿井建设情报中心站（全国矿井建设科技情报信息网）组织召开了巷道掘进皮带转载机经验交流会议，第二次全国冻结法施工经验交流会议，全国煤矿应用混凝土外加剂与水泥锚杆经验交流会议，全国煤矿巷道掘进设备及施工经验交流会议，井巷锚喷支护经验交流会议，全国煤矿立井井筒装备、井塔设计与施工经验交流会议，制冷技术经验交流会议，深立井施工方案研讨会议，矿井设计信息与锚喷施工技术经验交流会议等19次煤炭工业矿井建设科技情报学术和交流会议（见表6-5），参加会议的代表共2 000多人，交流论文1 000多篇。1997年5月7—10日，中国采矿信息协作网理事单位（中国有色金属工业采矿信息网、冶金部矿井信息网、冶金部黄金信息网、全国煤炭建设信息网、全国矿井机械信息网、核工业铀矿开采科技情报网、化工部化工矿井科技情报中心站）联合举办的“全国矿井井巷工程学术交流、信息发布及技贸洽谈会议”在江苏省连云港市召开。

表6-5 煤炭工业矿井建设科技情报学术和交流会议

序号	时间	地点	会议名称	参会人数	优秀论文/篇	收录论文/篇	举办单位
1	1983年8月	邵武	巷道掘进皮带转载机经验交流会议	79	—	—	煤炭工业矿井建设情报中心站
2	1986年12月16—20日	昆明	第二次全国冻结法施工经验交流会议	120	23	74	煤炭工业矿井建设情报中心站、云南省煤炭工业厅
3	1987年11月23—25日	成都	全国煤矿应用混凝土外加剂与水泥锚杆经验交流会议	209	—	101	煤炭工业部建井科技情报中心站、中国建材工业协会混凝土外加剂协会
4	1988年10月2—6日	苏州	全国煤矿巷道掘进设备及施工经验交流会议	197	—	89	全国矿井建设科技情报信息网
5	1989年6月24—28日	龙口	井巷锚喷支护经验交流会议	80	—	32	全国矿井建设科技情报信息网
6	1990年3月2—5日	平顶山	全国煤矿立井井筒装备、井塔设计与施工经验交流会议	125	—	64	中国统配煤矿总公司、全国矿井建设科技情报信息网

表 6-5(续)

序号	时间	地点	会议名称	参会人数	优秀论文/篇	收录论文/篇	举办单位
7	1990 年 5 月 2—5 日	西安	制冷技术经验交流会议	110	—	42	全国矿井建设科技情报信息网
8	1990 年 8 月 2—5 日	连云港	深立井施工方案研讨会议	86	—	31	全国矿井建设科技情报信息网
9	1991 年 5 月	泰安	矿井设计信息与锚喷施工技术经验交流会议	116	—	30	全国矿井建设科技情报信息网
10	1991 年 11 月 2—5 日	唐山	全国煤矿金属腐蚀与防护技术研讨会议	140	—	41	全国矿井建设科技情报信息网、中国金属腐蚀与防护学会、中国煤炭学会煤炭学组
11	1992 年 10 月 27—29 日	烟台	全国特殊凿井经验交流会议	129	—	57	全国矿井建设科技情报信息网
12	1993 年 10 月	张家界	混凝土外加剂交流会议	83	—	37	全国矿井建设科技情报信息网
13	1994 年 12 月 1—5 日	昆明	地下工程施工技术、经验交流会议暨全国矿井建设科技情报信息网工作会议	65	—	36	全国矿井建设科技情报信息网
14	1995 年 9 月	黄山	矿井多种经营信息发布、技术交流会议	86	—	65	全国矿井建设科技情报信息网
15	1996 年 6 月 6—8 日	成都	地下工程现代施工技术交流会议暨全国煤炭建设信息网工作会议	84	17	35	全国煤炭建设信息网、四川煤矿基本建设公司、广旺矿务局、兖州矿业集团公司等
16	1997 年 5 月 7—10 日	连云港	全国矿井井巷工程学术交流、信息发布及技贸洽谈会议	95	—	65	中国有色金属工业采矿信息网、冶金部矿井信息网、冶金部黄金信息网、全国煤炭建设信息网、全国矿井机械信息网、核工业铀矿开采科技情报网、化工部化工矿井科技情报中心站
17	1997 年 11 月 1—3 日	柳州	地面与地下建设新技术、设备、信息交流会议暨全国煤炭建设信息网工作会议	86	55	69	全国煤炭建设信息网

表 6-5(续)

序号	时间	地点	会议名称	参会人数	优秀论文/篇	收录论文/篇	举办单位
18	1998 年 10 月 25—29 日	安顺	建筑安装工程施工新技术及经验交流会议	100	—	61	全国煤炭建设信息网
19	1999 年 12 月 3—6 日	成都	信息发布、技术交流与开拓市场研讨会议	92	—	62	中国煤炭建设协会、中国建设集团公司、煤炭科学研究总院成果推广中心、北京建井研究所、煤炭信息研究院、全国煤炭建设信息网
合计				2 082	95	991	

6.3.1 1983 年巷道掘进皮带转载机经验交流会议

1983 年 8 月，煤炭工业矿井建设情报中心站在福建省邵武市召开了“巷道掘进皮带转载机经验交流会议”，参加会议的代表共 79 人，会议由陈文豹、毛光宁主持。代表们充分交流了有关巷道掘进皮带转载机的设计、加工、使用方面的经验。

6.3.2 1986 年第二次全国冻结法施工经验交流会议

1986 年 12 月 16—20 日，煤炭工业矿井建设情报中心站和云南省煤炭工业厅在云南省昆明市召开了“第二次全国冻结法施工经验交流会议”。这次会议是 1974 年以来我国冻结法施工技术讨论的一次盛会，共有施工、科研、设计、教学、厂矿、情报、管理等 80 家单位的 120 名代表参加了会议。代表中既有老一辈的专家、教授和工程技术人员，又有从事冻结法凿井的青年知识分子。会议共收到论文 74 篇，涉及冻结法凿井的设计和施工经验、科研成果、基础理论等内容，这些论文表明了我国冻结法凿井技术达到了新水平。会议采取宣读论文、交流经验和专题讨论相结合的形式，广泛地交流了经验和体会，对有争议的问题，充分发扬民主、坦率交换意见，使会议收到了预期的效果。12 年来，依靠我国的技术力量，设计和施工了 140 多个立井，冻结总长度达 2.8 万米，最大冻结深度达 415 m，通过第四纪冲积层的最大厚度达 358.5 m，这些成绩表明我国冻结法凿井技术已接近世界先进行列。同世界各国相比，我国的冻结井具有两个突出特点：一是冻结段穿过的第四纪冲积层厚度大、地质条件复杂、稳定性差、施工困难多，二是冻结段井壁几乎全部采用钢筋混凝土结构，这种井壁施工方便、成本低，符合我国的国情。

6.3.3 1987 年全国煤矿应用混凝土外加剂与水泥锚杆经验交流会议

1987 年 11 月 23—25 日，在煤炭部基建局、生产司、情报所和中国建材工业协会、四川省煤管局、四川煤炭基建公司、灌县煤矿的关怀和支持下，“全国煤矿应用混凝土外加剂与水泥锚杆经验交流会议”在四川省成都市灌县煤矿召开。本次会议由煤炭工业部建井科技情报中心站和中国建材工业协会混凝土外加剂协会共同主办。这次会议是为贯彻国家计委、煤炭部关于工程建设节约水泥的精神，使混凝土外加剂及水泥锚杆在煤炭系统得到进一步推广应用而举行的一次经验交流盛会，共有施工、设计、科研、管理、教学、情报和外加剂厂等150多家单位209名代表参加了会议。代表来自22个省、市、自治区，既有老一辈的专家、教授，又有理论和实践经验丰富的科研、设计、教学、施工方面的中年骨干，还有年轻的后起之秀。会议共收到论文101篇和产品说明书20份，涉及混凝土外加剂、水泥锚杆的品种、技术性能、使用经验、经济效益、科研成果及基础理论等内容，反映了我国当前生产和应用混凝土外加剂和水泥锚杆的新科学技术水平。会议通过宣读论文、交流经验、介绍产品性能、专题讨论和会下交谈等形式，广泛地交流了经验与体会，沟通了信息，建立了联系。与会代表们一致肯定应用混凝土外加剂与水泥锚杆对煤矿生产建设和节约水泥的重要作用和深远意义，深信在现有施工经验和成绩的基础上将进一步促进、推动煤矿科学技术的进步。会议收到了预期的效果。

6.3.4 1988年全国煤矿巷道掘进设备及施工经验交流会议

1988年10月2—6日，根据中国统配煤矿总公司关于要努力提高岩巷掘进速度的指示精神，“全国煤矿巷道掘进设备及施工经验交流会议”在江苏省苏州市召开。来自25个省、市、自治区的147家单位的197名代表参加了会议，会议共收到论文89篇。会议交流了几种机械化作业线的组成形式及施工经验，有关的科技成果、设备研制及应用效果等，通过交流促进了煤矿巷道掘进进度水平的提高。会议期间，开滦矿务局得知七台河矿务局岩巷掘进已创出月进180 m的好成绩后，他们及时调整计划、组织力量，于1988年11月份创出了月进184.8 m的好成绩，12月份继续创出了月进210 m的新纪录。会议期间，用户与厂家直接洽谈签订了购货合同或意向协议。会后，向中国统配煤矿总公司等上级领导机关报送了《提高机械化水平，加快岩巷掘进速度》的报告，其后国家能源投资公司投资1 200万元装备了10条岩巷机械化作业线。“岩巷掘进施工机械化”也被列为“八五”科研攻关项目。会议对推动我国岩巷施工机械化水平的提高起到了积极作用。

6.3.5 1989年井巷锚喷支护经验交流会议

1989年6月24—28日，全国矿井建设科技情报信息网在山东省龙口市召开了“井巷锚喷支护经验交流会议”。来自全国68家单位的80名代表参加了会议，会议共收到论文32篇。

6.3.6 1990年全国煤矿立井井筒装备、井塔设计与施工经验交流会议

1990年3月2—5日，由中国统配煤矿总公司主持、全国矿井建设科技情报信息网承办的“全国煤矿立井井筒装备、井塔设计与施工经验交流会议”在河南省平顶山市召开。来自17个省、市、自治区的79家单位的125名代表参加了会议，会议共收到论文64篇。会议交流了煤矿立井施工机械化、井筒装备防腐蚀、井塔设计与施工等经验，特别针对如何加快立井主副井提绞改装速度这一影响矿井建设速度的关键工程中的有关问题进行了充分讨论，并对《关于加快立井主副井提升系统施工进度的若干意见(讨论稿)》提出了补充、修改意见。会后经中国统配煤矿总公司审定，颁布了该文件，还编辑出版了根据会议资料汇编的《立井装备与井塔(架)施工》一书。

6.3.7 1990 年制冷技术经验交流会议

1990 年 5 月 2—5 日，全国矿井建设科技情报信息网在陕西省西安市召开了“制冷技术经验交流会议”。来自全国 85 家单位的 110 名代表参加了会议，会议共收到论文 42 篇。

6.3.8 1990 年深立井施工方案研讨会议

随着矿井开发深度的日益增加，20 世纪 90 年代初期，我国有几对千米左右的立井相继开工，根据成员单位的要求，全国矿井建设科技情报信息网积极筹备，于 1990 年 8 月 2—5 日在江苏省连云港市召开了“深立井施工方案研讨会议”。我国施工过千米立井的单位全部邀请到会，并邀请了科研、院校等单位，淮南谢李深井的施工单位也闻讯赶到。来自 46 家单位的 86 名代表参加了会议，会议共收到论文 31 篇。会议以徐州矿务局张小楼矿井和铜陵东瓜山铜矿的施工组织设计为基础，针对深井施工的特点、装备要求及可能遇到的问题展开深入的讨论与交流，会上还介绍了国外深井施工技术与经验，国内外有关深立井施工的新工艺、新装备等。这次会议对即将建设的新井筒顺利施工起到了指导作用，对我国深井施工技术水平的提高起到了促进作用。这次会议被誉为采取会议的形式进行集体咨询的范例。

6.3.9 1991 年矿井设计信息与锚喷施工技术经验交流会议

1991 年 5 月，全国矿井建设科技情报信息网在山东省泰安市召开了“矿井设计信息与锚喷施工技术经验交流会议”，来自全国的 116 名代表参加了会议，会议收到论文 30 篇。

6.3.10 1991 年全国煤矿金属腐蚀与防护技术研讨会议

1991 年 11 月 2—5 日，由全国矿井建设科技情报信息网、中国金属腐蚀与防护学会、中国煤炭学会煤炭学组共同组织的“全国煤矿金属腐蚀与防护技术研讨会议”在河北省唐山市召开。来自 76 家单位的 140 名代表参加了会议，会议共收到论文 41 篇。会议交流了近年来煤矿金属腐蚀与防护技术的经验与发展情况，介绍了在防护技术、材料、工艺方面取得的新成果并研讨了全局防护技术的发展方向。会后还组织参观了煤矿金属防腐现场。

6.3.11 1992 年全国特殊凿井经验交流会议

1992 年 10 月 27—29 日，全国矿井建设科技情报信息网在山东省烟台市地方煤矿培训中心召开了“全国特殊凿井经验交流会议”。来自 85 家单位的 129 名代表参加了会议。会议收到论文 57 篇，主要是冻结、钻井、沉井、注浆等特殊凿井方面的设计、施工经验和科研成果，表明我国煤矿特殊凿井技术水平有了新的发展，特殊凿井的范围不断扩大，积累了丰富的经验。冻结法凿井在斜井的应用、液氮冻结在地铁工程中的应用、冻结井壁结构的分析与改进、外加剂和高强混凝土井壁的实践和强力钻井机的研制等，引起代表们极大的兴趣。通过技术经验交流和讨论，与会代表开阔了眼界、掌握了信息、学到了技术，一致认为会议开得很成功，对于促进我国特殊凿井技术发展，扩大特殊凿井的应用范围，尽快使科研成果和信息转化为生产力，起到了积极的作用。

6.3.12 1993 年混凝土外加剂交流会议

1993 年 10 月，全国矿井建设科技情报信息网在湖南省张家界市召开了“混凝土外加剂交流会议”。来自全国的 83 名代表参加了会议，会议共收到论文 37 篇。

6.3.13 1994 年地下工程施工技术、经验交流会议暨全国矿井建设科技情报信息网工作会议

为贯彻煤炭部关于“煤炭施工队伍转产分流”的指示，促进煤炭施工企业转换经营机制，参与市场竞争，全国矿井建设科技情报信息网（在本次会议资料中以下简称“信息网”）于 1994 年 12 月 1—5 日在云南省昆明市召开了“地下工程施工技术、经验交流会议暨全国矿井建设科技情报信息网工作会议”，来自煤炭生产、建设、管理、科研、院校及水利电力、建材、有色冶金、建筑等部门的 52 家单位的 65 名代表参加了会议。信息网理事长王可敏同志主持会议，并做了“煤炭当前形势与发展趋向”的报告。会上代表们交流了近年来各自在地下工程施工技术方面取得的成就，畅谈了在改革大潮中怎样去适应市场经济体制的形势，以使本企业继续发展壮大的经验体会。与会代表还听取了信息网 1994 年度工作汇报和 1995 年度工作安排建议，并对如何利用煤炭施工技术的优势参与市场竞争，如何依靠科技进步开展技术协作，推广应用新技术、新设备、新材料，提高施工技术、装备水平和施工队伍素质，增强市场竞争能力，更好地为地下工程建设服务等问题进行了热烈讨论。同时，在分组会上，代表们一致认为过去一年中信息网在理事会的领导下做了大量的工作，为网员单位提供了科技资料和工程信息，在传递信息、交流信息中起到了积极的作用。与会代表对市场经济条件下信息网如何转换运行机制提出了很好的建议与意见，并对信息网今后如何加强经济、工程信息交流，活动经费来源，横向合作，开展咨询，扩大宣传等方面提出了不少切实可行的建议和措施，对改进今后信息网工作很有帮助。代表们普遍反映这次会议召开及时、内容丰富、重点突出、时间紧凑、收获很大。与会代表们通过会议提高了认识、沟通了思想、明确了任务、增强了信心，并决心在各自的工作岗位上积极参加信息网的有关活动，交流情报资料，开发信息渠道，加强横向联系，搞活信息网工作，使信息更好地为生产建设服务。

6.3.14 1995 年矿井多种经营信息发布、技术交流会议

1995 年 9 月，全国矿井建设科技情报信息网在安徽省黄山市召开了“矿井多种经营信息发布、技术交流会议”。来自全国的 86 名代表参加了会议，会议共收到论文 65 篇。

6.3.15 1996 年地下工程现代施工技术交流会议暨全国煤炭建设信息网工作会议

1996 年 6 月 6—8 日，由全国煤炭建设信息网、四川煤矿基本建设公司、广旺矿务局、兖州矿业集团公司等单位联合筹办的“地下工程现代施工技术交流会议暨全国煤炭建设信息网工作会议”在四川省成都市召开。全国煤炭建设信息网成员单位及煤炭、化工、水利、有色金属、地质等有关单位的 84 名代表参加了会议。这次提交会议的资料、论文共 35 篇，其中大会交流了有代表性的论文 17 篇，论文内容涉及地铁、铁路隧道、灌注桩、注浆、水工桩基、软地层加固、井巷施工、软岩支护、巷道修理、机具研制等。会议期间，四川煤管局殷历辉副局长、广旺矿务局吴怀炎局长、四川基建公司杨全福副总经理到会并讲了话。全国煤炭建设

信息网第一副理事长、煤炭部基建管理中心赵洪波处长传达了全国煤炭基建工作会议精神，做了“煤炭建设当前形势与任务”的报告。煤炭部刘天宇处长做了“煤炭基建战线的现状及改变困境设想”的讲话，并通报了煤炭建设标准、规范制定工作情况。全国煤炭建设信息网常务副理事长马玉龙同志汇报了信息网 1995 年度工作和 1996 年度工作安排的建议。此外，对 1995 年度《煤炭开发信息》报优秀通讯员颁发了荣誉证书及奖品。会议代表还分组进行了认真的讨论，大家认为，通过会议交流学到了技术、开阔了眼界，为今后企业走向市场提供了有益的知识，收获很大。同时，召开了《煤炭开发信息》报通讯员座谈会，大家对编辑出版工作提出了宝贵建议。与会代表一致认为，全国煤炭建设信息网一年来做了大量工作，在提供信息、办好报纸、网员通讯，以及开展工程承包联合体业务等方面取得的成绩和进展是值得肯定的，同时，对信息网 1996 年度的工作安排建议认为是切实可行的。会议代表还对信息网今后的工作、办好《煤炭开发信息》报和网员通讯，开展工程承包联合体业务，以及全国煤炭建设信息网成立十周年庆祝活动等，提出了许多建设性意见。

6.3.16 1997 年全国矿井井巷工程学术交流、信息发布及技贸洽谈会议

1997 年 5 月 7—10 日，中国采矿信息协作网理事单位（中国有色金属工业采矿信息网、冶金部矿井信息网、冶金部黄金信息网、全国煤炭建设信息网、全国矿井机械信息网、核工业铀矿开采科技情报网、化工部化工矿井科技情报中心站）联合举办的“全国矿井井巷工程学术交流、信息发布及技贸洽谈会议”在江苏省连云港市召开。连云港市科委主任及各理事单位有关领导出席了会议。会上，煤炭、有色、化工等单位介绍了本系统矿井建设发展规划及行业发展趋势等。会议交流论文 65 篇，着重交流了反井钻机施工技术，注浆新材料与新技术，光爆锚喷、深孔爆破施工经验，防水闸门硐室的设计与施工经验及新材质破岩刀具的研制等内容。煤炭、化工等系统的生产厂家介绍了半导体激光指向仪、重型矿用自卸汽车、低矮经济型反井钻机、伞型钻架、反井钻机系列、破碎机、胶带输送机、凿岩钎具、矿用提升绞车、液压凿岩机、锚杆钻机等产品性能情况。这次会议交流采取行业发展规划介绍、技术交流穿插的方式，并进行会场实物表演，充分利用投影仪及录像片的直观效果，使得会议气氛活跃，听众印象深刻。参加这次会议的有来自全国各地 7 个系统的科研、设计、管理、生产、制造、施工等部门的 95 名代表，其中煤炭系统代表 27 名，大家欢聚一堂，交流了经验、沟通了信息、开阔了眼界、增进了友谊。会议期间，代表们相互交流了感兴趣的技术问题和产品性能，并达成了合作或销售意向协议。例如，半导体激光指向仪以其小巧、耐用、本质安全、功耗低、操作简便等优点颇受代表们的喜爱；建井所的反井施工业绩引起了同行的重视，除交流了经验外，还与有色、冶金、黄金、核工业系统的矿井达成技术合作或承接工程的意向协议，建井所的注浆新工艺也与有色金属矿井系统的单位达成了合作意向协议等。这次会议内容丰富，富有成效，是一次成功的会议，是献给中国采矿信息协作网成立十周年的一份厚礼。

6.3.17 1997 年地面与地下建设新技术、设备、信息交流会议暨全国煤炭建设信息网工作会议

1997 年 11 月 1—3 日，全国煤炭建设信息网在广西壮族自治区柳州市召开了“地面与地下建设新技术、设备、信息交流会议暨全国煤炭建设信息网工作会议”。86 名代表出席了

本次会议。本次会议收到论文 69 篇，会上交流论文 55 篇。

6.3.18　1998 年建筑安装工程施工新技术及经验交流会议

1998 年 10 月 25—29 日，全国煤炭建设信息网在贵州省安顺市组织召开了“建筑安装工程施工新技术及经验交流会议”。100 名代表出席了本次会议。本次会议共交流论文 61 篇，所交流的论文由煤炭工业出版社正式出版，论文集名称为《地下工程施工新技术论文集》。

6.3.19　1999 年信息发布、技术交流与开拓市场研讨会议

1999 年 12 月 3—6 日，由中国煤炭建设协会、中国建设集团公司、煤炭科学研究总院成果推广中心、北京建井研究所、煤炭信息研究院、全国煤炭建设信息网联合举办的“信息发布、技术交流与开拓市场研讨会议”在四川省成都市召开。92 名代表出席了本次会议。本次会议共交流论文 62 篇。此次会议以“团结、联合”为主题，以基础设施建设为切入点，以带动相关行业全面发展为主线，取得了很好的效果。

6.4　中国金属学会采矿学术委员会与建井学术会议

6.4.1　中国金属学会采矿学术委员会第 1 届理事会

根据冶金部和中国金属学会《关于建立专业学术委员会的通知》，中国金属学会采矿学术委员会筹备委员会扩大会议于 1979 年 5 月 29—31 日在湖南省长沙市召开。参加会议的有筹备委员 16 人，各专业组召集人 5 人，特邀代表 5 人。筹备委员会主任委员刘东主持了会议。会议着重研究和解决了以下问题：① 通过了采矿学术委员会的组成会议，一致同意采矿学术委员会暂由 21 名委员组成，另设学术秘书 1 人。联系单位为矿冶研究总院。一致同意建立地下开采、露天开采、井巷工程、岩石力学、凿岩爆破、采矿系统工程和情报研究等 7 个专业组，并确定了各专业组正、副组长和联系单位。② 讨论和通过了《采矿学术委员会试行简则》，强调学术委员会要在紧密结合冶金矿井生产建设实践、开展学术活动、普及采矿科技知识方面发挥核心组织作用，为加强采掘工业的发展，实现四个现代化做出应有的贡献。③ 暂定明年一季度召开首届采矿学术年会。年会的主要任务是，根据 3 年调整期间冶金工业对采矿生产建设的要求，从我国资源特点和冶金矿井的实际情况出发，认真总结交流我国矿井生产、建设、科研、设计的实践经验，虚心学习外国先进技术，正确采取强化开采、提高冶金矿井综合生产能力的措施，提出今后采矿工业发展方向和有关技术方针、政策的建议。

1980 年 8 月 14—20 日，中国金属学会在北京市怀柔区召开了“第 1 届采矿学术会议”。这是我国采矿界一次规模空前的盛会，参加会议的有来自全国冶金系统的科研、设计、大专院校、重点金属矿井及部分省、市、自治区金属学会的 158 家单位的代表 230 多人，还有来自煤炭、二机、建材、化工等部门以及中国煤炭学会、中国矿井技术经济研究会等单位的列席代表和特邀代表 120 多人。冶金部部长唐克、副部长李非平和中国金属学会副理事长洪戈到会并分别讲了话。会议由采矿学术委员会主任委员刘东同志主持，副主任委员张富民同志

致开幕辞，中国金属学会副理事长洪戈同志做会议总结报告。这次会议的召开，对于我国今后采矿科技工作的发展具有重要的指导意义。会议交流了中华人民共和国成立以来冶金采矿的科技成果和学术论文；研究了实行强化开采、提高矿井综合生产能力和经济效果的技术途径，讨论了1981—1985年的学术活动计划。会议共收到学术论文、研究报告和情况综述210多篇，内容广泛，涉及冶金采矿的各个领域。其中大会宣读的17篇、分组会宣读的90多篇，都具有一定的实践意义和学术水平。文章作者有从事采矿工作多年的老专家、老教授，更多的是中、青年科技工作者。会议宣读的论文，多数是当前我国采矿界最为关心的主题，把采矿科学的前沿问题、方向问题都提出来了，反映了目前我国采矿科技的总体水平。

1986年7月17—20日，由中国金属学会采矿学术委员会、中国有色金属学会采矿学术委员会、《有色金属》编辑部、陕西省金属学会采矿专业委员会和有色金属学会联合举办的“第2届采矿学术交流会议”在陕西省西安市召开。出席会议的代表有来自冶金、有色、核工业、化工、建材、煤炭和地质系统的单位共183人，世界采矿理事会副主席、中国金属学会和中国有色金属学会副理事长洪戈，中国有色金属学会副秘书长金兴远出席会议，并对会议的交流给予了指导。本次会议共收到论文81篇。会议着重研讨了矿井技术改造相关的问题。代表们在发言中着重指出了“六五”期间我国矿井技术改造的进展和存在的问题，“七五”期间矿井改造任务艰巨，必须根据“七五”建设方针，在巩固、完善与消化“六五”期间技术改造成果的基础上，立足现有企业，继续走挖潜、改造、配套、扩建的路子，通过科技进步，促进生产的发展，以达到扩大产量、提高经济效益、合理利用资源的目的。同时，代表们对“七五”计划提出了许多积极的建议。

6.4.2 中国金属学会采矿学术委员会第2届理事会

1990年4月3—4日，中国金属学会采矿学术委员会在湖南省长沙市召开了第2届理事会第1次会议。会议的主要任务是听取上届理事会的工作总结，讨论本届理事会的工作要点和1990年学会活动计划，商定各专业学术委员会的换届人选。自1985年7月召开第1届理事会会议以来，采矿学术委员会在中国金属学会直接领导下，在冶金系统有关部门和单位的支持下，通过各方努力，在组织开展学术交流和科技咨询活动、进行继续教育等方面取得了卓越成绩，对促进冶金矿井发展、科技进步和人才成长起到了积极作用。4年多来，采矿学术委员会和下属各专业学术委员会共召开国内学术会议21次，参加活动的科技人员1 390人次，提交论文978篇，出版论文集12册，近280万字；开办了继续教育班3期，出版了《现代露天开采理论与实践》等继续教育丛书；组织科技咨询活动4次；参加国际学术会议8人次。与会理事对上届理事会工作表示满意。大家认真讨论了本届理事会工作要点和1990年学会活动计划，尤其对今年三季度末将要召开的“发展我国冶金矿井研讨会”的中心议题和筹备工作做了细致的研究和安排。会议决定在1991年召开一次青年科技工作者学术报告会。理事会还对采矿学术委员会下属的露天采矿、地下采矿、岩石力学、矿井运输、矿井系统工程、岩石破碎、矿井测量、井巷工程等8个专业学术委员会的换届人选进行了磋商。

1991年5月8—9日，中国金属学会采矿学术委员会第2届第2次委员会会议在广东省珠海市召开。会议首先总结了1990年采矿学术委员会的工作。1990年采矿学术委员会的主要工作是围绕学术活动而开展的，活跃了学术思想，促进了采矿学科的进步和发展，同时还完成了下属专业学组的改组以及发展团体会员等项工作。采矿学术委员会过去一年共组织了6次学术会议，参加的人数达395人，收到学术论文243篇。值得指出的是，1990年举办的学术会议会前准备充分、会议质量高，大会发言论证充分、问题明确，分组讨论各抒己见、畅所欲言、献计献策。在上级学会的支持下，采矿学术委员会安排专人撰写的《我国铁矿增产技术与途径》一文，报送给中国金属学会和冶金部领导，受到了重视与好评。采矿学术委员会非常注意鼓励青年科技工作者参加学术活动和撰写学术论文。青年科技工作者是科技战线上的主力军，采矿学术委员会不仅在征文通知上特别提出欢迎青年科技工作者撰写文章，而且在会议论文宣读、评选优秀论文甚至在会议纪要上都把青年科技工作者摆到了重要位置。如第5次全国崩落法学术会议、矿井系统工程和矿井运输学术会议都是这样做的，青年科技工作者在会上也表现出了极大的活力，这让我们看到了采矿事业后继有人的美好前景。学术会议上大家参与评选优秀论文，激发了代表们的责任感和积极性。1990年已评出近20篇优秀论文，大多是通过民主投票选出后再由专家小组审定的，这一工作也为每双年评选中国金属学会优秀论文打下了基础。代表们在交流学术论文的同时，还共同探讨技术专题，切磋技艺、取长补短、增强联系，使每次会议形成了一个明确的中心议题，效果好、收获大。如第5次全国崩落法学术会议围绕“采场结构参数优化的研究与自然崩落采矿法在我国的应用前景”这一专题展开了热烈讨论，既指出过去所取得的成就，又明确了在使用推广中的问题，提出了研究和改进的方向，并归纳成5点具体建议写入会议纪要。跨部门横向联合召开学术会议，可提高会议质量，解决开支不足问题。1990年的学术会议大多都是与有色、煤炭、黄金、化工等相应的专业联合召开的，使学术交流的内容更广泛，互通信息、互相学习，增强了协作。如矿井运输学术会议共60名代表却来自41家单位，他们与地方学会、地方冶金公司、地方铁矿以及地方的设备制造厂家联合主办会议，得到了这些单位的支持，使会议开得热烈、生动，还解决了会议资金不足的问题。会议期间，着重讨论了准备提交至中国金属学会第5次代表大会的论文初稿及申报学会先进集体等事宜，通报和讨论了有关召开第4次全国采矿大会准备工作的有关事宜，协商推荐了出席中国金属学会第5次代表大会的代表和理事的候选人。

1992年7月22—27日，中国金属学会采矿学术委员会第2届第2次理事扩大会议在新疆钢铁公司召开，参加会议的理事和各专业学术委员会正、副主任以及特邀代表共36人。冶金部矿井司副司长、采矿学会副理事长董稼祥主持这次会议，并要求会议贯彻邓小平同志南巡讲话精神，针对当前冶金工业形势，深化改革开放，使学会工作更好地为钢铁行业服务。中国金属学会副秘书长刘福魁传达了中国金属学会全国第5次代表大会会议文件，并转告采矿学术委员会被评为中国金属学会工作先进集体。这次会议的主要议题，一是由秘书长汇报自1991年理事会议以来的工作情况，以及筹备第4次全国采矿大会征文情况和论文评选工作；二是各专业委员会负责人汇报了1991—1992年度学术活动情况；三是商讨采矿学会优秀论文的推荐和奖励办法；四是落实1992—1993年度采矿学术委员会学术活动、技术咨询和国际间学术交流计划安排与设想；五是采矿学术委员会青年学术委员会的机构设置与人选确定。与会理事一致认为，采矿学术委员会在中国金属学会的领导下，在国内黑色冶金采矿界学术活动、科技成果推广、继续教育、评选优秀论文等方面，做了大量工作，取得了不少成绩，同时就学会工作如何发挥桥梁与纽带作用、互相交流技术经验和学术见解、广泛商谈技术与咨询及国际间交往的可能性等方面进行了探讨。

6.4.3 中国金属学会采矿学术委员会第3届2次理事扩大会议

1995年11月23—25日，中国金属学会采矿学术委员会第3届2次理事扩大会议在福建省厦门市召开。参加会议的有中国金属学会采矿学术委员会理事成员，冶金部及其所属高等院校、科研院所、重点矿井企业、矿井设备制造厂家、冶金科技期刊编辑部的领导及专家、代表，以及核工业、有色金属系统的专家共34人。会议由采矿学术委员会秘书长王静英主持，学会理事长李怀宇教授做重要讲话，学会副理事长、国家计委及冶金部"九五"矿井发展战略研究组技术负责人焦玉书同志做了"'九五'计划冶金矿井生产的发展战略和新建矿井建设项目安排"专题报告，采矿学术委员会所属各专业委员会汇报了年度工作情况及1996年学术活动安排，与会设备制造厂家代表介绍了其生产现状与发展规划。会议就如何在科教兴国战略思想指导下，结合我国冶金工业发展的实际情况，更好地开展学术活动，搞好采矿学会工作展开了讨论。

6.4.4 中国金属学会采矿专业委员会4届1次理事会

2001年3月31日，中国金属学会采矿专业委员会3届6次暨4届1次理事会在北京市召开。出席会议的有国家科技部、中国金属学会有关部门负责人及3、4届理事会理事等共51人。会议传达了中国金属学会2001年工作会议精神，总结了3届理事会的工作，选举了4届理事会常务理事、理事长、副理事长、秘书长及名誉理事。会上，露天采矿等8个学组汇报了各学组的工作及2001年学术活动计划，确定了新一届8个学组的挂靠单位和主任委员名单。会议邀请焦玉书教授做了"加入WTO对我国铁矿工业的影响及其研究"的学术报告。

中国金属学会采矿专业委员会4届理事会组成名单如下。

理 事 长：蔡美峰

副理事长：宋守志　王义达　郝树华　刘伯华

秘 书 长：明世祥

6.4.5 中国金属学会采矿专业委员会全国金属矿井现代采矿关键技术学术研讨与新设备展示会议

随着矿产资源市场全球化进程的加快和金属价格的不断攀升，吸引大量资本不断进入矿业开发领域，致使全球矿产资源争夺战日趋激烈，一些深、贫、难的矿产资源开发也成为当今关注的重点。由于矿床开采技术难度加大，同时政府对矿井安全、环保和资源利用的要求越来越高，传统的开采方式越来越不适应目前矿业高效、安全、环保开发的需求，因此矿业开发亟需转换观念、改变思路，研究采用一些新技术、新设备，只有掌握当今矿井开采的关键技术，才能保持中国矿业开采技术的超前地位。为此，中国金属学会采矿专业委员会决定于2011年11月1日在广州市召开"全国金属矿井现代采矿关键技术学术研讨与新设备展示会议"。会议主题是"科技创新，加速采矿前沿技术研究，为中国矿业持续发展提供技术保障"。会议聘请国内外著名采矿专家做相关专题学术报告，邀请典型矿井企业做关键技术交流，通过聚集专家、企业家、工程技术人员的聪明才智，探讨交流解决难题的方法和思路，促进矿井采矿技术发展和提高企业市场的竞争力，也为全球矿业开发和持续繁荣做出贡献。

会议论文征稿内容包括：特深凹坑露天矿开采技术，高海拔露天矿开采技术，大型露天矿转地下开采技术，露天与地下联合同步开采技术，超深矿床开采技术，超大型地下矿井开采技术，特大型矿床充填开采技术，高温、高压矿床安全开采技术，地表无沉降地下开采技术，低价资源的充填开采技术，高危环境下智能化无人开采技术，地下矿现代化高强度开采工艺技术与装备，海水下矿体安全开采技术，区域互补型群矿体集中开采技术，崩落法转充填法开采的关键技术，充填法开采地表滞后变形的防治，低品位矿石的溶浸开采技术，崩落法开采生态修复技术，高险尾矿库的监测治理技术，矿井数字化、信息化和遥控开采技术，过采废矿井复采与残矿开采技术，大型无废开采矿井设计与实现，国外资源开发利用的经营策略和技术手段，采矿节能降耗关键技术，矿山地质灾害控制和生态环境恢复，矿井安全网络实时监测，井下矿井安全救生系统与设施，采矿设计新思想、新方法。

6.4.6　中国金属学会采矿专业委员会成立 35 周年总结交流暨第 6 届理事会议

2014 年 5 月 24 日，“中国金属学会采矿专业委员会成立 35 周年总结交流暨第 6 届理事会议”在北京市顺利召开。来自国内外科研院所、高等院校、矿井企业等 100 余位行业精英欢聚一堂。中国金属学会副理事长兼秘书长赵沛、北京科技大学副校长孙冬柏等出席了大会开幕式并致贺辞。中国金属学会采矿专业委员会秘书长明世祥主持会议。采矿专业委员会名誉理事长、中国工程院院士、北京科技大学教授蔡美峰在会上做了专题报告，他认为，随着浅部资源的逐渐枯竭，我国矿产资源开发正向深部快速发展。为了适应深部复杂的地质、应力和环境条件，保证深部开采的安全和高回收、高效益，必须着力研究和解决以下 4 个方面的关键工程科技问题：深井高应力岩爆预测与防控、深井采矿模式与采矿系统优化、深井遥控智能化采矿技术及深井开采中的高温环境与控制。我们只有采用和跟踪现代的科学理论和技术，对采矿理论和工艺进行系统的变革和提升，才能解决深部开采的一系列难题，保持金属采矿业的可持续发展。中国金属学会采矿专业委员会理事长、北京科技大学研究生院常务副院长吴爱祥教授就中国金属学会采矿专业委员会成立 35 周年做了工作报告，他首先肯定了中国金属学会采矿专业委员会成立 35 年来取得的丰硕成果；其次希望业内人士共同努力来完善采矿专业委员会机构，拓展其功能，健全学会组织建设；最后倡导继承学会优秀的学术传统，服务矿业，开创采矿新局面。本次会议由湖南涟邵建设工程(集团)有限责任公司独家协办。广东宏大爆破股份有限公司董事长、总经理郑炳旭，湖南涟邵建设工程(集团)有限责任公司总经理李萍丰、副总经理欧立明参加了会议，并与参会代表们就当前矿井发展形势和行业发展方向做了深入交流。这次会议充分展现了湖南涟邵建设工程(集团)有限责任公司“快速、优质、高效千米立井施工技术”“矿井民爆一体化矿业管家式服务理念”的核心竞争力，进一步提升了公司在业内的影响力。

6.4.7　中国金属学会井巷工程专业组学术会议

1979 年 6 月 25—27 日，中国金属学会采矿学术委员会井巷工程专业组在湖南省长沙市召开了首次工作会议。会议首先传达了采矿学术委员会扩大会议的精神，然后请长沙矿井研究院的同志介绍了国内外竖井钻机、天井掘进及喷射混凝土技术的现状和发展动向。与会同志充分交流了各自在井巷工程方面的科研、设计成果和施工经验，并对有关问题提出了自己的看法。大家一致强调了井巷工程在地下矿井建设中的重要性，并表示一定要共同努力、互相协作，把我国金属矿井井巷工程专业的学术活动搞起来。通过认真热烈地讨论，大家进一步明确了本专业组的任务和业务范围，落实了采矿学术委员会关于国庆 30 年征文和为采矿年会准备论文的工作。会议研究确定了本专业的学术活动应以采矿年会为主，着重对井巷工程相关的重大技术理论问题开展学术交流。

6.4.8 中国金属学会第 1 次矿建学术会议

1987 年 8 月 25—28 日，中国金属学会“第 1 次矿建学术会议”在辽宁省大连市甘井子石灰石矿召开。参加这次会议的有冶金、有色、煤炭、核工业、武警部队等部门从事设计、科研、施工和高等院校的代表 67 人。这次会议共收到论文 56 篇，在大会上宣读 32 篇。这些论文涉及竖井、硐室、天井、平巷的掘进工艺及各种形式的支护技术，有理论性的研究探讨，有工程实践经验的总结，内容十分丰富，基本上反映了我国近年来矿井建井技术的新动向和新水平。与会代表对《天井分段爆破一次成井》《大变形巷道的支护方法与围岩变形控制》《玉石洼铁矿采动巷道支护工艺》《峨口铁矿大型破碎机硐室的设计、施工与量测》《高压旋喷注浆特殊凿井技术》《爆炸锚固型管式锚杆技术》和《井筒刚性装备计算》等论文内容产生了浓厚的兴趣，展开了热烈的讨论。可以看出，广泛的学术交流、活跃的学术气氛是这次会议的一个显著特点。老中青相结合，特别是一批年青的科技工作者登上了这次学术会议的讲台宣读论文，标志着矿井建设学术界后继有人，老一代科技工作者对此感到十分欣慰，这是本次会议的第二个显著特点。会议期间，部分代表应邀考察了大连湾电厂隧道工程，并帮助分析了隧道施工中出现大冒顶的原因，提出了供参考的处理意见，受到了主管单位的欢迎。会议期间，矿建学术委员会的委员们连续两次召开会议，研究讨论了今后两年内的学术活动计划，并提出初步设想。委员会认为，今后矿井建设的学术活动一定要紧密结合矿井建设中的重大技术课题来进行，不断提高学术活动的质量；要加强与兄弟学术团体，特别是有色、煤炭部门相关学术团体的联合；应采取精神鼓励与物质鼓励相结合的方法，吸引更多的科技工作者热心于矿建学术工作；要大力提倡发表新的学术观点与学术思想，不断提高学术水平，促进科技进步，为重大矿井建设工程的技术决策和矿井建设事业的发展，做出更大的贡献。委员会初步安排，1988 年对矿井建设中的重大技术难题开展 1～2 次技术咨询活动，1989 年在河南省召开矿建学术年会。中国有色金属学会采矿学术委员会井巷工程学术会议，初步定于 1988 年 3 季度召开。会议要求的论文内容为：平巷（包括采场进路、运输及电耙巷道）、天井、溜井、硐室、斜井、竖井施工方法及凿岩爆破、装岩运输、地压支护、机具、特殊掘进等。与会代表们一致认为，这次矿建学术年会是富有成效的，来自全国的矿建科技工作者，紧紧围绕矿井建设中的重大技术难题，广泛交流、勇于探索、大胆争鸣、互相学习、互相充实、共同提高，必将对促进矿井建设的发展产生积极的影响。

6.4.9 中国金属学会第 2 次矿建学术会议

1989 年 10 月 16—18 日，中国金属学会“第 2 次矿建学术会议”在河南省黄金局和洛阳市黄金局的支持下在河南省洛阳市召开。参加这次会议的有冶金、有色、煤炭、化工部门的高校、科研、设计、生产和施工等单位的代表 70 人。这次会议共收到论文 54 篇。论文内容极为广泛，几乎涉及矿井建设的各个方面，其中有井巷快速施工、凿岩爆破、岩石分级、岩石力学性能与岩柱变形的测试、巷道围岩锚固、新奥法与软岩巷道支护、注浆加固技术、土坡加固与稳定性分析、井塔设计、巷道断面优化设计和冻结井壁等技术领域。在这些论文中，既有综合性论述，也有对某些重要工程问题的剖析；既有理论计算或分析探讨，也有典型工程实录和最新科研成果。总之，这次会议交流的学术论文，既做到了理论联系实际、内容丰富、水平较高，又有一定的深度和广度，基本上反映了近两年来我国金属矿井建设科学技术的新发展。特别是煤炭系统的教授级高级工程师曾小泉同志在会上做了“我国煤炭矿井井巷工程的现状与发展”的学术报告，使与会代表得到了一次极好的学习机会，收益不小。此外，一些近期出国考察和参加国际学术会议的专家和教授，分别介绍了澳大利亚、奥地利、加拿大和法国有关矿井建设和隧道工程技术发展的情况。会上还放映了有关专题的录像，为会议增添了新的内容。会议还讨论了第3次矿建学术会议的筹备事宜。

6.4.10　中国金属学会第3次矿建学术会议

中国金属学会“第3次矿建学术会议”经过近两年的积极筹备，在广大矿建工作者的热情支持下，特别是在浙江省平阳县第一井巷工程公司和冶金部华北冶金矿井建设公司的大力资助下，于1991年10月16—19日在浙江省温州市平阳县召开。参加会议的有冶金、有色、煤炭等部门及浙江省的领导、专家、教授、工程技术人员和有关同志109人。矿建学术委员会主任委员何修仁教授致开幕辞，并通报了本次年会的筹备情况和会议的主要议程。本次学术会议共收到学术论文66篇，其中平巷掘进6篇、斜井和溜井施工4篇、竖井掘进6篇、喷锚支护11篇、光面爆破和地面拆除爆破9篇、岩石力学7篇、计算机应用3篇、土建5篇、其他方面的文章15篇，会上对这些论文进行了宣读和交流。太钢矿建公司经理李禄奎同志向大会介绍了“八五”期间冶金矿井重点建设项目太钢尖山铁矿建设的基本情况，冶金部建筑研究总院程良奎高级工程师做了“国内外岩土预应力锚固技术的应用效果与发展方向”的报告。东北工学院何修仁教授还专题介绍了“苏联金属矿井建设概况”，初步分析了苏联金属矿井井巷掘进技术的现状。会议还安排了有关的技术咨询、洽谈活动，引起了与会代表的极大兴趣。

第2届矿建学术委员会由北京煤炭科学研究总院建井所段振西、长沙矿井研究院机械所庄建安、北京矿冶研究总院韩茂源、马鞍山矿井研究院杨长安、长沙中国有色总公司第三建设公司李克贞、北京科技大学矿业研究所方祖烈等组成，主任是东北工学院采矿系教授何修仁。

6.4.11　中国金属学会第4次矿建学术会议

1994年7月18—20日，中国金属学会第2届矿建学术委员会“第4次矿建学术会议”在山西省大关山矿召开。出席本次学术会议的有部分委员，特邀代表，矿井设计和科研单位、厂矿公司负责同志，有关高等院校矿建专业教授、专家、学者近50人。大会开幕式由矿建学术委员会副主任、东北大学采矿系刘斌教授主持，杨金铭经理、帅德生经理、杨森作矿长分别代表东道主大铜矿业公司、矿建公司、大关山矿发表了热情洋溢的欢迎辞，矿建学术委员会主任何修仁教授代表上届委员会做了工作报告。本次学术会议有部分领导和委员因工作关系及交通不便未能到会，特向大会发来了贺电、贺信。

6.4.12 中国金属学会第5次矿建学术会议

1996年3月28日,中国金属学会"第5次矿建学术会议"在辽宁省鞍山市召开。到会新老委员共25人。会议首先由主办单位鞍山冶金设计研究院总工程师杨守礼代表院长刘廷吉高级工程师向大会致贺辞。中国金属学会第2届矿建学术委员会主任何修仁教授就第2届矿建学术委员会的工作做总结报告,对太钢矿建公司、平阳第一井巷公司及第2届全体学术委员对学术工作的一贯支持表示由衷感谢,对平阳县政府、太钢矿业公司及太钢大关山矿等单位对矿建学术活动的支持表示深切的谢意。会议根据上一届学术委员会推荐,经多方协商,由上级学会批准,组建了中国金属学会第3届矿建学术委员会,其成员如下。

名誉主任委员:何修仁　郭宝昆
主　任　委　员:刘　斌
副 主 任 委 员:阂伯雄　韩永志
委　　　　　员:王者山　王永昌　傅晓飞　卢兴徐　刘利勋　何庆志　李希平
金岐岭　陈耕野　高凤祥　曹殿民　张国联　帅德生　刘新强
陈世忠　黄美居
秘　　书　　长:张国联

中国金属学会第3届矿建学术委员会主任、东北大学资源土木工程学院副院长刘斌教授代表新一届学术委员会阐述了当前矿井建设工作面临的严峻形势,对新一届学术委员会工作提出了具体构思和要求,并对筹办本次会议的鞍山冶金设计研究院矿建工程设计研究所,对赞助本次会议的太钢矿建公司、平阳矿建公司、冶金部华北矿建公司第三井巷公司表示由衷的感谢。

6.5 中国有色金属学会采矿学术委员会

1985年9月2—4日,中国有色金属学会"采矿学术委员会成立会暨第1届1次会议"在北京市召开,来自全国的代表共20人参加了会议,刘学新同志到会作了指示。经代表协商,最后一致选举张富民同志为主任,穆毅、黄业英、王柯同志为副主任。会议在张富民主任的主持下进行3项议程:一是讨论成立学组并推选各组正、副组长单位,经代表充分讨论,决定成立12个学组,分别为地下开采、露天开采、岩石力学、凿岩爆破、采矿系统工程、井巷工程、地质测量、矿井机械与自动化、特殊开采、矿井环保安全卫生、浆体输送和矿井技术经济;二是讨论和修改了章程草案;三是讨论了1986年至1987年上半年的学术活动规划,学术活动重点是现有矿井科技改造,开展矿井科普活动,大力培养人才,进行国内外学术交流。采矿学术委员会虽然才正式成立,但实际上不少成员早已和许多国家进行过学术交流,今后将利用这些优越条件,更加广泛地开展国际采矿学术活动。

1986年11月8—12日,中国有色金属学会采矿学术委员会在广东省惠阳市召开了"1986年年会暨学术交流会议"。采矿学术委员会主任张富民,副主任穆毅、黄业英、王柯出席并主持了会议;中国有色金属学会副理事长、采矿学术委员会高级顾问洪戈同志出席会议并讲了话。中国有色金属学会采矿专业的部分常务理事、理事和采矿学术委员会委员、专业组长、特邀代表及论文作者共100多人参加了会议。广东省有色金属学会理事长曹杰和惠州地区行署、惠州市人大常委会、惠州市科委和科协及惠州有色金属公司的负责同志到会祝贺。大会共收到论文 92 篇，在大会和分组会上交流了 60 篇。会议期间采矿学术委员会召集各位委员和专业组长共同讨论、总结了一年来的工作及各专业学组进行学术活动的成绩，并进一步研究了 1987 年学会工作的要点，部署新一年各专业学组的活动。

6.6　全国采矿学术会议

1983—2018 年共举办了 11 届全国采矿学术会议(见表 6-6)，参加会议代表近 4 000 人，交流论文 2 000 多篇。第 1 届全国采矿学术会议由中国金属学会、中国煤炭学会、中国核学会、中国硅酸盐学会、中国化工学会 5 个学会联合召开；第 2 届会议增加了中国有色金属学会、中国轻工协会 2 个学会(协会)；第 3 届会议增加了中国地质学会；第 4 届会议增加了中国黄金协会；第 6 届会议增加了中国矿业协会，减少了中国轻工协会；第 7 至第 9 届会议都由上述 9 个学会(协会)联合召开；第 10 届会议由中国煤炭学会、中国工程院能源与矿业工程学部、中国金属学会、中国有色金属学会、中国化工学会、中国硅酸盐学会、中国矿业联合会、中国黄金协会、中国核学会、中国岩石力学与工程学会 10 个学会(协会)联合召开；第 11 届会议由中国矿业联合会、中国煤炭学会、中国金属学会、中国硅酸盐学会、中国核学会、中国化工学会、中国有色金属学会、中国岩石力学与工程学会、中国黄金协会 9 个学会(协会)联合召开。

表 6-6　全国采矿和金属矿建学术会议

序号	时间	地点	会议名称	参会人数	优秀论文/篇	收录论文/篇
1	1983 年 10 月 24—30 日	马鞍山	第 1 届全国采矿学术会议	337	—	177
2	1986 年 11 月 21—26 日	唐山	第 2 届全国采矿学术会议	370	—	123
3	1990 年 3 月 28 日—4 月 1 日	长沙	第 3 届全国采矿学术会议	300	—	144
4	1993 年 5 月 15—19 日	南京	第 4 届全国采矿学术会议	260	—	193
5	1996 年 10 月 7—11 日	成都	第 5 届全国采矿学术会议	208	—	172
6	1999 年 10 月 12—15 日	威海	第 6 届全国采矿学术会议	208	—	206
7	2006 年 9 月 9—12 日	西宁	第 7 届全国采矿学术会议	258	—	203
8	2009 年 11 月 24—29 日	海口	第 8 届全国采矿学术会议	525	—	215
9	2012 年 8 月 24—27 日	昆明	第 9 届全国采矿学术会议暨矿井技术设备展示会	200	—	167
10	2015 年 9 月 9—11 日	鄂尔多斯	第 10 届全国采矿学术会议	900	80	288
11	2018 年 10 月 18—20 日	天津	第 11 届全国采矿学术会议	—	—	—

6.6.1　第 1 届全国采矿学术会议

1983 年 10 月 24—30 日，中国金属学会、中国煤炭学会、中国核学会、中国硅酸盐学会、中国化工学会在马鞍山市联合召开了“第 1 届全国采矿学术会议”。全国 5 个学会的有关生产企业、科研设计单位、大专院校和管理机构的采矿专家、教授与工程技术人员共337名代表出席会议，其中包括特邀代表17名。5个学会的有关负责同志出席并主持了会议。中国科协和国家经委的代表，马鞍山市负责同志及有关部门、单位的负责同志出席了会议，并给予了大力支持，为会议取得圆满成功创造了良好的条件。中国科学院学部委员、中国金属学会副理事长王之玺同志致开幕辞，他着重指出了采矿工业在国民经济中的重要性，以及这次会议的重要意义，并提出会议的任务有两项：一是充分交流采矿各领域的先进技术经验，相互学习、共同进步；二是针对采矿工业发展中的主要问题，深入讨论有关方针政策和技术措施，以促进采矿工业的发展，为四个现代化建设做出贡献。由5个学会共同举办的第1届全国采矿学术会议，是中华人民共和国成立以来的第一次，受到了中国科协和有关部门的重视。为了开好会议，筹备工作由5个学会共同负责，并推举中国金属学会常务理事童光煦教授牵头进行具体筹备工作。经过协商，确定会议的主题为“我国采矿工程的现状与发展”。自1983年1月开始征集论文，经过审查评选，确定提交会议交流的论文177篇。在全体会上宣读了21篇综合性论文。会议按专业分为7个组，分别在小组会上宣读的论文共134篇，其中资源综合利用17篇、地下采矿方法与工艺33篇、露天开采与工艺17篇、凿岩爆破14篇、矿井压力与边坡管理17篇、矿井安全与环境保护19篇、综合论述17篇。这些论文反映了近年来我国采矿技术方面所取得的成就。会议贯彻双百方针，在各小组分别进行了深入和热烈的讨论，充分交流了经验和学术观点。

6.6.2 第2届全国采矿学术会议

1986年11月21—26日，中国煤炭学会、中国金属学会、中国有色金属学会、中国核学会、中国硅酸盐学会、中国化工学会、中国轻工协会7个学会(协会)在唐山市联合召开了“第2届全国采矿学术会议”。来自全国采矿界的专家、教授和工程技术人员共370人共聚一堂，交流了采矿工程近几年在新技术、新方法、新工艺、新装备、新材料方面的科研成果和应用经验的论文123篇。与会同志一致认为，我国的采矿行业有了较大的发展，生产技术水平有了长足的进步，在科研方面取得了丰硕的成果，积累了经验，但是也存在不少不容忽视的问题。专家们还就我国矿业面临的光荣而艰巨的任务和影响矿业健康、稳定、高速发展存在的问题，进行了认真的分析与讨论，提出了建议，供领导和决策部门参考。

6.6.3 第3届全国采矿学术会议

1990年3月28日—4月1日，中国有色金属学会、中国煤炭学会、中国金属学会、中国核学会、中国化工学会、中国硅酸盐学会、中国轻工协会、中国地质学会8个学会(协会)在长沙市联合召开了“第3届全国采矿学术会议”。这次大会是又一次高水平的盛会，出席大会的代表共300人，其中高级工程师、教授213名。中国有色金属学会理事长、中国有色金属工业总公司总经理费子文同志代表上述8个学会在开幕式上做了“加强协作，奋力拼搏，振兴矿业”的报告，系统地总结了我国采矿业在中华人民共和国成立40多年来所取得的伟大成就：形成了年产矿石近20亿吨的生产规模，约为中华人民共和国成立初期的50倍，采矿职工达百万人以上，科技队伍有10多万人，建成了拥有采矿专业的高等院校30多所，科技工作取得了一大批成果，不少科技成果已进入世界先进行列。会议期间，在全体会上交流综述报告17篇，6个分会场宣读和交流论文13篇。代表们还就全国采矿业的现状和存在的问题进行了讨论，认为当前我国采矿工业面临的困难十分突出，主要表现在矿产资源严重不足，大宗资源的人均占有量还不到世界平均水平的1/2，排世界第80位；乱采滥挖情况严重，矿产资源损失浪费惊人；矿井经济效益差、社会负担重等。为使我国采矿工业有一个新的飞跃，大会向中央有关部门提出了《第3届全国采矿学术会议对加速发展我国采矿工业的建议》，提出要大力加强地质勘探工作，对全民进行矿产资源国情形势教育，切实保护和利用矿产资源，在经济上给予矿井优惠扶持政策，完善和制定有利于矿井发展的技术政策，设立"中国矿工节"。会议编辑出版了《第3届全国采矿学术会议论文集》。

6.6.4 第4届全国采矿学术会议

1993年5月15—19日，中国化工学会、中国煤炭学会、中国金属学会、中国有色金属学会、中国核学会、中国硅酸盐学会、中国地质学会、中国黄金协会、中国轻工协会在南京市联合召开了"第4届全国采矿学术会议"。来自全国9个行业的生产企业、科研院所、大专院校和管理机构的采矿专家、教授和工程技术人员，共计260人到会。会议围绕"矿井效益与技术进步"的主题以及相关的7个分题，收选了9个学会(协会)所属294名科技人员撰写的论文193篇，这些论文较全面系统地反映了近年来我国矿业科技进步和改革成果，并对今后某些发展做了分析预测，对当前面临的问题提出了改进建议。在邓小平同志南巡讲话和党的十四大精神鼓舞下，全国各行各业都在迅猛发展，全国工作的主旋律是抓住机遇，加快改革开放的步伐。矿井是基础工业，同样要有创新，要有新的发展，这次全国采矿学术会议召开，必将有力推动我国矿业技术水平的提高与迅猛发展。我国矿业发展的历史源远流长，至今已发现矿产100多种，发现各类矿床20多万处，其中有25种矿产探明储量居世界前列。当前，全国有130多种矿产正在得到开发利用，从事矿业活动的职工上千万人，矿业已成为我国国民经济的基础和重要支柱，并呈现出蒸蒸日上的发展形势。但我们也应看到我国矿产的特点，除煤、稀土、铂、钨等储量充足外，很多矿种短缺，贫矿多、富矿少，有的矿种伴生元素多，采矿、选矿、冶金难度大。正在生产的矿井，露天矿中有很多矿井都已转入深凹开采，坑内矿中有很多进入中晚期，都不同程度地需要技术改造。现在矿产资源总回收率只有30%～50%，资源浪费严重，这更是矿业工作者亟需解决的问题。随着市场经济的深入发展，地质勘探工作资金筹措遇到了新的问题，寻找新矿种、扩大现有矿种储量，都遇到了新的困难。在全国大好形势下，矿业工作者也要抓住机遇，研究矿业发展战略和发展规划，要用当代高新技术改造传统的矿井开采工艺和开采方法。

6.6.5 第5届全国采矿学术会议

1996年10月7—11日，中国硅酸盐学会、中国金属学会、中国煤炭学会、中国有色金属学会、中国地质学会、中国化工学会、中国核学会、中国黄金协会和中国轻工协会在成都市联合召开了"第5届全国采矿学术会议"。来自煤炭、冶金、有色、化工、核工业、轻工、地质、黄金、建材等部门的208名代表参加了这次题为"矿业发展与环境"的矿业盛会。大会组委会主任、中国硅酸盐学会王燕谋理事长致开幕辞。他回顾了前4届采矿学术会议的历程，介绍了本次大会的筹备情况，强调了矿业开发在国民经济建设中的重要地位，指出了矿业开发中遇到的困难和可能的解决途径，并在讲话中自始至终突出"保护矿产资源，节约、合理利用资源"这一主线。四川省副省长李蒙到会祝贺并讲话。李蒙副省长介绍了四川省矿产资源开发利用状况和今后一段时间内的开发利用计划,批评了四川省境内矿井开发中造成的环境污染问题,并欢迎全国矿业界专家、学者为四川省矿业开发献计献策。由中国硅酸盐学会牵头组织的这次采矿学术会议,共收到论文 172 篇,会议中宣讲的论文有 44 篇。代表们分组就“进入 2000 年矿业新技术、新产品的发展趋势”“矿业经济与市场预测”“矿井环境保护与废气治理”“矿井生产平衡与土地复垦”“资源的综合利用和合理开采”“矿井技术进步与人才培养”“改善矿井管理、提高经济效益”等问题展开了热烈讨论。会议期间,代表们分析了我国矿业开发中存在的问题,提出了许多建设性的意见。代表们提出,保护环境,创造“安全矿业”这项工作应成为全行业的当务之急,应引起各级主管部门和矿业界同行的高度重视。代表们高度评价了铀矿井在控制环境污染方面取得的成就和煤炭、冶金矿井在土地复垦、废尾治理方法所做的工作。代表们建议,今后应加强地质勘探工作,因地制宜地优先发展露天开采、组织重大技术课题的攻关、开展采矿科学试验研究。代表们还就当前矿业发展中存在的困难和问题发表了意见,提出应加强宏观管理、统筹规划、依法治矿,加速人才培养。代表们呼吁各级政府从政策、资金等各方面扶持矿井的发展,使我国采矿工业持续、协调、稳定发展。经本届会议组委会商议,提名由中国黄金协会牵头主办第 6 届全国采矿学术会议。中国黄金协会理事长接受了这一提议。中国黄金协会采矿学术委员会秘书长韩桂春女士表示,将尽快确定下届大会的召开时间和地点,着手大会的筹备工作,并欢迎全国矿业界专家、学者届时欢聚一堂,共同交流我国矿业发展成就,谋求我国矿业 21 世纪的可持续发展。

6.6.6 第 6 届全国采矿学术会议

1999 年 10 月 12—15 日,“第 6 届全国采矿学术会议”在威海市召开,本次会议由中国黄金协会牵头,中国金属学会、中国有色金属学会、中国煤炭学会、中国化工学会、中国硅酸盐学会、中国核学会、中国地质学会和中国矿业协会联合主办。各学会(协会)的专家、学者、论文作者和代表共计 208 人出席了会议。本次会议围绕“21 世纪的中国矿业”主题展开研讨。这是 20 世纪最后一次矿业学术界的盛会,矿业各部门的领导、专家、学者云集一堂,共同论述、交流采矿科学技术的新成果,研讨采矿工业发展大计,迎接 21 世纪的到来,再次充分显示了我国采矿事业的兴旺发达。中华人民共和国成立 50 年来,特别是改革开放 20 多年来,我国的基础工业——矿业得到迅猛发展,煤炭产量由 1949 年的 3 200 万吨,增长到超过 13 亿吨,居世界首位;铁矿石产量已从 1949 年的 59 万吨增长到 2.6 亿吨;其他矿业同样也取得了巨大发展,成为世界第三矿业大国。《中国矿业》杂志根据上级领导机关的委托,编辑出版了《第 6 届全国采矿学术会议论文集》,这本论文集由上述 9 个矿业部门选送的 206 篇论文组成,共计 148 万字,设置了可持续发展与矿业、采矿科学与新技术研究、生态矿业与环境保护、矿产资源与综合利用、矿床露天开采、矿床地下开采、岩体力学、系统工程和矿业纵横 9 个栏目。《第 6 届全国采矿学术会议论文集》一书从不同侧面记录了我国矿业发展辉煌而又艰辛的历程,表现了我国矿业发展的成就和贡献,展示了矿业界的集体智慧和业绩,歌颂了当代矿业科技人员勇于探索和实干的精神。

6.6.7 第 7 届全国采矿学术会议

2006 年 9 月 9—12 日,由中国金属学会、中国有色金属学会、中国煤炭学会、中国化工学会、中国硅酸盐学会、中国黄金协会、中国地质学会、中国核学会和中国矿业联合会等联合主办,中国有色金属学会采矿学术委员会、国家金属采矿工程技术研究中心和西部矿业集团有限公司协办的“第 7 届全国采矿学术会议”在西宁市召开。中国有色金属学会理事长、中国有色金属工业协会会长康义,全国政协委员、中国工程院院士、中南大学博士生导师古德生,中国有色金属学会副理事长兼秘书长钮因健,长沙矿井研究院院长邓和平,西部矿业集团有限公司副总裁兼总工程师林大泽、总采矿师刘春武,中国有色金属学会副秘书长杨焕文,中国硅酸盐学会副秘书长谭抚,中国核学会代表李钢,中国煤炭学会代表郝勋,长沙矿井研究院副院长周爱民和来自全国冶金、有色、煤炭、化工、非金属、黄金、地质、核工业等矿业领域的领导、采矿科技工作者,以及来自美国、澳大利亚、加拿大等国的 258 名代表出席了本次会议。会议由中国有色金属学会副理事长兼秘书长钮因健主持,中国有色金属学会理事长、中国有色金属工业协会会长康义致开幕辞,长沙矿井研究院院长邓和平、西部矿业集团有限公司副总裁兼总工程师林大泽等分别在开幕式上致辞、讲话,向光临本次会议的国内外代表表示热烈欢迎,真诚地祝愿矿业界同仁共同携手,抓住历史机遇,为迎接时代的挑战和中国矿业的辉煌明天而共同奋斗!会议邀请了中国工程院院士古德生,大洋矿产资源研究开发协会秘书长毛彬,煤炭科学研究总院北京开采所主任姚建国研究员,长沙矿井研究院副院长、国家金属采矿工程技术研究中心主任周爱民博士,北京科技大学吴爱祥教授,中南大学资源与安全工程学院院长李夕兵教授,中南大学资源与安全工程学院副院长周科平教授,美国 Harrison Western Asia 公司 Stephen Dadson 先生,加拿大管理科学研究院董事刘双庆博士等 39 位专家、代表分别就发展金属矿业科技、国际海底新制度和国际海底矿物资源开发、推进煤炭科技发展与持续创新的思考、有色矿井采矿技术新进展、溶浸采矿技术的进展与展望、金属矿井开采安全与灾害控制、采矿工程中的信息融合技术、EMSTM 工程膜分离技术在矿井废水处理领域的应用、矿业企业境外融资新途径等专题做了大会报告。广大代表就矿业发展策略与经营管理、采矿工程技术与理论、采矿安全工程技术与管理、生态矿业与可持续发展、数字矿井技术与高新技术在矿井的应用、矿产资源控制战略与海内外两种资源的合理利用、矿业经济与资源综合利用、西部矿产资源开发的机遇与挑战等感兴趣的问题进行了广泛的交流,展开了热烈的讨论。代表间的直接交流,将为双方扩大合作提供更加坚实的基础。此次会议得到了全国采矿科技界和矿井企业的热烈欢迎和高度重视,会议共收到近 600 位作者的 280 余篇论文,最终选取了 422 位作者的 203 篇论文编录成集,内容涉及矿业可持续发展、采矿工艺和方法、凿岩爆破、安全环保、矿井自动化和信息化等众多领域,这些论文既有重大基础理论研究的新成果,又有科研、生产一线实践经验的科学总结,既有广度又有深度,较全面地反映了近年来我国采矿科技的新进展、新成果,探讨了我国矿业可持续发展所面临的重大问题,展望了我国采矿科学和技术的发展前景,具有较高的学术水平。会议认为,这次会议是我国采矿学术交流的一次盛会,会议代表层次高,内容丰富,反映了我国采矿技术的发展现状。

6.6.8 第 8 届全国采矿学术会议

2009 年 11 月 24—29 日,由中国金属学会、中国有色金属学会、中国煤炭学会、中国化工学会、中国硅酸盐学会、中国黄金协会、中国地质学会、中国核学会和中国矿业联合会联合主办,中国金属学会采矿分会承办,《金属矿井》杂志社协办的“第 8 届全国采矿学术会议”在海口市召开。会议由我国采矿工程领域的 9 位院士及 8 位相关学会(协会)会长担任顾问委员会委员，中钢集团马鞍山矿井研究院王运敏院长、黄礼富主任等9位专家担任会议学术委员会委员。中国金属学会洪及鄙常务副理事长、中国矿业联合会崔德文副会长、中国工程院于润沧院士、中钢集团马鞍山矿井研究院王运敏院长以及中国有色金属学会、中国钢铁工业协会、中国黄金协会、中国核学会、国际矿井测量协会等学会(协会)领导莅临了会议，来自全国煤炭、金属矿、非金属矿、黄金等领域的525名矿业工程技术人员参加了会议。《金属矿井》杂志社作为会议的协办单位，组织编辑了大会论文专集。本次大会共收到论文近300篇，经过编委会审核，录用了215篇，总计836页，150余万字。通过会议与文集，代表们充分交流和展现了我国露天开采、地下采矿、露天转地下开采、浸出和盐田水溶等特殊开采、矿井充填、矿井岩石力学、井巷工程与矿井地压、矿井爆破、采矿机械与电气控制等方面的采矿工程技术与理论研究进展；针对绿色矿井建设的问题，探讨了无废开采工艺与技术、矿井清洁生产技术、固体废弃物利用技术、矿井生态环境恢复与污染防治技术、矿坑水处理与循环利用技术等；并就深海矿产资源开采的趋势和预测、数字矿井技术与高新技术在矿井的应用、矿业经济与资源综合利用、矿井其他与采矿交叉的综合技术的应用等前沿性课题进行了探析。

6.6.9 第9届全国采矿学术会议暨矿井技术设备展示会

2012年8月24—27日，由中国核学会、中国煤炭学会、中国地质学会、中国金属学会、中国有色金属学会、中国化工学会、中国硅酸盐学会、中国矿业联合会、中国黄金协会共同主办的“第9届全国采矿学术会议暨矿井技术设备展示会”在昆明市隆重召开。来自有色、煤炭、冶金、黄金、化工、建材、核工业等矿业行业的院士、专家、学者和矿井企业科技人员、设备厂家代表共200人出席了会议。中国有色金属学会采矿学术委员会高级顾问古德生院士、主任委员周爱民、副主任委员吴爱祥、委员任凤玉和杨小聪等31位学者、专家应邀出席会议并做了专题报告。会议论文集共收录交流论文167篇。本次会议是在中国经济面临放缓的困难，矿业承受艰难的转型之痛时召开的，会议展示了2009年以来，我国矿业科技，特别是有色、煤炭、冶金和核工业矿业科技所取得的新成就和发展趋势，与会人员围绕现代采矿新技术、新工艺、新设备方面的研究成果和生产实践经验，以及“十二五”期间中国矿业的发展等主题进行了交流和研讨。大多数代表认为，目前中国经济转型也是矿业向更加市场化模式转型的契机，全面依托矿业科技，实施集约化经营、机械化生产、信息化管理、标准化作业，结束矿业粗放式增长，随着经济结构调整而转型或是矿业发展的唯一出路。此次会议的召开对于各矿业系统间开展技术经济合作，调整发展结构，转变发展方式，促进我国矿业企业的转型升级和可持续发展，建立中国矿产资源战略保障体系具有重要意义。

6.6.10 第10届全国采矿学术会议

2015年9月9—11日，由中国煤炭学会、中国工程院能源与矿业工程学部、中国金属学会、中国有色金属学会、中国化工学会、中国硅酸盐学会、中国矿业联合会、中国黄金协会、中国核学会、中国岩石力学与工程学会共同主办的“第10届全国采矿学术会议”在鄂尔多斯市召开。会议邀请了中国科学技术协会、国家发改委、国土资源部、民政部、科技部、国家能源局、国家安全生产监督管理总局、国家煤矿安全监察局和中国工程院等矿业领域的有关政府部门领导，部分中国工程院、中国科学院院士和有关外籍专家，举办地政府及有关单位领导，各主办单位领导及相关分支机构成员等，各主办单位所属团体会员单位负责同志、总工程师或分管技术研究与学会工作的副总工程师和部门负责同志，矿业相关企业、科研院所、高等院校等机构及矿业领域学术期刊编辑部主编、副主编，投稿录用的学术论文作者，以及知名新闻媒体记者。共约 900 名矿业工程技术人员参加了会议，大会收到论文 288 篇。大会主题是“绿色开采与科学利用”。矿业领域相关专家和科技工作者围绕努力实施创新驱动发展战略，促进我国采矿业科学技术进步，推动矿业领域生产和消费技术革命等进行学术交流和探讨。会议的主要内容是分析总结我国能源与矿业改革发展成就，研究探索相关学科发展战略；交流煤炭、冶金、化工、建材（硅酸盐）、核能等采矿业战略规划、设计研发、生产制造、加工利用、生态环境、经营管理等领域新技术和新成果。会议同期举办采矿技术与装备展，发布和推广一批先进适用的采矿技术和装备。

6.6.11　第 11 届全国采矿学术会议

2018 年 10 月 18—20 日，中国矿业联合会、中国煤炭学会、中国金属学会、中国硅酸盐学会、中国核学会、中国化工学会、中国有色金属学会、中国岩石力学与工程学会、中国黄金协会等单位共同举办的“第 11 届全国采矿学术会议”在天津市召开。本次会议由中国矿业联合会轮值主办。为更好地推进采矿业新技术、新方法、新装备的交流与展示，经协商，将“第 11 届全国采矿学术会议”特设为中国国际矿业大会论坛的重要组成部分，参加采矿学术会议的代表可全程参加中国国际矿业大会。设顾问委员会、学术委员会、组委会，分别负责会议咨询、学术审查和组织筹备等工作。

顾问委员会：（按姓氏笔画排序）

古德生　中南大学　院士
何满潮　中国矿业大学（北京）　院士
康红普　中国煤炭科工集团有限公司　院士
蔡美峰　北京科技大学　院士

学术委员会：（按姓氏笔画排序）

王李管　中南大学　教授
王继仁　辽宁工程技术大学　校长
王家臣　中国矿业大学（北京）　副校长
韦华南　中国黄金集团有限公司科技部　经理
吴爱祥　北京科技大学　副校长
苏学斌　中国铀业有限公司　总工程师
张电吉　武汉工程大学　教授

6.7　全国水利水电施工技术交流会议

6.7.1　全国水利水电施工技术信息网

1977 年 3 月，在贵州乌江渡工地召开全国水电系统技术革新现场会期间，在原水利部基建司、科技司和情报所的支持下，在原水利部陈赓仪副部长的关怀下，29 家水电施工单位发起成立了施工情报网，自此全国水利水电施工技术信息网在乌江渡水电站工地诞生。该信息网一开始就以推进我国水利水电施工技术和施工水平为唯一宗旨，其成员包括国内主要的水利水电建设单位和部(省)级所属的部分设计、运行、管理单位，涵盖了所有中央部属工程局、工程集团，武警水电部队，全国三分之二的省(市、自治区)水利水电工程局，以及建筑、煤炭、石油等行业的施工、科研单位。在全体网员单位的支持下，全国水利水电施工技术信息网走过了可歌可泣的光荣历程，曾先后在乌江渡、葛洲坝、湖南镇、白山、大化、沙溪口、铜街子、潘家口、龙羊峡、广蓄、二滩、天生桥、小浪底、三峡等水电站工地和成都、南京、都江堰、昆明、北京等城市，召开了 11 次全网大会和多次全国性的技术经验交流会议。每次大会，都依托一个工程，找准一个议题，全面展开交流和经验介绍。例如，对岩基开挖现代爆破技术、三模(钢模板、滑模及预制混凝土模板)技术、双掺(外加剂、粉煤灰)技术、预应力锚束、土工膜防渗、化学灌浆、水泥裹砂喷混凝土、大坝混凝土综合机械化、碾压混凝土筑坝、混凝土面板堆石坝、大型地下硐室施工、项目法施工与项目管理等专题进行交流、演示，在全网推广应用，大大提高了我国水利水电工程施工技术水平，使我国的水利水电生产力获得了空前发展。20 世纪 90 年代以来，全国水利水电施工技术信息网重点关注着广蓄、二滩、小浪底、三峡等工程施工，这不仅加大了传播现代大(巨)型水电站采用施工新技术的力度，而且极大地鼓舞着全网工程技术人员向水利水电科学技术进军的勇气，“中国水电”劲旅就此逐步形成。为了总结经验，《水利水电施工》杂志已出刊 100 期，约有 1 000 万字，网刊已成为网员单位不可缺少的信息交流园地，受到广大工程技术人员特别是中青年技术人员的普遍欢迎。全国水利水电施工技术信息网还先后组织编撰近 40 种专题总结和调研资料，共 200 多万字，其中《大坝混凝土施工(国内部分)》《碾压混凝土筑坝》等不仅受到了广大水利水电工程技术人员的称赞，在水利水电施工中得到推广和应用，前者还获得了部情报成果二等奖，后者被一些高等院校选为培训教材。为迎接 21 世纪到来，全国水利水电施工技术信息网从 1999 年就开始筹划，组织 32 家网员单位近 200 位工程技术人员，全面总结我国水利水电建设 50 年来的施工技术成果，并编撰出版了《水利水电工程施工手册》，本手册共分为 5 卷，490 万字，于 2002—2005 年先后出版，向国内外发行。本书是民间组织编撰的一套大型工具书，具有一定的历史意义。

6.7.2 1998 年煤炭行业施工新技术交流会议

1998 年 8 月以后，为适应经济发展的需要，煤炭行业的地下工程施工技术开始推向社会，成果遍及国内外煤矿、建筑、桥梁、地铁等多个行业，其中有不少直接服务于水电系统的工程技术。如煤炭科学研究总院北京建井研究所应用开发研制的新型反井钻机及先进的注浆技术，在北京十三陵抽水蓄能电站的建设中完成了 2 号管道大倾角斜孔工程的钻凿施工，在该项目的建设中起了关键的作用。为了加强行业间协作、实现技术互补，全国水利水电施工技术信息网组织召开了“煤炭行业施工新技术交流会议”。跨行业的技术交流，有利于我国科学技术的发展，通过这次交流会议，必将进一步促进水利水电行业和煤炭行业工程技术的发展与提高，会议文集也一定会成为相互学习、加强协作的桥梁。

6.7.3 2002 年技术经验交流会议

2002 年 12 月 17—19 日，“全国水利水电施工技术信息网成立 25 周年、《水利水电施工》期刊创刊20周年技术经验交流会议暨《水利水电工程施工手册》首发仪式”在成都市召开。会议由全国水利水电施工技术信息网主办。出席会议的有来自全国水电建设施工、设计及开发等多家单位的领导、专家及代表120余人，会议收到交流论文10余篇，中国工程院院士谭靖夷也应邀出席了会议。中国水利水电建设总公司副总经理付元初主持了会议的开幕式，全国水利水电施工技术信息网周世明秘书长在大会上做了信息网成立25周年的工作报告，介绍了信息网成立以来的经历以及所取得的成就。有关领导高度评价了信息网所做的卓有成效的工作，对《水利水电工程施工手册》的正式出版表示祝贺。付元初副总经理主持了首发式，周世明秘书长对手册编审委员会的编审工作做了总结。中国电力出版社扬万涛主任在会上介绍了《水利水电工程施工手册》的出版情况，与会代表对《水利水电工程施工手册》的出版发行表示祝贺。大会还举行了学术报告会。中国长江三峡工程开发总公司总工程师张超然首先介绍了举世瞩目的三峡工程的建设情况；四川省紫坪铺开发有限责任公司总经理李洪也在会上介绍了紫坪铺工程的建设情况，使代表们对在建的两大工程有了进一步的了解；王圣培、梅锦煌、周厚贵等专家先后在大会做了专题综述报告；之后进行了技术经验交流。会议进行了企业产品介绍和信息网工作计划讨论等议程，相关产品厂家的代表在大会上做了介绍。周世明秘书长介绍了信息网工作计划，与会委员提出了意见和建议。梅锦煌还在大会上宣读了为信息网工作做出成绩的先进集体和先进个人。会议期间，代表们还考察了紫坪铺水利枢纽工程。

6.7.4 2005年技术经验交流会议

2005年4月19—21日，全国水利水电施工技术信息网为庆祝、纪念《水利水电工程施工手册》全套出齐而组织的“《水利水电工程施工手册》5卷出齐总结会、第11次全网大会、第19次技术经验交流会议”在南京市召开。会议由江苏省建筑科学研究院、江苏博特新材料有限公司承办。参加会议的75位代表来自48家单位，其中41家为网员单位。出席会议的专家、领导有中国工程院院士谭靖夷、马洪琪，武警水电指挥部主任陈方枢，中国华能集团公司水电开发部主任陈东平，国务院南水北调工程建设委员会专家委员会秘书长张国良，江苏省建筑科学研究院院长缪昌文等。会议由中国水利水电建设集团公司顾问付元初主持。中国华能集团公司水电开发部主任陈东平做了“我国水电建设体制与发展的理性思考”专题报告；国务院南水北调工程建设委员会专家委员会秘书长张国良受国务院南水北调工程建设委员会办公室主任张基尧的委派，做了“南水北调工程概况”专题报告；江苏省建筑科学研究院院长缪昌文做了“我国混凝土外加剂现状——JM-PCA(Ⅰ)混凝土超塑化剂介绍”的报告；中国水利水电第一工程局总工程师常焕生做了“陡倾角大直径长斜井混凝土衬砌滑模施工技术”的报告；中国水利水电基础工程局原总工程师夏可风做了“膏状浆液灌浆——围堰施工新方法”的报告。

6.7.5 2007年技术经验交流会议

2007年，全国水利水电施工技术信息网(本会议资料中以下简称“施工技术信息网”)召开了“第12次全网大会暨第20次技术经验交流会议”。中国水利水电建设集团公司范集湘总经理、陆佑嵋院士、谭靖夷院士、马洪琪院士参加了会议。施工技术信息网已走过了30年不平凡的历程，自成立以来，始终围绕办网宗旨，把传播、推广国内外先进科技成果和先进施工技术作为工作重点，坚持为网员单位服务，为生产第一线工程技术人员服务，采用多种形式和手段，在各网员单位间及时进行信息传递和交流，发挥了科技信息服务的主渠道作用。近年来，施工技术信息网组织网员单位系统地编写或翻译了大量技术资料，成果丰硕。特别是组织编撰出版了我国第一套水电施工技术工具书——《水利水电工程施工手册》(共五卷)，具有重要的意义。这些成绩的取得，凝聚着新老施工技术信息网工作者的心血和汗水，在此向他们致以崇高的敬意。这30年间，中国水利水电建设事业取得了举世瞩目的伟大成就，成为当之无愧的水电建设大国，水利水电工程建设技术也走在了世界前列。但在新世纪、新阶段，中国要真正成为水电建设强国还需付出更大努力。从技术层面讲，迫切需要推进中国的水电建设设计标准、施工技术标准逐步成为国际标准，将技术优势转为国际竞争优势、经济优势，将中国先进的水电建设技术转化为人类共享的成果。作为中国规模最大的水电工程施工集团和水电产业"走出去"的先行者，中国水利水电建设集团公司十分愿意与大家一道，共同担当起这一光荣而艰巨的历史重任。为此，集团公司提出要努力打造国际同行业科技领先型企业，加快建设具有较强国际竞争力的质量效益型跨国企业集团，推动"中国水电"真正成为国际同行业的最高代表，成为国际一流品牌。处于这样的大背景下，施工技术信息网正面临难得的历史机遇，也肩负着重要的历史使命。作为网长单位，中国水利水电建设集团公司多年来一直关注和大力支持施工技术信息网的工作，今后也将一如既往地给予关心和支持。我们相信，有老领导、老专家的鼎力相助，通过全体网员单位的共同努力，施工技术信息网一定能够办出新水平，办出新特色，从而更好地为各网员单位服务，为行业发展服务。

6.7.6 2010年施工技术经验交流会议

2010年，全国水利水电施工技术信息网(本会议资料中以下简称"施工技术信息网")"第12届2次全网大会暨第21次施工技术经验交流会议"在南京市隆重召开。会议由施工技术信息网网长单位中国水利水电建设股份有限公司工程科技部负责组织，江苏省建筑科学研究院、江苏苏博特新材料股份有限公司承办。来自国内水利水电施工行业的78位领导、专家和代表参加了会议，共商施工技术信息网的发展大计。网长单位代表中国水利水电建设股份有限公司副总工程师吴新琪主持了大会。会上，施工技术信息网秘书长、中国水利水电建设股份有限公司总工程师宗敦峰向大会做了全网工作报告，全面、务实地总结了施工技术信息网近3年的工作，并对今后的工作进行了安排。技术交流会议上，来自清华大学、中国水利水电科学研究院、中国水利水电建设集团公司、中国葛洲坝集团公司、中国武警水电指挥部、江苏省建筑科学研究院、中国水利水电第三工程局有限公司、中国水利水电第四工程局有限公司、中国水利水电第五工程局有限公司、中国水利水电第七工程局有限公司、中国水利水电第十一工程局有限公司的13位专家分别做了技术经验交流报告，专家们详细介绍了本单位或在各自工作领域中取得的最新研究成果、重点推广的新技术、研发的新材料及新设备。本次施工技术经验交流会议为广大水利水电工程建设者们提供了交流体会、学习经验、增加知识、开拓视野的良好机会。随着我国水电建设的快速发展和筑坝技术的长足进步，相信我国水利水电施工技术必将创造出国际一流的技术水平。大会就施工技术信息网今后的发展进行了座谈和讨论，代表们献言献策，共商发展大计。会议达成共识，认为办好网刊和技术经验交流会议对全网工作具有重要的指导意义。

6.7.7　2019 年水利水电工程施工新技术学术交流会议

2019 年 10 月 10—12 日，由中国水力发电工程学会施工专业委员会、碾压混凝土筑坝专业委员会，中国水利学会碾压混凝土筑坝专业委员会和全国水利水电施工技术信息网主办，中国水利水电第十二工程局有限公司承办，雅砻江流域水电开发有限公司、中国水利水电第五工程局有限公司、中国安能集团第三工程局有限公司协办的“4 届 3 次施工专业委员会和碾压混凝土专业委员会 2019 年年会暨水利水电工程施工新技术学术交流会议”在成都市召开。中国工程院院士马洪琪、孔宪京，中国水力发电工程学会常务副理事长兼秘书长袁柏松，中国电力建设集团有限公司总工程师、安全总监、施工专业委员会主任宗敦峰，中国三峡建设管理有限公司党委书记、董事长洪文浩，国电金沙江旭龙（奔子栏）水电开发有限公司总经理张建华，雅砻江流域水电开发有限公司副总经理王继敏，华电西藏能源有限公司总经理夏一勇，国电大渡河流域水电开发有限公司副总经理严军，原中国安能建设总公司总工程师梅锦煜，中国长江三峡集团有限公司科技管理部主任李文伟，中国安能建设集团有限公司工程管理部主任王永平、国网新源控股有限公司基建部副主任朱安平，中国电力建设集团有限公司科技部主任席浩，中国葛洲坝集团第三工程有限公司总工程师黄河江，施工专业委员会秘书长楚跃先等专业委员会相关领导、全国工程设计大师，以及来自全国各地水利水电建设、设计、监理、施工单位，清华大学、天津大学等科研高校的专家、学者 140 余人参加了会议。

6.8　中国岩石力学与工程学会

6.8.1　中国岩石力学与工程学会概况

中国岩石力学与工程学会（CSRME）是依法经民政部注册登记的服务于全国岩石力学与岩土工程领域科技工作者的学术性群众团体，是中国科协领导下的承担世界一流学会建设任务的全国学会，是中国科协“学会能力提升专项”单位、“学会理事会党委职责任务”首批试点单位、“中国科技期刊卓越行动计划领军期刊”主办单位、“智慧科协信息化样板间”试点学会、“全国学会财务信息化”试点单位，是中国科协“优秀扶贫学会”和“优秀抗疫学会”，连年被评为全国科协系统先进集体。

学会的前身是 1978 年由中国科学院、外交部联合报请国务院，由方毅等五位副总理批准成立的国际岩石力学学会中国国家小组。1985 年 3 月 5 日，在著名岩石力学、土力学和地球动力学家陈宗基院士的组织倡导下，经国家体制改革委员会和中国科协批准正式成立中国岩石力学与工程学会。学会现有分支机构 40 个、地方学会 20 个，团体会员 40 余家、个人会员 2 万余人，涵盖了水利水电、煤炭石油、地质矿山、交通运输、市政建设、地灾防控、环境保护、国防工程等诸多行业，是国内外具有广泛影响力的跨行业、跨部门、跨学科的岩石力学与岩土工程领域的重要学术组织。

学会坚持党建统领，全方位开展党建强会活动，以党建促会建，紧密地把科技工作者团结凝聚在党中央周围。学会党委于 2016 年成立，发挥政治引领，落实“三重一大”事项；编著《礼赞科学家精神》丛书，大力弘扬科学家精神；加强科研作风和学风建设；加强分支机构组织建设，实行年度考核制度；稳步落实分支机构党组织全覆盖，目前已有21个分支二级机构建立了基层党组织，引导科技工作者自觉践行社会主义核心价值观，共同建设强大先进科技社团；学会党建工作受到中央巡视组、中国科协党组的充分肯定，是中国科协“学会理事会党委职责任务”首批12家试点单位之一。

学会汇聚大量顶尖科技创新领军人才，学会前任理事长、监事长钱七虎院士荣获国家最高科学技术奖，以36位两院院士、47位长江杰青和40位外籍专家为基础，打造高端科技创新智库，建立了全方位、全年龄段覆盖的人才强会体系。2005年经国家奖励办批准，设立“中国岩石力学与工程学会科学技术奖”，包括5个子奖项：自然科学奖、技术发明奖和科技进步奖（与国家三大奖对接）；为促进青年人才成长，设立了钱七虎奖（与中国青年科技奖对接）和优秀博士论文奖（与ISRM罗恰奖对接）。学会拥有国家奖直接提名资格。学会积极参与中国科协“青年人才托举工程”，连续五年入选中国科协“青年人才托举工程”项目，累计资助34名优秀青年人才，是中国科协“青年人才托举工程”项目实施先进单位。

学会着力打造世界一流学术会议和世界一流学术期刊，为会员搭建高水平学术交流平台。广度上，规模化、国际化、一体化的“CHINA ROCK”岩石力学与工程学术年会已成为享誉国际的品牌学术会议；深度上，针对学科焦点、难点问题开展的系列高层论坛和精品专题会议，研判岩石力学与岩土工程发展趋势，前瞻布局专业领域前沿科技发展方向。学会主办有《岩石力学与工程学会》《地下空间与工程学报》、*Journal of Rock Mechanics and Geotechnical Engineering* 和 *Underground Space* 四种期刊。其中，*Journal of Rock Mechanics and Geotechnical Engineering* 被SCIE数据库收录，入选中国科技期刊卓越行动计划“领军期刊”；《岩石力学与工程学报》已持续5年获中国最具国际影响力学术期刊、国家精品期刊以及百种中国杰出学术期刊，入选中国科技期刊卓越行动计划“梯队期刊”。《岩石力学与工程学报》承办的“陈宗基讲座”和 *Journal of Rock Mechanics and Geotechnical Engineering* 承办的“钱七虎讲座”具有重要的国际影响力。

学会立足科技前沿，引领岩石力学与岩土工程学科发展。近年来，先后出版了《岩石力学与工程研究著作》系列丛书、《中国岩石力学与工程世纪成就》和《岩石力学与工程学科发展报告》第一、二辑等。连续5年发布《中国城市地下空间发展蓝皮书》，为我国从地下空间开发利用大国向强国发展提供有力支撑。

学会依托高端智库，为国家重大工程提供有力的科学技术支撑。组织顶级专家，深入国家重大工程现场开展技术咨询，为川藏铁路建设，煤矿千米深井冲击地压防治、长江三峡、白鹤滩等国家大型水电站建设建言献策，提供战略咨询服务。充分发挥学会在岩石力学与岩土工程领域的学术“权威性”，积极开展本领域科技咨询、成果评价及团体标准编制等科技服务工作，取得良好成效，形成学会品牌优势。

学会积极服务区域创新发展，倡导科技与经济相融合，形成了“政府主导、企业主体、专家主力、学会主角”的工作机制，在革命老区、贫困地区陕西延安、山西吕梁、黑龙江双鸭山、贵州毕节等地打造了若干创新驱动助力工程和高科技精准帮扶示范工程，取得了重大社会效益和经济效益，被中国科协授予“优秀扶贫学会”荣誉称号。

学会高度重视国际交流与合作，深度参与全球科技治理，与国际岩石力学与工程学会（ISRM）、国际地下空间联合研究中心（ACUUS）、国际地下物流学会（ISUFT）、国际地质灾害与减灾协会（ICGdR）、国际岩土力学计算方法与进展协会（IACMAG）、国际土力学与岩土工程协会(ISSMGE)、国际土工合成材料学会(IGS)、国际地质与环境协会(IAEG)等国际组织,及韩国、越南、阿根廷等国家岩石力学学会建立战略合作伙伴关系,广泛开展国际学术交流合作;发起国际大科学工程计划,开展"一带一路"国家科技交流。我国科学家在各相关国际组织中担任主席和副主席职务,具有重要的国际影响力和话语权。学会理事长陈宗基院士、孙钧院士、钱七虎院士、冯夏庭院士、何满潮院士等先后历任 ISMR 主席、副主席一职;学会理事长冯夏庭院士、副理事长朱合华教授现任国际地质工程联合会主席、副主席职位;副理事长杨强教授现任 ISRM 副主席职位;在 ISRM 14 个专业委员会中,有 9 位中国学者在 8 个专业委员会担任主席职务。自 2007 年以来,中国国家小组在 ISRM 60 个会员国中保持第一大会员国地位,连续三次蝉联 ISRM"国际岩石力学与工程学会最佳国家小组奖"。

学会以提高全民科学素质为己任,开展多层次、全方位的科普工作。已组建煤矿软岩工程与深部灾害控制、岩土工程、滑坡灾害及其防治技术、地质环境、地下空间、古地下工程与岩石力学、地震应力与地震科学等 7 个科普专家团队,提供了多层次、多维度的科普讲座和科普产品。建立了长屿硐天、三峡库区巴东野外试验场、蛇蟠岛、龙游石窟、遂昌金矿等多个科普教育基地,组织开展系列科普主题活动,是中国科协科普工作先进单位。

学会积极创新联系服务广大会员的机制和手段,认真履行为科学技术工作者服务、为创新驱动发展服务、为提高全民科学素质服务、为党和政府科学决策服务的职责定位,促进科学技术的繁荣和发展,促进科学技术的普及和推广,促进科学技术人才的成长和提高,反映科学技术工作者的意见建议,维护科学技术工作者的合法权益,营造良好科学文化氛围,建设开放型、枢纽型、平台型科技组织,努力把学会打造成党领导下的广大岩石力学与岩土工程科技工作者之家。

当前,中国岩石力学与工程学会已经进入中国科协世界一流学会建设行列,学会正在以习近平新时代中国特色社会主义思想为指导,勇于担当,凝心聚力,不忘初心,牢记使命,加快推进世界一流学会建设步伐!

6.8.2　中国岩石力学与工程学会历届理事会

第一届(1985—1989 年)

理　事　长:陈宗基

副 理 事 长:牛锡倬　王武林

秘　书　长:梅剑云　牛锡倬

第二届(1989—1994 年)

理　事　长:陈宗基(1989—1991 年)　潘家铮(1991—1994 年)

副 理 事 长:牛锡倬　王武林　李　克　哈秋舲　潘家铮(1989—1991 年)

秘　书　长:傅冰骏

第三届(1994—1998 年)

理　事　长:孙　钧

副 理 事 长:王思敬　白世伟　宋永津　刘天泉　刘宝琛　刘同有　哈秋舲　徐文耀　张　清

秘　书　长:傅冰骏

名誉理事长:潘家铮

第四届（1998—2003 年）
理　事　长：王思敬
副理事长：白世伟　刘宝琛　刘天泉　刘同有　钱七虎　王福柱　杨林德　张超然　赵经彻
秘　书　长：杨志法
名誉理事长：孙　钧
第五届（2003—2007 年）
理　事　长：钱七虎
副理事长：白世伟　冯夏庭　顾金才　黄鼎成　刘同有　唐春安　王梦恕　谢和平　杨林德　张超然
秘　书　长：杨志法
名誉理事长：王思敬　刘宝琛　赵经彻
第六届（2008—2012 年）
理　事　长：钱七虎
副理事长：冯夏庭　顾金才　唐春安　谢和平　陈　祖　伍法权　王金华　何满潮　李　宁　李永盛　袁　亮　韩风险　樊启祥　蔡美峰
秘　书　长：伍法权
第七届（2012—2016 年）
理　事　长：冯夏庭　钱七虎
副理事长：樊启祥　蔡美峰　龚晓南　郭熙灵　杜时贵　何满潮　李　宁　李术才　潘一山　宋胜武　王金华　王明洋　杨　强　袁　亮　郑炳旭　朱合华
秘　书　长：刘大安
第八届（2017 年至今）
理　事　长：冯夏庭（现任）　何满潮（候任）
副理事长：杜时贵　郭熙灵　康红普　李术才　李夕兵　李　晓　潘一山　宋胜武　唐春安　王明洋　谢富仁　杨更社　杨　强　殷跃平　赵阳升　郑炳旭　朱合华
秘　书　长：杨晓杰

6.8.3　中国岩石力学与工程进展 2017 学术大会

2017 年 9 月 19—22 日，由中国岩石力学与工程学会主办，中国矿业科学协同创新联盟，中国岩石力学与工程学会软岩分会、地下工程分会，山东岩石力学与工程学会，煤炭工业技术委员会防热害专家委员会，山东大学，山东能源集团有限公司，青岛理工大学，深部岩土力学与地下工程国家重点实验室共同承办的“中国岩石力学与工程进展 2017 学术大会（CHINA ROCK 2017）”在山东省济南市隆重召开。中国科学院院士、中国岩石力学与工程学会理事长何满潮教授，中国科学院院士宋振骐教授，中国工程院院士蔡美峰教授，中国岩石力学与工程学会顾问秘书长方祖烈教授，山东大学副校长李术才教授，山东能源集团翟明华副总经理等领导和专家出席了会议，来自全国 26 家煤炭企业集团、28 家高校科研院所以及 46 家煤矿装备、材料制造单位的 711 名代表参加了会议。此次大会集“技术培训-学术报告-工业展览”三位一体化，安排了 110 工法培训班、68 场学术报告并布置了 60 个标准展位，力软科技(大连)股份有限公司等单位参加了工业装备展览。9 月 20 日，举办了被业界称为我国“第三次矿业技术革命”的无煤柱自成巷 110 工法技术培训会，中国科学院院士何满潮教授、陕煤集团副总经理尚建选等 9 位专家系统地做了 110 工法理论、技术及工程应用等方面的培训报告，来自全国 26 家煤炭企业的 302 名一线技术人员参加了培训，与会的企业代表们认真倾听了培训报告并进行了技术讨论。

9 月 20 日晚上先后举行了创新联盟、软岩分会理事会会议和防热害专家委员会会议。何满潮院士主持了会议，理事们先后审议并通过了理事会工作报告、学术会议筹备情况、新申请加入创新联盟的理事单位及理事名单等事项。防热害专家委员会会议审议通过了 2017 年度工作汇报及 2018 年度工作计划等内容。9 月 21 日学术大会正式开幕，会议由中国岩石力学与工程学会常务副秘书长杨晓杰教授主持。中国科学院院士、中国岩石力学与工程学会理事长、中国矿业科学协同创新联盟理事长何满潮教授致欢迎辞。何院士介绍了中国岩石力学与工程学会紧紧围绕《中国科协 2017 年学会改革工作要点》的文件精神，结合自身实际制定了学会改革任务，要举办全国性学术大会，搭建高水平学术交流平台，打造一流学术交流品牌。此次会议设立了软岩分会分会场、防热害专委会分会场、地下工程分会场、山东岩石力学与工程学会分会场。通过技术培训，引领行业技术进步；通过学术交流，引领学科发展方向；通过工业设备展览，引导科学技术的全面创新、工业化应用和推广。山东大学副校长李术才教授代表大会承办单位致辞。大会对创新联盟新入盟的 9 家理事单位、软岩分会 2 家常务理事单位、3 家 110 工法专利池授权单位颁发了牌匾。大会还对软岩分会和创新联盟的优秀个人进行了表彰。21 日上午，何满潮院士、宋振骐院士、蔡美峰院士、李术才教授 4 位专家做了大会特邀报告，题目分别为：“无煤柱自成巷 N00 工法装备系统研发及应用”“煤矿动力灾害控制及研究方向”“深部地应力与开采动力灾害”“隧道突水突泥机理和治理”，4 位专家的特邀报告均受到与会代表的高度好评。21 日下午，大会分设了 4 个分会场，来自我国高等院校、科研院所的专家、学者和现场一线的工程技术人员共做了 15 场分会场特邀报告和 43 场专题报告。22 日上午，大会邀请了 6 位专家、学者做大会特邀报告，包括山东能源集团翟明华副总经理的“山东能源集团矿井热害治理技术分析与展望”、太原理工大学赵阳升教授的“原位改性采矿理论、技术与若干工程应用”、大连理工大学唐春安教授的“恒阻锚杆支护机理数值模拟分析”、西南交通大学仇文革教授的“软岩隧道变形与控制的能量原理与方法”、西安科技大学来兴平教授的“急倾煤岩体动力学失稳演化致灾机制”、中山大学周翠英教授的“南方红层软岩力学性能研究与试验设备研制”。与会代表们认真倾听了报告并积极参与了讨论，会场上弥漫着浓厚的学术气息。

此次大会得到了中国科协“学术会议示范品牌建设工程”项目的支持，大会学术报告代表了我国岩石力学与工程研究领域在软岩工程、采矿工程、地下工程和防热害方面的最新研究成果及前沿研究方向，大会为广大代表和会员营造了百花齐放、兼容并蓄的学术氛围，搭建了平等、自由、和谐、合作的技术交流和展示平台，为我国岩石力学与工程学科发展、技术进步和工业应用发挥了重要的引领和推动作用。特别是此次会议推动了以无煤柱自成巷 110/N00 工法为核心的第三次矿业技术革命，助力煤矿企业发展，具有重要的战略意义。本次大会在各位领导、各位专家以及各位代表的大力支持下取得了圆满成功。

6.8.4 2018 第 15 次中国岩石力学与工程学术年会

为深入贯彻落实中国科协《学会改革工作要点》的精神，解决目前举办学术会议存在“碎片化、重复性、资源浪费”的问题，中国岩石力学与工程学会提出了学术大会改革的方向为“国际化、规模化、一体化”。“一体化”是指“学术报告-技术培训-工业展览”三位一体。从 2018 年开始，学会负责搭建大会平台，组织开幕式和闭幕式、大会特邀报告、青年创业创新大赛和工业展览；学会所属二级机构和地方学会负责独立或联合组织分会场的参会人员、学术报告、技术培训、论文征集以及本专业技术领域的新材料、新工艺、新仪器、新装备展示；全国相关专家、学者、工程技术人员集中交流，共同打造国际一流的中国岩石力学与工程学术大会品牌——CHINA ROCK。“2018 第 15 次中国岩石力学与工程学术年会”于 2018 年 11 月 19—22 日在北京九华国际会展中心隆重召开。2018 年学术会议改革取得历史性突破，参会代表 4 060 位，其中国际专家 44 位，举办 789 场学术报告、设立 27 个分会场、组织 8 场培训、邀请 110 家单位参加工业展览，开辟了前所未有的新局面。在成功举办 CHINA ROCK 2018 的基础上，2019 年继续以“国际化、规模化、一体化”为方向，将“CHINA ROCK”打造成为世界一流学术会议品牌。

6.8.5 2019 第 16 次中国岩石力学与工程学术年会

2019 年 11 月 18—21 日，在中国科学技术协会指导下、由中国岩石力学与工程学会主办、以“助力川藏铁路建设，服务国家重大工程”为主题的“CHINA ROCK 2019 第 16 次中国岩石力学与工程学术年会”在北京九华国际会展中心隆重召开。北京科海国际会展服务有限公司为此次大会提供会务服务及展览服务。出席大会的领导和嘉宾有：中国科协科技社团党委副书记、学会服务中心党委书记刘亚东同志，中国科协学会学术部学术交流处处长邓帆同志，中国岩石力学与工程学会名誉理事长、国家最高科技奖获得者、中国工程院院士钱七虎，中国岩石力学与工程学会名誉理事长、中国工程院院士王思敬，中国科学院院士宋振骐，中国科学院院士何满潮，中国工程院院士顾金才，中国工程院院士蔡美峰，中国科学院院士陈祖煜，中国工程院院士康红普，中国工程院院士金智新，中国工程院院士陈湘生，中国科学院院士丁林，中国工程院院士杜彦良，国际岩石力学与岩石工程学会主席 Resat Ulusay 先生，中国岩石力学与工程学会理事长、东北大学教授冯夏庭，国际岩石力学与岩石工程学会副主席、清华大学教授杨强，国际岩石力学与岩石工程学会前副主席、南非 SRK 公司 William Joughin 先生，国际岩石力学与岩石工程学会前副主席、挪威工程院院士李春林教授，日本工程院外籍院士蒋宇静，国际工程地质与环境协会秘书长、国际工程地质与环境协会中国国家小组主席伍法权等。学会所属 32 个二级机构、23 个地方学会组织的来自全国水利水电、煤炭、石油、地质、冶金、交通、铁路、安全防护、市政建设、国防工程等领域的专家、学者、科研人员、企业家代表、工程技术人员、青年学生、设备厂商和新闻媒体记者共计 3 120 人参加了大会。

大会开幕式由中国岩石力学与工程学会理事长冯夏庭主持。中国科学院院士、中国岩石力学与工程学会理事长何满潮致开幕辞，国际岩石力学与岩石工程学会主席 Resat Ulusay 教授代表国际岩石力学与岩石工程学会致辞。中国科协科技社团党委副书记、学会服务中心党委书记刘亚东同志发表讲话，他指出，岩石力学与工程是国家重大工程基础建设的重要科技支撑，对引领科技前沿、服务国家战略具有十分重要的意义。我国科技工作者在岩石力学的理论与工程实践中取得的成果受到世界同行的关注与高度认可。近年来，学会紧紧围绕服务国家重大战略，不断凝练科技创新方向，依托自身智力优势和专业特色，在政治引领、学术引领、产学研融合、人才表彰体系建设方面取得重要进展，群众组织力、学术引领力、战略支撑力、文化传播力和国际影响力不断提升。学会重视人才培养工作并取得可喜成就，钱七虎院士荣获国家最高科技奖；重视国际交流与合作，前后有3位理事长担任两个国际组织主席或副主席职务，在国际组织事务中发挥重要作用。学会精心打造学术交流平台，CHINA ROCK 国际影响力不断扩大，形成了鲜明的“国际化、规模化、一体化”特色；学会主办的《岩石力学与工程学报》中英学报共同入选中国科技期刊卓越行动计划；学会实施“高科技精准帮扶”计划，在吕梁、延安两个革命老区建立院士工作站取得可喜成效；学会组织专家在川藏铁路建设、三峡工程建设、汶川地震区重建等方面建言献策；在特大地质灾害和远程滑坡监测预警方面取得创新性成果；学会连续三年获中国科协“全国学会科普工作优秀单位”称号。本次岩石力学大会的主题为“助力川藏铁路建设，服务国家重大工程”。习近平总书记指出，规划建设川藏铁路，对国家长治久安和西藏经济社会发展具有重大而深远的意义。伟大的使命催生伟大的目标，伟大的目标蕴含伟大的机遇，川藏铁路建设，将给广大岩石力学科技工作者提供展现才干的广阔舞台，充分显示出学会在新时代的使命担当。

6.8.6　2020 第 17 次中国岩石力学与工程学术年会

为了加强我国岩石力学与工程领域的学术交流，促进我国岩石力学与工程领域科技创新，经研究决定，于2020年10月23—26日在北京市召开“CHINA ROCK 2020 第17次中国岩石力学与工程学术年会”。2018年学术会议改革取得历史性突破，开辟了前所未有的新局面。在成功举办 CHINA ROCK 2018 与 CHINA ROCK 2019 的基础上，CHINA ROCK 2020 继续以“国际化、规模化、一体化”为方向，将“CHINA ROCK”打造成为世界一流学术会议品牌。本次会议指导单位为中国科学技术协会，主办单位为中国岩石力学与工程学会，承办单位为中国岩石力学与工程学会各分支机构、地方学会。

6.9　中国施工企业管理协会岩土锚固工程专业委员会

6.9.1　中国施工企业管理协会岩土锚固工程专业委员会概况

中国施工企业管理协会岩土锚固工程专业委员会（以下简称“专业委员会”）是由全国从事岩土锚固工程设计、施工、科研和机具制造、工程材料生产的单位与个人自愿组成的专业技术性群众团体，成立于1988年11月。秘书处设在北京市海淀区西土城路33号。专业委员会在中国施工企业管理协会领导下开展各项活动与工作。其宗旨是：执行国家基本建设的方针、政策，遵守国家法律、法规，紧密结合工程实际，不断促进我国岩土锚固工程技术的发展，努力为工程建设服务，为会员单位服务。

专业委员会的业务范围和主要活动内容是：① 总结、交流、推广岩土锚固工程先进技术；② 及时传递工程建设与技术信息；③ 承担技术咨询与技术培训；④ 组织国家和行业技术标准的编制，承担科技成果的评审与鉴定；⑤ 协调重大岩土锚固工程技术的研究与开发；

⑥ 开展与国外的技术交流。专业委员会成立以来，随着我国岩土锚固技术的科研开发与工程应用的迅速发展，要求加入专业委员会的单位和个人不断增加。到2014年底共有单位会员185个，包括水利、水电、公路、铁路、煤炭、冶金、市政、城建、军工等部门从事岩土锚固技术科研、工程设计与施工，以及设备、材料生产的单位。

专业委员会的最高权力机构是会员代表大会，理事会和常务理事会是会员代表大会的执行机构。理事会的理事由会员代表大会选举产生，常务理事、理事长、副理事长和秘书长由理事会协商选举产生。会员代表大会每5年召开一次，理事会任期5年。专业委员会的办事机构有：秘书处办公室、会刊《岩土锚固工程》杂志编辑部和专家委员会。作为一个专业技术性群众团体，及时总结、交流推广岩土锚固工程先进技术，努力为工程建设服务，是本专业委员会的重要任务之一。1996年，专业委员会主持召开了一次国际岩土锚固工程技术研讨会，并由万国学术出版社出版发行了中、英文论文集。《岩土锚固工程》杂志是本专业委员会的会刊，每年出4期，其主要内容是及时报道我国岩土锚固工程技术的新成果、新经验，专业委员会的活动与工作动态，工程技术信息及会员单位的情况介绍等。由于专业委员会每年主持召开的全国学术研讨会的内容和《岩土锚固工程》杂志，突出了紧密联系工程实际的特点，因此会议论文集和《岩土锚固工程》杂志深受国内同行与广大会员的欢迎。充分发挥专业委员会高级专业技术人才云集的优势，努力做好技术咨询、技术培训是专业委员会另外一项重要工作。专业委员会成立以来，曾多次派专家就一些水利水电工程、高速公路边坡工程和深基坑工程等在设计和施工中的岩土锚固技术难题进行了咨询，对这些工程的顺利建设做出了积极贡献。为了帮助一些企业更好更快地推广采用岩土锚固工程新技术，专业委员会在2004年受北京电力公司的委托，组织有关专家为该公司编制了《北京电力隧道浅埋暗挖施工技术规程》和《北京电力沟道概算定额》两个企业标准。相信这两个企业标准将对保证北京地下电力工程的质量和施工安全，以及在工程招投标中合理确定工程造价发挥重要作用。专业委员会成立以来，已主持召开了29次全国性岩土锚固工程学术研讨会(见表6-7)，并由地震出版社、万国学术出版社和人民交通出版社出版发行了12本会议论文集。

表6-7 全国岩土锚固工程学术大会

序号	时间	地点	会议名称	参会人数	优秀论文/篇	收录论文/篇	举办单位
1	1990年12月1—5日	柳州	第1次全国岩土锚固工程学术大会	100	—	64	专业委员会
2	1992年10月13—17日	庐山	第2次全国岩土锚固工程学术大会	138	—	51	专业委员会
3	1993年11月23—25日	北京	国际岩土锚固技术交流会议	206	—	—	专业委员会、中国地质矿产信息研究院
4	1994年9月20—22日	天津	全国岩土锚固工程施工机具与施工工艺学术交流会议	80	—	—	专业委员会
5	1996年1月24—26日	北京	锚固技术在深基坑工程中应用学术讨论会议	60	—	15	专业委员会

表 6-7(续)

序号	时间	地点	会议名称	参会人数	优秀论文/篇	收录论文/篇	举办单位
6	1996 年 10 月 22—25 日	柳州	96 国际岩土锚固工程技术研讨会	230	37	64	专业委员会、柳州市建筑机械总厂
7	1997 年 11 月 12—15 日	北京	岩土锚固工程学术研讨会	79	25	—	专业委员会
8	1998 年 11 月 24—29 日	海口	第 7 次全国岩土锚固工程学术大会	214	13	100	专业委员会
9	1999 年 11 月 14—18 日	上海	软弱复杂地层锚固技术研讨会	92	17	32	专业委员会
10	2000 年 10 月 15—22 日	成都	第 9 次全国岩土锚固工程学术大会	180	25	55	专业委员会
11	2001 年 10 月 24—25 日	北京	第 10 次全国岩土锚固工程学术研讨会	92	12	—	专业委员会
12	2002 年 10 月 21—24 日	昆明	第 11 次全国岩土锚固工程学术研讨会	180	33	89	专业委员会
13	2003 年 9 月 5—7 日	丹东	第 12 次全国岩土锚固工程学术研讨会	138	31	—	专业委员会
14	2004 年 10 月 23—26 日	武夷山	第 13 次全国岩土锚固工程学术研讨会	130	31	80	专业委员会
15	2005 年 10 月 26—29 日	无锡	第 14 次全国岩土锚固工程学术研讨会	140	22	—	专业委员会
16	2006 年 11 月 13—15 日	桂林	第 15 次全国岩土锚固工程学术研讨会	180	21	81	专业委员会
17	2007 年 10 月 22—25 日	青岛	第 16 次全国岩土锚固工程学术研讨会	160	31	—	专业委员会
18	2008 年 12 月 1—4 日	深圳	第 17 次全国岩土锚固工程学术研讨会	230	33	103	专业委员会
19	2009 年 10 月 21—25 日	成都	第 18 次全国岩土锚固工程学术研讨会	170	22	—	专业委员会
20	2010 年 10 月 18—20 日	重庆	第 19 次全国岩土锚固工程学术研讨会	190	24	84	专业委员会
21	2011 年 9 月 15—17 日	丹东	第 20 次全国岩土锚固工程学术研讨会	170	18	—	专业委员会
22	2012 年 10 月 21—24 日	昆明	第 21 次全国岩土锚固工程学术研讨会	180	27	84	专业委员会
23	2013 年 9 月 12—15 日	兰州	第 22 次全国岩土锚固工程学术研讨会	180	28	—	专业委员会

表 6-7(续)

序号	时间	地点	会议名称	参会人数	优秀论文/篇	收录论文/篇	举办单位
24	2014 年 10 月 21—23 日	无锡	第 23 次全国岩土锚固工程学术研讨会	199	24	83	专业委员会
25	2015 年 11 月 2—4 日	上海	第 24 次全国岩土锚固工程学术研讨会	200	—	—	专业委员会
26	2016 年 10 月 2—4 日	重庆	第 25 次全国岩土锚固工程学术研讨会	160	25	77	专业委员会
27	2017 年 11 月 15—17 日	海口	第 26 次全国岩土锚固工程学术研讨会	—	—	—	专业委员会
28	2018 年 10 月 24—26 日	成都	第 27 次全国岩土锚固工程学术研讨会	200	—	—	专业委员会
29	2020 年 1 月	福州	第 28 次全国岩土锚固工程学术研讨会暨沿海特殊复杂地层锚固工程关键技术交流会议	—	—	—	专业委员会

6.9.2 专业委员会第 1～7 届理事会

专业委员会第 1～7 届理事会见表 6-8。

表 6-8 历届专业委员会理事长、副理事长、秘书长表

届	理事长	副理事长(煤炭)	秘书长	任期
第 1 届	程良奎	段振西		1988 年 11 月—1992 年 10 月
第 2 届	程良奎	段振西	苏自约	1992 年 10 月—1997 年 11 月
第 3 届	程良奎	段振西	苏自约	1997 年 11 月—2001 年 10 月
第 4 届	徐祯祥	闫莫明	苏自约	2001 年 10 月—2006 年 10 月
第 5 届	徐祯祥	闫莫明	苏自约	2006 年 10 月—2011 年 10 月
第 6 届	徐祯祥	闫莫明	苏自约	2011 年 10 月—2015 年 10 月
	尚润涛	徐祯祥(常务)、闫莫明	孙晓波、苏自约	2011 年 10 月—2015 年 10 月
第 7 届	轮值理事长			2015 年 10 月至今

6.9.3 全国岩土锚固工程学术大会

(1) 1990 年 12 月 1—5 日，专业委员会在柳州市召开了“第 1 次全国岩土锚固工程学术大会”，来自全国水利、水电、铁道、冶金、煤炭、有色金属、地矿、城建和军工等部门的 100 名代表参加了会议。本次会议收到学术论文 64 篇，46 位同志在大会上宣读论文或做了学术交流发言。柳州市建筑机械总厂对大会的召开给予了全力支持。

(2) 1992 年 10 月 13—17 日，专业委员会“第 2 次会员代表大会暨第 2 次全国岩土锚固工程学术大会”在江西省庐山市召开。本次会员代表大会协商选举产生了专业委员会第 2 届理事会、理事、常务理事、理事长、副理事长和秘书长、副秘书长，聘请了第 2 届理事会顾问。本届理事会第 1 次会议决定在 1995 年或 1996 年召开一次国际岩土锚固工程学术大会，并初步研究了会议筹备工作计划。本次学术交流会议共有来自全国各地的 138 名代表参加。台湾地区的大地工程股份有限公司、台湾工业技术学院等单位的 18 名代表也应邀参加了学术交流活动。本次学术大会收到论文 51 篇，其中台湾学者论文 6 篇。在大会上有 45 位专家、学者宣读论文或做了发言交流。本次大会的顺利召开和圆满成功，得到了江西煤矿机械厂的大力支持。

(3) 1993 年 11 月 23—25 日，经国家科委批准，专业委员会与中国地质矿产信息研究院联合举办的“国际岩土锚固技术交流会议”在北京市召开。共有国内外代表 206 人参加会议，其中包括日本、德国、美国、瑞典等国家和地区的代表 38 人。

(4) 1994 年 9 月 20—22 日，专业委员会在天津市召开了“全国岩土锚固工程施工机具与施工工艺学术交流会议”。来自国内外 45 家单位的 80 位代表出席了会议。有 20 多家单位的代表在大会上做了交流发言，一些科研、施工单位和生产厂家还举办了实物和图片展览。会议期间，代表们还参观了天津预应力钢丝一厂和天津预应力钢丝二厂的生产情况。

(5) 1996 年 1 月 24—26 日，专业委员会在北京市召开了“锚固技术在深基坑工程中应用学术讨论会议”。来自全国有关部门从事工程设计、施工、科研的单位及院校和机具材料生产厂家的 60 名代表出席了会议。会议收到论文 15 篇，有 16 位代表宣读论文或做大会交流发言。

(6) 1996 年 10 月 22—25 日，由专业委员会与柳州市建筑机械总厂共同举办的“96 国际岩土锚固工程技术研讨会”在柳州市召开。出席本次大会的有来自中国、日本、法国、德国、奥地利、瑞士、韩国、越南，以及中国台湾和中国香港地区的专家、学者和工程技术人员共计 230 人。广西壮族自治区政府副主席李振潜、柳州市副市长黄家仁等省、市领导及中国工程院院士钱七虎出席会议开幕式。本次会议收到论文 80 多篇，会议论文集收录论文 64 篇，用中、英文两个版本由北京万国学术出版社公开出版发行，书名为《岩土锚固工程技术的应用与发展》。在本次学术研讨会上宣读论文 37 篇。大会期间还组织代表参观了柳州市建筑机械总厂，该厂的科学管理、现代化的企业制度和高质量的产品，给大家留下了深刻印象。

(7) 1997 年 11 月 12—15 日，专业委员会在北京市召开了“第 3 次会员代表大会暨岩土锚固工程学术研讨会”。本次会员代表大会之前的 1997 年 7—8 月间，全体会员单位采用通信投票的办法，选举产生了专业委员会第 3 届理事会理事共计 79 人。在本次大会期间，召开了第 3 届理事会第 1 次全体会议，通过协商，选举出了第 3 届理事会常务理事、理事长、副理事长和秘书长、副秘书长等，聘请了第 3 届理事会顾问。在学术研讨会上宣读论文 25 篇，参观了 2 个深基坑工程。

(8) 1998 年 11 月 24—29 日，专业委员会在海口市召开了“第 7 次全国岩土锚固工程学术大会暨专业委员会成立十周年大会”。出席会议的有水电、冶金、煤炭、铁路、交通、地铁、城建、市政、地矿和军工等部门的专家、教授、科技工作者和企业界人士共 214 人。海南省人大副主任毛志君同志出席会议开幕式并讲话，海南省省长汪啸风同志书面致辞。大会收到中国煤炭学会、中国土木工程学会隧道与地下工程分会以及中国岩石力学与工程学会名誉理事长孙钧院士，中国岩石力学与工程学会理事长王思敬院士等单位和个人的贺信、致辞10多件。本次学术大会收到论文137篇，其中会议论文集收录100篇，由人民交通出版社出版发行，书名为《岩土锚固新技术》。有47篇论文在大会上做了宣读。本次会议还评选出13篇优秀论文并予以奖励。另外，在本次大会上，专业委员会还对多年来热心专业委员会工作，大力支持、积极参加专业委员会各项活动的13个先进会议单位和10位先进个人给予表彰。本次大会的顺利召开与圆满成功得到了海南华琼（香港）基础工程公司的大力支持。

(9) 1999年11月14—18日，“软弱复杂地层锚固技术研讨会”在上海市同济大学召开，会议协办单位是同济大学和南京工程兵工程学院。出席本次会议的有来自全国有关部门及台湾地区的专家、学者和工程技术人员共计92人。本次会议收到论文32篇，有17位代表在大会上宣读论文或做专题报告。

(10) 2000年10月15—22日，“第9次全国岩土锚固工程学术大会”在成都市召开。出席本次大会的有来自全国各地有关部门从事岩土锚固工程技术科研、工程设计与施工和机具材料生产单位的代表共计180人。会议收到论文70篇，其中55篇收入会议论文集，由人民交通出版社公开出版发行，书名为《岩土锚固技术的新进展》。本次大会上有25位代表宣读论文或做了专题发言。本次会议的召开，得到了铁道科学研究院西南分院的大力支持。

(11) 2001年10月24—25日，“第10次全国岩土锚固工程学术研讨会暨专业委员会第4届理事会第1次全体会议”在北京市召开。出席会议的有来自全国各有关部门和单位的代表共计92人。在学术交流与研讨大会上，有12位专家和工程技术人员做了专题报告。在召开的专业委员会第4届理事全体会议上，通过大家的协商，选举出了第4届理事会常务理事、理事长、副理事长和秘书长等组织机构人员。根据理事长的建议，会议通过了第4届理事会聘请的顾问名单。第4届理事会还讨论研究了专业委员会今后的工作计划，并决定2002年在昆明市召开第11次全国岩土锚固工程学术研讨会并出版会议论文集。

(12) 2002年10月21—24日，“第11次全国岩土锚固工程学术研讨会”在昆明市召开。出席会议的有来自铁路、公路、水利、水电、冶金、有色金属、煤炭、城建、军工等部门和有关高等院校，从事岩土锚固工程设计、施工、科研和机具、材料生产厂家的科技人员和工程技术人员180人。云南省原副省长李树基同志、云南省建设厅副厅长赵正洪同志、中国施工企业管理协会秘书长张书田同志等领导出席会议开幕式并做了重要讲话。本次大会收到论文110篇，经筛选，有89篇收入会议论文集。该论文集会前由人民交通出版社出版发行，书名为《岩土锚固技术与西部开发》。本次大会宣读了33篇论文。专业委员会顾问钱七虎院士和程良奎教授级高级工程师在大会上做了专题报告。本次学术研讨会召开得到了西南有色昆明勘测设计研究院的大力支持，该院为会议的圆满成功创造了良好条件。

(13) 2003年9月5—7日，“第12次全国岩土锚固工程学术研讨会”在丹东市召开。出席会议的有来自全国各有关部门的代表138人。丹东市副市长回育波同志出席会议开幕式并讲话。在大会上有31位专家、学者和工程技术人员做交流发言。他们的发言总结交流了近年来我国在大型岩土边坡工程、水利水电工程、城市地铁与市政工程、深基坑及矿井井巷等工程中，采用的岩土锚固施工新方法、新经验及工程监控量测技术，以实现信息化设计与施工，不断提高工程质量与施工安全的宝贵经验。会议期间代表们还参观了丹东前阳工程测试仪器厂。该厂作为本次大会的协办单位，对会议的召开给予了大力支持。

(14) 2004年10月23—26日，“第13次全国岩土锚固工程学术研讨会”在武夷山市召开。中铁西北科学研究院为本次会议的协办单位。参加本次会议的有来自全国各有关部门从事科研、工程设计与施工，以及施工机具和工程材料生产单位的代表共计 130 人。本次会议收到论文 91 篇，有 80 篇编入会议论文集，论文集由人民交通出版社出版发行，书名为《岩土锚固技术与工程应用》。会议期间，有 31 位代表在大会上宣读论文。与会代表交流了岩土锚固技术新的科研成果、新的工程设计与施工经验，并对工程应用中存在的热点和难点问题进行了热烈的讨论，提出了一些切实可行的处理对策。中铁西北科学研究院对本次研讨会的召开给予了大力支持。

(15) 2005 年 10 月 26—29 日，“第 14 次全国岩土锚固工程学术研讨会”在无锡市召开。会议协办单位是无锡双帆钻凿设备有限公司。本次会议的主题是“岩土锚固工程施工技术的现状与发展”，会议代表共计 140 人。会议期间有 22 位专家和工程技术人员在大会上做了专题发言，他们结合工程实践，总结交流了近年来通过采用新的施工机具、施工工艺、工程材料和信息化施工方法，不断提高复杂地质条件下岩土锚固工程施工技术水平，加快施工进度，提高工程质量等方面的宝贵经验，受到与会代表的高度重视。代表们一致认为，在岩土锚固工程施工中，锚杆的造孔技术是关键，它直接影响到工程进度、工程质量和施工费用的高低，今后应加强新的施工机具和施工工艺的研究，以促进我国岩土锚固技术的应用取得更好的技术经济效益。本次会议期间，全体代表还到无锡双帆钻凿设备有限公司参观考察，该公司研发、生产了 YG 系列锚固工程钻机及配套产品，给大家留下了深刻而美好的印象。

(16) 2006 年 11 月 13—15 日，“专业委员会第 5 次会员代表大会暨第 15 次全国岩土锚固工程学术研讨会”在桂林市召开。参加会议的代表共计 180 人。11 月 13 日上午会议开幕式后，首先由专业委员会理事长徐祯祥做第 4 届理事会工作报告，副理事长闫莫明做关于专业委员会章程修改的报告，专业委员会秘书长苏自约做关于专业委员会财务情况的报告。随后全体代表以鼓掌方式通过了上述 3 个报告和专业委员会章程修改稿。本次会议从 11 月 13 日下午开始进行第 15 次全国岩土锚固工程学术研讨会的大会发言交流。本次研讨会收到论文 95 篇，其中 81 篇收入会议论文集，该论文集于 2006 年 9 月中旬由人民交通出版社出版发行，书名为《锚固技术在岩土工程中的应用》。有 21 位代表在大会上宣读论文和做了交流发言。会议于 11 月 15 日上午闭幕。本次会员代表大会和学术交流会议的协办单位是柳州欧维姆机械股份有限公司。对于该公司给予会议的大力支持与协助，全体代表表示衷心感谢。2006 年 11 月 14 日，专业委员会第 5 届理事会第 1 次全体会议在桂林市桂湖饭店召开。会议主要内容是：协商选举第 5 届理事会的领导机构，研究讨论新一届理事会的工作计划等。经过大家的协商讨论，会议通过了第 5 届理事会领导机构人员组成：徐祯祥同志当选为专业委员会理事长，刘玉堂等 15 位同志当选为副理事长，苏自约同志当选为秘书长，丁文其等 45 位同志当选为常务理事，钱七虎等 9 位专家被聘为专业委员会顾问。

(17) 2007 年 10 月 22—25 日，“第 16 次全国岩土锚固工程学术研讨会”在青岛市召开。本次会议的协办单位是捷马(济宁)矿井支护设备制造有限公司。来自我国铁道、公路、水利、水电、煤炭、冶金、有色金属工业、城市地铁、市政工程和军工等部门的代表共计 160 人出席大会。本次会议的主题是“复杂地层与环境中地下工程岩土锚固技术的新发展”。有 31 位专家、教授和工程技术人员在大会上做了专题发言。他们结合工程实际，总结交流了近年来我国岩土锚固工程设计、施工和现场监控测试等方面的新技术、新经验，受到代表们的高度重视和热烈欢迎。本次学术研讨会的顺利召开和圆满成功，得到了捷马(济宁)矿井支护设备制造有限公司的大力支持与协助，全体代表对他们表示衷心感谢。

(18) 2008 年 12 月 1—4 日，“第 17 次全国岩土锚固工程学术研讨会暨专业委员会成立 20 周年大会”在深圳市召开。出席本次会议的代表共计 230 人。会议收到论文 115 篇，经筛选，其中 103 篇论文编入会议论文集，该论文集由人民交通出版社公开出版发行，书名为《岩土锚固技术的新发展与工程实践》。本次会议评选出优秀论文 33 篇，有 32 位专家、学者和工程技术人员在大会上做专题报告或宣讲论文。今年是专业委员会成立 20 周年，在本次开幕式上宣读了一些单位和个人的贺信、贺电，表彰了一批优秀单位和先进个人。四川准达岩土工程有限公司等 41 家单位被评为“全国岩土锚固技术创新与工程应用优秀单位”，程良奎等 22 位老同志获得“岩土锚固技术创新与应用杰出贡献奖”，柳建国等 54 位中青年同志获得“岩土锚固技术创新与应用突出贡献奖”。本次大会的协办单位是深圳市工勘岩土工程有限公司，支持单位为冶金工业部建筑研究总院深圳分院。

(19) 2009 年 10 月 21—25 日，“第 18 次全国岩土锚固工程学术研讨会”在成都市金牛宾馆召开。来自全国水利、水电、铁道、交通、城建、市政、地矿、煤炭、冶金和军工等部门的科研、设计、施工和施工机具、工程材料的制造单位代表共计 170 人出席了本次会议。大会上有 22 位专家、学者和工程技术人员做了报告。

(20) 2010 年 10 月 17 日，专业委员会在重庆市召开了“第 5 届理事会第 5 次常务理事会议”。会议由理事长徐祯祥主持，秘书长苏自约汇报了专业委员会一年来的工作和 2011 年的工作计划，闫莫明副理事长就 2011 年进行专业委员会理事会换届选举工作的基本原则与办法等问题做了说明，会议确定 2011 年 8 月下旬在辽宁省丹东市召开专业委员会第 6 次会员代表大会暨第 20 次全国岩土锚固工程学术研讨会。2010 年 10 月 18—20 日，“第 19 次全国岩土锚固工程学术研讨会”在重庆市召开，出席会议的代表共 190 人。会议收到论文 89 篇，会议论文集编入论文 84 篇，该论文集由人民交通出版社出版发行。在两天半的学术研讨大会上，共有 25 位专家、学者做了交流发言。本次会议评选出优秀论文 24 篇，大会给予了表彰。

(21) 2011 年 9 月 15—17 日，“第 20 次全国岩土锚固工程学术研讨会”在丹东市召开，出席会议的代表共 170 人，辽宁省东港市副市长梁文章出席会议开幕式。在两天半的学术交流大会上，共有 18 位国内知名专家、学者和工程技术人员做了专题发言。本次大会的顺利召开得到了会议的协办单位丹东前工仪器有限公司的大力支持。15 日，专业委员会第 6 次会员代表大会在丹东市召开。会议首先由理事长徐祯祥同志做第 5 届理事会工作报告，接着由秘书长苏自约向大会做专业委员会财务管理及 2010 年度财务收支情况的报告，最后由副理事长闫莫明向大会做关于第 6 届理事会理事选举过程与选举结果的报告。代表们审议通过了上述报告。16 日，专业委员会第 6 届理事会第 1 次会议在丹东宾馆召开。会议经过协商选举出了第 6 届理事会的常务理事、理事长、副理事长、秘书长等。徐祯祥当选为理事长，刘玉堂等 19 位同志当选为副理事长，苏自约同志当选为秘书长。根据理事长的提名，会议通过了第 6 届理事会聘请钱七虎等 7 位专家为专业委员会顾问。本次会议决定 2012 年第 21 次全国岩土锚固工程学术研讨会在昆明市召开。

(22) 2012 年 10 月 21 日，专业委员会第 6 届理事会常务理事第 2 次会议在昆明市召开。徐祯祥理事长主持会议，苏自约秘书长汇报一年来专业委员会的工作和 2013 年工作计划。会议决定 2013 年 9 月在兰州市召开第 22 次全国岩土锚固工程学术研讨会。2012 年

10 月 21—24 日，“第 21 次全国岩土锚固工程学术研讨会”在昆明市召开，参会代表共 180 人。本次会议收到论文 93 篇，经编审委员会筛选，有 84 篇论文入选会议论文集。本次会议评选出优秀论文 27 篇并给予了表彰。在两天半的学术交流大会上，共有 28 位专家、学者和工程技术人员发言。本次大会的圆满成功得到了西南有色昆明勘测设计(院)股份有限公司的大力支持。

(23) 2013 年 9 月 12 日，专业委员会第 6 届理事会常务理事第 3 次会议在兰州市召开。徐祯祥理事长主持会议，苏自约秘书长汇报专业委员会一年来的工作和 2014 年工作计划安排。会议决定 2014 年第 23 次全国岩土锚固工程学术研讨会在无锡市召开。2013 年 9 月 12—15 日，“第 22 次全国岩土锚固工程学术研讨会”在兰州市召开。出席会议的代表共 180 人。本次会议的主题是“复杂地层与地质灾害防治工程中的岩土锚固技术的应用”。在两天半的学术交流研讨大会上，共有 28 位专家、学者和工程技术人员做了专题报告或宣讲论文。本次会议的圆满成功，得到了中铁西北科学研究院与甘肃省岩石力学与工程学会的大力支持。

(24) 2014 年 9 月 9 日，专业委员会向副理事长、顾问和常务理事等发出“关于调整中国施工企业管理协会岩土锚固工程专业委员会主要领导成员的函”，告知大家，中国施工企业管理协会根据民政部和国家发改委人事司的有关文件精神，对专业委员会的主要领导进行了调整：专业委员会理事长由中国施工企业管理协会副秘书长尚润涛同志兼任，原理事长徐祯祥同志任常务副理事长；专业委员会秘书长由中国施工企业管理协会办公室主任孙晓波同志兼任，原秘书长苏自约同志任专业委员会常务副秘书长。9 月 25 日，第 23 次全国岩土锚固工程学术研讨会的论文集由人民交通出版社公开出版发行，书名为《岩土锚固新技术的工程应用》。2014 年 10 月 21—23 日，“第 23 次全国岩土锚固工程学术研讨会”在无锡市召开，参会代表 199 人。本次全议收到论文 107 篇，经筛选有 83 篇论文编入会议论文集，本次会议评出 24 篇优秀论文并给予大会表彰。在两天半的学术交流会议上，共有 20 多位专家、学者和工程技术人员做专题报告或宣讲论文。本次会议的圆满成功得到了无锡金帆钻凿设备股份有限公司的大力支持，代表们表示衷心感谢。

(25) 2015 年 11 月 2—4 日，“第 24 次全国岩土锚固工程学术研讨会”在上海市同济大学召开。中国施工企业管理协会秘书长兼专业委员会理事长尚润涛同志出席会议并讲话，上海市建筑施工行业协会康春江秘书长出席会议并致辞。本次研讨会得到了上海岩土工程勘察设计研究院有限公司、上海强劲地基工程股份有限公司和同济大学的大力支持。共有来自全国岩土锚固行业 40 余位业内知名专家在内的 200 位代表参加了会议。

(26) 2016 年 11 月 2—4 日，“第 25 次全国岩土锚固工程学术研讨会”在重庆市召开。本次研讨会得到了招商局重庆交通科研设计院有限公司的大力支持，来自全国岩土锚固行业 160 位专家和企业代表参加了会议。会议期间召开了专业委员会理事会换届会议，通过了第 6 届理事会工作总结，选举产生了第 7 届理事会领导组成和第 3 届专家委员会。中国施工企业管理协会秘书长兼专业委员会理事长尚润涛出席会议并致开幕辞，他在讲话中肯定了专业委员会第 6 届理事会的工作成绩，安排部署了第 7 届理事会重点工作。在研讨会上，来自全国岩土工程领域高等学府、科研院所及勘察设计施工单位的 23 位专家重点围绕边坡工程、隧道工程、水电工程中的基坑支护施工设计与技术创新、大型岩土边坡预应力锚固结构选型与力学分析、预应力锚索在饱和软土地层基坑应用等方面展开学术交流发言。

这些观点新颖、创新概念超前，经过了实践的检验，具有很强的学术导向。与会代表同业内专家共同探讨了岩土锚固施工领域最新研究成果和技术发展趋势，并就岩土施工新机具、新材料、新工艺以及信息化、智能化监测方面进行了广泛交流。本次会议共收到学术论文 97 篇，其中 77 篇论文入选会议论文集《岩土工程锚固技术的新发展》，该论文集已由人民交通出版社在 2016 年 9 月下旬出版发行。会上还对其中 25 篇优秀论文给予了大会表彰并颁发荣誉证书。

(27) 2017 年 11 月 15—17 日，“第 26 次全国岩土锚固工程学术研讨会”在海口市召开。本次研讨会得到了中国岩石力学与工程学会技术咨询工作委员会和上海智平基础工程有限公司的大力支持。共有来自全国岩土锚固行业近百名专家和企业代表参加了会议。会上，来自全国岩土工程领域高等学府、科研院所及勘察设计、施工单位的 13 位专家围绕岩土锚固工程勘察、设计、施工技术、施工设备等试验结果分析、最新研究成果、技术发展趋势、复杂地质施工方案及工程应用展开学术交流发言。本次研讨会的召开，必将对推动岩土锚固技术进步和新技术、新经验、新成果的推广应用发挥积极的促进作用。

(28) 2018 年 10 月 24—26 日，“第 27 次全国岩土锚固工程学术研讨会”在成都市召开。本次研讨会得到了中国岩石力学与工程学会技术咨询工作委员会、中国水利水电第七工程局有限公司、中国水利水电第七工程局有限公司成都水电建设工程有限公司的大力支持。共有来自全国岩土锚固行业的 200 名专家、学者和企业代表参加了会议。会上，来自全国岩土工程领域高等学府、科研院所及勘察设计、施工单位的 17 位专家围绕岩土锚固工程勘察、设计、施工技术、施工设备中的试验结果分析、最新研究成果、技术发展趋势、复杂地质施工方案及工程应用展开学术交流发言，程良奎教授做了题为“发展中的岩土锚杆与锚固结构”特邀报告，王浩教授做了“从安全性到鲁棒性——岩土锚固创新设计和新结构开发的思考”主题报告，刘青灵博士做了“大型滑坡远程智能监测预警系统”报告。程良奎教授等专家一起集中回答了与会专家和代表们的技术提问。

(29) 2020 年 1 月，“第 28 次全国岩土锚固工程学术研讨会暨沿海特殊复杂地层锚固工程关键技术交流会议”在福州市召开，福建永强岩土工程有限公司卢焱保主任工程师、陈文林主任工程师参加了本次会议，并与多位与会嘉宾深入交流岩土锚固工程技术。本届大会由专业委员会主办。大会邀请我国岩土锚固领域的知名专家、勘察设计大师、教授、青年学者和科技工作者参加，会议就岩土锚固技术研究新成果与工程应用，岩土锚固施工新机具、新材料、新结构与新工艺等内容进行了深入探讨，旨在促进我国岩土锚固工程技术创新和应用，推动岩土工程行业高质量发展。福建永强岩土工程有限公司许万强董事长兼任专业委员会副理事长。

第7章 矿井建设科研成果与开发应用

7.1 矿井建设科研概述

中华人民共和国成立后,1949—1957年煤炭科技工作执行的是全面学习和采用苏联科学技术经验的方针。通过以采煤方法为中心的技术改革,初步改变煤矿生产技术面貌,提高劳动生产率;通过建立和健全技术法规,使煤矿生产技术管理逐步走上正轨;通过制定技术政策和科技发展规划,在机构、队伍建设和科技发展方向上,初步为煤炭科技工作建立基础。建立了沈阳、上海、重庆、武汉、西安等5个大区煤矿设计院和选煤设计院,成立了北京、唐山、抚顺煤炭科研院所。1957年建立了北京煤炭科学研究院,辖北京建井研究所、北京开采研究所、北京煤田地质研究所和北京煤化学研究所。北京建井研究所是由原基本建设管理局筹建的施工技术研究所并入,主要从事井筒的特殊与普通施工技术、巷道掘进与支护的研究;北京开采研究所是在原北京煤研所筹建的矿区开采研究室的基础上扩建而成,主要从事矿井压力、矿井支护、矿井开采技术与工艺的研究;北京煤田地质研究所是由地质勘探总局筹建的煤田地质研究所并入,主要从事煤田地质、矿井地质、水文地质和各种勘探技术的研究;北京煤化学研究所是由唐山、抚顺两研究所的炼焦室合并而组建,主要从事全国煤质分析和煤炭加工与转化技术的研究。这些研究所均建立了一些初具规模的实验室和测试装置,科研人员在学习引进苏联技术的基础上,深入现场,与生产建设与机械制造单位联合,成功研制了矿井建设所需的常规机具和炮采工作面所需的机电设备,制定了以炼焦煤为主的中国烟煤分类方案,提供了一批应用于生产建设的科研成果。

1950—1957年,中国煤炭工业在全面学习苏联方针的指导下,结合第一个五年计划期间由苏联援建的15个大型成套项目(1处露天煤矿、7处大型矿井、7个选煤厂),培训了一批地质勘探、设计、施工、生产、管理、科研、教育等方面的技术队伍。在引进苏联技术装备的基础上,消化吸收后研制成功了各种机电设备,矿井建设所需的绞车、抓岩机和凿岩机等常规机具,提供了一批应用于建设的科技成果。1956年,煤炭工业部配合国家编制的《1956—1967年科学技术发展远景规划》,是煤炭工业12年科学技术发展规划,该规划充分吸取了苏联煤炭科技工作的经验。规划确定的方向是:采用新工艺、新技术、新装备,搞好安全生产,提高劳动生产率,加快煤炭生产建设的发展。

1958年,我国开始执行发展国民经济的第二个五年计划,探索社会主义工业化的道路。1960年冬,煤炭工业部为了强化科学管理,确定由北京煤炭科学研究院领导全国各专业煤炭研究所,调整并新建了一批专业研究机构。根据中央的方针,国家科委党组和中国科学院党组提出了《关于自然科学研究机构当前工作的十四条意见(草案)》(简称《十四条》)。1961—1963年,煤炭科技工作在《十四条》的指导下,执行了调整方针,主要内容是:贯彻《十四条》,按照科学研究的规律,开展科学研究工作和搞好对科研机构的管理;强化技术基础工作，规范科技成果推广和技术管理工作；根据国际形势的变化，开始向西方国家学习先进技术经验。煤炭科技工作得到迅速发展，煤炭科技队伍增长极快，取得重大科研成果 102 项，特别是金属摩擦支柱、混凝土支架的推广应用，改变了井下支护单纯采用坑木的局面，缓解了木材资源不足对煤炭生产的制约程度，对煤炭工业的发展起到了很大的促进作用；冻结法凿井技术初见成效，为煤矿在厚冲积层地区的矿井建设提供了新技术途径。

1964 年建立了太原煤炭研究所，主要从事矿井机械化、自动化、开采技术的研究和归口产品的检测与质量监督工作。1964 年底将上海煤矿机械设计研究院改制为上海煤矿机械研究所，主要从事煤矿井下采煤机械、掘进机械、运输机械、液压技术、电气设备等新技术、新产品的研究。1965 年初，组建了重庆煤炭研究所，主要从事瓦斯、煤尘、仪表、机电设备方面的研究。1965 年北京煤炭科学研究院的地质所与唐山煤炭研究所地质室，成建制地内迁西安，改为西安地质勘探研究所，主要从事煤田地质、矿井地质、水文地质和各种勘探技术的研究。1966 年在唐山开滦矿区范各庄矿筹建了自动化研究所。

1966 年我国开始执行第三个五年计划，但受“文化大革命”的影响，煤炭科技工作和科学研究基本处于停顿状态，技术管理大为削弱。

1972 年 4—5 月，燃料化学工业部领导在几次听取了煤炭科学研究院关于世界主要采煤国家发展综合机械化实现高产高效的经验和国内研制液压支架的情况后，决定狠抓液压支架研制工作，把采掘综合机械化确定为煤矿技术发展的主攻方向，并以此带动煤炭科技的发展。为了加快采掘综合机械化步伐，决定实行国内研制与引进国外技术相结合的方针。1972 年北京煤炭科学研究院北京开采所与唐山、太原等煤炭研究所组成综采攻关课题组，在生产、机制单位的密切配合下，奋战 3 年取得了重大突破；普通凿井、特殊凿井、井下供电、地质勘探、煤矿安全等关键课题研究也取得了明显成果，原有的煤炭科研机构均逐步恢复了建制。

1972 年底至 1973 年初，煤炭工业部在郑州召开了采掘综合机械化专业会议。采煤综合机械化科技工作的进展也推动着其他专业的科技进步，至 1976 年建井施工的新工艺、新装备以及安全科技工作等都有所突破。研制成功 0.4～0.6 m^3 抓岩机、3 m^3 吊桶、18～25 t 稳车等大型普通法凿井设备；钻井法凿井试验成功，冻结法凿井最大冻结深度达 320 m。

1975 年煤炭工业部重新组建后，徐今强部长做出了煤炭科研工作的一、二、三线纵深布局的决策。一线是重点矿务局(矿)、厂成立科研机构，主要研究解决本企业生产建设中的科技问题；二线是在主要产煤省、市、自治区建立科研院所，主要研究解决本地区煤炭工业的关键技术问题；三线是面向全国的煤炭专业科研机构，主要解决全行业中重大关键和战略性课题。这一决策不仅极大地调动了煤炭工业广大科技人员研究与攻关的积极性，而且有力地促进了煤炭科技工作与生产建设实际的密切结合，同时也把科研体系中的点与面、当前与长远、战术与战略、实践与理论有机地联系起来，加快了煤炭科技工作的发展速度。1976 年调整了一些煤炭科研机构的研究方向，增设了一些新的科研机构。

1977 年，唐山开滦矿区的自动化研究所并入唐山煤炭研究所，该所于 1979 年恢复建制并迁往常州，主要从事煤矿自动化和通信技术的研究。1978 年增建了淮北爆破技术研究所，主要从事煤矿爆破器材和爆破方法的研究。至此，全国煤炭系统已有 11 个专业研究所，并建成了冻结、爆破、支护、矿压、水采、安全、机电、拖动、选煤、煤质等实验室及京西平硐实验站，各专业研究所共有科技人员 4 212 人，初步形成了布局比较合理的煤炭科研体系。

在 1978 年全国科学大会的推动下，煤炭科技工作出现了欣欣向荣的局面。1982 年，煤炭工业部根据中共中央在全国科学技术奖励大会上提出的“振兴经济必须依靠科学技术，科学技术必须面向经济建设”的战略方针，制定了以下科技发展方针：将发展煤炭工业的指导思想由增产靠增人转变为增产依靠科学技术；推动煤炭企业技术进步来落实煤炭工业技术进步；改革煤炭科技体制，使科技与生产更加紧密结合，以推动煤炭科技工作和煤炭工业的发展；通过多种形式强化国外先进科技的消化吸收，以加快把煤炭工业建立在先进科学技术基础上的步伐。1983 年、1985 年、1989 年，煤炭工业部先后 3 次召开煤炭科技工作会议，结合当时的中心工作，深入贯彻“振兴经济必须依靠科学技术，科学技术必须面向经济建设”的战略方针。自此，煤炭工业发展依靠科技进步的指导思想和发展科学技术的方向也逐步明确。1983 年还通过 15 个样板矿井的建设，推广应用科技新成果。

1983 年在江苏省煤矿机械研究所的基础上改制成立了南京煤炭研究所，主要从事井巷常规施工技术的研究；在安徽省煤炭研究所的基础上改制成立了合肥煤炭研究所，主要从事地方煤矿的科学研究。1984 年在浙江省煤炭研究所的基础上改制成立了杭州环境保护研究所，主要从事煤矿环境保护和煤的综合利用方面的研究。

1982—1990 年，煤炭工业贯彻“振兴经济必须依靠科学技术，科学技术必须面向经济建设”方针，使煤炭科技工作得到空前发展，科技成果在建设中取得显著效果，煤矿建设面貌发生深刻变化。

到 1990 年全国煤炭系统基本建立了专业较配套、布局更合理的三线科研机构。煤炭科学研究总院共有 6 个分院、9 个研究所和 2 个研究中心，科技人员 4 202 人；主要产煤省、自治区和重点矿务局与煤炭企业也先后建立了 19 个煤炭研究所，共有科技人员 1 641 人，基本构成了一、二线的科研机构。煤炭系统高等学校也先后建立了院与系两级研究所或研究室。中国矿业大学，除学校研究所外，各系尚有研究所、研究室、研究中心 23 个，其中有井壁、冻结壁和爆破研究室。阜新矿业学院，除学院研究所外，各系还有研究所 3 个，其中有岩土工程研究所。西安矿业学院，除学院研究所外，各系还有研究所、研究室 14 个，其中有岩土工程和爆破工程研究所。山东矿业学院各系有研究所 16 个，其中有爆破工程和建筑设计研究所。淮南矿业学院有研究所 4 个，其中有地下工程结构研究所。山西矿业学院有研究所 3 个。焦作矿业学院有研究所、研究室 11 个，其中有岩石力学研究室、岩石切割研究室和矿井开发设计研究所。湘潭矿业学院，除学院计算机应用研究所外，各系还有研究所 8 个，其中有建筑设计研究所。黑龙江矿业学院有研究所 5 个。淮北煤炭师范学院有研究所 3 个。这些一、二、三线和高等学校的科研机构在统一规划指导下，分工明确，各有侧重，各自发挥专业研究人员和设备的优势，互相协作，在冻结凿井技术水平的提高、钻井技术的进步、沉井技术的推广、注浆技术的发展、井巷施工技术与装备的优化、新型炸药的研制、矿用爆破器材品种的增加、井巷爆破技术的发展、爆破器材测试技术的推进、矿井压力研究水平的提高、矿井支护技术的发展、“三下”采煤技术的进步、水力采煤技术的成熟、采掘机械的研制、矿井机械设计制造技术的提高、矿井机械标准化与计量检测的开展、井下供电与拖动技术的发展、矿井设备自动化控制技术应用范围的扩大、井下通信与照明技术的发展、电气设备防爆技术的提高、露天生产工艺的改进、深露天矿的改造、露天开采新工艺新技术的开发、矿井瓦斯抽采和煤与瓦斯突出防治技术的发展、矿井灭火技术的进步、矿井通风及安全仪器检测技术与装置的更新、煤矿防尘技术的发展、地表及岩层移动观测技术的进步、贯通测量与立井井筒延深测量精度的提高、矿井测量仪器的国产化、重介质选煤工艺的发展、浮选工艺的进步、选煤厂洗水闭路循环的实现、煤炭筛选技术的发展、煤炭综合利用技术的发展、经营管理技术的提高等方面均取得了重要成就，对实现煤炭科技规划、推动煤炭科技进步、促进煤炭生产建设的发展做出了积极贡献。到1990年，中国煤炭工业基本掌握了中国煤炭资源分布规律，能自行设计年产400万～500万吨煤炭的矿井，提供全套矿井设备；掌握了过厚冲积层和不稳定地层的钻井、冻结、注浆、帷幕、沉井等多种特殊施工技术。冻结法凿井最大深度435 m；钻井法凿井最大深度508 m，最大钻井直径9 m，是世界上钻井施工最大的直径。

“八五”前后，煤炭工业部提出了“科教兴煤”战略，大力推进科技成果产业化，推动科研单位主动进入市场。1985—1992年，科技体制改革重点是改革拨款制度、放松科研机构管治，科技发展的主导思想是“放活科研机构，放活科技人员”。1992—1998年，科技体制改革的口号是“稳住一头、放开一片”，科技发展的主导思想是“分流人才，调整结构，推进科技经济一体化发展”。1998年开始，我国科技体制改革进入第三阶段。科教兴国与建设国家创新体系是这一阶段的主题。推进研究机构改革、推进科技成果转化、推进技术创新的“三推进”则成了科技工作的主旋律。

“九五”期间，煤炭工业部提出了《关于加快实施科教兴煤战略的决定》，坚持科学技术是第一生产力的思想，坚定不移地实施科教兴煤战略，推动煤炭工业向高产、高效、安全、优质、洁净和煤炭合理、综合利用的方向转变。《关于加快实施科教兴煤战略的决定》指出：“九五”期间，煤炭科技工作要以解决好综采放顶煤技术，锚杆支护技术，防治重大瓦斯、煤尘、火灾事故技术，洁净煤技术以及建设高产高效矿井的综合配套技术为主攻方向，并取得突破性进展。这一时期，煤炭高校的科研工作致力于高层次项目的研究，其中承担国家攻关、国家自然科学基金项目数大幅增加，仅1995年各煤炭高校共承担国家和省部级项目208项。“九五”期间，中国矿业大学在国家科技攻关项目”改善煤矿安全状况综合配套关键技术研究”中承担了4个课题，在“先进高效选煤技术”项目中承担的空气重介干法选煤、浮选柱、絮凝剂等课题，研究经费达930万元。在研究方向上，煤炭高校积极向新兴学科、边缘学科扩展，向洁净煤技术、新型材料、非金属材料、现代控制工程等方向发展。

到“九五”末期，中央和地方科研院所除保留少量事业经费和基本建设经费外，科研单位的经济运行已经基本实现市场化。为继续扶持科技研究工作，国家制定了转制院所在财政、税收方面的优惠政策，并在科研基础设施建设方面继续给予支持。“十五”期间，煤炭科技体制改革全部完成，原中央所属科技开发型单位，顺利转制为大型科技型企业；地方所属科研单位采用集体承包、股份制改造，形成新的发展模式。煤炭科技体制改革和科学技术的发展极大地提高了煤炭工业科技水平，到“十五”初期，煤炭科技贡献率已经从1979年的9.2%提高到约35%。“十五”以来，煤炭行业技术创新体系建设初见成效，建设国家级企业技术中心12个、省市级中心近100个，部分企业还建立了独立的研究机构，设立博士后流动工作站。煤炭企业建立了企业与大专院校、科研机构和专家学者在科技领域的合作共赢机制，攻克了煤矿重大瓦斯灾害防治、煤矿重大水害防治、煤炭直接液化关键技术、矿区综合信息网络自动化系统、井上下瓦斯联合抽采技术等重大课题，研制开发了具有先进水平的煤矿综采综掘大型成套装备。在先进技术的引领和支撑下，煤炭资源的开发和利用全面步入依靠科学技术进步、实现健康快速和可持续发展的轨道。

1998年以后，中国矿业大学成立露天开采及边坡研究所，从事露天开采技术、露天设计规划及边坡等方面的研究。2011 年，煤炭科学研究总院安全技术分院成立了露天采矿技术研究所，成为国内第二家专业从事露天开采技术、边坡治理、环境治理技术与咨询的权威研究机构。“十一五”以来，煤炭行业已经规划和启动了煤炭高效开采、大型深井建设、煤矿安全与煤炭洁净加工利用科研基础设施的建设工作。与此同时，煤炭科研单位、高等院校积极申请成立国家重点实验室，为提高行业自主创新能力，开展煤炭工业重大科学技术研究工作创造了必要条件。

7.2　科研机构

7.2.1　国家科研院所

1. 煤炭科学研究总院

煤炭科学研究总院于 1954 年 9 月筹建，于 1957 年 5 月 18 日正式建院，先后隶属于煤炭工业部、燃料化学工业部、中国统配煤矿总公司、国家煤炭工业局、中央大型企业工作委员会、国务院国有资产监督管理委员会和中国煤炭科工集团，是煤炭行业唯一的综合性科学研究院，1999 年转制为中央直属的科技型企业。到 2015 年，在煤炭地质勘察、矿井测量、矿井建设、煤炭开采、采掘机械与自动化、煤矿信息化、煤矿安全、洁净煤技术、煤矿环境保护、煤炭经济研究等各个研究领域开展了大量研究工作，取得了丰硕的科技成果。在煤炭行业发展的各个阶段都实时地向煤矿提供新技术、新装备，促进了煤炭行业的技术进步。煤炭科学研究总院还承担了非煤矿井、隧道工程、基础设施和城市地铁等地下工程的特殊施工技术服务和工程承包，将煤炭行业的工程技术应用于其他行业。承担了 70%以上的煤炭行业国家科技攻关项目，取得科研成果 5 000 余项，获国家和省部级科技进步奖、发明奖 1 000 余项。

煤炭科学研究总院建设有 24 个煤炭工业重点实验室和 7 个国家级、6 个行业级质量监督检验测试中心，国家煤矿安全技术工程研究中心等 4 个国家级工程技术研究中心，以及国家矿用产品安全标志办公室等机构。拥有 5 个博士后科研工作站、2 个博士学位授权点、8 个硕士学位授权点。煤炭科学研究总院是国际采矿大会组委会等 10 多个国际学术组织的成员单位，与 20 多个国家的 100 多家机构建立了长期合作关系，在国际上享有极高声誉。煤炭科学研究总院下属与煤炭基本建设相关的科研院所有 4 家，分别是建井研究分院、上海研究院、太原研究院、南京研究所；与露天煤矿建设相关的科研院所有 2 家，分别是露天采矿技术研究所和沈阳研究院。

(1) 建井研究分院

建井研究分院前身为建井施工技术研究所，是 1956 年由煤炭工业部基本建设总局受命组建的，所长由基本建设总局技术处处长边振邦兼任。1956 年 5 月，该所并入北京煤矿安全研究所(煤炭科学研究总院前身)。1957 年 5 月煤炭科学研究总院正式成立，原建井施工技术研究所的名称定为建井研究所。1962 年，为贯彻煤炭工业部“坑木代用”政策，煤炭科学研究总院决定将相关研究人员集中到开采研究所，为此，建筑结构和建筑材料两研究室的大部分人员调出，余员组建成结构研究组。1973 年，该所与开采、煤化两研究所合编为北京研究所，直属总院领导，该所改称为建井研究室，所下取消研究室编制，改称为组。北京研究所于 1976 年在北京门头沟区建有一个试验站。1978 年，恢复研究所编制，名称改为北京建井研究所，仍直属煤炭科学研究总院领导。原来的特殊施工研究室范围内的几个大组变为钻井、冻结、注浆研究室；原来的机电研究室曾一度变为电气实验室，后分散到各专业研究室；井巷施工研究室不久分成平巷掘进研究室和平巷支护研究室。1980 年借煤炭科学研究总院“采掘机械测试手段的更新与建设”项目立项之机，申报并得以批准了“岩巷施工机械测试系统（含凿岩机具、装运和爆破 3 个试验室）”建设项目，1990 年，3 个试验室、约 5 000 m^2 土建工程和一个长约 200 m 的试验平硐全部建成投入使用。1980 年，《建井技术》刊物创刊，原为季刊，现为双月刊，1992 年以来一直被评为采矿类核心刊物，《建井技术》编辑部设在北京建井研究所。中国煤炭学会矿山建设与岩土工程专业委员会自 1980 年组建后一直依托在该所。1980 年煤炭工业矿井建设情报中心站设在该所，该所同时为煤炭部基建管理中心办《煤炭开发信息》报。1984 年，在北京建井研究所的基础上成立北京中煤矿井工程有限公司。1989 年末，在凿岩试验室基础上经上级批准成立了煤炭工业部北京凿岩机具产品质量监督检验中心。1991 年，经上级批准成立了煤炭工业部北京锚杆产品质量监督检验中心。1991 年初，北京建井研究所由旧科研试验楼迁入煤炭科学研究总院内新建的科研试验楼，旧楼确定为危房而拆除。同年成立了施工组织设计与工程监理研究室。煤炭工业部煤矿专用设备标准化技术委员会井巷设备分会依托在该所。1993 年，该所自动化与电脑应用研究室三分之二人员调出，与煤炭科学研究总院计算中心组建成高科技中心。余员仍组成自动化与电脑应用研究室，1996 年该室并入冻结研究室。同年与乌克兰特殊地质公司联合成立了巴特(BAT)注浆工程有限公司。1995 年，成立了煤炭科学研究总院地下工程特殊施工技术研究中心并正式申请成立国家级地下工程特殊施工技术研究中心。同年成立了众智科威建设监理咨询所，该所具有甲级工程建设监理资质。2000 年机电仪表部成立。同年北京中煤矿井工程有限公司成为天地科技股份有限公司子企业。2002 年生产管理中心和市场部成立。2006 年，北京建井研究所更名为煤炭科学研究总院建井研究分院，北京中煤矿井工程有限公司的牌子仍然使用。2011 年，北京中煤矿井工程有限公司为进一步加强科技创新工作，成立了新一届学术委员会，实行首席专家制，制定了科研项目管理办法、成果管理办法、项目经费管理办法、技术创新奖励办法等一系列科研管理制度，形成了公司的科研创新体系。到 2020 年，北京中煤矿井工程有限公司(天地科技建井研究院)设有冻结与轨道技术研究所、注浆与定向技术研究所、钻井与矿建技术研究所、矿山技术研究所、支护与加固技术研究所、矿山冻结技术研究所、煤矿深井建设技术国家工程实验室等 7 个专业研究所，承担国家及行业的重大科研项目。

(2) 上海研究院

上海研究院创建于 1959 年 1 月，是由原煤炭工业部上海煤矿设计研究院分出建立的大型行业技术开发和专业研究单位，是我国煤炭行业主要的机电装备技术研究开发机构。1999 年 7 月作为国务院十部委第一批转制科研院所，上海研究院由国家事业单位转制为国有独资企业，开始向科技型企业转型，成为我国煤炭行业主要的综合性技术研究机构和煤矿机电产品研制企业。2008 年，随煤炭科学研究总院整体成为新组建的国资委直属央企——中国煤炭科工集团有限公司所辖子企业。2014 年 4 月，上海研究院全部经营性资产和人员进入中煤科工集团上海有限公司，全部业务转由上海煤科实业有限公司经营，按公司制模式运行。2015 年 11 月，天地科技股份有限公司收购中国煤炭科工集团所持有的上海煤科 100%股权。2015 年 12 月，天地科技股份有限公司将上海天地、天地采掘、西北煤机、常熟煤机股权向上海煤科实业有限公司增资，成立了新的上海煤科实业有限公司。

建院 60 多年来，伴随着中国煤炭工业采掘运机械化、电气自动化的发展，上海研究院先后建立了煤矿采、掘、运、电、液、检测检验等专业，设立了采掘机械技术、运输机械技术、电气自动化技术、液压技术、检测技术等专业研究部门，拥有采、掘、运、电、液、检测检验等方面的技术优势。上海研究院是我国煤炭行业采煤机、运输机、电气技术和液压技术的归口部门，是煤炭行业煤矿专用设备标准化技术委员会、中国煤炭学会煤矿机电一体化专业委员会、中国电工技术学会煤矿电工专业委员会的挂靠单位，设有国家煤炭工业采掘机械化信息中心站并主办业内知名期刊《煤矿机电》杂志，是煤炭行业机电装备的主要技术研究和产品开发机构。上海研究院检测中心是获国家认可的国家实验室，拥有 3 大类共 7 个检验站、试验室和 1 000 多台(套)各类先进试验设备，在采煤机械、运输机械、防爆电气、阻燃材料、非金属材料和井下照明等煤矿机电设备领域已经成为一个具有国际先进、国内领先、行业一流的权威矿用机电产品综合性检测检验机构。在经济快速发展的同时，经过整合重组、优化资源，上海研究院形成了由采掘机械、运输机械、检测检验三大主导产业和工程装备、液压元部件和系统、高压电气绝缘产品制造设备、物业租赁等产业组成的产业群，培育了自己独特并为用户所接受的产业模式，成为我国煤炭行业主要的综合性技术研发机构和机电装备生产企业。

到 2015 年，上海研究院共完成科研项目 600 余项，制定国家和行业标准近 200 项，在煤矿采、掘、运机械化和电气化技术领域，研制出一大批国家急需的重大装备。在采掘装备方面，上海研究院成功地研制出了国内第一套普采设备、第一套高档普采设备和第一套倾斜中厚煤层综采设备，成功地研制出国内第一台滚筒采煤机、第一台薄煤层爬底板交流变频调速电牵引采煤机、第一台装机功率 2 215 kW 的大功率电牵引采煤机，实现了采煤机从液压牵引向电牵引的技术创新和转移，同时还成功研制了 ELM、EBJ 系列悬臂式掘进机和 EMG-250 型掘锚机组。在运输装备方面，先后开发了 SDJ 系列带式输送机、SQD 系列上运和 SEJ 系列下运大倾角带式输送机等煤矿急需并大量推广使用的输送设备，先后成功研制出国内第一条下运 16°带式输送机、第一条采用普通光面胶带的上运 28°大倾角带式输送机、第一条采用普通光面胶带的下运 25°大倾角带式输送机、第一条上运 31°高倾角带式输送机、第一条带中间驱动的可伸缩带式输送机、第一条长运距(8.7 km)大功率(装机功率 4×2 240 kW)固定式带式输送机和第一条用于地铁施工的垂直提升输送机。在电气控制方面，在国内率先完成了井下千伏级供电系统和万伏级直接下井供电系统，率先研发成功为采、掘、运、提升等煤矿主要生产设备配套的电气自动化控制系统。

(3) 太原研究院

太原研究院成立于 1964 年，主要从事综采、综掘、短壁及无轨辅助运输等技术与装备研发和制造。近年来，先后在内蒙古、宁夏、贵州、陕西等地设立了分公司和控股子公司。2006 年以太原研究院主要经营性资产出资成立“山西煤机装备有限公司”，成为上市公司天地科技股份有限公司的子公司，主要从事煤矿开采、掘进、运输、支护技术与装备的研究和开发，是国内专业配置最齐全的煤机装备供应商之一。其母公司中国煤炭科工集团是国内煤炭行业唯一的综合科研、设计单位，涵盖了煤矿设计、矿井建设、采掘工艺、煤机装备、洗选工艺及装备、安全技术仪器设备、煤炭清洁利用等煤炭行业的整个产业链。

太原研究院是“煤矿采掘机械装备国家工程实验室”项目承担单位，设有国家煤矿掘进机械质量监督检验中心、国家煤矿刮板输送机械标准化委员会、国家掘进机械标准化委员会、中国煤炭学会短壁机械化开采专业委员会和山西省煤机技术研发中心等。建院以来，共取得具有国际领先或先进水平的科研成果600余项，获得国家和省部级科技奖励200余项，批准授权专利378项，其中发明专利40项。

(4) 南京研究所

南京研究所成立于1976年，主要根据当时煤炭生产建设的需要，在部生产司、供应局的支持下，研究小型煤矿的支护工艺。随着专业技术人员的不断充实、科研队伍的不断扩大，研究方向由单一的小煤矿支护工艺发展成为以“煤矿锚喷支护配套机具”“煤矿小型电气产品”为主的专业化研究所。1983年，南京研究所归属煤炭科学研究总院后，成立了平巷研究室、竖井研究室、电气研究室，主要研究混凝土喷射机、两用湿法泵式混凝土喷射机、HPS-4ZA型挤压泵式湿法混凝土喷射机等。目前，已研制成功小断面岩巷锚杆钻机、MZ系列煤巷液压旋转锚杆钻机、QYZ系列轻型手持式液压钻机。先后承担并完成了国家攻关、省部级重点科研项目80余项，取得科研成果140余项，其中40余项成果获国家、省部级科技进步奖，70项成果获国家发明专利和实用新型专利。此外，在煤矿锚喷支护配套装备、反井钻机的研究方面一直处于国内领先水平。2011年6月，南京研究所成为南京设计院的二级子企业。

(5) 沈阳研究院

沈阳研究院始建于1953年，原名煤炭科学研究总院抚顺分院，是国内煤炭行业建立最早的主要从事煤矿安全技术研究和产品开发的科学研究机构，同时拥有我国煤炭工业唯一的露天开采安全研究机构。1953年初，抚顺矿务局研究所被划分为抚顺煤矿安全研究所和抚顺石油研究所2个单位。1953年6月归燃料化学工业部煤矿管理总局领导，当时共有9个研究组和3个分析室。1956年5月8日建立为抚顺煤炭科学研究院，下设3个研究所和17个研究室组。1964年9月更名为煤炭科学研究院抚顺研究所，1971年6月改称辽宁省煤炭研究所，1978年7月收归煤炭科学研究院，1988年12月定名为煤炭科学研究总院抚顺分院，1999年7月转制为中央直属的科技企业。

沈阳研究院露天分院是国内建立最早、较专业的研究机构，研究领域涉及露天采矿技术、边坡工程、边坡监测、地质灾害防治、环保生态、矿井计算机管理与监控、矿井机电设备研究等专业，拥有地质灾害勘查、设计、评估甲级资质，主要承担露天煤矿采矿工艺、计算机应用、边坡稳定性分析、评价与监测、机电自动化控制的研究与开发、地质灾害勘察设计与防治等工作。

2. 各省市科研单位

1956年，煤炭工业部做出了在全国各矿务局(矿)、厂广泛建立研究室的要求后，一批研究室相继成立，并开展了工作。1975年，煤炭工业部科学技术发展局(科技局)分别同各省、市、自治区商量建立省煤炭科学技术研究所(以下简称省所)事宜。到1978年底建立或在建的省所有19个，并召开了省所所长会议，进一步贯彻徐今强部长对省所任务的指示精神，具体提出省所的方向和任务。方向是：一是坚持密切为生产建设服务和解决本地区的煤矿生产建设急需的技术问题，主要解决那些周期短、见效快、作用明显的技术问题；二是坚持从实际出发，既要看到需要，又要考虑可能。任务是：重点围绕解决笨重体力劳动，大搞小型机械化，改进采煤方法和工艺以及其他薄弱环节；推广新技术，并解决推广中的技术问题；攻技术难关；不断完善提高所采用的科研成果。到 1990 年，全国除青海、西藏、湖北、四川、山西和台湾外，其他省、市、自治区都有了省所，其中浙江省和安徽省煤炭科学技术研究所由煤炭科学研究总院领导。这些省所主要结合本省（市、自治区）的煤矿特点从事技术开发工作，提供行之有效的技术成果。有的逐步形成自己的特点，面向全行业提供服务。其中有：湖南省煤炭科学技术研究所从事的矿井安全技术研究，建有煤炭工业安全仪器检验站，同时也是湖南省煤矿计算机站、煤质化验中心和钢丝绳检验站；江苏省煤炭科学技术研究所从事矿用非金属材料、煤矿装备防腐和防护、劳保用品等研究，并建有煤炭工业劳动防护用品质量监督检测中心；河北省煤炭科学技术研究所从事辅助运输设备的研究，并建有煤炭工业防爆柴油机械产品质量监督检验测试中心；长春市煤炭科学技术研究所从事褐煤无黏结剂成型、软岩支护、顶板管理等研究；哈尔滨市煤炭科学技术研究所从事采掘机械的研制，并设有黑龙江省煤矿机械产品质量监督检测中心。

3. 高等学校科研院所

科学研究是高等学校的一项重要职能，建立健全稳定的科研管理机构是高等学校科学研究工作顺利进行的必要保证。1955 年成立煤炭工业部时即设置了技术司，主管煤炭系统包括煤炭院校的科学技术工作。1978 年，煤炭工业部根据中央关于高等院校应建成教学和科研两个中心的精神，批准中国矿业学院和阜新矿业学院建立了以矿井压力、煤岩破碎理论、岩体力学等煤矿技术理论为主要研究方向的科学研究所。两个研究所分别定名为“煤炭工业部煤炭科学研究院徐州研究所”“中国矿业学院科学研究所”和“煤炭工业部煤炭科学研究院阜新研究所”“阜新矿业学院科学研究所”，各挂两块牌子，设一套机构，受煤炭科学研究院及所在学校的双重领导，科研业务以煤炭科学研究院为主，党的工作及政治思想工作以学校为主，科研所的管理机构与学院科研处实行处所合一，配备少量人员。徐州研究所编制为 300 人，下设矿压与支护、沉井法特殊凿井、液压技术、煤矿机械制造与工艺等研究室；阜新研究所编制为 200 人，下设岩体力学、矿井电气、矿井机械及矿井基础理论等研究室。20 世纪 80 年代，煤炭高等院校适应中国煤炭工业发展的形势，发挥人才优势，相继成立一批与煤炭生产、经营密切相关的研究所和研究室。1981 年，山东矿业学院科研所正式成立，这是一所配合科研处进行管理工作的非独立性研究机构，内设建井、矿井压力、煤田地质、矿井优化设计、风机与节能、液压、运输与提升、特殊开采、自动控制、电机、煤化学、系统工程等 10 多个专门研究室。到 1990 年时，全国已有 11 所煤炭高等院校设立了有关科研所（室）90 多个。1993 年，煤炭工业部组建科技教育司。

各煤炭高等学校也都建立了自己的科研管理机构。中国矿业学院、阜新矿业学院、山东矿业学院、西安矿业学院等高校先后于 1980 年左右恢复和组建了科研处，负责统筹管理学校的科学研究工作，加强对科研工作的领导。科研处的主要职能是贯彻党的科技方针政策和上级有关科技工作指示；编制学校科技发展规划和年度计划，负责全校科研计划的审定、汇总和平衡；组织校内的科研协作与协调；协助主管部门对学校的科技成果进行鉴定，负责科研成果中发明专利审查及申报，组织对科技成果的技术转让和推广，以及科技成果的评奖工作；总结交流科研工作经验，研究有关科技方针政策，改进和提高科研管理水平。各学校科研处一般下设科研管理科、学术交流科、科技开发中心、专利事务所。同时，煤炭高等学校逐步设立了系（院）科研副主任和科研秘书岗位，实行院（校）、系（部）两级管理的管理体制。

20 世纪 80 年代后，煤炭高等学校在中国矿业学院等三校成立科研所的推动下，先后建成一批有能力承担重大课题的科研实体型研究所、室。1983 年以后，中国矿业学院成立了矿压所、型煤所，西安矿业学院成立了矿产所，山东矿业学院成立了矿压所、爆破所、特采所，山西矿业学院成立了测试技术所、监控技术所，淮南矿业学院成立了井壁结构与支护所、特采所、电气自动化所、矿井地质所，湘潭矿业学院成立了矿井工程所、地质所、微机应用所、应用化学所，黑龙江矿业学院成立了机械所，河北煤炭建工学院成立了施工组织所等。此外，还成立了近 100 个研究室。这些研究室有的与教研室一套人马两块牌子；有的有一定的编制，以科研和培养研究生为主，兼有一定的本科教学任务，能承担重大课题和培养研究生。如中国矿业大学北京研究生部成立的 15 个研究室，焦作矿业学院的瓦斯地质研究室和痕迹化石研究室等。20 世纪 90 年代后，煤炭高等学校建成了一些新的科研实体，其中一部分反映了科技发展的前沿学科、新兴学科，一部分发展成为依托科研成果的科技开发型实体，实现了科研、生产一体化。

1990 年 4 月，煤炭高校科研管理研讨会在山东矿业学院召开，来自全国 14 所煤炭高等院校的科研管理、研究人员及中国统配煤矿总公司教育局、技术发展局的领导参加了会议。会议代表认为，建立煤炭高校科研管理研究会对团结组织高校的科技管理人员，开展科研管理研究，提高自身的管理能力与素质，提高各校的管理水平都是必要的。会议决定建立煤炭高校科研管理研究会。经过充分酝酿，由各个煤炭院校推荐产生了由 26 人组成的第一届理事会，同时通过了研究会章程，并选举产生了研究会组织机构。研究会成立以后，每年都召开一次煤炭高校科研管理研讨会，就煤炭高等学校共同关心的问题进行研讨。此后，各煤炭高校还建立了各种群众性科研团体，如阜新矿业学院于 1987 年 5 月、中国矿业大学于 1992 年相继成立了科学技术协会，其宗旨是团结和组织广大教师和工程技术人员、研究生、大学生以教学科研为中心，积极开展各项科技活动，活跃学术气氛，提高学术水平，促进科学技术的推广和普及。此外，为了更好地组织大学生利用所学知识为社会服务，使大学生社会实践活动更加正规化、系统化、制度化，一些煤炭高校还成立了大学生科技服务公司。

煤炭高等学校已经成为煤炭科学研究以及全国科学研究的一支重要方面军。通过科学研究活动，锻炼了煤炭高等学校教师队伍，提高了广大教师的学术水平和教学水平，促进了教学改革；密切了高等学校与企业和社会的联系，形成了一批产学研基地；充实了专业实验室，促进了专业、学科的发展。

7.2.2 国家重点实验室

21 世纪以来，在国家政策、中央财政支持下，科研院所、高等院校及大型企业在建井技术科研条件建设方面得到了迅速发展，一批国家或省部级实验室或研发中心建成或正在建设。

1. *煤矿深井建设技术国家工程实验室*

煤矿深井建设技术国家工程实验室是国家发展和改革委员会 2008 年批准的第一批国家工程实验室项目，旨在紧密围绕我国煤炭工业的发展需要，提高煤矿深井建设领域自主创新能力，积极完成国家有关部门委托的科研课题，开展相关产业关键技术攻关、重要技术标准研究制定，凝聚、培养产业急需的技术创新人才。实验室建设目标为：围绕我国煤矿开采对深井建设技术的迫切需求，研究深厚冲积层冻结法凿井、深厚冲积层钻井法凿井、深井含水岩层地面预注浆、深部硐室群支护等关键工程技术，建立深井建设特殊凿井技术基础数据库，形成较为完整的技术体系。

实验室由北京试验系统和淮北现场检测系统两部分组成。其中北京试验系统主要建设冻结法、注浆法、钻井法凿井技术和深部硐室群支护技术等 4 个研发平台，由天地科技建井研究院（北京中煤矿井工程有限公司）负责，依托天地科技建井研究院冻结、注浆、钻井、矿井技术、井巷技术装备、矿井支护与加固、轨道交通工程和定向钻进技术装备等 8 个研究所，对现有的钻井井壁、钻井刀具、钻井泥浆、冻土与冻结工艺、注浆工艺、注浆材料和矿井地温等 7 个实验室进行整合和改造。淮北现场检测系统主要建设钻井和冻结 2 个现场工程检测平台，由中煤第三建设（集团）有限责任公司（中煤矿山建设集团有限责任公司）负责。

冻结法凿井技术研发平台主要包括：深厚冲积层常规及冻土物理力学试验系统、深厚冲积层冻结壁形成规律及冻结工艺试验系统、深厚冲积层井壁结构试验系统和冻结过程检测仪器试验系统。注浆法凿井技术研发平台主要包括：注浆模拟试验系统、注浆材料试验系统、止浆机具试验系统和高压注浆泵试验系统。钻井法凿井技术研发平台主要包括：钻井刀具试验系统、钻杆疲劳试验台系统、钻井井壁试验系统和钻井泥浆试验系统。深部硐室群支护技术研发平台主要包括：复杂力学条件下岩石物理力学参数测试系统、地下工程结构模拟试验与测试系统、支护材料及支护结构试验系统和数值模拟计算分析试验系统。冻结工程检测平台主要包括：动力及控制试验系统、人工冻结模型试验系统、冻结过程水分测定试验系统、冰冻扫描电镜检测试验系统、冻土红外线检测试验系统、冻土超声波检测试验系统和冻土强度快速测定试验系统。钻井工程检测平台主要包括：钻井、泥浆循环和井底冲洗模拟检测试验系统，钻头结构研究制造与检测试验系统，超大直径深井钻测井研究与检测试验系统，高强混凝土研制与检测试验系统，钻机性能测试及关键零部件研制与检测试验系统，主要设备工业性试验检测试验系统。

煤矿深井建设技术国家工程实验室设有学术委员会、理事会和实验室管理机构。理事会由从事矿井建设的科研、教学、生产、施工和依托单位等有关单位组成，主要负责聘任实验室主任、确定实验室发展方向和重要研究领域等重大事项。学术委员会由濮洪九、洪伯潜等国内著名建井专家组成，负责实验室建设目标、发展规划、学科建设和发展、科研方向和学术活动、人才培养和开放课题等重大问题的研究、制定和控制。实验室实行主任负责制，实验室主任执行学术委员会制定的学术路线和发展规划，履行实验室的管理、建设，协调学科方向的发展。在管理体制上实行全方位开放式的管理模式，即对全社会开放、对实验内容开放。实验室根据国家有关科技发展政策和国民经济发展规划，围绕矿产资源开发与利用行业深井建设技术发展中的基础问题和发展前沿，坚持基础研究和工程应用研究相结合的发展方针，通过建立一种"开放、流动、联合、竞争、共建、共享"的运行机制，鼓励创新与合作，促进学术交流和学科交叉，支持不同学术观点的交流，大力培养青年科技人才，使实验室成为我国矿井深井建设领域的科学研究基地、技术创新基地、产业发展基地、学术交流基地和人才培养基地。

2. 深部岩土力学与地下工程国家重点实验室

深部岩土力学与地下工程国家重点实验室依托中国矿业大学岩土工程、工程力学国家重点学科，防灾减灾工程及防护工程、地球探测与信息技术等省部级重点学科建设。2008 年 5 月获准启动建设，隶属于工程科学学科领域。实验室围绕研究与解决深部岩土力学与地下工程重大基础理论和关键技术难题这一总体目的，以深部岩体力学与围岩控制理论、深部土力学特性及其与地下工程结构相互作用、深厚表土人工冻结理论与工程应用基础、深部复杂地质环境与工程效应等四方面为主要研究内容。构成以深部为研究背景,以深部复杂地质环境、岩土体、冻土体为研究对象,以高围压、高水压、高气压、开挖卸荷、动力为荷载特征,以深部地质环境精细探测、深部岩土体与结构稳定、深部岩体热效应及利用为学术研究目标,从宏观(环境、构造)到中观(破碎、节理、裂隙、界面)、细观(结构、颗粒、水),再到多相(固、液、气)、多场(温度场、渗流场、应力场)的系统的具有深部、地下特色的研究体系。

在矿井建设科学研究方面,实验室在深部岩土力学与地下工程领域已取得一系列具有代表性的研究进展与成果。在深部围岩体方面,研究了大量节理、裂隙、软弱、破碎岩体(动)力学、流-固耦合性质和工程稳定课题,提出深部围岩"松动圈理论""采动岩体渗流理论""岩石峰后性质演化""围岩自平衡结构"等重要创新性学术理论和观点,并应用于深部岩体重大工程实践。在深部土力学与工程方面,研究了深部土 K_0 和强度性质、深部地层与结构相互作用等基础理论问题,创立和发展的"竖直附加力理论",科学解释了我国 100 多个厚表土井壁破裂机理,据此形成并成功应用"地层注浆加固""可缩井壁结构""约束内层井壁"等具有自主知识产权的关键技术。在人工地层冻结方面,面临 700 m 以上厚表土中地下工程建设的世界级难题,主持参加了所有国内相关科研工作,在深部土体温度场、冻土力学性质、厚冻结壁、深冻结井壁、冻土冻胀与控制等方面取得了一系列成果,并形成了独有的研究特色。

实验室通过多年建设,已形成了一支以中青年学术带头人为核心的优秀创新团队,实验室研究人员结构合理、凝聚力强、创新能力显著。实验室现有固定人员 96 人,其中研究人员 76 人。实验室现有场地 22 800 m^2,另有井下现场实验室 3 000 m^2,固定资产 15 000 余万元,大型仪器设备 110 台件。获"211 工程""985"优势学科创新平台建设项目 8 000 多万元专项资助,已初步构建了深部岩体力学特性及基本理论试验系统,深部土、冻土力学性质及基本理论试验系统,深部岩土工程物理模拟试验系统,深部岩体工程原位检测试验系统,试验研究测试分析系统,数值模拟与分析系统等六大试验研究系统。拥有包括 MTS、GDS 等国际尖端设备,研发了一系列自制设备,可开展深部岩石力学与土力学领域的相关基础研究和技术服务。

实验室积极探索以"学科、学术、学者"的"和"为指导思想的实验室运行机制与管理模式。在依托单位中国矿业大学的全力支持下,始终围绕国家战略目标,服务国家深部资源开发、特殊及重大地下工程建设的需要,努力构建基础性、创新型、开放式、高水平、特色彰显的应用基础研究、优秀人才培养、国际学术交流的基地。

3. 矿山建设工程安徽省高校重点实验室

矿山建设工程安徽省高校重点实验室是 2004 年 10 月经安徽省教育厅批准建设的省级高校重点实验室。该实验室为一相对独立的科研实体,隶属于土木工程学科,以安徽理工大学为依托,由土木工程系承担具体的建设工作。实验室以应用基础研究为主,主要包括地下结构与支护、地层加固理论与技术、岩石破碎理论与技术及绿色高性能混凝土技术等 4 个方向,致力于解决我国矿井建设工程乃至土木工程中的地下工程关键技术问题,提高科技创新能力和水平,增加科技成果有效供给,凝聚、稳定人才队伍,培养学术带头人。实验室实行依托单位领导下的实验室主任负责制,设有由校内外知名专家、学者组成的学术委员会。实验室设工作委员会,实验室主任、副主任和工作委员等。实验室实行"开放、流动、联合、竞争"的运行机制。设有地下结构、冻土、岩土力学、爆破、建筑工程材料和注浆 6 个专项实验室。

实验室具备培养本科生、硕士研究生和博士研究生 3 种学历层次的能力，每年培养研究生 20 余人。除培养本专业人才外，还为采矿工程、地质工程专业硕士研究生和矿业工程、土木与建筑工程领域工程硕士研究生提供培养服务。

7.3　国家和部级项目

在井巷掘进机械化和工艺方面，煤炭工业系统 1957—1990 年共安排国家级科研项目 23 项，部级科研项目 399 项，其中鉴定取得成果的项目 288 项；1991—2019 年共统计矿井建设国家级科研项目 30 余项，部级科研项目 600 余项，其中 80%的项目经鉴定取得成果。

7.3.1　煤炭工业部、冶金工业部、第一机械工业部三部井巷机械化配套会战项目

1974 年，燃料化学工业部与一机部、冶金部共同组织了三部立井掘进机械化科研攻关会战。参加会战的有科研、设计、制造、施工、建设、情报和高等院校等 150 多家单位的上万名职工。攻关计划安排了钻眼、装岩、支护、提升、悬吊、排水、排矸、测量等工序和辅助作业 65 个科研项目，并于 20 世纪 70 年代末、80 年代初陆续通过技术鉴定，有的已投入制造产品供用户使用。在此期间，煤炭工业系统先后在 30 多个立井组织凿井机械化配套设备施工试点，有 20 多次突破了月进度 100 m 的水平，改善了立井掘进的技术面貌，加快了施工进度。据 1982 年上半年统计，用机械化配套设备施工的 10 个井筒，比非配套设备施工的 30 个井筒的平均月进度加快了 50.4%。立井井筒施工设备的研制迅速展开，为井巷施工机械化水平的提高创造了条件，为井巷施工机械化作业线的实施奠定了基础。1977 年，煤炭工业部制定了机械化规划，从现实情况出发，决定在现有机具的基础上，首先加快改进和批量生产，搞适合大、中、小断面几种形式的岩石平巷掘进机械化作业线。1978 年 4 月，煤炭工业部、冶金工业部、第一机械工业部联合召开井巷掘进机械化工作会议，研究了岩石平巷掘进机械化配套科研工作。煤炭、冶金、一机三部井巷机械化配套会战时期部分项目见表 7-1。

表 7-1　煤炭、冶金、一机三部井巷机械化配套会战时期部分项目

序号	项目名称	鉴定时间	主要完成单位
1	激光指向仪(3 种)	1974 年 8 月	浙江杭州测绘仪器厂、上海光学仪器厂、49 处、阜新矿业学院、沈阳光学仪器厂
2	0.6 m^3 长绳悬吊大抓斗	1974 年 10 月	徐州煤矿机械厂
3	HH-6 环形轨道式抓岩机	1974 年 12 月	上海煤矿设计研究院
4	HK-4 液压靠壁式抓岩机	1975 年 4 月	长沙矿山研究院、南昌通用机械厂
5	液力调速注浆泵	1975 年 6 月	煤炭科学院建井所、镇江煤矿专用设备厂
6	25 t 稳车	1975 年 8 月	淮南煤机厂
7	链球式自动翻矸装置	1975 年 11 月	辽宁煤矿建设公司、甘肃一处
8	金属活动模板	1975 年 11 月	甘肃一处
9	液压滑动模板套壁	1975 年 12 月	煤炭科学研究院北京所
10	环形钻架	1975 年 12 月	长沙矿山研究院、阜新矿业学院、甘肃一处、铜凌井巷公司

表 7-1(续)

序号	项目名称	鉴定时间	主要完成单位
11	25 t 单筒稳车	1976 年 9 月	济南重型机械厂
12	HZ-4 中心回转式抓岩机	1976 年 11 月	太原矿山机械厂
13	FJD-6 伞形钻架	1977 年 2 月	长沙矿山研究院、济宁矿山机械厂
14	高威力防水炸药	1977 年 2 月	阜新十二厂，十一厂，大同化工厂，淄博 525 厂
15	高精度毫秒雷管	1977 年 2 月	阜新十二厂，十一厂，大同化工厂，淄博 525 厂，辽宁煤研所
16	深孔光爆工艺	1977 年 2 月	山东矿业学院、西安矿业学院、北京建井所、平顶山矿务局 1 处
17	喷射混凝土机组	1977 年 5 月	焦作矿业学院、长广七号井
18	500 m 高扬程吊泵(开式)	1977 年 10 月	泰安煤机厂、开滦矿务局
19	HK-6 液压靠壁式抓岩机	1977 年 12 月	长沙矿山研究院
20	风动潜水泵	1978 年 5 月	武进风动水泵厂
21	500 m 高扬程吊泵(闭式)	1978 年 10 月	博山水泵厂、上海电机厂、32 处
22	HZ-6 中心回转式抓岩机	1978 年 10 月	太原矿山机械厂
23	YGZ-70 凿岩机	1978 年 11 月	南京战斗机械厂、长沙矿山研究院
24	冻土挖掘机	1978 年 12 月	上海煤矿设计研究院，淮北、淮南、兖州煤炭指挥部
25	25 马力(18.4 kW)风马达	1978 年 12 月	宣化通用机械厂、太原矿山机械厂
26	钻井用高压压风机	1978 年 12 月	柳州空压机械厂、北京第一通用机械厂
27	25 t 双筒稳车	1979 年 5 月	济南重型机械厂
28	2HH-6 环形轨道式抓岩机	1979 年 6 月	上海煤矿设计研究院
29	立井液压滑模自动控制、自动调评装置	1980 年	煤炭科学院北京建井研究所
30	液压迈步式吊盘	1980 年 4 月	阜新矿业学院、广州第四煤矿、广州煤机厂
31	新型钎头	1980 年 11 月	株州东方工具厂
32	喷射机械手	1981 年 6 月	山东矿业学院、兖州一处
33	JZA-5/1000A 安全梯稳车	1981 年 7 月	济南重型机械厂
34	长绳悬吊大抓斗提吊绞车	1981 年 11 月	江苏省煤炭基建公司
35	FJD-9 伞形钻架	1982 年 7 月	长沙矿山研究院、济宁矿山机械厂
36	井壁注浆泵	1982 年 8 月	石家庄煤机厂
37	高扬程低流量离心泵	1982 年 11 月	博山水泵厂
38	ϕ2.8 m 单筒凿井提升机	1982 年 12 月	洛阳矿山机械厂
39	ϕ3.0 m 双筒凿井提升机	1982 年 12 月	洛阳矿山机械厂
40	750 m 高扬程吊泵	1982 年 12 月	博山水泵厂、上海电机厂、32 处、39 处
41	11 t 钩头	1983 年 1 月	中国矿业大学、辽宁煤矿建设公司
42	4 m^3 吊桶	1983 年 1 月	中国矿业大学、辽宁煤矿建设公司
43	基岩液压滑模新工艺	1983 年 4 月	兖州煤炭基建公司

表 7-1(续)

序号	项目名称	鉴定时间	主要完成单位
44	深井激光指向仪	1983 年 6 月	中国矿业大学、新汶矿务局
45	TXU-200 工作面注浆机	1983 年 6 月	石家庄煤机厂
46	40 t 稳车	1984 年 4 月	济南重型机械厂
47	帷幕钻机	1984 年 4 月	
48	多层吊盘	1984 年 6 月	兖州基建公司、70 处一公司、西安矿业学院
49	深孔光爆理论	1984 年 6 月	山东矿业学院、西安矿业学院
50	Ⅴ型井架	1985 年 11 月	中国矿业大学
51	新Ⅳ型井架	1985 年 11 月	淮南矿业学院
52	合金成品钎杆	已经推广	
53	YTP-26 凿岩机改进	不另鉴定	
54	KJTX-SX-1 型煤矿井筒通讯与信号装置	鉴定	兖州基建公司、江苏煤研所、常熟煤矿设备厂

7.3.2　矿井建设国家级科研项目

1. “六五”“七五”国家科技攻关时期项目(表 7-2)

表 7-2　“六五”“七五”国家科技攻关时期项目

序号	项目名称	鉴定时间	主要完成单位
1	立井短段掘砌混合作业法及其配套施工设备研究	1988 年 10 月	煤科总院北京建井研究所
2	立井短段掘砌混合作业法总体参数及施工组织的研究	1988 年 10 月	煤科总院北京建井研究所
3	短段掘砌作业法钻架的研制	1988 年 10 月	煤科总院北京建井研究所
4	机械操纵式抓岩机抓斗的改进提高	1986 年 12 月	煤科总院北京建井研究所
5	短段掘砌混合作业法下行整体移动式金属模板	1988 年 10 月	煤科总院北京建井研究所
6	短段掘砌混合作业法砌壁用早强混凝土的研究	1988 年 10 月	煤科总院北京建井研究所
7	短段掘砌混合作业法混凝土输送和浇灌技术的研究	1986 年	煤科总院北京建井研究所
8	抓岩机风动马达的研究	1985 年	煤科总院南京所长沙矿院
9	竖井照明灯	1985 年	煤科总院南京所
10	深井(500～600 m)钻井法凿井技术的研究	1987 年	煤科总院北京建井研究所、淮南矿业学院、两淮特凿公司
11	注浆法凿井技术	1988 年	煤科总院北京建井研究所、科试中心
12	以带调车盘的耙斗装岩机为主的岩巷掘进机械化作业线	1987 年	煤科总院上海所

表 7-2(续)

序号	项目名称	鉴定时间	主要完成单位
13	以侧卸装岩机为主配套的岩巷掘进机械化作业线	1987 年	煤科总院北京建井研究所
14	煤矿乳化炸药生产线专用设备	1986 年	沈阳煤矿设计院
15	12 m^2断面液压传动煤巷掘进机及胶带转载机	1987 年	煤科总院上海所
16	8～12 m^2断面钻装锚岩巷掘进机械化作业线	1987 年	湖南省煤矿基建公司
17	12～20 m^2钻装锚机组为主的岩巷掘进机械化作业线	1987 年	煤科总院上海所
18	EL-100 型半煤岩巷掘进机研制		煤科总院太原所、徐州矿务局、淮南煤矿机械厂
19	水采掘进机		煤科总院唐山分院
20	ZMZ5 型装载机		北京煤矿机械厂
21	立井液压滑模自动控制、自动调平度量	1980 年	煤科总院北京建井研究所
22	快速工作面预注浆	1986 年	煤科总院北京建井研究所、石嘴山三矿
23	立井 4 m 深孔光爆新技术的研究	1989 年	山东矿业学院
24	井巷深孔光爆用爆破器材的研究	1988 年	煤科总院爆破所
25	混合作业模板	1988 年	阜新矿业学院
26	1 m^3抓岩机	1985 年	山西机械研究所、昆明机械厂
27	六臂伞钻完善 FJD6.7	1985 年	山西机械研究所
28	短段掘砌用凿岩钻架 FJD-6A	1988 年	长沙矿山研究院
29	50 马力(36.8 kW)风马达的研究	1989 年	长沙矿山研究院
30	深井施工装备与工艺——凿井设备井壁吊挂技术	1989 年	煤科总院北京建井研究所、中国矿业大学
31	凿井扇风机系列	1984 年	山东矿业学院、山东泰安风机厂
32	动力电缆绞车	1985 年	河南煤研所
33	通讯、照明、放炮电缆绞车	1985 年	河南煤研所
34	井盖门小绞车标准化	1984 年	河南煤研所
35	冲击式抓斗清底机	1984 年	兖州煤炭指挥部
36	低噪声凿岩机	1985 年	长沙矿山研究院
37	FJD-9A 凿井钻架	1985 年	长沙矿山研究院
38	500M 和 750M 吊泵改进完善	1985 年	博山水泵厂
39	深井激光指向仪	1985 年	杭州光学仪器厂、温州应用技术所
40	长绳悬吊抓岩机机械手	1984 年	阜新矿业学院、徐州煤机厂
41	立井深孔光爆技术的优化研究与试验	1987 年	山东矿业学院、淮南兖州基建公司
42	立井锚喷支护作用机理及其稳定性的研究	1985 年	焦作矿业学院
43	立井施工组织及管理	1986 年	邯邢施工组织研究所
44	竖井凿井通讯及信号	1985 年	江苏煤研所、兖州煤指科研所
45	竖井凿井防噪声矿工帽	1984 年	江苏煤研所
46	双筒提升机(ϕ3.2 m)	1985 年	洛阳矿山机械厂

2.“八五”至“十二五”国家科技攻关时期项目

(1)“八五”国家攻关项目(表7-3)

表7-3 “八五”国家攻关项目

序号	项目名称	主要完成单位
1	深厚黏土层冻结凿井技术	煤科总院北京建井研究所、山东邱集煤矿筹建处
2	大断面双臂防爆全液压钻车的研制	煤科总院北京建井研究所、宣化矿山工程机械有限公司
3	锚喷支护围岩分类的研究和锚喷支护设计专家系统	煤科总院北京建井研究所、中国矿业大学
4	大型防爆全液压侧卸装岩机的研制	煤科总院北京建井研究所
5	岩巷机械化作业线施工工艺和施工组织的研究	煤科总院北京建井研究所
6	液压带式转载输送机	煤科总院北京建井研究所

(2)“九五”国家攻关项目(表7-4)

表7-4 “九五”国家攻关项目

序号	项目名称	主要完成单位
1	岩巷锚喷支护新技术	煤科总院北京建井研究所
2	人工冻土基本力学性能研究与应用	煤科总院北京建井研究所

(3)“十五”国家攻关项目(表7-5)

表7-5 “十五”国家攻关项目

序号	项目名称	主要完成单位
1	600 m深厚冲积层特殊钻井法凿井技术研究	济南设计研究院、煤科总院北京建井研究所

(4)“十一五”国家攻关项目(表7-6)

表7-6 “十一五”国家攻关项目

序号	项目名称	主要完成单位
1	千米级深井高注浆关键装备研究	北京中煤矿山工程有限公司
2	千米级深井特殊地层注浆材料及注浆工艺研究	北京中煤矿山工程有限公司
3	“一扩成井”快速钻井法凿井关键技术及装备研究	北京中煤矿山工程有限公司
4	千米深井基岩快速掘砌关键技术及装备研究	北京中煤矿山工程有限公司
5	锚注平行作业关键技术研究及示范工程	北京中煤矿山工程有限公司
6	深厚冲积层冻结法凿井技术	北京中煤矿山工程有限公司
7	大直径煤矿风井反井钻井技术及装备	北京中煤矿山工程有限公司
8	矿井水害快速治理技术与装备	北京中煤矿山工程有限公司
9	遇险人员快速救护关键技术与装备	北京中煤矿山工程有限公司

（5）“十二五”国家攻关项目（表 7-7）

表 7-7 “十二五”国家攻关项目

序号	项目名称	主要完成单位
1	矿山竖井掘进机研制	北京中煤矿山工程有限公司
2	500 m 斜井冻结法凿井关键技术与装备	北京中煤矿山工程有限公司
3	智能控制钻孔偏斜的专用斜井冻结孔钻机研制专题	北京中煤矿山工程有限公司
4	大型凿井井架及井壁吊挂关键技术与装备	中国矿业大学、北京中煤矿山工程有限公司
5	液压整体迈步式凿井吊盘的研制专题	北京中煤矿山工程有限公司
6	蒙陕矿区建井技术研究	北京中煤矿山工程有限公司
7	大直径井筒反井钻井、地层加固及支护系列装备研究	北京中煤矿山工程有限公司

3．“十三五”国家攻关项目（表 7-8）

表 7-8 “十三五”国家攻关项目

序号	项目名称	主要完成单位
1	深部金属矿建井与提升关键技术	北京科技大学
2	深竖井建井工程风险分析理论与优化设计方法	北京科技大学
3	金属矿深竖井高效掘进与成井关键技术及装备	金诚信矿业管理股份有限公司
4	金属矿深竖井井壁结构与围岩控制关键技术	山东黄金集团有限公司
5	深竖井大吨位高速提升装备与控制关键技术	长沙矿山研究院有限责任公司
6	大吨位轻量化提升容器与牵引关键技术	中国恩菲工程技术有限公司
7	煤矿深井建设与提升基础理论及关键技术	北京科技大学

7.3.3 1983—1998 年部分煤炭行业科研项目（表 7-9）

表 7-9 1983—1998 年部分煤炭行业科研项目

序号	项目名称	鉴定时间	主要完成单位
1	DTZ-1 型立井激光指向仪	1983 年 6 月	兖州煤炭基建公司 1 处
2	立井基岩段液压滑升模板	1983 年	兖州煤炭基建公司 1 处
3	凿井专用新系列 11 t 钩头装置和 4 m^3 矸石吊桶的研制	1983 年	沈阳局建设公司
4	XZQ 型在旋圆弧排粉一字形钎头	1983 年	湖南省煤矿专用机械厂、湖南省煤炭科研所
5	井筒通讯及信号	1985 年 5 月	江苏煤研所
6	4-58-11-N011·25D 型凿井风机	1985 年 5 月	山东矿业学院机械系风机研究室
7	立井井筒 3 m、4 m 深孔光爆技术	1984 年 6 月	煤炭部 39 处、10 处、49 处、70 处
8	新Ⅳ型凿井井架	1985 年 11 月	淮南矿业学院
9	快速工作面预注浆的研究	1986 年 12 月	煤科总院北京建井研究所

表 7-9(续)

序号	项目名称	鉴定时间	主要完成单位
10	潘三东风井厚表土冻结段复合井壁内外力综合观察研究	1986 年 12 月	煤科总院北京建井研究所、淮南煤指科研所、淮南 39 工程处
11	HC 型、SC 型、AC 型三种单液水泥浆(新型注浆材料)	1986 年 7 月	煤科总院北京建井研究所
12	地面预注浆止浆塞的研究	1986 年 2 月	煤科总院北京建井研究所
13	TDZD-6 型大型抓岩机通用抓斗	1986 年 11 月	煤科总院北京建井研究所、太原矿山机器厂
14	YS1 型柱齿钎头的研究	1986 年 6 月	煤科总院北京建井研究所
15	HTZ6 抓斗	1986 年 12 月	山西机械研究所
16	移动式凿井绞车及活动基础的研究	1987 年 2 月	煤科总院南京研究所、济南重型机械厂
17	1～15 段塑料导爆管毫秒雷管	1987 年 5 月	抚顺矿务局十一厂
18	溜灰管输送混凝土	1987 年 6 月	西安矿业学院、长广煤矿公司
19	TDX-1 型底卸式吊桶	1987 年 4 月	淮北煤矿建设公司(科研所、总机厂、七十一工程处)
20	B22、B25 凿岩钎杆	1987 年 4 月	淮北煤矿建设公司
21	立井深孔光爆模拟试验	1987 年 7 月	淮南矿业学院、淮南矿务局科研所、淮南矿务局施工管理处
22	立井锚喷支护作用机理及其稳定性的研究	1987 年 12 月	淮南矿务局凿井工程处、焦作矿业学院北票矿务局
23	LM-120 型反井钻机	1987 年 5 月	煤科总院北京建井研究所
24	树脂锚杆固定井筒装备新技术	1987 年 3 月	淮南矿务局合成材料厂、沈阳煤矿设计院、铁法矿务局工程处、兖州煤炭基建公司六处
25	千米竖井激光指向仪	1988 年 12 月	中国矿业大学,山东矿业学院,邯郸、淮南、兖州煤炭基建指挥部 32 处
26	立井混合作业中放炮对混凝土初凝的影响	1989 年 6 月	西安矿业学院建工系
27	立井井筒锚喷(喷混凝土)施工	1989 年 4 月	平顶山矿务局三处、二处、一处,山东矿业学院
28	LM-200 型反井钻机	1989 年 10 月	煤科总院北京建井研究所、江苏省苏南煤矿机械厂
29	深井冻结井壁结构的研究	1990 年 4 月	淮南煤矿学院
30	凿井吊桶提升动力学研究	1990 年 8 月	西安矿业学院
31	DX-2.0 型底卸式吊桶	1990 年 11 月	西安矿业学院
32	立井井筒采用置换注浆过表土流沙层的研究	1990 年 12 月	鹤壁矿务局
33	兖州矿区工程建设施工新技术	1990 年 12 月	兖州矿务局、中国统配煤矿总公司山东公司、兖州煤矿设计研究院、济南煤矿设计研究院等
34	立井施工机械化配套最优方案的研究	1991 年 4 月	阜新矿业学院

表 7-9(续)

序号	项目名称	鉴定时间	主要完成单位
35	利用永久井塔凿井	1991 年 12 月	沈阳煤矿设计院、北票矿务局
36	HTD-2.4 底卸式吊桶	1991 年 12 月	煤科总院南京研究所、淮北矿建公司总机厂、淮北矿建公司第三十一工程处
37	液压操作整体移动金属模板的改进与系列化	1991 年 12 月	煤科总院北京建井研究所、兖州矿务局第七十工程处、大屯煤电公司矿建工程公司
38	陶二煤矿副井喷射混凝土支护井壁可靠性的研究	1991 年 3 月	煤科总院北京建井研究所、邯郸矿务局
39	立井基岩段合理井壁厚度的研究	1991 年 10 月	煤科总院北京建井研究所、鸡西矿务局建井工程处
40	立井井筒表土层采用多流沙一次置换注浆工艺的研究	1991 年 12 月	
41	立井 4 m 深孔光爆新技术的研究	1992 年 8 月	淮南矿业学院、西安矿业学院、淮北矿建公司 29 处、开滦矿务局基建公司、平顶山矿务局第一建井处
42	立井 4 m 深孔光爆成套新技术研究	1992 年 12 月	山东矿业学院
43	千米立井地压综合研究	1992 年 9 月	山东矿业学院、新汶矿务局
44	除水分风器的研究	1992 年 12 月	煤科总院北京建井研究所、邯郸市复兴区化林机械厂
45	ZFY2500 型反井钻机	1992 年 12 月	煤科总院北京建井研究所、郑州煤矿机械厂
46	ZFYD1200 低矮型反井钻机	1992 年 12 月	煤科总院北京建井研究所、兖州矿务局济宁矿山机械厂
47	谢一矿塌陷活动区辅助立井新型复合井壁结构及施工工艺研究	1993 年 6 月	淮南矿务局建井工程处、设计处科研所
48	一吨矿车双层两车凿井罐笼研制	1993 年 12 月	大屯煤电公司拓特机械制造厂
49	机械化凿井装备可靠性及深井凿井装备配套参数的研究	1993 年 12 月	煤科总院南京研究所
50	GDR-1 型乘人吊罐	1993 年 12 月	煤科总院南京研究所、山东煤矿泰安机械厂、徐州矿务局建井工程处 103 工区
51	混凝土井下分料浇筑技术及装置的研究	1993 年 11 月	煤科总院北京建井研究所、大屯煤电公司矿建工程公司
52	LM-90 型反井钻机	1993 年 9 月	煤科总院北京建井研究所、江苏常州苏南煤矿机械厂、山东邹县搅河煤矿、水电一局十三陵项目经理部、吉林省通化钻采机械厂
53	冻结井筒冻土全断面一次爆破技术的研究	1993 年 12 月	煤科总院北京建井研究所
54	短砌中套双层冻结井壁	1993 年 12 月	煤科总院北京建井研究所、山东省煤炭工业局邱集煤矿筹建处
55	THD-3 型多功能滑架	1993 年 12 月	煤科总院北京建井研究所

表 7-9(续)

序号	项目名称	鉴定时间	主要完成单位
56	MJY 型系列多用金属模板	1994 年 12 月	煤科总院北京建井研究所
57	JQ 混凝土防裂密实剂研究	1994 年 12 月	煤科总院北京建井研究所、中国建材科研院房建所、石家庄花园混凝土外加剂厂
58	DTQ 型系列抓斗	1994 年 12 月	煤科总院北京建井研究所、唐山新区机械厂、山东冶金矿山建设公司
59	吊盘稳固装置的研究	1994 年 7 月	阜新矿业学院、沈阳矿务局五处
60	混合作业模板液压悬吊装置	1994 年 7 月	阜新矿业学院、沈阳矿务局五处、舒兰矿务局
61	深厚黏土层冻结凿井技术	1994 年 12 月	煤科总院北京建井研究所、山东省邱集煤矿筹建处、煤炭工业部第一建设公司特殊凿井处、煤炭工业部第三十一处
62	小孔多孔工作面快速注浆法的研究	1994 年 12 月	煤科总院北京建井研究所
63	凿井涌水井内截、导、排处理技术的研究	1994 年 12 月	煤科总院北京建井研究所、鸡西矿务局建井工程处
64	移动式混凝土搅拌站——HJL-30 型连续式混凝土搅拌站	1995 年 12 月	煤科总院北京建井研究所、靖江县煤矿机械专用设备厂、徐州矿务局建井工程处
65	ZNQ-50 型插入式高频混凝土振捣器的研究	1995 年 12 月	煤科总院北京建井研究所、北京上星制造厂、新汶矿务局工程公司
66	冻结井筒防水高强混凝土的研究	1995 年 12 月	煤科总院北京建井研究所
67	姚桥矿井冻结管射孔注浆技术的研究	1995 年 12 月	大屯煤电公司、煤科总院北京建井研究所、北京建井研究所
68	张小楼千米主副井施工新技术的应用研究	1996 年 11 月	徐州矿务局建井工程处、中国矿业大学建筑工程学院
69	LBM 型模板固定式凿岩钻架研究	1996 年 12 月	煤科总院北京建井研究所、江苏煤炭基本建设公司第一工程处、山东矿山机械厂、江苏省煤炭基本建设公司第三工程处
70	深立井刚性井筒装备设计理论与计算方法的研究	1995 年 12 月	中国矿业大学
71	特殊地层井筒井壁破坏的防治技术	1996 年 9 月	中国矿业大学、大屯煤电公司
72	立井爆破震动对短段砌壁混凝土强度影响的测试及其改善技术的研究	1995 年 12 月	山东矿业学院
73	BQ20/35 型高效耐用气动潜水泵的研制	1996 年 12 月	煤科总院北京建井研究所、北京水泵厂、山东新汶矿务局工程公司
74	利用永久设施凿井(厚表土冻结法施工中利用多绳提升永久钢井架凿井)的研究	1997 年 3 月	中国矿业大学建筑工程学院、中煤第三建设公司
75	深井综合注浆几个关键技术的研究	1997 年 12 月	煤科总院北京建井研究所、开滦矿务局地矿工程总公司
76	竖井提升设备检修吊挂机具及吊挂工艺的研究	1997 年 12 月	河北煤炭科学研究所、邢台矿业集团有限责任公司东庞矿

表 7-9(续)

序号	项目名称	鉴定时间	主要完成单位
77	地面注浆治理井壁破坏技术的研究	1997 年 12 月	徐州矿务局、煤科总院合肥研究所
78	CT 型激光定点检测仪	1997 年 12 月	煤科总院北京建井研究所、大屯煤电公司
79	上排下疏立井凿井新工艺	1997 年 12 月	煤科总院北京建井研究所
80	矿井灰岩水的治理技术研究	1997 年 12 月	煤科总院北京建井研究所
81	立井井壁快速施工技术完善和推广应用	1998 年 11 月	中煤建筑集团公司、煤科总院北京建井研究所等

7.4 矿山建设科学技术进步奖

1957—1996 年，煤炭建设行业有 103 个项目获国家级、省部级奖励；1997—2015 年，煤炭建设行业有 60 个项目获国家级、省部级奖励。

7.4.1 国家科技进步奖

1962—2015 年煤炭建设行业获国家奖项目统计见表 7-10。

表 7-10 1962—2015 年煤炭建设行业获国家奖项目统计表

序号	项目名称	获奖种类	获奖等级	主要完成单位	主要完成人	获奖时间
1	手摇立柱式支机	国家新产品新工艺新材料奖	三等	煤科总院北京建井研究所、郑州煤矿机械厂、京西矿务局城子煤矿	成福康、王继光、冯桂良、王家璋	1962 年
2	岩巷掘进中螺旋掏槽爆破	国家新产品新工艺新材料奖	三等	煤科总院北京建井研究所、京西矿务局	张文魁、胡庆良、周泽亮、张生、陈安荣、曹兴恒、黄汉强、陈瑞孟	1962 年
3	EM1-30 型煤巷掘进机	全国科学大会奖		开滦煤矿总机厂、开滦煤矿唐家庄矿		1978 年
4	新型注浆材料	全国科学大会奖		煤科总院北京建井研究所、北京铁路局	张崇瑞、苏坚深、刘刚峰、刘兴浦、董传馨	1978 年
5	ND1 型竖井钻机	全国科学大会奖		上海煤矿机械研究所、煤科总院北京建井研究所、上海第九设计院、上海机电产品设计院、上海工业建筑设计院、两淮特殊凿井公司、大屯煤矿指挥部、安徽省煤炭局34 工程处	张永成、陈瑞孟、王安山、王维华、葛大林、董贻直、刘希金、张文秀、冯桂芬、郭松林、王孙骏、陈世昌、黄钦宗、黄慧敏、王慎宝、马守林、储中庭、高立忠、张守柱、宋金发、戴元杰、周顺兴、鲍渭珍、俞鲁五、张宝海、奚金芳、钱永康、陈琳、王震东、陈健	1978 年
6	MGJ-1 型锚杆打眼安装机	全国科学大会奖		北京建井研究所、广东省煤矿机械厂、新汶矿务局协庄矿	王继光、郭孝先、吕承枢、王惠云、贾占顺	1978 年

表 7-10(续)

序号	项目名称	获奖种类	获奖等级	主要完成单位	主要完成人	获奖时间
7	灌浆技术在封闭矿井突水点工作中的应用	全国科学大会奖		开滦煤矿工程处、扎赉诺尔矿务局、煤炭科学研究院西安所、淄博矿务局北大井矿、肥城矿务局大封矿、枣庄矿务局黄贝矿、新汶矿务局钻探队、淮北矿务局	崔增骥、王国明、马振亚	1978 年
8	荆各庄矿双液快凝地面预注浆封闭止水	全国科学大会奖		开滦煤矿工程处		1978 年
9	钻井法施工技术	全国科学大会奖		安徽省煤炭局 34 工程处、一机部洛阳矿山机器厂、煤科总院北京建井研究所	张永成、王安山、王纬、李维远、洪伯潜、王曼青、陈秀英、李道功、王可襄、李丰阁、陈瑞孟、张青山、董贻直、王承源、徐文遥、马玉龙、李玉成、王加奇、郭松林、王维华、陈文豹、耿直	1978 年
10	ZC-1 型侧卸装岩机的研制	全国科学大会奖		煤科总院北京建井研究所、浙江小浦煤矿机械厂、山东新汶矿务局协庄煤矿	成福康、王绍祥、邵虎成、朱桂汉、李绪展、刘秀芝、肖恩生、俞德美、冯桂芬、余小敏、李荣华、林才坤	1978 年
11	液压滑升模板筑壁工艺	全国科学大会奖		淮南煤炭基地会战指挥部科研所、淮南煤炭基地会战指挥部 42 工程处、煤科总院北京建井研究所、邯郸煤炭基地指挥部 31 工程处、北京矿务局基建设计公司、宁夏石嘴山矿务局建筑安装工程队、辽宁省煤矿基本建设公司第三工程处、鸡西矿务局工程处、鹤岗矿务局煤建处、淮北煤矿基本建设局 36 工程处、安徽省煤炭局 34 工程处、淮南矿务局基建局、淮南矿务局基建局 47 工程处	汤志斌、陈文豹、陈致祥、伍期建	1978 年
12	喷锚支护技术及设备	全国科学大会奖		煤科总院北京建井研究所、新汶矿务局、湖南煤矿基建公司第四十五工程处、北京矿务局杨坨煤矿、南京梅山矿务局	段振西、安国梁、王继光、石雨生、周青山、王黎敦、黄乃炯、黄汉强、陈才明、李家鳖、玉惠云、郭孝先	1978 年
13	竹锚杆的研究	全国科学大会奖		中国矿业学院	李先炜	1978 年

表 7-10(续)

序号	项目名称	获奖种类	获奖等级	主要完成单位	主要完成人	获奖时间
14	M-1 型树脂锚杆	全国科学大会奖		煤科总院北京建井研究所、淮南矿务局、鸡西矿务局、徐州矿务局、江苏省煤矿研究所、安徽省煤炭局 34 工程处	郑重远、黄乃炯、陈才明、司尚毅、麦友攀、周惠民、贾占顺	1978 年
15	深井冻结壁温度场	全国科学大会奖		安徽省煤炭局 34 工程处、淮南矿务局基建局、煤科总院北京建井研究所	陈文豹、汤志斌、伍期建	1978 年
16	JDT-2 型冻结孔陀螺测斜仪	全国科学大会奖		煤科总院北京建井研究所、上海地质仪器厂、安徽省煤炭局 34 工程处	郭光均、赵技成、陈致祥	1978 年
17	YSB-250/120 型液力调速注浆泵	全国科学大会奖		煤科总院北京建井研究所、合肥通用机械研究所、镇江煤田地质机械厂、天津 704 工程指挥部、天津蓟玉煤矿	杜英敏、任灌达、玉国明、郭培里、孙玉凤、刘金明	1978 年
18	用爆破法切断大直径(2.6 m)花岗岩柱	全国科学大会奖		中国矿业学院	王树仁、王文龙、张萌、张素莲、荣际凯	1978 年
19	深孔光面爆破工艺和理论的研究	全国科学大会奖		中国矿业学院、开滦马家沟煤矿、开滦 602 厂	王树仁、杨善元、荣际凯	1978 年
20	触变泥浆淹水沉井	全国科学大会奖		中国矿业学院、山东省金乡县蔡园煤矿、山东省煤炭研究所	余力、张善印等	1978 年
21	混凝土帷幕凿井法	全国科学大会奖		鹤岗矿务局煤建处		1978 年
22	HH-6 型气动抓岩机	全国科学大会奖		上海煤矿机械研究所、大屯煤矿指挥部 27 工程处	张守讷、沈惠彬、汤梦秀、吴小滨、诸建国、阚树春、邹方志、蔡文、陆涌茂	1978 年
23	锚喷支护技术理论的研究	全国科学大会奖		西安矿业学院、兖州煤炭建设指挥部、铜川煤矿基本建设公司	李赤波、刘怀恒	1978 年
24	速凝剂和早强水泥(喷射混凝土速凝剂、早强水泥)	全国科学大会奖		西安矿业学院、鹤壁矿务局、铜川煤矿基本建设公司、蒲白矿务局水泥厂、内蒙海勃湾矿务局平沟煤矿、贵州盘江矿务局水泥厂		1978 年
25	机械化凿井用钻架(伞形钻架、环形钻架)	全国科学大会奖		邯邢煤炭基地会战指挥部第十工程处、阜新矿业学院、甘肃煤炭第一工程公司		1978 年
26	WG-ZL-喷射混凝土机组	全国科学大会奖		焦作矿业学院、浙江长广煤矿公司	林豫熇	1978 年

表 7-10(续)

序号	项目名称	获奖种类	获奖等级	主要完成单位	主要完成人	获奖时间
27	安Ⅳ型螺旋搅拌机和 ZYG-2 型转子式混凝土喷射机	全国科学大会奖		萍乡矿务局安源煤矿、萍乡矿务局高坑矿		1978 年
28	我国第一座千米竖井——北票台吉竖井	全国科学大会奖		辽宁省煤矿设计院、北票矿务局工程处		1978 年
29	多绳提升井塔箱形壁板洞口应力计算	全国科学大会奖		辽宁省煤矿设计院		1978 年
30	斜井快速掘进施工	全国科学大会奖		湖南省煤矿基本建设公司		1978 年
31	立井快速施工(桥头河煤矿 2 号井)	全国科学大会奖		湖南省煤矿基本建设公司五处		1978 年
32	竖井金属滑动模板	全国科学大会奖		甘肃煤炭第一工程公司、广东省红工矿务局一矿、浙江省长广煤矿公司六号井		1978 年
33	耙斗式装岩机	全国科学大会奖		上海煤矿机械研究所、西安矿业学院、宁夏燃化局基建公司建井队、福建省邵武煤矿机械修配厂		1978 年
34	恢复开滦设计会战总结	全国科学大会奖		煤炭部规划设计院、煤炭部邯邢煤矿设计研究院、山西省煤矿设计院、辽宁省煤矿设计院		1978 年
35	煤炭企业抗震设计若干规定	全国科学大会奖		煤炭部规划设计院、煤炭部邯邢煤矿设计研究院、山西省煤矿设计院、辽宁省煤矿设计院		1978 年
36	空间网架设计与试验	全国科学大会奖		山西省煤矿设计院		1978 年
37	ELM 型液压传动煤巷掘进机组	全国科学大会奖		上海煤矿机械研究所	汪中良、齐慧春、陈渠清、华乃健、俞锡康、吴中瑜、郝俊泉、陈永刚、徐惠炳、周龙珠	1978 年
38	115# 松香不饱和聚酯树脂锚固剂	国家发明奖	三等	煤科总院北京建井研究所、淮南矿务局合成材料厂、北京师范大学化学系	郑重远、黄乃炯、吴大立、周菊兴等	1983 年
39	山西古交矿区西曲矿井工程设计	国家科技进步奖	二等	太原煤炭设计院	李庚午、张亚生、刘玉琢、刘德占、张庆瑞、华中豪、何尔胜、张巨岭、密世良	1985 年

表 7-10(续)

序号	项目名称	获奖种类	获奖等级	主要完成单位	主要完成人	获奖时间
40	EJ30 型全断面岩巷掘进机	国家科技进步奖	三等	煤科总院上海分院、萍乡矿务局机修厂、上海第一石油机械厂、雁北地区王坪煤矿、人民解放军 00612 部队	何洪志、张孔奎、阎世良、何支邦、徐忠期	1985 年
41	“光爆喷锚”新技术在矿井支护中的推广使用	国家科技进步奖	一等	徐州矿务局、兖州基建公司	马士杰、王继良、王介峰、王传久、魏传读	1985 年
42	山东兖州矿区兴隆庄矿井设计	国家科技进步奖	二等	山东省煤炭设计院	何国纬、张百川、江道、杨荫恒、金玉祥	1985 年
43	冻结井复合井壁新技术	国家科技进步奖	二等	安徽煤炭工业公司、淮南煤指科研所、淮北煤指三十六处、煤科总院北京建井研究所、安徽煤矿设计院	于公纯、徐光齐、费鑫泉、张文、蒋国详	1985 年
44	钢筋混凝土井塔预建整移	国家科技进步奖	二等	淮北煤炭基建公司安装处、32 处、71 处，安徽煤矿设计院	郑传、陈铁云、姜宏、周建华、陈学道	1985 年
45	开滦矿务局特大透水灾害的治理	国家科技进步奖	一等	开滦矿务局、煤科总院北京建井研究所、煤科总院西安分院	李成栋、刘国平、戴国权、马振亚、沈昌炽	1985 年
46	500 ～ 600 m 深井钻井法凿井技术研究	国家“六五”优秀成果奖		煤科总院北京建井研究所、两淮特殊凿井公司、山东矿业学院、合肥煤矿设计院、洛阳矿山机械研究所、洛阳矿山机器厂、清华大学机械系和土木与环境工程系、苏南煤矿机械厂、大屯煤电公司	陈明亮、洪伯潜、李维远、蔡传科、王德民、王安山等	1986 年
47	以带调车盘耙斗装岩机为主的岩巷掘进机械化作业线	国家“六五”科技攻关表彰奖		煤科总院上海研究所、大屯煤电公司机修总厂、四川煤矿建设公司第九工程处	张守讷、汪长星、田荣刚	1986 年
48	12～20 m^2 断面钻装锚机组为主的岩巷掘进机械化作业线	国家“六五”科技攻关表彰奖		煤科总院上海研究所、上海采矿机械厂、兖州矿务局兴隆庄煤矿	周维封、朱明澈、陈作锐、杨桂英、王志武	1986 年
49	12 m^2 断面液压传动煤巷掘进机及配套皮带转载机	国家“六五”科技攻关表彰奖		煤科总院上海研究所、南京晨光机械厂、浙江桐乡煤机厂、徐州矿务局庞庄煤矿	汪中良、黄文元、华乃健、蒋永强、顾成保	1986 年

表 7-10(续)

序号	项目名称	获奖种类	获奖等级	主要完成单位	主要完成人	获奖时间
50	煤矿混凝土帷幕法凿井技术和理论的研究	国家科技进步奖	三等	龙口矿区工程处、阜新矿业学院、鹤岗矿务局煤建处、煤科总院北京建井研究所	祖训、刘铮敏、舒英杰、何凤祥、王承源	1987 年
51	固定锚杆水泥卷技术	国家科技进步奖	三等	中国矿业学院、西安矿业学院、北京建井研究所	何唐镛、荣际凯、屠丽南、张来德、王晓利	1987 年
52	钻井法凿井技术	国家科技进步奖	一等	煤科总院北京建井研究所、长沙矿山研究院、两淮特殊凿井公司、凡口铝锌矿、山东矿业学院、金川有色金属公司、合肥煤矿设计院、嘉兴冶金机械厂、洛阳矿山机械研究院	陈明亮、曲学俊、洪伯潜、李格、李维远、陈中正、蔡传科、朱毓新、王安山、贺辉远、王德民、王贵淳、刘世远、赵治泉、张梦云	1987 年
53	AS9/500 型竖井钻机	国家科技进步奖	二等	洛阳矿山机械研究所、洛阳矿山机械厂、两淮特殊凿井公司、煤科总院北京建井研究所、上海整流器厂、安徽煤矿设计院、太原矿山机器厂、两淮特殊凿井公司第一工程处	洪伯潜、黄友祥、王加奇、张文、郭松林、赵士弘等	1988 年
54	硬岩大直径深井钻机的研制和钻井	国家科技进步奖	二等	中国人民解放军二十一基地、煤炭工业部、第一机械工业部、煤科总院北京建井研究所	张忠义、董寿莘、良久林、刘绍铺、王纬、崔广心、张孟云、吕继昌、张安民	1988 年
55	黏土水泥浆和地面注浆止浆塞系列化的研究	国家“七五”科技攻关阶段成果奖		煤科总院北京建井研究所、大同矿务局四台沟工程处	张崇瑞、刘兴浦、王承源、佟安玲、何东升	1989 年
56	LM-200 型反井钻机	国家“七五”科技攻关阶段成果奖		煤科总院北京建井研究所、苏南煤矿机械厂、开滦矿务局	陈秀英、刘加、李维远、陈瑞孟、龚建宇	1989 年
57	树脂锚杆固定井筒装备新技术	国家科技进步奖	三等	淮南矿务局合成材料厂、沈阳煤矿设计院、煤科总院北京建井研究所、铁法矿务局第四工程处、兖州煤炭基建公司六处	李文昌、尚国新、倪仰奎、黄信礼、孟祥安	1989 年
58	直径 5 m 全断面岩巷掘进机组	国家科技进步奖	二等	煤科总院上海分院、上海重型机器厂、古交基建指挥部、古交第一工程处	朱士陶、阎世良、陈启松、马文君、任作务、王有伦、刘长增、叶之北、李走安	1989 年

表 7-10(续)

序号	项目名称	获奖种类	获奖等级	主要完成单位	主要完成人	获奖时间
59	晋城矿务局依靠技术进步建成现代化矿区	国家科技进步奖	三等	晋城矿务局	贾中秀、周福明、叶遐龄、袁宗本、何绍基、单金海、申富宏、金安信、傅德魁、王嘉宾、李旭、安怀国、李庆三、朱杰、王生秀	1989 年
60	人造大理石立体浮印法	国家发明奖	三等	中国矿业大学	陆作兴、王熙凤	1990 年
61	多铰摩擦可缩U形钮支架	国家发明奖	三等	中国矿业大学	华安增	1990 年
62	大兴矿中央风井快速施工	国家科技进步奖	三等	铁法矿务局第一工程处	曹宝库、胡承璋、田家国、杜润升、周绍智	1991 年
63	兖州矿区工程建设技术	国家科技进步奖	特等	中国统配煤矿总公司山东公司、兖州煤矿设计研究院、济南煤矿设计研究院、煤科总院北京建井研究所	杜铭山、胡德铨、刘振翮、姚大礼、张之浚、王庆林、梁继海、邹真阳、张一心、吴文彬、关国栋、赵育元、李宏范、孙德才、王书甲、江敦义、赵经彻、莫立奇、祝延治、楚岱山、韩大元、满运明、余光耀、张崇霖、葛洪章、倪诚、王金鍔	1992 年
64	钻井法凿井废弃泥浆的控制与处理技术及装置	国家发明奖	二等	煤科总院北京建井研究所、两淮特殊凿井公司	柏万禄、陶如山、陈瑞孟、董贻直、杨锡芳、王秋敏、王晓建、马玉龙、敬守廷	1993 年
65	液压凿岩机具检验测试系统	国家科技进步奖	三等	煤科总院北京建井研究所	郭孝先、王路、王维华、王忠恕、张安民	1993 年
66	大断面斜井机械化配套及快速施工工艺	国家科技进步奖	二等	陕西煤炭科学研究所、煤科总院上海分院、山东矿业学院	李继权、刘绍发、杨维清、常乃惠、唐秦生、许义、周富、张芳庭、胡峰	1993 年
67	综合注浆工艺——工程孔定向钻进技术及综合注浆法	国家科技进步奖	二等	北京建井研究所、枣庄矿务局第五工程处、煤科总院常州科研试制中心、开滦矿务局地矿工程公司	吕继昌、周兴旺、刘敏、冯向东、许锷铭、赵大奎、张泽铭、张连明、赵振昆	1995 年
68	岩巷锚喷支护技术的完善与提高	国家"八五"科技攻关重大科技成果奖		煤科总院北京建井研究所、中国矿业大学、煤科总院南京研究所、山东矿业学院、湖南煤炭科学研究所、辽宁工程技术大学、淮南矿业学院、焦作工学院	段振西、董方庭、陈恢翰、王祖和、闫莫明、黄乃炯、徐志明、马典山、徐敏康、王鹤龄	1996 年
69	YYG90SX 导轨式液压凿岩机	国家"八五"科技攻关重大科技成果奖		煤科总院上海分院、湘潭风动机械厂	胡大邦、徐贤波、黄新年、罗亮光、张涛、彭望秋、曾仰	1996 年

表 7-10(续)

序号	项目名称	获奖种类	获奖等级	主要完成单位	主要完成人	获奖时间
70	徐州新河二号煤炭地下气化半工业性试验	国家“八五”科技攻关重大科技成果奖		中国矿业大学	余力、梁杰等	1996 年
71	煤巷支护新技术及围岩活动规律	国家科技进步奖	三等	中国矿业大学	侯朝炯、何亚男	1996 年
72	岩巷定向断裂控制爆破理论与施工技术	国家科技进步奖	三等	中国矿业大学北京研究生部、大同矿务局、中国矿业大学	杨永琦、刘绍发、许义、高全臣、宋浩	1996 年
73	特殊地层条件下井壁破裂的机理与防治技术	国家科技进步奖	二等	淮北矿务局、大屯煤电公司、中国矿业大学、淮南矿业学院、煤科总院北京开采所、南京煤炭设计研究院	黄定华、孟以猛、崔广心、杨俊杰、耿德庸、李现春、陈德胜、祝嘉庸、程锡禄	1997 年
74	陈四楼矿主、副井深井冻结凿井技术	国家科技进步奖	二等	河南煤管局基建处、煤科总院北京建井研究所、中煤特殊工程公司、永夏矿区建设管委会、中煤第三十工程处、河南矿建第二工程公司	陈文豹、邓文芳、庞荣庆、刘云涛、刘长安、李功洲、吴理扬、崔增祁、黄德发	1998 年
75	人工冻土基本力学性能研究与应用	国家科技进步奖	二等	煤科总院北京建井研究所、中煤特殊工程公司、中煤第一建设公司特凿处、兖州矿业(集团)有限责任公司第六工程处	陈湘生、李昆、徐兵壮、张云利、汪崇鲜、彭连海、庞荣庆、陈东海、李嘉玲	2001 年
76	复杂条件下地下工程开挖支护技术的理论和应用研究	国家科技进步奖	二等	中国科学院武汉岩土力学研究所、山东科技大学、淮南矿务局	朱维申、刘泉声、白世伟、李术才、陈卫忠、尤春安、杨家岭、袁亮、吴玉山、祝经康	2001 年
77	高应力极软岩工程锚注支护机理及技术研究与应用	国家科技进步奖	二等	淮北矿业(集团)公司、山东科技大学、淮南矿业(集团)公司、中国矿业大学	李明远、王连国、袁亮、尹正柱、李伟、谢文兵、易恭猷、汤国成、韩立军、漆泰岳	2002 年
78	大型岩体工程稳定性和结构优化的分析方法及应用	国家科技进步奖	二等	中国科学院武汉岩土力学研究所、东北大学、山东科技大学、南芬露天矿、中国长江三峡工程开发总公司	冯夏庭、李术才、陈卫忠、朱维申、刘建、王渭明等	2004 年
79	龙固主井(双井筒)近 600 m 钻井法凿井技术研究与应用	国家科技进步奖	二等	新汶矿业集团有限责任公司、煤炭科学研究总院北京建井研究所、中煤特殊凿井(集团)有限责任公司、煤炭工业部济南设计研究院	苏景春、洪伯潜、张开顺、许宜坤、李功洲、臧桂茂、李炳胜、郑翔鲲、谭杰、张衍昌	2006 年

表 7-10(续)

序号	项目名称	获奖种类	获奖等级	主要完成单位	主要完成人	获奖时间
80	千米埋深矿井建设技术及应用	国家科技进步奖	二等	淄博矿业集团有限责任公司、山东科技大学、中煤第一建设公司、中煤第五建设公司、兖矿集团新陆冻结安装公司	马厚亮、张寿利、乔卫国、孙希奎、陈维健、陈洪远、杨明福、周亚东、赵景忠、王明远	2006 年
81	两淮矿区复杂地层条件下深大井筒特殊法凿井关键技术与应用	国家科技进步奖	二等	国投新集能源股份有限公司、中煤特殊凿井(集团)有限责任公司、安徽理工大学、淮南矿业(集团)有限责任公司、煤炭工业合肥设计研究院、煤炭科学研究总院北京建井研究所、华煤建设特殊工程技术有限公司	刘谊、程桦、赵时运、郑高升、姚直书、周兴旺、唐永志、杨裕官、李文增、赵世晨	2009 年
82	600 m 特厚表土层冻结法凿井关键技术	国家科技进步奖	二等	中国矿业大学、中煤第一建设公司、煤炭科学研究总院北京建井研究所、新汶矿业集团有限责任公司、山东鲁能菏泽煤电开发有限公司、煤炭工业济南设计研究院有限公司、中煤国际工程集团南京设计研究院	杨维好、蒲耀年、李功洲、王衍森、张开顺、陈明磊、黄家会、臧桂茂、盛天宝、齐吉龙	2009 年
83	深部煤矿高温热害治理技术及其装备系统	国家技术发明奖	二等	中国矿业大学(北京)	何满潮	2010 年
84	岩体爆破震动效应定量评价理论与精细化控制技术及工程应用	国家科技进步奖	二等	中国科学院武汉岩土力学研究所、武汉大学、西南交通大学、中国矿业大学(北京)、北京工业大学、中广核工程有限公司、中国长江三峡集团公司	李海波、卢文波、张继春、单仁亮、高文学、舒大强、夏祥、刘亚群、朱红兵、王晓炜	2010 年
85	煤矿千米深部岩巷稳定控制关键技术及应用	国家科技进步奖	二等	中国科学院武汉岩土力学研究所、淮南矿业(集团)有限责任公司、平顶山天安煤业股份有限公司、中国矿业大学、山东科技大学、武汉大学、河北同成矿业科技有限公司	刘泉声、薛俊华、高玮、方良才、刘小燕、靖洪文、卫修君、陈卫忠、宋彦波、郑西贵	2010 年

表 7-10(续)

序号	项目名称	获奖种类	获奖等级	主要完成单位	主要完成人	获奖时间
86	大型矿山提升装备关键技术及应用	国家科技进步奖	二等	中国矿业大学、中信重工机械股份有限公司、徐州煤矿安全设备制造有限公司、洛阳矿山机械工程设计研究院、中实洛阳工程塑料有限公司、徐州中矿提升安全设备有限公司	朱真才、王继生、杜庆永、陈国安、张步斌、楚广成、彭玉兴、胡长华、苗运江、曹国华	2010 年
87	“一扩成井”快速钻井法凿井关键技术及装备研究	国家科技进步奖	二等	淮北矿业(集团)有限责任公司、北京中煤矿山工程有限公司、安徽省皖北煤电集团有限责任公司、华煤建设特殊工程技术有限公司、中煤矿山建设集团有限责任公司、北京科技大学、安徽理工大学	陈远坤、刘志强、王新、程真富、程桦、周兴旺、李文增、纪洪广、吴玉华、蔡鑫	2012 年
88	煤矿岩巷全断面高效掘进关键技术与装备	国家科技进步奖	二等	中国矿业大学(北京)、山西晋城无烟煤矿业集团有限责任公司、冀中能源股份有限公司、山西汾西矿业(集团)有限责任公司、山东能源集团有限公司、淮南矿业(集团)有限责任公司、霍州煤电集团有限责任公司	杨仁树、闫振东、李清、李贵生、白忠胜、卜昌森、章立清、孙强、郭东明、岳中文	2013 年
89	拆除工程精确爆破理论研究与关键技术应用	国家科技进步奖	二等	广东宏大爆破股份有限公司、中国人民解放军理工大学野战工程学院、河南理工大学、中国铁道科学研究院、中国矿业大学(北京)、中建二局土木工程有限公司	郑炳旭、张英才、张志毅、龙源、李战军、刘殿书、宋锦泉、蔡宝卷、齐世福、魏晓林	2014 年
90	超大直径深立井建井关键技术及成套装备	国家科技进步奖	二等	中国中煤能源集团有限公司、北京中煤矿山工程有限公司、中国矿业大学、中煤第五建设有限公司、中煤建设集团有限公司、中煤第一建设有限公司、中国矿业大学(北京)	王安、周国庆、龙志阳、祁和刚、蒲耀年、沈慰安、杨仁树、陆伦、李新宝、黄亮高	2015 年

7.4.2 科研院所省部级科技进步奖(表7-11)

表7-11 科研院所省部级科技进步奖

序号	项目名称	奖励名称	获奖等级	第一完成单位	第一完成人（主要完成人）	获奖时间
1	300 m井筒的钻井工艺	煤炭工业科技进步奖	特等	煤科总院北京建井研究所		1983年
2	115# 松香聚酯树脂锚固剂	煤炭工业科技进步奖	一等	煤科总院北京建井研究所	郑重远	1983年
3	415 m深井冻结凿井	煤炭工业科技进步奖	一等	煤科总院北京建井研究所		1983年
4	冻结井壁内外力实测	煤炭工业科技进步奖	一等	煤科总院北京建井研究所	苏立凡	1983年
5	井筒预注浆技术	煤炭工业科技进步奖	一等	煤科总院北京建井研究所	崔增骥	1983年
6	2MJ-3/40型隔膜计量注浆泵	煤炭工业科技进步奖	二等	煤科总院北京建井研究所	陈道英	1984年
7	BZ-1型竖井表土钻机	煤炭工业科技进步奖	二等	煤科总院北京建井研究所	张永成	1984年
8	JDT-Ⅲ型陀螺测斜仪	煤炭工业科技进步奖	二等	煤科总院北京建井研究所	郭光钧	1984年
9	ZLC-60型侧卸式装岩机	煤炭工业科技进步奖	二等	煤科总院北京建井研究所	成福康	1984年
10	鹤壁三矿锚喷支护岩中巷变形规律与稳定性的研究	煤炭工业科技进步奖	二等	煤科总院北京建井研究所	安国梁	1984年
11	DZJ500—1000冻结注浆钻机	煤炭工业科技进步奖	三等	煤科总院北京建井研究所	吕继昌	1985年
12	竖井钻机岩石刀具试验台	煤炭工业科技进步奖	三等	煤科总院北京建井研究所	王纬	1985年
13	以侧卸式装岩机为主的岩巷机械化作业线	煤炭工业科技进步奖	三等	煤科总院北京建井研究所	成福康	1985年
14	冻结井复合井壁	煤炭工业科技进步奖	一等	煤科总院北京建井研究所	张文	1985年
15	D35堆焊耐磨材料	煤炭工业科技进步奖	二等	煤科总院北京建井研究所	李维远	1986年
16	侧卸装岩机履带行走部的研究	煤炭工业科技进步奖	二等	煤科总院北京建井研究所	邵虎成	1986年
17	煤矿混凝土帷幕法凿井技术和理论的研究	煤炭工业科技进步奖	二等	煤科总院北京建井研究所	张祖训	1986年
18	深井冻结壁温度场	煤炭工业科技进步奖	二等	煤科总院北京建井研究所	陈文豹	1986年
19	JDF-3A型陀螺仪电脑数据处理装置	煤炭工业科技进步奖	三等	煤科总院北京建井研究所	郭光钧	1986年
20	XC型长齿滚刀及XZ型楔齿滚刀	煤炭工业科技进步奖	三等	煤科总院北京建井研究所	李维远	1986年
21	508 m深井钻井法凿井技术	煤炭工业科技进步奖	一等	煤科总院北京建井研究所	洪伯潜	1986年

表 7-11(续)

序号	项目名称	奖励名称	获奖等级	第一完成单位	第一完成人（主要完成人）	获奖时间
22	固定锚杆水泥卷锚固剂	煤炭工业科技进步奖	一等	煤科总院北京建井研究所	屠丽南	1986 年
23	KWS 型地面预注浆止浆塞	煤炭工业科技进步奖	三等	煤科总院北京建井研究所	赵大奎	1987 年
24	冻土的物理力学性质的主要研究方法及在济宁二号井的应用	煤炭工业科技进步奖	三等	煤科总院北京建井研究所	梁惠生	1987 年
25	阜新王家营立井－650 m 水平副井马头门加固与监测	煤炭工业科技进步奖	三等	煤科总院北京建井研究所	李家鳌	1987 年
26	潘三东风井厚表土层冻结段复合井壁内外力综合观测研究	煤炭工业科技进步奖	三等	煤科总院北京建井研究所	苏立凡	1987 年
27	巷道掘进皮带转载机调研报告	煤炭工业部第二届全国煤炭科技情报成果奖	三等	煤科总院北京建井研究所		1987 年
28	一次成型液压锻钎机通用技术条件	湖北省科技进步奖	三等	煤科总院北京建井研究所	郭孝先	1987 年
29	钻井法凿井清水开钻技术的研究	安徽省科学技术进步奖	四等	煤科总院北京建井研究所	柏万禄	1987 年
30	反井钻机与工艺的研究	煤炭工业科技进步奖	二等	煤科总院北京建井研究所	李维远	1988 年
31	鼠笼式破碎机新型击轮研究	物资部科技进步奖	二等	煤科总院北京建井研究所	高峰	1988 年
32	钻井泥浆水土分离技术及装置	煤炭工业科技进步奖	三等	煤科总院北京建井研究所	柏万禄	1988 年
33	AS9/500 型竖井钻机	机械工业部科技进步奖	一等	煤科总院北京建井研究所	洪伯潜	1988 年
34	YZ-1 型 JB 接杆钎杆和 B22、B25 中空六角形钎杆	煤炭工业科技进步奖	二等	煤科总院北京建井研究所	张建成	1989 年
35	J85 混凝土速凝剂	建材行业部级科技进步奖	三等	煤科总院北京建井研究所	陈文豹	1989 年
36	JJC 型水泥卷锚杆的研制	金川有色金属总公司科技进步奖	三等	煤科总院北京建井研究所	屠丽南	1989 年
37	南票苇子沟矿煤巷锚杆塑料网支护	煤炭工业科技进步奖	三等	煤科总院北京建井研究所	段振西	1989 年
38	竖井井壁试验装置	煤炭工业科技进步奖	二等	煤科总院北京建井研究所	洪伯潜	1990 年
39	CWD-1 型冻结温度采集及处理装置	煤炭工业科技进步奖	三等	煤科总院北京建井研究所	徐专红	1991 年
40	立井短段掘砌混合作业法及其配套设备的研究和 3.5 型整体下移模板	煤炭工业科技进步奖	三等	煤科总院北京建井研究所	王继光	1991 年

表 7-11(续)

序号	项目名称	奖励名称	获奖等级	第一完成单位	第一完成人（主要完成人）	获奖时间
41	LM-200 型反井钻机的研制和钻井技术	煤炭工业科技进步奖	一等	煤科总院北京建井研究所	陈秀英	1991 年
42	开滦东欢坨矿二号井(副井)受控定向群孔钻进技术	煤炭工业科技进步奖	二等	煤科总院北京建井研究所	刘敏	1992 年
43	凿井设备井壁吊挂技术	煤炭工业科技进步奖	二等	煤科总院北京建井研究所	姜利	1992 年
44	EDW-C-03 堆焊焊条	煤炭工业科技进步奖	三等	煤科总院北京建井研究所	高峰	1992 年
45	冻结凿井中冻结壁应力场及承载性能的研究	煤炭工业科技进步奖	三等	煤科总院北京建井研究所	陈湘生	1992 年
46	混凝土外加剂在煤炭生产建设中的应用	国家科学技术委员会全国优秀科技情报成果奖	三等	煤科总院北京建井研究所	汤志斌	1992 年
47	立井排管注浆凿井工艺的研究	煤炭工业科技进步奖	三等	煤科总院北京建井研究所	王国明	1992 年
48	深冻结井外层井壁结构与工艺的研究	煤炭工业科技进步奖	三等	煤科总院北京建井研究所	陈文豹	1992 年
49	深井冻结专用管材应力技术的研究开发	煤炭工业科技进步奖	三等	煤科总院北京建井研究所	陈文豹	1992 年
50	钻井井壁内外力测试的研究	煤炭工业科技进步奖	三等	煤科总院北京建井研究所	黄友祥	1992 年
51	液压凿岩机检验测试系统	煤炭工业科技进步奖	一等	煤科总院北京建井研究所	邢庆贵	1992 年
52	高压旋喷注浆法研究	煤炭工业科技进步奖	二等	煤科总院北京建井研究所	赵斌	1993 年
53	钻井法凿井重大塌方的处理与控制技术	江苏省科技进步奖	二等	煤科总院北京建井研究所	柏万禄	1993 年
54	SZD800/10.5型转载带式输送机	煤炭工业科技进步奖	三等	煤科总院北京建井研究所	朱桂汉	1993 年
55	ZCT-1 型低压真空接触器综合测试台	煤炭工业科技进步奖	三等	煤科总院北京建井研究所	张鉴	1993 年
56	ZKG 高压真空换向器柜	煤炭工业科技进步奖	三等	煤科总院北京建井研究所	葛大林	1993 年
57	边坡预应力锚固技术	煤炭工业科技进步奖	三等	煤科总院北京建井研究所	阎莫明	1993 年
58	综合注浆法的研究	煤炭工业科技进步奖	二等	煤科总院北京建井研究所	周兴旺	1994 年
59	谢桥风井大直径井壁结构设计研究及钻井施工技术	煤炭工业科技进步奖	三等	煤科总院北京建井研究所	洪伯潜	1994 年
60	谢桥西风井大直径薄井壁结构设计研究及钻井施工技术	煤炭工业科技进步奖	三等	煤科总院北京建井研究所	洪伯潜	1994 年
61	定向钻进技术研究开发	煤炭工业科技进步奖	一等	煤科总院北京建井研究所	吕继昌	1994 年

表 7-11(续)

序号	项目名称	奖励名称	获奖等级	第一完成单位	第一完成人(主要完成人)	获奖时间
62	“三小”光爆锚喷岩巷掘进作业线的推广应用	煤炭工业科技进步奖	二等	煤科总院北京建井研究所	张子良	1995 年
63	MJY 型系列多用金属模板	煤炭工业科技进步奖	二等	煤科总院北京建井研究所	龙志阳	1995 年
64	DTZD-6 型抓斗	煤炭工业科技进步奖	三等	煤科总院北京建井研究所	郭培里	1995 年
65	JSS30/10 型伸缩式数显收敛计	煤炭工业科技进步奖	三等	煤科总院北京建井研究所	岳峰	1995 年
66	短砌中套双层冻结井壁	煤炭工业科技进步奖	三等	煤科总院北京建井研究所	楼根达	1995 年
67	防水剂的开发研究	建材行业部科技进步奖	三等	煤科总院北京建井研究所	陈文豹	1995 年
68	矿用改性氯氧镁支架、背板、锚杆托盘、沟盖板、挡煤板及轨枕的研究应用	煤炭工业科技进步奖	三等	煤科总院北京建井研究所	屠丽南	1995 年
69	液压凿岩机专用钎头的研制、液压凿岩机专用钎杆的研制	煤炭工业科技进步奖	三等	煤科总院北京建井研究所	陈祝平	1995 年
70	JH-91 胶体电解质	煤炭工业科技进步奖		煤科总院北京建井研究所	钱学楼	1995 年
71	孔集西风井沥青钢板混凝土柔性井壁施工工艺的研究	煤炭工业科技进步奖	二等	煤科总院北京建井研究所	王长生	1996 年
72	LM 系列反井钻机	煤炭工业科技进步奖	三等	煤科总院北京建井研究所	刘志强	1996 年
73	耐磨堆焊管状焊丝及其制造工艺、堆焊工艺和应用研究	煤炭工业科技进步奖	三等	煤科总院北京建井研究所	高峰	1996 年
74	煤矿巷道锚索系列化及配套机具研究	煤炭工业科技进步奖	二等	煤科总院北京建井研究所	阎莫明	1997 年
75	PL-1 型混凝土强度拔出仪	煤炭工业科技进步奖	三等	煤科总院北京建井研究所	岳峰	1997 年
76	姚桥矿井筒冻结管射孔注浆技术的研究	煤炭工业科技进步奖	三等	煤科总院北京建井研究所	刘敏	1997 年
77	深厚黏土层冻结凿井技术	煤炭工业科技进步奖	一等	煤科总院北京建井研究所	王正廷	1997 年
78	大断面双臂防爆全液压钻车的研制	煤炭工业科技进步奖	三等	煤科总院北京建井研究所	荣文生	1998 年
79	高压喷射注浆技术的研究与推广应用	煤炭工业科技进步奖	三等	煤科总院北京建井研究所	高岗荣	1998 年
80	定向钻进技术推广应用	煤炭工业科技进步奖	二等	煤科总院北京建井研究所	郑军	1999 年
81	新汶矿区困难条件下煤巷锚杆技术研究	煤炭工业科技进步奖	二等	煤科总院北京建井研究所		1999 年

表 7-11(续)

序号	项目名称	奖励名称	获奖等级	第一完成单位	第一完成人(主要完成人)	获奖时间
82	岩巷锚喷支护新技术	煤炭工业科技进步奖	二等	煤科总院北京建井研究所		1999 年
83	邢台矿务局煤巷锚杆支护成套技术研究	煤炭工业科技进步奖	特等	煤科总院北京建井研究所		1999 年
84	近水平地层冻结施工技术研究	煤炭工业十大科学技术成果奖		北京中煤矿山工程有限公司	苏立凡	2001 年
85	支护工程质量检测系列仪器	煤炭工业协会科学技术奖	二等	煤科总院北京建井研究所	岳峰	2002 年
86	邢东矿深井快速经济建井综合技术及工艺的研究	煤炭工业十大科学技术成果奖		北京中煤矿山工程有限公司	赵森林	2002 年
87	深井三同时快速凿井技术	中央企业青年创新奖	金奖	北京中煤矿山工程有限公司	郑军	2007 年
88	煤矿支护 ϕ18.9 mm 锚索、机具研究与应用	中国煤炭工业协会科学技术奖	三等	北京中煤矿山工程有限公司	岳峰	2007 年
89	矿山地层冻结技术在地铁隧道关键节点施工中的应用研究	中国煤炭工业协会科学技术奖	一等	北京中煤矿山工程有限公司	楼根达	2007 年
90	赵固二矿深井冻结技术	煤炭工业科学技术奖	二等	郑煤集团	杜工会	2009 年
91	特殊地层地面预注化学浆材料及工艺研究	中国煤炭工业协会科学技术奖	二等	北京中煤矿山工程有限公司	赵宏伟	2009 年
92	ZFY3.5/400 电控型反井钻机技术及应用	煤炭工业科学技术奖	一等	北京中煤矿山工程有限公司	刘志强	2010 年
93	地层液氮快速冻结技术在轨道交通工程中的应用研究	煤炭工业科学技术奖	二等	北京中煤矿山工程有限公司	李方政	2011 年
94	张集矿副井井筒超厚黏土层冻结技术研究	煤炭工业科学技术奖	三等	北京中煤矿山工程有限公司	高伟	2012 年
95	钻注平行作业及千米深井注浆关键技术研究	煤炭工业科学技术奖	一等	北京中煤矿山工程有限公司	周兴旺	2012 年
96	钻井废弃泥浆作为注浆材料研究	中国煤炭工业协会科学技术奖	三等	北京中煤矿山工程有限公司	宋雪飞	2013 年
97	5 m 大直径反井钻井技术及装备	中国煤炭工业协会科学技术奖	一等	北京中煤矿山工程有限公司	刘志强	2013 年
98	大直径煤矿风井反井钻井技术及装备	中国职业安全健康协会科学技术奖	一等	北京中煤矿山工程有限公司	刘志强	2013 年
99	人工冻土物理力学性能试验	中国煤炭工业协会科学技术奖	三等	北京中煤矿山工程有限公司	刘晓敏	2014 年

表 7-11(续)

序号	项目名称	奖励名称	获奖等级	第一完成单位	第一完成人（主要完成人）	获奖时间
100	千米深井控制冻结凿井关键技术研究	中国煤炭工业协会科学技术奖	一等	北京中煤矿山工程有限公司	刘志强	2014 年
101	煤矿深井建设技术国家工程实验室关键技术及装置研究	中国煤炭工业协会科学技术奖	二等	北京中煤矿山工程有限公司	刘志强	2015 年
102	深厚冲积层冻结法凿井高强高性能混凝土关键技术	中国煤炭工业协会科学技术奖	一等	中国建筑材料科学研究总院	姚燕	2016 年
103	长斜大直径定向反井钻井工艺与装备研究	中国煤炭工业协会科学技术奖	一等	北京中煤矿山工程有限公司	刘志强	2018 年
104	富水浅覆土层大断面隧道微扰动冻结关键技术与示范应用	中国煤炭工业协会科学技术奖	一等	天地科技股份有限公司（北京中煤矿山工程有限公司）	李方政	2018 年
105	煤矿预应力钢棒锚杆支护系统开发及应用研究	中国煤炭工业协会科学技术奖	二等	天地科技股份有限公司	吴拥政	2019 年

7.4.3 高等学校省部级科技进步奖(表 7-12)

表 7-12　高等学校省部级科技进步奖

序号	项目名称	奖励名称	获奖等级	第一完成单位	第一完成人	获奖时间
1	天府煤矿远距离解放层解放效果考察	四川省科技进步奖	二等	中国矿业大学	华安增	1978 年
2	阳泉七尺煤层大直径密集钻孔预抽瓦斯	山西省科技进步奖	二等	中国矿业大学	华安增	1979 年
3	WMP 型液压迈步凿井工作盘	广东省科技成果奖	三等	辽宁工程技术大学	刘彦生	1980 年
4	硬岩大直径深井钻机和钻井	核工业部	三等	中国矿业大学	崔广心	1982 年
5	PS-JP 混凝土喷射机组	辽宁省科学研究成果奖	三等	辽宁工程技术大学	腾宝森	1983 年
6	光爆锚喷支护推广和改进	煤炭部科技进步奖	特等	中国矿业大学	王树仁	1983 年
7	触变泥浆淹水沉井	煤炭部科技进步奖	一等	中国矿业大学	余力	1983 年
8	选煤厂动力计算与减振	煤炭部科技进步奖	一等	中国矿业大学	刘梦麟	1983 年
9	岩巷 3 m 深孔光爆	煤炭部科技进步奖	一等	中国矿业大学	王树仁	1983 年
10	凿井专用系列 11 t 钩头及 4 m^3 矸石吊桶研究	煤炭部科技进步奖	二等	中国矿业大学	袁文伯	1985 年
11	FDF-500 型多功能发爆器	煤炭部科技进步奖	三等	中国矿业大学	荣际凯	1985 年
12	东煤一号（DM-1）钻井泥浆处理剂	煤炭部地质局科技进步奖	三等	辽宁工程技术大学	陶崇敬	1985 年

表 7-12(续)

序号	项目名称	奖励名称	获奖等级	第一完成单位	第一完成人	获奖时间
13	龙口梁家主井混凝土帷幕法凿井工艺及理论研究	煤炭部科技进步奖	二等	辽宁工程技术大学	刘铮敏	1986 年
14	提高光面爆破效果、降低喷射混凝土粉尘与回弹的研究	陕西省高等学校科学研究奖	三等	辽宁工程技术大学	何庆志	1986 年
15	提高光面爆破效果、降低喷射混凝土粉尘与回弹的研究	冶金部科学技术研究成果奖	三等	辽宁工程技术大学	何庆志	1986 年
16	FDF-500 型多功能发爆器	江苏省科技进步奖	四等	中国矿业大学	荣际凯	1986 年
17	固定锚杆水泥卷技术	煤炭部科技进步奖	一等	中国矿业大学	荣际凯	1986 年
18	井架应力测试及提高承载力的研究	煤炭部科技进步奖	一等	中国矿业大学	史天生	1986 年
19	快硬膨胀水泥锚杆药卷	煤炭部科技进步奖	一等	中国矿业大学	荣际凯	1986 年
20	锚喷支护工程质量检测技术	山东省科技进步奖	一等	山东科技大学	王祖和	1986 年
21	硬岩大直径深井钻机和钻井	国防科工委科技进步奖	一等	中国矿业大学	崔广心	1987 年
22	芦岭煤矿新井通过煤与瓦斯突出煤层技术	煤炭部科技进步奖	三等	中国矿业大学	华安增	1988 年
23	井壁拆除控制爆破技术	江苏省科技进步奖	四等	中国矿业大学	荣际凯	1988 年
24	人造大理石立体浮印法	煤炭部科技进步奖	二等	中国矿业大学	陆作兴	1989 年
25	多铰可缩支架	能源部科技进步奖	三等	中国矿业大学	华安增	1989 年
26	抚顺倾斜特厚煤层上覆高压注浆减缓地表沉降保护建筑物技术	辽宁省科技进步奖	三等	辽宁工程技术大学	范学理	1989 年
27	巷道围岩松动圈支护理论及其应用	煤炭部科技进步奖	二等	中国矿业大学	董芳庭	1990 年
28	广义平面应变问题及在三维应力测量中的应用	国家教委科技进步奖	三等	中国矿业大学	吴振业	1990 年
29	平庄红庙煤矿软岩巷道支护工艺研究	能源部煤炭工业科技进步奖	三等	辽宁工程技术大学	吴钰应	1990 年
30	平庄红庙煤矿软岩巷道支护工艺研究	东北内蒙古煤炭联合公司科技进步奖	二等	西安科技大学土木学院	何唐镛	1990 年
31	GZJ-1 型稳绳张紧力检测仪	陕西省高校科研成果奖	三等	西安科技大学土木学院	刘其兴	1990 年
32	大屯矿区冻结井壁应力试验研究	江苏省科技进步奖	三等	中国矿业大学	崔广心	1991 年
33	钢筋混凝土井架结构抗震性能研究	煤炭部科技进步奖	三等	中国矿业大学	吴永新	1991 年
34	雷管打号机	煤炭部科技进步奖	三等	中国矿业大学	荣际凯	1991 年

表 7-12(续)

序号	项目名称	奖励名称	获奖等级	第一完成单位	第一完成人	获奖时间
35	岩石力学及矿山工程数值方法研究	能源部煤炭工业科技进步奖	三等	西安科技大学土木学院	刘怀恒	1991年
36	淮北祁南矿井井壁受力模拟试验研究	江苏省科技进步奖	二等	中国矿业大学	程锡禄	1992年
37	凿井设备井壁内挂	江苏省科技进步奖	二等	中国矿业大学	史天生	1992年
38	建筑卷扬机卷筒筒壳和端侧板研究	建设部科技进步奖	三等	辽宁工程技术大学	齐治国	1992年
39	竖井模拟试验台	煤炭部科技进步奖	三等	中国矿业大学	崔广心	1992年
40	平庄红庙煤矿软岩巷道支护工艺研究	能源部煤炭工业科技进步奖	三等	西安科技大学土木学院		1992年
41	回采巷道围岩活动规律及其控制	江苏省科技进步奖	二等	中国矿业大学	何亚男	1993年
42	机械破岩的相似模拟试验方法的研究	江苏省科技进步奖	二等	中国矿业大学	顾大钊	1993年
43	煤矿井下皮带运输PC集中检测系统	江苏省科技进步奖	二等	中国矿业大学	王义海	1993年
44	特大断面切眼支架锚杆组合支护研究	河北省部科技进步奖	二等	中国矿业大学	何亚男	1993年
45	东庞煤矿大及特大断面回采巷道锚杆组合支护	煤炭部科技进步奖	三等	中国矿业大学	何亚男	1993年
46	混合作业模板	辽宁省科技进步奖	三等	辽宁工程技术大学	杨铁春	1993年
47	雷管打号机	国家教委科技进步奖	三等	中国矿业大学	荣际凯	1993年
48	微山湖下断层煤柱的合理留设与开采问题的研究	煤炭部科技进步奖	三等	中国矿业大学	李世平	1993年
49	液氮冻结工艺系统研究及应用	煤炭部科技进步奖	三等	中国矿业大学	翁家杰	1993年
50	用决策网络方法确定矿建总体施工最优方案及具体安排的优化研究	煤炭部科技进步奖	三等	辽宁工程技术大学	朱柏石	1993年
51	安口煤矿巷道软岩支护技术的研究	甘肃省科技进步奖	二等	西安科技大学土木学院	王晓利	1993年
52	冻结井壁低温早强高强混凝土研究	煤炭部科技进步奖	三等	中国矿业大学	赵蕊娟	1994年
53	淮北祁南矿井井壁受力模拟试验研究	煤炭部科技进步奖	三等	中国矿业大学	程锡禄	1994年
54	姚桥矿二水平回采巷道支护改革研究	煤炭部科技进步奖	三等	中国矿业大学	何亚男	1994年

表 7-12(续)

序号	项目名称	奖励名称	获奖等级	第一完成单位	第一完成人	获奖时间
55	矿山爆破安全技术	河南省教委专著奖	三等	河南理工大学	杨小林	1994 年
56	隔河岩水电站厂房高边坡施工期变形监测及开挖后稳定性评价研究	湖北省科技进步奖	一等	中国矿业大学	王在泉	1994 年
57	煤矿井下皮带运输 PC 集中检控系统	司法部科技进步奖	一等	中国矿业大学	王义海	1994 年
58	高应力软岩支护技术研究	甘肃省科技进步奖	二等	西安科技大学土木学院	王晓利	1994 年
59	厚爆层沿底工作面顺槽及切眼断面锚网支护实验研究	煤炭部科技进步奖	三等	中国矿业大学	董芳庭	1995 年
60	冷却塔定向控制爆破拆除技术研究	辽宁省科技进步奖	三等	辽宁工程技术大学	崔玉璞	1995 年
61	提高矿井提升构筑物结构性能的研究	煤炭部科技进步奖	三等	中国矿业大学	张家康	1995 年
62	卧区爆炸硐室的测试和设计	煤炭部科技进步奖	三等	中国矿业大学	张萌	1995 年
63	高强双抗煤矿玻璃钢管道研制	河南省科技进步奖	三等	河南理工大学	耿运贵	1995 年
64	巷道周边定向断裂爆破控制工艺和岩巷定向断裂理论与实践	煤炭部科技进步奖	一等	中国矿业大学	杨永琦	1995 年
65	煤矿巷道围岩松动圈锚杆支护理论的推广应用(丙类)	国家教委科技进步奖	二等	中国矿业大学	董方庭	1996 年
66	全长锚固锚杆及托板的作用机理研究	河南省科技进步奖	三等	河南理工大学	顿志林	1996 年
67	特殊地层条件下井壁破裂机理与防治技术	煤炭部科技进步奖	特等	中国矿业大学	崔广心	1996 年
68	全煤巷锚梁网支护技术研究	山东省科技进步奖	二等	中国矿业大学	郭志宏	1997 年
69	长距离三软巷道锚网支护的研究与应用	河南省科技进步奖	二等	中国矿业大学	甘吉庆	1997 年
70	冻结井基岩段大流动性硅粉高强素混凝土的研究应用	山东省科技进步奖	三等	中国矿业大学	赵蕊娟	1997 年
71	高性能结构补强材料与技术研究	江苏省科技进步奖	三等	中国矿业大学	袁迎曙	1997 年
72	煤和瓦斯突出的防治(著作)	煤炭部科技进步奖	三等	中国矿业大学	华安增	1997 年
73	新型锚杆材料研制	煤炭工业局科技进步奖	三等	辽宁工程技术大学		1997 年
74	宿县矿区高应力采准巷道支护综合治理研究	煤炭部科技进步奖	三等	中国矿业大学	侯朝炯	1997 年
75	张小楼矿千米主副井施工新技术的应用研究	江苏省科技进步奖	三等	中国矿业大学	刘志强	1997 年

表 7-12(续)

序号	项目名称	奖励名称	获奖等级	第一完成单位	第一完成人	获奖时间
76	大型泥水平衡盾构监控系统施工参数及地面沉降控制研究	上海市科技进步奖	一等	中国矿业大学	翁家杰	1997年
77	深立井刚性井筒装备设计理论与计算方法的研究与应用	江苏省科技进步奖	三等	中国矿业大学	史天生	1998年
78	柔性人工保护盘的研究	煤炭工业部科技进步奖	三等	西安科技大学土木学院	刘其兴	1998年
79	地层加固法治理井壁破裂灾害技术——鲍店主副井井壁破裂灾害治理	山东省科技进步奖	二等	中国矿业大学	崔广心	1999年
80	深厚表土层中的冻结壁与井壁	全国优秀科技图书奖暨科技进步奖(科技著作)	二等	中国矿业大学	崔广心	1999年
81	凿井设备井内吊挂技术与组织管理	江苏省科技进步奖	二等	中国矿业大学	史天生	1999年
82	多煤层采准巷道布置优化研究	河南省科技进步奖	二等	河南理工大学	康全玉	1999年
83	采场薄板矿压理论	山西省科技进步奖	三等	太原理工大学	贾喜荣	1999年
84	建筑联合体同步迁移技术	煤炭部科技进步奖	三等	中国矿业大学	郭晋蒲	1999年
85	老采空区上方建筑物地基稳定性及处理措施研究	煤炭部科技进步奖	三等	中国矿业大学	乔志春	1999年
86	新型充填注浆材料与注浆技术的研究	省科技进步奖	三等	辽宁工程技术大学		1999年
87	多矿物复合工程塑料的研究	河南省科技进步奖	三等	河南理工大学	康全玉	1999年
88	国产设备创矿井年产800万吨生产技术研究	中国煤炭工业协会科学技术奖	一等	中国矿业大学	靖洪文	1999年
89	深厚表土层、含水层注浆加固参数与井壁竖直附加力变化	煤炭部科技进步奖	一等	中国矿业大学	崔广心	1999年
90	煤(岩)和瓦斯突出的规律、机理及防治原理	教育部中国高校科学技术奖(自然科学)	二等	中国矿业大学	俞启香	2000年
91	煤岩爆破块度的预测与控制研究	河南省科技进步奖	二等	河南理工大学	杨小林	2000年
92	矿区钢筋混凝土构筑物碳化效应防治技术研究	安徽省科技进步奖	三等	中国矿业大学	袁迎曙	2000年
93	耐腐、耐磨高强度复合材料罐道在立井井筒中的应用研究	国家煤炭工业局科技进步奖	三等	河南理工大学	曾宪桃	2000年
94	建筑联合体同步迁移技术	山西省科技进步奖	二等	中国矿业大学	袁迎曙	2001年
95	焦作矿区产业演替规律、产业结构优化及可持续发展战略研究	河南省科技进步奖	三等	河南理工大学	曾宪桃	2001年

表 7-12(续)

序号	项目名称	奖励名称	获奖等级	第一完成单位	第一完成人	获奖时间
96	深井煤矿巷道隔热材料研制	河南省科技进步奖	三等	河南理工大学	康全玉	2001 年
97	国产设备创矿井年产 800 万吨生产技术研究	山东省科技进步奖	二等	中国矿业大学	靖洪文	2002 年
98	黏结式可回收金属锚杆系列研制	河南省科技进步奖	二等	河南理工大学	康全玉	2002 年
99	工业与民用建筑改造与加固新技术的应用研究	河南省科技进步奖	三等	河南理工大学	段敬民	2002 年
100	绿色高性能水泥混凝土的研制与应用	河南省科技进步奖	三等	河南理工大学	樊文熙	2002 年
101	岩体损伤及检测	西安市科技进步奖(省部级)	二等	西安科技大学土木学院	杨更社	2002 年
102	窖街三矿急斜(大倾角)坚硬煤层顶煤弱化及合理回采工艺研究	省部级科技进步奖	三等	西安科技大学土木学院	王小林	2002 年
103	NS 锚固材料及其在岩体工程中的应用研究	山西省科技进步奖	二等	太原理工大学	李彦斌	2003 年
104	岩盐压裂机理和工程应用的模拟研究	教育部科技进步奖	二等	河南理工大学	余永强	2003 年
105	NS 锚固材料及其在岩体工程中的应用研究	山西省教育厅科技进步奖	一等	太原理工大学	李彦斌	2003 年
106	大型工业建筑物拆除爆破技术	河南省科技进步奖	一等	河南理工大学	张英才	2003 年
107	三峡工程左厂 1# ～5# 坝段深层抗滑稳定有限元分析研究	省部级科技进步奖	二等	西安科技大学土木学院	任建喜	2003 年
108	构造复杂区域高应力破碎围岩巷道矿压与支护技术研究	国家安全局安全生产科技成果奖	二等	中国矿业大学	靖洪文	2004 年
109	谢桥煤矿铁路线及铁路桥下高强度开采试验研究	国家安全局安全生产科技成果奖	二等	中国矿业大学	于广云	2004 年
110	深井突出三软煤巷及软岩巷道支护机理技术研究	河南省科技进步奖	三等	中国矿业大学	靖洪文	2004 年
111	高瓦斯坚硬特厚煤层综采放顶煤水力致裂软化技术与应用研究	省部级科技进步奖	二等	西安科技大学土木学院	杨更社	2004 年
112	巷道快速技术与保障体系的研究	省部级科技进步奖	二等	西安科技大学土木学院	戴俊	2004 年
113	采动区大幅度不均匀沉陷铁路桥综合治理技术研究	中国煤炭工业协会科学技术奖	二等	中国矿业大学	靖洪文	2005 年
114	残留煤柱回收综合技术研究	山西省科技进步奖	二等	太原理工大学	杨双锁	2005 年
115	煤矿开采疏水过程对井壁的研究	河南省科技进步奖	二等	河南理工大学	刘希亮	2005 年

表 7-12(续)

序号	项目名称	奖励名称	获奖等级	第一完成单位	第一完成人	获奖时间
116	深部巷道松软围岩失稳机理与动态叠加支护技术研究	河南省科技进步奖	三等	中国矿业大学	靖洪文	2005 年
117	超深厚表土冻结设计及井筒安全施工监测监控技术研究	安全生产科技成果奖	二等	中国矿业大学	岳丰田	2006 年
118	复杂困难条件下二次采动煤巷失稳机理及控制技术研究	中国煤炭工业协会科学技术奖	二等	中国矿业大学	靖洪文	2006 年
119	厚冲击层立井井筒安全状况评价及破裂灾害防治技术研究	安全生产科技成果奖	二等	中国矿业大学	杨维好	2006 年
120	大屯矿区井筒井壁安全综合监测研究及应用	安全生产科技成果奖	三等	中国矿业大学	周国庆	2006 年
121	大屯矿区井筒井壁安全综合监测研究及应用	中国煤炭工业协会科学技术奖	三等	中国矿业大学	周国庆	2006 年
122	风积土的冻融特性及其道路危害的研究	辽宁省科学技术奖自然科学奖	三等	辽宁工程技术大学	张向东	2006 年
123	千米埋深不稳定地层巷道支护技术	中国煤炭工业协会科学技术奖	三等	中国矿业大学	韩立军	2006 年
124	深部极软岩层主副斜井稳定性的交换影响及控制技术研究	安全生产科技成果奖	三等	中国矿业大学	邵鹏	2006 年
125	冻土爆破与可钻特性及其分级的研究	安徽省科技进步奖	三等	安徽理工大学	马芹永	2006 年
126	淮南矿区高应力软岩巷道底鼓机理及修复加固技术研究	中国煤炭工业协会科学技术奖	三等	安徽理工大学	张平	2006 年
127	黄淮地区大直径深立井快速掘进技术及工程实践研究	安徽省科技进步奖	三等	安徽理工大学	颜事龙	2006 年
128	基于可靠性的锚杆支护设计理论与应用研究	中国煤炭工业协会科学技术奖	三等	辽宁工程技术大学	马云东	2006 年
129	基于形状记忆合金的土木工程结构振动控制理论研究	省部级科技进步奖	二等	西安科技大学土木学院	苏三庆	2006 年
130	塌陷区桥梁沉陷治理技术研究	教育部科学技术进步奖	二等	中国矿业大学	于广云	2007 年
131	超千米深井复杂地层硐室与巷道支护技术	山东省科技进步奖	三等	中国矿业大学	韩立军	2007 年
132	晋城矿区厚层脆韧性石灰岩顶板稳定性及控制技术研究	中国煤炭工业协会科学技术奖	三等	中国矿业大学	韩立军	2007 年
133	露天矿台阶爆破质量控制及其相关技术研究	中国煤炭工业协会科学技术奖	三等	辽宁工程技术大学	费鸿禄	2007 年

表 7-12(续)

序号	项目名称	奖励名称	获奖等级	第一完成单位	第一完成人	获奖时间
134	断层带岩体工程地质力学特征及其对断层防水煤柱留设的影响研究	安徽省科技进步奖	三等	安徽理工大学	吴基文	2007年
135	矿山地层冻结技术在地铁隧道关键节点施工中的应用研究	中国煤炭工业协会科学技术奖	一等	中国矿业大学	岳丰田	2007年
136	复杂地层条件下近1 200 m竖井施工技术创新研究	省部级科技进步奖	二等	西安科技大学土木学院	戴俊	2007年
137	高地应力强膨胀性裂隙软岩支护及修复理论和方法研究	省部级科技进步奖	三等	西安科技大学土木学院	杨更社	2007年
138	层状岩体爆破损伤断裂机理研究及煤矿岩巷施工应用	中国煤炭工业协会科学技术奖	二等	河南理工大学	李桂林	2008年
139	平煤矿区环境对地面构筑物的腐蚀的因素分析、评估与防治	中国煤炭工业协会科学技术奖	二等	河南理工大学	刘建飞	2008年
140	受采空区影响的大型建设项目建筑物安全性研究	河南省科技进步奖	二等	河南理工大学	梁为民	2008年
141	层状岩体爆破损伤断裂机理研究及煤矿岩巷施工应用	中国煤炭工业协会科学技术奖	二等	河南理工大学	赵春孝	2008年
142	刀柱式老采区遗留煤体长壁综采回收技术研究	山西省科技进步奖	三等	太原理工大学	宋宝生	2008年
143	厚层脆韧性石灰岩顶板工作面和巷道稳定性及控制技术研究	山西省科学技术奖	三等	中国矿业大学	韩立军	2008年
144	急倾斜煤层多次采动沿空留巷围岩失稳机理与控制技术	四川省科学技术奖	三等	中国矿业大学	靖洪文	2008年
145	锚杆支护作用演化机理及顶板离层与巷道稳定性的相关性	山西省科技进步奖	三等	太原理工大学	杨建立	2008年
146	煤矿覆岩离层充填控制地表沉陷理论与技术体系研究	辽宁省科技进步奖	三等	辽宁工程技术大学	刘文生	2008年
147	土体冻胀与融沉特性对铁路路基影响的研究	辽宁省科技进步奖	三等	辽宁工程技术大学	张向东	2008年
148	深立井掘进突水机理及综合注浆堵水技术研究	安徽省科技进步奖	三等	安徽理工大学	王厚良	2008年
149	复杂地层条件冻结法凿井设计理论与施工关键技术	江苏省科技进步奖	一等	中国矿业大学	杨维好	2008年
150	边坡稳定性演化的有限元仿真及其工程应用	省部级科技进步奖	二等	西安科技大学土木学院	任建喜	2008年

表 7-12(续)

序号	项目名称	奖励名称	获奖等级	第一完成单位	第一完成人	获奖时间
151	兖州矿区塌陷区生态重建研究与示范	环境保护科学技术奖	二等	中国矿业大学	王东权	2009 年
152	高应力极易破碎煤巷围岩稳定机理与控制技术研究	中国煤炭工业协会科学技术奖	二等	中国矿业大学	周钢	2009 年
153	煤矿井筒穿越多层采空区施工技术研究	中国煤炭工业协会科学技术奖	二等	太原理工大学	于斌	2009 年
154	煤矿塌陷区输电线路杆塔建设与防护技术研究	中国煤炭工业协会科学技术奖	二等	中国矿业大学	王东权	2009 年
155	深厚表土冻结壁融沉及其与井壁耦合机理的研究	中国煤炭工业协会科学技术奖	二等	山东科技大学	付厚利	2009 年
156	深井复杂条件大断面岩巷机械化快速掘进成套技术研究	中国煤炭工业协会科学技术奖	二等	中国矿业大学	邵鹏	2009 年
157	塌陷区地表建筑物保护与重建技术研究	中国煤炭工业协会科学技术奖	二等	中国矿业大学	王东权	2009 年
158	深厚表土冻结壁融沉及其与井壁耦合机理的研究	中国煤炭工业协会科学技术奖	二等	山东科技大学	付厚利	2009 年
159	百米特大立式煤仓抗破坏技术研究	中国煤炭工业协会科学技术奖	三等	辽宁工程技术大学	张向东	2009 年
160	极复杂软弱地层井巷工程稳定机理与控制技术	安徽省科技进步奖	三等	中国矿业大学	韩立军	2009 年
161	深部复杂条件巷道矿压规律及稳定性控制技术研究	山东省科技进步奖	三等	中国矿业大学	靖洪文	2009 年
162	深井大断面岩巷快速掘进技术研究与应用	山东省科技进步奖	三等	中国矿业大学	李元海	2009 年
163	网架结构安全性检测技术研究	中国机械工业科学技术奖	三等	中国矿业大学	吕恒林	2009 年
164	新型方钢管混凝土组合框架结构体系抗震性能的研究	山东省科技进步奖	三等	山东科技大学	王洪立	2009 年
165	煤炭自然发火危险性新预测方法的研究与应用	安徽省科技进步奖	三等	安徽理工大学	何启林	2009 年
166	复杂地质条件下冻结法凿井设计理论与施工关键技术	江苏省科技进步奖	一等	中国矿业大学	杨维好	2009 年
167	不规则块段煤炭资源高效回收技术研究与应用	中国煤炭工业协会科学技术奖	二等	太原理工大学	王玉宝	2010 年

表 7-12(续)

序号	项目名称	奖励名称	获奖等级	第一完成单位	第一完成人	获奖时间
168	采煤沉陷区复杂地形高回填矸石地基及建筑物保护集成技术研究	中国煤炭工业协会科学技术奖	二等	中国矿业大学	王建平	2010 年
169	高地温、高地压、大埋深大型矿井安全快速建设关键技术	山东省科技进步奖	二等	中国矿业大学	宋雷	2010 年
170	河北省平原区找煤研究	河北省科技进步奖	二等	中国矿业大学	马金荣	2010 年
171	净径 8.3 m 超大井筒穿厚表土钻井法设计施工关键技术与智能监控方法	安徽省科技进步奖	二等	安徽理工大学	程桦	2010 年
172	锚固锚杆中导波传播机理研究	山西省科技进步奖	二等	太原理工大学	张昌锁	2010 年
173	煤矿残采区遗弃资源回采理论及技术研究	山西省科技进步奖	二等	太原理工大学	冯国瑞	2010 年
174	深部高应力巷道围岩破裂演化机理及其稳定控制技术的研究与应用	教育部科技进步奖	二等	中国矿业大学	靖洪文	2010 年
175	松软厚煤层采场及大断面巷道矿压特征及关键技术研究	中国煤炭工业协会科学技术奖	二等	太原理工大学	曹建平	2010 年
176	巷道围岩稳定性评价与控制技术研究	山西省科技进步奖	二等	中国矿业大学	王连国	2010 年
177	FRP 锚杆加固开采沉陷区结构裂缝机理的研究	中国煤炭工业协会科学技术奖	三等	辽宁工程技术大学	张向东	2010 年
178	城市轨道交通水平冻结综合技术	中国煤炭工业协会科学技术奖	三等	中国矿业大学	岳丰田	2010 年
179	复杂条件下井壁变形光纤光栅监测技术	中国煤炭工业协会科学技术奖	三等	中国矿业大学	黄家会	2010 年
180	立井冻结温度场发展规律研究与应用	江苏省科技进步奖	三等	中国矿业大学	李海鹏	2010 年
181	散料沉降特性研究及其在竖井回填工艺中的应用	军队科技进步奖	三等	中国矿业大学	杨维好	2010 年
182	深井复杂地层冻注理论及关键技术应用研究	中国煤炭工业协会科学技术奖	三等	山东科技大学	乔卫国	2010 年
183	小煤柱沿空巷道支护机理及应用研究	山西省科技进步奖	三等	中国矿业大学	马占国	2010 年
184	立井冻结温度场发展规律研究与应用	江苏省科技进步奖	三等	中国矿业大学	李海鹏	2010 年
185	煤矿残采区遗弃资源回采理论及技术研究	山西省高校科技进步奖	一等	太原理工大学	冯国瑞	2010 年

表 7-12(续)

序号	项目名称	奖励名称	获奖等级	第一完成单位	第一完成人	获奖时间
186	厚煤层开采理论与应用研究	中国煤炭工业协会科学技术奖	一等	中国矿业大学(北京)	王家臣	2010 年
187	不规则块段煤炭资源高效回收提高矿井资源回收率技术的研究与应用	山西省科技进步奖	二等	太原理工大学	王玉宝	2011 年
188	超深孔爆破卸压致裂顺层钻孔区域抽采消突技术	中国煤炭工业协会科学技术奖	二等	河北工业大学	蓝成仁	2011 年
189	构造复杂条件下巷道快速掘进高精度超前探测技术研究与实践	安徽省科技进步奖	二等	中国矿业大学	刘盛东	2011 年
190	矿井 530 m 冲击层钻井可缩井壁的研究与应用	山东省科技进步奖	二等	中国矿业大学	王衍森	2011 年
191	矿区环境优化与景观生态调控技术研究	中国煤炭工业协会科学技术奖	二等	中国矿业大学	夏军武	2011 年
192	煤矿采动岩体液固耦合产生的环境效应及工程应用	江苏省科技进步奖	二等	中国矿业大学	马占国	2011 年
193	煤矿软岩巷道加固与锚喷网优化设计的研究	中国煤炭工业协会科学技术奖	二等	辽宁工程技术大学	张向东	2011 年
194	深部巷道变形、破坏全过程及其稳定控制技术研究	中国煤炭工业协会科学技术奖	二等	中国矿业大学	靖洪文	2011 年
195	深井特殊地层冻注关键技术研究与应用	山东省科技进步奖	二等	山东科技大学	乔卫国	2011 年
196	岩巷喷射钢纤维混凝土支护试验研究与工程应用	中国煤炭工业协会科学技术奖	二等	安徽理工大学	程真富	2011 年
197	单自由面岩体爆破掏槽理论研究及应用	山东省科技进步奖	三等	山东科技大学	王洪立	2011 年
198	地下工程平衡稳定理论与应用	浙江省科学技术奖	三等	中国矿业大学	王迎超	2011 年
199	复杂条件碎裂软岩巷道破坏机理与合理支护技术研究	中国煤炭工业协会科学技术奖	三等	中国矿业大学	许国安	2011 年
200	混凝土结构钢筋锈蚀效应和使用寿命预计基础理论	江苏省科技进步奖	三等	中国矿业大学	袁迎曙	2011 年
201	煤矿沉陷区超高压输电线路杆塔建设与防护理论和成套技术研究	安全生产科技成果奖	三等	中国矿业大学	袁广林	2011 年
202	千米深井侏罗纪软岩巷道变形破坏规律及其控制技术研究	中国煤炭工业协会科学技术奖	三等	中国矿业大学	陈坤福	2011 年
203	青岛市地下交叠工程施工与运营安全保障研究	山东省科技进步奖	三等	山东科技大学	王渭明	2011 年

表 7-12(续)

序号	项目名称	奖励名称	获奖等级	第一完成单位	第一完成人	获奖时间
204	基于城乡统筹的徐州矿区塌陷地生态修复集成技术与规划研究	中国煤炭工业协会科学技术奖	一等	中国矿业大学	吕恒林	2011 年
205	基于滑动力变化的矿山滑坡灾害远程实时监测预报系统	教育部高等学校科学研究技术发明奖	一等	中国矿业大学(北京)	何满潮	2011 年
206	静游镇煤矿 4 号煤层上行开采可行性研究	全国煤炭工业生产一线青年技术创新优秀论文奖	一等	太原理工大学	冯国瑞	2011 年
207	综合机械化固体废弃物密实充填与采煤一体化技术	教育部高等学校科学研究技术发明奖	一等	中国矿业大学	缪协兴	2011 年
208	秦岭终南山深埋特长公路隧道 2 号竖井下洞群建造关键技术	陕西省科学技术奖	一等	西安科技大学土木学院	苏三庆	2011 年
209	地铁建设诱发地层环境损伤风险预控系统的研究与应用	高等学校科学研究优秀成果奖科技进步奖	二等	中国矿业大学(北京)	刘波	2012 年
210	东森 CBD 商业广场深基坑工程施工监测与动态模拟研究	中国商业联合会科学技术奖	二等	辽宁工程技术大学	张向东	2012 年
211	杜家村矿大倾角松软厚煤层综放开采关键技术研究	中国煤炭工业协会科学技术奖	二等	中国矿业大学(北京)	郭东明	2012 年
212	复杂困难条件下巷道锚注支护成套技术研究	中国煤炭工业协会科学技术奖	二等	中国矿业大学	王连国	2012 年
213	复杂条件下巷道围岩变形破坏机理及支护对策研究	高等学校科学研究优秀成果奖科技进步奖	二等	中国矿业大学(北京)	杨仁树	2012 年
214	厚表土井壁受力过程状态与破裂临界信息研究与实践	中国煤炭工业协会科学技术奖	二等	中国矿业大学	周国庆	2012 年
215	基于数字全景成像技术的特厚煤层综放开采覆岩活动规律研究	中国岩石力学与工程学会科技进步奖	二等	太原理工大学	于斌	2012 年
216	煤矸石充填开采技术及采动覆岩控制研究	辽宁省科学技术奖	二等	辽宁工程技术大学	梁冰	2012 年
217	软弱、富含水地层非全井冻结法建井新技术	宁夏回族自治区科技进步奖	二等	中国矿业大学	石荣剑	2012 年
218	生态空间结构调控下的资源枯竭型矿区转型模式及策略研究	中国煤炭工业协会科学技术奖	二等	中国矿业大学	常江	2012 年
219	锁口桩设计方案研发与施工动态模拟的研究	中国商业联合会科学技术奖	二等	辽宁工程技术大学	张向东	2012 年
220	提高瓦斯抽采效率的固相颗粒密封理论与技术	教育部科技进步奖	二等	中国矿业大学	高峰	2012 年

表 7-12(续)

序号	项目名称	奖励名称	获奖等级	第一完成单位	第一完成人	获奖时间
221	西部煤矿侏罗纪弱胶结极软岩复杂地层硐室与巷道支护关键技术	中国煤炭工业协会科学技术奖	二等	中国矿业大学	周金生	2012 年
222	逐孔起爆数值模拟与振动控制研究	中国工程爆破协会科学技术奖	二等	山东科技大学	段宝福	2012 年
223	地面远距离引爆井下非电起爆系统安全性和可靠性研究	中国职业安全健康协会科学技术奖	三等	辽宁工程技术大学	费鸿禄	2012 年
224	断层活化导水机理及防治方法研究	山东省科技进步奖	三等	中国矿业大学	刘盛东	2012 年
225	高温矿井岩体传热机理和降温系统的研究及其应用	辽宁省科技进步奖	三等	辽宁工程技术大学	张树光	2012 年
226	辽西地区 T 型梁桥加宽加固工程技术研究	中国职业安全健康协会科学技术奖	三等	辽宁工程技术大学	张向东	2012 年
227	潞安现代矿井绿色安全高效建井理论技术研究	山西省科技进步奖	三等	太原理工大学	徐贵校	2012 年
228	煤矿软岩巷道加固与锚喷网优化设计的研究	中国职业安全健康协会科学技术奖	三等	辽宁工程技术大学	张向东	2012 年
229	煤矿巷道下山快速掘进关键技术	中国煤炭工业协会科学技术奖	三等	山东科技大学	李廷春	2012 年
230	特殊地层中斜井冻结技术研究	河北省科技进步奖	三等	中国矿业大学	任彦龙	2012 年
231	瓦斯抽采钻孔区域的缝隙封堵新技术	中国煤炭工业协会科学技术奖	三等	中国矿业大学	高峰	2012 年
232	风积土冻胀与融沉特性及其工程防治措施的研究	中国商业联合会科学技术奖	一等	辽宁工程技术大学	张向东	2012 年
233	厚松散层特厚煤层快速建井与综放开采保障技术研究	国家能源科技进步奖	一等	中国矿业大学	马占国	2012 年
234	水下炸礁技术研究与应用	第六届中国工程爆破协会科学技术奖	一等	中国矿业大学(北京)	刘殿书	2012 年
235	瓦斯抽采钻孔区域的裂隙封堵新技术	中国煤炭工业协会科学技术奖	一等	中国矿业大学	高峰	2012 年
236	郓城马泰壕矿深长(440 m)斜井冻结法凿井关键技术	中国煤炭工业协会科学技术奖	一等	中国矿业大学	李海鹏	2012 年
237	北京地铁建设引起地层环境损伤预控风险管理系统研究	中国职业安全健康协会科学技术奖	一等	中国矿业大学(北京)	刘波	2012 年
238	伊犁矿区特厚砾石层斜井井筒支护理论和施工技术研究	中国煤炭工业协会科学技术奖	一等	中国矿业大学(北京)	杨仁树	2012 年

表 7-12(续)

序号	项目名称	奖励名称	获奖等级	第一完成单位	第一完成人	获奖时间
239	大同矿区“两系”煤巷变形力学特性及支护关键技术研究	中国煤炭工业协会科学技术奖	二等	中国矿业大学	靖洪文	2013 年
240	多因素耦合的煤炭企业绿色开采激励机制设计	中国煤炭工业协会科学技术奖	二等	中国矿业大学	王林秀	2013 年
241	极破碎围岩大断面硐室与顺槽优化设计及安全监控技术研究	中国石油化工和化工自动化行业科技进步奖	二等	辽宁工程技术大学	张向东	2013 年
242	井筒毗邻富水软岩大断面硐室变形破坏机理及其修复关键技术研究	中国煤炭工业协会科学技术奖	二等	中国矿业大学	陈坤福	2013 年
243	煤矿多热源综合利用热泵与高能效冰蓄冷井下降温关键技术研究	中国煤炭工业协会科学技术奖	二等	中国矿业大学	岳丰田	2013 年
244	蒙东五间房矿区极软弱地层井巷工程建设关键技术	中国煤炭工业协会科学技术奖	二等	中国矿业大学	韩立军	2013 年
245	山体内复杂变形条件下煤矿卸载站加固技术研究与应用	中国煤炭工业协会科学技术奖	二等	中国矿业大学	袁广林	2013 年
246	深埋特殊地质条件下三软巷道动态叠加耦合支护理论与技术研究	中国煤炭工业协会科学技术奖	二等	中国矿业大学	韩立军	2013 年
247	大断面硬岩巷道高效聚能爆破快速掘进成套技术研究	中国煤炭工业协会科学技术奖	三等	中国矿业大学	邵鹏	2013 年
248	大直径筒仓滑模施工平台研究	中国煤炭工业协会科学技术奖	三等	中国矿业大学	夏军武	2013 年
249	劲风强震区超高层建筑动力响应的研究	中国石油化工和化工自动化行业科技进步奖	三等	辽宁工程技术大学	曲学杰	2013 年
250	马营井田金龙输煤专线抗采动变形治理研究	中国煤炭工业协会科学技术奖	三等	中国矿业大学	于广云	2013 年
251	破碎顶板围岩超大断面开切眼支护优化设计与安全监控的研究	辽宁省科技进步奖	三等	辽宁工程技术大学	张向东	2013 年
252	千米埋深大断面软岩巷道变形破坏机理及控制技术研究	中国煤炭工业协会科学技术奖	三等	中国矿业大学	王连国	2013 年
253	特殊地层中斜井冻结技术研究	中国煤炭工业协会科学技术奖	三等	中国矿业大学	张涛	2013 年
254	岩石混凝土材料细观断裂的 CT 与声发射综合诊断技术	河北省科技进步奖	三等	河北农业大学	刘京红	2013 年
255	岩土工程并行智能扩展有限元综合分析方法与应用	河南省科技进步奖	三等	河南理工大学	茹忠亮	2013 年

表 7-12(续)

序号	项目名称	奖励名称	获奖等级	第一完成单位	第一完成人	获奖时间
256	深厚表土冻结立井高强高性能混凝土井壁材料及井壁破裂机理研究	教育部科学技术进步奖	一等	中国矿业大学(北京)	杨仁树	2013 年
257	煤矿深部巷道掘进施工关键技术及推广应用	河南省科技进步奖	二等	河南理工大学	杨小林	2014 年
258	多层半刚性钢框架结构体系抗震性能研究及应用	山东省科技进步奖	三等	山东科技大学	王来	2014 年
259	煤矿井下静态破碎开挖技术试验与工程应用	安全生产科技成果奖	三等	安徽理工大学	马芹永	2014 年
260	煤矿深立井连接硐室群围岩扰动效应与控制技术	安徽省科技进步奖	一等	安徽理工大学	程桦	2014 年
261	高边坡动态智能优化设计方法及工程应用	湖北省科技进步奖	一等	河南理工大学	赵洪波	2014 年
262	基于能量平衡理论的深部软岩巷道支护技术研究	中国煤炭工业协会科学技术奖	二等	中国矿业大学(北京)	王春来	2015 年
263	深井软岩巷道钢管混凝土支架支护成套技术研究及应用	中国煤炭工业协会科学技术奖	一等	中国矿业大学(北京)	高延法	2016 年
264	深井高应力巷道底板预应力锚注加固关键技术研究与应用	中国煤炭工业协会科学技术奖	二等	河南理工大学	张辉	2016 年
265	煤矿大型地下井巷工程贯通测量关键技术与应用	中国煤炭工业协会科学技术奖	三等	河南理工大学	李长春	2016 年
266	矿用混凝土湿式喷射关键技术及成套装备的研发与应用	中国煤炭工业协会科学技术奖	一等	山东科技大学	程卫民	2017 年
267	浅埋深大断面弱胶结软岩煤巷一体化支护技术研究	中国煤炭工业协会科学技术奖	三等	中国矿业大学(北京)	李清	2018 年
268	煤矿超大断面软岩硐室圈层耦合控制技术研究	中国煤炭工业协会科学技术奖	三等	河南理工大学	肖同强	2018 年

7.4.4　施工企业省部级科技进步奖(表 7-13)

表 7-13　施工企业省部级科技进步奖

序号	项目名称	奖励名称	获奖等级	第一完成单位	第一完成人	获奖时间
1	深井冻结法设计改进	安徽省科技成果奖	成果奖	中煤矿山建设集团		1978 年
2	朱仙庄混凝土搅拌站	安徽省科技成果奖	成果奖	中煤矿山建设集团		1978 年

表 7-13(续)

序号	项目名称	奖励名称	获奖等级	第一完成单位	第一完成人	获奖时间
3	钻井法设计改进	安徽省科技成果奖	成果奖	中煤矿山建设集团		1978 年
4	钻具打捞工具研制	安徽省科技成果奖	成果奖	中煤矿山建设集团		1978 年
5	刘桥矿副井钢筋混凝土井塔预建整移	煤炭部重大技术改革特别奖	改革特别奖	中煤矿山建设集团		1980 年
6	深井冻结复合井壁情报资料	煤炭部科技情报优秀成果	三等	中煤矿山建设集团		1982 年
7	冻结法凿井技术	煤炭部科技进步奖	一等	中煤矿山建设集团		1982 年
8	冻结井冻土挖掘机研制	煤炭部科技进步奖	一等	中煤矿山建设集团		1982 年
9	冷冻站自动化控制	安徽省科技进步奖	三等	中煤矿山建设集团		1983 年
10	300 m 井筒钻井法施工	煤炭部科技进步奖	特等	中煤矿山建设集团		1983 年
11	SZ-9/700 型 9 m 钻井机	煤炭部科技进步奖	特等	中煤矿山建设集团		1983 年
12	冻结井复合井壁新技术	煤炭部科技进步奖	特等	中煤矿山建设集团		1983 年
13	AS9/500 竖井钻机	煤炭部科技进步奖	一等	中煤矿山建设集团		1983 年
14	冻结壁温度场实测	煤炭部科技进步奖	一等	中煤矿山建设集团		1983 年
15	钢筋混凝土井塔预建整移	煤炭部科技进步奖	一等	中煤矿山建设集团		1983 年
16	潘三东风井 415 m 深井冻结法凿井技术	煤炭部科技进步奖	一等	中煤矿山建设集团		1983 年
17	光爆锚喷支护在朱仙庄矿的推广与改进	安徽省煤炭工业公司科技进步优秀成果奖	二等	中煤矿山建设集团		1984 年
18	合金钢钎的研制与加工工艺改革	安徽省煤炭工业公司科技进步优秀成果奖	二等	中煤矿山建设集团		1984 年
19	临涣矿钢筋混凝土井塔快速施工新工艺	安徽省煤炭工业公司科技进步优秀成果奖	二等	中煤矿山建设集团		1984 年
20	深井冻结壁温度场研究	煤炭部科技进步奖	二等	中煤矿山建设集团		1984 年
21	桃园矿主井打钻冻结快速施工	安徽省煤炭工业公司科技进步优秀成果奖	二等	中煤矿山建设集团		1984 年
22	谢桥矿矸石井快速冻结施工	安徽省科技进步奖	二等	中煤矿山建设集团		1984 年
23	朱仙庄南风井壁后充填工艺改革	安徽省煤炭工业公司科技进步优秀成果奖	二等	中煤矿山建设集团		1984 年
24	SD-1 型深井测井仪研制	煤炭部科技进步奖	三等	中煤矿山建设集团		1985 年
25	XC 型长齿滚刀及 XZ 型锲齿滚刀	煤炭部科技进步奖	三等	中煤矿山建设集团		1985 年
26	深井冻结壁温度场	煤炭部科技进步奖	二等	中煤矿山建设集团		1987 年
27	桃园矿冻结井新型井壁	煤炭部科技进步奖	三等	中煤矿山建设集团		1987 年
28	508 m 深井钻井法凿井技术	煤炭部科技进步奖	一等	中煤矿山建设集团		1987 年

表 7-13(续)

序号	项目名称	奖励名称	获奖等级	第一完成单位	第一完成人	获奖时间
29	TDX-1 型底卸式吊桶的研制	能源部科技进步奖	三等	中煤矿山建设集团		1988 年
30	桃园煤矿冻结井新型井壁	能源部科技进步奖	三等	中煤矿山建设集团		1988 年
31	两淮冻土试验研究	中国科学院科技进步奖	二等	中煤矿山建设集团		1990 年
32	415 m 深井冻结法凿井	全国施工科技进步优秀项目奖		中煤矿山建设集团		1990 年
33	508 m 深井钻井法凿井技术	全国施工科技进步优秀项目奖		中煤矿山建设集团		1990 年
34	谢桥矸石井 1.5 t 矿车单层双车轻合金罐笼	煤炭工业科技进步奖	三等			1991 年
35	猛虎队连续 12 年年均进尺 1 826 m 施工技术	能源部科技进步奖	二等	中煤矿山建设集团		1992 年
36	钻井泥浆地面处理工艺与抑制造浆技术	能源部科技进步奖	二等	中煤矿山建设集团		1992 年
37	钻井泥浆地面系统化处理工艺与抑制造浆技术	煤炭工业科技进步奖	二等			1992 年
38	《CAD 统筹网络计划系统》NP3.1 版	安徽省科技进步奖	三等	中煤矿山建设集团		1992 年
39	含水砂层井壁后注浆工艺	能源部科技进步奖	三等	中煤矿山建设集团		1992 年
40	竖井模拟试验台	能源部科技进步奖	三等	中煤矿山建设集团		1993 年
41	钻井法凿井内管注浆壁后充填工艺技术	煤炭部科技进步奖	三等	中煤矿山建设集团		1993 年
42	立井井筒地面预注浆黏土水泥浆技术	山东煤炭工业科技进步奖	一等			1993 年
43	钢结构件喷涂长效防腐	煤炭部科技进步奖	二等	中煤矿山建设集团		1994 年
44	特大半煤岩硐室快速承载锚索支护技术研究及应用	煤炭工业科技进步奖	三等			1994 年
45	新型马氏体合金铸铁堆焊焊条研制	煤炭工业科技进步奖	三等			1994 年
46	钻井法凿井钻具打捞技术研究	煤炭工业科技进步奖	三等			1994 年
47	复合型竖井楔齿滚刀材料研究	机械部科技进步奖	二等	中煤矿山建设集团		1995 年
48	祁南矿井高强钢筋混凝土钻井井壁及施工技术研究	煤炭部科技进步奖	二等	中煤矿山建设集团		1995 年
49	立井冻土爆破研究	安徽省科技进步奖	四等	中煤矿山建设集团		1995 年
50	特殊地层条件下井壁破裂机理与防治技术的研究	煤炭部科技进步奖	特等	中煤矿山建设集团		1995 年

表 7-13(续)

序号	项目名称	奖励名称	获奖等级	第一完成单位	第一完成人	获奖时间
51	反井钻应用技术	电力工业科技进步奖	三等			1996 年
52	石屑代砂混凝土砂浆试验研究	河南省科技进步奖	三等			1996 年
53	四点固定底盘结构可靠性的研究	煤炭工业科技进步奖	三等			1996 年
54	陈四楼主、副井深井冻结施工技术	安徽省科技进步奖	四等	中煤矿山建设集团		1996 年
55	软土隧道工程冻结施工技术	安徽省科技进步奖	四等	中煤矿山建设集团		1996 年
56	陈四楼矿主、副井深井冻结凿井技术	煤炭工业科技进步奖	一等	河南煤管局基建处	陈文豹	1996 年
57	人工冻土基本力学性能研究与应用	煤炭工业科技进步奖	二等			1997 年
58	K26-N09 型矿用建井风机	煤炭工业科技进步奖	三等	中煤矿山建设集团		1997 年
59	黏土水泥深井注浆研究与应用	煤炭工业科技进步奖	三等			1997 年
60	煤炭基建市场运行机制的建立	中国煤炭工业企业管理现代化部级优秀成果奖	一等			1997 年
61	北京地铁暗挖隧道水平冻结施工技术的研究	北京市科学技术进步奖	三等			1998 年
62	上排下疏立井凿井新工艺	煤炭工业科技进步奖	三等	煤科总院北京建井研究所	杨春来	1998 年
63	树脂锚固剂经济型包装机械及生产工艺	煤炭工业科技进步奖	一等	煤科总院北京建井研究所	黄乃炯	1998 年
64	立井井筒快速施工技术的完善与推广应用	煤炭工业科技进步奖	二等	中煤矿山建设集团	张胜利	1999 年
65	煤巷小孔径锚索支护技术研究	河北省科技进步奖	二等			1999 年
66	金桥煤矿深厚黏土层冻结凿井技术研究	山东省科技进步奖	三等			1999 年
67	水下冻结施工技术研究	安徽省科技进步奖	二等	中煤矿山建设集团		2000 年
68	淄博许厂矿快速建设技术	煤炭工业科技进步奖	二等	中煤矿山建设集团		2000 年
69	邢东矿深井快速经济建井综合技术及工艺的研究	中国煤炭工业协会科学技术奖	特等	河北金牛能源股份有限公司	赵森林	2002 年
70	阳泉矿区锚索支护技术的研究与应用	河南省科技进步奖	二等			2003 年
71	冻胀力控制与释放技术应用研究	安徽省科技进步奖	二等	中煤矿山建设集团		2003 年

表7-13(续)

序号	项目名称	奖励名称	获奖等级	第一完成单位	第一完成人	获奖时间
72	阳泉矿区锚索支护技术的研究与应用	中国煤炭工业协会科学技术奖	一等	阳泉煤业(集团)有限责任公司		2003年
73	488 m深厚表土冻结技术研究与应用	安徽省科技进步奖	二等	中煤矿山建设集团		2004年
74	济西生建煤矿深厚表土层冻结法凿井关键技术研究	山东省科技进步奖	二等	中煤矿山建设集团		2004年
75	梁北矿深立井快速施工与冻结信息化施工技术研究	河南省科技进步奖	二等		范铁锤	2004年
76	济北生建矿区快速高效建设新技术	中国煤炭工业协会科学技术奖	特等	中煤矿山建设集团		2004年
77	高承压水饱和软土水平冻结法加固关键技术研究	上海市科技进步奖	三等	上海隧道工程股份有限公司		2005年
78	刘庄煤矿冻、注、凿主井三平行快速建井技术的研究与应用	安徽省科技进步奖	一等	国投新集能源股份有限公司	周兴旺	2005年
79	488 m深厚表土冻结技术研究与应用	中国煤炭工业协会科学技术奖	三等	中煤矿山建设集团		2005年
80	炮孔水耦合装药爆破破岩机理模型试验研究	安徽省科技进步奖	三等	中煤矿山建设集团		2005年
81	龙固主井(双井筒)近600 m钻井法凿井井壁结构及工艺研究	中国煤炭工业协会科学技术奖	特等	煤炭工业济南设计研究院	洪伯潜	2005年
82	程村矿井主、副井筒深厚冲积层冻结凿井技术	中国煤炭工业协会科学技术奖	一等	河南省辉县市吴村煤矿	李功洲	2005年
83	济北生建矿区快速高效建设新技术	山东省科技进步奖	一等	中煤矿山建设集团		2005年
84	龙固主井近600 m钻井法井壁结构及工艺设计研究	山东煤炭工业协会科技进步奖	一等		洪伯潜	2005年
85	超深厚表土冻结设计及应用新技术研究	中国煤炭工业协会科学技术奖	二等	兖矿集团有限公司	陈嘉	2006年
86	煤矿深部大断面巷道高效掘进技术、支护技术的研究与实践	中国煤炭工业协会科学技术奖	二等	新汶矿业集团孙村煤矿	邸建友	2006年
87	煤田三维地震资料微机可视化与解释系统的研究	安徽省科技进步奖	二等	淮北矿业(集团)有限责任公司	李伟	2006年
88	大流速下的地层冻结	河北省煤炭工业行业协会科技成果奖	三等	中煤一公司特凿处		2006年
89	复杂地质条件下大直径深井钻井法施工技术研究	安徽省科技进步奖	三等	中煤矿山建设集团		2006年

表 7-13(续)

序号	项目名称	奖励名称	获奖等级	第一完成单位	第一完成人	获奖时间
90	黄淮地区大直径深立井快速掘进技术及工程实践研究	安徽省科技进步奖	三等	中煤矿山建设集团		2006 年
91	立井井筒挖掘机清底技术	河北省煤炭工业行业协会科技成果奖	三等	中煤第一建设公司第十工程处	吕广同	2006 年
92	千米立井软岩支护施工技术	河北省煤炭工业行业协会科技成果奖	三等	中煤第一建设公司第三十一工程处	陈耀文	2006 年
93	斜井机械化快速施工技术	河北省煤炭工业行业协会科技成果奖	三等	中煤第一建设公司第六十三工程处	陈飞	2006 年
94	大屯矿区井筒井壁安全综合监测研究及应用	中国煤炭工业协会科学技术奖	三等	大屯煤电(集团)有限责任公司	祁和刚	2006 年
95	复杂地质条件下大直径深井钻井法施工技术研究	安徽省科技进步奖	三等	中煤特殊凿井(集团)有限责任公司	许宜坤	2006 年
96	高精度定向井施工技术研究	中国煤炭工业协会科学技术奖	三等	肥城矿业集团有限责任公司地质勘探工程处	潘光明	2006 年
97	高强度预应力注浆锚索研制与应用	中国煤炭工业协会科学技术奖	三等	新汶矿业集团华丰煤矿	李希勇	2006 年
98	高应力复杂煤层巷道锚注支护技术研究与应用	安徽省科技进步奖	三等	淮北矿业集团桃园煤矿	崔景龙	2006 年
99	立井深厚表土层冻结造孔与基岩S孔地面预注浆完全平行综合技术	安徽省科技进步奖	三等	淮南矿业集团有限责任公司	雷成祥	2006 年
100	煤矿基本建设财务管理理论与实践研究	中国煤炭工业协会科学技术奖	三等	兖矿贵州能化公司贵州黔西能源开发有限公司	许道德	2006 年
101	千米埋深不稳定地层巷道支护技术	中国煤炭工业协会科学技术奖	三等	淄博矿业集团公司唐口煤矿	张寿利	2006 年
102	涡北矿深厚表土冻结法凿井信息化施工技术研究	安徽省科技进步奖	三等	淮北矿业(集团)有限责任公司	陈远坤	2006 年
103	702 m 深井冻结关键技术研究	中国施工企业管理协会科学技术奖	特等	中煤第一建设公司		2006 年
104	复杂地层条件下近 1 200 m 竖井施工技术创新研究	中国煤炭工业协会科学技术奖	一等	甘肃煤炭第一工程公司	张亨和	2006 年
105	平朔矿区露井联采建设与生产技术研究	中国煤炭工业协会科学技术奖	一等	中国中煤能源集团公司	张宝山	2006 年
106	特厚表土中冻结法凿井技术研究	中国煤炭工业协会科学技术奖	一等	新汶矿业集团有限责任公司	郎庆田	2006 年

表 7-13(续)

序号	项目名称	奖励名称	获奖等级	第一完成单位	第一完成人	获奖时间
107	特厚表土层钻井法及冻结法凿井新技术研究与应用	煤炭工业十大科学技术成果奖		新汶矿业集团有限责任公司		2006 年
108	复杂环境下浅埋大断面隧道超长水平冻结施工技术研究	安徽省科技进步奖	二等	中煤矿山建设集团		2007 年
109	龙固矿井近 600 m 冲积层冻结法凿井技术研究与应用	山东省科技进步奖	二等	新汶矿业集团有限责任公司	郎庆田	2007 年
110	EBH-120 型悬臂式掘进机	安徽省科技进步奖	二等	淮南煤矿机械有限公司	汪昌龄	2007 年
111	大型钢结构井架超 90 度桅杆扳转法吊装与凿井平行作业的技术研究	中国施工企业管理协会科学技术奖技术创新成果	二等	唐山开滦建设(集团)有限责任公司		2007 年
112	复杂环境下浅埋大断面隧道超长水平冻结施工技术研究	中国煤炭工业协会科学技术奖	二等	中煤特殊凿井(集团)有限责任公司	赵时运	2007 年
113	宿南矿区松散层四含水文地质条件分析及开采对策研究	安徽省科技进步奖	二等	安徽省煤田地质局	李学文	2007 年
114	赵固一矿深厚冲积层(近 600 m)冻结法凿井技术研究与应用	中国煤炭工业协会科学技术奖	二等	焦作煤业(集团)有限责任公司	杜工会	2007 年
115	大吨位箕斗曲轨安全卸载技术研究	安徽省科技进步奖	三等	煤炭工业合肥设计研究院	秦强	2007 年
116	高温矿井建设期间热害防治技术研究与应用	中国煤炭工业协会科学技术奖	三等	兖矿集团有限公司	王用杰	2007 年
117	高应力软岩巷道支护技术及围岩控制研究	中国煤炭工业协会科学技术奖	三等	峰峰集团有限公司薛村矿	王用杰	2007 年
118	含水层顶板条件下锚杆/锚索支护可靠性研究与控制	中国煤炭工业协会科学技术奖	三等	潞安环能公司漳村煤矿	肖亚宁	2007 年
119	淮北矿区整体结构顶板特大动力突水水害查治试验研究	安徽省科技进步奖	三等	淮北矿业(集团)有限责任公司	李伟	2007 年
120	基于虚拟现实技术的煤矿安全生产指挥系统关键技术研究与开发	安徽省科技进步奖	三等	淮南矿业(集团)有限责任公司	金川	2007 年
121	巨厚含水层井筒壁后注浆堵水技术研究	中国煤炭工业协会科学技术奖	三等	肥城肥矿龙兴地质勘探有限责任公司	付延强	2007 年
122	矿用大功率高压变频器的研制及应用	安徽省科技进步奖	三等	淮北矿业(集团)有限责任公司	丁淮南	2007 年
123	煤矿建设管理信息化系统	中国煤炭工业协会科学技术奖	三等	平顶山煤业(集团)有限责任公司	肖亚宁	2007 年

表 7-13(续)

序号	项目名称	奖励名称	获奖等级	第一完成单位	第一完成人	获奖时间
124	深厚冲积层特厚膨胀黏土快速冻结技术研究与应用	中国煤炭工业协会科学技术奖	三等	唐山开滦建设(集团)有限责任公司	曹丁涛	2007 年
125	岩巷安全快速掘进综合技术研究	中国煤炭工业协会科学技术奖	三等	山西西山煤电股份有限公司	付延强	2007 年
126	兖州矿区侏罗系红层赋水规律及充水预测研究	中国煤炭工业协会科学技术奖	三等	兖矿集团有限公司	曹丁涛	2007 年
127	复杂地质条件下大直径深井钻井法施工技术研究	淮海科学技术奖	特别奖	中煤矿山建设集团		2007 年
128	702 m 深井冻结关键技术研究	中国煤炭工业协会科学技术奖	一等	中煤第一建设公司	耿聚昌	2007 年
129	大断面长距离过深厚含水层施工技术	中国施工企业管理协会科学技术奖技术创新成果	一等	中煤第五建设有限公司第一工程处		2007 年
130	复杂环境下浅埋大断面隧道超长水平冻结施工技术研究	中国施工企业管理协会科学技术奖技术创新成果	一等	中煤特殊凿井(集团)有限责任公司		2007 年
131	山西能源建设专项研究	中国煤炭工业协会科学技术奖	一等	国家发展和改革委员会能源局	董荣泉	2007 年
132	深厚表土层冻结立井井壁高强高性能混凝土研究及其应用	中国施工企业管理协会科学技术奖技术创新成果	一等	中煤第三建设公司第七十一工程处		2007 年
133	深厚冲积层特厚膨胀黏土快速冻结技术研究及应用	中国施工企业管理协会科学技术奖技术创新成果	一等	唐山开滦建设(集团)有限责任公司		2007 年
134	特厚冲积层及强含水岩层中702 m 冻结法凿井技术	山东省科技进步奖	二等	山东鲁能菏泽煤电开发有限公司	陈明磊	2008 年
135	复杂环境下浅埋大断面隧道超长水平冻结施工技术研究	淮海科学技术奖	二等	中煤矿山建设集团		2008 年
136	建井期间深井井下通风降温技术	河北省煤炭工业行业协会科技成果奖	二等	中煤第一建设公司第三十一工程处	陈耀文	2008 年
137	地铁隧道与旁通道冻结法平行施工技术	中国施工企业管理协会科学技术奖技术创新成果	二等	中煤第五建设公司		2008 年
138	抚顺页岩油炼法综合技术创新与应用	中国施工企业管理协会科学技术奖技术创新成果	二等	抚顺中煤建设(集团)有限责任公司		2008 年
139	建井期间深井井下通风降温技术	中国施工企业管理协会科学技术奖技术创新成果	二等	中煤第一建设公司第三十一工程处		2008 年

表 7-13(续)

序号	项目名称	奖励名称	获奖等级	第一完成单位	第一完成人	获奖时间
140	立井井筒煤与瓦斯突出煤层瓦斯抽放及揭煤综合防突技术研究	中国施工企业管理协会科学技术奖技术创新成果	二等	中煤第五建设公司第四工程处		2008 年
141	深部高应力软岩巷道破坏后二次稳定控制机理与技术研究	中国煤炭工业协会科学技术奖	二等	平顶山煤业(集团)有限责任公司	张建国	2008 年
142	深井岩巷蠕变控制理论与技术研究	中国煤炭工业协会科学技术奖	二等	新汶矿业集团公司协庄煤矿	袁秋新	2008 年
143	特殊地层条件下立井井筒的设计技术研究和开发利用	中国煤炭工业协会科学技术奖	二等	中煤国际工程集团南京设计研究院	江新春	2008 年
144	泉店矿深厚冲积层冻结凿井技术攻关与快速施工	河南省第三届安全生产科技进步奖	三等	中煤矿山建设集团		2008 年
145	立井井筒稳盘采用轮胎三角支撑快速施工技术	河北省煤炭工业行业协会科技成果奖	三等	中煤第一建设公司第四十九工程处	臧培刚	2008 年
146	深立井井筒装备快速施工工艺	河北省煤炭工业行业协会科技成果奖	三等	中煤第一建设公司机电安装处	蒲耀年	2008 年
147	超深立井井筒掘砌快速施工综合技术研究	中国煤炭工业协会科学技术奖	三等	淮南矿业(集团)有限责任公司	唐永志	2008 年
148	淮北宿县临涣矿区构造复杂程度定量评价及其对瓦斯赋存特征的控制	安徽省科技进步奖	三等	淮北矿业(集团)有限责任公司	李伟	2008 年
149	矿井瞬变电磁法水害探查技术及应用	安徽省科技进步奖	三等	安徽省皖北煤电集团有限责任公司	吴玉华	2008 年
150	煤矿冻结深井井壁 C100 混凝土成套技术研究	安徽省科技进步奖	三等	中煤第三建设公司第七十一工程处	徐辉东	2008 年
151	中国煤炭企业 GBS(Grater Behavioral Safety)广角监察集成管理	安徽省科技进步奖	三等	安徽省淮北矿业(集团)有限责任公司	陈红	2008 年
152	超大直径储料仓穹顶技术	中国施工企业管理协会科学技术奖技术创新成果	一等	徐州中煤钢结构建设有限公司		2008 年
153	巨厚冲积层深、大井筒钻井法凿井关键技术研究及工程应用	安徽省科技进步奖	一等	国投新集能源股份有限公司	刘谊	2008 年
154	深井突出煤层竖井安全揭穿煤层与区域性瓦斯治理技术研究	中国煤炭工业协会科学技术奖	一等	淮北矿业(集团)有限责任公司	李伟	2008 年
155	特大型钢结构井架加工与竖立工艺研究应用	中国施工企业管理协会科学技术奖技术创新成果	一等	中煤矿山建设集团		2008 年

表 7-13(续)

序号	项目名称	奖励名称	获奖等级	第一完成单位	第一完成人	获奖时间
156	特厚冲积层及强含水岩层中702 m冻结法凿井技术	山东省煤炭科学技术科技进步奖	一等	山东鲁能菏泽煤电开发有限责任公司	李长寅	2008年
157	赵固二矿深井冻结经济快速施工综合技术研究与应用	中国煤炭工业协会科技进步奖	一等	焦作煤业集团有限责任公司	杜工会	2008年
158	层状岩体爆破损伤断裂机理的研究及煤矿岩巷施工应用	中国煤炭工业协会科学技术奖	二等	平煤神马建工集团	仝洪昌	2009年
159	立井软岩钻孔施工技术	河北省煤炭工业行业协会科技成果奖	二等	中煤第一建设公司第四十九工程处	蒲耀年	2009年
160	深立井基岩段井壁漏水防治技术	河北省煤炭工业行业协会科技成果奖	二等	中煤第一建设公司第三十一工程处	蒲耀年	2009年
161	AD130型动力头钻机研制与工程应用	安徽省科技进步奖	二等	中煤矿山建设集团	赵时运	2009年
162	反井钻机施工煤仓暗立井过煤及破碎带技术	中国施工企业管理协会科学技术奖技术创新成果	二等	平煤建工集团有限公司		2009年
163	高地压、软岩矿山大型硐室施工关键技术	中国施工企业管理协会科学技术奖技术创新成果	二等	中煤第五建设有限公司		2009年
164	淮北临涣、涡阳矿区(井)下组煤开采灰岩水害防治关键技术研究	安徽省科技进步奖	二等	淮北矿业(集团)有限责任公司	葛春贵	2009年
165	焦炉基础顶板预埋管安装施工技术的研究与应用	中国施工企业管理协会科学技术奖技术创新成果	二等	平煤建工集团有限公司		2009年
166	煤矿井筒穿越多层采空区施工技术研究	中国煤炭工业协会科学技术奖	二等	大同煤矿集团有限责任公司	王学军	2009年
167	孟加拉国巴拉普库利亚煤矿井下降温技术研究与应用	国家安全生产监督管理总局安全生产科技成果奖	二等	中煤第五建设有限公司		2009年
168	全液压中心回转抓岩机的研制及在立井施工中的应用	中国施工企业管理协会科学技术奖技术创新成果	二等	中煤第五建设有限公司		2009年
169	人工快速解冻大深度冻融土地基及集中大荷载井塔基础综合研究	中国煤炭工业协会科学技术奖	二等	国投新集能源股份有限公司	刘谊	2009年
170	软土地层水平冻结设计、施工和融沉控制综合技术	上海市科技进步奖	二等	上海申通地铁集团有限公司	白廷辉	2009年
171	西山矿区立井井筒施工技术研究	中国煤炭工业协会科学技术奖	二等	山西焦煤西山建筑集团有限公司	薛占儒	2009年

表 7-13(续)

序号	项目名称	奖励名称	获奖等级	第一完成单位	第一完成人	获奖时间
172	液压伞钻的研制及在立井硬岩爆破施工中的应用	中国施工企业管理协会科学技术奖技术创新成果	二等	中煤第五建设有限公司		2009 年
173	综合支吊架施工工法	中国施工企业管理协会科学技术奖技术创新成果	二等	平煤建工集团有限公司		2009 年
174	煤矿深井岩巷掘进动态破岩与围岩控制技术研究	安徽省科技进步奖	三等	中煤矿山建设集团		2009 年
175	建井期间深井井下通风降温技术	中国施工企业管理协会科学技术奖技术创新成果	三等	中煤第一建设公司第三十一工程处	陈耀文	2009 年
176	立井冻结冲积层小型挖掘机施工技术	河北省煤炭工业行业协会科技成果奖	三等	中煤第一建设公司第三十一工程处	蒲耀年	2009 年
177	煤矿深井岩巷掘进动态破岩与围岩控制技术研究	中国煤炭工业协会科学技术奖	三等	中煤矿山建设集团		2009 年
178	应用 AutoCAD 软件进行井巷测量定位校验施工技术	河北省煤炭工业行业协会科技成果奖	三等	中煤第一建设公司第四十九工程处	赵京虎	2009 年
179	大段高、台阶式双钻机双注浆系统在深井井筒工作面预注浆的应用	中国煤炭工业协会科学技术奖	三等	河南永华能源有限公司	程东全	2009 年
180	厚松散含水层下煤层安全开采水文地质保障技术研究	安徽省科技进步奖	三等	淮南矿业(集团)有限责任公司	袁亮	2009 年
181	基于工业以太网技术的煤矿综合自动化远程监控系统及应用关键技术研究	安徽省科技进步奖	三等	安徽世腾信息技术有限责任公司	赵莉	2009 年
182	矿山安全生产快速反应联动监控重大灾害的监控预警技术	安徽省科技进步奖	三等	淮北矿业(集团)有限责任公司	李伟	2009 年
183	煤矿深井岩巷掘进动态破岩与围岩控制技术研究	中国煤炭工业协会科学技术奖	三等	淮北矿业(集团)有限责任公司	葛春贵	2009 年
184	宁东矿区软土井巷柔模泵注混凝土快速支护技术应用研究	中国煤炭工业协会科学技术奖	三等	神华宁夏煤业集团有限责任公司	王俭	2009 年
185	斜井过空巷及小煤柱护巷技术研究	中国煤炭工业协会科学技术奖	三等	山西潞安集团潞宁煤业有限责任公司	申志平	2009 年
186	宣东风井寒冷条件快速建井技术的研究与应用	中国煤炭工业协会科学技术奖	三等	冀中能源张家口矿业集团有限公司	赵生山	2009 年
187	长管注浆在煤矿巷道穿越含水断层破碎带中的研究及应用	安徽省科技进步奖	三等	安徽省皖北煤电集团有限责任公司	王健	2009 年

表 7-13(续)

序号	项目名称	奖励名称	获奖等级	第一完成单位	第一完成人	获奖时间
188	大直径超高筒仓综合施工新技术的研究与应用	中国施工企业管理协会科学技术奖技术创新成果	一等	平煤建工集团有限公司		2009 年
189	复杂地质条件下大断面、大倾角斜井掘进机械化配套施工技术	中国施工企业管理协会科学技术奖技术创新成果	一等	中煤矿山建设集团		2009 年
190	复杂地质条件下井筒安全建设技术	国家安全生产监督管理总局安全生产科技成果奖	一等	山东鲁能菏泽煤电开发有限公司	李长寅	2009 年
191	立井施工过流沙(软土层)整体液压钢板桩帷幕	中国施工企业管理协会科学技术奖技术创新成果	一等	平煤建工集团有限公司		2009 年
192	千米立井配套施工技术研究与应用	中国施工企业管理协会科学技术奖技术创新成果	一等	中煤第五建设有限公司		2009 年
193	郓城矿井 530 m 冲积层钻井可缩井壁的研究与应用	山东省科技进步奖	二等	山东省郓城煤矿	庞法扬	2010 年
194	安全监控与预警系统在煤矿立井施工中的应用技术	中国施工企业管理协会科学技术奖技术创新成果	二等	中煤第五建设有限公司		2010 年
195	超千米立井井筒快速施工综合配套技术研究与应用	中国煤炭工业协会科学技术奖	二等	中国平煤神马能源化工集团有限公司	裴大文	2010 年
196	大型钢栈桥地面制作与整体吊装技术	中国施工企业管理协会科学技术奖技术创新成果	二等	中煤建筑安装工程公司		2010 年
197	大直径预应力钢筋混凝土筒仓刚性平台滑模技术	中国施工企业管理协会科学技术奖技术创新成果	二等	中煤建筑安装工程公司		2010 年
198	复杂地质条件下坑道透视精细化层析成像(CT)技术研究及应用	中国煤炭工业协会科学技术奖	二等	江苏省矿业工程集团有限公司	王慧明	2010 年
199	高寒地区井塔工程冬期快速施工综合技术	中国施工企业管理协会科学技术奖技术创新成果	二等	中煤建筑安装工程公司		2010 年
200	高强预应力混凝土管桩在粉煤灰软土地层引孔锤击施工技术	中国施工企业管理协会科学技术奖技术创新成果	二等	中平能化建工集团有限公司		2010 年
201	胡家河矿井 560 m 深厚软岩全深冻结凿井技术攻关与快速施工	中国煤炭工业协会科学技术奖	二等	陕西彬长矿业集团有限公司	严广劳	2010 年

表 7-13(续)

序号	项目名称	奖励名称	获奖等级	第一完成单位	第一完成人	获奖时间
202	井塔转换梁结构工程综合施工技术	中国施工企业管理协会科学技术奖技术创新成果	二等	中煤建筑安装工程公司		2010 年
203	立井大型分体式箕斗安装技术	中国施工企业管理协会科学技术奖技术创新成果	二等	中煤第五建设有限公司		2010 年
204	煤田稳定塌陷区软弱地基夯扩挤密煤矸石桩施工技术研究与应用	中国施工企业管理协会科学技术奖技术创新成果	二等	中平能化建工集团有限公司		2010 年
205	千米立井液压凿井设备综合配套施工技术	中国施工企业管理协会科学技术奖技术创新成果	二等	中煤第五建设有限公司		2010 年
206	深部高地应力软岩巷道长期变形破坏机制及支护关键技术研究	安徽省科技进步奖	二等	国投新集能源股份有限公司	陈卫忠	2010 年
207	巷道近顶板管路快速安装施工技术	中国施工企业管理协会科学技术奖技术创新成果	二等	中煤第五建设有限公司		2010 年
208	斜(立)井通过厚软土层顶移钢护筒盾构施工成套技术	中国施工企业管理协会科学技术奖技术创新成果	二等	中平能化建工集团有限公司		2010 年
209	复杂地质条件下大断面、大倾角斜井掘进机械化配套施工技术	中国煤炭工业协会科学技术奖	三等	中煤矿山建设集团		2010 年
210	红黏土斜井掘进高效爆破的关键技术	安徽省科技进步奖	三等	中煤矿山建设集团		2010 年
211	冷冻法在云南省水利工程中的应用研究	云南省科技进步奖	三等	中煤矿山建设集团		2010 年
212	立井冻结温度场发展规律研究与应用	江苏省科技进步奖	三等	中煤矿山建设集团		2010 年
213	冻结风化基岩段中深孔爆破快速施工技术	河北省煤炭工业行业协会科技成果奖	三等	中煤第一建设公司第四十九工程处	赵京虎	2010 年
214	郭屯煤矿风井创国内深厚冲积层冻结外壁一次掘砌深度新纪录施工技术	河北省煤炭工业行业协会科技成果奖	三等	中煤第一建设公司第三十一工程处	陈耀文	2010 年
215	千米级立井凿井期间深厚含水层防治水技术的研究与应用	河北省煤炭工业行业协会科技成果奖	三等	中煤第一建设公司第三十一工程处	臧培刚	2010 年
216	高强高性能喷射混凝土配制与推广应用	中国煤炭工业协会科学技术奖	三等	焦作煤业(集团)新乡能源有限公司	贾明魁	2010 年

表 7-13(续)

序号	项目名称	奖励名称	获奖等级	第一完成单位	第一完成人	获奖时间
217	高温矿井热害防治关键技术研究与实践	中国煤炭工业协会科学技术奖	三等	兖矿集团有限公司	黄福昌	2010 年
218	红黏土斜井掘进高效爆破的关键技术	安徽省科技进步奖	三等	中煤矿山建设集团	吴信远	2010 年
219	极复杂软弱地层井巷工程稳定机理与控制技术	安徽省科技进步奖	三等	马钢集团姑山矿业有限责任公司	王文潇	2010 年
220	冷冻法在云南省水利工程中的应用研究	云南省科技进步奖	三等	中煤特殊凿井(集团)有限责任公司		2010 年
221	麻家梁深厚低含水冲积层大直径立井冻结施工技术研究与应用	中国煤炭工业协会科学技术奖	三等	大同煤矿集团有限责任公司	张有喜	2010 年
222	千米立井临时改绞关键技术研究及应用	中国煤炭工业协会科学技术奖	三等	江苏省矿业工程集团有限公司	王慧明	2010 年
223	立井临时箕斗和罐笼混合提升系统的研究与应用	中国施工企业管理协会科学技术奖技术创新成果	特等	中煤第三建设(集团)有限责任公司第三十工程处		2010 年
224	直径 7.7 m 钻井法一钻成井施工技术研究与应用	中国施工企业管理协会科学技术奖技术创新成果	特等	中煤矿山建设集团		2010 年
225	煤矿斜井带式输送机安装技术	中国施工企业管理协会科学技术奖技术创新成果	一等	中煤第三建设公司机电安装工程处		2010 年
226	煤矿岩巷机械化高效掘进的关键应用集成技术研究	中国煤炭工业协会科学技术奖	一等	河北金牛能源股份有限公司	杨仁树	2010 年
227	深井低透气性煤层揭煤防突关键技术研究	安徽省科技进步奖	一等	淮南矿业(集团)有限责任公司	刘泽功	2010 年
228	深立井工作面预注浆施工方法	中国施工企业管理协会科学技术奖技术创新成果	一等	中煤第五建设有限公司		2010 年
229	采用自制简易型钢液压机制作支架	安徽省重大合理化建议和技术改造成果奖		中煤矿山建设集团	王衍东	2010 年
230	VCR 采矿法优化研究与应用	中冶集团科学技术奖	三等	中国华冶科工集团有限公司		2010 年
231	武钢程超铁矿超深井机械化配套快速施工技术研究与应用	中冶集团科学技术奖	三等	中国华冶科工集团有限公司		2010 年
232	安全监控与预警系统在煤矿立井施工中的应用技术	中国施工企业管理协会科学技术奖技术创新成果	二等	中煤第五建设有限公司第四十九工程处	范聚朝	2011 年

表 7-13(续)

序号	项目名称	奖励名称	获奖等级	第一完成单位	第一完成人	获奖时间
233	大同矿区两硬复杂条件下安全高效开采集成创新技术体系	中国煤炭工业协会科学技术奖	二等	大同煤矿集团有限公司	于斌	2011年
234	立井大型分体式箕斗安装技术	中国施工企业管理协会科学技术奖技术创新成果	二等	中煤第五建设有限公司	杨益明	2011年
235	千米立井液压凿井设备综合配套施工技术	中国施工企业管理协会科学技术奖技术创新成果	二等	中煤第五建设有限公司第四十九工程处	范聚朝	2011年
236	巷道近顶板管路快速安装施工技术	中国施工企业管理协会科学技术奖技术创新成果	二等	中煤第五建设有限公司	朱泽祥	2011年
237	煤矿立井超厚灰岩快速施工技术	河北省煤炭工业行业协会科技成果奖	二等	中煤第一建设公司第十工程处	程岩青	2011年
238	近煤层岩石巷道瓦斯喷出防治及石门揭煤综合防突出技术研究与实施	国家安全生产监督管理总局科技成果奖	三等	中煤第五建设有限公司第四工程处	李新宝	2011年
239	煤矿立井临时箕斗提升系统施工技术研究与应用	中国安装协会科学技术进步奖	三等	中煤矿山建设集团		2011年
240	钻井法凿井泥浆无害化处理及资源化利用	安徽省科技进步奖	三等	中煤矿山建设集团		2011年
241	大坡度斜井表土段小挖掘机施工技术	河北省煤炭工业行业协会科技成果奖	三等	中煤第一建设公司第十工程处	吕广同	2011年
242	一扩成井快速钻井法凿井关键技术及装备研究	中国煤炭工业协会科学技术奖	特等	淮北矿业(集团)有限责任公司	陈远坤	2011年
243	立井临时箕斗和罐笼混合提升系统的研究与应用	中国施工企业管理协会科学技术奖技术创新成果奖	特等	中煤矿山建设集团		2011年
244	大跨径水上桥梁施工方法	安徽省第三届职工优秀技术创新成果奖	一等	中煤矿山建设集团		2011年
245	煤矿切顶卸压沿空留巷无煤柱开采关键技术研究	四川省科技进步奖	一等	四川芙蓉集团实业有限责任公司	何满潮	2011年
246	煤矿斜井带式输送机安装技术	中国施工企业管理协会科学技术奖技术创新成果	一等	中煤矿山建设集团		2011年
247	陕西省系列瓦斯地质图、矿井瓦斯赋存规律及应用	陕西省科学技术奖	一等	陕西省地质调查院	范立民	2011年
248	深立井工作面预注浆施工方法	中国施工企业管理协会科学技术奖技术创新成果	一等	中煤第五建设有限公司第三工程处	刘传申	2011年

表 7-13(续)

序号	项目名称	奖励名称	获奖等级	第一完成单位	第一完成人	获奖时间
249	徐州矿区深部岩层稳定性控制关键技术研究	第五届安全生产科技成果奖	一等	徐州矿务集团有限公司	朱亚平	2011 年
250	一扩成井快速钻井法凿井关键技术及装备研究	安徽省科技进步奖	一等	淮北矿业(集团)有限责任公司	程桦	2011 年
251	立井施工过流沙(软土层)整体液压钢板桩帷幕	中国施工企业管理协会科学技术奖技术创新成果	一等	平煤神马建工集团	仝洪昌	2011 年
252	大直径深立井全深冻结井筒快速施工配套技术研究与应用	中国施工企业管理协会科学技术奖技术创新成果	特等	中煤第五建设有限公司第四十九工程处	范聚朝	2012 年
253	大断面岩石平巷全断面中深孔光爆施工技术	江苏煤矿安全监察局科技进步奖	二等	中煤第五建设有限公司	赵金悦	2012 年
254	冻结法凿井冻结孔强制解冻射孔注浆关键技术	中国施工企业管理协会科学技术奖技术创新成果	二等	中煤第五建设有限公司第三工程处	李新宝	2012 年
255	深井软岩马头门支护对策研究	中国煤炭工业协会科学技术奖	二等	铁法煤业集团大强煤矿有限责任公司	邵柏库	2012 年
256	西部地区深厚软岩冻结钻孔施工与纠偏技术	中国施工企业管理协会科学技术奖技术创新成果	二等	中煤邯郸特殊凿井有限公司	陈占怀	2012 年
257	西山煤电煤巷快速掘进管理模式优化研究	中国煤炭工业协会科学技术奖	二等	西山煤电(集团)有限责任公司	王玉宝	2012 年
258	斜井综掘机械化配套施工技术	中国施工企业管理协会科学技术奖技术创新成果	二等	中煤第五建设有限公司第三十一工程处	臧培刚	2012 年
259	中厚煤层柔模泵送混凝土留巷支护技术应用研究	中国煤炭工业协会科学技术奖	二等	冀中能源峰峰九龙矿	赵兵文	2012 年
260	综合回采巷道互补协同支护理论及关键技术研究	中国煤炭工业协会科学技术奖	二等	大同煤矿集团有限责任公司	张良海	2012 年
261	超千米立井井筒快速施工综合配套技术研究与应用	中国煤炭工业协会科学技术奖	二等	平煤神马建工集团	仝洪昌	2012 年
262	反井钻机施工煤仓暗立井过煤及破碎带技术	中国施工企业管理协会科学技术奖技术创新成果	二等	平煤神马建工集团	仝洪昌	2012 年
263	架空乘人装置断绳(脱绳)抓捕器研制与应用技术	中国施工企业管理协会科学技术奖技术创新成果	二等	平煤神马建工集团	赵春孝	2012 年

表 7-13(续)

序号	项目名称	奖励名称	获奖等级	第一完成单位	第一完成人	获奖时间
264	液压钻车、扒装机、梭车斜巷机械化作业线快速施工技术	中国施工企业管理协会科学技术奖技术创新成果	二等	平煤神马建工集团	仝洪昌	2012 年
265	大坡度斜井转平巷施工转运技术	江苏煤矿安全监察局科技进步奖	三等	中煤第五建设有限公司	赵金悦	2012 年
266	井塔桥式起重机安装技术	江苏煤矿安全监察局科技进步奖	三等	中煤第五建设有限公司	杨益明	2012 年
267	立井临时箕斗和罐笼混合提升系统的研究与应用	安徽省科技进步奖	三等	中煤矿山建设集团		2012 年
268	煤矿支护 1×19S-ϕ21.8 mm 锚索研究与应用	中国煤炭工业协会科学技术奖	三等	天津冶金集团中兴盛达钢业有限公司	王文喜	2012 年
269	超大直径深立井关键装备配套施工技术	中国施工企业管理协会科学技术奖技术创新成果	一等	中煤第五建设有限公司第三十一工程处	臧培刚	2012 年
270	冻结孔缓凝水泥浆液固管封水技术	中国施工企业管理协会科学技术奖技术创新成果	一等	中煤第五建设有限公司第三工程处	刘传申	2012 年
271	井筒基岩冻结法施工解冻水害治理技术研究与应用	陕西省科学技术奖	一等	陕西彬长矿业集团有限公司	严广劳	2012 年
272	井下大型贯通导线等高四架法测量技术与应用	安徽省国土资源科学技术进步奖	一等	中煤矿山建设集团		2012 年
273	立井大型箕斗快速更换技术	中国施工企业管理协会科学技术奖技术创新成果	一等	中煤矿山建设集团		2012 年
274	马泰壕矿深长(440 m)斜井冻结法凿井关键技术	中国煤炭工业协会科学技术奖	一等	永城煤电控股集团有限公司	唐远游	2012 年
275	煤企特殊工种员工安全心理阈限与安全心理参数研究	中国施工企业管理协会科学技术奖技术创新成果	一等	中煤矿山建设集团		2012 年
276	面向对象的立井施工设计系统设计与应用	中国施工企业管理协会科学技术奖技术创新成果	一等	中煤矿山建设集团		2012 年
277	特大断面冻结立井与永久井塔平行施工的关键技术研究与实践	中国施工企业管理协会科学技术奖技术创新成果	一等	中煤矿山建设集团		2012 年
278	特殊地层中斜井冻结技术研究	中国施工企业管理协会科学技术奖技术创新成果	一等	中煤邯郸特殊凿井有限公司	陈占怀	2012 年

表 7-13(续)

序号	项目名称	奖励名称	获奖等级	第一完成单位	第一完成人	获奖时间
279	矿山用提升装置	中冶集团专利奖	银奖	中国华冶科工集团有限公司		2012 年
280	大断面全岩作业线配合中深孔爆破实现快速掘进的技术研究及应用	中国煤炭工业协会科学技术奖	二等	新汶矿业集团有限责任公司孙村煤矿	张殿振	2013 年
281	盾构始发与接收段全封闭水平冻结加固技术	中国施工企业管理协会科学技术奖技术创新成果	二等	中煤第五建设有限公司上海分公司	嵇彭	2013 年
282	红黏土斜井掘进高效爆破的关键技术	中国施工企业管理协会科学技术奖技术创新成果	二等	中煤矿山建设集团		2013 年
283	金属桅杆起立及拆除施工技术	中国施工企业管理协会科学技术奖技术创新成果	二等	中煤第五建设有限公司第五工程处	杨益明	2013 年
284	井口房与井筒装备立体交叉平行作业施工技术	中国施工企业管理协会科学技术奖技术创新成果	二等	中煤第五建设有限公司第五工程处	杨益明	2013 年
285	巨厚松散层薄基岩下提高煤层开采上限可行性研究	中国煤炭工业协会科学技术奖	二等	焦作煤业集团赵固(新乡)能源有限责任公司	贾明魁	2013 年
286	蒙东五间房矿区极软弱地层井巷工程建设关键技术	中国煤炭工业协会科学技术奖	二等	中煤矿山建设集团		2013 年
287	斜井整体液压钢模台车浇筑混凝土施工技术	中国施工企业管理协会科学技术奖技术创新成果	二等	中煤第五建设有限公司第三十一工程处	臧培刚	2013 年
288	着力提高企业核心竞争力的科技创新管理研究与应用	中国施工企业管理协会科学技术奖技术创新成果	二等	中煤矿山建设集团		2013 年
289	钻杆注浆超前加固支护过断层破碎带施工技术	中国施工企业管理协会科学技术奖技术创新成果	二等	中煤矿山建设集团		2013 年
290	巷道揭过突出煤层综合施工技术	中国施工企业管理协会科学技术奖技术创新成果	二等	平煤神马建工集团	仝洪昌	2013 年
291	多煤层开采矿井冲击地压发生机理及综合防治技术	中国煤炭工业协会科学技术奖	三等	大同煤矿集团有限责任公司	田利军	2013 年
292	极近距煤层开采矿压显现规律及复合顶板控制技术研究	中国煤炭工业协会科学技术奖	三等	中煤平朔集团有限公司	伊茂森	2013 年
293	口孜东矿巨厚冲积层冻结法凿井关键技术研究与应用	安徽省科技进步奖	三等	中煤矿山建设集团		2013 年

表 7-13(续)

序号	项目名称	奖励名称	获奖等级	第一完成单位	第一完成人	获奖时间
294	特大断面冻结立井与永久井塔平行施工的关键技术研究与实践	安徽省科技进步奖	三等	中煤矿山建设集团		2013 年
295	复杂地形地貌井上下联系精确测量关键技术的研究	中国施工企业管理协会科学技术奖技术创新成果	一等	中煤矿山建设集团		2013 年
296	千米深井井筒装备快速安装关键技术研究与应用	中国施工企业管理协会科学技术奖技术创新成果	一等	中煤矿山建设集团		2013 年
297	深厚表土冻结立井高强高性能混凝土井壁材料及井壁破裂机理研究	教育部科技进步奖	一等	中煤矿山建设集团		2013 年
298	岩巷高效施工关键装备配套技术研究与应用	中国施工企业管理协会科学技术奖技术创新成果	一等	中煤第五建设有限公司第一工程处	龚卫东	2013 年
299	钻井法凿井泥浆无害化处理	中国施工企业管理协会科学技术奖技术创新成果	一等	中煤矿山建设集团		2013 年
300	超大直径深立井建井关键技术及成套装备	中国煤炭工业协会科学技术奖	一等	中国中煤能源集团有限公司	王安	2013 年
301	大断面岩巷两台掘进机台阶式施工技术	中国施工企业管理协会科学技术奖技术创新成果	二等	中煤矿山建设集团		2014 年
302	冻结井深孔减震光面爆破技术研究与应用	中国施工企业管理协会科学技术奖技术创新成果	二等	中煤第五建设有限公司第四十九工程处	范聚朝	2014 年
303	矿井冻结工程远程信息化监测及调节站自动化控制技术	中国施工企业管理协会科学技术奖技术创新成果	二等	中煤第五建设有限公司第三工程处	王继全	2014 年
304	煤矿井下工程应用地面输料孔下料关键技术	中国施工企业管理协会科学技术奖技术创新成果	二等	中煤矿山建设集团		2014 年
305	煤矿立井提升系统缠绳挂罐(箕斗)施工技术	中国施工企业管理协会科学技术奖技术创新成果	二等	中煤矿山建设集团		2014 年
306	普通凿井采用泄水孔疏降水施工技术	中国施工企业管理协会科学技术奖技术创新成果	二等	中煤矿山建设集团		2014 年
307	起拔冻结管关键技术研究与应用	中国施工企业管理协会科学技术奖技术创新成果	二等	中煤第五建设有限公司第三工程处	刘传申	2014 年

表 7-13(续)

序号	项目名称	奖励名称	获奖等级	第一完成单位	第一完成人	获奖时间
308	千米深井围岩改性 L 型钻孔地面预注浆关键技术	中国煤炭工业协会科学技术奖	二等	淮北矿业(集团)有限责任公司	陈远坤	2014 年
309	千米深井硬岩段高效爆破与快速掘进关键技术研究	安全生产科技成果奖	二等	皖北煤电集团有限责任公司	吴玉华	2014 年
310	深大口径瓦斯抽采井施工技术	中国施工企业管理协会科学技术奖技术创新成果	二等	中煤矿山建设集团		2014 年
311	中深孔大断面光面爆破一次成型法	安徽省工程爆破科学技术奖	二等	中煤矿山建设集团		2014 年
312	16°岩石斜巷综掘机配套施工技术	中国施工企业管理协会科学技术奖技术创新成果	二等	平煤神马建工集团	赵春孝	2014 年
313	2 m 带宽高强胶带输送机快速安装及硫化施工技术	中国施工企业管理协会科学技术奖技术创新成果	二等	平煤神马建工集团	杨建民	2014 年
314	大倾角长运距胶带敷设施工技术	中国施工企业管理协会科学技术奖技术创新成果	二等	平煤神马建工集团	杨建民	2014 年
315	盾构法在煤矿浅层运煤通道中的应用	中国施工企业管理协会科学技术奖技术创新成果	二等	平煤神马建工集团	杨建民	2014 年
316	全深冻结立井井筒揭过油气岩层施工研究与实施	河北省煤炭工业行业协会科技成果奖	二等	中煤第一建设公司第四工程处	陈耀文	2014 年
317	深厚多层孔隙裂隙含水层分段下行注浆技术研究与应用	河北省煤炭工业行业协会科技成果奖	二等	中煤第一建设公司第二工程处	陈耀文	2014 年
318	深埋软岩特大型硐室围岩稳定控制技术研究	中国煤炭工业协会科学技术奖	二等	中煤第一建设公司	陈耀文	2014 年
319	井架起吊无线视频监控系统	江苏煤矿安全监察局科技进步奖	三等	中煤第五建设有限公司第三工程处	杨益明	2014 年
320	立井开拓改绞方案研究与应用	江苏煤矿安全监察局科技进步奖	三等	中煤第五建设有限公司第一工程处	郝建斌	2014 年
321	煤企特殊工种员工安全心理阈限与安全心理参数研究与应用	国家安全生产科技成果奖	三等	中煤矿山建设集团		2014 年
322	皖北矿区岩巷快速掘进综合配套技术研究	中国岩石力学与工程学会科学技术奖(科技进步奖)	三等	皖北煤电集团有限责任公司	刘汉喜	2014 年
323	煤矿井巷探放老空积水施工技术	河北省煤炭工业行业协会科技成果奖	三等	中煤第一建设公司第十工程处	陈耀文	2014 年

表 7-13(续)

序号	项目名称	奖励名称	获奖等级	第一完成单位	第一完成人	获奖时间
324	煤矿特大型箕斗装载硐室施工技术	河北省煤炭工业行业协会科技成果奖	三等	中煤第一建设公司第二工程处	陈耀文	2014 年
325	深表土长斜井 504 m 冻结法施工技术研究与应用	中国施工企业管理协会科学技术奖技术创新成果	特等	中煤第五建设有限公司	陆伦	2014 年
326	华亭煤业新庄煤矿主立井井筒工程	安徽省工程爆破科学技术奖	一等	中煤矿山建设集团		2014 年
327	井下特大换装硐室快速施工技术	中国施工企业管理协会科学技术奖技术创新成果	一等	中煤第五建设有限公司第四十九工程处	范聚朝	2014 年
328	立井冻结温度场发展规律研究与应用	国家能源科技进步奖	一等	中煤矿山建设集团		2014 年
329	立井揭穿低透气性突出煤层综合施工新技术	中国施工企业管理协会科学技术奖技术创新成果	一等	中煤矿山建设集团		2014 年
330	盲井井筒装备施工技术	中国施工企业管理协会科学技术奖技术创新成果	一等	中煤矿山建设集团		2014 年
331	千米大直径双提升复杂结构井筒装备快速施工技术	中国施工企业管理协会科学技术奖技术创新成果	一等	中煤第五建设有限公司第五工程处	杨益明	2014 年
332	深厚富水软岩井筒普通法转冻结法施工技术	中国施工企业管理协会科学技术奖技术创新成果	一等	中煤矿山建设集团		2014 年
333	长距离大断面冻结斜井掘砌机械化配套作业线研究	中国施工企业管理协会科学技术奖技术创新成果	一等	中煤第五建设有限公司第一工程处	郝建斌	2014 年
334	全深冻结立井井筒揭过油气岩层施工研究与实施	中国施工企业管理协会科学技术奖技术创新成果	一等	中煤第一建设公司	陈耀文	2014 年
335	大型矿井建井期间混合提升及生产系统布置研究与应用	河北省煤炭工业行业协会科技成果奖	二等	中煤第一建设公司第十工程处	程岩青	2015 年
336	矿井废弃煤泥充填采空区环保技术研究	河北省煤炭工业行业协会科技成果奖	二等	中煤第一建设公司山不拉煤矿	王国元	2015 年
337	煤矿立井井架基础、冻结沟槽、临时锁口联合施工技术	河北省煤炭工业行业协会科技成果奖	二等	中煤第一建设公司第十工程处	陈耀文	2015 年
338	立井井筒绿色施工技术研究与应用	河北省煤炭工业行业协会科技成果奖	三等	中煤第一建设公司第四十九工程处	范聚朝	2015 年

表 7-13(续)

序号	项目名称	奖励名称	获奖等级	第一完成单位	第一完成人	获奖时间
339	利用高空抱杆起吊井塔行车研究与应用	河北省煤炭工业行业协会科技成果奖	三等	中煤第一建设公司安装处	董德强	2015 年
340	近百米深连续含水砂层斜井冻结凿井技术	中国煤炭工业协会科学技术奖	一等	河南煤炭建设集团有限责任公司	高木福	2015 年
341	复杂地质条件下千万吨矿井群建设关键技术研究	中国煤炭工业协会科学技术奖	一等	大同煤矿集团有限责任公司	陈旭忠	2015 年
342	淮北矿区立井井筒安全快速建设关键技术	中国煤炭工业协会科学技术奖	二等	淮北矿业(集团)有限责任公司	周卫金	2015 年
343	大断面煤巷高效掘进与支护关键技术及装备研制	中国煤炭工业协会科学技术奖	二等	霍州煤电集团有限责任公司	李国彪	2015 年
344	渗水巷道分层次注浆堵水与加固技术	中国煤炭工业协会科学技术奖	二等	霍州煤电集团有限责任公司	许兴亮	2015 年
345	超大断面硐室支护技术研究	中国煤炭工业协会科学技术奖	三等	山西潞安环保能源开发股份公司王庄煤矿	杨建立	2015 年
346	深井复杂条件下巷道组过断层施工与围岩控制技术研究	中国煤炭工业协会科学技术奖	三等	山东新河矿业有限公司	李为民	2015 年
347	大断面斜井钻爆法快速掘进施工关键技术研究	中国煤炭工业协会科学技术奖	三等	山西煤炭进出口集团左云长春兴煤业有限公司	李苏龙	2015 年
348	地铁工程复杂工况下高渗透性砂层冻结关键技术研究	中国煤炭工业协会科学技术奖	一等	北京市轨道交通建设管理有限公司	罗富荣	2016 年
349	湿法喷浆工艺整体解决方案及关键技术研究与应用	中国煤炭工业协会科学技术奖	三等	山东方大工程有限责任公司	马长友	2016 年
350	煤矿巷道喷涂薄层封闭材料及联合支护技术研究	中国煤炭工业协会科学技术奖	三等	北京昊华能源股份有限公司	张伟	2016 年
351	富水软岩地层冻结井筒马头门施工关键技术研究	中国煤炭工业协会科学技术奖	三等	北京昊华能源股份有限公司	张伟	2016 年
352	深井高应力软岩巷道围岩锚注卸综合控制技术	中国煤炭工业协会科学技术奖	一等	开滦(集团)有限责任公司	杨忠东	2017 年
353	锚固复合承载体承载特性及潞安矿区巷道支护技术研究与应用	中国煤炭工业协会科学技术奖	一等	山西潞安矿业(集团)有限责任公司	张益东	2017 年
354	大型立井凿井井架的研究与应用	中国煤炭工业协会科学技术奖	一等	中国中煤能源集团有限公司	蒲耀年	2017 年
355	高效全断面掘进机研制——快速掘进后配套装备研发	中国煤炭工业协会科学技术奖	一等	神华神东煤炭集团有限责任公司	李东	2017 年

表 7-13(续)

序号	项目名称	奖励名称	获奖等级	第一完成单位	第一完成人	获奖时间
356	三软煤巷锚网支护理论及关键技术研究	中国煤炭工业协会科学技术奖	二等	郑州煤炭工业(集团)有限责任公司	谢文兵	2017 年
357	深部软岩巷道强力锚注材料与关键工艺技术研发应用	中国煤炭工业协会科学技术奖	三等	郑州煤炭工业(集团)有限责任公司	张建国	2017 年
358	深厚含水岩层中新型单层冻结井壁关键技术研究与应用	中国煤炭工业协会科学技术奖	三等	中天合创能源有限责任公司	杨维好	2017 年
359	皖北矿区巷道支护智能决策系统研发与工程应用	中国煤炭工业协会科学技术奖	三等	安徽省皖北煤电集团有限责任公司	华心祝	2017 年
360	抗冲击恒阻大变形锚杆支护技术研究与应用	中国煤炭工业协会科学技术奖	三等	兖州煤业股份有限公司	张广文	2017 年
361	“三软”极不稳定巷道破坏控制机理及锚注耦合支护体系研究	中国煤炭工业协会科学技术奖	三等	龙口煤电有限公司梁家煤矿	张若祥	2017 年
362	盾构法建设煤矿长距离斜井成套技术、装备及示范	中国煤炭工业协会科学技术奖	一等	国家能源投资集团有限责任公司	杨俊哲	2018 年
363	深厚富水软岩大直径立井及毗邻硐室冻结法开凿关键技术	中国煤炭工业协会科学技术奖	一等	兖州煤业鄂尔多斯能化有限公司	孟祥军	2018 年
364	复杂破碎围岩巷道稳定机理与控制技术研究	中国煤炭工业协会科学技术奖	二等	山东里能鲁西矿业有限公司	张强	2018 年
365	平顶山矿区复杂地层大直径深立井建井技术研究与应用	中国煤炭工业协会科学技术奖	二等	中国平煤神马能源化工集团有限责任公司	涂心彦	2018 年
366	矿井基建期煤矸风井临时混合提升系统优化设计研究与应用	中国煤炭工业协会科学技术奖	三等	内蒙古银宏能源开发有限公司	钟章胜	2018 年
367	煤矿巷道聚能水压光面爆破技术研究及应用	中国煤炭工业协会科学技术奖	三等	河南神火煤电股份有限公司	谢文强	2018 年
368	800 m 深厚土层中冻结法凿井关键技术	中国煤炭工业协会科学技术奖	一等	兖矿集团有限公司	李伟	2019 年
369	深部煤巷连续梁控顶理论与高效支护技术	中国煤炭工业协会科学技术奖	一等	中国中煤能源集团有限公司	祁和刚	2019 年
370	西部弱胶结地层 1 500 万 t/a 煤矿深立井建设与提升关键技术研究	中国煤炭工业协会科学技术奖	一等	内蒙古伊泰广联煤化有限责任公司	仲松	2019 年
371	基于“支护固”理论的煤矿井巷“中平施工法”研发与应用	中国煤炭工业协会科学技术奖	二等	平顶山天安煤业股份有限公司	涂兴子	2019 年
372	中小断面煤巷半煤岩巷掘锚一体装备及快掘工艺研究	中国煤炭工业协会科学技术奖	二等	霍州煤电集团有限责任公司	戎生权	2019 年

表 7-13(续)

序号	项目名称	奖励名称	获奖等级	第一完成单位	第一完成人	获奖时间
373	巨厚风积沙地层斜井冻结井壁治理关键技术研究	中国煤炭工业协会科学技术奖	三等	中煤第一建设有限公司	郭永富	2019 年
374	深部高应力超大断面切眼围岩控制技术研究	中国煤炭工业协会科学技术奖	三等	兖州煤业鄂尔多斯能化有限公司	张自发	2019 年
375	强动压弱胶结泥岩顶板巷道高冲击韧性注浆锚杆支护技术研究	中国煤炭工业协会科学技术奖	三等	山西潞安环保能源开发股份有限公司常村煤矿	芦志刚	2019 年
376	井筒装备快速安装新工艺的研究与应用	中国煤炭工业协会科学技术奖	三等	江苏省矿业工程集团有限公司	张正修	2019 年

7.5 矿山建设规范与标准

7.5.1 矿山设计规范与标准(表 7-14)

表 7-14 矿山设计规范与标准

序号	标准名称	标准号	发布部门	发布日期	实施日期
1	视频安防监控系统工程设计规范	GB 50395—2007	中华人民共和国建设部、中华人民共和国国家质量监督检验检疫总局	2007 年 3 月 21 日	2007 年 8 月 1 日
2	带式输送机工程设计规范	GB 50431—2008	中华人民共和国住房和城乡建设部、中华人民共和国国家质量监督检验检疫总局	2008 年 6 月 3 日	2008 年 12 月 1 日
3	煤矿主要通风机站设计规范	GB 50450—2008	中华人民共和国住房和城乡建设部、中华人民共和国国家质量监督检验检疫总局	2008 年 10 月 15 日	2009 年 3 月 1 日
4	煤炭工业矿区总体规划规范	GB 50465—2008	中华人民共和国住房和城乡建设部、中华人民共和国国家质量监督检验检疫总局	2008 年 12 月 15 日	2009 年 8 月 1 日
5	矿山电力设计规范	GB 50070—2009	中华人民共和国住房和城乡建设部、中华人民共和国国家质量监督检验检疫总局	2009 年 5 月 13 日	2009 年 12 月 1 日
6	建筑施工组织设计规范	GB/T 50502—2009	中华人民共和国住房和城乡建设部、中华人民共和国国家质量监督检验检疫总局	2009 年 5 月 13 日	2009 年 10 月 1 日
7	煤炭工业矿区机电设备修理设施设计规范	GB 50532—2009	中华人民共和国住房和城乡建设部、中华人民共和国国家质量监督检验检疫总局	2009 年 9 月 3 日	2009 年 11 月 1 日

表 7-14(续)

序号	标准名称	标准号	发布部门	发布日期	实施日期
8	煤矿井下辅助运输设计规范	GB 50533—2009	中华人民共和国住房和城乡建设部、中华人民共和国国家质量监督检验检疫总局	2009 年 9 月 3 日	2009 年 12 月 1 日
9	煤矿综采采区设计规范	GB 50536—2009	中华人民共和国住房和城乡建设部、中华人民共和国国家质量监督检验检疫总局	2009 年 9 月 3 日	2009 年 12 月 1 日
10	煤炭工业露天矿工程建设项目设计文件编制标准	GB/T 50552—2010	中华人民共和国住房和城乡建设部、中华人民共和国国家质量监督检验检疫总局	2010 年 5 月 31 日	2010 年 12 月 1 日
11	煤炭工业选煤厂工程建设项目设计文件编制标准	GB/T 50553—2010	中华人民共和国住房和城乡建设部、中华人民共和国国家质量监督检验检疫总局	2010 年 5 月 31 日	2010 年 12 月 1 日
12	煤炭工业矿井监测监控系统装备配置标准	GB 50581—2010	中华人民共和国住房和城乡建设部、中华人民共和国国家质量监督检验检疫总局	2010 年 5 月 31 日	2010 年 12 月 1 日
13	煤矿矿井建筑结构设计规范	GB 50592—2010	中华人民共和国住房和城乡建设部、中华人民共和国国家质量监督检验检疫总局	2010 年 7 月 15 日	2011 年 2 月 1 日
14	煤炭矿井制图标准	GB/T 50593—2010	中华人民共和国住房和城乡建设部、中华人民共和国国家质量监督检验检疫总局	2010 年 7 月 15 日	2011 年 2 月 1 日
15	煤炭工业矿区机电设备修理厂工程建设项目设计文件编制标准	GB/T 50658—2011	中华人民共和国住房和城乡建设部、中华人民共和国国家质量监督检验检疫总局	2010 年 12 月 24 日	2011 年 12 月 1 日
16	煤炭工业矿区水煤浆工程建设项目设计文件编制标准	GB/T 50659—2011	中华人民共和国住房和城乡建设部、中华人民共和国国家质量监督检验检疫总局	2010 年 12 月 24 日	2011 年 12 月 1 日
17	煤炭工业矿区总体规划文件编制标准	GB/T 50651—2011	中华人民共和国住房和城乡建设部、中华人民共和国国家质量监督检验检疫总局	2010 年 12 月 24 日	2011 年 12 月 1 日
18	煤炭工业矿井设计规范	GB 50215—2015	中华人民共和国住房和城乡建设部、中华人民共和国国家质量监督检验检疫总局	2015 年 9 月 30 日	2016 年 3 月 1 日
19	煤炭洗选工程设计规范	GB 50359—2016	中华人民共和国住房和城乡建设部、中华人民共和国国家质量监督检验检疫总局	2016 年 8 月 18 日	2017 年 4 月 1 日
20	煤矿井下消防、洒水设计规范	GB 50383—2016	中华人民共和国住房和城乡建设部、中华人民共和国国家质量监督检验检疫总局	2016 年 1 月 4 日	2016 年 8 月 1 日
21	煤矿井下机车车辆运输信号设计规范	GB 50388—2016	中华人民共和国住房和城乡建设部、中华人民共和国国家质量监督检验检疫总局	2016 年 8 月 18 日	2017 年 4 月 1 日

表 7-14(续)

序号	标准名称	标准号	发布部门	发布日期	实施日期
22	煤矿立井井筒及硐室设计规范	GB 50384—2016	中华人民共和国住房和城乡建设部、中华人民共和国国家质量监督检验检疫总局	2016 年 8 月 18 日	2017 年 4 月 1 日
23	综合布线系统工程验收规范	GB/T 50312—2016	中华人民共和国住房和城乡建设部、中华人民共和国国家质量监督检验检疫总局	2016 年 8 月 26 日	2017 年 4 月 1 日
24	煤矿斜井井筒及硐室设计规范	GB 50415—2017	中华人民共和国住房和城乡建设部、中华人民共和国国家质量监督检验检疫总局	2017 年 3 月 3 日	2017 年 11 月 1 日
25	煤矿井下车场及硐室设计规范	GB 50416—2017	中华人民共和国住房和城乡建设部、中华人民共和国国家质量监督检验检疫总局	2017 年 5 月 27 日	2018 年 1 月 1 日
26	煤矿井下供配电设计规范	GB 50417—2017	中华人民共和国住房和城乡建设部、中华人民共和国国家质量监督检验检疫总局	2017 年 5 月 4 日	2018 年 1 月 1 日
27	煤矿井下热害防治设计规范	GB 50418—2017	中华人民共和国住房和城乡建设部、中华人民共和国国家质量监督检验检疫总局	2017 年 3 月 3 日	2017 年 11 月 1 日
28	煤矿巷道断面和交岔点设计规范	GB 50419—2017	中华人民共和国住房和城乡建设部、中华人民共和国国家质量监督检验检疫总局	2017 年 5 月 4 日	2018 年 1 月 1 日
29	预应力混凝土路面工程技术规范	GB 50422—2017	中华人民共和国住房和城乡建设部、中华人民共和国国家质量监督检验检疫总局	2017 年 2 月 21 日	2017 年 10 月 1 日
30	煤矿井下排水泵站及排水管路设计规范	GB/T 50451—2017	中华人民共和国住房和城乡建设部、中华人民共和国国家质量监督检验检疫总局	2017 年 1 月 21 日	2017 年 7 月 1 日
31	煤炭工业矿井工程建设项目设计文件编制标准	GB/T 50554—2017	中华人民共和国住房和城乡建设部、中华人民共和国国家质量监督检验检疫总局	2017 年 9 月 27 日	2018 年 5 月 1 日
32	煤炭工业供暖通风与空气调节设计标准	GB/T 50466—2018	中华人民共和国住房和城乡建设部、中华人民共和国国家质量监督检验检疫总局	2018 年 2 月 8 日	2018 年 9 月 1 日
33	煤矿瓦斯抽采工程设计标准	GB 50471—2018	中华人民共和国住房和城乡建设部	2018 年 1 月 16 日	2018 年 9 月 1 日
34	煤炭矿井工程基本术语标准	GB/T 50562—2019	中华人民共和国住房和城乡建设部、国家市场监督管理总局	2019 年 2 月 13 日	2019 年 10 月 1 日

7.5.2 矿山施工规范与标准(表 7-15)

表 7-15　矿山施工规范与标准

序号	标准名称	标准号	发布部门	发布日期	实施日期
1	转子式混凝土喷射机	MT/T 547—2006	中华人民共和国国家发展和改革委员会	2006 年 3 月 7 日	2006 年 8 月 1 日
2	消防通信指挥系统施工及验收规范	GB 50401—2007	中华人民共和国建设部、中华人民共和国国家质量监督检验检疫总局	2007 年 2 月 27 日	2007 年 7 月 1 日
3	立井井筒地面预注浆效果压水试验检验方法	MT/T 1057—2008	国家安全生产监督管理总局	2008 年 11 月 19 日	2009 年 1 月 1 日
4	立井井筒地面预注粘土水泥浆技术规范	MT/T 1058—2008	国家安全生产监督管理总局	2008 年 11 月 19 日	2009 年 1 月 1 日
5	矿用钻孔陀螺测斜仪	MT/T 1054—2008	国家安全生产监督管理总局	2008 年 11 月 19 日	2009 年 1 月 1 日
6	煤矿用机载锚杆钻机通用技术条件	MT/T 1055—2008	国家安全生产监督管理总局	2008 年 11 月 19 日	2009 年 1 月 1 日
7	煤矿井下用数字压力表	MT/T 1059—2008	国家安全生产监督管理总局	2008 年 11 月 19 日	2009 年 1 月 1 日
8	矿用混凝土强度检测仪	MT/T 1060—2008	国家安全生产监督管理总局	2008 年 11 月 19 日	2009 年 1 月 1 日
9	矿用气动抓斗	MT/T 245—2008	国家安全生产监督管理总局	2008 年 11 月 19 日	2009 年 1 月 1 日
10	树脂锚杆 玻璃纤维增强塑料杆体及附件	MT/T 1061—2008	国家安全生产监督管理总局	2008 年 11 月 19 日	2009 年 1 月 1 日
11	煤巷锚杆支护技术规范	MT/T 1104—2009	国家安全生产监督管理总局	2009 年 12 月 11 日	2010 年 7 月 1 日
12	施工企业工程建设技术标准化管理规范	JGJ/T 198—2010	中华人民共和国住房和城乡建设部	2010 年 3 月 15 日	2010 年 10 月 1 日
13	煤矿井巷工程质量验收规范	GB 50213—2010	中华人民共和国住房和城乡建设部、中华人民共和国国家质量监督检验检疫总局	2010 年 5 月 31 日	2010 年 12 月 1 日
14	煤炭工业选煤厂工程建设项目设计文件编制标准	GB/T 50553—2010	中华人民共和国住房和城乡建设部、中华人民共和国国家质量监督检验检疫总局	2010 年 5 月 31 日	2010 年 12 月 1 日

表 7-15(续)

序号	标准名称	标准号	发布部门	发布日期	实施日期
15	建筑地面工程施工质量验收规范	GB 50209—2010	中华人民共和国住房和城乡建设部、中华人民共和国国家质量监督检验检疫总局	2010年5月31日	2010年12月1日
16	煤矿井巷工程施工规范	GB 50511—2010	中华人民共和国住房和城乡建设部、中华人民共和国国家质量监督检验检疫总局	2010年7月15日	2011年2月1日
17	有色金属采矿设计规范	GB 50771—2012	中华人民共和国住房和城乡建设部、中华人民共和国国家质量监督检验检疫总局	2012年5月28日	2012年12月1日
18	有色金属矿山井巷工程设计规范	GB 50915—2013	中华人民共和国住房和城乡建设部、中华人民共和国国家质量监督检验检疫总局	2013年9月6日	2014年5月1日
19	冶金矿山井巷工程施工质量验收规范	YB 4391—2013	中华人民共和国工业和信息化部	2013年10月17日	2014年3月1日
20	冶金矿山井巷工程测量规范	YB/T 4385—2013	中华人民共和国工业和信息化部	2013年10月17日	2014年3月1日
21	冶金矿山井巷安装工程质量验收规范	YB 4407—2013	中华人民共和国工业和信息化部	2012年5月6日	2014年10月1日
22	有色金属矿山井巷工程质量验收规范	GB 51036—2014	中华人民共和国住房和城乡建设部、中华人民共和国国家质量监督检验检疫总局	2014年8月27日	2015年5月1日
23	有色金属矿山井巷安装工程质量验收规范	GB 50961—2014	中华人民共和国住房和城乡建设部、中华人民共和国国家质量监督检验检疫总局	2014年1月9日	2014年8月1日
24	冶金工程测量规范	GB 50995—2014	中华人民共和国住房和城乡建设部、中华人民共和国国家质量监督检验检疫总局	2014年5月16日	2015年2月1日
25	超深竖井施工安全技术规范	AQ 2062—2018	中华人民共和国应急管理部	2018年5月22日	2018年12月1日
26	金属露天矿工程施工及验收标准	GB/T 51360—2019	中华人民共和国住房和城乡建设部、国家市场监督管理总局	2019年9月25日	2020年4月1日
27	矿山机电设备工程安装及验收标准	GB/T 50377—2019	中华人民共和国住房和城乡建设部、国家市场监督管理总局	2019年11月22日	2020年3月1日
28	矿井通风安全装备配置标准	GB/T 50518—2020	中华人民共和国住房和城乡建设部、国家市场监督管理总局	2020年1月16日	2020年7月1日

7.5.3　安全规范与标准(表 7-16)

表 7-16　安全规范与标准

序号	标准名称	标准号	发布部门	发布日期	实施日期
1	煤矿井下安全标志	AQ 1017—2005	国家安全生产监督管理总局	2005 年 12 月 7 日	2006 年 3 月 1 日
2	矿井瓦斯涌出量预测方法	AQ 1018—2006	国家安全生产监督管理总局	2006 年 2 月 27 日	2006 年 5 月 1 日
3	煤矿用袋式除尘器	AQ 1022—2006	国家安全生产监督管理总局	2006 年 11 月 2 日	2006 年 12 月 1 日
4	煤矿井下粉尘综合防治技术规范	AQ 1020—2006	国家安全生产监督管理总局	2006 年 11 月 2 日	2006 年 12 月 1 日
5	煤矿采掘工作面高压喷雾降尘技术规范	AQ 1021—2006	国家安全生产监督管理总局	2006 年 11 月 2 日	2006 年 12 月 1 日
6	煤矿井下低压供电系统及装备通用安全技术要求	AQ 1023—2006	国家安全生产监督管理总局	2006 年 11 月 2 日	2006 年 12 月 1 日
7	煤与瓦斯突出矿井鉴定规范	AQ 1024—2006	国家安全生产监督管理总局	2006 年 11 月 2 日	2006 年 12 月 1 日
8	矿井瓦斯等级鉴定规范	AQ 1025—2006	国家安全生产监督管理总局	2006 年 11 月 2 日	2006 年 12 月 1 日
9	煤矿瓦斯抽采基本指标	AQ 1026—2006	国家安全生产监督管理总局	2006 年 11 月 2 日	2006 年 12 月 1 日
10	煤矿瓦斯抽放规范	AQ 1027—2006	国家安全生产监督管理总局	2006 年 11 月 2 日	2006 年 12 月 1 日
11	煤矿井工开采通风技术条件	AQ 1028—2006	国家安全生产监督管理总局	2006 年 11 月 2 日	2006 年 12 月 1 日
12	煤矿用凿井绞车安全检验规范	AQ 1031—2007	国家安全生产监督管理总局	2007 年 1 月 4 日	2007 年 4 月 1 日
13	煤矿用 JTP 型提升绞车安全检验规范	AQ 1033—2007	国家安全生产监督管理总局	2007 年 1 月 4 日	2007 年 4 月 1 日
14	煤矿用带式制动提升绞车安全检验规范	AQ 1034—2007	国家安全生产监督管理总局	2007 年 1 月 4 日	2007 年 4 月 1 日
15	煤矿用单绳缠绕式提升绞车安全检验规范	AQ 1035—2007	国家安全生产监督管理总局	2007 年 1 月 4 日	2007 年 4 月 1 日
16	煤矿用无极绳绞车安全检验规范	AQ 1037—2007	国家安全生产监督管理总局	2007 年 1 月 4 日	2007 年 4 月 1 日
17	煤矿用架空乘人装置安全检验规范	AQ 1038—2007	国家安全生产监督管理总局	2007 年 1 月 4 日	2007 年 4 月 1 日

表 7-16(续)

序号	标准名称	标准号	发布部门	发布日期	实施日期
18	煤矿用耙矿绞车安全检验规范	AQ 1039—2007	国家安全生产监督管理总局	2007 年 1 月 4 日	2007 年 4 月 1 日
19	煤矿用启闭风门绞车安全检验规范	AQ 1040—2007	国家安全生产监督管理总局	2007 年 1 月 4 日	2007 年 4 月 1 日
20	煤矿用无极绳调速机械绞车安全检验规范	AQ 1041—2007	国家安全生产监督管理总局	2007 年 1 月 4 日	2007 年 4 月 1 日
21	煤矿用液压防爆提升机和提升绞车安全检验规范	AQ 1042—2007	国家安全生产监督管理总局	2007 年 1 月 4 日	2007 年 4 月 1 日
22	煤矿用 JTK 型提升绞车安全检验规范	AQ 1032—2007	国家安全生产监督管理总局	2007 年 1 月 4 日	2007 年 4 月 1 日
23	安全评价通则	AQ 8001—2007	国家安全生产监督管理总局	2007 年 1 月 4 日	2007 年 4 月 1 日
24	安全预评价导则	AQ 8002—2007	国家安全生产监督管理总局	2007 年 1 月 4 日	2007 年 4 月 1 日
25	安全验收评价导则	AQ 8003—2007	国家安全生产监督管理总局	2007 年 1 月 4 日	2007 年 4 月 1 日
26	煤矿用多绳摩擦式提升绞车安全检验规范	AQ 1036—2007	国家安全生产监督管理总局	2007 年 1 月 4 日	2007 年 4 月 1 日
27	煤矿井下作业人员管理系统通用技术条件	AQ 6210—2007	国家安全生产监督管理总局	2007 年 3 月 30 日	2007 年 7 月 1 日
28	矿井密闭防灭火技术规范	AQ 1044—2007	国家安全生产监督管理总局	2007 年 3 月 30 日	2007 年 7 月 1 日
29	煤尘爆炸性鉴定规范	AQ 1045—2007	国家安全生产监督管理总局	2007 年 3 月 30 日	2007 年 7 月 1 日
30	煤矿井下煤层瓦斯压力的直接测定方法	AQ 1047—2007	国家安全生产监督管理总局	2007 年 3 月 30 日	2007 年 7 月 1 日
31	煤矿井下作业人员管理系统使用与管理规范	AQ 1048—2007	国家安全生产监督管理总局	2007 年 3 月 30 日	2007 年 7 月 1 日
32	矿山救护规程	AQ 1008—2007	国家安全生产监督管理总局	2007 年 10 月 22 日	2008 年 1 月 1 日
33	地勘时期煤层瓦斯含量测定方法	AQ 1046—2007	国家安全生产监督管理总局	2007 年 3 月 30 日	2007 年 7 月 1 日
34	保护层开采技术规范	AQ 1050—2008	国家安全生产监督管理总局	2008 年 11 月 19 日	2009 年 1 月 1 日
35	煤矿通风能力核定标准	AQ 1056—2008	国家安全生产监督管理总局	2008 年 11 月 19 日	2009 年 1 月 1 日

表 7-16(续)

序号	标准名称	标准号	发布部门	发布日期	实施日期
36	煤层瓦斯含量井下直接测定方法	AQ 1066—2008	国家安全生产监督管理总局	2008 年 11 月 19 日	2009 年 1 月 1 日
37	金属非金属地下矿山通风安全技术规范	AQ 2013—2008	国家安全生产监督管理总局	2008 年 11 月 19 日	2009 年 1 月 1 日
38	金属非金属矿山在用缠绕式提升机安全检测检验规范	AQ 2020—2008	国家安全生产监督管理总局	2008 年 11 月 19 日	2009 年 1 月 1 日
39	金属非金属矿山在用摩擦式提升机安全检测检验规范	AQ 2021—2008	国家安全生产监督管理总局	2008 年 11 月 19 日	2009 年 1 月 1 日
40	金属非金属矿山在用提升绞车安全检测检验规范	AQ 2022—2008	国家安全生产监督管理总局	2008 年 11 月 19 日	2009 年 1 月 1 日
41	企业安全生产网络化监测系统技术规范	AQ 9003—2008	国家安全生产监督管理总局	2008 年 11 月 19 日	2009 年 1 月 1 日
42	煤与瓦斯突出危险区风门设置技术条件	MT 1066—2008	国家安全生产监督管理总局	2008 年 11 月 19 日	2009 年 1 月 1 日
43	煤矿用非金属瓦斯输送管材安全技术要求	AQ 1071—2009	国家安全生产监督管理总局	2009 年 12 月 11 日	2010 年 7 月 1 日
44	瓦斯管道输送水封阻火泄爆装置技术条件	AQ 1072—2009	国家安全生产监督管理总局	2009 年 12 月 11 日	2010 年 7 月 1 日
45	瓦斯管道输送自动阻爆装置技术条件	AQ 1073—2009	国家安全生产监督管理总局	2009 年 12 月 11 日	2010 年 7 月 1 日
46	煤矿瓦斯输送管道干式阻火器通用技术条件	AQ 1074—2009	国家安全生产监督管理总局	2009 年 12 月 11 日	2010 年 7 月 1 日
47	煤矿低浓度瓦斯往复式内燃机驱动的交流发电机组通用技术条件	AQ 1075—2009	国家安全生产监督管理总局	2009 年 12 月 11 日	2010 年 7 月 1 日
48	煤矿低浓度瓦斯管道输送安全保障系统设计规范	AQ 1076—2009	国家安全生产监督管理总局	2009 年 12 月 11 日	2010 年 7 月 1 日
49	煤矿瓦斯往复式内燃机发电站安全要求	AQ 1077—2009	国家安全生产监督管理总局	2009 年 12 月 11 日	2010 年 7 月 1 日

表 7-16(续)

序号	标准名称	标准号	发布部门	发布日期	实施日期
50	煤矿低浓度瓦斯与细水雾混合安全输送装置技术规范	AQ 1078—2009	国家安全生产监督管理总局	2009 年 12 月 11 日	2010 年 7 月 1 日
51	瓦斯管道输送自动喷粉抑爆装置通用技术条件	AQ 1079—2009	国家安全生产监督管理总局	2009 年 12 月 11 日	2010 年 7 月 1 日
52	煤的瓦斯放散初速度指标(Δp)测定方法	AQ 1080—2009	国家安全生产监督管理总局	2009 年 12 月 11 日	2010 年 7 月 1 日
53	煤层气地面开采防火防爆安全规程	AQ 1081—2010	国家安全生产监督管理总局	2010 年 9 月 6 日	2011 年 5 月 1 日
54	煤层气集输安全规程	AQ 1082—2010	国家安全生产监督管理总局	2010 年 9 月 6 日	2011 年 5 月 1 日
55	金属非金属矿山提升钢丝绳检验规范	AQ 2026—2010	国家安全生产监督管理总局	2010 年 9 月 6 日	2011 年 5 月 1 日
56	金属非金属露天矿山在用矿用自卸汽车安全检验规范	AQ 2027—2010	国家安全生产监督管理总局	2010 年 9 月 6 日	2011 年 5 月 1 日
57	矿山在用斜井人车安全性能检验规范	AQ 2028—2010	国家安全生产监督管理总局	2010 年 9 月 6 日	2011 年 5 月 1 日
58	金属非金属地下矿山主排水系统安全检验规范	AQ 2029—2010	国家安全生产监督管理总局	2010 年 9 月 6 日	2011 年 5 月 1 日
59	施工企业安全生产评价标准	JGJ/T 77—2010	中华人民共和国住房和城乡建设部	2010 年 5 月 18 日	2010 年 11 月 1 日
60	金属非金属矿山安全标准化规范导则	AQ/T 2050.1—2016	国家安全生产监督管理总局	2016 年 8 月 29 日	2017 年 3 月 1 日
61	金属非金属矿山安全标准化规范 地下矿山实施指南	AQ/T 2050.2—2016	国家安全生产监督管理总局	2016 年 8 月 29 日	2017 年 3 月 1 日
62	金属非金属矿山安全标准化规范 露天矿山实施指南	AQ/T 2050.3—2016	国家安全生产监督管理总局	2016 年 8 月 29 日	2017 年 3 月 1 日
63	煤矿建设项目安全设施设计审查和竣工验收规范	AQ 1055—2018	中华人民共和国应急管理部	2018 年 5 月 22 日	2018 年 12 月 1 日
64	煤矿建设项目安全审核基本要求	AQ 1049—2018	中华人民共和国应急管理部	2018 年 5 月 22 日	2018 年 12 月 1 日
65	煤矿安全监控系统及检测仪器使用管理规范	AQ 1029—2019	中华人民共和国应急管理部	2019 年 8 月 12 日	2020 年 2 月 1 日

7.5.4　井巷专用设备标准

1. 煤炭工业煤矿专用设备标准化技术委员会井巷设备分会简介

煤炭行业共有 3 大标准化技术委员会，分别为全国煤炭标准化技术委员会、煤矿安全标准化技术委员会、煤矿专用设备标准化技术委员会，井巷设备分会是煤矿专用设备标准化技术委员会的 15 个分会之一。

井巷设备分会是由原煤炭工业部领导、部科技司技术监督处和煤矿专用设备标准化技术委员会管理，在煤矿井巷设备专业领域从事标准化工作的技术组织，现由中国煤炭工业协会管理。也就是说，井巷分会是一个有上级主管部门管理的技术组织，负责全国煤矿井巷设备专业领域的标准化技术归口工作。

井巷设备分会第 1 届委员会成立于 1991 年，第 2 届委员会成立于 1996 年，第 3 届委员会成立于 2004 年，第 4 届委员会成立于 2014 年，第 5 届委员会成立于 2019 年。如表 7-17 所示。

表 7-17　历届井巷设备分会主任、副主任、秘书长

届数	主任	副主任	秘书长	任期
第 1 届	成福康	宗毅	王维华	1991—1996 年
第 2 届	王长生	郭孝先(常务)	肖瑞玲	1996—2000 年
	高峰、李功洲	袁和生、黄汉财	刘敏	2000—2004 年
第 3 届	李功洲、刘志强	高峰、袁和生、黄汉财	刘敏	2004—2014 年
第 4 届	刘志强	刘富、徐辉东、魏苍栋	刘敏	2014—2019 年
第 5 届	冯旭海	郑厚发、李长城、李功洲	孙建荣	2019 年至今

多年来，井巷设备分会在上级领导、挂靠单位支持下，团结各委员单位，按照分会章程赋予的职能，积极开展标准的制定、修订、宣贯、解释等工作，取得丰硕的成果。煤矿用井巷设备与井巷施工技术标准化成为煤矿专用设备标准化的重要组成部分，对促进煤矿井巷施工机械化与技术进步、确保井巷施工与煤矿安全生产起到了重要作用。

2. 井巷设备分会的主要工作内容

(1) 遵循国家有关方针和政策，负责向总会和中国煤炭工业协会提出井巷专用装备与技术标准化工作的方针、政策和技术法规、技术措施的建议。

(2) 按照国家标准和行业标准的制定、修订原则，以及采用国际标准和国外先进标准的方针，负责组织制定井巷设备与技术标准体系表，提出本专业技术领域国家标准和行业标准的长远规划、年度计划和采用国际标准的建议。

(3) 根据有关标准化行政主管部门批准的计划，组织、开展本专业领域国家标准、行业标准的制定、修订和复审工作。

(4) 负责对本专业领域国家标准和行业标准的标准草案和标准计划送审稿的审查工作。负责对起草标准报批稿进行复核和审查，对标准中的技术内容，采用国际标准情况等提出审查结论性意见和提出标准是强制性标准或推荐性标准的建议。

(5) 根据标准化行政主管部门的有关规定，做好本专业领域国家标准和行业标准的通报和咨询工作。

(6) 负责组织本专业领域国家标准和行业标准的宣贯、解释和咨询；开展人员培训，推动标准的实施。对煤矿井巷设备与技术领域的标准实施情况进行调查和分析，做出书面报告；根据国家奖励条例，负责本专业领域标准化科技成果的技术审核，并向有关主管部门提出标准化成果奖励项目的建议。

(7) 受行业主管部门和标准制定部门的委托，负责组织煤矿井巷设备的国家标准和行业标准的宣贯、解释工作，对煤矿井巷设备已颁布的标准实施情况进行调查和分析，做出书面报告。向行业主管部门提出煤矿井巷设备标准化成果奖励项目的建议。

(8) 受行业主管部门委托，承担国际标准化组织(ISO)和国际电工委员会(IEC)等相应的分技术委员会对口的标准化技术业务工作，包括国际标准文件的表态、审查我国提案和国际标准的中文译稿以及提出对外开展标准化技术交流活动的建议等。

(9) 受有关部门委托，在产品质量监督、检验、认证和评定等工作中，承担煤矿井巷设备标准化范围内，产品质量标准水平的评价工作。必要时，受有关主管部门委托，承担煤矿井巷设备引进项目的标准化审查工作，并向项目主管部门提出标准化水平分析报告。

(10) 在完成上述任务的前提下，井巷设备分会向社会开展煤矿井巷设备标准化工作。接受有关省、市、自治区和企业的委托，承担煤矿井巷设备地方标准、企业标准的制定、修订咨询和审查、宣贯等技术服务工作。

(11) 承担行业主管部门和总会委托办理的与煤矿井巷设备与技术标准化工作有关的其他事宜。

3. 历届井巷设备分会组成和主要工作

井巷设备分会1991年成立以来，颁布的标准共83项，其中，国家标准2项，行业标准中强制标准7项，经过2次修订的标准24项，当前在研标准19项。以上标准在煤矿生产建设和确保煤矿安全中发挥了重要作用。编制了井巷设备分会范围“七五”到“十四五”的标准规划，编制了井巷设备分会标准体系表，并不断进行修订。

(1) 第1届井巷设备分会委员会(1991—1996年)

主　　任：成福康

副 主 任：宗　毅

秘 书 长：王维华

委员单位：煤科总院北京建井研究所
煤炭部基本建设司
江阴矿山器材厂
苏南煤矿机械厂
煤科总院上海分院
浙江小浦机械厂
煤科总院南京所
衢州煤矿机械厂
中国煤矿工程机械装备集团公司
煤炭工业凿岩机具产品质量监督检验中心等

第1届委员会根据上级标准化管理部门的规划，确定了“煤矿井巷设备标准体系表”和“八五”标准计划等，并开展了标准制定、修订具体工作。期间，制定、修订标准18项，使分会归口的标准数由分会建立前的 14 项增加到 32 项。第 1 届委员会依靠煤科总院北京建井研究所和煤炭部基本建设司副主任委员单位以及各委员单位的基本条件，摸索、建立了一套管理体系，培养了一批标准起草人员，积累了经验，为井巷设备分会的发展打下了基础。

(2) 第 2 届井巷设备分会委员会(1996—2004 年)

① 1996—2000 年井巷设备分会委员会

主　任：王长生

副主任：郭孝先

秘书长：肖瑞玲

委　员：王长生　郭孝先　袁和生　肖瑞玲　陈爱和　吕增深　付如松　伊天刚
王　俊　杨凤清　张曙鸣　楼锡坤　张开顺　庄仪兴　葛天林　张党培
赵颖涛　由胜武　刘发国　唐君源　秦斌青　朱德俊　徐卸南　李云峰
王连仲　李常春　孙景昌

《井巷设备分会章程》规定，委员会应 5 年换届一次，第 2 届委员会换届会议于 1996 年 10 月 20 日在贵州省安顺市召开。第 2 届委员会委员构成中，考虑煤炭行业将锚杆支护列入重点攻关与推广项目，增加了锚杆钻机生产企业的代表、井下空气压缩机厂家的代表以及生产现场的代表。1996—1999 年，新列标准计划 9 项，审查标准送审稿 9 项，处理第一届遗留标准报批事宜 8 项。按上级部署，根据本领域科技发展和煤矿生产需要，对“煤矿井巷设备标准体系表”进行了修订。经结构调整、更新和充实部分内容后的“煤矿井巷设备标准体系表”，包括了凿井设备、钻井设备、注浆设备、冻结设备、岩巷设备、斜井(巷)设备和支护机具等 7 个方面，并列入相关标准项目 198 项，使其更有益于科学、有序地进行井巷设备标准的制定、修订。

期间，结合煤炭行业技术发展重点和井巷标准颁布情况，与相关产品检验中心合作，开展了标准宣贯工作。1997 年 3 月，为配合锚杆支护的推广，与煤炭工业北京锚杆产品质量监督检验中心联合举办了“抽样检验”系列国家标准和“锚杆”系列行业标准宣贯会，宣贯了 4 项锚杆产品标准和国家抽样检验标准；1997 年 6 月，为促进高档岩巷掘进机械化作业线的发展，与煤炭工业凿岩机具产品质量监督检验中心合作，举办了“煤矿液压凿岩机具”系列标准宣贯会，宣贯了 11 项液压凿岩机具方面的标准；1998 年 2 月，针对锚杆钻机产品存在的问题，与煤炭工业凿岩机具产品质量监督检验中心联合召开了“锚杆钻机钻具标准宣贯与质量分析会”。此外，还利用召开年会、标准审查会之机，有组织地交流了井巷施工技术与相关产品的发展。

② 2000—2004 年井巷设备分会委员会

主　任：高　峰　李功洲(2001 年)

副主任：袁和生　黄汉财

秘书长：刘　敏

委　员：李功洲　袁和生　高　峰　金奇才　刘　敏　肖瑞玲　孙玉萍　陈爱和
秦斌清　高正商　徐卸南　戎文鹅　王贵峰　陈荣君　王连仲　丁全录
黄圆月　许三军　马念杰　张立刚　王开慧　邢树国　蒙善祥　李耀武
岳　峰　刘志强　黄亮高　由胜武　唐君源　陈新龙　韩子毅　张运启
张景荣　郭孝先　王长生　黄乃炯

2000—2004 年正值国家机构改革、科研体制改革不断深化时期，井巷设备分会标准化工作在上级主管部门领导下，在挂靠单位和委员的支持下，克服了人力紧张、资金不足等诸多困难，完成了国家经贸委、中国煤炭工业协会及煤矿专用设备标准化技术委员会等各级领导部门安排的多项任务。

2000 年，分会原主任委员和秘书长因工作调动，分会在北京中煤矿山工程有限公司(原煤科总院北京建井研究所)领导的支持下，取得煤矿专用设备标准化技术委员会秘书处的同意，及时更换了分会主任委员、秘书长等工作人员，并及时与有关委员单位取得联系，使分会各成员单位间基本能互通信息，分会工作基本正常运行。以此为基础，逐步做了分会换届的组织准备工作。2000—2003 年，井巷设备分会申报立项列入标准制定、修订计划的行业标准 15 项、国家标准 1 项，对 1995 年以前的 19 项标准提出了复审意见。

2003 年 3 月，井巷设备分会与支护分会共同组织了 GB/T 1.1—2000 标准培训，国家标准化管理委员会标准审查部周思源研究员，向大家讲述了 GB/T 1.1—2000、GB/T 1.2—2002 等标准，井巷设备分会北京地区委员与部分京外委员以及部分行业标准起草人、质检中心有关人员参加了培训，有 52 人参加了培训结业考试，并取得了国家标准培训结业证书。同时，煤科总院其他部门有关人员也参加了培训。

2003 年 8 月，与煤炭工业北京锚杆产品质量监督检验中心一起召集研讨会，对《矿用锚索》标准征求意见稿之后的文稿向厂家逐条进行说明，同时听取各方的意见，使标准制定能紧密结合实际应用，从而确保建立标准实施的客观基础。

2003 年 11 月，井巷设备分会召开“定向钻进技术座谈会”，召集科研、生产等单位，就定向钻进设备与施工技术进行研讨，并宣贯了有关标准，讨论标准项目“钻孔方向测定仪”的技术参数。

2000—2004 年期间，井巷设备分会召集的标准化工作会议共 5 次，其中，召开由北京地区分会委员参加的标准工作会议 2 次，标准宣贯与研讨会议 2 次，行业标准审查会议 1 次。针对当时工作紧、任务重的具体情况，分会工作会议以小规模为主。为使委员单位能尽量参与分会工作，分会还及时将分会工作会议情况向委员通报，向委员调查有关意见，并及时征询北京中煤矿山工程有限公司、南京研究所、凿岩机具质检中心、锚杆质检中心、上海分院以及有关生产厂家的意见，确保井巷设备标准化工作的质量。

(3) 第 3 届井巷设备分会委员会(2004—2014 年)

主　任：李功洲(2004—2009 年)　刘志强(2009—2014 年)

副主任：高　峰　袁和生　黄汉财

秘书长：刘　敏

委　员：李功洲　袁和生　高　峰　金奇才　肖瑞玲　孙玉萍　陈爱和　秦斌清
徐卸南　戎文鹅　王贵峰　陈荣君　王连仲　丁全录　黄圆月　许三军
张立刚　王开慧　邢树国　蒙善祥　李耀武　岳　峰　黄亮高　由胜武
唐君源　陈新龙　韩子毅　李晓豁　李长忠　郭孝先　王长生　黄乃炯
周伟征　马继民　史基盛　康红普　臧桂茂　陈远坤

在 2004—2014 年间，井巷设备分会共申报国家标准、行业标准 41 项，获准立项 32 项，完成制定、修订标准 38 项(包括 2004 年以前接续的项目)，以上标准在煤矿生产建设和确保煤矿安全中发挥了重要作用。第 3 届委员会举办了标准培训班 5 期，有 434 人参加了标准培训;编制了井巷分会标准规划;召开了6次年会暨标准审查会议。

由中国煤炭工业协会科技发展部主办、天地科技建井研究院(分会挂靠单位)承办的2014年第三期标准知识及其编写培训班于9月20—22日在北京举行,来自煤矿施工、建设、设计、研究等单位共118人参加了学习。培训由中国煤炭工业协会科技发展部主任刘富主持,郑厚发处长对煤炭行业煤矿标准的近况及其发展做了专题报告,中国标准化研究院标准审查部专家沈同老师结合GB/T 1.1—2009及其实施指南进行了讲解。

(4) 第4届井巷设备分会委员会(2014—2019年)

主　任:刘志强

副主任:刘　富　徐辉东　魏苍栋

秘书长:刘　敏

委　员:刘志强　刘　富　魏苍栋　徐辉东　刘　敏　高会春　周卫金　王志信
杨智文　何晓群　郑翔鲲　卢相忠　秦斌清　李长忠　王俊杰　康红普
范世平　邱天德　左永江　王清峰　孙玉萍　王永忠　李现春　谭　杰
周金生　纪洪广　肖瑞玲　李耀武　丁全录　赵锦桥　师锁牢　黄建忠
陈爱和　徐卸南　许三军　张立刚　李功洲　王振林　马继民　魏红光
王雪礼　李志坚　史成建　李华宝　韩树利　周伟征　吴海华　张幼振
王国华　王长生　郭孝先

第4届井巷设备分会委员会设主任委员1名、副主任委员3名、秘书长1名。第4届井巷设备分会委员会由51人组成,其中,科研设计与高校方面的委员11人、井巷设备生产企业方面的委员20人、井巷设备使用与销售方面的委员15人、技术监督检验方面的委员3人、管理部门的委员2人。本届委员会设顾问委员2人。

2014年11月24—25日,在深圳市召开了井巷设备分会2014年年会暨标准审查会,井巷设备分会委员、标准审查特邀专家、标准起草人员、部分生产企业、煤矿产品使用单位以及中国煤炭工业协会科技发展部有关领导、专家等47人参加了会议。井巷设备分会年会由分会主任刘志强研究员主持。中国煤炭工业协会科技发展部刘富主任向与会同志介绍了煤炭行业"十二五"规划的有关情况及当前煤炭行业标准化工作的形势,对井巷设备分会的标准化工作给予了充分肯定,强调要求按照"十二五"规划开展标准化工作,并对井巷分会下一步工作提出了建议。刘志强主任对井巷设备分会2010—2013年的工作进行了总结,并提出了下一步工作想法。井巷设备分会秘书长刘敏研究员介绍了本次会议计划审查的标准,并对标准的审查提出了具体要求和安排。会议对《煤矿巷道锚杆支护技术规范》(国家标准)、《矿山支护锚索用钢绞线》《煤矿工程孔定向钻进设计与施工》《煤矿工程定向钻孔监测方法》《煤矿斜井冻结施工技术规范》和《煤矿用岩巷钻装机》等标准的送审稿进行了认真、具体的审查。经标准审查组专家讨论认为,均达到了国际领先或先进水平,符合GB/T 1.1—2009等有关标准的要求,一致同意通过标准审查。审查组还对标准提出了修改意见。本次会议上,向新一届委员颁发了中国煤炭工业协会科技发展部的聘书,井巷设备分会第4届委员会的换届工作圆满完成。

在2014—2019年间,井巷设备分会共申报国家标准、行业标准、能源标准25项,获准立项19项,完成制定、修订标准任务颁布的标准2项。到目前为止,井巷设备分会归口管理的现行有效标准130余项,其中,国家标准2项、行业标准中强制标准8项;当前在研标准30

项。以上标准在煤矿生产建设和确保煤矿安全中发挥了重要作用。随着标准化工作的不断发展，井巷设备分会按照上级主管部门的要求，逐渐拓展了煤矿建设急需的行业标准计划的申报与制定，在此期间，颁布了《煤矿巷道锚杆支护技术规范》(GB/T 35056—2018)、《煤矿斜井冻结施工技术规范》(NB/T 10053—2018) 2 项标准，为煤矿深井施工技术提供了标准化技术支撑；召开标准培训班 12 期，召集 368 人参加了标准培训；编制了井巷分会标准规划；召开了 4 次年会暨标准审查会议。

(5) 第 5 届井巷设备分会委员会(2019 年至今)

主　任：冯旭海

副主任：郑厚发　李长城　李功洲

秘书长：孙建荣

委　员：冯旭海　郑厚发　徐辉东　胡继红　李功洲　李长城　孙建荣　谭　杰
杨道召　卢相忠　令狐建设　刘　杰　左永江　王清峰　徐子平　辛德林
周金生　李耀武　张　宇　黄建忠　王文喜　张立刚　马继民　魏栋梁
朱宗君　史洪生　张幼振　陈荣君　屈晓斌　赵钧羡　吴拥政　林　健
马芹永　刘庆华　张　英　张学东　梁润富　张宪堂　马占国　王利宏
焦裕钊　沈　锋　杜宗伟　王亚明　范润喜　韩树利　李廷春　崔志军
杨战标　刘志强　郭孝先　刘　敏　肖瑞玲　刘　冰

煤炭行业煤矿专用设备标准化技术委员会确定第 5 届井巷设备分会仍然挂靠在北京中煤矿山工程有限公司，委员单位 45 家。

井巷设备分会归口的标准见表 7-18。

表 7-18　井巷设备分会归口的部分标准

序号	标准名称	标准号	发布部门	发布日期	实施日期
1	缝管锚杆	MT 285—1992	中华人民共和国能源部	1992 年 2 月 24 日	1992 年 6 月 1 日
2	矿用菱镁混凝土制品通用技术条件	MT/T 375.1—1994	中华人民共和国煤炭工业部	1994 年 11 月 16 日	1994 年 12 月 1 日
3	矿用菱镁混凝土制品梯形支架技术条件	MT/T 375.2—1994	中华人民共和国煤炭工业部	1994 年 11 月 16 日	1994 年 12 月 1 日
4	矿用菱镁混凝土制品窄轨轨枕	MT/T 375.3—1994	中华人民共和国煤炭工业部	1994 年 11 月 16 日	1994 年 12 月 1 日
5	矿用菱镁混凝土制品背板、沟盖板和挡板技术条件	MT/T 375.4—1994	中华人民共和国煤炭工业部	1994 年 11 月 16 日	1994 年 12 月 1 日
6	煤矿井巷工程质量检验评定标准	MT 5009—1994	中华人民共和国煤炭工业部	1994 年 10 月 12 日	1995 年 7 月 1 日
7	煤矿装载机械密封润滑履带总成	MT/T 461—1995	中华人民共和国煤炭工业部	1995 年 12 月 28 日	1996 年 5 月 1 日
8	多刃镶齿盘形滚刀	MT/T 462—1995	中华人民共和国煤炭工业部	1995 年 12 月 28 日	1996 年 5 月 1 日

表 7-18(续)

序号	标准名称	标准号	发布部门	发布日期	实施日期
9	煤矿岩巷掘进机械设备噪声测定方法	MT/T 515—1995	中华人民共和国煤炭工业部	1996年1月15日	1996年5月1日
10	煤矿液压凿岩机用钎具波形螺纹	MT/T 516.1—1995	中华人民共和国煤炭工业部	1995年12月28日	1996年5月1日
11	煤矿液压凿岩机用钎具钎头	MT/T 516.2—1995	中华人民共和国煤炭工业部	1995年12月28日	1996年5月1日
12	煤矿液压凿岩机用钎具钎杆	MT/T 516.3—1995	中华人民共和国煤炭工业部	1995年12月28日	1996年5月1日
13	煤矿液压凿岩机用钎具接杆套	MT/T 516.4—1995	中华人民共和国煤炭工业部	1995年12月28日	1996年5月1日
14	煤矿液压凿岩机用钎具接杆钎尾	MT/T 516.5—1995	中华人民共和国煤炭工业部	1995年12月28日	1996年5月1日
15	煤矿钻井机用齿滚刀通用技术条件	MT/T 517—1995	中华人民共和国煤炭工业部	1995年12月28日	1996年5月1日
16	锚喷支护工程质量检测规程	MT/T 5015—1996	中华人民共和国煤炭工业部	1996年4月4日	1996年10月1日
17	耙斗装岩机	MT 131—1996	中华人民共和国煤炭工业部	1996年4月18日	1996年10月1日
18	煤矿用液压凿岩机通用技术条件	MT/T 198—1996	中华人民共和国煤炭工业部	1996年4月18日	1996年10月1日
19	煤矿用液压钻车通用技术条件	MT/T 199—1996	中华人民共和国煤炭工业部	1996年4月18日	1996年10月1日
20	液压凿岩机用钎头产品质量分等	MT/T 532—1996	中华人民共和国煤炭工业部	1996年4月18日	1996年10月1日
21	液压凿岩机用钎杆产品质量分等	MT/T 533—1996	中华人民共和国煤炭工业部	1996年4月18日	1996年10月1日
22	液压凿岩机用接杆套产品质量分等	MT/T 534—1996	中华人民共和国煤炭工业部	1996年4月18日	1996年10月1日
23	液压凿岩机用接杆钎尾产品质量分等	MT/T 535—1996	中华人民共和国煤炭工业部	1996年4月18日	1996年10月1日
24	煤矿用岩石钻头	MT/T 536—1996	中华人民共和国煤炭工业部	1996年4月18日	1996年10月1日
25	煤钻头	MT/T 537—1996	中华人民共和国煤炭工业部	1996年4月18日	1996年10月1日
26	煤钻杆	MT/T 538—1996	中华人民共和国煤炭工业部	1996年4月18日	1996年10月1日

表 7-18(续)

序号	标准名称	标准号	发布部门	发布日期	实施日期
27	底卸式吊桶	MT/T 540—1996	中华人民共和国煤炭工业部	1996年4月18日	1996年10月1日
28	煤矿用反井钻机产品质量分等	MT/T 663—1997	中华人民共和国煤炭工业部	1997年11月10日	1998年4月1日
29	煤矿用反井钻机钻杆	MT/T 664—1997	中华人民共和国煤炭工业部	1997年11月10日	1998年4月1日
30	煤矿用锚杆钻机通用技术条件	MT/T 688—1997	中华人民共和国煤炭工业部	1997年12月30日	1998年6月1日
31	矿用菱镁混凝土制品拱形支架技术条件	MT/T 375.5—1997	中华人民共和国煤炭工业部	1997年12月30日	1998年6月1日
32	煤矿用锚杆钻机通用技术条件	MT/T 688—1997	中华人民共和国煤炭工业部	1997年12月30日	1998年6月1日
33	井内悬吊式气动抓岩机通用技术条件	MT/T 813—1999	国家煤炭工业局	1999年3月24日	1999年8月1日
34	煤矿用侧卸装岩机	MT/T 822—1999	国家煤炭工业局	1999年6月2日	1999年10月1日
35	乳化液液压绞车	MT/T 835—1999	国家煤炭工业局	1999年11月11日	2000年3月15日
36	煤矿巷道矿山压力显现观测方法	MT/T 878—2000	国家煤炭工业局	2000年12月8日	2001年5月1日
37	煤矿预应力锚固施工技术规范	MT/T 879—2000	国家煤炭工业局	2000年12月8日	2001年5月1日
38	煤矿用侧卸装岩机试验方法	MT/T 880—2000	国家煤炭工业局	2000年12月8日	2001年5月1日
39	水泥锚杆 杆体	MT/T 218—2002	国家经济贸易委员会	2002年4月8日	2002年9月1日
40	水泥锚杆 锚固剂	MT/T 219—2002	国家经济贸易委员会	2002年4月8日	2002年9月1日
41	煤矿用气动凿岩机通用技术条件	MT/T 903—2002	国家经济贸易委员会	2002年4月8日	2002年9月1日
42	焊接结构软岩钻杆与钻头	MT/T 904—2002	国家经济贸易委员会	2002年4月8日	2002年9月1日
43	煤矿锚杆钻机用回转钻杆	MT/T 905—2002	国家经济贸易委员会	2002年4月8日	2002年9月1日
44	电子数显式收敛计	MT/T 919—2002	国家经济贸易委员会	2002年6月19日	2002年9月1日
45	矿用菱镁混凝土制品锚杆托盘	MT/T 375.6—2002	国家经济贸易委员会	2002年4月8日	2002年9月1日
46	矿用锚索	MT/T 942—2005	国家发展和改革委员会	2005年2月14日	2005年6月1日
47	矿用锚索张拉机具	MT/T 972—2006	国家发展和改革委员会	2006年3月7日	2006年8月1日
48	钢绞线液压剪	MT/T 973—2006	国家发展和改革委员会	2006年3月7日	2006年8月1日

表 7-18(续)

序号	标准名称	标准号	发布部门	发布日期	实施日期
49	煤矿用单体液压锚杆钻机	MT/T 974—2006	国家发展和改革委员会	2006 年 3 月 7 日	2006 年 8 月 1 日
50	煤矿用锚杆拉力计	MT/T 979—2006	国家发展和改革委员会	2006 年 3 月 7 日	2006 年 8 月 1 日
51	转子式混凝土喷射机	MT/T 547—2006	国家发展和改革委员会	2006 年 3 月 7 日	2006 年 8 月 1 日
52	煤矿用电动锚杆钻机	MT/T 539—2006	国家发展和改革委员会	2006 年 8 月 19 日	2006 年 12 月 1 日
53	矿用手持式气动钻机	MT/T 994—2006	国家发展和改革委员会	2006 年 8 月 19 日	2006 年 12 月 1 日
54	岩石钻孔 干式钻杆和钻头 连接尺寸	GB/T 20704—2006	中华人民共和国国家质量监督检验检疫总局、中国国家标准化管理委员会	2006 年 12 月 20 日	2007 年 5 月 1 日
55	煤矿用带式转载机	MT/T 823—2006	国家安全生产监督管理总局	2006 年 10 月 30 日	2006 年 12 月 1 日
56	矿用气动抓斗	MT/T 245—2008	国家安全生产监督管理总局	2008 年 11 月 19 日	2009 年 1 月 1 日
57	矿用气动抓斗	MT/T 245—2008	国家安全生产监督管理总局	2008 年 11 月 19 日	2009 年 1 月 1 日
58	矿用钻孔陀螺测斜仪	MT/T 1054—2008	国家安全生产监督管理总局	2008 年 11 月 19 日	2009 年 1 月 1 日
59	煤矿用机载锚杆钻机通用技术条件	MT/T 1055—2008	国家安全生产监督管理总局	2008 年 11 月 19 日	2009 年 1 月 1 日
60	矿用反井钻机钻杆失效技术条件	MT/T 1056—2008	国家安全生产监督管理总局	2008 年 11 月 19 日	2009 年 1 月 1 日
61	立井井筒地面预注浆效果压水试验检验方法	MT/T 1057—2008	国家安全生产监督管理总局	2008 年 11 月 19 日	2009 年 1 月 1 日
62	立井井筒地面预注黏土水泥浆技术规范	MT/T 1058—2008	国家安全生产监督管理总局	2008 年 11 月 19 日	2009 年 1 月 1 日
63	煤矿井下用数字压力表	MT/T 1059—2008	国家安全生产监督管理总局	2008 年 11 月 19 日	2009 年 1 月 1 日
64	矿用混凝土强度检测仪	MT/T 1060—2008	国家安全生产监督管理总局	2008 年 11 月 19 日	2009 年 1 月 1 日
65	树脂锚杆 玻璃纤维增强塑料杆体及附件	MT/T 1061—2008	国家安全生产监督管理总局	2008 年 11 月 19 日	2009 年 1 月 1 日
66	煤矿用乳化液钻机	MT/T 1062—2008	国家安全生产监督管理总局	2008 年 11 月 19 日	2009 年 1 月 1 日
67	煤矿科技术语 第 1 部分:煤炭地质与勘查	GB/T 15663.1—2008	中华人民共和国国家质量监督检验检疫总局、中国国家标准化管理委员会	2008 年 9 月 18 日	2009 年 4 月 1 日

表 7-18(续)

序号	标准名称	标准号	发布部门	发布日期	实施日期
68	煤矿科技术语 第 2 部分:井巷工程	GB/T 15663.2—2008	中华人民共和国国家质量监督检验检疫总局、中国国家标准化管理委员会	2008 年 9 月 18 日	2009 年 4 月 1 日
69	煤矿用支架式电钻	MT 52—2009	国家安全生产监督管理总局	2009 年 12 月 11 日	2010 年 7 月 1 日
70	钻井井筒永久支护通用技术条件	MT/T 518—2009	国家安全生产监督管理总局	2009 年 12 月 11 日	2010 年 7 月 1 日
71	煤矿井下用空气压缩机	MT 687—2009	国家安全生产监督管理总局	2009 年 12 月 11 日	2010 年 7 月 1 日
72	煤巷锚杆支护技术规范	MT/T 1104—2009	国家安全生产监督管理总局	2009 年 12 月 11 日	2010 年 7 月 1 日
73	锚杆钻机用玻璃钢支腿	MT/T 1105—2009	国家安全生产监督管理总局	2009 年 12 月 11 日	2010 年 7 月 1 日
74	卡瓦式止浆塞	MT/T 1106—2009	国家安全生产监督管理总局	2009 年 12 月 11 日	2010 年 7 月 1 日
75	煤矿用反井钻机通用技术条件	MT 213—2011	国家安全生产监督管理总局	2011 年 4 月 12 日	2011 年 9 月 1 日
76	人工冻土物理力学性能试验 第 1 部分:人工冻土试验取样及试样制备方法	MT/T 593.1—2011	国家安全生产监督管理总局	2011 年 4 月 12 日	2011 年 9 月 1 日
77	人工冻土物理力学性能试验 第 2 部分:土壤冻胀试验方法	MT/T 593.2—2011	国家安全生产监督管理总局	2011 年 4 月 12 日	2011 年 9 月 1 日
78	人工冻土物理力学性能试验 第 3 部分:人工冻土净水压力下固结试验方法	MT/T 593.3—2011	国家安全生产监督管理总局	2011 年 4 月 12 日	2011 年 9 月 1 日
79	人工冻土物理力学性能试验 第 4 部分:人工冻土单轴抗压强度试验方法	MT/T 593.4—2011	国家安全生产监督管理总局	2011 年 4 月 12 日	2011 年 9 月 1 日
80	人工冻土物理力学性能试验 第 5 部分:人工冻土三轴剪切强度试验方法	MT/T 593.5—2011	国家安全生产监督管理总局	2011 年 4 月 12 日	2011 年 9 月 1 日
81	人工冻土物理力学性能试验 第 6 部分:人工冻土单轴压缩蠕变试验方法	MT/T 593.6—2011	国家安全生产监督管理总局	2011 年 4 月 12 日	2011 年 9 月 1 日

表 7-18(续)

序号	标准名称	标准号	发布部门	发布日期	实施日期
82	人工冻土物理力学性能试验 第7部分:人工冻土三轴蠕变试验方法	MT/T 593.7—2011	国家安全生产监督管理总局	2011年4月12日	2011年9月1日
83	人工冻土物理力学性能试验 第8部分:人工冻土抗折强度试验方法	MT/T 593.8—2011	国家安全生产监督管理总局	2011年4月12日	2011年9月1日
84	树脂锚杆 第1部分:锚固剂	MT 146.1—2011	国家安全生产监督管理总局	2011年4月12日	2011年9月1日
85	树脂锚杆 第2部分:金属杆体及其附件	MT 146.2—2011	国家安全生产监督管理总局	2011年4月12日	2011年9月1日
86	立井井筒地面预注浆工程注浆钻孔施工技术规范	MT/T 1150—2011	国家安全生产监督管理总局	2011年4月12日	2011年9月1日
87	煤矿巷道锚杆支护技术规范	GB/T 35056—2018	国家市场监督管理总局、中国国家标准化管理委员会	2018年5月14日	2018年12月1日
88	煤矿斜井冻结施工技术规范	NB/T 10053—2018	国家能源局	2018年10月29日	2019年3月1日
89	煤炭矿井工程基本术语标准	GB/T 50562—2019	中华人民共和国住房和城乡建设部、国家市场监督管理总局	2019年2月13日	2019年10月1日

7.6 矿山建设与岩土工程工法

7.6.1 国家级矿山建设与岩土工程工法

国家级矿山建设与岩土工程工法由中国煤炭建设协会在部级工法中组织推荐申报，由住房和城乡建设部组织专家对各行业、各地区申报的工法进行评审。2000—2012年共获得国家级矿山建设与岩土工程工法50项，见表7-19。

表 7-19 2000—2012 年国家级矿山建设与岩土工程工法

序号	工法名称	工法编号	完成单位	主要完成人
1	立井机械化快速施工工法	YJGF 21—2000	中煤第五建设有限公司	
2	煤矿井下螺旋煤仓施工工法	GJJGF 22—2000	中煤第一建设有限公司	
3	深立井井筒冻结工法	GJJGF 042—2006	中煤第一建设有限公司	蒲耀年、杨维好、梁洪振、郭永富、李志清
4	深厚表土层冻结井高强高性能混凝土井壁施工工法	YJGF 043—2006	中煤矿山建设集团有限责任公司第七十一工程处	徐辉东、方体利、潘声杰、王敏建、刘宁

表 7-19(续)

序号	工法名称	工法编号	完成单位	主要完成人
5	特大型井架竖立工法	YJGF 135—2006	中煤矿山建设集团有限责任公司机电安装工程处	张炳辉、廖鸿志、陈诚、黄庆宏、吴向东
6	大断面斜井机械化作业线快速施工工法	YJGF 223—2006	中煤第五建设有限公司	
7	立井冻结表土机械化快速施工工法	YJGF 224—2006	中煤第五建设有限公司、中煤第一建设有限公司、中煤矿山建设集团有限责任公司	
8	深立井冻结孔施工工法	GJJGF 225—2006	中煤第一建设有限公司	
9	斜井井筒冻结施工工法	GJJGF 226—2006	中煤第一建设有限公司	
10	立井井筒机电安装施工工法	YJGF 348—2006	中煤第五建设有限公司、中煤矿山建设集团有限责任公司	
11	冻结风化基岩段中深孔爆破快速施工工法	GJYJGF 088—2008	中煤第一建设有限公司	蒲耀年、赵京虎、范聚朝、杨星林、靳丽娟
12	风积砂地层巷道小管棚超前注浆配合网喷混凝土施工工法	GJYJGF 089—2008	中煤第三建设(集团)有限责任公司	刘玉柱、冯旭东、施云峰、王军、魏金山
13	大直径急倾斜圆筒煤仓施工工法	GJYJGF 090—2008	中煤第五建设有限公司	曹武昌、袁兆宽、贾实林、张庆中、董长龙
14	空间复杂曲面瓦片铺设施工工法	GJYJGF 035—2008	广厦建设集团有限责任公司、江西中煤建设工程有限公司	林炎飞、阮连法、单红波、陈丽华、万平
15	深立井基岩段井壁漏水防治施工工法	GJEJGF 214—2008	中煤第一建设有限公司	蒲耀年、陈耀文、王玉沛、李富新、邓贤松
16	深水平高应力区软岩巷道支护工法	GJEJGF 215—2008	江苏华美工程建设集团有限公司	王慧明、万援朝、樊九林、任家亮、李静
17	大直径立井高强高性能混凝土液压滑模套壁施工工法	GJEJGF 216—2008	中煤第七十一工程处	方体利、吴信远、郭保国、刘宁
18	立井施工过流沙层整体液压钢板桩帷幕技术施工工法	GJEJGF 217—2008	平煤建工集团有限公司	仝洪昌、李勤山、李灿欣、赵春孝、李明
19	大型储煤槽仓逆作法施工工法	GJEJGF 235—2008	中煤建筑安装工程公司	苗志同、马德迎、程正觉、李国明
20	钻井法凿井施工工法	GJYJGF 110—2010	中煤特殊凿井(集团)有限责任公司	刘建国、蔡鑫、朱东林、郑立锋、王明思
21	千米立井井筒机械化配套施工工法	GJYJGF 112—2010	中煤第五建设有限公司、中国华冶科工集团有限公司	印东林、胡传喜、闫振斌、李明楼、刘冬至、崔喜旺

表 7-19(续)

序号	工法名称	工法编号	完成单位	主要完成人
22	沿空留巷巷帮支护施工工法	GJYJGF 108—2010	淮南矿业(集团)有限责任公司	何勇、柏发松、吕福星
23	大直径高筒仓综合成套技术施工工法	GJEJGF 305—2010	中平能化建工集团有限公司、河南省第二建设集团有限公司	宋永恒、于朝辉、高山林、刘学辉、孙智会
24	岩石斜井综掘机械化施工工法	GJEJGF 307—2010	中煤第三建设(集团)有限责任公司中煤第七十一工程处	王厚良、吴信远、周树清、王劲红、方体利
25	立井施工硬岩爆破液压伞钻凿岩施工工法	GJEJGF 308—2010	中煤第五建设有限公司	刘传申、杨思臣、陈学伟、程志彬、马传银
26	白垩系含水层立井工作面预注浆施工工法	GJEJGF 309—2010	江苏省矿业工程集团有限公司	杨海楼、丁育洋、左武峰、欧阳志龙
27	大直径预应力钢筋混凝土筒仓刚性平台滑模施工工法	GJEJGF 312—2010	中煤建筑安装工程公司、山西焦煤西山金信建筑有限公司	苗志同、马德迎、倪时华、刘光强、付汉江
28	小坡度斜井机械化配套快速施工工法	GJEJGF 313—2010	中煤第五建设有限公司、中平能化建工集团有限公司	孟凡良、曹武昌、李明、何志清、李勇、戴传东
29	大型冻结站快速安装施工工法	GJEJGF 333—2010	中煤第五建设有限公司	陈占怀、郭永富、王永友、李志清、李春山
30	搅拌水泥土锚杆施工工法	GJEJGF 007—2010	江西中煤建设集团有限公司、宁波建工股份有限公司	刘红艳、廖军云、俞建波、李水明、沈学毅
31	中央空调碳钢管道内壁镀膜防腐施工工法	GJEJGF 163—2010	江西中煤建设集团有限公司、宁波建工股份有限公司	万平、周诗庆、邵波、沈毅华、陈黎明
32	箱型截面替代肋型主拱圈截面改造双曲拱桥施工工法	GJEJGF 240—2010	江西中煤建设集团有限公司、中际联发交通建设有限公司	曾水泉、张红芹、黄菊平、王立国
33	连续板替代拱式拱上建筑改造双曲拱桥施工工法	GJEJGF 241—2010	江西中煤建设集团有限公司、中际联发交通建设有限公司	黄菊平、章亮亮、蔡文宇、王立国
34	采石场岩体块度分区、预测与控制爆破工法	GJEJGF 311—2010	广东宏大爆破股份有限公司、深圳市鹏城建筑集团有限公司	郑炳旭、邢光武、李萍丰、李战军、宋常燕
35	井下垂直下向钻孔穿强突煤层施工工法	GJEJGF 315—2010	淮南矿业(集团)有限责任公司	崔兴安、赵俊峰、方有向、杨伟
36	特殊地层中斜井冻结施工工法	GJYJGF 102—2012	中煤第五建设有限公司	陈占怀、刘传申、郭永富、刘文民、李志清
37	钻井法凿井一扩成井施工工法	GJYJGF 100—2012	中煤矿山建设集团有限责任公司、安徽水利开发股份有限公司	王厚良、赵时运、丁明、蔡鑫、刘建国

表 7-19(续)

序号	工法名称	工法编号	完成单位	主要完成人
38	立井临时箕斗、罐笼混合提升系统施工工法	GJYJGF 101—2012	中煤第三建设(集团)有限责任公司	冯旭东、郑忠献、施云峰、魏金山、张华春
39	混凝土保温幕墙工程施工工法	GJYJGF 045—2012	河南锦源建设有限公司、福建省泷澄建设集团有限公司	祁亮山、张新民、庄明祥、刘瑞海、陈明伟
40	特大直径预应力钢筋混凝土筒仓施工工法	GJEJGF 373—2012	中煤建筑安装工程集团有限公司	范强、吴春杰、李志中、岳旭磊、曾思慧
41	选煤厂装车仓改扩建工程路基托换施工工法	GJEJGF 376—2012	中煤建筑安装工程集团有限公司	刘志亮、魏安来、蔡桂荣、周万友、罗占平
42	大直径深立井全深冻结井筒快速施工工法	GJEJGF 374—2012	中煤第五建设有限公司、中鼎国际工程有限责任公司	范聚朝、王世春、王雨寒、包国兰、谭贵华
43	钻井法凿井泥浆无害化处理施工工法	GJEJGF 375—2012	中煤矿山建设集团有限责任公司	赵士兵、王厚良、丁明、魏红兵、周真云
44	应用智能化数字系统控制液压滑模施工工法	GJEJGF 377—2012	兖矿东华建设有限公司	张亚峰、吕玉鹏、叶涛、毕爱玲、谢志国
45	巷道揭过突出煤层综合施工工法	GJEJGF 381—2012	平煤神马建工集团有限公司、重庆巨能建设(集团)有限公司	赵春孝、闫昕岭、刘光毅、孙鹏翔、王耕伟
46	薄壁双曲线冷却塔爆破拆除工法	GJEJGF 108—2012	广东宏大爆破股份有限公司	郑炳旭、傅建秋、王永庆、肖文雄、赵博深
47	建筑物清洁爆破拆除工法	GJEJGF 379—2012	广东宏大爆破股份有限公司、广东耀南建筑工程有限公司	郑炳旭、李战军、赵博深、梁剑明、马荫贤
48	钢筋混凝土烟囱折叠爆破工法	GJEJGF 223—2012	广东宏大爆破股份有限公司、深圳市建工集团股份有限公司	郑炳旭、傅建秋、刘翼、魏晓林、李坚
49	黄河淤积粉砂土高速公路路基填筑施工工法	GJEJGF 239—2012	河南省公路工程局集团有限公司、河南锦源建设有限公司	张红春、刘晓明、张新民、张红伟、周顺喜
50	异形钢结构构件吊装施工工法	GJEJGF 123—2012	宁夏煤炭基本建设公司、温州建设集团有限公司	胡正华、鱼智浩、金瓯、郑笑芳、张新华

7.6.2 煤炭行业部级矿山建设工法

近年来，中国煤炭建设协会组织召开了多次煤炭行业部级矿山建设工法评审会议，对煤炭建设行业各单位申报的工法，按照科学、公平、公正的原则，进行了认真评定审查，经过评审委员会大会评议，2007—2008 年度评出部级工法 51 项，2009—2010 年度评出部级工法 66 项，2011—2012 年度评出部级工法 76 项，2013—2014 年度评出部级工法 86 项。加上之前评定的工法，2000—2014年煤炭行业共有部级矿山建设工法295项，见表7-20。

表7-20 2000—2014年煤炭行业部级矿山建设工法

序号	工法名称	工法编号	完成单位	主要完成人
1	立井机械化快速施工工法	YJGF 21—2000	中煤第五建设有限公司	杜勇、程志彬、刘传申、江军、陈晓辉
2	煤矿井下螺旋煤仓施工工法	GJJGF 22—2000	中煤第一建设有限公司	蒲耀年、白凤忠、吕广同、马虎成、程岩青
3	深立井井筒冻结工法	GJJGF 042—2006	中煤第一建设有限公司	郭永富、王永友、赵志福、张志东、李春山
4	深厚表土层冻结井高强高性能混凝土井壁施工工法	YJGF 043—2006	中煤矿山建设集团有限责任公司第七十一工程处	徐辉东、方体利、潘声杰、王敏建、刘宁
5	特大型井架竖立工法	YJGF 135—2006	中煤矿山建设集团有限责任公司机电安装工程处	张炳辉、陈诚、廖鸿志、吴向东、黄庆宏
6	大断面斜井机械化作业线快速施工工法	YJGF 223—2006	中煤第五建设有限公司	孔庆海、曹武昌、袁兆宽、李明、
7	立井冻结表土机械化快速施工工法	YJGF 224—2006	中煤第一、三、五建设有限公司	杜勇、蒲耀年、徐辉东、程志彬、刘传申
8	深立井冻结孔施工工法	GJJGF 225—2006	中煤第一建设有限公司	蒲耀年、李庆功、郭永东、高清、康毅
9	斜井井筒冻结施工工法	GJJGF 226—2006	中煤第一建设有限公司	郭永富、李志清、赵志福、张立刚、杨岩斌
10	立井井筒机电安装施工工法	YJGF 348—2006	中煤第三建设有限公司、中煤第五建设有限公司	杨益明、马志民、田德文、黄庆宏、廖鸿志
11	立井冻结冲积层小挖掘机施工工法	BJGF 04—2006	中煤第一建设有限公司	张双英、刘跃斌、葛光明、潘利刚
12	任意坐标法施工点位标定施工工法	BJGF 05—2006	中煤第一建设有限公司	李副新、高常玉、高勇、高长兴
13	超前探水、预注浆防治硫化氢施工工法	BJGF 08—2006	中煤七十一工程处	徐辉东、吴信远、放体利、王敏建、冯周卫
14	立井井筒抽采法揭煤施工工法	BJGF 09—2006	中煤七十一工程处	吴信远、方体利、王敏建、羊群山、张红旗
15	立井静水抛碴注浆封水施工工法	BJGF 010—2006	中煤七十一工程处	王联、王厚良、王劲红、杨天亮、王松青
16	立井井筒装备施工工法	BJGF 011—2006	中煤矿山建设集团机电安装工程处	廖鸿志、吴向东、黄庆宏、余峰、林玉侠
17	平硐液压异型模板台车混凝土支护施工工法	BJGF 001—2008	中煤第三建设(集团)有限责任公司	冯旭东、施云峰、王军、魏金山、王钥明

表 7-20(续)

序号	工法名称	工法编号	完成单位	主要完成人
18	自制台(架)车掘、支平行快速施工工法	BJGF 002—2008	中煤第三建设(集团)有限责任公司	冯旭东、施云峰、陆鹏举、魏金山、王军
19	平硐机械化配套快速施工工法	BJGF 003—2008	中煤第三建设(集团)有限责任公司	冯旭东、施云峰、陆鹏举、魏金山、张诗坤
20	建井期间部分断面掘进机快速施工工法	BJGF 004—2008	中煤第三建设(集团)有限责任公司	冯旭东、施云峰、魏金山、周树青、王劲红
21	立井煤与瓦斯突出煤层抽放瓦斯和揭煤综合防突工法	BJGF 005—2008	中煤第五建设公司第四工程处	朱全生、黄坤强、徐宏伟、单昌会、冯纪林
22	地铁区间隧道与旁通道冻结法平行施工工法	BJGF 006—2008	中煤第五建设公司上海分公司	史志明、周王宝、王鹏越、杨国伟、王传伟
23	大直径急倾斜圆筒煤仓施工工法	BJGF 007—2008	中煤第五建设公司第一工程处	曹武昌、袁兆宽、贾实林、张庆中、董长龙
24	大直径立井高强高性能混凝土液压滑模套壁施工工法	BJGF 008—2008	中煤第七十一工程处	方体利、吴信远、郭保国、刘宁、羊群山
25	立井冻结自动监测工法	BJGF 009—2008	中煤第五建设公司第三工程处	刘传申、张步俊、刘增东、刘文民、程志彬
26	大型机头硐室施工工法	BJGF 010—2008	中煤第一建设有限公司	冯孝生、崔爱臣、杜利平、孙宗业、夏雨
27	深立井基岩段井壁漏水防治施工工法	BJGF 011—2008	中煤第一建设有限公司	陈耀文、王玉沛、李富新、邓贤松、刘跃斌
28	大型立煤仓反井钻双孔施工工法	BJGF 012—2008	中煤第一建设有限公司	臧培刚、高常宝、冯孝生、李长军、孙杰
29	双侧箕斗装载硐室施工工法	BJGF 013—2008	中煤第一建设有限公司	蒲耀年、靳志宇、王国元、崔爱陈、苏生
30	冻结风化基岩段中深孔爆破快速施工工法	BJGF 014—2008	中煤第一建设有限公司	蒲耀年、范聚朝、杨星林、高常宝、徐淑岐
31	双楔形复合掏槽在中深孔爆破中的应用工法	BJGF 015—2008	中煤第一建设有限公司	范聚朝、高常宝、李刚、张志生、王焕霞
32	立井软岩钻孔施工工法	BJGF 016—2008	中煤第一建设有限公司	范聚朝、马贵纯、王世春、王文献、王印
33	冻结立井强膨胀性厚黏土层信息化施工工法	BJGF 017—2008	江苏华美工程建设集团有限公司	王慧明、万援朝、樊九林、任家亮、张全发
34	大倾角俯采综放工作面复杂条件下综合防灭火施工工法	BJGF 018—2008	中煤第五建设有限公司	黄卫东、薛柏会、王广平、常胜秋、顾培忠

表7-20(续)

序号	工法名称	工法编号	完成单位	主要完成人
35	风积砂地层巷道小管棚超前注浆配合网喷混凝土施工工法	BJGF 019—2008	中煤第三建设(集团)有限责任公司	冯旭东、刘玉柱、施云峰、王军、魏金山
36	16°斜井采用CMJ17HT型煤矿用全液压掘进钻车与P60(B)或P90(B)耙斗机配套施工工法	BJGF 020—2008	平煤建工集团有限公司	何志清、张玉成、戴传东、鲁海涛、李勇、孙鹏翔
37	立井水下混凝土止浆垫施工工法	BJGF 021—2008	平煤建工集团有限公司	杜卫东、卢海军、刘春明、董新峰、关占明、孙鹏翔
38	动载作用下邻近硐室围岩支护工法	BJGF 022—2008	中煤第三建设(集团)有限责任公司	王厚良、王劲红、徐颖、何所惧、王平
39	煤层巷道大体积特高压水闸墙施工工法	BJGF 023—2008	江苏华美工程建设集团有限公司	王慧明、张周权、杨思光、樊九林、汪善好
40	深水平高应力区软岩巷道支护工法	BJGF 024—2008	江苏华美工程建设集团有限公司	王慧明、万援朝、樊九林、任家亮、李静
41	深立井通过突出煤层"三步法"揭煤工法	BJGF 025—2008	中煤第三建设(集团)有限责任公司	王劲红、孙宝仁、魏金栋、王平、胡春军
42	立井井筒全深冻结基岩段掘砌施工工法	BJGF 026—2008	中煤第三建设(集团)有限责任公司	王厚良、王劲红、白传军、王平、魏金栋
43	立井井筒综合防治水施工工法	BJGF 027—2008	平煤建工集团有限公司	张自新、闫昕岭、谢军辉、梁祖军、刘晓强
44	煤矿永久井颈施工工法	BJGF 028—2008	平煤建工集团有限公司	宋永恒、赵红江、史心灵、苗宏春、张永涛
45	平、斜巷煤体注水快速揭过突出煤层施工工法	BJGF 029—2008	平煤建工集团有限公司	王玉刚、张自新、谢军辉、王耕伟、孙鹏翔、金上星
46	立井施工过流沙层整体液压钢板帷幕施工工法	BJGF 030—2008	平煤建工集团有限公司	仝洪昌、李勤山、李灿欣、赵春孝、李明、孙鹏翔
47	利用TCK钢丝绳无损探伤装置检测立井在用钢丝绳工法	BJGF 031—2008	中煤第一建设有限公司	程山、范聚朝、井希珠、靳丽娟、李凤荣
48	汽车吊分段吊装组立箱式井架施工工法	BJGF 032—2008	中煤第一建设有限公司	魏慎玉、孙春祥、高常宝、王利廷、赵志红
49	多绳摩擦式提升机安装施工工法	BJGF 033—2008	平煤建工集团有限公司	张昌顺、岳广义、李瑛、朱惠生、陈小杰、郑红旗
50	立井井筒钢轨罐道更换施工工法	BJGF 034—2008	平煤建工集团有限公司	张昌顺、陈平刚、李瑛、王磊、杨志辉、赵鸿红
51	洗苯塔倒装施工工法	BJGF 035—2008	平煤建工集团有限公司	张永忠、何胜良、刘仁春、郭士印、裴玉川、张云昭

表 7-20(续)

序号	工法名称	工法编号	完成单位	主要完成人
52	多绳摩擦轮提升容器挂设施工工法	BJGF 036—2008	平煤建工集团有限公司	张昌顺、岳广义、李瑛、朱惠生、陈小杰、郑红旗
53	箱型井架快速吊装施工工法	BJGF 037—2008	江苏华美工程建设集团有限公司	王慧明、王民中、季先华、徐慧锦、陈峰
54	立井提升钢丝绳快速更换施工工法	BJGF 038—2008	江苏华美工程建设集团有限公司	王民中、黄瑞平、袁江峰、陈峰、徐慧锦
55	箱型井架空中对接吊装工法	BJGF 039—2008	中煤第七十一工程处	刘炳炎、方体利、郭保国、刘宁、李世均
56	“坐浆法”安装煤矿大型提升机设备工法	BJGF 040—2008	中煤第三建设公司机电安装工程处	张炳森、黄庆宏、陈千、盛民、林玉侠
57	井筒应急抢险排水管路滑车组及无绳悬吊工法	BJGF 041—2008	中煤第七十一工程处	刘炳炎、方体利、郭保国、刘宁、王宁
58	煤田稳定塌陷区软弱地基夯扩挤密煤矸石桩施工工法	BJGF 042—2008	平煤建工集团有限公司	朱惠伟、宋永恒、朱义侠、王占军、常辉、刘英华
59	复合载体夯扩桩施工工法	BJGF 043—2008	平煤建工集团有限公司	朱惠伟、宋永恒、朱义侠、王占军、常辉、刘英华
60	井塔土建工程与井筒安装工程平行作业工法	BJGF 044—2008	中煤第五建设公司第五工程处	庄峰、杨益明、冯茂祥、魏家村、田德文
61	大直径贮煤仓平顶仓盖结构斜拉吊模施工工法	BJGF 045—2008	中煤建筑安装工程公司	王鹏、李树昆、孙桢、郭子健、郭少江
62	大型储煤槽仓逆作法施工工法	BJGF 046—2008	中煤建筑安装工程公司	苗志同、马德迎、程正觉、李国明、杨圣扩
63	应用 AutoCAD 软件进行井巷测量定位校验工法	BJGF 047—2008	中煤第一建设有限公司	韩晓东、范聚朝、高长兴、靳丽娟、方学军
64	井下大型贯通导线等高四架法测量工法	BJGF 048—2008	中煤第三建设(集团)有限责任公司	王联、黄思远、米绍文、张惠武
65	浅层松软地基治理施工工法	BJGF 049—2008	江苏华美工程建设集团有限公司	杨海楼、马龙、李国元、孟广伦、刘继永
66	深立井工作面探水预注浆治水施工工法	BJGF 050—2008	中煤第七十一工程处	郭保国、吴信远、方体利、刘宁、施振华
67	烟囱双平台、上滑下砌施工工法	BJGF 051—2008	中煤建筑安装工程公司	吴赞、郑湘兰、娄林成、吴志刚
68	大断面煤巷综掘机快速施工工法	BJGF 001—2010	中煤第三建设(集团)有限责任公司	王厚良、周树清、王劲红、孙家亮、张志刚
69	岩石斜井综掘机械化施工工法	BJGF 002—2010	中煤第七十一工程处	王厚良、吴信远、周树清、王劲红、方体利

表 7-20(续)

序号	工法名称	工法编号	完成单位	主要完成人
70	斜井全液压整体活动金属模板浇筑混凝土施工工法	BJGF 003—2010	中煤第三建设(集团)有限责任公司	周树清、王劲红、王广斌、王平、田茂长
71	钻井法凿井施工工法	BJGF 004—2010	中煤特殊凿井(集团)有限责任公司	刘建国、蔡鑫、朱东林、郑立峰、王明思
72	液氮与盐水复合冻结法快速修复隧道施工工法	BJGF 005—2010	中煤特殊凿井(集团)有限责任公司	曹化春、秦一雄、张景钰、王文升、陈于明
73	山体引水隧道垂直冻结施工工法	BJGF 006—2010	中煤特殊凿井(集团)有限责任公司	王宗金、赵怀固、刘杰忠、单兴华、赵勇
74	反井钻机施工煤仓暗立井过煤层及破碎带施工工法	BJGF 007—2010	中平能化建工集团有限公司	杜卫东、涂心彦、关占明、刘春明、卢海军
75	立井通过厚软弱土层整体顶移钢护筒施工工法	BJGF 008—2010	中平能化建工集团有限公司	李勤山、赵春孝、李明、赵志明、孙鹏翔
76	斜井液压钻车、挖斗装岩机、梭车机械化配套快速施工工法	BJGF 009—2010	中平能化建工集团有限公司	何志清、李勇、戴传东、张玉成、仝卫民
77	超长多序列管棚预注浆超前支护施工工法	BJGF 010—2010	中平能化建工集团有限公司	闫晰岭、李雪峰、张自新、杨进军、王清强
78	地面预注化学浆施工工法	BJGF 011—2010	北京中煤矿山工程有限公司	赵宏伟、宋雪飞、周兴旺、徐润、高岗荣
79	反井钻机施工井筒溜矸孔施工工法	BJGF 012—2010	北京中煤矿山工程有限公司	刘志强、王强、王晓建、李英全、汪船
80	红黏土斜井掘进高效爆破施工工法	BJGF 013—2010	中煤第三建设(集团)有限责任公司七十一工程处	吴信远、方体利、王孟启、郭保国、刘宁
81	大型冻结站快速安装施工工法	BJGF 014—2010	中煤第五建设有限公司	陈占怀、郭永富、李志清、李春山、张立刚
82	千米立井井筒机械化配套施工工法	BJGF 015—2010	中煤第五建设有限公司	范聚朝、王雨寒、王刚、靳丽娟
83	高地压、软岩矿山大型硐室施工工法	BJGF 016—2010	中煤第五建设有限公司	沈慰安、胡传喜、印东林、孙晋新、周永忠
84	立井施工硬岩爆破液压伞钻凿岩施工工法	BJGF 017—2010	中煤第五建设有限公司	刘传中、杨思臣、程志彬、马传银、刘增东
85	立井施工液压挖掘机与抓岩机配套装岩施工工法	BJGF 018—2010	中煤第五建设有限公司	刘传申、程志彬、杨思臣、马传银、刘增东
86	小坡度斜井机械化配套快速施工工法	BJGF 019—2010	中煤第五建设有限公司	孟凡良、曹武昌、李明、袁兆宽、张庆中
87	深立井工作面预注浆施工工法	BJGF 020—2010	中煤第五建设有限公司	刘传申、吴晓山、程志彬、孙厚伟、李正金

表 7-20(续)

序号	工法名称	工法编号	完成单位	主要完成人
88	千米立井液压凿井设备综合配套施工工法	BJGF 021—2010	中煤第五建设有限公司	范聚朝、王寒雨、王刚、靳丽娟、李凤伟
89	大断面岩石平巷全断面中深孔光爆施工工法	BJGF 022—2010	中煤第五建设有限公司	赵金锐、史凯华
90	大坡度斜井转平巷施工转运施工工法	BJGF 023—2010	中煤第五建设有限公司	赵金锐、冯孝生、刘孟雷
91	斜井综掘机械化配套施工工法	BJGF 024—2010	中煤第五建设有限公司	纪子明、赵房成
92	煤矿立井超厚硬灰岩快速施工工法	BJGF 025—2010	中煤第一建设有限公司	程岩青、李兰柱、苏永、段安新
93	高瓦斯矿井巷道抽掘施工工法	BJGF 026—2010	中煤第一建设有限公司	吕广同、梁士昌、瞿武、苏永
94	西部地区深厚软岩冻结钻孔施工与纠偏施工工法	BJGF 027—2010	中煤第五建设有限公司	陈占怀、郭永富、王杰、李军贤、高清
95	大坡度斜井表土段小型挖掘机施工工法	BJGF 028—2010	中煤第一建设有限公司	吕志江、吕广同、申建红、韩晓峰、苏永
96	塌陷区立井凿井施工工法	BJGF 029—2010	河北纵横工程有限公司	许振国、杨志坚、赵建岭、柳凤平、韩永生
97	千米下山箕斗排矸快速施工工法	BJGF 030—2010	河北纵横工程有限公司	许振国、杨志坚、柳凤平、郭中华、陈宏伟
98	立风井锁口、风硐、安全出口同步一体施工工法	BJGF 031—2010	河北纵横工程有限公司	柳志坚、王爱君、韩永生、张文鑫、王晓辉
99	岩石平巷施工工序转移分区快速施工工法	BJGF 032—2010	河南国龙矿业建设有限公司	李新政、高世思、王俊杰、王植阳
100	白垩系含水层立井工作面预注浆施工工法	BJGF 033—2010	江苏省矿业工程集团有限公司	杨海楼、丁育洋、李鹏伟、孙琳、欧阳志龙
101	立井深厚流沙层置换注浆法钢筋水泥帷幕施工工法	BJGF 034—2010	河南富昌建设工程有限责任公司	王国贤、高俊勇、薛会辰、李德杰、李育兵
102	立井井外第三系深厚含水层疏干降水施工工法	BJGF 035—2010	河南富昌建设工程有限责任公司	贾希林、谭桂华、李元喜、陈昌林、孙清华
103	大直径煤仓无黏结后张法环向预应力施工工法	BJGF 036—2010	中平能化建工集团有限公司	宋永恒、于朝辉、刘学辉、王永生、朱惠伟
104	焦炉基础顶板预埋管安装施工工法	BJGF 037—2010	中平能化建工集团有限公司	宋永恒、朱惠伟、宗进营、侯智勇、胡洪雷
105	综合支吊架施工工法	BJGF 038—2010	中平能化建工集团有限公司	孟程、宋良、宋永恒、朱惠伟、马建明

表 7-20(续)

序号	工法名称	工法编号	完成单位	主要完成人
106	耐热混凝土施工工法	BJGF 039—2010	中平能化建工集团有限公司	张永忠、刘少雨、王小龙、李小华、周海献
107	高强预应力混凝土管桩引孔锤击施工工法	BJGF 040—2010	中平能化建工集团有限公司	张永忠、张水来、牛超群、卢琦、赵永宽
108	大型钢栈桥地面制作与整体吊装施工工法	BJGF 041—2010	中煤建筑安装工程公司	李建文、赵雄、王辉、刘业强、王鹏斌
109	筒仓清水混凝土滑模施工工法	BJGF 042—2010	中煤建筑安装工程公司	苗家利、柴磊、玉健兵、孙桢、李树昆
110	大直径预应力钢筋混凝土筒仓刚性平台滑模施工工法	BJGF 043—2010	中煤建筑安装工程公司	苗志同、马德迎、倪时华、刘光强、付汉江
111	高寒地区钢筋混凝土井塔冬期快速施工工法	BJGF 044—2010	中煤建筑安装工程公司	吴春杰、魏安远、刘慧、丛立波、周振宇
112	转换梁结构井塔施工工法	BJGF 045—2010	中煤建筑安装工程公司	张学志、吴春杰、刘慧、曾思慧、宋大强
113	双曲线冷却塔筒壁无围檩三角架倒模施工工法	BJGF 046—2010	河南矿业建设(集团)有限责任公司	贾六亿、梁建明、蔡爱进、岳修峰、孟建周
114	等节距吊杆提升水塔水箱施工工法	BJGF 047—2010	河南矿业建设(集团)有限责任公司	贾六亿、梁建明、周怀阳、王玉强、樊海威
115	大型筒仓加固施工工法	BJGF 048—2010	江苏省矿业工程集团有限公司	李国元、张世恩、王波、王明利、金小卫
116	大型焦炉基础喷管模具控制预埋安装施工工法	BJGF 049—2010	枣庄矿业集团中兴建安工程有限公司	刘大兴、殷涛、刘宝森、郭庆才
117	井下无动力翻矸辅助提升系统施工工法	BJGF 050—2010	中煤第三建设(集团)有限责任公司	冯旭东、施云峰、陈绪文、魏金山、宋爱东
118	煤矿临时箕斗提升系统施工工法	BJGF 051—2010	中煤第三建设(集团)有限责任公司	冯旭东、施云峰、陈绪文、魏金山、张诗坤
119	立井重型设备滑轮组接力下放施工工法	BJGF 052—2010	中煤第三建设(集团)有限责任公司七十一工程处	刘炳炎、方体利、郭保国、张红旗、刘宁
120	矿山井下高强皮带快速安装施工工法	BJGF 053—2010	中平能化建工集团有限公司	张昌顺、岳广义、李瑛、袁保安、王昆鹏
121	多绳摩擦轮提升机首绳无稳车更换施工工法	BJGF 054—2010	中平能化建工集团有限公司	张昌顺、岳广义、李瑛、吴效全、郑红旗
122	DJ 型波状大倾角挡边带式输送机安装施工工法	BJGF 055—2010	中平能化建工集团有限公司	张永忠、何胜良、张廷甫、韩鹏、张云昭
123	立井井筒装备安装施工工法	BJGF 056—2010	河南国龙矿业建设有限公司	王海文、李继勇、蔡新伟、王洋、史保勇

表 7-20(续)

序号	工法名称	工法编号	完成单位	主要完成人
124	立井潜水泵管路自悬吊快速安装施工工法	BJGF 057—2010	江苏省矿业工程集团有限公司	黄瑞平、王民中、袁江峰、季先华、陈锋
125	立井井筒装备安装临时吊挂系统施工工法	BJGF 058—2010	江苏省矿业工程集团有限公司	黄瑞平、王民中、袁江峰、陈锋、徐慧锦
126	井塔式起重机安装施工工法	BJGF 059—2010	中煤第五建设有限公司	杨益明、谌喜华、马智民、钟习九、杨雪银
127	斜井管路快速安装施工工法	BJGF 060—2010	中煤第五建设有限公司	袁兆宽、张基磊、律景田、杜茂利、朱泽祥
128	并列式双桅杆半翻转法吊装大型箱式井架施工工法	BJGF 061—2010	中煤第一建设有限公司	王利廷、魏慎玉、孙春祥、董德强、马曼
129	立井大型分体式箕斗安装施工工法	BJGF 062—2010	中煤第五建设有限公司	杨益明、谌喜华、马智民、钟习九、杨雪银
130	立井井筒罐道及罐道梁快速更换施工工法	BJGF 063—2010	中煤第五建设有限公司	杨益明、谌喜华、马智民、钟习九、杨雪银
131	安全监控与预警系统在煤矿立井施工中的应用工法	BJGF 064—2010	中煤第五建设有限公司	范聚朝、杨星亮、韩晓东、靳丽娟、韩凤荣
132	煤矿斜井带式输送机安装施工工法	BJGF 065—2010	中煤第三建设公司机电安装工程处	张鲁鲁、郭发金、王济邦、朱季文、林玉侠
133	急倾斜工作面综采设备安装施工工法	BJGF 066—2010	枣庄矿业集团中兴建安工程有限公司	王怀亮、刘大兴、李长义、蔡军营
134	钻井法凿井一扩成井施工工法	BJGF 001—2012	中煤矿山建设集团有限责任公司	王厚良、赵时运、丁明、蔡鑫、刘建国
135	大直径深立井全深冻结井筒快速施工工法	BJGF 002—2012	中煤第五建设有限公司	范聚朝、王世春、王雨寒、包国兰、谭贵华
136	特大直径预应力钢筋混凝土筒仓施工工法	BJGF 003—2012	中煤建筑安装工程集团有限公司	范强、吴春杰、李志中、岳旭磊、曾思慧
137	特殊地层中斜井冻结施工工法	BJGF 004—2012	中煤第五建设有限公司	陈占怀、刘传申、郭永富、刘文民、李志清
138	凿井期间竖立特大型永久井架施工工法	BJGF 005—2012	唐山开滦建设(集团)有限责任公司	卢相忠、孙立仓、屈福民、梁培忠、段宗良
139	立井临时箕斗、罐笼混合提升系统施工工法	BJGF 006—2012	中煤矿山建设集团第三十工程处	冯旭东、施云峰、陈绪文、魏金山、张全峰
140	近水平厚煤层长距离石门揭煤施工工法	BJGF 007—2012	重庆川九建设有限责任公司	刘英杰、侯建军、杨钢、李成涛、叶国川
141	斜井冻结法凿井施工工法	BJGF 008—2012	江苏省矿业工程公司、中鼎国际公司	邹永华、马龙、万援朝、邵开胜、易香保

表 7-20(续)

序号	工法名称	工法编号	完成单位	主要完成人
142	应用智能化数字系统控制液压滑模施工工法	BJGF 009—2012	兖矿东华建设有限公司	张亚峰、吕玉鹏、叶涛、毕爱玲、谢志国
143	巷道揭过突出煤层综合施工工法	BJGF 010—2012	平煤神马建工集团有限公司	赵春孝、闫昕岭、刘光毅、王耕伟、李国栋
144	立井通过采空区施工工法	BJGF 011—2012	山西宏厦第一建设有限责任公司	梁爱堂、吴春阳、郝旭宁、张辉、赵瑞明
145	高空大跨度型钢混凝土梁吊模法施工工法	BJGF 012—2012	中煤建设集团工程有限公司	刘石生、张素娟、李文军、刘宏利
146	大断面软岩巷道综掘快速施工工法	BJGF 013—2012	中鼎国际工程有限责任公司	李尉进、易香保、罗达、胡忠新、倪礼强
147	大倾角带式输送机胶带展放施工工法	BJGF 014—2012	中煤建筑安装工程集团有限公司	苗振宇、肖俊、孟金枝、梁汉庭、王文胜
148	保护井筒永久井架基础的控制冻结施工工法	BJGF 015—2012	唐山开滦建设(集团)有限责任公司	卢相忠、刘神、田国栋、张庆武、李元春
149	钻井法凿井泥浆无害化处理施工工法	BJGF 016—2012	中煤矿山建设集团有限责任公司	赵士兵、王厚良、丁明、魏红兵、周真云
150	选煤厂装车仓改扩建工程路基托换施工工法	BJGF 017—2012	中煤建筑安装工程集团有限公司	刘志亮、魏安来、蔡桂荣、周万友、罗占平
151	煤层注水抽放瓦斯石门揭煤施工工法	BJGF 018—2012	湖南楚湘建设工程有限公司	王作成、金鑫、侯辉华
152	金属桅杆起立及拆除施工工法	BJGF 019—2012	中煤第五建设有限公司	谌喜华、马智民、杨雪银、张新启
153	斜井整体液压钢模台车浇筑混凝土施工工法	BJGF 020—2012	中煤第五建设有限公司	臧培刚、牛青河、刘海峰、刘晓亭
154	储煤槽仓仓壁预应力锚索施工工法	BJGF 021—2012	中煤建筑安装工程集团有限公司	杨圣扩、倪时华、杜红军、卢学广
155	煤矿井下降温系统快速安装施工工法	BJGF 022—2012	江苏省矿业工程集团有限公司	王民中、徐慧锦、庞芹、王广超、陈锋
156	岩巷高效施工关键装备配套施工工法	BJGF 023—2012	中煤第五建设有限公司	龚卫东、郝建斌、张庆中、张基磊、李忠华
157	软岩动压巷道网壳锚喷支护施工工法	BJGF 024—2012	西山煤电建筑工程集团有限公司	范新民、霍成祥、庞建勇、李瑞琪、李云豪
158	千米立井大冻深快速凿井施工工法	BJGF 025—2012	江苏省矿业工程集团有限公司	邹永华、马龙、万援朝、唐兴富、吴洪福
159	复杂水文地质条件下深立井施工综合防治水工法	BJGF 026—2012	江苏省矿业工程集团有限公司	邹永华、潘海波、万援朝、邵开胜、任家亮

表 7-20(续)

序号	工法名称	工法编号	完成单位	主要完成人
160	大面积超深软弱土区域重锤强夯法地基处理施工工法	BJGF 027—2012	中煤建设集团工程有限公司	刘石生、李文军、王翠英、王春、谢艳丰
161	架空乘人装置断绳(脱绳)抓捕器制安施工工法	BJGF 028—2012	平煤神马建工集团有限公司	李功、何胜良、张水来、袁叙平、马新培
162	冻结法凿井冻结孔强制解冻射孔注浆施工工法	BJGF 029—2012	中煤第五建设有限公司	李新宝、王继全、吴晓山、刘文民、程志彬
163	立井井筒低透气性突出煤层揭煤工法	BJGF 030—2012	河南富昌公司、郑州煤炭工业公司	王国贤、高俊勇、薛会辰、贾希林、史合民
164	超大直径深立井关键装备配套施工工法	BJGF 031—2012	中煤第五建设有限公司	臧培刚、逯孝耀、尚传慧、郭云崇、郑辉
165	巷道掘进工作面探放水施工法	BJGF 032—2012	山西宏厦第一建设有限责任公司	王瑛、梁爱堂、吴春阳、周建威、郝旭宁
166	煤矿安全专用避难硐室地面直通孔施工工法	BJGF 033—2012	唐山开滦建设(集团)有限责任公司	杜凯、张梦歧、周广军、刘大伟、王学军
167	冻结孔缓凝水泥浆液固管封水施工工法	BJGF 034—2012	中煤第五建设有限公司	刘传申、吴晓山、王衍森、刘文民、程志彬
168	钢筋混凝土烟囱应用电动爬升平台系统施工工法	BJGF 035—2012	山西宏厦建筑工程第三有限公司	孙仁宗、王改凤、周海文、何运昌、王晓亮
169	地面钻孔穿越流沙层中地下结构的施工工法	BJGF 036—2012	中煤第三建设(集团)有限责任公司	曹化春、赵时运、张景钰、王灵敏、王先锋
170	盾构始发与接收段全封闭水平冻结加固施工工法	BJGF 037—2012	中煤第五建设有限公司	嵇彭、周王宝、杨开艮、王鹏越、韩俊生
171	突出软煤层深孔定向钻进施工工法	BJGF 038—2012	山西宏厦第一建设有限责任公司	王瑛、梁爱堂、刘宝库、高志强、赵瑞明
172	利用 CL 干法砂浆砌筑加气混凝土砌块及抹灰施工工法	BJGF 039—2012	平煤神马建工集团有限公司	吴闽、宋永恒、常欢欢、李卫锋、彭怀江
173	大截面长距离电力电缆机械化施工工法	BJGF 040—2012	兖矿东华建设有限公司	王成峰、毕爱玲、吕玉鹏、叶涛、张冬梅
174	特大断面冻结立井与永久井塔平行施工工法	BJGF 041—2012	中煤第七十一处、中煤矿山建设集团	徐辉东、方体利、郭保国、羊群山、刘宁
175	千米立井临时改绞工法	BJGF 042—2012	江苏省矿业工程集团有限公司	邹永华、胡兴华、万援朝、任家亮、吴洪福
176	斜井大断面过含水层疏干水再利用施工工法	BJGF 043—2012	中鼎国际工程有限责任公司	易香保、刘护平、杨华明、周海火、吴强

表7-20(续)

序号	工法名称	工法编号	完成单位	主要完成人
177	采用帷幕注浆截流治理矿井水害施工工法	BJGF 044—2012	湖南楚湘建设工程有限公司	王作成、金鑫、张跃龙、侯辉华
178	泄水注浆充填固结通过巷道突水冒顶区施工工法	BJGF 045—2012	河南煤化建设集团有限公司	雒发生、刘其瑄、李新政、刘金良
179	钻井法凿井一钻成井施工工法	BJGF 046—2012	中煤矿山建设集团、中煤特殊凿井公司	王厚良、蔡鑫、丁明、荣怀宇、付新鹏
180	煤矿塌陷区应用注浆法稳固建(构)筑物基础施工工法	BJGF 047—2012	唐山开滦建设(集团)有限责任公司	卢相忠、杜凯、刘神、薄志丰、吴志臣
181	复杂地层条件下斜井快速施工工法	BJGF 048—2012	江苏省矿业工程集团有限公司	杨海楼、王国栋、朱庆庆、何罗成、张昭
182	钻杆注浆超前加固支护过断层破碎带施工工法	BJGF 049—2012	中煤第三建设公司、中煤特殊凿井公司	周树清、王劲红、王清华、王平、田茂长
183	双机双级螺杆式压缩机组与撬块式蒸发器配组安装施工工法	BJGF 050—2012	唐山开滦建设(集团)有限责任公司	张庆武、李元春、刘志华、张玉梅、刘神
184	含水软岩地层中的立井冻结施工工法	BJGF 051—2012	唐山开滦建设(集团)有限责任公司	田国栋、李元春、张庆武、张玉梅、王晓辉
185	井筒含水不稳定岩层中采用柔模混凝土临时支护施工工法	BJGF 052—2012	中煤第五建设有限公司	范聚朝、郑双成、陈运、王雨寒、包国兰
186	岩巷安全快速通过大型断层、破碎带施工工法	BJGF 053—2012	河南煤化建设集团有限公司	雒发生、刘金良、李新政、刘其瑄
187	深孔光爆锚喷支护巷道施工工法	BJGF 054—2012	中煤第五建设有限公司	臧培刚、刘晓亭、张小美、裴继承、潘建峰
188	无铰接盾构极限小曲率半径施工工法	BJGF 055—2012	中煤第五建设有限公司	姜敦灿、嵇彭、杨开艮、王鹏越、吴继强
189	斜坡道法快速施工中央泵房配水系统工法	BJGF 056—2012	河南国龙矿业建设有限公司	雒发生、高世恩、李新政、刘其瑄
190	破碎岩层煤仓施工工法	BJGF 057—2012	山西宏厦第一建设有限责任公司	梁爱堂、樊保柱、耿延方、李剑锋、左亮亮
191	拱形网壳锚喷支护施工工法	BJGF 058—2012	中鼎国际工程有限责任公司	徐思凌、许志林、丁克镜、徐亮
192	煤(半煤岩)巷综掘成套技术施工工法	BJGF 059—2012	中鼎国际工程有限责任公司	刘护平、陶新水、杨华明、周海火、倪礼强
193	大断面岩巷快速掘进施工工法	BJGF 060—2012	山西宏厦第一建设有限责任公司	梁爱堂、杜康荣、李子长、李平元、范新海

表 7-20(续)

序号	工法名称	工法编号	完成单位	主要完成人
194	缓坡斜井机械化配套快速施工工法	BJGF 061—2012	中鼎国际工程有限责任公司	刘护平、汪长青、李信跃、张海涛、熊小麟
195	60孔6米捣固焦炉炉体砌筑施工工法	BJGF 062—2012	平煤神马建工集团有限公司	吴闽、宋永恒、宗进营、王志全、杨玉章
196	冲击凿孔护筒振动跟进法施工桩基工法	BJGF 063—2012	湖南楚湘建设工程有限公司	王作成、金鑫、张跃龙
197	井口房与井筒装备立体交叉平行作业施工工法	BJGF 064—2012	中煤第五建设有限公司	谌喜华、魏家村、杨雪银、曹月芹、刘家彦
198	大直径筒仓滑模施工平台轨道车运输混凝土施工工法	BJGF 065—2012	宁夏煤炭基本建设公司	鱼智浩、崔晓林、马永智、苏兰生、赵世忠
199	应用 $FLAC^{3D}$ 数值模拟法筒仓施工工法	BJGF 066—2012	唐山开滦建设(集团)有限责任公司	史贵生、马德启、刘神、李黎、郑迎朝
200	预应力混凝土吊车梁曲线钢绞线张拉施工工法	BJGF 067—2012	兖矿东华建设有限公司	叶文付、叶涛、毕爱玲、孟令苏、王庆林
201	演练巷道应用异形模板体系施工工法	BJGF 068—2012	唐山开滦建设(集团)有限责任公司	史贵生、陆文银、郝长青、张胤、李学军
202	煤矿架空乘人装置快速安装施工工法	BJGF 069—2012	平煤神马建工集团有限公司	张永忠、郭士印、何胜良、路向前、王玉平
203	大型加压过滤机舱体旋转就位施工工法	BJGF 070—2012	中煤建筑安装工程集团有限公司	肖俊、刘海叶、张英士、董连军、李亚博
204	立井大型箕斗快速更换施工工法	BJGF 071—2012	中煤第三建设公司机电安装工程处	阙胜利、吴向东、余峰、叶大干、曹椿梅
205	利用吊盘敷设深井井筒电缆及扁尾绳施工工法	BJGF 072—2012	中煤第五建设有限公司	杨益明、谌喜华、马智民、杨雪银、郑国青
206	直联直流多绳提升机安装施工工法	BJGF 073—2012	平煤神马建工集团有限公司	董晓钧、袁保安、李瑛、杨志辉、牛超
207	大运量强力带式输送机快速安装施工工法	BJGF 074—2012	兖矿东华建设有限公司	战召飞、毕爱玲、张志军、张海波、马玉荣
208	钢轨罐道立井井筒装备一次完成施工工法	BJGF 075—2012	平煤神马建工集团有限公司	袁保安、岳广义、李瑛、王磊、丁华鹏
209	锅炉钢架快速吊装施工工法	BJGF 076—2012	兖矿东华建设有限公司	张海波、张志军、毕爱玲、叶涛、孔繁聪
210	大直径深立井新型施工装备与配套应用施工工法	BJGF 001—2014	中煤第七十一工程处有限责任公司	徐辉东、陆鹏举、温富成、郭保国、刘宁
211	吊环钢支架与锚网喷巷道联合支护施工工法	BJGF 002—2014	中鼎国际工程有限责任公司	陆志东、何家发、李尉进、彭小平、易香保

表 7-20(续)

序号	工法名称	工法编号	完成单位	主要完成人
212	穿越粉细砂层巷道注浆加固和掘进支护施工工法	BJGF 003—2014	陕西煤业化工建设(集团)有限公司矿建二公司	王明智、白凤忠、陈弦、温永亮、李铁川
213	煤矿井下工程应用地面输料孔下料施工工法	BJGF 004—2014	中煤矿山建设集团有限责任公司	郑忠献、施云峰、徐根全、徐建军、魏金山
214	立井揭穿低透气性突出煤层综合施工工法	BJGF 005—2014	中煤矿山建设集团有限责任公司	王厚良、穆朝云、孟祥浩、王敏建、程同磊
215	深大口径瓦斯抽采井施工工法	BJGF 006—2014	中煤矿山建设集团有限责任公司	李志春、王峰、宋亚楠、赵勇、姚琪
216	深厚富水软岩井筒普通法转冻结法施工工法	BJGF 007—2014	中煤矿山建设集团有限责任公司	刘杰忠、王峰、宋亚楠、姚琪、李志春
217	在破碎岩层中采用反井钻机钻孔及管路安装施工工法	BJGF 008—2014	中鼎国际工程有限责任公司	易香保、尹若庆、黄华庆、胡学思、倪礼强
218	井筒冻结表土段锚杆钻机钻眼爆破施工工法	BJGF 009—2014	河南国龙矿业建设有限公司	李新政、王俊杰、王植阳、赵逢进、俎瑞明
219	煤矿矿井风道冻结施工工法	BJGF 010—2014	中煤特殊凿井有限责任公司	陆卫国、沈华军、林雅华、梅家敏、李铁
220	凿井井架基础沉降顶升纠偏施工工法	BJGF 011—2014	中鼎国际工程有限责任公司	徐思凌、易香保、倪礼强、丁克镜、徐亮
221	穿巷煤仓施工工法	BJGF 012—2014	淮北矿业(集团)工程建设有限责任公司	魏允伯、刘近近、陈斌、黄以寿、杨林
222	13浅埋大断面隧道工程分区冻结分部构筑施工工法	BJGF 013—2014	中煤特殊凿井有限责任公司	王灵敏、张景钰、高梅、陈于明、陈帅
223	大断面岩巷两台掘进机台阶式施工工法	BJGF 014—2014	中煤矿山建设集团有限责任公司	周树清、白传军、王劲红、田茂长、申五刚
224	巷道通过老空综合探放水施工工法	BJGF 015—2014	中鼎国际工程有限责任公司	易香保、倪礼强、刘护平、尹若庆、周海火
225	普通凿井采用泄水孔疏降水施工工法	BJGF 016—2014	中煤矿山建设集团有限责任公司	张诗坤、陈志文、王军、张伟国、李金斗
226	U型钢棚支护巷道安全快速返修施工工法	BJGF 017—2014	河南国龙矿业建设有限公司	王俊杰、李新政、王植阳、陈纪献、贾矿强
227	高应力软岩巷道方型钢管约束混凝土拱架立体支护体系施工工法	BJGF 018—2014	山东大学	李术才、王琦、刘文江、张世国、邵行
228	立井疏、堵、固快速揭过突出煤层施工工法	BJGF 019—2014	平煤神马建工集团有限公司	闫昕岭、刘光毅、涂心彦、王耕伟、杜耀

表 7-20(续)

序号	工法名称	工法编号	完成单位	主要完成人
229	煤矿高角度导水断层带注浆治理施工工法	BJGF 020—2014	唐山开滦建设(集团)有限责任公司	卢相忠、杜凯、张梦歧、王红球、王学军
230	强含水砾石地层巷道施工工法	BJGF 021—2014	江苏省矿业工程集团有限公司	潘海波、李言勇、成明奇、李志刚、宗永宏
231	煤矿井下千米定向钻进钻具打捞施工工法	BJGF 022—2014	山西宏厦第一建设有限责任公司	梁爱堂、李旭峰、刘宝库、赵瑞明、罗珠峰
232	深立井地面预注浆放射孔加固马头门施工工法	BJGF 023—2014	唐山开滦建设(集团)有限责任公司	卢相忠、杜凯、薄志丰、李云飞、任凤桐
233	立井多变径整体模板设计制造与应用施工工法	BJGF 024—2014	江苏省矿业工程集团有限公司	黄瑞平、唐兴富、宗永宏、李自卫、耿娟
234	盾构法在煤矿浅层运煤通道施工过地面构筑物施工工法	BJGF 025—2014	平煤神马建工集团有限公司	卢海军、高运动、李磊、吴铭、刘春明
235	16°岩石斜巷综掘机配套施工工法	BJGF 026—2014	平煤神马建工集团有限公司	涂兴子、何志清、卢海军、刘春明、吴铭
236	U 型钢约束混凝土拱架巷道支护施工工法	BJGF 027—2014	山东大学、兖煤菏泽能化、山东科技大学	王琦、阮国强、李为腾、张建、褚庆岱
237	立井井壁破壁注浆施工工法	BJGF 028—2014	枣庄矿业集团中兴建安工程有限公司	陈刚、姚智、刘大兴、蔡军营、刘忠文
238	组合煤仓综合施工工法	BJGF 029—2014	平煤神马建工集团有限公司	闫昕岭、刘国申、张自新、申天存、杨进军
239	冻结供液管和载冷剂回收利用施工工法	BJGF 030—2014	唐山开滦建设(集团)有限责任公司	卢相忠、张庆武、田国栋、董建刚、王健
240	大断面硬岩硐室综掘施工工法	BJGF 031—2014	江苏省矿业工程集团有限公司	杨海楼、孙敦勇、窦月明、张同彬、王苏沂
241	巷道掘进智能通风施工工法	BJGF 032—2014	山西宏厦第一建设有限责任公司	李子长、梁爱堂、李新巍、韩杰祥、张斌
242	斜巷安全提升智能监控技术应用施工工法	BJGF 033—2014	山西宏厦第一建设有限责任公司	梁爱堂、李旭峰、马新云、朱伟正、左宏斌
243	深表土长斜井冻结施工工法	BJGF 034—2014	中煤邯郸特殊凿井公司、中煤第五建设有限公司	陈占怀、郭永富、王永友、李志清、李锐志
244	低透突出煤层石门揭煤控制水力压裂施工工法	BJGF 035—2014	重庆巨能建设(集团)有限公司	李永强、沈大富、陈华森、覃乐、宋书一
245	冻结井深孔减震光面爆破施工工法	BJGF 036—2014	中煤第五建设有限公司	范聚朝、刘彦杰、王雨寒、曹忠常、包国兰
246	深厚多层孔隙裂隙含水层分段下行注浆施工工法	BJGF 037—2014	中煤第一建设有限公司第二工程处	吕广同、闫振斌、吕涛、康广辉、谢洪波

表 7-20(续)

序号	工法名称	工法编号	完成单位	主要完成人
247	斜井工作面帷幕预注浆堵水施工工法	BJGF 038—2014	重庆巨能建设(集团)有限公司	张钢、叶有福、莫永红、王刚、陈华森
248	立井开拓改绞施工工法	BJGF 039—2014	中煤第五建设有限公司	郝建斌、刘现功、郑兴龙、贾实林、张柏新
249	斜井新型机械化作业线配套施工工法	BJGF 040—2014	中煤第五建设有限公司	臧培刚、刘晓亭、郭云崇、高和彬、刘海峰
250	井下特大换装硐室快速施工工法	BJGF 041—2014	中煤第五建设有限公司	范聚朝、刘海生、王雨寒、刘清涛、包国兰
251	建井期间全风压通风施工工法	BJGF 042—2014	中煤第五建设有限公司	臧培刚、刘彦礼、刘晓亭、崔爱臣、杜利峰
252	千米深立井井筒工作面预注黏土水泥浆施工工法	BJGF 043—2014	中煤第五建设有限公司	王继全、程志彬、吴晓山、杨思臣、陈晓辉
253	全深冻结立井井筒揭过油气岩层施工工法	BJGF 044—2014	中煤第一建设有限公司	陈耀文、杨安红、单昌会、孙厚伟、刘文彬
254	斜井流沙层高压旋喷桩组拱施工工法	BJGF 045—2014	重庆巨能建设(集团)有限公司、重庆中环建设有限公司	吴怀林、张学兵、周世钧、徐伟、宋书一
255	冻结法在海边含盐地层施工工法	BJGF 046—2014	中煤第五建设有限公司	毛喆、嵇彭、姜敦灿
256	煤矿井巷探放老空积水施工工法	BJGF 047—2014	中煤第一建设有限公司第十工程处	乔志、张彦田、苏永、代秋巍、张艳涛
257	煤矿特大型箕斗装载硐室施工工法	BJGF 048—2014	中煤第一建设有限公司第二工程处	吕广同、吕涛、闫振斌、谢洪波、杨亚杰
258	全深冻结井筒大箕斗装载硐室与井筒同步施工工法	BJGF 049—2014	中煤第五建设有限公司	范聚朝、王雨寒、陈运、刘彦杰、包国兰
259	斜井表土及风化基岩段综掘机械化配套施工工法	BJGF 050—2014	中煤第五建设有限公司	臧培刚、刘晓亭、樊联峰、郭云崇
260	衬砌台车在矿井二期长距离巷道应用施工工法	BJGF 051—2014	中煤第五建设有限公司	郝建斌、王旭升、刘海涛、李忠华、贾实林
261	滑模平台电动控制下降施工工法	BJGF 052—2014	中煤建筑安装第七十二工程有限公司	吴春杰、刘松林、侯富刚、赵建军、章祖伟
262	筒仓应用旋转盘扣装配式桁架结构体系施工工法	BJGF 053—2014	平煤神马建工集团有限公司	李勤山、李国耀、张晓、侯智勇、葛炳炜
263	多种管道综合布置共用支架施工工法	BJGF 054—2014	鼎立建设集团股份有限公司	许明景、樊向军、陈晨、葛杭玲、李正平
264	大型风力发电设备试验台基础施工工法	BJGF 055—2014	江苏扬建集团有限公司	丁友根、张迎春、陈墅、邹厚存、陈玉标

表 7-20(续)

序号	工法名称	工法编号	完成单位	主要完成人
265	选煤厂钢结构厂房模块化施工工法	BJGF 056—2014	中煤建筑安装第九十二工程有限公司	范强、肖俊、张国英、刘海叶、刘君峰
266	钢筋混凝土井塔外爬内挂模板施工工法	BJGF 057—2014	中煤建筑安装第六十八工程有限公司	苗志同、吴赞、郑湘兰、邹世超、唐志德
267	侧封镀膜真空玻璃内开内倒窗制作安装施工工法	BJGF 058—2014	江苏扬建集团有限公司	邹厚存、张迎春、张春林、张瑞宏、蒋文忠
268	复杂地质条件下钻孔灌注桩双机成孔施工工法	BJGF 059—2014	江苏扬建集团有限公司	张迎春、邹厚存、祝寿钧、于金涛、刘良科
269	设备组合隔振底座施工工法	BJGF 060—2014	鼎立建设集团股份有限公司	葛杭玲、陈晨、朱红伟、吴向南、汪东
270	复合型铝合金外装饰保温板施工工法	BJGF 061—2014	鼎立建设集团股份有限公司	许明景、樊向军、陈晨、葛杭玲、李正平
271	煤矸石混合料地基换填施工工法	BJGF 062—2014	冀中能源邢台矿业集团工程有限责任公司	李绍斌、张亚鹏、孟文清、彭绍祥、崔立成
272	大跨度异型钢结构安装施工工法	BJGF 063—2014	中煤建筑安装第七十二工程有限公司	吴春杰、刘松林、张文甫、刘建国、李祥荣
273	钢结构屋盖工程整体提升施工工法	BJGF 064—2014	中煤建筑安装工程集团有限公司	李恩华、倪时华、金霞忠、王金荣
274	复杂地质条件下铁路道岔架空施工工法	BJGF 065—2014	平煤神马建工集团有限公司	魏宗勋、赵红江、徐京、杨玉章、袁军伟
275	洗煤厂浓缩池混凝土自防水施工工法	BJGF 066—2014	中煤建筑安装工程集团有限公司	李建文、杨胜、徐健、刘阔宝、桑玉波
276	群仓大体积混凝土筏板基础施工工法	BJGF 067—2014	山西宏厦建筑工程第三有限公司	杨仕儒、王改凤、崔晓峰、李忠峰、韩卫东
277	组装型螺栓组模具在预埋施工中的应用技术施工工法	BJGF 068—2014	平煤神马建工集团有限公司	于朝辉、李卫锋、常欢欢、侯智勇、胡凯歌
278	高层建筑高空连廊结构桁架支模施工工法	BJGF 069—2014	鼎立建设集团股份有限公司	樊向军、陈晨、郑有丰、俞挺天、胡斌
279	桩板拉锚铁路路基支护施工工法	BJGF 070—2014	枣庄矿业集团中兴建安工程有限公司	海燕、刘忠文、刘大兴、舒长洪、黄慧萍
280	螺栓球节点钢网架分片吊装施工工法	BJGF 071—2014	中煤建筑安装工程集团有限公司	张茂春、李庆波、魏安来、王俊杰、王子杰
281	悬挑法安装屋面螺栓球节点网架施工工法	BJGF 072—2014	山西宏厦建筑工程第三有限公司	杨仕儒、张永宏、董彦刚、牛东
282	建筑外墙干挂石材幕墙施工工法	BJGF 073—2014	山西宏厦建筑工程第三有限公司	杨仕儒、张永宏、董彦刚、牛东

表 7-20(续)

序号	工法名称	工法编号	完成单位	主要完成人
283	千米大直径双提升复杂结构井筒装备快速施工工法	BJGF 074—2014	中煤第五建设有限公司	杨益明、谌喜华、马智民、杨雪银、岳友金
284	盲井井筒装备施工工法	BJGF 075—2014	中煤第三建设集团机电安装公司	阙胜利、吴向东、王厚良、叶大干、魏树鑫、
285	矿用提升机制动系统安全性能检测施工工法	BJGF 076—2014	中煤第三建设集团机电安装公司	支浩飞、朱俊、徐敬、陈庆祥、张大维
286	大倾角长运距胶带敷设施工工法	BJGF 077—2014	平煤神马建工集团有限公司	何胜良、郭士印、韩传功、孙鹏翔、袁玲
287	立井施工主要机电设备安全监测施工工法	BJGF 078—2014	中煤第五建设有限公司	王继全、程志彬、殷建新、杨思臣、刘增东
288	煤矿立井提升系统缠绳挂罐(箕斗)施工工法	BJGF 079—2014	中煤第三建设集团机电安装公司	阙胜利、吴向东、张曙光、程为书、李令闻
289	2 m 带宽高强输送机快速安装及硫化施工工法	BJGF 080—2014	平煤神马建工集团有限公司	何胜良、郭士印、李朝辉、王飞驰、杨军
290	单桅杆单滑轮组起吊井架施工工法	BJGF 081—2014	唐山开滦建设(集团)有限责任公司	邢启风、卢相忠、邢贵坡、孙立仓、李世存
291	立井多绳摩擦式提升机新旧绳互带法换绳施工工法	BJGF 082—2014	山西宏厦第一建设有限责任公司	梁爱堂、赵瑞明、耿延方、刘鹏、李治
292	新型斜井人车安全运输施工工法	BJGF 083—2014	中煤第五建设有限公司	郝建斌、郑兴龙、贾实林、张柏新、陈良根
293	矿井冻结工程远程信息化监测及调节站自动化控制施工工法	BJGF 084—2014	中煤第五建设有限公司	王继全、刘文民、程志彬、刘增东、张步俊
294	箱型井架汽车吊翻转法吊装施工工法	BJGF 085—2014	淮北矿业(集团)工程建设有限责任公司	邓思卫、侯军、赵军、石波、潘亚子
295	斜井带式输送机胶带快速敷设施工工法	BJGF 086—2014	唐山开滦建设(集团)有限责任公司	邢贵坡、钱敬源、董春贵、邢启风、李世存

7.6.3 冶金行业部级矿山建设工法

2006—2014 年,冶金行业部级矿山建设工法共有 46 项,见表 7-21。

表 7-21　2006—2014 年冶金行业部级矿山建设工法

序号	工法名称	工法编号	第一完成单位	主要完成人
1	大直径筒仓滑模施工工法	YG 29—2006	中国第二十二冶金建设公司	
2	竖井机械化配套快速施工工法	YG 114—2010	中国华冶科工集团有限公司	

表 7-21(续)

序号	工法名称	工法编号	第一完成单位	主要完成人
3	竖井大断面马头门快速施工工法	YG 115—2010	中国华冶科工集团有限公司	
4	立井井筒装备施工工法	YG 116—2010	中国华冶科工集团有限公司	
5	软岩公路隧道短台阶七步平行流水作业施工工法	YG 117—2010	中国华冶科工集团有限公司	
6	单液水溶性聚氨酯和水泥-水玻璃注浆施工工法	YG 118—2010	中国华冶科工集团有限公司	
7	不稳定矿岩地质条件上向水平分层充填采矿施工工法	YG 119—2010	中国华冶科工集团有限公司	
8	地下矿山掘进高分段(大参数)无底柱分段崩落施工工法	YG 125—2010	攀钢集团冶金工程技术有限公司	
9	长距离大口径顶管施工工法	YG 005—2012	上海宝冶集团有限公司	冯毛勇、姚喜民、江园春、曾胜军
10	土体自上而下分层注浆施工工法	YG 064—2012	中国二十冶集团有限公司	尹亚鸿、孙萌、刘冀豪、徐继鸣
11	深基坑嵌岩止水帷幕施工工法	YG 066—2012	中国二十冶集团有限公司	蒋建忠、周红萍、史册
12	大跨度弦支穹顶钢结构安装施工工法	YG 116—2012	中国华冶科工集团有限公司	杨崇光、潘国良、武刚、苏卫江、赵华军
13	回转窑筒体组对及埋弧自动焊焊接工法	YG 117—2012	中国华冶科工集团有限公司	朱博、焦建材、王致才、刘林、齐祥
14	燃气轮机鼓风机组安装工法	YG 118—2012	中国华冶科工集团有限公司	陈爱坤、张金平、刘慧卿、刘春在、廖曦光
15	烟囱钢内筒液压顶升施工工法	YG 119—2012	中国华冶科工集团有限公司	刘乐平、郭建清、张连中、王文蕾
16	超高层建筑核心筒液压油缸自动爬升模板施工工法	YG 120—2012	中国华冶科工集团有限公司	李洪雁、程小勇、慕春波、石磊玉、谭俊楠
17	上土钉墙下护壁桩支护技术施工工法	YG 121—2012	中国华冶科工集团有限公司	刘连合、谭福生、陈国会、郑宇、刘炳元
18	垂直深孔落矿阶段矿房(VCR 法)施工工法	YG 122—2012	中国华冶科工集团有限公司	马维清、张生良、路文智、吴宝峰、王清河
19	深孔分段爆破天溜井施工工法	YG 123—2012	中国华冶科工集团有限公司	马维清、张生良、路文智、吴宝峰、乔冠中

表 7-21(续)

序号	工法名称	工法编号	第一完成单位	主要完成人
20	矿山电梯井混凝土浇筑简易滑模施工工法	YG 124—2012	中国华冶科工集团有限公司	张少雨、张志刚、王先振、赵占奇、刘建如
21	竖井工作面探水预注浆施工工法	YG 125—2012	中国华冶科工集团有限公司	王文明、孙会贞、罗运法、郝东彪
22	大型箱型井架现场组装、起立施工工法	YG 126—2012	中国华冶科工集团有限公司	周帆、武卫国、郭建清、刘洪亮、余宝琳
23	阶段矿房嗣后充填采矿法矿柱回采施工工法	YG 127—2012	中国华冶科工集团有限公司	马维清、路文智、王清河、柴源、李鹏
24	地下矿山溜坡系统立体化快速施工工法	YG 128—2012	中国华冶科工集团有限公司	马维清、张志民、路文智、郭玉杰、蒲波
25	矿山立井大型设备材料下放施工工法	YG 129—2012	中国华冶科工集团有限公司	周帆、武卫国、刘洪亮、李庆东、李铁军
26	高层建筑激光内控竖向分段测量工法	YG 003—2013	中国华冶科工集团有限公司	张士林、王信书、杨秀芳、田俊奇、李勇堂
27	大型群体筒仓多仓联滑施工工法	YG 004—2013	中国华冶科工集团有限公司	谭福生、刘连合、陈国会、郑宇、马瑞杰
28	博物馆穹顶钢结构施工工法	YG 005—2013	中国华冶科工集团有限公司	谭福生、孙红星、郭辉、马炜锋、张鹏
29	钢框架-钢筋混凝土核心筒高层建筑钢结构安装工法	YG 006—2013	中国华冶科工集团有限公司	陈爱坤、高明金
30	半干法脱硫除尘安装调试工法	YG 007—2013	中国华冶科工集团有限公司	臧海军、贾培军、张海秋、陆东海
31	锅炉机组启动试运行工法	YG 008—2013	中国华冶科工集团有限公司	臧海军、贾培军、张海秋、陆东海
32	冶金矿山摩擦式提升机安装施工工法	YG 009—2013	中国华冶科工集团有限公司	武卫国、刘洪亮、崔金平
33	地下矿山窄轨牵引网路快速施工工法	YG 010—2013	中国华冶科工集团有限公司	马维清、李军锋、林宏、米万钦
34	岩溶发育区小净距隧道安全高效快速施工工法	YG 011—2013	中国华冶科工集团有限公司	陈文涛、段秉森、刘丽芳、任海青、李红光
35	土岩地层超深基坑结构反向对接施工工法	YG 021—2014	中国二十冶集团有限公司	杨前、王新、范作锋、魏宏超、张永峰
36	复杂周边环境下高边坡爆破施工工法	YG 022—2014	中国二十冶集团有限公司	许利捷、谢非、许海岩、李修岩、苏亚鹏
37	高耸建筑物外凸结构步进式整体滑升施工工法	YG 064—2014	北京首钢建设集团有限公司	谢木才、刘永东、雷艳辉、李静、张立川

表 7-21(续)

序号	工法名称	工法编号	第一完成单位	主要完成人
38	双向螺旋挤土灌注桩施工工法	YG 031—2014	中国京冶工程技术有限公司	刘钟、刘波、杨松、张义、郭钢
39	现代矿山井巷工程测量定向工法	YG 076—2014	中国华冶科工集团有限公司	封周虎、袁仲峰、冯小尘、姚孟春、梁林冲
40	矿山掘进巷道综合超前地质预报工法	YG 077—2014	中国华冶科工集团有限公司	孔繁军、何磊、张连恒、马银、胡清
41	工业料仓上下料设备安装工法	YG 078—2014	中国华冶科工集团有限公司	谭福生、常杰、刘春在、马瑞杰、陈国会
42	矿区不良地质条件下供热管道施工工法	YG 079—2014	中国华冶科工集团有限公司	谭福生、赵玉波、刘玉科、王淑保、许双娜
43	带式烧结炉安装工法	YG 080—2014	中国华冶科工集团有限公司	陈爱坤、李浩
44	大自重、大悬臂、宽桥幅T构箱梁平转体系转盘施工工法	YG 081—2014	中国华冶科工集团有限公司	纪灵波、刘慧、董宝庆、刘丽芳、白旭
45	地下矿山竖井延深快速施工工法	YG 082—2014	中国华冶科工集团有限公司	路文智、刘冀军、王昭
46	大断面皮带斜井机械化作业线施工工法	YG 083—2014	中国华冶科工集团有限公司	宋彦辉、王保东、吴海燕、李洪涛、宋学刚

7.6.4 有色金属行业部级矿山建设工法

2008—2014 年,有色金属行业部级矿山建设工法共有 109 项,见表 7-22。

表 7-22 2008—2014 年有色金属行业部级矿山建设工法

序号	工法名称	工法编号	第一完成单位	主要完成人
1	钢筋混凝土烟囱无井架滑模施工工法	YJG 02—2008	中国十五冶金建设有限公司	
2	烟囱定向塌落爆破拆除工法	YJG 022—2009	十一冶建设集团有限责任公司	
3	竖井井筒与井塔同时施工工法	YJG 023—2009	金诚信矿业建设集团公司	
4	大直径四库联体筒身滑模施工工法	YJG 001—2010	中国十五冶金建设有限公司	
5	大体积储煤筒仓大模板清水混凝土施工工法	YJG 018—2010	中国十五冶金建设有限公司	
6	管桩静压施工工法	YJG 039—2010	二十三冶建设集团有限公司	

表 7-22(续)

序号	工法名称	工法编号	第一完成单位	主要完成人
7	水工建筑物软硬分带反滤层施工工法	YJG 043—2010	广东十六冶建设有限公司	
8	竖井延伸井筒装备预先安装施工工法	YJG 045—2010	金诚信矿业建设集团有限公司	
9	非煤矿山井下大型硐室掘砌施工工法	YJG 046—2010	金诚信矿业建设集团有限公司	
10	非煤矿山凿岩台车平巷快速掘进施工工法	YJG 047—2010	金诚信矿业建设集团有限公司	
11	竖井转平巷临时改绞施工工法	YJG 048—2010	金诚信矿业建设集团有限公司	
12	长筒薄壁钢烟囱倒装施工工法	YJG 066—2010	二十三冶建设集团有限公司	
13	钢筋混凝土烟囱工程“内翻外滑”施工工法	YJG 068—2010	二十三冶建设集团有限公司	
14	钢筋混凝土双曲线水塔施工工法	YJG 070—2010	二十三冶建设集团有限公司	
15	筒中筒结构“内翻外倒”施工工法	YJG 071—2010	二十三冶建设集团有限公司	
16	高温爆破工法	YJG 014—2011	广东宏大爆破股份有限公司	
17	多联体滑模施工工法	YJG 026—2011	二十一冶建设有限公司	
18	钢筋混凝土筒仓顶板高支模施工工法	YJG 035—2011	十四冶建设集团云南第四建筑安装工程有限公司	
19	30 000 吨储煤筒仓无黏结预应力施工工法	YJG 042—2011	中国十五冶金建设集团有限公司	
20	脱硫吸收塔整体液压提升倒装施工工法	YJG 043—2011	中国十五冶金建设集团有限公司	
21	钢筋混凝土管涵内加固施工工法	YJG 064—2011	十四冶建设集团云南矿业有限公司	
22	矿山井下全站仪等高四架法贯通测量施工工法	YJG 084—2011	金诚信矿业管理股份有限公司	
23	高应力破碎带巷道注浆及锚索加固施工工法	YJG 085—2011	金诚信矿业管理股份有限公司	
24	竖井井筒电缆麻绳绑扎敷设工法	YJG 087—2011	铜陵中都矿山建设有限责任公司	
25	矿山深井突水淹井构筑封水层施工工法	YJG 088—2011	铜陵中都矿山建设有限责任公司	

表 7-22(续)

序号	工法名称	工法编号	第一完成单位	主要完成人
26	竖井原位延深精密定位测量工法	YJG 089—2011	铜陵中都矿山建设有限责任公司	
27	钢丝绳绳头树脂浇铸造工法	YJG 090—2011	铜陵中都矿山建设有限责任公司	
28	采空区深孔爆破处理工法	YJG 049—2012	广东宏大爆破股份有限公司	陈晶晶、叶图强、伏岩、刘翼
29	基于现场混装技术的地下矿上向深孔装药工法	YJG 051—2012	广东宏大爆破股份有限公司	宋锦泉、郑炳旭、李战军、蔡建德、刘翼
30	混装车台阶爆破装药工法	YJG 052—2012	广东宏大爆破股份有限公司	周仓、马家旗、王方元、罗伟涛
31	隧道穿越废石场的超前小导管注浆施工工法	YJG 063—2012	二十三冶建设集团有限公司	冯宗国、龙铁桥、路惠明、高兴、唐标荣
32	聚能药包疏通非煤矿山溜井堵塞施工工法	YJG 089—2012	金诚信矿业管理股份有限公司	王慈成、韩强、尚继林、耿爱平、兰雨
33	高应力破碎岩层喷射混凝土降低回弹施工工法	YJG 090—2012	金诚信矿业管理股份有限公司	江松柏、高建龙、杨新、梅栋梁、张朝忠
34	极破碎矿体大断面下向六角形进路采矿工艺施工工法	YJG 091—2012	金诚信矿业管理股份有限公司	杨继胜、韩高颖、马永江、孙德民、梅栋梁
35	大直径深竖井快速施工工法	YJG 092—2012	金诚信矿业管理股份有限公司	王友成、朱为好、龙志阳、谢建兵、乔伟
36	大断面竖井液压伞钻快速凿岩施工工法	YJG 093—2012	金诚信矿业管理股份有限公司	李红辉、杨永军、郑亚利、谢建兵、娇日鑫
37	防水硐室闸门安装施工工法	YJG 094—2012	金诚信矿业管理股份有限公司	伍耀武、李宏毅、刘峰、徐坤、宋肖杰
38	挖掘机施工大断面竖井作业工法	YJG 095—2012	金诚信矿业管理股份有限公司	程山、夏云平、方平、谭定周、甘泉
39	溜破系统矿仓施工混凝土整体浇灌工法	YJG 103—2012	金诚信矿业管理股份有限公司	李侃、史海明、陈魁的、纪建师、肖云涛
40	高水平应力不良岩层巷道支护施工工法	YJG 104—2012	金诚信矿业管理股份有限公司	龚青田、刘凤坤、杨继胜、韩高颖、乔伟
41	千米深井开拓长距离平巷贯通控制测量工法	YJG 106—2012	铜陵中都矿山建设有限责任公司	胡彦华、韩天恩、孙金皆、王团结、张启春
42	高压大流量含水层巷道工作面预注浆孔口管预埋施工工法	YJG 107—2012	铜陵中都矿山建设有限责任公司	朱兴明、张克付、胡彦华、方明
43	竖井大直径钢管快速耦合式连接施工工法	YJG 108—2012	铜陵中都矿山建设有限责任公司	王红亮、漳立永、王卫生、曾宪强、朱从宽

表 7-22(续)

序号	工法名称	工法编号	第一完成单位	主要完成人
44	竖井延深破岩柱及清理粉矿施工工法	YJG 109—2012	铜陵中都矿山建设有限责任公司	余宝为、蒋国栋、许强、班春燕
45	坑下破碎机硐室施工工法	YJG 110—2012	铜陵中都矿山建设有限责任公司	曾宪强、徐何业、丁志云、唐燕林
46	矿山溜井、矿仓锰钢板安装工法	YJG 111—2012	铜陵中都矿山建设有限责任公司	蒋国栋、李明华、荣介鹏、唐燕林、王立生
47	竖井不改绞转入平巷施工工法	YJG 112—2012	铜陵中都矿山建设有限责任公司	唐燕林、徐何来、丁志云、陈成
48	大型圆筒混合机安装施工工法	YSGF 009—2013	十四冶建设集团云南第四建筑安装工程有限公司	杨新勇、葛艳彪、陈汝宝、何海、覃家进
49	旋挖钻孔桩施工工法	YSGF 015—2013	十四冶建设集团云南第四建筑安装工程有限公司	李平江、刘子高、黄明松、梁云东、庞鸿波
50	混装技术硐室爆破工法	YSGF 033—2013	广东宏大爆破股份有限公司	郑炳旭、肖文雄、傅建秋、刘昆、宋锦泉
51	深孔台阶爆破非电起爆联网工法	YSGF 034—2013	广东宏大爆破股份有限公司	罗伟涛、李战军、崔晓荣、刘翼、张光权
52	采空区联合勘探工法	YSGF 035—2013	广东宏大爆破股份有限公司	崔晓荣、陈晶晶、刘昆、刘春林、刘翼
53	整体装配式管道井施工工法	YSGF 038—2013	浙江山川建筑工程有限公司	孟华、王桢标、钱东升、张劲伟、何伟东
54	钢大模板清水混凝土剪力墙施工工法	YSGF 043—2013	五矿二十三冶建设集团有限公司	陈正伟、旷坤、杨正雄、吴志坚、刘妙
55	强风化岩层非开挖水平定向钻进管线铺设工法	YSGF 044—2013	十四冶建设集团云南矿业工程有限公司	金琰、汤宏、胡华、胡榕泉、李玉华
56	反井钻掘矿山高溜井施工工法	YSGF 045—2013	十四冶建设集团云南矿业工程有限公司	邬煜、金琰、徐贵荣、汤宏、胡定鹏、
57	金属矿山明竖井吊挂井壁施工工法	YSGF 046—2013	十四冶建设集团云南矿业工程有限公司	李春生、阳开丹、汤宏、唐建、郑娅
58	金属矿山井巷破碎围岩大硐室掘砌施工工法	YSGF 047—2013	十四冶建设集团云南矿业工程有限公司	赵彦东、金琰、朱兴虎、施会明、郑娅
59	破碎带超前小导管注浆、钢拱支护综合施工工法	YSGF 048—2013	十四冶建设集团云南矿业工程有限公司	张荣贵、李玉华、郑娅、汤宏、施会明
60	隧道二次衬砌整体钢模台车施工工法	YSGF 052—2013	中国十五冶金建设集团有限公司	周琨、李启宇、何国武、刘海州、骆亚芳
61	高分段空场嗣后充填采矿法切割井施工工法	YSGF 072—2013	金诚信矿业管理股份有限公司	梅栋梁、陈丽、段永祥、乔伟、朱献忠

表 7-22(续)

序号	工法名称	工法编号	第一完成单位	主要完成人
62	竖井通过流沙层高压旋喷桩止水帷幕截水施工工法	YSGF 073—2013	金诚信矿业管理股份有限公司	赵爱贞、赵明祥、罗勇军、王飞、高常宝
63	斜坡道在含水流砂层及泥岩下方由明槽转暗硐施工工法	YSGF 074—2013	金诚信矿业管理股份有限公司	罗勇军、包晶莹、杨顺友、赵爱贞、杜利平
64	大断面菱形进路充填采矿施工工法	YSGF 075—2013	金诚信矿业管理股份有限公司	冯勇、梁乃跃、段永祥、张鹏飞、耿爱平
65	非煤矿山高应力蠕变岩层采场高溜井掘砌工法	YSGF 076—2013	金诚信矿业管理股份有限公司	江松柏、杨继胜、高连勇、韩高颖、李兵磊
66	非煤矿山井下折返式长斜坡道快速施工工法	YSGF 077—2013	金诚信矿业管理股份有限公司	赵坤、朱为好、李志强、常海洋、邹建奎
67	矿山大断面硐口通过松软破碎地层施工工法	YSGF 078—2013	金诚信矿业管理股份有限公司	张庆军、刘泽民、赵玉新、孙德民、吕芳飞
68	地下管道工程顶管施工工法	YSGF 087—2013	中色十二冶金建设有限公司	毕永军、张寒笑、王莹
69	预应力张弦梁施工工法	YSGF 094—2013	广东十六冶建设有限公司	邓建强
70	碾压堆石尾矿坝施工中分块差异填筑度汛导流施工工法	YSGF 095—2013	广东十六冶建设有限公司	詹梓卿
71	在保安岩柱下井筒原位延琛安装作业与上部井筒生产平行施工工法	YSGF 096—2013	铜陵有色金属集团铜冠矿山建设股份有限公司	方谋武、刘健、张贤明、张启春
72	大断面巷道机械化快速施工工法	YSGF 097—2013	铜陵有色金属集团铜冠矿山建设股份有限公司	陈成、荣介鹏、丁志云、唐燕林、王志国
73	高应力软岩条件下大断面马头门快速施工工法	YSGF 098—2013	铜陵有色金属集团铜冠矿山建设股份有限公司	丰宏宝、刘健、孙鑫、祁全峰
74	狭小场地内大型箱式钢构井架拼装吊装工法	YSGF 099—2013	铜陵有色金属集团铜冠矿山建设股份有限公司	张弛、余玉广、吴凤才、汤小林、孙健
75	地下矿山大断面巷道与硐室锚索支护工法	YSGF 100—2013	铜陵有色金属集团铜冠矿山建设股份有限公司	张克付、周正义
76	采用反井钻机施工天溜井工法	YSGF 101—2013	铜陵有色金属集团铜冠矿山建设股份有限公司	张传余、汤小林、孙健、刘国泽、朱世春
77	大型井下硐室薄喷支护工法	YSGF 102—2013	铜陵有色金属集团铜冠矿山建设股份有限公司	漳立永、曾宪强、丁志云
78	液压旋回破碎机安装工法	YSGF 103—2013	铜陵有色金属集团铜冠矿山建设股份有限公司	吴凤才、朱从宽、张传余、林铜山、孙德明
79	巴氏合金轴瓦风焊修补工法	YSGF 104—2013	铜陵有色金属集团铜冠矿山建设股份有限公司	郑小军、张传余、刘国泽、孙德明
80	利用井底水窝作矸石仓开拓平巷施工工法	YSGF 105—2013	铜陵有色金属集团铜冠矿山建设股份有限公司	方谋武、张贤明、荣介鹏

表 7-22(续)

序号	工法名称	工法编号	第一完成单位	主要完成人
81	超深温泉井爆破增流工法	YSGF 012—2014	广东宏大爆破股份有限公司	崔晓荣、叶图强、孙建国、王佩佩、李战军
82	露天矿逐孔起爆施工工法	YSGF 013—2014	广东宏大爆破股份有限公司	张万忠、张日强、廖耀福、王月辉、徐波涛
83	深孔爆破降低大块率工法	YSGF 014—2014	广东宏大爆破股份有限公司	黄东兴、陈晶晶、刘春林、刘昆、范煜
84	车制乳化炸药混合装药爆破工法	YSGF 015—2014	广东宏大爆破股份有限公司	开俊俊、申卫峰、宋锦泉、赵博深、周军成
85	深孔台阶反向布孔爆破工法	YSGF 016—2014	广东宏大爆破股份有限公司	罗伟涛、陈晶晶、师东亮、李战军、蔡建德
86	有色金属矿山有底柱空场法改无轨出矿施工工法	YSGF 039—2014	十四冶建设集团云南矿业工程有限公司	金琰、赵彦东、汤宏、李正奇、张天荣
87	复杂地质条件下大断面硐室玻璃钢锚杆、挂网、喷混凝土联合支护施工工法	YSGF 040—2014	十四冶建设集团云南矿业工程有限公司	陈光林、姚昕玥、汤宏、施会明、郑娅
88	超高竖井顶部邻梁钢筋混凝土梁现浇施工工法	YSGF 041—2014	中国有色金属工业第十四冶金建设公司	汪宗升、邹来洪、陶永平、游如军
89	工业旋流井施工工法	YSGF 079—2014	二十一冶建设集团有限公司	郭忠浩、薛吉林、李羡霖
90	低分段切割天井一次爆破成井施工工法	YSGF 089—2014	五矿二十三冶建设集团有限公司	周勇、方平、何英
91	大直径灌注桩采用旋挖机钻孔取土施工工法	YSGF 091—2014	五矿二十三冶建设集团有限公司	谭玉春、彭道权、周庆怀、鲁星光、王捷
92	钢结构基础地脚螺栓预埋施工工法	YSGF 092—2014	五矿二十三冶建设集团有限公司	梁光云、龙军辉、邱志远
93	新型地下室底板防排水(疏水板)施工工法	YSGF 093—2014	五矿二十三冶建设集团有限公司	谭玉春、徐昊、李健、鲁星光、王捷
94	蒸压轻质砂加气混凝土砌块干法砌筑工法	YSGF 094—2014	五矿二十三冶建设集团有限公司	陈正伟、杨正雄、旷坤、李杰、汤有良
95	金属矿山胶带斜井施工带式输送机出渣工法	YSGF 101—2014	金诚信矿业管理股份有限公司	李红辉、王青海、孙德民、郑亚利、周根明
96	非煤矿山小断面巷道施工工法	YSGF 102—2014	金诚信矿业管理股份有限公司	刘猛、李兵磊、马永江、严成涛、向乾刚
97	金属矿山高溜井卸载站改造平台施工工法	YSGF 103—2014	金诚信矿业管理股份有限公司	梁经涛、朱献忠、段永祥、关洪海、魏浩
98	复杂含水岩层竖井施工工法	YSGF 104—2014	金诚信矿业管理股份有限公司	赵坤、韩志强、张华、杨贵民、魏浩

表 7-22(续)

序号	工法名称	工法编号	第一完成单位	主要完成人
99	破碎岩层竖井马头门施工工法	YSGF 105—2014	金诚信矿业管理股份有限公司	赵明祥、孙德民、李红辉、关洪海、徐延江
100	竖井锁口及井颈段砌壁使用整体液压模板施工工法	YSGF 106—2014	金诚信矿业管理股份有限公司	徐延江、周昌耿、刘志强、罗继超、涂文知
101	非煤矿山双板振动放矿机安装施工工法	YSGF 107—2014	金诚信矿业管理股份有限公司	龚清田、李兵磊、胡书桥、刘猛、黄求贵
102	采用多层作业盘实施井筒装备安装工法	YSGF 108—2014	铜陵有色金属集团铜冠矿山建设股份有限公司	张弛、蒋国栋、孔德明、孙健、钟燕
103	采用坑内卡车-柔性罐道罐笼提升井巷开拓的临时改绞工法	YSGF 109—2014	铜陵有色金属集团铜冠矿山建设股份有限公司	陈成、张传余、张弛、孙健、丰宏宝
104	多绳摩擦提升机快速更换首绳工法	YSGF 110—2014	铜陵有色金属集团铜冠矿山建设股份有限公司	余玉广、张弛、承辉民、汪玉水、王栋
105	立井施工采用井壁悬挂临时风水管路快速吊运及安装工法	YSGF 111—2014	铜陵有色金属集团铜冠矿山建设股份有限公司	张传余、张贤德、鲁小龙、殷传林、孙健
106	千米深井大型设备(物件)下放工法	YSGF 112—2014	铜陵有色金属集团铜冠矿山建设股份有限公司	张弛、朱从宽、吴凤才、汪玉水、汤小林
107	千米深井施工测量工法	YSGF 113—2014	铜陵有色金属集团铜冠矿山建设股份有限公司	孙金皆、韩天恩、胡彦华、佐和
108	陀螺经纬仪定向测量工法	YSGF 114—2014	铜陵有色金属集团铜冠矿山建设股份有限公司	孙金皆、韩天恩、徐基玖、陆昆
109	水冲吸泥旋流井沉井施工工法	YSGF 122—2014	中国十五冶金建设集团有限公司	王民军、王玉锋、陈俊堂、汤苗苗、刘奔

7.6.5 其他行业部级岩土工程工法

2006—2012 年,其他行业部级岩土工程工法共 24 项,见表 7-23。

表 7-23 2006—2012 年其他行业部级岩土工程工法

序号	工法名称	工法编号	完成单位	主要完成人
1	导洞施工防护隔离桩墙施工工法	YJGF 06—2004	中铁隧道集团有限公司	
2	复合盾构施工系列工法	YJGF 16—2004	中铁隧道集团有限公司	
3	斜井变径滑模混凝土衬砌施工工法	YJGF 081—2006	中国水利水电第十四工程局	
4	无盖重高压固结灌浆施工工法	YJGF 231—2006	中国水利水电第十工程局	

表 7-23(续)

序号	工法名称	工法编号	完成单位	主要完成人
5	碾压混凝土拱坝诱导缝重复灌浆施工工法	YJGF 260—2006	中国水利水电第八、十一工程局	
6	石粉掺量对碾压混凝土性能影响试验工法	YJGF 261—2006	中国水利水电第四工程局	
7	水工建筑物流道抗磨蚀层环氧砂浆施工工法	YJGF 262—2006	中国水利水电第十一工程局	
8	斜井开挖激光导向施工工法	YJGF 263—2006	中国水利水电第三工程局	
9	连续拉伸式液压千斤顶-钢绞线斜井滑模系统施工工法	YJGF 267—2006	中国水利水电第一、十四工程局	
10	面板堆石坝坝身溢洪道施工工法	YJGF 268—2006	中国水利水电第十二、十五工程局	
11	大直径调压井混凝土衬砌滑模施工工法	YJGF 269—2006	中国水利水电第五、十工程局	
12	无衬砌气垫式调压室施工工法	YJGF 317—2006	中国水利水电第十工程局	
13	大跨度隧道全断面开挖施工工法(2005—2006 年度升级版)	YJGF 15—1992	中铁隧道集团有限公司	
14	隧道与地铁浅埋暗挖工法(2005—2006 年度升级版)	YJGF 09—1991	中铁隧道集团有限公司	
15	射水地下成墙施工工法(2005—2006 年度升级版)	YJGF 06—1992	江苏省工程勘测研究院有限责任公司、江苏鸿基岩土工程有限公司、江苏邗建集团有限公司	
16	大直径超深入岩钻孔扩底灌注桩施工工法(2005—2006 年度升级版)	YJGF 03—1998	中国建筑第六工程局	
17	竖井工程分瓣式机械一体化滑模衬砌施工工法	GJYJGF 071—2010	中交隧道工程局有限公司、中铁二十一局集团第三工程有限公司	刘宝许、皇甫明、王巍、王周理、王亮
18	超大断面隧道双侧壁上下导坑钻爆开挖施工工法	GJYJGF 072—2010	中建八局第三建设有限公司	肖龙鸽、陈坤、李金会、杨德、李念国
19	深水超深巨型沉井施工工法	GJYJGF 077—2010	中国交通建设股份有限公司、江苏省长江公路大桥建设指挥部	肖文福、黄涛、刘学勇、冯兆祥、陈策
20	大型沉井施工工法	GJYJGF 079—2010	锦宸集团有限公司、黑龙江省建工集团有限责任公司	吴方华、李焕军、穆保岗、钱明、卢春范

表 7-23(续)

序号	工法名称	工法编号	完成单位	主要完成人
21	多变径模板台车整体衬砌施工工法	GJEJGF 225—2010	中交隧道工程局有限公司、中国路桥工程有限责任公司	张伯阳、张亚果、丁立金、王善高、张英明
22	大深度沉井群施工工法	GJEJGF 290—2010	中国葛洲坝集团股份有限公司、长江航道局	郭光文、屈庆余、石义刚、余英、戴志清
23	敞开式硬岩掘进机在软弱围岩铁路隧道施工工法(2009—2010年度升级版)	YJGF 14—2002	中铁隧道集团有限公司、中交隧道工程局有限公司	徐军哲、郑清君、夏安琳、高存成、吴全立
24	超高压大容量长距离超高落差竖井GIL安装施工工法	GJYJGF 094—2012	葛洲坝集团机电、电力建设有限公司	江小兵、刘灿学、徐海林、张为明、龚祖春

7.7 矿山建设与岩土工程图书

7.7.1 应急管理出版社矿山建设与岩土工程图书

应急管理出版社(原煤炭工业出版社)成立于1951年,主管单位为应急管理部和中国煤炭工业协会,主办单位为应急管理部信息研究院。出版社始终坚持把社会效益放在首位,坚持正确的出版导向,秉承实事求是、精益求精的社风。拥有图书、音像、电子出版物、互联网等出版资质,建有乌金网络学院、煤炭数字资源库、煤矿安全数字资源库、安全生产数字资源库等数字媒体资源。所属安全生产电视中心集电视片策划、拍摄、制作、音像出版等为一体,是应急管理系统内唯一专业影视制作机构,策划制作了《生命至上科学救援》《安全生产平安回家》等多部公益广告、警示教育片。

建社以来,相继出版了一大批煤炭科技和安全生产的理论专著、规范规程、教材教辅、史志年鉴、科普读物等图书,累计出版图书12 000余种、印数达到数亿册,取得了社会效益和经济效益的双丰收。连续多次被国家新闻出版总署评为良好出版社,出版的图书多次获得国家图书奖、中国图书奖、科技进步奖等重大奖项,赢得了广大读者的信赖和好评。2018年以来,为适应国家应急管理改革发展要求,出版社紧紧围绕应急管理中心工作谋划转型发展,面向应急管理、防灾减灾救灾、安全生产、综合应急救援、消防安全、森林和草原防火安全等应急管理部各项业务职能,提供图书、音像、电子出版等各种媒体全方位新闻出版支撑。

出版社下设综合办公室、总编室、各图书编辑室、音像出版部、美编室、营销中心等部门,现有在职职工100余人,其中专业编辑人员60余人,副编审以上高级专业人员20余人,专业涵盖应急管理、防灾减灾、安全工程、煤炭等专业。出版社积极实施人才强国战略,围绕新业态、新领域,重点引进应急管理、消防安全等领域的专业人才,为出版社长远发展提供了人力资源保障。

应急管理出版社出版的部分矿山建设与岩土工程类图书见表7-24。

表 7-24　应急管理出版社出版的部分矿山建设与岩土工程类图书目录

序号	图书名称	定价/元	作者	出版年份
1	煤层构造学	1.4	邓宗瀛译	1949 年
2	东北地质及矿产		李文彬、李常益	1950 年
3	井内设施		李凤阳译	1950 年
4	矿工保安读书(1)		编写组	1950 年
5	矿山安装	1.7	编写组	1950 年
6	煤矿技术保安试行规程		编写组	1951 年
7	煤矿工业的重大改进		王林等	1951 年
8	煤矿工业中的技术定额	5.4	柯利察根	1951 年
9	苏联煤矿参观记	3.3	任弼绍	1951 年
10	循环图表		编写组	1952 年
11	东北煤炭工业的先进经验介绍		编写组	1952 年
12	矿井设计原理	0.55	纳索诺夫	1952 年
13	矿山蓄电灯和汽油灯		金则雍、白振寒	1952 年
14	苏联煤矿的快速掘进法		立特汶	1952 年
15	矿山运输(上)		斯基瓦润夫	1953 年
16	论我国岩石方法	0.5	编写组	1953 年
17	苏联煤矿专家报告(第一辑)		编写组	1953 年
18	钻眼爆破	1.5	编写组	1953 年
19	煤矸石	0.17	王海	1953 年
20	矿井巷道工程	1.35	伯克诺夫斯基	1954 年
21	矿山运输习题	1.6	索罗维也夫	1954 年
22	煤矿工程图常识	0.34	编写组	1954 年
23	煤选石油	9	王正平	1954 年
24	岩石开凿法	10	陈钦	1954 年
25	钻眼爆破	1.3	编写组	1954 年
26	爆破工读本	1.3	屠鲁塔	1955 年
27	井巷掘进支护	0.7	阿良姆斯基	1955 年
28	竖井普通开凿法	1.75	伯克罗夫斯基	1955 年
29	水平和倾斜巷道掘进		邱普隆诺夫	1955 年
30	一九五五年度矿井建筑工程设计预算定额(草案)		国家建委	1955 年
31	采掘机械	0.9	编写组	1955 年
32	矿山电工学	1.5	契尔诺夫	1955 年
33	矿山机械及修理	2.1	希诺夫	1955 年
34	矿山企业设计原理		编写组	1955 年
35	矿山三角测量	1.7	库斯明斯基	1955 年
36	露天矿开采设计		编写组	1955 年

表 7-24(续)

序号	图书名称	定价/元	作者	出版年份
37	露天煤矿水力机械化	0.28	尼科诺夫	1955 年
38	煤矿保安资料		编写组	1955 年
39	煤矿工程图常识	0.34	编写组	1955 年
40	煤矿工业材料的管理	0.99	聂菲译夫	1955 年
41	苏联矿山掘进工程预算定额	1.45	编写组	1955 年
42	苏联煤矿工业经济组织与计划(三)	0.8	兹沃雷金	1955 年
43	怎样做好煤矿地质勘探工作	8	编写组	1955 年
44	矿井井筒的快速开凿	0.9	卡尔梅科夫	1955 年
45	矿井设计原理	0.55	纳索诺夫	1955 年
46	苏联的煤矿工业	0.1	任弼绍	1955 年
47	矿井井筒的保温	1.25	谢玛哈诺夫	1955 年
48	混凝土棚子	0.15	阮孟武	1956 年
49	矿井建设特殊施工经验	0.7	编写组	1956 年
50	矿井主要机电设备安装手册	1.4	苏叶、廖敏克	1956 年
51	矿山轨道平面布置计算	0.36	库兹涅佐夫	1956 年
52	矿山基本井巷工程(上册)	2	费德罗夫	1956 年
53	矿山基本井巷工程(下册)	2.4	费德罗夫	1956 年
54	矿山技术		编写组	1956 年
55	矿体地下开采的矿山测量工作(3 册)	1.8	奥格罗布林	1956 年
56	煤矿保安暂行规程	0.34	编委会	1956 年
57	煤矿技术操作规程	0.15	编写组	1956 年
58	煤矿井巷预计涌水量计算指南	0.57	马尔登诺夫斯基	1956 年
59	巷道掘进时炮眼直径的选择	0.7	莫斯特可夫	1956 年
60	巷道掘进与支架	0.65	编写组	1956 年
61	风钻炭钎子的修制法	0.44	李迪勋	1956 年
62	矿山巷道的掘进与支护	1.6	肖长年、钟义	1956 年
63	准备巷道掘进作业基础读本	2.2	普洛特尼柯夫	1956 年
64	水泵	0.64	编写组	1956 年
65	矿山机械学(上册)	1.95	基谢略夫	1956 年
66	矿山机械学(下册)	1.95	基谢略夫	1956 年
67	开凿竖井的放炮工	0.9	宾斯凯尔	1956 年
68	全国煤矿先进经验汇编基本建设部分——矿井建设		煤炭工业部	1956 年
69	煤炭工业机械第一卷——采煤机械	2.4	达维道夫	1956 年
70	矿井基本巷道和准备巷道掘进工读本	1.21	巴露纳克特	1957 年
71	矿体地下开采的矿山测量工作(一册)	1.7	奥格罗布林	1957 年
72	矿体地下开采的矿山测量工作(二册)	1.8	奥格罗布林	1957 年

表 7-24(续)

序号	图书名称	定价/元	作者	出版年份
73	矿体地下开采的矿山测量工作(三册)	1.8	奥格罗布林	1957年
74	煤矿设计	0.12	编写组	1957年
75	苏联煤矿竖井快速掘砌经验录编	0.9	梅民可夫	1957年
76	探矿巷道快速掘进经验	0.08	潘克拉托夫	1957年
77	瓦斯与煤压		李常益译	1957年
78	矿井支护	4.7	许自新译	1957年
79	煤炭工业第一个五年计划生产建设中若干问题的总结	1.3	编写组	1957年
80	采矿工程中矽肺和岩肺的预防	2.7	樊玉堂、祝锡五等译	1958年
81	井巷工程	2.7	伯克罗夫斯基	1958年
82	开凿竖井的新设备	0.55	苏尔米洛	1958年
83	开凿竖井时钻眼爆破作业的分析	1.7	明迪里	1958年
84	矿井建设科学研究论文选(第一集)	1.75	沈季良、杨英振译	1958年
85	矿井提升设备	1.35	编写组	1958年
86	矿山安全规程(草案)	0.84	编写组	1958年
87	矿山运输	236	斯基	1958年
88	煤矿安全技术	19.5	希菲茨	1958年
89	煤矿竖井的开凿	0.28	特鲁伯克	1958年
90	竖井的快速开凿	2.7	布罗夫曼	1958年
91	水平巷道和倾斜巷道的掘进	0.5	王其迈	1958年
92	岩层移动	0.9	何新文译	1958年
93	用钢丝绳绳股做预应力钢筋	0.12	马蒙托夫	1958年
94	钻眼爆破	1.3	编写组	1958年
95	矿业测量学	1.12	杨安民	1958年
96	钻探讲义		编写组	1958年
97	煤矿竖井表土施工	1.7	编写组	1958年
98	矿井建设经验选编(第一集)	0.32	编写组	1958年
99	竖井井筒无壁座砌壁经验	0.28	编写组	1958年
100	井巷掘进计算实例	2.3	编写组	1958年
101	水平巷道和倾斜巷道的掘进	0.5	王其迈译	1958年
102	BY-1 型风动抓岩机司机读本	0.58	金则雍译	1959年
103	爆破工读本	0.79	李志兴译	1959年
104	北京矿业学院学生科学论文集(第二辑 3 册)		编写组	1959年
105	采煤机械结构的工艺性	0.65	黄振华、谢迪德译	1959年
106	国外矿井建设经验汇编(第一集)	4.2	于英州、陈笃乾	1959年
107	井下运输线路业务	0.8	轲之译	1959年
108	井巷掘进与支护	1.3	编写组	1959年

表 7-24(续)

序号	图书名称	定价/元	作者	出版年份
109	井巷开拓和采煤方法	0.52	北京矿业学院	1959 年
110	快速修建简易煤仓和储煤场的经验	0.17	编写组	1959 年
111	矿井建设经验汇编(第一集)	0.33	编委会	1959 年
112	矿井巷道的掘进和支架	1.21	李洪译	1959 年
113	矿井新型支架手册	2.6	白东宏、汪逢祥等译	1959 年
114	矿山机械零件损坏的主要类型	0.55	孙刚译	1959 年
115	论我国岩石分级	0.5	编写组	1959 年
116	煤炭工业计划与统计常用指标计算方法(基本建设部分)	0.18	编写组	1959 年
117	煤炭工业知识	0.3	王家产	1959 年
118	巷道支架技术	0.28	魏经真	1959 年
119	矿井建设经验汇编(第二集快速施工)	0.36	编委会	1959 年
120	矿井建设经验汇编(第二集大面积高产)	0.33	编委会	1959 年
121	普通测量学	1.12	北京矿业学院普通测量教研组	1959 年
122	矿山通风与安全	3.05	山西矿业学院等	1959 年
123	井筒快速掘砌	0.65	编写组	1960 年
124	快速建井	5.85	编写组	1960 年
125	矿井建设经验汇编(第二集)	0.36	编委会	1960 年
126	矿井建设经验汇编(第二集施工新纪录)	0.52	编委会	1960 年
127	矿井开拓方式及采区巷道布置	1.15	徐成山	1960 年
128	矿井巷道水泥浆喷射支护法	0.23	张勇毅、周文	1960 年
129	矿山运输	1.7	北京矿业学院矿山运输提升教研组	1960 年
130	煤矿地质	10	瓦西列夫	1960 年
131	煤炭工业基本建设主要规程制度汇编		中华人民共和国煤炭工业部	1960 年
132	竖井井筒工程	0.6	刘允芳	1960 年
133	普通测量与矿山测量	1.5	王镇湖	1960 年
134	岩石力学与井巷支护	3.85	编写组	1960 年
135	金属矿山通风与安全	1.1	编写组	1961 年
136	矿山运输提升	1.2	编写组	1961 年
137	采煤学(上、下册)	15	北京矿业学院	1962 年
138	井巷普通施工技术	2.3	编写组	1962 年
139	井巷普通施工技术参考资料	0.1	编写组	1962 年
140	采煤概论	1.1	编写组	1962 年
141	岩石力学与支架译文专集	0.66	编写组	1962 年

表 7-24(续)

序号	图书名称	定价/元	作者	出版年份
142	矿井井筒的延深	2.97	费多罗夫	1962 年
143	矿井提升设备	1.35	杨洪托夫	1963 年
144	矿山机械	0.71	编写组	1963 年
145	煤矿地质	0.62	编写组	1963 年
146	巷道掘进		北京矿业学院	1964 年
147	煤矿保安暂行规程问答	0.16	编写组	1964 年
148	国外井巷掘砌施工经验	2.9	程义清、小桥昊译	1965 年
149	建井测量	0.7	葛叶蔚译	1965 年
150	全国煤矿岩巷掘进第二届经验交流会议展览室展品缩影		煤炭工业部基建生产办公室	1965 年
151	掘进工须知	0.15	王金福	1965 年
152	煤矿老空积水的防治	0.55	编写组	1965 年
153	煤矿设计通讯	0.15	编委会	1966 年
154	煤矿凿井专用设备施工图册(第五期)	1.4	编写组	1966 年
155	矿山井巷工程质量工作暂行办法		编写组	1972 年
156	基建矿山井巷工程施工技术操作规程		编写组	1973 年
157	电钻打眼	0.22	编写组	1974 年
158	立井井筒施工二十项经验	0.4	编写组	1974 年
159	岩巷掘进十六项经验	0.49	编写组	1974 年
160	煤矿基本建设施工队伍技术装备参考手册	0.7	编写组	1975 年
161	煤矿井下机电设备的故障与处理	2	赵宝山	1975 年
162	水体下采煤	8	滕永海、高德福、朱伟、郑志刚	1975 年
163	煤矿地质	0.42	四川矿业学院	1976 年
164	锚杆支护	3.6		1976 年
165	井巷喷射混凝土施工	0.28	冯锡壁	1976 年
166	特殊条件下锚喷支护	0.18	编写组	1976 年
167	液压泵和液压马达	0.97	上海煤矿机械研究所	1976 年
168	变配电装置的故障分析	0.54	杨阿德	1976 年
169	电子技术在煤矿中的应用	1.56	编写组	1977 年
170	工程预算定额(试行)	1	编写组	1977 年
171	煤矿立井井筒延深	0.8	煤炭工业部	1977 年
172	煤矿车清理机械化	0.29	编写组	1977 年
173	煤矿钢丝绳试验细则	0.17	编委会	1978 年
174	煤矿基本建设机电安装工程质量试行标准		煤炭建设总局	1978 年
175	喷射混凝土支护(二集)	1.15	阜新矿业学院译	1978 年

表 7-24(续)

序号	图书名称	定价/元	作者	出版年份
176	综合利用煤矸石	0.5	南票矿务局	1978年
177	煤矿铁路设计手册	2.9	兖州煤矿设计院	1978年
178	井巷掘进	3.5	淮南矿业学院井巷教研组	1978年
179	采煤学	2.2	中国矿业学院等	1979年
180	井巷工程(第一分册)	1.65	山东矿业学院、西安矿业学院	1979年
181	矿山机械	2.1	编写组	1979年
182	煤炭工业基本建设工程预算(土建部分)	2.65	煤炭工业部基本建设司	1979年
183	煤炭工业技术政策	0.28	煤炭工业部	1979年
184	在有突出危险地层中的立井掘进	0.52	罗扎恩采夫	1979年
185	不稳定岩层的井壁计算原则	0.2	林克等	1979年
186	基本建设财务制度选编		编写组	1979年
187	他们特别能战斗	2	编写组	1979年
188	光面爆破(第三集)	1.05	编写组	1979年
189	建井工程结构(上册)	1.3	淮南矿业学院、山东矿业学院	1979年
190	建井工程结构(下册)	1.1	淮南矿业学院、山东矿业学院	1979年
191	矿井地质及矿井水文地质			1979年
192	煤矿通风与安全	2.2	《煤矿通风与安全》编写组	1979年
193	矿压文集	1	编写组	1979年
194	井巷工程(第四分册)	1.2	煤炭工业出版社	1979年
195	塔式井架的设计与计算			1979年
196	采煤学(上册)		中国矿业学院等	1980年
197	采煤学(下册)		中国矿业学院等	1980年
198	井巷工程(第二分册)	2.2	煤炭工业出版社	1980年
199	井巷工程(第三分册)	1.9	煤炭工业出版社	1980年
200	井巷工程(第五分册)	1.3	西安矿业学院	1980年
201	煤炭资源地质勘探规范	1.05	煤炭工业出版社	1980年
202	煤炭工业基本建设工程预算(机电安装部分)	2.4	煤炭工业部基本建设司	1980年
203	煤矿混凝土帷幕凿井法	0.5	刘铮敏	1980年

表 7-24(续)

序号	图书名称	定价/元	作者	出版年份
204	应力与应变	1.05	W. D. 米恩斯，淮南矿业学院译	1980年
205	煤炭工业基本建设工程预算(经济部分)	1.45	煤炭工业部基本建设司	1980年
206	现代矿井的地面系统	1.0	卡弗林	1980年
207	煤炭工业基本建设工程预算			1980年
208	化学注浆法的实际应用	0.95		1980年
209	矿井提升设备的改进		陈湘楚	1980年
210	矿物岩石肉眼鉴定	0.95	方少木	1980年
211	锚喷机具使用与维护	0.35	煤炭工业出版社	1980年
212	掘进机		巴塞尔	1980年
213	立井凿岩钻架	0.5	季大濰等	1980年
214	立井井筒施工机械化	1.8	房延贤	1980年
215	矿山固定机械设备的电力拖动系统和自动化	16.5	编写组	1980年
216	煤炭工业工人技术等级标准		煤炭工业部	1980年
217	水文地质学的数值法	2.63	薛禹群等	1980年
218	电力拖动系统和自动化			1980年
219	煤质及化验基础知识			1980年
220	验收规范修订说明	0.3	煤炭工业部	1981年
221	特殊凿井	5.6	赵士弘	1981年
222	矿井粉尘译文集	1.15	煤炭科学研究院重庆研究所	1981年
223	立井大抓岩机	0.9	筒富昌	1981年
224	立井冻结壁形成规律	0.9	陈文豹、伍期建、梁慧生	1981年
225	立井筒装备	1.1	史天生	1981年
226	计算机方法在采矿工业中的应用	0.95		1981年
227	矿山井巷工程辅助费预算定额(上)	3.2	煤炭工业部基本建设司	1981年
228	矿山井巷工程辅助费预算定额(下)	2.9	煤炭工业部基本建设司	1981年
229	矿业英语注释读物(矿井固定设备)	0.5	中国矿业学院	1981年
230	矿山井巷工程辅助费预算定额基本资料	5.76	煤炭工业部	1981年
231	井巷支架计算	1.7	布雷切夫	1981年
232	数理统计与标准化			1981年
233	爆炸物手册(修订)			1981年

表 7-24(续)

序号	图书名称	定价/元	作者	出版年份
234	加固矿山岩层的化学方法	0.7	B. B. 达维道夫	1981 年
235	固体中的应力瞬变	0.4	莱茵哈特	1981 年
236	矿山井巷工程施工及验收规范	0.15	编写组	1981 年
237	立井支护机械化	0.5	林增禧	1981 年
238	喷射混凝土问答	1.2	李赤波	1981 年
239	建筑施工手册(中)			1981 年
240	岩石力学	1.6		1981 年
241	煤炭井巷锚喷支护	0.78	斯特列佐夫	1981 年
242	井巷工程(第六分册)	1.55	周文安	1982 年
243	西德煤炭工业概况	0.95	冯为民	1982 年
244	计量单位及其换算			1982 年
245	工业炸药测试新技术	1.2	编写组	1982 年
246	矿井降温指南	1.9	A. H. 舍尔巴尼等	1982 年
247	矿山井巷工程预算定额	2.8	煤炭工业部	1982 年
248	巷道装配式支架及其应用	0.75	严志才	1982 年
249	选煤厂自动化基础知识			1982 年
250	防爆知识问答	0.18	编写组	1982 年
251	煤炭工业基本建设工程预算(井巷工程辅助费部分)	2.05	煤炭工业部基本建设司	1983 年
252	国外矿井开拓与巷道布置	2.2	王玉浚等	1983 年
253	混凝土质量检测技术专辑	15	编写组	1983 年
254	《煤矿安全规程》执行说明	1.2	煤炭工业出版社	1983 年
255	高扬程吊泵与风动潜水泵	0.3	张俊生	1983 年
256	矿山井下煤仓与矿仓	3.15	张国辅	1983 年
257	岩块力学性质	1.2	李先炜	1983 年
258	国外混凝土机械		编写组	1983 年
259	矿井施工组织设计	2.4	H. K 斯坦琴柯,汪景武、李毓峰译	1983 年
260	树脂锚杆及锚固剂	0.9	郑重远、黄乃炯	1983 年
261	国外混凝土机械			1983 年
262	井巷设计	6.9	淮南矿业学院	1983 年
263	矿井地质工作手册		煤炭工业出版社	1984 年
264	矿井水文地质规程		煤炭工业出版社	1984 年
265	岩石破碎学	4.4	徐小荷	1984 年
266	多绳提升机井塔设计		编写组	1984 年
267	煤矿矿井采矿设计手册(上)			1984 年

表 7-24(续)

序号	图书名称	定价/元	作者	出版年份
268	构造应力与井巷工程稳定性		编写组	1984 年
269	矿业英语注释读物(采煤)	1.1	刘吉昌、萧桂兰	1984 年
270	立井施工	1.1	煤炭工业部基本建设司	1984 年
271	岩巷的矿压显现与合理位置	0.75	陆士良	1984 年
272	实验岩石力学模型模拟研究	1.95	林韵梅	1984 年
273	实验岩石力学模型			1984 年
274	杏花钻井施工组织设计			1985 年
275	现代岩石破碎技术	0.75	陶在朴译	1985 年
276	煤矿内部经济核算			1985 年
277	成本核算与管理			1985 年
278	岩石力学	1.1	И. Н. 卡曹罗夫	1985 年
279	国外井巷工程(四)			1985 年
280	掘进井架天轮平台的计算和设计	0.79	陈兰芬、孙成哲译	1986 年
281	矿业英语注释读物(矿井工作面设备)	0.85		1986 年
282	建井工程结构			1986 年
283	建井工程手册(一)	12.5	沈季良	1986 年
284	建井工程手册(二)	14	沈季良	1986 年
285	建井工程手册(三)	14.4	沈季良	1986 年
286	建井工程手册(四)	12.5	沈季良	1986 年
287	矿山企业建设设计	2.95		1986 年
288	矿业俄语注释读物(井巷工程)			1986 年
289	煤炭井巷工程辅助费综合预算定额	54	国家煤炭工业局	1987 年
290	立井井筒安装工艺		古泽耶、吴秀文译	1987 年
291	锚杆支护手册	3.6	希罗科夫	1988 年
292	煤炭地面建筑工程预算定额(上)		煤炭工业部	1988 年
293	煤炭地面建筑工程预算定额(下)		煤炭工业部	1988 年
294	煤炭地面建筑工程预算定额概算指标		煤炭工业部	1988 年
295	巷道掘进	1.25	宋西陀	1988 年
296	凿井工程图册(第一分册)	36.9	王介峰等	1988 年
297	凿井工程图册(第二分册)	43.6	王介峰等	1988 年
298	注浆技术经验汇编	3	曾荣秀等	1988 年
299	凿井工程图册(第四分册)	12.5	王介峰等	1988 年
300	煤炭噪声与控制	1.95	郭孝先	1989 年
301	凿井工程图册(第五分册)	6.3	王介峰等	1989 年
302	中国煤炭建设(1981—1991)		编委会	1991 年

表 7-24(续)

序号	图书名称	定价/元	作者	出版年份
303	井内吊挂凿井	2.1	曾小全、王保国	1991 年
304	煤矿安全规程		煤炭工业部	1992 年
305	煤炭工业机电安装工程预算定额		煤炭工业部	1992 年
306	煤炭工业井巷工程预算定额		煤炭工业部	1992 年
307	煤炭工业特殊凿井工程预算定额		煤炭工业部	1992 年
308	煤炭井巷工程辅助费综合预算定额		煤炭工业部	1992 年
309	中国煤炭设计四十年成就		编写组	1992 年
310	兖州矿区建设施工技术	40.8	兖州矿务局	1992 年
311	快速掘进论文集	3.6	毛光宁	1992 年
312	井筒涌水量预测及注浆堵水	3.95	李勋千等	1992 年
313	中国煤炭科学基金科研成果论文集	16	汤德全	1992 年
314	立井装备与井塔(架)施工		崔增祁等	1993 年
315	沈阳煤矿设计院志		编委会	1993 年
316	煤矿支护手册	280	邢福康	1994 年
317	围岩力学中的解析方法	55	臣子荫	1994 年
318	煤矿安装工程质量检验评定标准(上、下册)	40	煤炭工业部基本建设司	1995 年
319	煤矿安装工程质量检验评定标准条文说明		煤炭工业部基本建设司	1995 年
320	煤炭井巷工程及工程辅助费综合预算定额 93 统一基价		煤炭工业部	1995 年
321	锚喷支护工程质量检测	15	王祖和等	1995 年
322	煤矿井巷工程质量检验评定标准讲座	15	煤炭工业部基本建设司	1995 年
323	矿井建设技术论文集(1)		王传久	1995 年
324	矿山运输技术	15	张林、王波	1996 年
325	锚喷支护工程质量检测规程	15	王祖和等	1996 年
326	矿井建设技术论文集(2)	25	王传久	1996 年
327	煤炭工业设计规范(合订本)	49	能源部基建司	1997 年
328	地面与地下建设新技术论文集	25	毕孔昱、赵洪波、马玉龙	1997 年
329	井巷施工五十项经验	48	煤炭部基建局	1997 年
330	矿井建设技术论文集(3)	25	王传久	1997 年
331	矿井建设技术与管理	70	邓文芳、黄德发等	1998 年
332	注浆堵水加固技术及其应用	50	编委会	1998 年
333	凿井工程图册(第三分册)	23.7	王介峰等	1998 年
334	矿井建设技术论文集(4)	25	王传久	1998 年

表 7-24(续)

序号	图书名称	定价/元	作者	出版年份
335	立井井筒施工技术——中国凿井技术 50 年论文集	60	编委会	1999 年
336	矿井建设技术论文集(5)	31	王传久	1999 年
337	煤炭建设井巷工程辅助费综合预算定额(99 统一基价)	54	国家煤炭工业局	2000 年
338	矿井施工组织设计指南	57.5	秦庚仁	2002 年
339	简明建井工程手册(上、下册)	360	编委会	2003 年
340	永夏矿区深厚冲积层特殊凿井技术	45	张世芳等	2003 年
341	概率论与数理统计	26	周圣武	2004 年
342	煤矿支护产品实用手册	75	中煤物产集团	2004 年
343	建筑设备工程	35	魏鋆	2004 年
344	掘进工	20	王玉宝	2004 年
345	混凝土材料声发射性能研究与应用	26	纪洪广	2004 年
346	深井巷道围岩控制理论及淮南矿区工程实践	96	袁亮	2006 年
347	地下工程测量	38	郑文华	2007 年
348	井巷工程	41	宋宏伟	2007 年
349	岩土工程有限元程序设计	27	茹忠亮	2007 年
350	掘进工程	26	温永康	2007 年
351	土木工程材料	25	苏胜、张利	2007 年
352	河南煤矿立井井筒设计与施工技术	150	黄德发等	2008 年
353	流变围岩巷道支护技术	20	张立俊等	2008 年
354	煤矿开采与掘进	39	郭奉贤等	2008 年
355	煤矿爆破实用手册	300	高全臣、张金泉	2008 年
356	煤炭建设工法汇编	120	中国煤炭建设协会	2008 年
357	爆破理论及其应用	44	费鸿禄等	2008 年
358	巷道掘砌工(技师、高级技师)	35	煤炭技能鉴定中心	2008 年
359	建筑设备安装技术	28	刘光军等	2008 年
360	钻井技术	200	张永成等	2008 年
361	工程测量	25	刘俊荷	2009 年
362	工程经济概论	33	白越等	2009 年
363	煤矿建设安全规定	20	山西省煤炭工业厅	2009 年
364	冻结法凿井施工技术应用与管理	100	黄德发等	2010 年
365	钻井施工手册	120	张永成等	2010 年
366	《煤矿建设安全规定》解读	40	赵国源	2010 年
367	煤矿总工程师技术手册(共三册)	780	袁亮	2010 年
368	建筑环境与设备工程专业实验及实训指导	35	张维亚、崔蕾	2011 年
369	煤矿开拓与开采	34	胡贵祥等	2011 年
370	巷道施工	22	胡湘宏	2011 年

表 7-24(续)

序号	图书名称	定价/元	作者	出版年份
371	露天矿抛掷爆破技术研究及应用	28	李克民等	2011 年
372	煤矿建设安全规范读本	28	李馥友	2012 年
373	岩土空洞周围的压力拱及其特性	28	宋宏伟、杜晓丽	2012 年
374	煤矿建设安全规范	28	国家安全生产监督管理总局	2012 年
375	露天煤矿矿建工程施工质量评价标准(试行)	10	中煤平朔煤业有限责任公司	2012 年
376	露天煤矿矿建工程施工质量验收标准(试行)	20	中煤平朔煤业有限责任公司	2012 年
377	露天煤矿矿建工程施工质量验收资料编制规定(试行)	50	中煤平朔煤业有限责任公司	2012 年
378	注浆技术	230	张永成等	2012 年
379	巷道掘进	32	编委会	2013 年
380	矿业建设项目竣工验收管理实务	49	梁玉军	2013 年
381	选煤厂设计	29	郭玉梅等	2013 年
382	地下工程计量与计价	32	李生梅	2013 年
383	建筑设备	37	魏鋆	2013 年
384	井巷工程	39	谭云亮	2013 年
385	煤矿生态矿山建设理论与技术	40	刘建功等	2013 年
386	巷道施工技术	26	董立国	2013 年
387	深井巷道围岩破坏机理与安全控制技术研究	20	郭忠平、孙常军	2013 年
388	矿井注浆施工手册	98	张永成等	2013 年
389	煤矿防治水手册	320	武强	2013 年
390	中国煤炭建设年鉴	220	中国煤炭建设协会	2013 年
391	深井巷道围岩锚固体稳定原理及应用	35	勾攀峰	2013 年
392	采掘机械	29	栗成杰	2014 年
393	井巷工程	46	李英明等	2014 年
394	巷道施工技术	18	付希瑞	2014 年
395	掘进工程	39	煤炭教育协会	2014 年
396	矿井巷道布置(第 2 版)	19	胡贵祥	2014 年
397	注浆施工手册	120	周兴旺等	2014 年
398	矿井设计	28	陈海波	2014 年
399	巷道施工技术(第 2 版)	29	胡湘宏	2014 年
400	井巷工程(第 2 版)	37	郭军杰等	2014 年
401	煤炭建设工法汇编(2009—2010)	120	中国煤炭建设协会	2014 年
402	矿井建设工期定额	1860	煤炭工业出版社	2015 年

表 7-24(续)

序号	图书名称	定价/元	作者	出版年份
403	非煤矿山外包工程安全管理	45	廖国礼	2015 年
404	巷道掘进	12	李兆敏	2015 年
405	井巷工程	33	黄小广等	2015 年
406	钻井法凿井井筒支护结构研究与实践	98	洪伯潜、刘志强、姜浩亮	2015 年
407	矿山工程	36	中国煤炭建设协会	2015 年
408	双巷掘进无煤柱开采技术研究与实践	20	宋来武	2015 年
409	工程测量	35	宁永香	2015 年
410	选煤厂设计	36	郑均笛、李振	2016 年
411	开滦注浆减沉综放开采特厚路桥煤柱技术研究	128	钟亚平、高延法	2016 年
412	煤炭建设工法汇编	145	中国煤炭建设协会	2016 年
413	掘进工程(再版)	26	中国煤炭教育协会	2016 年
414	冻结法凿井施工手册	280	陈文豹等	2017 年
415	滑模工程案例精选	160	中煤建筑安装工程集团	2017 年
416	工程测量	42	陈坚、张玉、雷能忠	2017 年
417	竖井掘进机凿井技术	160	刘志强	2018 年
418	淮南矿区特殊凿井技术与工程实践	140	袁亮、程桦、唐永志	2018 年
419	淮南矿区深井井巷注浆技术与工程应用	120	唐永志、程桦	2018 年
420	中国煤炭建设监理 30 年	178	中国煤炭建设协会	2018 年
421	煤炭矿井工程基本术语标准	33	中国煤炭建设协会	2019 年
422	煤炭行业监理工作范例	78	中国煤炭建设协会	2019 年

7.7.2　中国矿业大学出版社矿山建设与岩土工程图书

中国矿业大学出版社创建于1985年，坐落在历史文化名城江苏省徐州市，由教育部主管、中国矿业大学主办，是我国唯一一所以矿业能源安全、环境、资源等教育和科技为专业特色的大学出版社。该社拥有纸质图书出版权、互联网出版资质和电子出版物出版资质。30多年来，努力为教学科研服务，为社会、经济、文化发展做好出版服务，锐意改革，不断创新，取得了长足的进步和发展。出版纸质图书、数字出版物等5 000余种，涵盖理、工、文、管、法、经、教育等学科，有35种图书获中国出版政府(图书)奖、中华优秀出版物奖、“三个一百”原创出版工程、国家图书奖、中国图书奖、国家科技进步奖(图书)、全国优秀图书奖、国家级优秀教材奖等国家级奖项，有400多种图书获全国高校出版社优秀著作奖、江苏省和煤炭部科技进步奖、江苏省“五个一”工程奖、江苏图书奖等省部级奖励。

目前，我社业务机构设有高等教育编辑出版中心、高职教育编辑出版中心、煤炭教育编辑出版中心、安全教育编辑出版中心、人文社科编辑出版中心、数字出版部、营销部等。拥有一支思想素质好、专业水平高、结构相对合理的编辑队伍。

中国矿业大学出版社建社以来，坚持“二为”方针，坚持走专业立社、精品兴社、特色强社的发展道路，成绩显著，被教育部评为全国教材管理先进集体，被江苏省教育厅评为全省高校校办产业先进单位。在首次全国图书出版单位等级评估中(2009)，被评为国家一级出版社，并荣获“全国百佳图书出版单位”荣誉称号。

2010 年 9 月，在教育部、新闻出版总署领导下，完成转企改制工作，注册为中国矿业大学出版社有限责任公司，实行现代化企业管理制度，步入又好又快发展的轨道，为行业和区域经济、社会、文化、教育的繁荣发展做出新贡献。

中国矿业大学出版社出版的部分矿山建设与岩土工程图书见表 7-25。

表 7-25　中国矿业大学出版社出版的部分矿山建设与岩土工程图书目录

序号	图书名称	定价/元	作者	出版年份
1	地下工程施工机械		房延贤	1985 年
2	悬臂式掘进机		黄日恒	1986 年
3	钻眼爆破简明教程		王树仁、程玉生	1989 年
4	井巷工程基础知识		巩复翔、龙占海	1990 年
5	井巷设计基础		史天生、郭晋蒲	1990 年
6	立井与车场工程		孙兆鹏、王大江、王慎吾	1990 年
7	相似理论与模拟试验		崔广心	1990 年
8	岩石混凝土损伤力学		谢和平	1990 年
9	岩土力学弹性解	5.8	孙幼兰	1990 年
10	矿井支护设计		淡鸣时	1991 年
11	井巷工程简明教程	2.9	鹿守敏	1992 年
12	中国煤矿开拓系统图集	125	陈炎光、王玉浚	1992 年
13	软岩巷道工程力学概论	8	何满朝	1993 年
14	井巷设计与施工	12.5	董方庭	1994 年
15	矿井设计指南	39	刘吉昌	1994 年
16	井巷特殊施工设计与计算	5.8	顾大钊	1994 年
17	煤矿特种结构	8	钟怀馨	1995 年
18	中国煤矿建井技术	150	路耀华、崔增祁	1995 年
19	矿山建设专业设计指导书	3.05	吴振东	1995 年
20	深厚表土层中的冻结壁和井壁	24	崔广心等	1998 年
21	矿井建设技术与管理	70	邓文芳	1998 年
22	建筑施工组织	15.6	杨平均	1999 年
23	巷道围岩稳定性预测与控制	29.5	谭云亮	1999 年
24	软岩巷道锚注加固原理与应用	18	刘长武	2000 年
25	注浆技术理论与实践	20	王国际	2000 年
26	工程制图	26.6	葛常清	2001 年

表 7-25(续)

序号	图书名称	定价/元	作者	出版年份
27	建筑装饰工程手册	498	薛健	2001 年
28	深部巷道大松动圈围岩位移分析及应用	15	靖洪文	2001 年
29	矿山建设学术会议论文选集	40	周兴旺、邓文芳等	2002 年
30	隧道工程	28	贺永年、刘志强	2002 年
31	地层注浆堵水与加固施工技术	80	黄德发、王宗敏、杨彬	2003 年
32	煤矿特殊开采方法	15	杜计平、汪理全	2003 年
33	建工教学与科研论文集	28	靖洪文	2004 年
34	井巷工程	26.8	东兆星、吴士良	2004 年
35	控制爆破技术	22	邵鹏	2004 年
36	全国矿山建设学术会议论文选集	100	周兴旺、李明远	2004 年
37	爆破工	17	安徽煤矿安全监察局	2005 年
38	爆破工程(新)	27	高尔新、杨仁树	2005 年
39	掘进工(新)B 类	6	国家煤矿安全监察局	2005 年
40	矿山建设工程新进展(2005)	84	陈明和等	2005 年
41	立井开凿安全技术操作手册	14	张馨	2005 年
42	深部矿井开采技术	40	李德忠	2005 年
43	信号把钩工	8	吴再生等	2005 年
44	岩工钻掘工程学	20	李巨龙、杨伟峰、于宗仁	2005 年
45	岩体开挖与维护	46	李凤仪、韩丛发、张国华	2005 年
46	岩土加固技术	36	韩立军	2005 年
47	反井钻机司机(巷道掘进类)	6	古惠田、荆志勇	2006 年
48	混凝土砌筑砂浆配合比应用手册	58	张淼等	2006 年
49	掘进机司机(巷道掘进类)	6	古惠田、张爱华	2006 年
50	掘进机维修工(巷道掘进类)	6	古惠田、荆志勇	2006 年
51	矿山建设工程新进展(2006)	258	周兴旺等	2006 年
52	立井信号工等(运输类)	8	古惠田、张仰泉	2006 年
53	煤矿立井井壁破裂防治技术研究	26	倪兴华	2006 年
54	隧道及网络火灾中的热动力现象研究	30	周延	2006 年
55	巷道维修工	20	轩新民等	2006 年
56	斜井信号工等(运输类)	8	古惠田、张仰泉	2006 年
57	采掘机械检修工	23	吴祥员	2007 年
58	弹性力学	30	韩江水、屈钧利	2007 年
59	工程管理的创新与发展	80	王建平等	2007 年
60	环境岩土工程	21	于广云等	2007 年
61	井筒维修工	26	尹燕森等	2007 年
62	矿山建设工程	30	王建平、靖洪文、刘志强	2007 年

表 7-25(续)

序号	图书名称	定价/元	作者	出版年份
63	煤巷锚杆支护新技术		马念杰	2007 年
64	土木工程制图与计算机绘图		鲁彩凤等	2007 年
65	现代工程爆破理论与技术	38	颜事龙	2007 年
66	巷修工	16	陈建峰等	2007 年
67	公路工程实验检测技术	42	赵宗启	2008 年
68	公路工程新技术	18	王志辉	2008 年
69	公路设计新理念与实践	29	李晋	2008 年
70	建设工程季节性施工管理	35	朱亚光等	2008 年
71	建设工程质量与安全生产管理	53	王东升、李军	2008 年
72	建筑节能	25	于惠利等	2008 年
73	井底车场图册(采矿工程专业毕业设计手册)	50	郑西贵等	2008 年
74	井筒断面图册(采矿工程专业毕业设计手册)	60	郑西贵等	2008 年
75	井巷工程	29	杨相海	2008 年
76	井巷设计优化与施工新技术	24	柏建彪等	2008 年
77	井巷维修工(中小型煤矿)	25	陶向阳等	2008 年
78	掘进工(中小型煤矿)	20	陶向阳等	2008 年
79	矿山工程 CAD	28.5	李学忠	2008 年
80	软岩工程支护理论与技术	32	靖洪文等	2008 年
81	水利工程施工技术	35	苗兴皓	2008 年
82	水利工程项目施工组织与管理	33	薛振清	2008 年
83	土木工程制图与 CAD	48	魏秀婷、刘桂	2008 年
84	巷道断面图册	95	林在康等	2008 年
85	新大瑶山隧道	88	汪纲领	2008 年
86	工程制图解题指南	22	胡元哲	2008 年
87	建设工程法律法规及相关知识	73	王东升	2009 年
88	建设工程监理法律法规及相关知识(上、下册)	115	宋锡庆、王东升	2009 年
89	建设工程施工管理	56	王东升等	2009 年
90	建设工程项目监理(上、下册)	112	王东升	2009 年
91	建设工程项目监理实务	68	王东升	2009 年
92	建设工程英语	18	王东升	2009 年
93	建设工程招投标管理	52	王东升	2009 年
94	建设项目环境管理	28	王东升	2009 年
95	井巷设计与施工技术	39.5	田建胜	2009 年
96	控制工程基础与应用	22	赵丽娟等	2009 年
97	矿井工程测量技术	21	王润生	2009 年
98	煤矿总工程师工作手册	180	刘洪	2009 年

表 7-25(续)

序号	图书名称	定价/元	作者	出版年份
99	巷道施工技术	32	韩恒梅、禄建民	2009 年
100	工程造价管理与控制	76	王东升等	2010 年
101	公路工程建设法律法规汇编	50	贾强等	2010 年
102	建筑工程相关法律法规	50	王东升等	2010 年
103	建设工程招投标实务一本通	35	陈旭、陈锦铭	2010 年
104	建筑安装工程基础知识	35	管锡珺等	2010 年
105	建筑安装工程计量与计价	42	管锡珺	2010 年
106	建筑安装工程施工与质量验收	52	管锡珺	2010 年
107	建筑工程安全生产技术与管理	33	王东升等	2010 年
108	建筑工程材料供应与管理	74	王东升、张莹	2010 年
109	建筑工程施工验收	52	周东明等	2010 年
110	建筑工程专业基础知识	55	王东升	2010 年
111	建筑工程资料管理	83	周东明等	2010 年
112	建筑机械基础知识	54	王东升、李军、张莹	2010 年
113	建筑设备控制技术	28	商利斌	2010 年
114	建筑施工机械管理与维修	31	王东升等	2010 年
115	建筑与装饰工程计量计价	67	夏宪成等	2010 年
116	建筑装饰工程基础知识	51	王东升	2010 年
117	建筑装饰施工技术	19	杨正凯等	2010 年
118	结构力学(上册)(含习题集)	36	吕恒林	2010 年
119	结构力学(下册)	26	吕恒林	2010 年
120	井巷工程	32	张恩强	2010 年
121	井巷工程计量与计价	22	唐荣康	2010 年
122	立井施工	18	张魁	2010 年
123	隧道力学	27	张向东	2010 年
124	土木建筑教学研究论文集	56	中国矿业大学力学与建筑工程学院	2010 年
125	巷道施工	18	徐新斌	2010 年
126	建设工程质量检测(全 4 册)	297	王金玉	2011 年
127	建筑识图与构造	39.8	王晓燕	2011 年
128	深厚表土层中冻结壁稳定性研究	28	王文顺	2011 年
129	施工现场临时用电	40	王泉波	2011 年
130	爆破工	22	袁志明	2011 年
131	爆破工	18	胡湘宏	2012 年
132	建设工程法律法规及相关知识(上、下册)	110	王东升	2012 年
133	建设工程强制性条文精选	89	王东升	2012 年

表 7-25(续)

序号	图书名称	定价/元	作者	出版年份
134	建设工程现代施工技术	66	王东升	2012 年
135	建筑力学	36	屈钧利等	2012 年
136	井巷工程	33	王猛	2012 年
137	土木工程材料	29	吕恒林	2012 年
138	岩体力学	30	陈海波等	2012 年
139	建设工程质量与安全管理	71	王东升	2012 年
140	建设执业师法律法规(上、下册)	95	梁泽庆、王东升、王华杰	2013 年
141	井巷工程	26.8	东兆星、刘刚	2013 年
142	井巷工程	32	张恩强、勾攀峰、陈海波	2013 年
143	井巷工程(修订)	29	杨相海	2013 年
144	煤矿矿井设计	28	汪理全、郑西贵、屠世浩等	2013 年
145	市政工程质量通病及预防措施	26	王显根	2013 年
146	矿山建设工程技术新进展	100	中国煤炭学会煤矿建设与岩土工程专业委员会	2013 年
147	公路工程病害监测与养护技术	56	赵鹍鹏、陈颖、王琨等	2014 年
148	公路工程经济分析与成本管理	60	王琨、庄传义、刘晓红等	2014 年
149	公路工程施工项目管理及优化	53	赵之仲、李忻忻、张弛等	2014 年
150	公路工程施工新理念与新技术	72	庄传义、邢德进、于叶栓	2014 年
151	公路设计新理念与案例分析	53	李晋、赵之仲、黎奎等	2014 年
152	建设工程质量与安全生产管理	80	王东升、李军	2014 年
153	建筑施工类注册安全工程师继续教育	40	张加林、黄金城	2014 年
154	井巷工程	29.8	石建军、田多、李勇军	2014 年
155	井巷工程	27.5	吕建青	2014 年
156	岩土工程	32	翟聚云	2014 年
157	建筑工程测量	25	袁文、张华海、张建	2014 年
158	工程建设安全、健康与环境管理	36.5	周建亮	2015 年
159	建筑安全技术与管理	34	翟越、叶建农	2015 年
160	井巷工程(第四版)	29	杨相海	2015 年
161	矿业工程概论(修订版)	25	汪理全、杨真、张吉雄	2015 年
162	煤矿巷道设计施工与监测	25	郭志飚等	2015 年
163	大断面硐室围岩变形机理及控制技术研究	30	崔树江、宋卫军	2015 年
164	矿井通风工程	30	倪文耀、朱锴	2015 年
165	矿山测量技术	32	田立新	2015 年
166	矿山工程 CAD	28.5	贾蓓、李建忠	2015 年
167	煤层气井建井工程	35	方世跃	2015 年

表 7-25(续)

序号	图书名称	定价/元	作者	出版年份
168	土建质量员管理与实务	48	王培森等	2015 年
169	煤矿井巷电波传播与阵列天线应用基础	36	霍羽、徐钊、张申	2015 年
170	深部巷道有控卸压与围岩稳定控制研究	30	王襄禹等	2015 年
171	矿井通风、压风与排水设备	170	张永建、齐秀丽	2015 年
172	沿空巷道窄帮蠕变失稳控制机理及其应用研究	35	王红胜、张东升	2015 年
173	越海盾构施工技术	120	郭卫社	2015 年
174	矿井运输与提升设备	180	陈维健、肖林京	2015 年
175	矿山工程地质学	35	杨晓杰等	2015 年
176	深井巷道围岩强度衰减规律研究	30	牛双建	2015 年
177	公路工程施工技术	78	王琨等	2015 年
178	公路工程施工组织管理	62	代凤娟	2015 年
179	井巷特殊施工技术	20	林登阁、乔卫国、孟庆彬	2015 年
180	矿业工程可靠性分析与设计	28	才庆祥等	2015 年
181	矿山岩石力学	26.8	赵光明	2015 年
182	土力学原理	35	刘希亮	2015 年
183	岩石流变扰动力学效应及试验装备研究	36	崔希海、李进兰、高延法等	2015 年
184	井巷工程	43	刘刚、东兆星	2016 年
185	建设工程法律法规实务	81	马凤玲	2016 年
186	矿山岩体力学	28	谢耀社	2016 年
187	深部巷道围岩破裂演化过程及其稳定控制机理	35	陈坤福	2016 年
188	深部巷道钢管混凝土支架锚索协同支护控制研究	30	魏建军	2016 年
189	建筑工程施工组织设计	39.8	庄淼等	2016 年
190	土木工程 CAD	35	王以功、刘家友	2016 年
191	厚松散层特厚煤层特大型矿井快速建设与综放开采关键技术	68	马占国、王泽民	2016 年
192	软岩巷道变形机理分析与钢管混凝土支架支护技术研究	35	王波	2016 年
193	结构工程试验	18	杜健民、范力、常鸿飞	2016 年
194	土木工程测试	23	宋雷	2016 年
195	土木工程施工	39	吴金荣、马芹永	2016 年
196	建筑施工技术	45	朱红华	2016 年
197	岩体力学(3 版)	30	陈海波、兰永伟、徐涛	2016 年
198	软岩地层中井筒控制冻结理论与实践	35	张勇等	2016 年
199	岩溶隧道防突层安全厚度研究	35	郭佳奇	2017 年
200	土力学与地基基础	45	孙武斌等	2017 年
201	破碎围岩注浆加固技术及其工程应用	38	王雨利、熊祖强	2017 年

表 7-25(续)

序号	图书名称	定价/元	作者	出版年份
202	平顶山矿区深部巷道围岩稳定控制与支护技术	65	张建国等	2017 年
203	土木工程制图	48	魏秀婷、刘桂凤	2017 年
204	钢管混凝土支架力学性能与软岩巷道承压环强化机理	39	刘国磊等	2018 年
205	爆破与井巷工程	29.8	张农、李桂臣	2018 年
206	煤矿矿井设计(3 版)	28	郑西贵、汪理全	2018 年
207	深部巷道围岩协同锚固机理及其技术应用	58	龙景奎	2018 年
208	岩土工程勘察(第二版)	39.5	吴圣林	2018 年
209	巷道施工	36	李开学等	2018 年
210	钢管混凝土支架结构力学性能实验与工程应用	38	牛学良、王波	2019 年
211	地下工程施工	38	张恩正、瞿万波	2019 年
212	综放沿空煤巷推引锚固与非对称控制	38	殷帅峰、何富连	2019 年
213	深部井巷中平施工法及其“支护固”支护理论	50	涂兴子、翟新献、李如波等	2020 年

7.7.3 人民交通出版社矿山建设与岩土工程图书

人民交通出版社成立于 1952 年，是交通运输部直属企业，拥有北京中交盛世书刊发行有限公司、北京九洲通图电子科技有限公司等 10 家企业，主营图书出版，兼营书刊销售、印刷、旅店、电子音像出版、培训等业务。2014 年 4 月 16 日，经交通运输部、财政部、国家新闻出版广电总局、国家工商行政管理总局等上级机关批准，由人民交通出版社作为主发起人，联合中国科技产业投资管理有限公司共同发起的人民交通出版社股份有限公司正式设立，注册资本 3 亿元人民币。股份公司承继人民交通出版社图书、音像制品、电子出版物和互联网出版、发行资质，继续坚持“立足交通、服务交通、服务社会”，着眼融合出版及多元化发展，趋前谋划、锐意创新，实现规模、效益、资产平稳增长，成功进军影视业，积极推进上市，成绩斐然。

坚持正确导向，实现社会效益和经济效益双丰收。公司始终不忘初心，坚持正确的文化立场，既注重经济增长，更注重文化贡献，在增强综合实力中做大文化影响。2017 年公司总资产、净资产、营业收入、利润总额分别达到 9.21 亿元、6.67 亿元、3 亿元和 0.98 亿元，总体经济规模综合评价排名在科技社第一方阵中稳中有升。与此同时，《隧道结构设计关键技术研究与应用》《青藏铁路冻土环境和冻土工程》《千米级斜拉桥设计关键技术著作书系》等多种图书与数字产品荣获中国出版政府奖、中华优秀出版物奖等奖项；实现图书版权输出零的突破，向英国、印度、美国等国家输出版权 46 项，扩大了交通文化影响。

坚持融合出版，推进数字化转型。紧跟新业态的发展，紧紧抓住国家财政支持文化创意产业发展的有利时机，加快发展数字出版。获批“国有资本金预算项目”“文化产业专项资金”等各类项目 13 项，获得国家资助资金达到 1.25 亿元。跻身国家新闻出版广电总局首批“数字出版转型示范单位”，入选国家数字复合出版系统工程应用试点单位、新闻出版广电总局专业数字内容资源知识服务模式试点单位，成为 CNONIX 国家标准应用示范单位。

今后公司将通过战略布局与资本运作，改善资产结构与经营结构，逐步实现由依靠自身内涵式积累发展向资本运作加速式扩张发展，实现由单一纸质图书出版向多媒介跨领域传播，实现由中小型企业向跨地区、跨行业、跨所有制的综合性现代出版传媒公司发展。

人民交通出版社出版的矿山建设与岩土工程类部分图书见表7-26。

表7-26 人民交通出版社出版的矿山建设与岩土工程类部分图书目录

序号	图书名称	定价/元	作者	出版年份
1	桥涵基本资料(公路设计手册)(上册)	2.6	《公路桥涵设计手册》编写组	1952年
2	涵洞(公路设计手册)	2.25	《公路桥涵设计手册》编写组	1977年
3	隧道工程		兰州铁道学院隧道工程编写组	1977年
4	电气化铁道技术专业培养方案及教学标准		人民交通出版社	1980年
5	中欧钢桥设计标准对比分析		人民交通出版社	1980年
6	公路桥隧三角测量	2.8	赵恩棠、钟孝顺	1984年
7	水下公路隧道	3.85	董国贤	1984年
8	公路桥隧地基与基础设计规范	1.4	交通部公路规划设计院	1986年
9	公路桥隧地基与基础设计规范条文说明	1.35	交通部公路规划设计院	1986年
10	公路连拱隧道设计规范	12	云南省交通规划设计研究院	1994年
11	岩土锚固工程技术	35	中国岩土锚固工程协会	1996年
12	岩土锚固技术与工程应用	60	苏自约、闫莫明、徐祯祥	1996年
13	岩土锚固新技术	58	编写组	1998年
14	岩土锚固新技术(精)	70	编写组	1998年
15	岩土锚固技术的新进展	50	苏自约	2000年
16	隧道工程	38	王毅才	2000年
17	中国钻孔灌注新发展	45	王伯惠、上官兴	2001年
18	地下工程概论	32	马桂军	2001年
19	复合地层盾构设计概论	50	洪开荣	2001年
20	公路桥隧设计规范汇编	120	人民交通出版社	2002年
21	岩土锚固工程技术与西部开发	60	编写组	2002年
22	隧道工程施工要点集(第二版)	76	关宝树	2003年
23	桩基工程检测手册	45	罗骐先	2003年
24	新型支挡结构设计与工程实例	45	李海光	2003年
25	植被护坡工程技术	36	编写组	2003年
26	复合地基设计和施工指南	40	龚晓南	2003年
27	全国岩土与工程学术大会论文集	180	中国建筑学会工程勘察分会	2003年
28	隧道设计与施工百问	27	曹文贵	2004年
29	新型支挡结构设计与工程实例	45	李海光	2004年
30	建(构)筑物地基基础特殊技术	60	史佩栋	2004年
31	土木工程施工	58	孙震	2004年

表 7-26(续)

序号	图书名称	定价/元	作者	出版年份
32	岩土锚固技术手册	95	徐祯祥、阎莫明、苏自约	2004 年
33	地铁工程设计与施工	28	编写组	2004 年
34	环境岩土工程	36	周健	2004 年
35	隧道结构力学计算	35	夏永旭	2004 年
36	王恭先滑坡学与滑坡防治技术文集	90	王恭先	2004 年
37	隧道结构力学计算	128	张凤祥	2004 年
38	沉井沉箱施工技术	35	周申一	2005 年
39	大型超深基坑工程实践与理论	35	杨国祥、赵锡宏、李侃等	2005 年
40	沈大高速公路改扩建工程技术论文集	30	刘志明	2005 年
41	地基基础设计与计算	26	朱浮声	2005 年
42	盾构隧道施工手册	75	傅德明、张凤祥	2005 年
43	FLAC 原理、实例与应用指南(1CD)	80	刘波	2005 年
44	隧道工程(第二版)	33	黄成光	2005 年
45	公路隧道运营管理(21 世纪交通版)	28	吕康成	2006 年
46	桩基工程检测手册(第二版)	45	罗骐先	2006 年
47	锚固技术在岩土工程的应用——中国岩土论文集	60	苏自约	2006 年
48	公路双连拱隧道	32	何川	2006 年
49	公路隧道运营管理	28	吕康成	2006 年
50	土力学教学与教育——第一届研讨会论文集	80	李广信	2006 年
51	山区高速公路高边坡病害防治实例	75	马惠民	2006 年
52	边坡与滑坡工程治理	98	郑颖人	2007 年
53	盾构/TBM 隧道施工实时管理信息系统	19	江玉生	2007 年
54	公路桥隧机电工程	40	赵忠杰	2007 年
55	岩土工程 20 讲——岩坛漫话	30	李广信等	2007 年
56	岩土工程 50 讲——岩坛漫话	56	李广信等	2007 年
57	地下建筑结构	25	门玉明、王启耀	2007 年
58	计算土力学	7.4	张锋、叶冠林	2007 年
59	膨胀土处治新技术理论与工程建造实践	55	杨果林	2008 年
60	隧道预支护	26	朱汉华、王迎超、祝江鸿	2008 年
61	非开挖工程学	150	马保松	2008 年
62	五指山公路隧道工程技术	45	陈先国等	2008 年
63	岩土锚固技术的新发展与工程实践	85	闫莫明	2008 年
64	地下建筑工程施工技术	37	周传波	2008 年
65	客运专线铁路路基设计技术	38	屈晓辉	2008 年
66	土力学与岩土工程师——岩土工程疑难问题答疑笔记整理之一	32	高大钊	2008 年

表 7-26(续)

序号	图书名称	定价/元	作者	出版年份
67	公路工程试验检测人员业务考试复习指南 3:桥梁隧道	32	黎霞	2009 年
68	海底隧道工程耐久性技术	35	赵铁军	2009 年
69	公路工程试验检测人员业务考试模拟练习与题解(三)(桥梁、隧道)	20	王宝群	2009 年
70	中国当代铁路客站设计理论探索	168	郑健	2009 年
71	隧道及地下工程喷混凝土支护技术	78	关宝树	2009 年
72	盾构施工技术	68	洪开荣、吴学松、陈馈	2009 年
73	膨胀土路基的气候性灾害	30	丁加明	2009 年
74	岩土工程中地下水危害防治	36	郭志业	2009 年
75	公路隧道施工技术规范(JTGF 60—2009)	55	中交第一公路工程局	2009 年
76	隧道与地下工程灾害防护	45	张庆贺	2009 年
77	岩土工程 50 讲——岩坛漫话(第二版)	56	李广信	2010 年
78	岩土工程纵横谈	50	苗国航	2010 年
79	高速公路隧道及隧道群防灾救援技术	42	王明年	2010 年
80	公路连拱隧道设计与施工关键技术	48	李志厚	2010 年
81	岩土工程勘察与设计——岩土工程疑难问题答疑笔记整理之二	78	高大钊	2010 年
82	新型支挡结构设计与工程实例	85	李海光	2010 年
83	岩土工程地层结构效应与层组参数	32	刘文白、蒋建平	2010 年
84	土的本构关系	45	罗汀、侯伟、姚仰平	2010 年
85	岩土工程师手册	258	钱七虎	2010 年
86	复杂地质条件下隧道施工安全和保障技术	30	夏才初	2010 年
87	岩土结构面体系、效应与应用	20	蒋建平、刘文白	2010 年
88	公路桥梁和隧道工程设计安全风险评估	50	张喜刚	2010 年
89	瓦斯隧道建设关键技术	55	丁睿	2010 年
90	中国隧道及地下工程修建技术	168	王梦恕	2010 年
91	公路隧道节能技术	55	韩直	2010 年
92	公路隧道设计与施工新法及其应用	32	朱汉华	2010 年
93	秦岭终南山特长公路隧道关键技术研究	100	袁雪戡	2010 年
94	边坡与滑坡工程治理(第二版)	108	郑颖人	2010 年
95	公路隧道设计细则(JTG/TD 70—2010)	67	中交第二勘察设计研究院	2010 年
96	面向低碳经济的隧道及地下工程技术论文集	49	土木学会隧道及地下空间专委会	2010 年
97	地铁车站施工	30	战启芳、杨石柱	2011 年
98	广州地铁三号线工程设计研究与实践	88	农兴中	2011 年

表 7-26(续)

序号	图书名称	定价/元	作者	出版年份
99	城市轨道交通工程技术专业教学标准与课程标准	16.5	广东交通职业技术学院	2011 年
100	弹塑性力学理论基础及工程应用	28	刘文白、蒋建平	2011 年
101	地下建筑结构(第二版)	45	门玉明	2011 年
102	深圳地铁盾构隧道技术研究与实践	48	刘建国	2011 年
103	新型支挡结构设计与工程实例(第二版)	85	李海光	2011 年
104	岩土力学与工程研究新进展——第 7 届全国青年岩土力学与工程会议论文集	128	张建民	2011 年
105	公路桥梁和隧道工程施工安全风险评估制度及指南解析	45	交通部质监局	2011 年
106	广州轨道交通五号线及珠江新城旅客自动输送系统(APM)土建工程技术研究	330	周建春	2011 年
107	公路隧道交通工程与附属设施施工技术规范(JTG/TF 72—2011)	35	重庆市交通委员会	2011 年
108	地下工程全过程平衡稳定	23	朱汉华	2011 年
109	公路分岔隧道建设技术的研究及应用	48	郭小红	2011 年
110	公路连拱隧道技术新进展	48	姚振凯	2011 年
111	富水砂卵石地层盾构施工技术	68	杨书江	2011 年
112	高速公路隧道标准化施工技术指南	116	陕西省交通建设集团公司	2011 年
113	隧道施工高瓦斯防治指南	32	张立坤	2011 年
114	城市轨道交通规划与设计(第二版)	42	毛保华	2011 年
115	广东博深高速公路隧道修建技术	38	卢正宇	2011 年
116	厦门翔安海底隧道工程技术丛书(上、下册)	180	厦门翔海隧道	2011 年
117	山区高速公路隧道施工关键技术	88	洪开荣	2011 年
118	厦门翔安海底隧道施工关键技术	150	林作雷	2011 年
119	深圳地铁 5 号线 BT 模式建设管理研究与实践	80	陈湘生	2011 年
120	多点地震动作用下卫生填埋场稳定性分析方法研究	39	尚文涛	2011 年
121	黄土公路隧道工程	35	谢永利	2011 年
122	隧道施工超前地质预报	88	叶英	2011 年
123	隧道隧洞超前地质预报	35	刘志刚	2011 年
124	城市轨道交通工程概论	60	朱丹	2011 年
125	青藏铁路冻土环境和冻土工程	88	张鲁新	2011 年
126	软弱围岩隧道施工技术	68	关宝树	2011 年
127	北京地铁盾构隧道技术	89	贺少辉	2012 年
128	城市轨道交通管理概论	50	交通运输部道路运输司	2012 年
129	无砟轨道施工测量与检测技术	66	赵景民	2012 年

表 7-26(续)

序号	图书名称	定价/元	作者	出版年份
130	地铁安全施工技术手册	50	傅鹤林	2012年
131	北京地铁砂卵石砾岩地层综合工程技术	150	雷崇红	2012年
132	浅埋小净距黄土隧道工程	28	宿钟鸣	2012年
133	地铁盾构施工	268	广州地铁设计研究院	2012年
134	土木工程结构受力安全问题的思考	30	朱汉华	2012年
135	现代隧道施工通风技术	68	杨力鑫	2012年
136	城市地铁与轻轨工程	42	高峰	2012年
137	城市轨道交通专业教学标准与课程标准汇编	66	人民交通出版社	2012年
138	公路隧道运营安全技术	75	韩直	2012年
139	海底隧道全寿命安全监控量测技术	34	王明年	2012年
140	隧道施工信息化预警	85	叶英	2012年
141	隧道与地下工程防排水指南	68	吕康成	2012年
142	花岗岩类土质边坡特性及其组合锚固设计	50	赵晓彦	2012年
143	天津站交通枢纽深大基坑工程安全监测	60	董兴平	2012年
144	中国铁路新客站系列画册之一——北京南站	120	郑健	2012年
145	富水复杂地质浅埋暗挖隧道修建技术	60	刘建国	2012年
146	杭州地铁一号线穿越钱塘江工程理论与实践	50	沈林冲、周顺华等	2012年
147	隧道施工监控量测与超前地质预报	28	吴从师	2012年
148	地下铁道	47	傅鹤林	2012年
149	公路隧道设计手册	180	郭小红	2012年
150	城市轨道交通概论	45	朱鸣	2012年
151	地下工程平衡稳定理论与应用	36	朱汉华	2012年
152	广州地铁三号线北延段盾构隧道工程施工技术研究	138	史海鸥	2012年
153	隧道结构力学计算(第二版)	34	夏永旭	2012年
154	城市轨道交通概论	35	王明生	2012年
155	广州市轨道交通五号线及珠江新城旅客自动输送系统(APM)土建工程技术研究	330	周建春	2012年
156	软弱围岩隧道稳定性变形控制技术	45	朱永全	2012年
157	软土路基工程技术研讨会论文集	60	中国铁道学会	2012年
158	隧道超前地质预报技术指南	89	李彦军	2013年
159	地铁与轻轨(第二版)	40	张庆贺	2013年
160	地下工程围岩稳定分析与设计理论	128	郑颖人	2013年
161	高速铁路跨营业线施工技术与实践	116	王高彦	2013年
162	盾构工程技术问答	45	乐贵平	2013年
163	隧道检测监测技术及信息化智能管理系统	55	仇玉良	2013年

表 7-26(续)

序号	图书名称	定价/元	作者	出版年份
164	珠江三角洲城际快速轨道交通广州至佛山段(首通段)盾构隧道工程施工技术研究	118	史海鸥	2013年
165	地铁工程测量技术指南	86	刘永中	2013年
166	广州市轨道交通土建工程工法应用与创新	338	林志元	2013年
167	厦门翔安海底隧道施工安全管理指南	36	曾超	2013年
168	山岭隧道施工技术与管理——不良地质条件下潭柘寺隧道施工	50	周世生	2013年
169	铁路线路施工与维护(第二版)	46	方筠	2013年
170	地层冻结法	68	陈湘生	2013年
171	北京典型地层盾构适应性对比与施工关键技术	108	苏斌、苏艺、江玉生	2013年
172	城市地下工程邻近施工关键技术与应用	80	宋克志	2013年
173	大直径盾构隧道技术工程示范	65	吴世明	2013年
174	真空排水预压法加固软土技术(第二版)	40	娄炎	2013年
175	New Advances in Geotechnical Engineering	268	姚仰平	2013年
176	特殊隧道工程	78	吕康成	2013年
177	运营隧道管养指南	118	叶英	2013年
178	城市轨道交通工程硬岩掘进机(TBM)技术	108	仲建华	2013年
179	广州地铁设计研究院建院20周年优秀作品集	198	广州地铁设计研究院	2013年
180	广州市轨道交通四号线工程设计总结	168	广州地铁设计研究院	2013年
181	城市轨道交通	40	彭华、蔡小培、陈峰等	2013年
182	轨道上的世界——东京都市圈城市和交通研究	68	刘龙胜	2013年
183	变质软岩隧道变形特征与支防技术——武都西隧道工程实践	100	晏长根	2014年
184	城市轨道交通地下工程计算与分析	50	周顺华	2014年
185	地基处理理论与实践新进展——全国第十三届地基处理大会论文集	98	杨小华	2014年
186	风积沙隧道设计与施工技术指南	38	仇玉良	2014年
187	深圳地铁2号线车辆基地建设实践	120	胡鹰	2014年
188	市政工程建设项目管理理论与实践	90	李斯海	2014年
189	软岩隧道变形特性和施工对策	38	陈寿根	2014年
190	上海自然博物馆与地铁13号线共建工程的建设对策	48	周顺华	2014年
191	GPS RTK 测量技术实用手册	35	张冠军	2014年
192	隧道结构设计关键技术研究与应用	145	孙钧	2014年
193	跨座式单轨交通车辆道岔结构及分析	56	仲建华	2014年
194	公路隧道工程质量通病防治手册	35	交通部工程质量监督局	2014年

表 7-26(续)

序号	图书名称	定价/元	作者	出版年份
195	滑坡区域性分布规律与防治	68	成永刚	2014 年
196	隧道施工百问	49	李树忱	2014 年
197	土木工程结构变形协调与受力安全	49	朱汉华	2014 年
198	多相土石复合介质电阻率特性及其应用	35	赵明阶	2014 年
199	公路隧道通风设计细则(JTG/TD 70/2—02—2014)	70	招商局重庆交通设计院	2014 年
200	隧道施工(第二版)	43	宋秀清、刘杰	2014 年
201	包家山隧道修建技术与创新	55	胡平	2014 年
202	地下空间利用概论	30	夏永旭	2014 年
203	泥石流堆积体隧道工程理论与实践	38	朱正国	2014 年
204	土木工程施工	58	张震、穆静波	2014 年
205	铁路立体交叉隧道影响分区与施工技术	68	李玉峰	2014 年
206	岩土锚固新技术的工程应用	128	罗强	2014 年
207	ABAQUS 软件的工程应用实例集	68	史旦达	2015 年
208	城市轨道交通工程关键施工技术	100	北京城建集团	2015 年
209	程良奎科技论文集——岩土锚固·喷射混凝土·岩土工程稳定性	158	程良奎	2015 年
210	公路隧道建设安全风险动态评估与控制技术	36	刘学增	2015 年
211	贵州省高速公路瓦斯隧道施工技术指南	30	贵州省交通运输厅	2015 年
212	锚固类结构优化设计与施工	200	曾宪明	2015 年
213	公路隧道光环境技术	60	贵州省交通运输厅	2015 年
214	贵州典型地层公路隧道稳定性分析	70	贵州省交通运输厅	2015 年
215	贵州省高速公路隧道检查指南	35	贵州省高速公路管理局	2015 年
216	CRTSⅢ型板式无砟轨道施工技术	27	蔡新宁	2015 年
217	地铁域地下空间利用的工程实践与创新	198	陈湘生	2015 年
218	广州地铁土建工程工法应用与创新	338	林志元	2015 年
219	工程地质	39	沈艳	2015 年
220	客运专线隧道施工技术交底汇编	48	洪开荣	2015 年
221	重庆轨道交通工程暗挖施工技术	68	洪开荣	2015 年
222	隧道工程	55	杨林德	2015 年
223	不良、特殊地质条件隧道施工技术及实例(二)	68	肖广智	2015 年
224	深圳城市轨道交通工程风险分析与安全评价	56	林茂德、肖民等	2015 年
225	隧道施工动态风险管理与监控评估	95	李献民	2015 年
226	城市轨道交通线路动力学	68	宫全美	2015 年
227	合肥市城市轨道交通工程安全文明施工标准化图集	80	张思源	2015 年

表 7-26(续)

序号	图书名称	定价/元	作者	出版年份
228	城市轨道交通企业信息系统的建设与应用	55	何霖	2016 年
229	城市轨道交通企业资产管理信息化	88	何霖	2016 年
230	公路隧道工程预算编制	36	周荣英	2016 年
231	广州地铁六号线首通段盾构隧道工程施工技术研究	118	王洪东	2016 年
232	轨道交通列车轴承与悬挂系统故障诊断	53	贾利民、魏秀琨	2016 年
233	国内外盾构法隧道施工实例	118	陈馈	2016 年
234	抗滑桩加固堆积型滑坡地震响应的离心振动台模型试验研究	44	刘红帅	2016 年
235	颗粒离散元法及其在砂土力学性质细观模拟中的应用	62	史旦达	2016 年
236	热棒工程	98	郭宏新、马巍、熊治文	2016 年
237	隧道混凝土湿喷台车操作技术手册	58	申志军	2016 年
238	现代地铁民用无线通信	56	蒲先俊、陶孟华	2016 年
239	硬岩地层城市地铁修建关键技术	62	刘泉维	2016 年
240	中国盾构工程科技进展	238	吴煊鹏	2016 年
241	城市地铁枢纽站线工程施工关键技术	80	洪开荣	2016 年
242	公路隧道高效爆破精细控制技术原理与实践	56	陈力华	2016 年
243	运营隧道缺陷与病害整治技术	45	申志军	2016 年
244	Morden Railway Engineering Consultation	75	朱颖	2016 年
245	盾构施工技术(第二版)	98	洪开荣	2016 年
246	铁路隧道施工新技术	70	肖广智	2016 年
247	城市轨道交通大客流风险动态控制理论与方法	39	李得伟	2016 年
248	城市轨道交通工程施工案例精选	168	中铁十八局集团	2016 年
249	衡水湖湿地湖泊相软土研究	40	刘春原	2016 年
250	混凝土结构隐伏缺陷的超声波成像识别技术及其应用	38	赵明阶	2016 年
251	挪威隧道岩体注浆	36	杨秀仁、周书明	2016 年
252	西北干寒地区高性能混凝土性能与配制技术	48	王起才、张戎令	2016 年
253	不良、特殊地质条件隧道施工技术及实例(三)	58	肖广智	2016 年
254	大型复杂滑坡和高边坡变形破坏防治理论与实践	98	王恭先	2016 年
255	隧道地质预报手册	168	叶英	2016 年
256	铁道工程技术专业培养方案及教学标准	120	魏永幸	2016 年
257	2016 中国盾构工程技术学术研讨会论文集	168	乐贵平、吴煊鹏、方江华	2016 年
258	地下工程概论	32	马桂军、赵志峰、叶帅华	2016 年
259	电气化铁道技术专业培养方案及教学标准	120	人民交通出版社	2016 年

表 7-26(续)

序号	图书名称	定价/元	作者	出版年份
260	矿山法隧道关键技术	80	关宝树	2016年
261	无砟轨道铁路路基——技术关键、路径与措施	28	魏永幸	2016年
262	地铁与轻轨工程	28	曾润忠	2016年
263	地下工程平衡稳定理论与关键技术及应用	30	朱汉华	2016年
264	高速公路隧道建成早期衬砌裂损预防与处治技术指南	30	重庆交委工程质量安监局	2016年
265	砂岩泥岩单护盾 TBM 地铁施工技术	68	中交第一公路工程局	2016年
266	高填方机场岩土工程技术指南	80	周虎鑫	2017年
267	铁路隧道概率极限状态设计方法及应用	75	赵东平	2017年
268	山地城市核心区轨道交通施工期间交通组织——贵阳的实践	40	李红卫、张乾国	2017年
269	隧道及地下工程安全文明施工标准化图集	80	中国中铁隧道集团公司	2017年
270	王梦恕院士文集	218	王梦恕	2017年
271	无水砂卵石地层土压平衡盾构施工技术——乌鲁木齐轨道交通1号线土压平衡盾构施工实践	85	孙礼超	2017年
272	长江鸡扒子特大型滑坡整治技术	30	刘书伦	2017年
273	城市轨道交通工程施工安全隐患和风险管理精细化手册	118	魏康林	2017年
274	挪威隧道水控制	58	杨秀仁、周书明	2017年
275	川藏铁路建设的挑战与对策——2016学术交流会论文集	180	朱颖	2017年
276	轨道工程	49	杨荣山	2017年
277	合肥市城市轨道交通工程安全文明施工标准化图集（第二版）	120	张思源	2017年
278	合肥市轨道交通2号线土建工程关键技术	120	张思源	2017年
279	宁波育王岭地铁隧道施工技术	80	朱瑶宏	2017年
280	城市轨道交通车辆制动系统(第二版)	39	刘柱军	2017年
281	支挡结构设计的可靠性	67	魏永幸	2017年
282	穿越轨道交通工程风险控制	48	彭华	2017年
283	公路隧道运营管理手册	90	夏永旭	2017年
284	软弱破碎围岩长大隧道变形控制关键技术	80	山西省交通科学研究院	2017年
285	边坡锚固结构作用机理与耐久设计	50	何思明	2017年
286	大型地下空间工程建造关键技术研究	68	刘卡丁	2017年
287	公路盾构隧道设计指南	70	郭小红、拓勇飞	2017年
288	广州市轨道交通三号线北延段土建工程技术研究	98	广州地铁设计院	2017年
289	足迹:深圳地铁7号线建设光影纪实	227	深圳市地铁集团有限公司	2017年

表 7-26(续)

序号	图书名称	定价/元	作者	出版年份
290	地铁站后工程技术与管理实务	218	黄力平	2017 年
291	富水岩溶地层大断面公路隧道施工关键技术	78	方勇	2017 年
292	硬岩地层地铁修建关键技术(一)	90	刘泉维	2017 年
293	吹填场地静动组合排水固结技术与实践	60	吴名江	2018 年
294	盾构与掘进关键技术	198	洪开荣	2018 年
295	蒙华重载铁路隧道修建关键技术	96	刘辉	2018 年
296	岩土锚固技术的新发展与工程应用	150	向建等	2018 年
297	2018 年第四届中国盾构工程技术学术研讨会论文集	168	乐贵平、方江华、钟长平	2018 年
298	城市轨道交通网络运营组织理论与方法	68	毛保华	2018 年
299	高速公路隧道工程安全风险评估理论与实践	145	薛亚东	2018 年
300	类矩形盾构隧道工程技术研究	108	朱瑶宏	2018 年
301	铁路工程测量手册	168	铁道第三勘察设计院	2018 年
302	土工试验与原位测试	36	温淑莲	2018 年
303	砂层注浆理论与实践	48	刘人太	2018 年
304	云桂铁路复杂地质条件隧道施工关键技术	80	莫智彪	2018 年
305	地下工程安全风险智能化监测与管控	138	朱瑶宏	2018 年
306	地下建筑结构设计原理与方法	49	李树忱	2018 年
307	公路隧道结构计算改进探索与工程实践	68	田志宇	2018 年
308	城市轨道交通车辆电器(第二版)	32	吴冰	2018 年
309	城市轨道交通信号楼值班员	39	郑州市轨道交通有限公司	2018 年
310	复杂环境条件下地铁土建施工技术创新与实践——深圳地铁 7 号线工程技术研究成果总结	108	黄力平	2018 年
311	铁路线路及站场	37	夏栋	2018 年
312	高风险隧道施工安全技术管理	98	《高风险隧道施工安全技术管理》编委会	2018 年
313	胡麻岭富水弱胶结砂岩隧道施工技术	68	周烨	2018 年
314	中国盾构工程产品企业名录	198	北京盾构工程协会	2018 年
315	New Advances in Geotechnical Engineering(岩土工程新进展)	228	姚仰平	2018 年
316	跨区域城市轨道交通建设与运营实践	50	昆山市轨道交通公司	2018 年
317	自重湿陷性黄土的水气运移及力学变形特征	60	姚志华	2018 年
318	城市地质工作的利器——可控源音频大地电磁测深与微动测深	32	徐光辉	2018 年
319	城市轨道交通车辆基地设计实践与创新	168	邱绍峰	2018 年
320	TBM 设计与施工	148	陈馈	2018 年

表 7-26(续)

序号	图书名称	定价/元	作者	出版年份
321	城市轨道交通快线关键技术创新与应用——深圳地铁 11 号线工程	128	深圳地铁有限公司	2018 年
322	深圳地铁政府验收实践	88	蒲先俊	2018 年
323	现代地铁设备系统分析	118	蒲先俊	2018 年
324	类矩形盾构法隧道施工与验收标准	24	宁波市轨道交通集团	2018 年
325	大直径盾构法技术	128	上海隧道工程有限公司	2019 年
326	大直径泥水盾构施工技术指南(Q/CRCC)	58	中国铁建股份有限公司	2019 年
327	BIM 在土建工程中应用案例精选	118	刘辉、李昌宁	2019 年
328	城市轨道交通工程硬岩双护盾 TBM 隧道修建关键技术	138	李志军、黄永生	2019 年
329	城市轨道交通施工标准化作业指南(土建卷)	148	刘辉	2019 年
330	高速铁路隧道机械化施工关键技术	68	张丕界、张旭东、王更峰等	2019 年
331	轨道交通隧道系统动力学	70	周顺华	2019 年
332	欧洲(法国)标准大跨度软岩公路隧道设计实践	49	曹校勇	2019 年
333	全风化花岗岩改良土路基稳定性研究	28	易文	2019 年
334	山区峡谷地带索道桥施工技术指南	58	中交一公司海威分公司	2019 年
335	隧道设计理论与方法	288	赵勇	2019 年
336	铁道概论(第二版)	49	肖荣	2019 年
337	铁路隧道钻爆法施工机械化配套技术	80	卓越	2019 年
338	新时代城市轨道交通创新与发展(广州 2019)	68	张林洪	2019 年
339	岩土工程试验、检测和监测——岩土工程实录及疑难问题答疑笔记整理之四	155	高大钊	2019 年
340	TK-C500 土工离心机实验室的建设与应用	42	张宇亭	2019 年
341	地方铁路与城际轨道交通危大工程专项施工方案示例	120	陈尚新	2019 年
342	贵阳城市轨道交通 1 号线建设总结(上、下册)	300	陈发达	2019 年
343	区域城际轨道交通工程施工技术指南	365	浙江杭海城际铁路公司	2019 年
344	大直径顶管穿越复杂河床施工技术	48	王剑锋	2019 年
345	浅埋暗挖隧道穿越既有线施工技术	108	杨会军、王梦恕	2019 年
346	中国盾构工程科技新进展	368	吴煊鹏、乐贵平、江玉生	2019 年
347	重载铁路黄土隧道修建关键技术	108	谢江胜	2019 年
348	复合地层盾构隧道隐蔽岩体环保爆破新技术	98	竺维彬、孟庆彪、米晋生	2019 年
349	高速铁路及轨道交通站台门集成化创新与应用	118	张琨、朱丹	2019 年
350	浅埋软岩超大断面地铁暗挖车站修建关键技术	88	陈章林	2019 年
351	交通强国战略研究(第一卷)	280	傅志寰、孙永福等	2019 年
352	交通强国战略研究(第二卷)	280	傅志寰、孙永福等	2019 年

表 7-26(续)

序号	图书名称	定价/元	作者	出版年份
353	交通强国战略研究(第三卷)	280	傅志寰、孙永福等	2019 年
354	大直径泥水盾构施工技术指南	58	曲乐	2019 年
355	软土地区胶结桩复合地基技术标准	32	中国铁建股份有限公司	2019 年
356	中低速磁浮轨道工程施工及验收标准	49	中国铁建股份有限公司	2019 年
357	城市轨道交通工程施工组织与概预算	86	王立勇	2019 年
358	城市地下空间开发	45	王晓睿	2019 年
359	地铁车站及区间隧道施工安全风险控制	50	杜建华	2019 年
360	地铁前期工程技术与管理实务	228	胡鹰	2019 年
361	地铁站后工程技术与管理实务(第二版)	238	胡鹰	2019 年
362	连云港赣榆港区吹填土工程特性与地基加固实践	45	邓永锋	2019 年
363	宁波轨道交通异形长大深基坑设计施工关键技术	56	朱瑶宏	2019 年
364	深圳城市轨道交通 11 号线盾构施工技术及管理实践	138	深圳市地铁集团有限公司	2019 年
365	土的本构关系(第二版)	45	姚仰平、罗汀、侯伟	2019 年
366	中国高铁土建技术	99	范建国、王东元	2019 年
367	盾构设计与施工	195	胡鹰	2019 年
368	浅埋软弱地层超大断面隧道修建技术	68	张俊儒	2019 年
369	隧道工程	48	王成	2019 年
370	复杂边界约束的桥梁拉索索力识别与参数分析	30	黄娟	2019 年
371	机场高填方工程基础理论与应用	46	姚仰平	2019 年
372	漫话土力学	86	李广信	2019 年
373	桥梁批评研究	30	李莹	2019 年
374	隧道全电脑凿岩台车技术及应用	70	中国铁建重工集团	2019 年
375	温州市域铁路创新与实践	138	中铁四院	2019 年
376	综合客运枢纽换乘导向系统建设指南	48	江苏省交通运输厅	2019 年
377	穿越既有线路地铁暗挖施工关键技术	70	赵胜	2019 年
378	粗颗粒盐渍土路基工程	56	张莎莎、杨晓华	2019 年
379	地下工程概论	30	史红	2019 年
380	贵阳喀斯特地貌山地城市轨道交通修建技术创新与实践	128	陈发达	2019 年
381	抗裂耐久半刚性基层沥青路面关键技术及工程示范	58	蒋应军、乔怀玉	2019 年
382	深圳市交通工程施工安全技术标准化指南	108	深圳市交通运输委员会	2019 年
383	公路瓦斯隧道施工及安全技术(第二版)	75	贵州路桥集团有限公司	2020 年
384	全体外预应力混凝土节段拼装箱梁桥	70	石雪飞	2020 年
385	超大跨径柱式塔斜拉桥关键技术研究与实践	95	胡可	2020 年

表 7-26(续)

序号	图书名称	定价/元	作者	出版年份
386	成兰铁路不良地质隧道建造关键技术创新与实践——典型案例汇编篇	98	鲜国	2020 年
387	公路桥梁工程建造精度体系	42	马祖桥	2020 年
388	桥梁塔柱温度应力控制技术研究	38	马祖桥	2020 年
389	全断面隧道掘进机操作技术及应用	168	中铁隧道局集团有限公司	2020 年
390	斜拉桥同向回转拉索体系	80	胡可、杨晓光、石雪飞	2020 年
391	城市轨道交通信号与通信系统	39	王宏刚	2020 年
392	中欧岩土工程勘察和试验标准对比分析	200	中交第二勘察设计研究院	2020 年
393	中欧岩土工程设计标准对比分析	300	中交第二勘察设计研究院	2020 年
394	可拆解盾构装备研发及工程应用	80	姚燕明	2020 年
395	全断面隧道掘进机操作培训教程	100	孙振川	2020 年
396	铁路盾构及 TBM 隧道施工技术及实例	85	肖广智、郑孝福	2020 年
397	公路隧道施工技术规范(JTG/T 3660—2020)	42	中国交通运输部	2020 年

7.7.4　中国铁道出版社矿山建设与岩土工程图书

中国铁道出版社 1951 年 8 月创立于北京，直属于中国铁路总公司(原铁道部)，致力于服务中国铁路科技发展和轨道交通事业进步，形成了特色鲜明、专业突出、发展强劲的深厚积淀。60 多年来，中国铁道出版社以出版轨道交通专业图书为主，出版物涉及科技与文化、学历教材、经济管理、计算机应用、社会生活等领域，共出版图书及音像电子出版物等 3 万多种，先后有 400 多种出版物获中国出版政府奖、中华优秀出版物奖、“五个一”工程奖等国家级奖项和多个省部级奖项。作为中国铁路规章、规范、标准的权威出版机构，中国铁道出版社在铁路交通、城市轨道交通及其延伸领域，学术专著，职工培训教材和学历教材出版等方面具有独特的内容资源和作者、编辑队伍优势，出版实力雄厚，青藏铁路、京沪高速铁路、大秦铁路重载技术、高速铁路建造技术等重点图书的出版发行广受业界好评，在科技出版和广大读者中有良好影响和声誉。目前，年出版图书 2 800 多种，出版码洋 5 亿多元，是铁路科技出版领域的先锋和重镇。2010 年 7 月，中国铁道出版社改制为企业，对内革新体制机制，激发企业活力，对外开展广泛合作，延伸出版产业链条，现已发展为具有图书、音像、电子、期刊、铁路专题地图、数字出版权的多学科、多类型、多层次、多载体形式出版能力的综合性出版机构。目前，出版社下设铁路运营出版中心、铁路建设与城轨出版中心、铁路文化与综合出版中心、教材出版中心、大众出版中心、音像电子与科普出版中心及数字出版中心 7 个出版部门；下辖中国铁道出版社印刷厂、北京时刻文化传媒中心等 30 家社属企业，形成了多元经营发展格局。

中国铁道出版社 1999 年以后出版的矿山建设与岩土工程类部分图书见表 7-27。

表 7-27 中国铁道出版社 1999 年以后出版的矿山建设与岩土工程类部分图书目录

序号	图书名称	定价/元	作者	出版年份
1	岩土工程数值计算	29.5	雷晓燕	1999 年
2	岩石隧道掘进机(TBM)施工及工程实例	100	编委会	2004 年
3	岩土工程与路基(第二版)	49	罗嘉运	2006 年
4	掘进机与盾构机	46	唐经世、唐元宁	2009 年
5	复杂环境下盾构下穿运营隧道综合技术	80	陈湘生、李兴高	2011 年
6	铁路岩土工程检测技术	60	杨怀玉、孙树礼、任春山	2011 年
7	隧道设计与施工——岩土控制变形分析法(ADECO-RS)	180	Pietro Lunardi	2011 年
8	图解铁路不良地质与特殊岩土隧道施工安全及逃生	28	高军	2012 年
9	框架桥盾构法施工技术	35	李家稳	2012 年
10	复杂岩溶山区宜万铁路修建技术	58	申志军	2013 年
11	煤矿开采方法	25	赵贤雍	2013 年
12	矿井通风与安全	25	孔祥朝	2013 年
13	高速铁路特长水下盾构隧道施工技术	85	洪开荣	2013 年
14	岩溶隧道安全施工与灾害防治研究	45	刘新福	2014 年
15	铁路岩溶路基与注浆技术	39	孙健家、汪水清等	2014 年
16	煤矿与黄土地区隧道工程	68	宋福	2014 年
17	软岩隧道风险控制与管理	49	张修和	2015 年
18	复杂条件下铁路大直径泥水盾构施工综合技术	76	张凤龙	2015 年
19	综合管廊与管道盾构	80	雷升祥等	2015 年
20	北京地铁盾构隧道设计与施工技术	80	杨秀仁等	2016 年
21	煤矿长距离斜井盾构原位地下拆解及配套技术	40	宋伟俊	2016 年
22	盾构施工煤矿长距离斜井关键技术	120	杨俊哲、夏国斌等	2016 年
23	变质片岩长大隧道综合施工技术	48	刘新福等	2017 年
24	盾构(TBM)施工实践与工程案例	275	李增良、邓勇、雷升祥等	2017 年
25	地铁叠线盾构区间隧道下穿高铁轨道群施工关键技术	30	任立志、张述毕、李围等	2018 年
26	地铁区间隧道零距离下穿运营车站矿山法施工关键技术	26	和孙文、惠世前、胡德华等	2018 年
27	盾构隧道孤石地层探测及处理关键技术	26	白伟、张业勤、黄胜等	2018 年
28	岩溶区高速铁路隧道修建技术	86	邓勇、孙星亮、吴应明等	2019 年
29	盾构施工标准化图集	80	邓勇、文珂、李增良	2019 年
30	北京城市轨道交通工程建设矿山法安全风险控制技术及典型案例	143	罗富荣、林纯鹏、孙长军	2019 年
31	地铁车站岩溶高承压强富水带处理关键技术	30	宋卫强、刘文丽、娄在明等	2019 年
32	复杂环境深厚基岩地连墙施工成套技术	32	宋卫强、李围、刘文丽等	2019 年

表 7-27(续)

序号	图书名称	定价/元	作者	出版年份
33	北京城市轨道交通工程建设盾构法安全风险控制技术及典型案例	80	刘天正、杨志勇、孙长军	2019 年
34	硬岩掘进机	120	刘志强译	2019 年
35	岩石掘进机(TBM)施工关键技术	188	王江卡、谭顺辉、陈馈等	2019 年
36	盾构施工关键技术	287	陈馈、谭顺辉、王江卡等	2020 年
37	铁路隧道软弱围岩台阶法快速施工管理手册	38	国家铁路集团工程管理中心	2020 年

7.7.5　科学出版社矿山建设与岩土工程图书

科学出版社由中国科学院编译局与 1930 年创建的龙门联合书局于 1954 年 8 月合并成立;2007 年 4 月转制改企为科学出版社有限责任公司;2011 年完成股份制改造,整体变更设立为中国科技出版传媒股份有限公司(以下简称"公司")。2017 年 1 月 18 日,公司在上海证券交易所主板挂牌上市(股票简称:中国科传,股票代码:601858),成为中央出版集团上市第一股。

60 多年来,众多在中国科技发展史上留下光辉篇章的院士和学者,其重要的科研成果大多都是通过科学出版社的图书和期刊来发表的。华罗庚、钱学森、陈景润、屠呦呦、袁隆平……正是这些大家组成了科学出版社的作译者队伍,从而铸就了"科学家的出版社"这一出版品牌。60 多年来,科学出版社作为新中国科技出版的"国家队",与新中国科技事业一路同行,见证和记录了新中国科技发展的历程与成就。

60 多年来,科学出版社依托中国科学院,秉承多年来形成的"高层次、高水平、高质量"和"严肃、严密、严格"的优良传统与作风,坚持为科技创新服务、为科学传播服务、为广大作者和读者服务的宗旨,面向世界科技前沿,面向国家重大需求,面向国民经济主战场,充分挖掘国内外优良出版资源,重视重大出版工程建设,形成了以科学、技术、医学、教育、人文社科为主要出版领域的业务架构。目前科学出版社每年出版新书 4 000 多种,期刊 300 多种,拥有《中国科学》杂志社有限责任公司、北京龙腾八方文化有限责任公司、北京中科进出口有限责任公司等 23 个下属分、子公司;在成都、武汉、南京、西安、石家庄、沈阳、广州、苏州,以及美国、日本、法国均设立了分支机构,建立了完善的全球出版、发行网络,是国内最大的综合性科技出版机构。

公司始终坚持"专业化、精品化、系列化"的出版理念,高度重视重大重点出版工程建设,入选国家出版基金项目 42 项;入选国家科学技术学术著作出版基金项目占总数的一半以上;入选"十二五"国家图书重点出版规划项目 90 个、"十三五"国家重点图书出版规划项目 70 个;入选"三个一百"原创出版工程 15 种;等等。公司入选各类出版基金和国家级规划项目的数量均在全国出版社中位列前茅。

公司荣获各类国家级出版荣誉的数量也在全国出版社中位居前列:1993 年荣获国家首批"全国优秀出版社"称号;自 1997 年以来,公司共有 12 项图书及成果先后荣获国家科学技术进步二等奖(科普类);自 2006 年中国出版工作者协会启动中华优秀出版物奖评选以来,公司在 6 届评选中共有 9 项图书获奖;自 2007 年国家新闻出版广电总局启动中国出版政府奖以来，公司共获得先进出版单位奖、图书奖、期刊奖等各类荣誉 28 项，其中图书奖 14 项；2009 年荣膺“全国百佳图书出版单位”称号；2012 年，公司被中宣部、文化部、广电总局、新闻出版总署四部委联合授予“全国文化体制改革工作先进单位”光荣称号；自 2012 年以来，公司连续多年被首都精神文明建设委员会授予“首都文明单位”称号。

科学出版社 2013 年以后出版的矿山建设与岩土工程类图书见表 7-28。

表 7-28 科学出版社 2013 年以后出版的矿山建设与岩土工程类图书目录

序号	图书名称	定价/元	作者	出版年份
1	20 世纪中国知名科学家学术成就概览·能源与矿业工程卷·矿业科学技术与工程分册	148	杜祥琬	2013 年
2	高浓度大流量管输充填技术与工艺	135	姚维信、姚中亮等	2014 年
3	煤矿围岩控制	198	翟新献、翟俨伟	2014 年
4	特大型镍矿充填法开采理论与关键技术	105	陈得信、蔡美峰等	2014 年
5	20 世纪中国知名科学家学术成就概览·土木水利与建筑工程卷·第一分册	138	周干峙	2015 年
6	特大型镍矿数字化矿山建设与进展	68	包国忠、乔富贵等	2015 年
7	高烈度地震区山岭隧道工程抗减震技术	120	申玉生、高波等	2015 年
8	高性能混凝土结构抗火设计原理	120	肖建庄	2015 年
9	隧道工艺力学	120	邵珠山	2016 年
10	煤矿采空区岩体结构及地面建筑地震安全防护	168	魏晓刚、麻凤海、刘书贤	2016 年
11	深埋软岩隧洞稳定性控制理论与技术	110	张传庆等	2016 年
12	深厚冲积层冻结法凿井理论与技术	258	李功洲	2016 年
13	深厚冲积层冻结法凿井理论与技术	218	程桦	2016 年
14	混凝土结构设计原理	58	张克跃	2016 年
15	大型地下水封洞库围岩流变力学与长期安全性分析	100	徐卫亚等	2016 年
16	黄土公路连拱隧道	138	刘新荣、钟祖良	2017 年
17	反井钻机	138	刘志强	2017 年
18	煤炭安全高效绿色开采技术与战略研究	150	谢和平等	2017 年
19	黄土隧道结构的地震动稳定	85	程选生	2017 年
20	感知矿山理论与应用	179	葛世荣	2017 年
21	定向断裂控制爆破理论与实践	298	杨仁树、杨国梁、高祥涛	2017 年
22	方钢管混凝土框架内置开洞钢板剪力墙的性能与设计方法	95	王先铁等	2017 年
23	矿井建设技术	355	刘志强	2018 年
24	钢管煤矸石混凝土结构的抗震性能	135	李帼昌、张海霞、杨志坚	2018 年

表 7-28(续)

序号	图书名称	定价/元	作者	出版年份
25	特殊地下空间的开发利用	160	谢和平等	2018 年
26	深部冻土力学特性与冻结壁稳定	99	赵晓东等	2018 年
27	深部煤层群卸压开采应力场演化效应及工程应用	138	杨科	2018 年
28	自定心抗震结构体系——理论、试验、模拟与应用	179	郭彤	2018 年
29	BOT 模式高速公路工程施工总承包管理实务	109	邓勇等	2019 年
30	土木工程制图	45	曹琳	2019 年
31	织物增强混凝土理论研究与应用探索	199	荀勇、支正东	2019 年
32	港珠澳大桥岛隧工程论文集卷Ⅰ	218	中交港珠澳大桥岛隧项目部	2019 年
33	港珠澳大桥岛隧工程论文集卷Ⅱ	268	中交港珠澳大桥岛隧项目部	2019 年
34	港珠澳大桥岛隧工程论文集卷Ⅲ	198	中交港珠澳大桥岛隧项目部	2019 年
35	港珠澳大桥岛隧工程外海沉管安装	218	林鸣等	2019 年
36	煤矿采掘工作面多场联合探测技术及突水灾害源预报研究	109	占文锋等	2019 年
37	岩土塑性力学(英文版)	180	刘元雪	2019 年
38	土木工程制图(含习题集)(第二版)	72	杨谆、雷光明、杨水成	2019 年
39	土木工程制图	48	曹琳	2019 年
40	悬索桥隧道锚岩石力学关键技术及应用	139	邬爱清等	2019 年
41	边坡稳定性整体分析理论与方法	78	孙冠华等	2019 年
42	通透肋式隧道修建技术	108	陈善雄等	2019 年
43	自膨胀高强预压岩土体锚固理论与技术	88	刘杰等	2019 年
44	土木工程制图习题集	24	曹琳	2019 年
45	高等岩土塑性力学	120	刘元雪、郑颖人	2019 年
46	煤矿井下随钻测量定向钻进技术与装备	328	石智军	2019 年
47	隧道工程地震响应分析方法及抗减震技术	98	赵武胜等	2019 年
48	大型地下洞室开挖微震监测与围岩稳定性评价	108	戴峰、李彪	2019 年
49	岩体力学特性尺寸效应与工程实践	208	张春生等	2019 年
50	岩石拉伸断裂试验与破断机理	138	戴峰、魏明东	2019 年
51	中国大盾构——中国全断面隧道掘进机及施工技术发展史	328	李建斌、才铁军	2020 年
52	中国学科发展战略·大陆成矿学	248	国家基金委、中国科学院	2020 年
53	港珠澳大桥岛隧工程沉管隧道地基与基础	168	林鸣等	2020 年

7.8 矿山建设井巷施工纪录

7.8.1 世界各国立井凿井施工数量和纪录(表 7-29)

表 7-29 世界各国立井凿井施工数量和纪录表

序号	国家	平均每年立井凿井数	平均井深/m	平均每年施工总长度/km	深度超 1 000 m 立井数	立井最大深度/m	井筒最大直径/m		最快纪录	
							荒径	净径	m/月	创造时间
1	中国	273	680	150.0	135	1 602.5	15.5	11.2	244.0	2009 年 11 月
2	印度	16	600	9.6	10	1 052	10.0	8.0	150.8	2013 年 8 月
3	日本	—	—	—	12	1 241	10.0	8.0	157.1	1965 年 11 月
4	俄罗斯	16	900	20.0	200	1 640	11.0	9.0	390.0	1964 年月
5	乌克兰	17	1 000	20.0	300	1 556	10.0	8.0	401.3	1969 年 5 月
6	波兰	12	800	9.6	100	1 243	11.0	9.5	167.2	1967 年 10 月
7	捷克	6	1 000	6.0	100	1 550	10.0	8.0	321.0	1964 年
8	德国	12	800	10.0	150	1 600	10.0	8.0	155.5	1958 年 4 月
9	英国	13	600	5.0	30	1 044	10.0	8.0	—	—
10	加拿大	20	1 500	30.0	240	2 204	12.0	10.0	195.0	1966 年
11	美国	30	800	24.0	150	3 300	15.0	14.0	157.0	1961 年 10 月
12	南非	35	1 750	42.0	750	2 991	14.0	12.5	381.6	1962 年 3 月
13	赞比亚	15	800	12.0	30	1 490	7.8	6.7	103.0	2015 年 1 月
14	摩洛哥	—	—	—	—	789	6.4	7.5	249.8	1959 年 8 月
合计		465		338.2	2 195					

7.8.2 中国和苏联历年立井井筒平均月进度和工效比较(表 7-30)

表 7-30 中国和苏联历年立井井筒平均月进度和工效比较表

年份	中国立井				苏联立井			
	最高月进度/m		平均月进度/m	工效/(m^3/工日)	最高月进度/m		平均月进度/m	工效/(m^3/工日)
	基岩段	冻结段			基岩段	冻结段		
1939							11.60	
1940							7.60	
1941							11.00	
1942							8.20	
1943							11.00	
1944							12.00	
1945							13.50	

表7-30(续)

年份	中国立井				苏联立井			
	最高月进度/m		平均月进度/m	工效/(m³/工日)	最高月进度/m		平均月进度/m	工效/(m³/工日)
	基岩段	冻结段			基岩段	冻结段		
1946							11.80	
1947							10.00	
1948							12.70	
1949							15.10	
1950							16.70	
1951		15.86			45.30		16.30	
1952			23.62		94.20		17.40	
1953	80.56		31.47		100.00		18.20	
1954	46.01	18.07	45.39		150.00		24.50	
1955	54.42	18.50	48.78		202.10		26.70	
1956	59.32	18.72			150.60		27.80	
1957	62.06		20.30	1.020	241.00		32.70	
1958	160.92		25.55				28.50	0.680
1959	142.41		27.10		246.60		33.00	0.810
1960			30.80				34.70	0.830
1961	81.00		18.80				30.40	0.740
1962	33.00		18.70	0.650			32.80	0.970
1963	44.60		13.52				40.70	0.940
1964	38.50		17.60	0.920	290.50		40.10	1.160
1965	105.46		27.72		390.10		45.20	1.220
1966	110.00		32.30	1.140			44.30	1.620
1969					401.30			
1970	134.00				139.50		49.90	1.880
1971	80.00		23.01		180.80		41.20	1.830
1972	101.10		18.83	0.390			40.70	1.900
1973	174.80		18.43	0.460			41.00	2.070
1974	80.00		16.20	0.290			50.20	2.280
1975	119.00	108.80	19.78				44.70	1.970
1976	120.10	161.54	20.34				44.20	1.990
1977	115.25	161.70	25.62	0.540			41.50	1.840
1978	92.00	183.30	26.10	0.590			40.40	1.910
1979	130.20	122.05	25.98	0.480			41.10	1.650
1980	112.20	100.50	26.31	0.710				
1981	86.00	118.54	23.80	0.680				
1982	71.50	120.00	22.16	0.703				
1983	107.50	115.00	23.92	0.690				

表 7-30(续)

年份	中国立井				苏联立井			
	最高月进度/m		平均月进度/m	工效/(m^3/工日)	最高月进度/m		平均月进度/m	工效/(m^3/工日)
	基岩段	冻结段			基岩段	冻结段		
1984	177.02	105.00	29.26	0.700				
1985	90.00	143.00	26.60	0.650				
1986	93.50	100.50	26.10	0.580				
1987	116.10	105.90	29.00	0.703				
1988	141.80	88.00	28.18	0.781				
1989	163.10	125.00	28.90	0.807				
1990	107.00	164.00	29.40	0.797				
1991	187.00	120.00	33.08	0.813				
1992	201.00	111.70	35.93	0.995				
1993	120.00	152.20	40.11	0.877				
1994	137.80	145.50	39.44	0.940				
1995	163.50	136.00	36.55	0.886				
1996	151.00	145.00	39.45	0.974				
1997	146.00	128.00	45.43	1.003				
1998	148.68	216.50	55.00	1.112				
1999	219.00	218.10	54.19	0.749				
2000	100.00	112.00	50.80					
2001	121.00	146.00	53.20					
2002	110.00	135.00	56.53	1.110				
2003	149.50	156.00	56.83	1.080				
2004	161.00	200.60	67.71	1.230				
2005	188.00	191.00	68.51					
2006	172.80	223.20	67.51					
2007	184.00	188.00	64.43					
2008	186.00	181.00	65.13					
2009	187.00	244.00	61.65					
2010	222.80	228.20	70.73	1.153				
2011	209.00	204.00	65.52	1.170				
2012	179.00	171.00	64.73					
2013	168.00	172.00	66.74	1.375				
2014	142.80	191.00	72.68					
2015	209.00	180.00	64.35					
2016	179.00	153.00						
2017	168.00							
2018	142.80							
2019	181.00							

注:1991 年苏联解体,为了便于对比,中国数据继续统计至 2019 年。

7.8.3　1949—2019 年中国煤炭行业立井凿井施工方法与数量统计(表 7-31)

表 7-31　1949—2019 年中国煤炭行业立井凿井施工方法与数量统计表

施工方法与参数		施工年度							
		1949—1959	1960—1969	1970—1979	1980—1989	1990—1999	2000—2010	2011—2015	2016—2019
施工方法与数量	冻结法	18	50	112	128	166	494	250	120
	注浆法	18	17	38	69	150	200	100	50
	钻井法		1	19	29	28	46	15	5
	沉井法	16	12	122	8	2			
	帷幕法			22	2				
	特殊凿井法合计	52	80	313	236	346	740	365	175
	普通法	500	1 000	1 200	1 500	2 000	2 000	1 000	500
	凿井数量合计	552	1 080	1 513	1 736	2 346	2 740	1 365	675
平均井深/m		280	300	420	500	560	610	650	680
井深超 900 m 立井数				3	4	17	107	62	20
进尺超 100 m/月立井数		6	4	19	23	136	585	300	65
进尺超 150 m/月立井数		1	1	5	1	16	147	88	4
新建矿投资/亿元		85.8	125.2	237.6	585.1	1 438.9	14 914	7 455	
新建矿井数		485	891	397	583	305	1 303	200	30

7.8.4　中国立井井筒凿井施工纪录与数量(表 7-32)

表 7-32　中国立井井筒凿井施工纪录与数量表

行业	指标	井筒名称	施工单位	净径/m	荒径/m	井深/m	开工时间	竣工时间	平均月进尺/m	最高月进尺/m	备注	1949—2015 年施工总数量
煤炭行业	最快	羊渠河矿井风井	中煤一公司 49 处	6.0	6.9	943.0	2009 年 11 月	2010 年 9 月	118.0	222.8	基岩段	11 300
	最快	河南永煤顺和副井	中煤五公司 3 处	9.5	13.5	769.0	2009 年 10 月	2010 年 8 月	76.9	244.0	冻结段	
	最深	峰峰磁西 1 号副井	中煤五公司 3 处	8.0	10.8	1 341.0	2011 年 7 月	2013 年 8 月	98.0	137.0	基岩段	
	最大	内蒙古纳林河 2 号副井	中煤一公司 31 处	10.5	15.5	588.4	2011 年 3 月	2012 年 1 月	65.0	120.0	冻结段	
冶金行业		龙新矿业思山岭铁矿副井	华冶一公司	10.0	10.8	1 503.0	2012 年 11 月			110.0		2 000
有色行业		会泽矿业分公司 3 号竖井	金诚信公司	6.5	7.5	1 526.0	2014 年 2 月	2015 年 10 月	182.0			2 000
非金属行业		南京石膏矿混合井		6.0	6.8	518.0	2003 年 1 月	2007 年 2 月				300
水电行业		厄刮多尔辛克雷电站	中国水电十四局	5.8	7.1	544.0	2012 年 12 月	2014 年 6 月			通风调压井	3 000
公路行业		秦岭终南山隧道 2 号竖井	中交隧道局	11.2	12.3	661.1	2007 年 4 月	2008 年 3 月	58.3	80.0		50
铁路行业		高黎贡山隧道 1 号竖井	隧道工程局	6.0	6.1	764.74	2016 年 10 月	2020 年 1 月	36.0	91.0		5
核工行业		某硬岩型铀矿山竖井	中核抚州金安铀业	5.5	6.1	760	2012 年 12 月	2013 年 12 月	94.0			50
合计												18 705

7.8.5 立井井筒最高月进尺(表 7-33)

表 7-33 立井井筒最高月进尺表

施工年度	最高月进尺超 150 m 立井数	最高月进尺超 100 m 立井数	合计	最高月进尺/m
1958	1	4	5	160.92
1959		1	1	142.41
1966		1	1	110.00
1967		1	1	134.00
1969		1	1	101.10
1972		1	1	
1973	1		1	174.80
1975		2	2	120.10
1976		5	5	115.25
1977		6	6	
1978	2	1	3	165.00
1979	1		1	155.00
1980		2	2	
1981		1	1	
1983		1	1	107.50
1984	1	4	5	177.02
1986		1	1	
1987		4	4	
1988		3	3	116.10
1989		3	3	141.80
1990	1		1	163.10
1991	1	6	7	178.00
1992	1	6	7	187.00
1993	2	5	7	201.00
1994		13	13	120.00
1995	1	2	3	
1996	1	9	10	163.50
1997		38	38	141.00
1998	6	29	35	
1999	3	11	14	
2000		3	3	
2001		9	9	100.00
2002	2	20	22	

表 7-33(续)

施工年度	最高月进尺超 150 m 立井数	最高月进尺超 100 m 立井数	合计	最高月进尺/m
2003	2	25	27	
2004	12	39	51	169.50
2005	18	101	119	161.00
2006	12	16	28	188.00
2007	19	40	59	172.80
2008	16	11	27	184.00
2009	33	20	53	186.00
2010	36	30	66	187.00
2011	22	20	42	222.80
2012	27	20	47	209.00
2013	18	10	28	179.00
2014	4	33	37	168.00
2015	21	5	26	155.80
合计	264	563	827	

7.8.6　立井井筒月进尺 100～150 m 统计(表 7-34)

表 7-34　立井井筒月进尺 100～150 m 不完全统计表

序号	井筒名称	施工单位	井径/m	井深/m	净断面/m^2	月进尺/m	创造时间
1	薛村主井	峰峰基建局 1 处	5.0	247.5	19.63	109.1	1958 年 9 月
2	权台副井	徐州基建局 1 处	4.5	186.5	15.90	115.3	1958 年 9 月
3	王石凹风井	铜川基建公司 1 处	4.0	202.6	12.57	109.4	1958 年 9 月
4	北山立井	云南基建公司	5.5	300.0	23.76	103.6	1958 年 9 月
5	薛村副井	峰峰基建局 1 处	6.0	214.5	28.27	142.4	1959 年 1 月
6	老鹰山副井	煤炭部 71 处	6.5	308.7	33.18	105.5	1966 年 4 月
7	平煤十矿新副井	平煤建井 3 处	6.0	724.8	28.27	128.0	1969 年 9 月
8	五亩冲风井	湖南基建公司 4 处	4.0	221.0	12.57	130.1	1970 年 5 月
9	红阳二号主井	辽宁基建局 1 处	6.0	653.4	28.27	134.3	1970 年 9 月
10	荆各庄主井	开滦煤矿工程处	5.0	445.0	19.63	100.3	1972 年 3 月
11	铜山新大井	铜陵井巷公司	5.5	313.0	23.76	113.0	1975 年 1 月
12	兴隆庄副井	兖州 32 处	7.5	432.0	44.18	108.0	1975 年 8 月
13	田螺冲副井	广东红工工程处	5.0	285.0	19.63	103.0	1976 年 1 月
14	谢一中央风井	淮南建井工程处	5.0	591.0	19.63	103.6	1976 年 3 月
15	朱仙庄主井	兖州 32 处	5.5	541.6	23.76	100.6	1976 年 4 月

表 7-34(续)

序号	井筒名称	施工单位	井径/m	井深/m	净断面/m^2	月进尺/m	创造时间
16	凡口新副井	十六冶井巷公司	5.5	519.0	23.76	120.1	1976年11月
17	冠山立井	北票建井工程处	6.2	1 050.1	30.19	114.1	1977年1月
18	朱仙庄副井	中煤71处	6.5	482.6	33.18	121.5	1977年4月
19	东庞副井	中煤一公司31处	6.0	479.8	28.27	110.1	1977年5月
20	凤凰山新副井	铜陵井巷公司	5.5	610.0	23.76	115.3	1977年7月
21	东庞主井	中煤一公司31处	6.0	311.0	28.27	124.0	1977年8月
22	鲍店主井	兖州70处	6.5	483.9	33.18	118.1	1977年11月
23	鲍店副井	兖州70处	8.0	522.2	50.27	130.5	1978年5月
24	钱家营副井	开滦工程处	8.0	654.4	50.27	122.0	1980年1月
25	平一丁组回风井	平煤建井2处	5.5	447.0	23.76	112.2	1980年5月
26	东滩西风井	兖州1处	6.9	692.0	37.39	118.5	1981年12月
27	永定庄西立井	大同工程处	6.0	351.3	28.27	107.5	1983年3月
28	谢桥矸石井	淮南凿井处	6.6	675.0	34.21	102.6	1984年1月
29	九龙口商风井	中煤一公司49处	5.5	524.0	23.76	104.0	1984年4月
30	九龙口商风井	中煤一公司49处	5.5	524.0	23.76	101.0	1984年5月
31	杨村北风井	兖州32处	4.5	246.0	15.90	105.0	1984年5月
32	横河主井	兖州32处	4.5	224.8	15.90	100.5	1986年12月
33	新兴风井	七台河工程处	6.5	530.0	33.18	102.0	1987年5月
34	横河副井	兖州32处	4.5		15.90	105.9	1987年5月
35	新兴风井	七台河工程处	6.5	530.0	33.18	113.0	1987年8月
36	三台子主井	北票工程处	5.5	519.0	23.76	116.1	1987年9月
37	小恒山西风井	鸡西工程处	5.0	524.0	19.63	121.3	1988年5月
38	小恒山西风井	鸡西工程处	5.0	524.0	19.63	115.0	1988年7月
39	东风矿井	七台河工程处	4.5	209.0	15.90	141.8	1988年9月
40	东荣二矿东风井	双鸭山1处	5.5	638.0	23.76	102.0	1989年1月
41	大兴中央风井	铁法1处	6.5	526.5	33.18	123.0	1989年6月
42	济宁二号井	兖州70处	6.0	603.0	28.27	125.0	1989年9月
43	漳村矿进风井	中煤五公司1处	4.0		12.57	120.8	1991年1月
44	钱家营西风井	开滦工程处	7.0	323.0	38.48	101.2	1991年4月
45	平庄古山主井	北票工程处	5.0	625.0	19.63	101.0	1991年5月
46	东荣三矿东风井	七台河工程处	7.5	594.0	44.18	120.0	1991年5月
47	陈四楼副井	中煤三公司30处	6.5	511.0	33.18	101.0	1991年5月
48	东荣三矿副井	七台河工程处	7.5	594.0	44.18	120.0	1991年5月
49	三台子二井主井	铁法矿建井	5.5	690.0	23.76	127.5	1992年1月
50	李雅庄风井	中煤10处	5.0	467.0	19.63	117.8	1992年3月

表 7-34(续)

序号	井筒名称	施工单位	井径/m	井深/m	净断面/m^2	月进尺/m	创造时间
51	付村南风井	枣庄 1 处	5.0		19.63	108.0	1992 年 5 月
52	滴道东风井	鸡西工程处	5.0	683.5	19.63	140.0	1992 年 6 月
53	滴道东风井	鸡西工程处	5.0	683.5	19.63	120.0	1992 年 7 月
54	付村主井	枣庄 3 处	5.5	527.7	23.76	111.7	1992 年 10 月
55	车集副井	中煤三公司 30 处	6.5	609.8	33.18	120.0	1993 年 2 月
56	王家寨主井	江苏基建 2 处	4.5	597.0	15.90	110.8	1993 年 3 月
57	祁南风井	江苏基建 2 处	5.0	380.0	19.63	102.0	1993 年 3 月
58	王家寨副井	江苏基建 2 处	5.0	595.0	19.63	101.0	1993 年 4 月
59	付村副井	江苏基建 3 处	8.0	547.0	50.27	120.1	1993 年 10 月
60	济宁三号主井	兖州 32 处	7.5	619.0	44.18	145.5	1994 年 2 月
61	平煤十二矿主井	平煤建井 3 处	6.0	731.8	28.27	116.8	1994 年 3 月
62	兴安新立井	鹤岗工程处	5.0	597.2	19.63	112.0	1994 年 4 月
63	平煤十三矿主井	平煤建井 3 处	6.0	731.8	28.27	117.5	1994 年 5 月
64	兴安新立井	鹤岗工程处	5.0	597.2	19.63	101.0	1994 年 6 月
65	兴安新立井	鹤岗工程处	5.0	597.2	19.63	105.0	1994 年 7 月
66	平煤十三矿副井	平煤建井 3 处	7.5	661.8	44.18	108.5	1994 年 7 月
67	龙湖副井	七台河工程处	5.0	368.0	19.63	116.8	1994 年 8 月
68	济宁三号副井	兖州 32 处	8.0	585.0	50.27	125.0	1994 年 8 月
69	平煤十三矿主井	平煤建井 3 处	6.0	731.8	28.27	121.5	1994 年 8 月
70	平煤十三矿副井	平煤建井 3 处	7.5	661.8	44.18	137.8	1994 年 9 月
71	甘肃海石湾风井	江苏基建 2 处	6.0	732.0	28.27	118.0	1994 年 11 月
72	平煤十三矿副井	平煤建井 3 处	7.5	661.8	44.18	101.0	1994 年 11 月
73	龙湖主井	七台河工程处	5.0	419.0	19.63	121.0	1995 年 7 月
74	龙湖主井	七台河工程处	5.0	419.0	19.63	117.5	1995 年 8 月
75	冷泉矿副井	中煤一公司 49 处	6.0	746.5	28.27	120.5	1996 年 3 月
76	鹤煤十矿主井	鹤壁工程处	5.0	729.3	19.63	101.5	1996 年 4 月
77	冷泉矿主井	鹤壁工程处	5.0	729.0	19.63	140.0(外)	1996 年 4 月
78	冷泉矿副井	中煤一公司 49 处	6.0	746.5	28.27	145.0(外)	1996 年 5 月
79	冷泉矿主井	鹤壁工程处	5.0	729.0	19.63	120.0	1996 年 6 月
80	平煤十一矿副井	平煤建井 3 处	6.0	783.0	28.27	132.0	1996 年 7 月
81	冷泉矿主井	鹤壁工程处	5.0	729.0	19.63	107.0(外)	1996 年 8 月
82	肥城曹庄副井	江苏基建 2 处	6.0	412.0	28.27	104.0	1996 年 10 月
83	甘肃海石湾副井	甘肃 1 处	7.0	760.0	38.48	123.9	1996 年 12 月
84	许厂副井	中煤一公司 31 处	5.0	332.5	19.63	103.6	1997 年 1 月
85	平煤十一矿副立井	平煤建井 3 处	6.0	745.0	28.27	101.8	1997 年 3 月

表 7-34(续)

序号	井筒名称	施工单位	井径/m	井深/m	净断面/m^2	月进尺/m	创造时间
86	许厂主井	中煤一公司 31 处	5.0	339.9	19.63	110.6	1997 年 3 月
87	沙曲进风井	中煤 10 处	5.0	285.0	19.63	103.6	1997 年 4 月
88	冷泉矿主井	鹤壁工程处	5.0	729.0	19.63	101.0	1997 年 5 月
89	新兴立风井	七台河工程处	5.0	510.0	19.63	103.0	1997 年 5 月
90	梁北矿主井	鸡西工程处	5.0	686.7	19.63	148.0	1997 年 5 月
91	冷泉矿主井	鹤壁工程处	5.0	729.0	19.63	140.0	1997 年 6 月
92	梁北矿主井	鸡西工程处	5.0	686.7	19.63	106.0	1997 年 6 月
93	平煤十一矿新副井	平煤建井 3 处	6.0	745.0	28.27	102.0	1997 年 7 月
94	冷泉矿主井	鹤壁工程处	5.0	729.0	19.63	120.0	1997 年 7 月
95	沙曲进风井	中煤 10 处	5.0	285.0	19.63	102.0	1997 年 7 月
96	梁北矿主井	鸡西工程处	5.0	686.7	19.63	103.0	1997 年 7 月
97	孟加拉副井	江苏基建公司	7.0	306.6	38.48	115.1	1997 年 7 月
98	梁北矿主井	鸡西工程处	5.0	686.7	19.63	112.0	1997 年 8 月
99	古城副井	新汶工程公司	6.0	754.0	28.27	112.0	1997 年 8 月
100	金桥副井	江苏基建 1 处	5.0	496.0	19.63	113.5	1997 年 8 月
101	宣东副井	江苏基建 3 处	7.0	864.0	38.48	101.0	1997 年 9 月
102	沙曲进风井	中煤 10 处	5.0	285.0	19.63	101.0	1997 年 9 月
103	梁北矿主井	鸡西工程处	5.0	686.7	19.63	102.0	1997 年 9 月
104	宣东副井	江苏基建 3 处	7.0	864.0	38.48	146.0	1997 年 10 月
105	宣东主井	中煤一公司 49 处	6.5	829.0	33.18	141.0	1997 年 10 月
106	沙曲进风井	中煤 10 处	5.0	285.0	19.63	103.6	1997 年 10 月
107	梁北矿主井	鸡西工程处	5.0	686.7	19.63	148.0	1997 年 10 月
108	新集西风井	中煤三公司 29 处	5.5	510.0	23.76	128.0	1997 年 10 月
109	宣东副井	江苏基建 3 处	7.0	864.0	38.48	131.0	1997 年 11 月
110	宣东主井	中煤一公司 49 处	6.5	829.0	33.18	133.0	1997 年 11 月
111	沙曲回风井	中煤 10 处	5.0	490.0	19.63	102.8	1997 年 11 月
112	田庄立井	中煤矿山建设集团 71 处	5.0	210.0	19.63	101.0	1997 年 11 月
113	祁东煤矿副井	中煤五公司祁东项目部	6.0	653.4	28.27	118.0	1997 年 11 月
114	宣东副井	江苏基建 3 处	7.0	864.0	38.48	120.0	1997 年 12 月
115	宣东主井	中煤一公司 49 处	6.5	829.0	33.18	110.0	1997 年 12 月
116	梁北矿主井	鸡西工程处	5.0	700.0	19.63	106.0	1997 年 12 月
117	酒河煤矿副井	中煤五公司 3 处	5.0	339.0	19.63	103.0	1997 年 12 月
118	政宏煤矿主井	中煤一公司 31 处	4.0	270.0	12.57	102.0	1997 年 12 月
119	丰城曲江副井	中煤一公司 49 处	6.5	912.5	33.18	110.0	1997 年 12 月

表 7-34(续)

序号	井筒名称	施工单位	井径/m	井深/m	净断面/m^2	月进尺/m	创造时间
120	宣东二矿副井	中煤五公司 3 处	6.5	864.3	33.18	111.6	1998 年 1 月
121	祁东煤矿主井	中煤五公司祁东项目部	5.0		19.63	104.5	1998 年 1 月
122	宣东二矿副井	中煤五公司 3 处	6.5	864.3	33.18	109.0	1998 年 2 月
123	城郊矿主井	河南煤建公司	5.0	536.9	19.63	102.8	1998 年 3 月
124	梁北矿副井	鸡西工程处	6.0	702.5	28.27	105.0	1998 年 3 月
125	丰城曲江主井	江西基建公司	5.0	887.5	19.63	101.8	1998 年 5 月
126	岱庄煤矿风井	中煤一公司 31 处	5.0	460.6	19.63	123.5	1998 年 5 月
127	丰城曲江副井	中煤一公司 49 处	6.5	912.5	33.18	148.7	1998 年 5 月
128	泗河煤矿副井	中煤五公司 3 处	5.0	339.0	19.63	105.0	1998 年 5 月
129	梁北矿副井	鸡西工程处	6.0	702.5	28.27	105.0	1998 年 5 月
130	岱庄煤矿风井	中煤一公司 31 处	5.0	460.6	19.63	123.5	1998 年 5 月
131	祁东煤矿副井	中煤五公司祁东项目部	6.0	653.4	28.27	106.6	1998 年 5 月
132	丰城曲江副井	中煤一公司 49 处	6.5	912.5	33.18	125.6	1998 年 6 月
133	梁北矿副井	鸡西工程处	6.0	702.5	28.27	106.0	1998 年 6 月
134	七台河新建立井	七台河建筑公司	4.5		15.90	106.0	1998 年 6 月
135	邢东主井	河北中煤 4 处	5.0	860.0	19.63	118.0	1998 年 6 月
136	岱庄煤矿主井	中煤五公司 2 处	4.5	451.7	15.90	120.0	1998 年 7 月
137	岱庄煤矿副井	中煤三公司 29 处	6.5	476.6	33.18	130.3	1998 年 8 月
138	梁北矿副井	鸡西工程处	6.0	702.5	28.27	108.0	1998 年 8 月
139	江西曲江风井	江西基建公司	5.0	900.0	19.63	102.0	1998 年 8 月
140	唐阳煤矿主井	中煤五公司 3 处	5.0	335.0	19.63	121.0	1998 年 8 月
141	祁东煤矿主井	中煤五公司祁东项目部	5.0		19.63	106.0	1998 年 9 月
142	唐阳煤矿主井	中煤五公司 3 处	5.0	335.0	19.63	125.0	1998 年 9 月
143	田庄煤矿副井	中煤矿山建设集团 71 处	5.0	235.0	19.63	103.0	1998 年 10 月
144	永夏城郊副井	河南一公司	6.5	565.6	33.18	123.8	1998 年 10 月
145	祁东煤矿主井	中煤五公司祁东项目部	5.0		19.63	104.5	1998 年 10 月
146	永夏城郊主井	河南三公司	5.0	539.6	19.63	123.8	1998 年 11 月
147	祁东煤矿副井	中煤五公司 1 处	6.0	653.4	28.27	118.6	1999 年 1 月
148	潞安漳村风井	中煤五公司 1 处	4.5	356.0	15.90	120.8	1999 年 1 月
149	邢东煤矿副井	中煤一公司 49 处	6.0	842.5	28.27	100.0 以上	1999 年 1 月
150	北洺河主井	中煤五公司 3 处	5.0	580.0	19.63	102.8	1999 年 2 月
151	邢东煤矿副井	中煤一公司 49 处	6.0	842.5	28.27	100.0 以上	1999 年 2 月
152	北洺河主井	中煤五公司 3 处	5.0	580.0	19.63	106.0	1999 年 3 月
153	邢东煤矿副井	中煤一公司 49 处	6.0	842.5	28.27	100.0 以上	1999 年 3 月

表 7-34(续)

序号	井筒名称	施工单位	井径 /m	井深 /m	净断面 /m^2	月进尺 /m	创造时间
154	邢东煤矿副井	中煤一公司 49 处	6.0	842.5	28.27	100.0 以上	1999 年 4 月
155	香宝山矿主井	平煤建井 3 处	4.0	461.0	12.57	130.4	1999 年 9 月
156	香宝山矿主井	平煤建井 3 处	4.0	461.0	12.57	119.0	1999 年 11 月
157	梁北矿风井	中煤五公司 2 处	5.0	405.0	19.63	112.0(外)	2000 年 4 月
158	平煤五矿 3 风井	平煤建井 3 处	5.5	890.0	23.76	110.0	2000 年 11 月
159	平煤五矿 3 风井	平煤建井 3 处	5.5	890.0	23.76	105.0	2000 年 12 月
160	平煤五矿 3 风井	平煤建井 3 处	5.5	890.0	23.76	100.0	2001 年 3 月
161	东河湾铁矿副井	中煤一公司	5.5	466.0	23.76	121.8	2001 年 4 月
162	太行矿主井	中煤一公司	5.0	505.0	19.63	103.0	2001 年 5 月
163	太行矿主井	中煤一公司	5.0	505.0	19.63	100.3	2001 年 6 月
164	太行矿主井	中煤一公司	5.0	505.0	19.63	100.8	2001 年 7 月
165	郑煤米村矿新矿井	平煤建井 3 处	4.5	390.0	15.90	102.0	2001 年 7 月
166	衡水煤矿主井	中煤一公司	4.5	301.3	15.90	101.7	2001 年 8 月
167	唐口矿风井	中煤一公司	6.0	1 044.0	28.27	108.0	2001 年 11 月
168	唐口矿风井	中煤一公司	6.0	1 044.0	28.27	112.0	2001 年 12 月
169	唐口矿副井	中煤一公司	7.0	1 061.1	38.48	110.0	2002 年 1 月
170	新庄矿北风井	河南煤建公司	4.7	685.5	17.35	102.0	2002 年 1 月
171	唐口矿副井	中煤一公司	7.0	1 061.1	38.48	100.0	2002 年 2 月
172	新庄矿北风井	河南煤建公司	4.7	685.5	17.35	114.0	2002 年 3 月
173	岳庄矿主井	平煤建井 3 处	4.0	350.0	12.57	128.0	2002 年 3 月
174	唐口矿风井	中煤一公司	6.0	1 044.0	28.27	132.0	2002 年 4 月
175	唐口矿副井	中煤一公司	7.0	1 061.1	38.48	133.0	2002 年 4 月
176	唐口矿副井	中煤一公司	7.0	1 061.1	38.48	105.0	2002 年 5 月
177	唐口矿风井	中煤一公司	6.0	1 044.0	28.27	110.0	2002 年 7 月
178	金庄矿主井	中煤一公司	4.2	633.8	13.85	106.8	2002 年 7 月
179	唐口矿副井	中煤一公司	7.0	1 061.1	38.48	110.0	2002 年 8 月
180	金庄矿主井	中煤一公司	4.2	633.8	13.85	102.6	2002 年 8 月
181	金庄矿主井	中煤一公司	4.2	633.8	13.85	102.0	2002 年 9 月
182	朝阳矿主井	中煤一公司 49 处	5.0	763.8	19.63	100.0	2002 年 9 月
183	朝阳矿主井	中煤一公司 49 处	5.0	763.8	19.63	106.0	2002 年 10 月
184	朝阳矿副井	中煤一公司 49 处	5.0	759.5	19.63	142.0	2002 年 11 月
185	会泽矿业分公司 2# 竖井	金诚信矿业公司	5.5	609.0	23.76	100.0	2002 年 11 月
186	土耳其 TTK 新副井	中煤一公司	6.5	785.0	33.18	106.3	2002 年 12 月
187	会泽锌锗矿立井	中煤一公司 31 处	5.5	861.0	23.76	102.6	2002 年 12 月

表 7-34(续)

序号	井筒名称	施工单位	井径/m	井深/m	净断面/m^2	月进尺/m	创造时间
188	唐口矿副井	中煤一公司	7.0	1 061.1	38.48	100.8	2003 年 1 月
189	朝阳矿副井	中煤一公司 49 处	5.0	759.5	19.63	102.0	2003 年 1 月
190	黄岗铁矿Ⅲ矿区混合井	金诚信矿业公司	5.5	669.0	23.76	102.2	2003 年 1 月
191	朝阳矿主井	中煤一公司 49 处	5.0	763.8	19.63	109.5	2003 年 2 月
192	朝阳矿副井	中煤一公司 49 处	5.0	759.5	19.63	110.6	2003 年 2 月
193	会泽锌锗矿立井	中煤一公司 31 处	5.5	861.0	23.76	103.6	2003 年 2 月
194	赵庄副井	中煤一公司 31 处	7.0	459.0	38.48	104.6	2003 年 2 月
195	刘庄煤矿副井	中煤一公司 49 处	6.7	823.8	35.26	100.8	2003 年 3 月
196	会泽锌锗矿立井	中煤一公司 31 处	5.5	861.0	23.76	140.6	2003 年 4 月
197	刘庄煤矿副井	中煤一公司 49 处	6.7	823.8	35.26	103.0	2003 年 4 月
198	会泽锌锗矿立井	中煤一公司 31 处	5.5	861.0	23.76	102.0	2003 年 5 月
199	江西泺平主井	湖南涟邵建设工程集团公司	6.0		28.27	101.5	2003 年 6 月
200	山西赤峪中央风井	中煤河北第四工程处	5.0		19.63	120.4	2003 年 6 月
201	辛置矿南李庄风井	中煤一公司 10 处	5.5	426.7	23.76	140.9	2003 年 8 月
202	星村煤矿副井	中煤一公司 49 处	6.0	939.8	28.27	132.0	2003 年 8 月
203	朝阳矿主井	中煤一公司 49 处	5.0	763.8	19.63	128.0	2003 年 8 月
204	兰武隧道天祝立井	中煤一公司 10 处	5.5	515.0	23.76	135.0	2003 年 9 月
205	司马矿回风井	中煤一公司 31 处	5.0	269.8	19.63	130.0	2003 年 10 月
206	山东锦丘主井	中煤一公司 49 处	4.5	513.6	15.90	120.0	2003 年 10 月
207	星村煤矿副井	中煤一公司 49 处	6.0	939.8	28.27	149.5	2003 年 10 月
208	司马矿副井	中煤一公司 49 处	7.0	254.8	38.48	126.0	2003 年 11 月
209	云南驰宏锌锗 1# 竖井工程	金诚信矿业公司	5.5	855.0	23.76	140.0	2003 年 12 月
210	陶二扩大区改扩建副井	中煤一公司 49 处	6.0	860.0	28.27	130.9	2004 年 1 月
211	河南新正市大辛店	黑龙江鸡西王行庄项目部	5.0	453.0	19.63	120.0	2004 年 1 月
212	千秋矿回风井	河南煤建公司	4.0	570.0	12.57	128.0	2004 年 3 月
213	司马矿副井	中煤一公司 49 处	7.0	254.8	38.48	102.8	2004 年 4 月
214	陶二扩大区改扩建副井	中煤一公司 49 处	6.0	860.0	28.27	127.0	2004 年 4 月
215	千秋矿回风井	河南煤建公司	4.0	570.0	12.57	108.0	2004 年 4 月

表 7-34(续)

序号	井筒名称	施工单位	井径/m	井深/m	净断面/m^2	月进尺/m	创造时间
216	陶二矿井	中煤一公司 49 处矿建 26 队	7.0	860.0	38.48	140.0	2004 年 4 月
217	河北葛泉矿井	中煤河北第四工程处	5.0	434.0	19.63	125.5	2004 年 4 月
218	涡北煤矿副井	中煤一公司 49 处	7.5	698.5	44.18	122.0	2004 年 5 月
219	岭子煤矿新风井	中煤一公司 31 处	5.0	488.0	19.63	125.0	2004 年 5 月
220	城郊矿东风井	河南矿业建设第三工程公司	5.0	598.0	19.63	136.6	2004 年 5 月
221	新安电厂正村煤矿	黑龙江鸡西矿业集团公司	7.5	716.0	44.18	125.0	2004 年 5 月
222	江西乐平矿沿涌井改造工程	湖南涟邵建设工程集团公司	5.0	638.0	19.63	120.6	2004 年 5 月
223	陶二扩大区改扩建副井	中煤一公司 49 处	6.0	860.0	28.27	115.0	2004 年 6 月
224	岭子煤矿新风井	中煤一公司 31 处	5.0	488.0	19.63	132.0	2004 年 7 月
225	涡北煤矿副井	中煤一公司 49 处	7.5	698.5	44.18	122.0	2004 年 7 月
226	丁集煤矿副井	中煤一公司 49 处矿建 10 队	8.0	881.0	50.27	106.7	2004 年 7 月
227	陶二扩大区改扩建副井	中煤一公司 49 处	6.0	860.0	28.27	102.0	2004 年 7 月
228	单侯煤矿副井	中煤一公司 49 处	7.0	415.3	38.48	122.2	2004 年 7 月
229	常村煤矿回风井	中煤一公司 49 处矿建 1 队	6.0	414.4	28.27	130.0	2004 年 7 月
230	陶二煤矿副井	中煤一公司 49 处矿建 26 队	6.0	859.0	28.27	106.0	2004 年 7 月
231	淮南刘庄煤矿	江苏华美工程建设公司	8.0	789.0	50.27	118.0	2004 年 7 月
232	丁集煤矿副井	中煤一公司 49 处矿建 10 队	8.0	881.0	50.27	100.5	2004 年 8 月
233	常村煤矿进风井	中煤一公司 31 处矿建 8 队	6.0	355.0	28.27	100.0	2004 年 8 月
234	丁集煤矿副井	中煤一公司 49 处矿建 10 队	8.0	564.0	50.27	110.0	2004 年 9 月
235	单侯煤矿主井	中煤一公司 49 处矿建 28 队	7.0	415.0	38.48	109.0	2004 年 9 月
236	朝阳矿副井	中煤一公司 49 处	5.0	759.5	19.63	141.5	2004 年 10 月

表 7-34(续)

序号	井筒名称	施工单位	井径 /m	井深 /m	净断面 /m^2	月进尺 /m	创造时间
237	王楼煤矿副井	中煤一公司 31 处矿建 35 队	6.0	766.5	28.27	103.0	2004 年 10 月
238	鹤煤八矿风井	鹤壁工程处	5.0	413.0	19.63	120.1	2004 年 10 月
239	常村煤矿进风井	中煤一公司 31 处矿建 8 队	6.0	355.0	28.27	102.0	2004 年 11 月
240	王楼煤矿副井	中煤一公司 31 处矿建 35 队	6.0	766.5	28.27	130.0	2004 年 11 月
241	涡北煤矿副井	中煤一公司 49 处矿建 6 队	6.5	698.5	33.18	100.0	2004 年 11 月
242	首山一矿中央风井	平煤建井 1 处	6.0	729.0	28.27	120.0	2004 年 11 月
243	常村煤矿进风井	中煤一公司 31 处矿建 8 队	6.0	355.0	28.27	101.6	2004 年 12 月
244	涡北煤矿副井	中煤一公司 49 处矿建 6 队	6.5	698.5	33.18	127.0	2004 年 12 月
245	板集煤矿	吉林华煤建设有限责任公司	8.2	620.0	52.81	100.0	2004 年 12 月
246	赵楼煤矿主井	中煤一公司 31 处矿建 8 队	7.0	916.1	38.48	102.0	2005 年 1 月
247	赵楼煤矿风井	中煤一公司 49 处矿建 21 队	6.5	915.6	33.18	110.0	2005 年 1 月
248	薛湖矿副井	中煤五公司 3 处	6.5	846.5	33.18	122.4	2005 年 1 月
249	薛湖矿东风井	中煤五公司 3 处	5.5	664.0	23.76	127.3	2005 年 1 月
250	孙疃煤矿	中煤五公司 4 处	5.0	572.0	19.63	141.0	2005 年 1 月
251	皖北卧龙湖煤矿	中煤五公司 4 处	6.2	600.5	30.19	126.0	2005 年 1 月
252	赵楼矿井	中煤一公司 49 处矿建 21 队	6.5	920.0	33.18	110.0	2005 年 1 月
253	泰安石膏矿	中煤五公司 3 处	6.0	415.0	28.27	110.0	2005 年 1 月
254	山西吉县明珠煤矿	中煤五公司 2 处	5.0	558.5	19.63	102.0	2005 年 1 月
255	葛铺煤矿	中煤五公司 2 处	7.0	596.9	38.48	101.0	2005 年 1 月
256	新阳煤矿	中煤五公司 3 处	5.0	596.0	19.63	120.0	2005 年 2 月
257	济阳副井	山东华新工程公司	6.0	555.0	28.27	105.0	2005 年 2 月
258	葛铺煤矿	中煤五公司 2 处	7.0	596.9	38.48	101.5	2005 年 2 月
259	王楼煤矿副井	中煤一公司 31 处矿建 35 队	6.0	766.5	28.27	101.0	2005 年 3 月

表 7-34(续)

序号	井筒名称	施工单位	井径/m	井深/m	净断面/m²	月进尺/m	创造时间
260	赵楼煤矿主井	中煤一公司31处矿建8队	7.0	916.1	38.48	105.0	2005年3月
261	孙疃煤矿副井	中煤一公司49处矿建19队	7.0	601.0	38.48	100.0	2005年3月
262	新桥矿	河南矿业建设第三工程公司	5.0	584.0	19.63	118.5	2005年3月
263	新阳煤矿	中煤五公司3处	5.0	596.0	19.63	113.0	2005年3月
264	葛店矿风井	河南煤建公司	4.5	542.0	15.90	113.0	2005年4月
265	薛湖煤矿	中煤五公司3处	5.0	810.0	19.63	110.0	2005年4月
266	薛湖煤矿主井	中煤五公司3处	5.0	818.5	19.63	110.0(外)	2005年4月
267	丁集煤矿副井	中煤一公司49处矿建10队	8.0	564.0	50.27	110.5	2005年5月
268	宣二煤矿风井	中煤一公司49处矿建26队	6.5	862.8	33.18	141.1	2005年5月
269	新桥矿主井	河南矿建三公司	5.0	602.0	19.63	115.0	2005年5月
270	顾北矿	淮南矿业工程分公司	8.1	705.9	51.53	135.0	2005年5月
271	淮南望风岗煤矿	鸡西矿务局建设工程公司	8.8	993.0	60.82	132.5	2005年5月
272	五家寨风井	山东华新工程公司	3.5	652.0	9.62	112.0	2005年5月
273	丁集煤矿主井	中煤一公司49处矿建10队	8.0	881.0	50.27	111.0	2005年5月
274	滕东煤矿	中煤五公司3处	6.0	950.0	28.27	109.0	2005年5月
275	白草塔2号	山西庆恒公司反井钻机队	8.5	333.4	56.75	107.0	2005年5月
276	山西吉县明珠煤矿	中煤五公司2处	4.0	560.0	12.57	103.8	2005年5月
277	薛湖煤矿副井	中煤五公司3处	6.5	846.5	33.18	102.0	2005年5月
278	贵州林华煤矿	湖南涟邵建设工程集团公司	7.0	453.0	38.48	102.0	2005年5月
279	孙疃煤矿副井	中煤一公司49处矿建19队	7.0	601.0	38.48	100.0	2005年6月
280	宣二煤矿风井	中煤一公司49处矿建26队	6.5	862.8	33.18	137.0	2005年6月
281	常村矿主井	河南煤建公司	4.5	514.0	15.90	146.0	2005年6月
282	新义煤矿主井	河南煤建公司	5.0	672.0	19.63	120.0	2005年6月
283	新桥矿主井	河南矿建三公司	5.0	602.0	19.63	103.0	2005年6月

表 7-34(续)

序号	井筒名称	施工单位	井径/m	井深/m	净断面/m^2	月进尺/m	创造时间
284	丁集煤矿风井	中煤五公司 3 处	7.5	865.0	44.18	140.0	2005 年 6 月
285	滕东煤矿	中煤五公司 3 处	6.0	950.0	28.27	106.0	2005 年 6 月
286	山西吉县明珠煤矿	中煤五公司 2 处	6.0	578.8	28.27	105.0	2005 年 6 月
287	山西吉县明珠煤矿	中煤五公司 2 处	4.0	560.0	12.57	105.0	2005 年 6 月
288	山西吉县明珠煤矿	沈煤集团矿建一公司	4.0	573.0	12.57	105.0	2005 年 6 月
289	东荣一矿	双鸭山方园建筑公司	6.5	283.0	33.18	101.0	2005 年 6 月
290	花园煤矿主井	中煤一公司 31 处矿建 7 队	4.5	570.0	15.90	104.0	2005 年 7 月
291	新义煤矿主井	河南煤建公司	5.0	672.0	19.63	108.0	2005 年 7 月
292	新桥矿主井	河南矿建三公司	5.0	602.0	19.63	110.0	2005 年 7 月
293	山西富安矿井	河北煤炭建设第四处	5.0	776.0	19.63	135.0	2005 年 7 月
294	山西焦煤杜儿坪矿	中煤五公司 1 处	5.0	590.0	19.63	111.6	2005 年 7 月
295	赵楼煤矿主井	中煤一公司 31 处矿建 8 队	7.0	916.1	38.48	108.0	2005 年 7 月
296	滕东煤矿	中煤五公司 3 处	6.0	950.0	28.27	108.0	2005 年 7 月
297	铁东煤矿	七台河矿业集团工程总公司	5.0	530.0	19.63	100.0	2005 年 7 月
298	下霍煤矿风井井筒	中煤 10 处矿建 5 队	5.0	437.3	19.63	126.0	2005 年 8 月
299	花园煤矿主井	中煤一公司 31 处矿建 7 队	4.5	570.0	15.90	110.0	2005 年 8 月
300	宣二煤矿风井	中煤一公司 49 处矿建 26 队	6.5	862.8	33.18	107.0	2005 年 8 月
301	新义煤矿主井	河南煤建公司	5.0	672.0	19.63	102.0	2005 年 8 月
302	新义煤矿风井	鹤壁工程处	5.0	664.0	19.63	105.0	2005 年 8 月
303	山东腾东煤矿	中煤三公司第 7104 队	5.5	922.0	23.76	145.0	2005 年 8 月
304	五沟煤矿	中煤五公司 2 处	5.0	365.0	19.63	130.5	2005 年 8 月
305	山西吉县明珠煤矿	中煤五公司 2 处	6.0	578.8	28.27	123.1	2005 年 8 月
306	山西焦煤杜儿坪矿	中煤五公司 1 处	5.0	590.0	19.63	113.6	2005 年 8 月
307	石圪台矿	重庆巨能重煤五处	6.2	1 120.5	30.19	108.0	2005 年 8 月
308	山西霍州干河矿井	江西省矿山隧道建设总公司	6.5	430.0	33.18	105.6	2005 年 8 月
309	滕东煤矿	中煤五公司 3 处	6.0	950.0	28.27	104.0	2005 年 8 月
310	孙疃煤矿	中煤一公司 49 处矿建 19 队	7.0	601.0	38.48	102.0	2005 年 8 月
311	赵官主井	山东华新工程公司	5.0	462.0	19.63	100.0	2005 年 8 月

表 7-34(续)

序号	井筒名称	施工单位	井径/m	井深/m	净断面/m^2	月进尺/m	创造时间
312	花园煤矿副井	中煤一公司 31 处矿建 22 队	5.0	570.0	19.63	101.0	2005 年 9 月
313	新义煤矿主井	河南煤建公司	5.0	672.0	19.63	110.0	2005 年 9 月
314	薛湖煤矿东风井	中煤五公司 3 处	5.5	664.0	23.76	143.0	2005 年 9 月
315	新义煤矿风井	鹤壁工程处	5.0	664.0	19.63	110.0	2005 年 9 月
316	薛湖煤矿	中煤五公司 3 处	5.0	650.0	19.63	145.6	2005 年 9 月
317	新义煤矿	河南煤建公司	5.0	682.0	19.63	121.0	2005 年 9 月
318	山西阳泉保安矿	鹤壁富昌建设工程公司	5.0	624.0	19.63	112.0	2005 年 9 月
319	山西焦煤杜儿坪矿	中煤五公司 1 处	5.0	590.0	19.63	111.6	2005 年 9 月
320	永定庄矿	山西宏远工程公司	5.2	370.0	21.24	110.0	2005 年 9 月
321	滕东煤矿	中煤五公司 3 处	6.0	950.0	28.27	104.0	2005 年 9 月
322	山西吉县明珠煤矿	中煤五公司 2 处	6.0	578.8	28.27	102.0	2005 年 9 月
323	薛湖煤矿	中煤五公司 3 处	5.0	650.0	19.63	127.3	2005 年 10 月
324	薛湖煤矿	中煤五公司 3 处	6.5	850.0	33.18	122.0	2005 年 10 月
325	滕东煤矿	中煤五公司 3 处	6.0	950.0	28.27	104.0	2005 年 10 月
326	孟津煤矿风井	鹤壁工程处	5.0	765.0	19.63	112.0	2005 年 11 月
327	山西阳泉保安矿	鹤壁富昌建设工程公司	6.0	556.0	28.27	110.0	2005 年 11 月
328	滕东煤矿	中煤五公司 3 处	6.0	950.0	28.27	108.0	2005 年 11 月
329	赵楼煤矿主井	中煤一公司 31 处矿建 8 队	7.0	916.1	38.48	101.0	2005 年 12 月
330	刘庄煤矿风井	中煤一公司 49 处矿建 12 队	7.0	808.0	38.48	136.0	2005 年 12 月
331	霍尔辛赫煤矿主井	中煤一公司 63 处立井 1 队	6.0	525.0	28.27	130.0	2005 年 12 月
332	泉店矿副井	中煤五公司 3 处	6.5	650.6		105.0	2005 年 12 月
333	鹤煤九矿新副井	鹤壁工程处	6.0	633.0	28.27	121.4	2005 年 12 月
334	天喜镇北矿主井	鹤壁工程处	5.0	506.0	19.63	101.0	2005 年 12 月
335	河南孟津煤矿	鸡西建设工程公司	5.0	785.0	19.63	141.0	2005 年 12 月
336	霍尔辛赫煤矿	中煤一公司 63 处立井 1 队	6.0	507.0	28.27	130.0	2005 年 12 月
337	昔阳寺家庄矿	山西宏厦第一公司 55 队	7.0	420.0	38.48	100.0	2005 年 12 月
338	滕东煤矿	中煤五公司 3 处	6.0	950.0	28.27	130.0	2005 年 12 月
339	泉店矿主井	中煤矿山建设集团 71 处	5.0	662.0	19.63	112.5(外)	2005 年 12 月

表 7-34(续)

序号	井筒名称	施工单位	井径/m	井深/m	净断面/m^2	月进尺/m	创造时间
340	霍尔辛赫煤矿副井	中煤一公司 63 处立井 2 队	6.5	556.0	33.18	118.0	2006 年 1 月
341	泉店矿副井	中煤五公司 3 处	6.5	650.6	33.18	122.2	2006 年 1 月
342	天喜镇北矿主井	鹤壁工程处	5.0	506.0	19.63	120.0	2006 年 1 月
343	兴安新立井	鹤岗工程处	5.0	597.2	19.63	120.0	2006 年 1 月
344	泉店矿副井	中煤五公司 3 处	6.5	650.6	33.18	144.4(外)	2006 年 1 月
345	泉店矿副井	中煤五公司 3 处	6.5	650.6	33.18	104.4	2006 年 2 月
346	天喜镇北矿主井	鹤壁工程处	5.0	506.0	19.63	103.0	2006 年 2 月
347	泉店矿副井	中煤五公司 3 处	6.5	650.6	33.18	118.9(外)	2006 年 2 月
348	刘庄煤矿风井	中煤一公司 49 处矿建 12 队	7.0	808.0	38.48	120.0	2006 年 3 月
349	泉店矿风井	河南煤建公司	5.0	661.0	19.63	101.0	2006 年 3 月
350	吴桂桥矿主井	中煤 10 处矿建 20 队	5.5	500.0	23.76	116.2	2006 年 4 月
351	霍尔辛赫煤矿主井	中煤一公司 63 处立井 1 队	6.0	525.0	28.27	100.0	2006 年 4 月
352	泉店矿风井	河南煤建公司	5.0	661.0	19.63	105.0	2006 年 4 月
353	赵一矿风井	河北中煤 4 处	5.0	598.0	19.63	121.7	2006 年 6 月
354	钱营孜主井	中煤一公司 49 处矿建 26 队	5.0	686.8	19.63	100.0	2007 年 1 月
355	城郊矿副井	河南矿业建设第三工程公司	6.5	565.6	33.18	123.8(外)	2007 年 1 月
356	赵固二矿主井	中煤五公司 3 处	5.0	711.5	19.63	100.8	2007 年 2 月
357	李雅庄进风井	中煤 10 处矿建 3 队	6.5	404.5	33.18	130.0	2007 年 3 月
358	赵固二矿主井	中煤五公司 3 处	5.0	711.5	19.63	100.8	2007 年 3 月
359	赵固二矿风井	中煤五公司 3 处	5.2	711.5	21.24	112.0	2007 年 3 月
360	赵固二矿副井	中煤五公司 3 处	6.9	739.5	37.39	136.8	2007 年 3 月
361	李雅庄回风井	中煤 10 处矿建 5 队	7.0	416.0	38.48	103.0	2007 年 4 月
362	赵固二矿副井	中煤五公司 3 处	6.9	739.5	37.39	111.6	2007 年 4 月
363	李雅庄回风井	中煤 10 处矿建 5 队	7.0	416.0	38.48	100.0	2007 年 5 月
364	赵固二矿副井	中煤五公司 3 处	6.9	739.5	37.39	111.0	2007 年 5 月
365	李雅庄回风井	中煤 10 处矿建 5 队	7.0	416.0	38.48	121.0	2007 年 6 月
366	钱营孜主井	中煤一公司 49 处矿建 26 队	5.0	686.8	19.63	120.0	2007 年 6 月
367	花宝沟风井	中煤一公司 49 处矿建 28 队	6.0	460.0	28.27	110.0	2007 年 6 月

表 7-34(续)

序号	井筒名称	施工单位	井径 /m	井深 /m	净断面 /m²	月进尺 /m	创造时间
368	新庄矿风井	河南煤建公司	6.5	789.0	33.18	100.0	2007 年 6 月
369	赵固二矿副井	中煤五公司 3 处	6.9	739.5	37.39	101.0	2007 年 6 月
370	大冶大红山混合井	金诚信矿业公司	5.4	830.0	22.90	120.0	2007 年 6 月
371	大冶大红山主井	金诚信矿业公司	5.4	830.0	22.90	102.6	2007 年 6 月
372	钱营孜主井	中煤一公司 49 处矿建 26 队	5.0	686.8	19.63	120.0	2007 年 7 月
373	花宝沟风井	中煤一公司 49 处矿建 28 队	6.0	460.0	28.27	102.0	2007 年 7 月
374	袁店主井	中煤一公司 49 处矿建 30 队	5.0	777.0	19.63	110.0	2007 年 7 月
375	常山矿副井	中煤五公司 3 处	6.0	693.0	28.27	123.0	2007 年 7 月
376	花宝沟风井	中煤一公司 49 处矿建 28 队	6.0	460.0	28.27	126.0	2007 年 8 月
377	口孜东风井	中煤一公司 49 处矿建 12 队	7.5	1 005.0	44.18	101.0	2007 年 8 月
378	顾桥回风井	中煤一公司 49 处矿建 10 队	7.2	1 010.0	40.72	110.0	2007 年 8 月
379	薛湖矿中央风井	中煤五公司 3 处	5.5	760.5	23.76	101.0	2007 年 8 月
380	商山矿副井	中煤五公司 3 处	6.0	693.0	28.27	123.0	2007 年 8 月
381	口孜东风井	中煤一公司 49 处矿建 12 队	7.5	1 005.0	44.18	102.0	2007 年 9 月
382	薛湖矿中央风井	中煤五公司 3 处	5.5	760.5	23.76	136.0	2007 年 9 月
383	薛湖矿中央风井	中煤五公司 3 处	5.5	760.5	23.76	130.0	2007 年 10 月
384	陈四楼矿风井	中煤五公司 3 处	5.0	462.0	19.63	140.0	2007 年 10 月
385	黄玉川副井	中煤 10 处矿建 3 队	9.5	373.0	70.88	119.0	2007 年 11 月
386	袁店主井	中煤一公司 49 处矿建 30 队	5.0	777.0	19.63	110.0	2007 年 11 月
387	沙曲进风井	中煤一公司 49 处矿建 21 队	7.0	631.0	38.48	117.0	2007 年 11 月
388	沙曲回风井	中煤一公司 49 处矿建 32 队	7.0	631.0	38.48	119.0	2007 年 11 月
389	袁店主井	中煤一公司 49 处矿建 30 队	5.0	777.0	19.63	110.0	2007 年 12 月
390	顾桥回风井	中煤一公司 49 处矿建 10 队	7.2	1 010.0	40.72	148.0	2007 年 12 月

表 7-34(续)

序号	井筒名称	施工单位	井径/m	井深/m	净断面/m^2	月进尺/m	创造时间
391	王庄进风井	中煤一公司 49 处矿建 1 队	7.0	462.0	38.48	120.0	2007 年 12 月
392	王庄回风井	中煤一公司 49 处矿建 21 队	5.5	438.0	23.76	140.0	2007 年 12 月
393	宵云矿主井	中煤一公司 31 处矿建 8 队	5.0	840.5	19.63	127.0	2008 年 2 月
394	宵云矿主井	中煤一公司 31 处矿建 8 队	5.0	840.5	19.63	121.0	2008 年 3 月
395	玉溪大红山铜矿箕斗竖井	金诚信矿业公司	5.5	959.0	23.76	110.0	2008 年 3 月
396	宵云矿主井	中煤一公司 31 处矿建 8 队	5.0	840.5	19.63	122.0	2008 年 4 月
397	玉溪大红山铜矿箕斗竖井	金诚信矿业公司	5.5	959.0	23.76	105.0	2008 年 4 月
398	玉溪大红山铜矿箕斗竖井	金诚信矿业公司	5.5	959.0	23.76	108.0	2008 年 5 月
399	玉溪大红山铜矿箕斗竖井	金诚信矿业公司	5.5	959.0	23.76	116.0	2008 年 6 月
400	贵州紫金长田金矿 1# 探矿井	金诚信矿业公司	5.5	728.0	23.76	103.2	2008 年 6 月
401	黄岗梁副井	中煤 63 处立井 4 队	5.0	283.0	19.63	112.0	2008 年 7 月
402	玉溪大红山铜矿箕斗竖井	金诚信矿业公司	5.5	959.0	23.76	123.0	2008 年 7 月
403	玉溪大红山铜矿箕斗竖井	金诚信矿业公司	5.5	959.0	23.76	104.0	2008 年 8 月
404	贵州紫金长田金矿 1# 探矿井	金诚信矿业公司	5.5	728.0	23.76	104.0	2010 年 5 月
405	贵州紫金长田金矿 1# 探矿井	金诚信矿业公司	5.5	728.0	23.76	108.0	2010 年 9 月
406	新疆哈图金矿混合井	铜陵铜冠矿建公司	5.5	1 039.0	23.76	104.0	2011 年 3 月
407	大冶铜碌山混合井	金诚信矿业公司	7.5	1 150.0	44.18	100.0 以上	2011 年 4 月
408	大冶铜碌山混合井	金诚信矿业公司	7.5	1 150.0	44.18	100.0 以上	2011 年 6 月
409	大冶铜碌山混合井	金诚信矿业公司	7.5	1 150.0	44.18	100.0 以上	2011 年 7 月
410	大冶铜碌山混合井	金诚信矿业公司	7.5	1 150.0	44.18	100.0 以上	2011 年 8 月
411	大冶铜碌山混合井	金诚信矿业公司	7.5	1 150.0	44.18	100.0 以上	2011 年 9 月

表 7-34(续)

序号	井筒名称	施工单位	井径 /m	井深 /m	净断面 /m²	月进尺 /m	创造时间
412	大冶铜碌山混合井	金诚信矿业公司	7.5	1 150.0	44.18	100.0 以上	2011 年 10 月
413	鞍山集团眼前山铁矿副井	铜陵铜冠矿建公司	6.5	850.0	33.18	108.0	2011 年 10 月
414	谦比西铜矿北风井	金诚信矿业公司	6.5	995.0	33.18	106.0	2012 年 2 月
415	谦比西铜矿北风井	金诚信矿业公司	6.5	995.0	33.18	108.0	2012 年 3 月
416	大兴安岭进风井	金诚信矿业公司	8.0	1 000.0	50.27	114.0	2012 年 5 月
417	大兴安岭岔路口钼铅锌矿 1# 井	金诚信矿业公司	8.0	1 000.0	50.27	110.0	2012 年 9 月
418	鸡冠嘴金矿二期混合井	金诚信矿业公司	4.5	1 050.0	15.90	124.0	2012 年 11 月
419	鸡冠嘴金矿三期主井	金诚信矿业公司	4.0	1 123.0	12.57	125.0	2012 年 11 月
420	莱钢谷家台铁矿主井	金诚信矿业公司	5.1	648.0	20.43	112.0	2012 年 11 月
421	湖北三鑫工程新主井	金诚信矿业公司	6.5	1 180.0	33.18	132.0	2013 年 1 月
422	湖北三鑫公司采矿工程副井	金诚信矿业公司	4.0	994.0	12.57	100.0 以上	2013 年 4 月
423	大兴安岭岔路口钼铅锌矿 2# 井	金诚信矿业公司	8.0	1 184.0	50.27	122.0	2013 年 6 月
424	湖北三鑫公司采矿工程主井	金诚信矿业公司	4.5	1 091.0	15.90	100.0 以上	2013 年 6 月
425	湖北三鑫公司采矿工程主井	金诚信矿业公司	4.5	1 091.0	15.90	100.0 以上	2013 年 7 月
426	湖北三鑫公司采矿工程主井	金诚信矿业公司	4.5	1 091.0	15.90	100.0 以上	2013 年 8 月
427	湖北三鑫公司采矿工程主井	金诚信矿业公司	4.5	1 091.0	15.90	100.0 以上	2013 年 9 月
428	本溪思山岭铁矿 1# 回风井	铜陵铜冠矿建公司	7.5	1 458.0	44.18	121.0	2013 年 9 月
429	湖北三鑫公司采矿工程主井	金诚信矿业公司	4.5	1 091.0	15.90	100.0 以上	2013 年 10 月
430	湖北三鑫公司采矿工程主井	金诚信矿业公司	4.5	1 091.0	15.90	100.0 以上	2013 年 11 月
431	湖北三鑫公司采矿工程主井	金诚信矿业公司	4.5	1 091.0	15.90	100.0 以上	2013 年 12 月
432	李家湾锰矿主井	湖南涟邵建设工程公司	5.5	1 121.0	23.76	100.0 以上	2014 年 8 次
433	李家湾锰矿副井	湖南涟邵建设工程公司	6.0	1 071.0	28.27	100.0 以上	2014 年 8 次

表 7-34(续)

序号	井筒名称	施工单位	井径/m	井深/m	净断面/m^2	月进尺/m	创造时间
434	技改工程回风竖井工程	湖南楚湘建设工程有限公司	5.5	996.9	23.76	142.2	2014 年 1 月
435	进风井基岩段	中煤一公司 49 处高河项目部	7.5	473.2	44.18	133.0	2014 年 1 月
436	进风井冻结段	中煤五公司 3 处唐口项目部	7.0	1 033.0	38.48	117.6	2014 年 1 月
437	风井冻结段	中煤五公司 3 处招贤项目部	6.0	564.0	28.27	140.0	2014 年 3 月
438	风井井筒掘砌工程基岩段	中煤矿山建设集团 71 处	5.0	830.5	19.63	134.0	2014 年 3 月
439	风井井筒掘砌工程基岩段	中煤矿山建设集团 71 处	7.5	758.5	44.18	121.6	2014 年 3 月
440	红庆河煤矿风井	中煤三公司 30 处	7.6	708.0	45.36	110.0	2014 年 3 月
441	红庆河煤矿主井冻结段	中煤一公司 49 处	9.5	787.0	70.88	105.0	2014 年 3 月
442	红庆河煤矿二号风井冻结段	中煤五公司 3 处	9.5	787.0	70.88	103.6	2014 年 3 月
443	红庆河煤矿副井冻结段	中煤五公司 3 处红庆河项目部	10.5	730.0	86.59	100.0	2014 年 3 月
444	红庆河煤矿二号风井冻结段	中煤五公司 3 处	9.5	787.0	70.88	140.1	2014 年 4 月
445	红庆河煤矿回风立井	中煤三公司 30 处	7.0	707.3	38.48	140.0	2014 年 4 月
446	东大煤矿主井	中煤矿山建设集团 71 处	9.4	851.4	69.40	133.0	2014 年 4 月
447	东大煤矿风井	中煤五公司 1 处三交项目部	8.5	418.7	56.75	124.0	2014 年 4 月
448	排矸立井基岩段	中煤五公司 1 处三交项目部	9.6	446.0	72.38	112.0	2014 年 4 月
449	主立井基岩段	中煤一公司 49 处依兰项目部	5.5	718.1	23.76	105.0	2014 年 4 月
450	马城铁矿 3# 主井	湖南涟邵建设工程公司	6.5	1 165.5	33.18	101.0	2014 年 4 月
451	会泽矿业分公司 3# 竖井	金诚信矿业公司	6.5	1 526.0	33.18	121.0	2014 年 5 月
452	二号风井冻结段	中煤五公司 3 处红庆河项目部	9.5	787.0	70.88	128.0	2014 年 5 月

表 7-34(续)

序号	井筒名称	施工单位	井径/m	井深/m	净断面/m^2	月进尺/m	创造时间
453	回风井基岩段	中煤一公司49处	7.0	710.2	38.48	105.0	2014年5月
454	会泽矿业分公司3#竖井	金诚信矿业公司	6.5	1 526.0	33.18	142.8	2014年6月
455	主立井井筒基岩段	甘肃第一工程有限责任公司	7.2	676.0	40.72	138.0	2014年6月
456	进风井基岩段	中煤一公司49处漳村项目部	8.0	513.9	50.27	122.0	2014年7月
457	二号风井冻结段	中煤五公司3处红庆河项目部	9.5	787.0	70.88	105.6	2014年7月
458	主立井基岩段	中煤一公司49处依兰项目部	5.5	718.1	23.76	108.0	2014年8月
459	进风井冻结段	中煤五公司3处唐口项目部	7.0	1 033.0	38.48	139.0	2014年9月
460	主立井基岩段	中煤一公司49处依兰项目部	5.5	718.1	23.76	105.0	2014年9月
461	副井基岩段	中煤五公司3处依兰项目部	8.2	740.0	52.81	102.0	2014年9月
462	回风井基岩段	中煤一公司49处依兰项目部	7.0	710.2	38.48	102.0	2014年9月
463	马城铁矿3#主井	湖南涟邵建设工程公司	6.5	1 165.5	33.18	102.0	2014年11月
464	进风井冻结段	中煤五公司3处唐口项目部	7.0	1 033.0	38.48	104.4	2014年12月
465	唐口矿进风井	中煤五公司3处	7.0	1 033.0	38.48	108.0	2015年3月
466	唐口矿进风井	中煤五公司3处	7.0	1 033.0	38.48	128.0	2015年4月
467	辽宁思山岭矿1#回风井	铜陵铜冠矿建公司	7.5	1 485.5	44.18	107.3	2015年5月
468	安徽庐江沙溪铜矿主井	铜陵铜冠矿建公司	7.2	1 089.6	40.72	108.5	2015年5月
469	唐口矿进风井	中煤五公司3处	7.0	1 033.0	38.48	127.0	2015年5月
470	马城铁矿3#主井	湖南涟邵建设工程公司	6.5	1 165.5	33.18	110.0	2015年5月
471	会泽矿业分公司3#竖井	金诚信矿业公司	6.5	1 526.0	33.18	105.0	2015年6月
472	辽宁思山岭矿1#回风井	铜陵铜冠矿建公司	7.5	1 485.5	44.18	122.1	2015年6月
473	唐口矿进风井	中煤五公司3处	7.0	1 033.0	38.48	127.0	2015年6月

表 7-34(续)

序号	井筒名称	施工单位	井径/m	井深/m	净断面/m²	月进尺/m	创造时间
474	会泽矿业分公司 3# 竖井	金诚信矿业公司	6.5	1 526.0	33.18	110.0	2015 年 7 月
475	辽宁思山岭矿 1# 回风井	铜陵铜冠矿建公司	7.5	1 485.5	44.18	103.6	2015 年 7 月
476	安徽庐江沙溪铜矿回风井	铜陵铜冠矿建公司	6.5	986.3	33.18	101.5	2015 年 7 月
477	万福主井	中煤一公司 31 处	5.5	886.0	23.76	111.0	2015 年 7 月
478	万福主井	中煤一公司 31 处	5.5	886.0	23.76	100.0	2015 年 8 月
479	万福主井	中煤一公司 31 处	5.5	886.0	23.76	100.0	2015 年 9 月
480	谦比西铜矿主井	铜陵铜冠矿建公司	6.5	1 254.4	33.18	107.3	2015 年 10 月
481	新城金矿回风井	中煤五公司 3 处	7.0	1 147.0	38.48	150.0	2016 年 4 月
482	谦比西铜矿副井	铜陵铜冠矿建公司	7.2	1 154.4	40.72	118.4	2016 年 5 月
483	姚家岭锌金矿 1# 探矿井	铜陵铜冠矿建公司	5.5	836.2	23.76	105.0	2016 年 6 月
484	万福主井	中煤一公司 31 处	5.5	886.0	23.76	120.9	2016 年 6 月
485	新城金矿回风井	中煤五公司 3 处	7.0	1 147.0	38.48	120.0	2016 年 7 月
486	青龙铀矿二期 1 号竖井	中煤一公司 31 处	5.2	667.0	21.24	126.0	2016 年 8 月
487	青龙铀矿二期 1 号竖井	中煤一公司 31 处	5.2	667.0	21.24	122.4	2016 年 10 月
488	青龙铀矿二期 1 号竖井	中煤一公司 31 处	5.2	667.0	21.24	129.6	2016 年 11 月
489	小纪汗回风立井	中煤五公司 3 处	6.5	396.0	33.18	104.0	2017 年 3 月
490	新城金矿主井	中煤五公司 3 处	6.7	1 527.0	35.26	108.0	2017 年 5 月
491	新城金矿副井	中煤五公司 3 处	7.5	1 070.0	44.18	108.0	2017 年 5 月
492	新城金矿主井	中煤五公司 3 处	6.7	1 527.0	35.26	104.0	2017 年 6 月
493	小纪汗回风立井	中煤五公司 3 处	6.5	396.0	33.18	120.0	2017 年 6 月
494	新城金矿主井	中煤五公司 3 处	6.7	1 527.0	35.26	104.0	2017 年 7 月
495	新城金矿主井	中煤五公司 3 处	6.7	1 527.0	35.26	148.0	2017 年 8 月
496	新城金矿主井	中煤五公司 3 处	6.7	1 527.0	35.26	104.0	2017 年 9 月
497	姑山铁矿主井	中煤五公司 3 处	5.0	395.5	19.63	100.2	2017 年 9 月
498	新城金矿主井	中煤五公司 3 处	6.7	1 527.0	35.26	105.2	2017 年 10 月
499	新城金矿主井	中煤五公司 3 处	6.7	1 527.0	35.26	104.2	2017 年 11 月
500	姑山铁矿主井	中煤五公司 3 处	5.0	395.5	19.63	120.4	2017 年 11 月
501	瑞海矿业进风井	湖南涟邵建设工程公司	6.5	1 530.0	33.18	110.0	2017 年 11 月

表 7-34(续)

序号	井筒名称	施工单位	井径/m	井深/m	净断面/m^2	月进尺/m	创造时间
502	新城金矿主井	中煤五公司 3 处	6.7	1 527.0	35.26	112.0	2017 年 12 月
503	姑山铁矿主井	中煤五公司 3 处	5.0	395.5	19.63	101.5	2017 年 12 月
504	新城金矿主井	中煤五公司 3 处	6.7	1 527.0	35.26	116.0	2018 年 1 月
505	新城金矿主井	中煤五公司 3 处	6.7	1 527.0	35.26	120.0	2018 年 3 月
506	土耳其锡尔特铜矿井筒	中煤五公司 2 处	6.5	651.0	33.18	108.0	2018 年 3 月
507	新城金矿主井	中煤五公司 3 处	6.7	1 527.0	35.26	104.0	2018 年 4 月
508	冬瓜山铜矿新辅助井	铜陵铜冠矿建公司	6.9	1 395.4	37.39	111.0	2018 年 5 月
509	瑞海矿业进风井	湖南涟邵建设工程公司	6.5	1 530.0	33.18	104.6	2018 年 5 月
510	土耳其锡尔特铜矿井筒	中煤五公司 2 处	6.5	651.0	33.18	108.0	2018 年 6 月
511	土耳其锡尔特铜矿井筒	中煤五公司 2 处	6.5	651.0	33.18	111.6	2018 年 7 月
512	姑山铁矿主井	中煤五公司 3 处	5.0	395.5	19.63	122.4	2018 年 7 月
513	瑞海矿业进风井	湖南涟邵建设工程公司	6.5	1 530.0	33.18	134.0	2018 年 7 月
514	兴隆进风排矸井	中煤五公司 1 处	6.0	728.0	28.27	100.8	2018 年 8 月
515	瑞海矿业进风井	湖南涟邵建设工程公司	6.5	1 530.0	33.18	137.0	2018 年 9 月
516	兴隆进风排矸井	中煤五公司 1 处	6.0	728.0	28.27	108.0	2018 年 10 月
517	瑞海矿业进风井	湖南涟邵建设工程公司	6.5	1 530.0	33.18	107.3	2018 年 10 月
518	兴隆进风排矸井	中煤五公司 1 处	6.0	728.0	28.27	104.0	2018 年 11 月
519	李村进风井	中煤五公司 1 处	8.0	610.0	50.27	100.0	2018 年 11 月
520	瑞海矿业进风井	湖南涟邵建设工程公司	6.5	1 530.0	33.18	108.0	2018 年 11 月
521	兴隆进风排矸井	中煤五公司 1 处	6.0	728.0	28.27	108.0	2018 年 12 月
522	巴拉素 2# 风井	中煤五公司 3 处	5.5	547.0	23.76	112.0	2019 年 3 月
523	三交 2# 副立井	中煤五公司 1 处	8.5	610.0	56.75	112.0	2019 年 5 月
524	三交 2# 回风井	中煤五公司 1 处	8.5	610.0	56.75	108.0	2019 年 5 月
525	李村进风井	中煤五公司 1 处	8.0	610.0	50.27	112.0	2019 年 5 月
526	李村进风井	中煤五公司 1 处	8.0	610.0	50.27	108.0	2019 年 6 月
527	纱岭主井	中煤五公司 3 处	6.8	1 599.0	36.32	120.0	2019 年 6 月
528	巴拉素 2# 风井	中煤五公司 3 处	5.5	547.0	23.76	105.0	2019 年 6 月
529	纱岭主井	中煤五公司 3 处	6.8	1 599.0	36.32	120.0	2019 年 7 月
530	纱岭回风井	中煤五公司 3 处	8.0	1 348.0	50.27	120.0	2019 年 7 月
531	泉店矿回风井	中煤五公司 3 处	6.0	349.0	28.27	110.0	2019 年 7 月
532	纱岭主井	中煤五公司 3 处	6.8	1 599.0	36.32	120.0	2019 年 8 月
533	纱岭回风井	中煤五公司 3 处	8.0	1 348.0	50.27	120.0	2019 年 8 月

表 7-34(续)

序号	井筒名称	施工单位	井径 /m	井深 /m	净断面 /m²	月进尺 /m	创造时间
534	泉店矿回风井	中煤五公司 3 处	6.0	349.0	28.27	112.0	2019 年 8 月
535	李村进风井	中煤五公司 1 处	8.0	610.0	50.27	100.0	2019 年 8 月
536	纱岭主井	中煤五公司 3 处	6.8	1 599.0	36.32	120.0	2019 年 9 月
537	纱岭回风井	中煤五公司 3 处	8.0	1 348.0	50.27	120.0	2019 年 9 月
538	纱岭主井	中煤五公司 3 处	6.8	1 599.0	36.32	120.0	2019 年 10 月
539	纱岭回风井	中煤五公司 3 处	8.0	1 348.0	50.27	120.0	2019 年 10 月
540	瑞海矿业进风井	湖南涟邵建设工程公司	6.5	1 530.0	33.18	112.0	2019 年 10 月
541	纱岭主井	中煤五公司 3 处	6.8	1 599.0	36.32	120.0	2019 年 11 月
542	纱岭金矿风井	金诚信矿业公司	6.5	1 535.0	33.18	129.6	2019 年 11 月
543	思山岭铁矿 1# 主井	湖南涟邵建设工程公司	6.3	1 505.0	31.17	102.3	2019 年 12 月
544	纱岭回风井	中煤五公司 3 处	8.0	1 348.0	50.27	120.5	2020 年 3 月
545	青东东风井	中煤五公司 3 处	5.5	646.0	23.76	149.6	2020 年 3 月
546	思山岭铁矿 1# 主井	湖南涟邵建设工程公司	6.3	1 505.0	31.17	105.8	2020 年 3 月

7.8.7　立井井筒月进尺超 150 m 统计(表 7-35)

表 7-35　立井井筒月进尺超 150 m 不完全统计表

序号	井筒名称	施工单位	井径 /m	井深 /m	断面 /m²	月进尺 /m	创造时间
1	权台煤矿主井	徐州基建局 1 处	4.5	210.4	15.90	160.9	1958 年 9 月
2	桥头河煤矿二号井	湖南基建公司 5 处	5.5	293.2	23.76	174.8	1973 年 7 月
3	兴隆庄煤矿风井	兖州 32 处	5.0	294.0	19.63	161.5	1976 年 6 月
4	钱家营煤矿东风井	开滦工程处	6.5		33.18	166.1	1978 年 1 月
5	鲍店煤矿北风井	兖州 70 处	5.0	347.2	19.63	167.5	1978 年 12 月
6	钱家营煤矿主井	开滦工程处	6.5		33.18	183.3	1979 年 1 月
7	阳泉矿区供水井	阳泉 1 处	4.0	281.3	12.57	177.0	1984 年 6 月
8	二道河子煤矿南风井	鸡西工程处	5.0	645.0	19.63	163.1	1990 年 5 月
9	成子河煤矿西风井	鸡西工程处	5.0	579.5	19.63	187.1	1991 年 5 月
10	滴道煤矿东风井	鸡西工程处	5.0	683.5	19.63	201.0	1992 年 5 月
11	济宁三号煤矿风井	兖州 32 处	6.5	568.0	33.18	150.9	1993 年 8 月
12	东荣三矿东风井	双鸭山 1 处	5.0	323.5	19.63	152.2	1993 年 11 月
13	龙溯煤矿主井	七台河工程处	5.0	419.0	19.63	163.5	1995 年 6 月
14	新兴煤矿回风井	七台河工程处	5.5	510.0	23.76	151.0	1996 年 8 月
15	岱庄煤矿风井	中煤一公司 31 处	5.0	460.6	19.63	191.6	1998 年 2 月

表 7-35(续)

序号	井筒名称	施工单位	井径/m	井深/m	断面/m^2	月进尺/m	创造时间
16	梁北煤矿副井	鸡西工程处	6.0	702.5	28.27	192.0	1998年4月
17	岱庄煤矿副井	中煤三公司29处	6.5	476.6	33.18	183.8	1998年5月
18	岱庄煤矿主井	中煤五公司2处	4.5	451.7	15.90	185.6	1998年8月
19	邢东煤矿副井	中煤一公司49处	6.0	842.5	28.27	212.6	1998年11月
20	唐阳煤矿副井	中煤五公司3处	5.0	317.0	19.63	216.5	1998年11月
21	葛亭煤矿主井	中煤三公司29处	5.0	440.0	19.63	218.1	1999年2月
22	祁东煤矿副井	中煤五公司1处	6.0	655.0	28.27	190.8	1999年5月
23	葛亭煤矿副井	中煤五公司	5.0	455.8	19.63	216.9	1999年5月
24	朝阳矿主井	中煤一公司	5.0	763.8	19.63	220.6	2002年11月
25	朝阳矿副井	中煤一公司	5.0	759.5	19.63	218.8	2002年12月
26	王庄矿62风井	中煤一公司49处	5.5	296.1	23.76	165.0	2003年4月
27	星村煤矿副井	中煤一公司49处	6.0	939.8	28.27	180.0	2003年9月
28	陶二煤矿扩大区改扩建副井	中煤一公司49处	6.0	860.0	28.27	150.2	2004年3月
29	孙村煤矿风井	山东华新建筑工程公司	6.0	978.0	28.27	156.0	2004年4月
30	岭子煤矿新风井	中煤一公司31处	5.0	488.0	19.63	161.0	2004年6月
31	彭庄矿副井	中煤五公司3处	6.0	491.6	28.27	200.6	2004年6月
32	常村煤矿回风井	中煤一公司49处	6.0	355.5	28.27	151.0	2004年7月
33	岭子煤矿新风井	中煤一公司31处	5.0	488.0	19.63	181.4	2004年8月
34	刘河煤矿主井	中煤矿山建设集团71处	4.5	440.5	15.90	160.0	2004年9月
35	刘河煤矿副井	河南煤炭建设公司	5.0	456.5	19.63	171.0	2004年11月
36	薛湖煤矿	中煤五公司3处	5.0	810.0	19.63	180.0	2005年1月
37	薛湖煤矿	中煤五公司3处	6.5	846.5	33.18	191.0	2005年2月
38	干河矿主井	中煤一公司10处第2凿井队	5.5	564.5	23.76	169.0	2005年3月
39	腾东煤矿	中煤矿山建设集团71处	5.5	922.0	23.76	167.0	2005年4月
40	刘庄煤矿风井	中煤一公司49处	7.0	808.0	38.48	188.0	2005年5月
41	望风岗煤矿	鸡西工程公司	8.8	993.0	60.82	152.7	2005年6月
42	吴桂桥矿副井	中煤一公司10处	5.2	515.0	21.24	170.0	2005年6月
43	宣二煤矿风井	中煤一公司49处矿建26队	6.5	862.8	33.18	166.0	2005年7月
44	明珠煤矿	中煤五公司2处	6.0	578.8	28.27	175.2	2005年7月

表 7-35(续)

序号	井筒名称	施工单位	井径/m	井深/m	断面/m^2	月进尺/m	创造时间
45	赵楼煤矿主井	中煤一公司 31 处矿建 8 队	7.0	916.1	38.48	208.0	2005 年 7 月
46	山西保安矿井	中煤河北煤炭建设 4 处	6.0	650.0	28.27	155.0	2005 年 8 月
47	刘庄煤矿	中煤三公司 29 处	6.0	786.0	28.27	163.0	2005 年 9 月
48	平煤八矿	平煤神马建工集团建井 1 处综 5 队	6.0	714.0	28.27	158.0	2005 年 11 月
49	渠里煤矿	鸡西第四建设工程公司	5.8	596.0	26.42	170.3	2005 年 11 月
50	潘一煤矿	中煤矿山建设集团 71 处	7.0	845.5	38.48	168.0	2005 年 12 月
51	郭屯煤矿风井	中煤五公司 3 处矿建 35 队	5.5	781.0	23.76	160.0	2006 年 1 月
52	刘店煤矿主井	中煤一公司 49 处	5.0	678.5	19.63	221.0	2006 年 1 月
53	五沟煤矿	中煤五公司	5.0	478.7	19.63	150.0	2006 年 2 月
54	郭屯煤矿风井	中煤五公司 3 处矿建 35 队	5.5	781.0	23.76	180.0	2006 年 2 月
55	泉店煤矿	河南煤炭建设公司	5.0	667.0	19.63	223.2	2006 年 2 月
56	平煤十一矿改扩建井	平煤神马建工集团建井 1 处	7.0	705.0	38.48	172.8	2006 年 3 月
57	刘庄煤矿风井	中煤一公司 49 处	7.0	808.0	38.48	188.0	2006 年 3 月
58	郭屯煤矿风井	中煤五公司 3 处矿建 35 队	5.5	781.0	23.76	190.0	2006 年 3 月
59	杨柳矿副井	中煤一公司 49 处矿建 28 队	6.5	631.2	33.18	193.7	2006 年 3 月
60	刘庄煤矿风井	中煤一公司 49 处	7.0	808.0	38.48	188.0	2006 年 6 月
61	平煤八矿二水平	平煤神马建工集团建井 1 处综 5 队	6.5	721.0	33.18	158.3	2006 年 11 月
62	桃园煤矿	中煤三公司 29 处	6.5	831.0	33.18	171.0	2006 年 11 月
63	龙家堡矿井	中煤一公司 10 处	7.5	867.0	44.18	150.0	2006 年 12 月
64	石上煤矿	中煤河北煤炭建设 4 处	5.0	963.0	19.63	151.2	2007 年 1 月
65	赵固煤矿主井	中煤五公司 3 处	5.0	711.5	19.63	156.8	2007 年 1 月
66	顾南煤矿副井	中煤矿山建设集团 71 处	8.6	1 035.0	58.09	158.0	2007 年 1 月
67	顾南煤矿进风井	中煤矿山建设集团 71 处	11.0	1 035.0	95.03	158.0	2007 年 1 月
68	临涣矿风井	永城龙宇公司	4.6	455.0	16.62	165.0	2007 年 1 月

表 7-35(续)

序号	井筒名称	施工单位	井径/m	井深/m	断面/m^2	月进尺/m	创造时间
69	赵固煤矿副井	中煤五公司3处	5.2	711.5	21.24	150.7	2007年2月
70	赵固煤矿主井	中煤五公司3处	5.0	711.5	19.63	157.0	2007年2月
71	丰龙煤矿	江西矿山隧道总公司	6.5	925.0	33.18	151.0	2007年3月
72	金黄庄矿副井	山东华新建筑工程公司	6.0	929.0	28.27	157.0	2007年4月
73	新庄煤矿风井	河南煤炭建设公司	6.9	784.0	37.39	184.0	2007年4月
74	李雅庄矿进风井	中煤一公司10处	6.8	404.5	36.32	188.0	2007年4月
75	同忻矿井	山西宏远工程公司	6.0	415.0	28.27	152.0	2007年5月
76	青东煤矿	中煤三公司29处	6.0	630.3	28.27	152.0	2007年6月
77	金黄庄矿	山东华新建筑工程公司	5.0	898.0	19.63	152.0	2007年6月
78	口孜东煤矿中央回风井	中煤一公司49处	7.5	1 005.0	44.18	172.0	2007年6月
79	顾桥矿回风井	中煤一公司49处矿建10队	7.2	1 010.0	40.72	155.0	2007年7月
80	口孜东煤矿副井	中煤三公司29处	8.0	1 032.0	50.27	156.0	2007年7月
81	口孜东煤矿中央回风井	中煤一公司49处	7.5	1 005.0	44.18	172.0	2007年7月
82	口孜东煤矿主井	江苏华美工程公司	7.5	1 005.0	44.18	159.0	2007年9月
83	兴跃煤矿	河南煤炭建设公司	7.0	646.0	38.48	151.0	2007年11月
84	城郊矿西风井	永城龙宇公司	5.0	468.0	19.63	156.0	2007年11月
85	兴跃煤矿主井	河南煤炭建设公司	5.5	713.0	23.76	157.0	2007年11月
86	城郊矿西风井回风井	永城龙宇公司	5.0	468.0	19.63	180.0	2007年11月
87	八宝矿副井	中煤一公司10处	7.5	940.0	44.18	167.0	2007年12月
88	胡家河煤矿风井	中煤三公司29处		848.0		181.0	2008年1月
89	金黄庄矿主井	山东华新建筑工程公司		871.0		152.0	2008年3月
90	巴基斯坦杜达铅锌矿混合竖井	中煤三公司30处		1 019.0		152.0	2008年3月
91	朱集煤矿副井	中煤五公司3处		1 036.0		180.0	2008年3月
92	板集煤矿风井	中煤三公司29处		865.0		173.0	2008年4月
93	常村煤矿风井	河南煤炭建设公司	5.0	860.0	19.63	156.0	2008年5月
94	金黄庄矿	山东华新建筑工程公司		878.0		156.0	2008年5月
95	口孜东煤矿副井	中煤三公司29处	8.0	1 032.0	50.27	168.0	2008年5月
96	八宝矿副井	中煤一公司10处	7.5	940.0	44.18	160.0	2008年6月
97	灵东煤矿风井	中煤三公司29处		765.0		186.0	2008年7月
98	河北李楼铁矿1#主井	中煤河北煤炭建设4处	6.0	688.0	28.27	153.4	2008年8月

表 7-35(续)

序号	井筒名称	施工单位	井径/m	井深/m	断面/m²	月进尺/m	创造时间
99	袁店二矿风井	中煤三公司 29 处		624.0		162.0	2008 年 8 月
100	平煤二矿回风井	平煤神马建工集团建井 3 处		734.0		157.0	2008 年 9 月
101	潘一煤矿风井	中煤五公司 3 处		883.0		153.0	2008 年 11 月
102	胡家河煤矿风井	中煤三公司 29 处		848.0		166.0	2008 年 11 月
103	潘一煤矿东副井	中煤矿山建设集团 71 处		904.5		172.0	2008 年 11 月
104	文家坡煤矿回风立井	中煤三公司 29 处		756.3		152.0	2009 年 1 月
105	顺和煤矿副井	中煤五公司 3 处		768.5		152.0	2009 年 1 月
106	河北钢铁集团中关铁矿副井	中煤河北煤炭建设 4 处	7.8	660.0	47.78	162.0	2009 年 3 月
107	鲁新矿副井	华新建筑公司	8.0	333.0	50.27	186.0	2009 年 3 月
108	潘一煤矿第二副井	中煤五公司 3 处	9.8	1 034.2	75.43	219.0	2009 年 4 月
109	虎豹湾矿主井	中煤一公司 49 处	6.8	607.0	36.32	150.6	2009 年 5 月
110	虎豹湾矿副井	中煤五公司 3 处	10.0	582.4	78.54	152.2	2009 年 5 月
111	杨营煤矿主井	中煤五公司 3 处	9.2	680.0	66.48	154.0	2009 年 5 月
112	梁宝寺煤矿副斜井	中煤三公司 29 处	10.1	1 090.5	80.12	161.0	2009 年 5 月
113	潘一煤矿箕斗井	中煤矿山建设集团 71 处	8.6	986.2	58.09	186.5	2009 年 5 月
114	崔木煤矿回风井	中煤五公司 2 处	6.8	586.0	36.32	151.2	2009 年 6 月
115	崔木煤矿主井	中煤五公司 2 处	6.8	597.5	36.32	151.5	2009 年 6 月
116	清水营矿回风立井	华煤集团有限公司		554.0		152.0	2009 年 6 月
117	平煤二矿进风井	平煤神马建工集团建井 1 处	7.0		38.48	152.0	2009 年 6 月
118	鲁新矿主井	华新建筑公司	6.0	311.0	28.27	166.0	2009 年 6 月
119	朱集西矿副井	中煤五公司 3 处	11.0	1 015.2	95.03	152.0	2009 年 8 月
120	核桃峪煤矿措施立井	甘肃华能公司	6.0	580.0	28.27	180.0	2009 年 8 月
121	潘一煤矿第二副井	中煤五公司 3 处	9.8	1 034.2	75.43	180.0	2009 年 8 月
122	朱集西矿副井	中煤五公司 3 处	11.0	1 015.2	95.03	152.0	2009 年 9 月
123	潘一煤矿第二副井	中煤五公司 3 处	9.8	1 034.2	75.43	160.0	2009 年 9 月
124	邹庄煤矿主井	中煤三公司 29 处	5.0	799.2	19.63	151.5	2009 年 11 月
125	颍上煤矿风立井	中煤三公司 29 处		466.5		152.0	2009 年 11 月
126	塔山煤矿回风井	中煤三公司 30 处		503.3		152.6	2009 年 11 月
127	潘一煤矿东副井	中煤矿山建设集团 71 处		904.5		171.6	2009 年 11 月

表 7-35(续)

序号	井筒名称	施工单位	井径/m	井深/m	断面/m^2	月进尺/m	创造时间
128	龙王庙矿井	中煤一公司31处		498.0		173.0	2009年11月
129	顺和煤矿风井	河南国龙矿建公司		678.5		206.0	2009年11月
130	顺和煤矿副井	中煤五公司3处		769.0		244.0	2009年11月
131	龙泉矿副立井	中煤五公司4处		457.3		151.0	2009年12月
132	泊江海子煤矿风井	中煤三公司29处	7.6	584.0	45.36	151.0	2009年12月
133	安居煤矿副井	中煤五公司2处		1 008.0		151.2	2009年12月
134	乡宁煤矿副井	河南煤炭建设公司		632.0		171.0	2009年12月
135	梁宝寺煤矿二号井	中煤一公司31处	5.5	977.5	23.76	152.0	2010年1月
136	玲珑金矿副风井	中煤河北煤炭建设4处				152.3	2010年1月
137	玲珑金矿	中煤河北煤炭建设4处	5.8	937.6	26.42	152.5	2010年1月
138	玲珑金矿	中煤河北煤炭建设4处	7.1	1 017.5	39.59	156.0	2010年1月
139	泊江海子煤矿风井	中煤三公司29处	7.6	584.0	45.36	162.0	2010年1月
140	郭家河煤矿	中煤三公司29处	6.0	418.0	28.27	168.0	2010年1月
141	邹庄煤矿主井	中煤三公司29处	5.0	799.2	19.63	155.8	2010年2月
142	赤峪煤矿主井	中煤一公司49处	5.5	738.0	23.76	150.0	2010年3月
143	梁宝寺煤矿	中煤一公司49处	5.0	1 061.0	19.63	150.0	2010年3月
144	中平能化天安六矿	平煤神马建工集团建井1处	7.5	965.0	44.18	155.0	2010年3月
145	梁宝寺煤矿	中煤三公司29处	7.7	1 090.5	46.57	172.0	2010年3月
146	邹庄煤矿主井	中煤三公司29处	5.0	799.2	19.63	175.0	2010年3月
147	李粮店矿立井	河南煤炭建设公司	5.0	755.5	19.63	210.0	2010年3月
148	羊东矿井风井	中煤一公司49处		933.0		222.8	2010年3月
149	李粮店矿立井	中煤五公司3处	5.0	755.5	19.63	152.0	2010年4月
150	泊江海子煤矿	华煤集团有限公司	12.6	645.5	124.69	151.0	2010年5月
151	梁北矿	中煤五公司3处	6.5	555.0	33.18	153.6	2010年5月
152	朱集西矿主井	中煤五公司3处	8.0	1 015.2	50.27	155.5	2010年5月
153	鹤煤公司九矿	富昌工程公司	6.0	635.6	28.27	166.0	2010年5月
154	赤峪煤矿主井	中煤一公司49处	5.5	738.0	23.76	182.0	2010年5月
155	平禹二矿	平煤神马建工集团建井3处	5.0	689.0	19.63	151.0	2010年6月
156	赤峪煤矿副井	中煤一公司49处		718.0		186.0	2010年6月
157	赤峪煤矿主井	中煤一公司49处	5.5	738.0	23.76	188.0	2010年6月
158	小庄煤矿	中煤三公司29处	7.5	423.2	44.18	162.0	2010年7月
159	小庄煤矿	中煤三公司29处	7.5	423.2	44.18	153.0	2010年8月
160	赤峪煤矿北回风井	中煤河北煤炭建设4处		652.5		202.8	2010年8月

表 7-35(续)

序号	井筒名称	施工单位	井径/m	井深/m	断面/m^2	月进尺/m	创造时间
161	玲珑金矿主风井	中煤河北煤炭建设 4 处				202.8	2010 年 8 月
162	刘塘坊矿北风井	中煤五公司 3 处		525.0		228.2	2010 年 8 月
163	李粮店矿立井	中煤五公司 3 处	5.0	755.5	19.63	150.2	2010 年 9 月
164	孟村煤矿	中煤一公司 31 处	6.5	540.3	33.18	153.9	2010 年 9 月
165	莱新铁矿	中煤五公司 3 处	7.0	832.4	38.48	160.5	2010 年 9 月
166	赤峪煤矿北回风井	中煤河北煤炭建设 4 处		665.5		176.0	2010 年 9 月
167	马道头煤矿	中煤三公司 30 处	8.0	353.5	50.27	161.3	2010 年 11 月
168	莱新铁矿	中煤五公司 3 处	4.5	447.1	15.90	151.2	2010 年 12 月
169	红四煤矿	中煤五公司 3 处	6.0	963.0	28.27	155.5	2010 年 12 月
170	马道头煤矿	中煤矿山建设集团 71 处	8.0	354.6	50.27	171.0	2010 年 12 月
171	红四煤矿风井	中煤五公司 3 处	9.4	963.0	69.40	150.5	2011 年 1 月
172	潘三煤矿深部进风井	中煤五公司 3 处	8.6	1 004.2	58.09	151.0	2011 年 1 月
173	奇台一矿风井	中煤五公司 1 处	7.0	535.0	38.48	151.2	2011 年 1 月
174	鲁中港里 1# 矿体回风井	中煤五公司 3 处	5.2	337.3	21.24	154.8	2011 年 1 月
175	奇台一矿进风井	中煤五公司 1 处	6.0	548.0	28.27	154.8	2011 年 1 月
176	平禹二矿回风井	平煤神马建工集团建井 1 处	5.0	668.0	19.63	166.0	2011 年 1 月
177	山东主井冻结段	中煤一公司 31 处	6.4	1 097.8	32.17	152.0	2011 年 4 月
178	鲁中港里 1# 矿体进风井	中煤五公司 3 处	5.2	400.4	21.24	183.6	2011 年 4 月
179	双合煤矿副井	中煤矿山建设集团 71 处	8.1	1 119.0	51.53	191.7	2011 年 4 月
180	沛城煤矿主井	中煤三公司 29 处	6.8	623.0	36.32	150.0	2011 年 5 月
181	紫金煤矿主井	中煤河北煤炭建设 4 处	6.3	686.0	31.17	152.0	2011 年 5 月
182	紫金煤矿副井	中煤河北煤炭建设 4 处	8.0	716.5	50.27	158.0	2011 年 5 月
183	平岗煤矿东风井	龙煤建井处	6.6	760.0	34.21	151.0	2011 年 6 月
184	张庄铁矿 1# 副井	中煤五公司 3 处	10.1	547.3	80.12	209.0	2011 年 6 月
185	高勒煤矿副井	中煤五公司 3 处		644.5		156.0	2011 年 7 月
186	高勒煤矿副井	中煤五公司 3 处		644.5		152.0	2011 年 8 月
187	双合煤矿主井	中煤一公司 31 处	6.7	1 097.8	35.26	153.0	2011 年 8 月
188	磁西矿一号副井	中煤五公司 3 处	10.8	1 341.6	91.61	154.0	2011 年 8 月
189	双合煤矿主井	中煤一公司 31 处	6.7	1 097.8	35.26	204.0	2011 年 9 月

表 7-35(续)

序号	井筒名称	施工单位	井径/m	井深/m	断面/m^2	月进尺/m	创造时间
190	金昌三矿东部贫矿主井	甘肃煤炭第一公司	6.4	797.9	32.17	161.0	2011 年 12 月
191	小庄煤矿白家宫 2# 副井	中煤五公司 3 处	9.3	638.0	67.93	184.0	2011 年 12 月
192	核桃峪煤矿副井	中煤一公司 49 处	9.0	1 005.0	63.62	156.0	2012 年 1 月
193	潘三煤矿深部进风井	中煤五公司 3 处	8.6	1 004.2	58.09	152.0	2012 年 2 月
194	任楼煤矿北回风井	中煤一公司 49 处	6.0	359.0	28.27	157.5	2012 年 2 月
195	许平煤业平禹矿副井	平煤神马建工集团建井 1 处	8.0	834.0	50.27	159.0	2012 年 2 月
196	淮北矿业集团回风立井	中煤三公司 29 处	7.5	1 030.5	44.18	151.0	2012 年 3 月
197	许平煤业平禹矿副井	平煤神马建工集团建井 1 处	8.0	834.0	50.27	153.0	2012 年 3 月
198	金昌三矿主井	甘肃煤炭第一公司	5.5	797.9	23.76	178.0	2012 年 3 月
199	山东淄博矿业集团主井	中煤一公司 31 处	7.5	859.5	44.18	154.0	2012 年 4 月
200	祁南二矿箕斗井	中煤五公司 3 处	7.2	1 045.5	40.72	155.1	2012 年 4 月
201	孟村煤矿风井	中煤一公司 49 处	7.5	615.4	44.18	150.0	2012 年 5 月
202	山东淄博矿业集团主井	中煤一公司 31 处	7.5	859.5	44.18	151.0	2012 年 5 月
203	恒源煤矿回风井	中煤矿山建设集团 71 处	6.0	993.5	28.27	164.2	2012 年 5 月
204	祁南二矿箕斗井	中煤五公司 3 处	7.2	1 045.5	40.72	152.0	2012 年 6 月
205	山东黄金回风井	中煤河北煤炭建设 4 处	6.5	652.5	33.18	156.0	2012 年 6 月
206	磁西矿一号井	中煤五公司 3 处	8.0	1 341.6	50.27	151.0	2012 年 7 月
207	祁南二矿副井	中煤五公司 3 处	8.2	1 063.5	52.81	152.0	2012 年 7 月
208	恒源煤矿进风井	中煤五公司 3 处	7.0	1 018.5	38.48	171.0	2012 年 7 月
209	古城矿进风井	中煤一公司 49 处	9.0	670.8	63.62	152.0	2012 年 8 月
210	正通矿副井	中煤一公司 49 处	8.5	841.5	56.75	168.0	2012 年 8 月
211	大同煤矿回风立井	中煤矿山建设集团 71 处	7.0	419.0	38.48	179.0	2012 年 8 月
212	刘桥煤矿回风井	中煤一公司 49 处	6.5	506.5	33.18	153.0	2012 年 9 月
213	高家堡矿副井	中煤一公司 49 处	8.5	841.5	56.75	156.0	2012 年 9 月
214	恒源煤矿进风井	中煤五公司 3 处	7.0	1 018.5	38.48	152.0	2012 年 11 月
215	杨村煤矿副井	中煤一公司 49 处	7.5	1 000.7	44.18	153.0	2012 年 11 月

表 7-35(续)

序号	井筒名称	施工单位	井径/m	井深/m	断面/m²	月进尺/m	创造时间
216	恒源煤矿进风井	中煤五公司3处	7.0	1 018.5	38.48	152.0	2012年12月
217	恒源煤矿回风井	中煤矿山建设集团71处	6.0	993.5	28.27	153.0	2012年12月
218	挖金湾矿回风立井	中煤三公司30处	8.0	544.3	50.27	172.8	2012年12月
219	红庆河矿主井	中煤一公司49处	9.5	787.0	70.88	150.8	2013年1月
220	马脊梁矿副立井	中煤矿山建设集团71处	9.5	587.9	70.88	152.0	2013年1月
221	红庆河矿副井	中煤五公司3处	10.5	730.0	86.59	158.0	2013年1月
222	恒源煤矿进风井	中煤五公司3处	7.0	1 018.5	38.48	172.0	2013年1月
223	鲁中冶金西回风井	中煤五公司3处	4.5	627.8	15.90	154.8	2013年3月
224	张集煤矿东进风井	中煤五公司3处	7.2	1 027.5	40.72	158.2	2013年4月
225	平煤四矿新专用回风井	平煤神马建工集团	8.0	709.0	50.27	156.0	2013年5月
226	高家庄矿副井	中煤一公司49处	8.0	648.6	50.27	150.0	2013年6月
227	高家庄矿副井	中煤一公司49处	8.0	648.6	50.27	150.0	2013年7月
228	雅店矿副井	中煤一公司49处	8.5	517.5	56.75	153.5	2013年7月
229	高家庄矿副井	中煤一公司49处	8.0	648.6	50.27	150.0	2013年8月
230	雅店矿副井	中煤一公司49处	8.5	517.5	56.75	151.5	2013年8月
231	古城矿进风井	中煤一公司49处	9.0	670.8	63.62	152.0	2013年8月
232	古昊盛矿风井	中煤一公司31处	7.5	716.3	44.18	152.0	2013年8月
233	红庆河矿主井	中煤一公司49处	9.5	787.0	70.88	157.2	2013年11月
234	蒙泰矿回风立井	甘肃煤炭第一公司	8.2	380.4	52.81	161.0	2013年11月
235	招贤矿回风井	中煤五公司3处	6.0	564.0	28.27	152.0	2013年12月
236	招金矿业立井	辽宁东煤公司矿建2处	6.0	1 151.0	28.27	168.0	2013年12月
237	东大煤矿副井	华煤集团有限公司	6.5	849.5	33.18	152.0	2014年5月
238	会泽矿业分公司3#竖井	金诚信矿业管理股份有限公司	6.5	1 526.0	33.18	188.0	2014年8月
239	九道岭矿东风井	辽宁东煤公司矿建2处	5.0	1 004.0	19.63	190.6	2014年8月
240	纱岭金矿副井	金诚信矿业管理股份有限公司	8.2		52.81	153.6	2019年9月
241	青东煤矿东风井	中煤五公司3处	5.5	646.0	23.76	161.6	2020年3月

7.8.8 中国超 900 m 立井井筒施工统计(表 7-36)

表 7-36 中国超 900 m 立井井筒施工统计表

序号	井筒名称	施工单位	井径 /m	井深 /m	平均月进尺 /m	开工时间	结束时间
1	曲江煤矿主井	江西基建公司	5.0	900.0		1997 年 7 月	
2	石上煤矿立井	中煤河北煤炭建设 4 处	7.0	900.0		2007 年 1 月	
3	潘一东煤矿副井	中煤矿山建设集团 71 处		904.5		2008 年 11 月	
4	潘一东区副井	中煤矿山建设集团 71 处	8.6	905.0		2008 年 1 月	2010 年
5	潘一东区主井	中煤矿山建设集团 71 处	7.0	905.0		2009 年	2010 年
6	王营煤矿主井	阜新矿务局建井处	5.5	905.5	21.5	1983 年	1985 年
7	红阳三矿副井	沈阳矿建处	7.0	911.0		1991 年	
8	曲江煤矿副井	中煤一公司 49 处	6.5	912.5		1998 年 5 月	
9	赵楼煤矿风井	中煤一公司 49 处	6.5	915.6		2004 年 12 月	2007 年
10	郓城煤矿主井	中煤五公司 3 处	7.0	916.0		2008 年 9 月	2009 年 12 月
11	赵楼煤矿主井	中煤一公司 31 处	7.0	916.1		2005 年 1 月	2007 年
12	曲江煤矿副井	中煤一公司 49 处	6.0	917.0	70.1	1997 年 7 月	
13	五矿后备区副立井	山西宏厦建设公司	8.0	920.0		2008 年	
14	荣华煤矿主井	鸡西建井处	5.5	921.0		1991 年 12 月	
15	江西铜业银山矿业矿石混合井	金诚信矿业管理股份有限公司	7.5	922.0		2015 年 11 月	2017 年 1 月
16	腾东煤矿主井	中煤矿山建设集团 71 处	5.5	922.0		2005 年	2007 年
17	高家堡煤矿西区回风井	中煤一公司 49 处	6.5	922.8		2019 年 12 月	
18	台吉煤矿主井	北票矿务局建井处	6.0	925.3	28.9	1972 年	1974 年
19	红阳三矿主井	沈阳矿建处	5.5	928.0		1991 年 12 月	
20	山东金黄庄矿副井	山东华新建筑工程公司	5.5	929.0	157.0	2007 年 4 月	
21	秦南矿竖井	河南富昌建设公司	5.0	930.0		2011 年	
22	羊东煤矿风井	中煤一公司 49 处		933.0		2010 年 3 月	
23	长广七号井副井	长广井巷公司	6.0	934.0	42.4	1977 年	1979 年
24	赵楼煤矿副井	中煤一公司 31 处	7.2	936.2		2005 年 5 月	2006 年 12 月

表 7-36(续)

序号	井筒名称	施工单位	井径/m	井深/m	平均月进尺/m	开工时间	结束时间
25	郓城煤矿副井	中煤矿山建设集团71处	7.0	936.8		2006 年	2007 年
26	玲珑金矿主井	中煤河北煤炭建设4处	6.5	937.6		2009 年	
27	星村煤矿副井	中煤一公司 49 处	6.0	939.8		2003 年 8 月	
28	八宝矿井副井	中煤一公司 10 处	7.5	940.0		2007 年 12 月	2008 年 7 月
29	羊东煤矿风井	中煤一公司 49 处	6.0	945.0	117.0	2009 年 11 月	2010 年 8 月
30	腾东煤矿副井	中煤五公司 3 处	6.0	950.0		2005 年	2007 年
31	高家堡煤矿进风立井	中煤一公司 10 处	6.5	957.6		2020 年 3 月	
32	玉溪大红山铜矿东部箕斗竖井	金诚信矿业管理股份有限公司	5.5	959.0		2006 年 12 月	
33	郭家沟铅锌矿副井	金诚信矿业管理股份有限公司	6.0	960.0		2013 年 4 月	
34	红四煤矿主井	中煤三公司 29 处	5.5	962.0		2010 年 12 月	2014 年 5 月
35	红四煤矿风井	中煤五公司 3 处	9.4	963.0		2009 年	
36	陈亦庄矿主井	山东华新建筑工程公司	5.0	963.0		2008 年 9 月	
37	红四煤矿风井	中煤五公司 3 处		963.0		2011 年 1 月	
38	中平能化天安北二矿进风井	中平能化建工集团1处	7.5	965.0		2009 年	
39	石上煤矿副立井	江西基建公司 2 处	6.5	966.3		2005 年 1 月	
40	陈蛮庄煤矿副井	中煤一公司 31 处	6.5	966.5		2009 年 4 月	2011 年 2 月
41	云南澜沧铅矿探矿竖井		5.5	969.6		2014 年 3 月	2015 年 7 月
42	磁西煤矿主井	中煤五公司	7.0	971.0		2011 年 5 月	2012 年 8 月
43	孙村煤矿回风立井	新汶建井处	6.0	974.0	130.0	2003 年 11 月	
44	核桃峪煤矿风井		7.0	975.0		2011 年 3 月	
45	长广七号井主井	长广井巷公司	5.8	976.0	42.2	1976 年	1978 年
46	梁宝寺煤矿二号井风井	中煤一公司 31 处	5.5	977.5		2008 年 1 月	2010 年 12 月
47	平煤十一矿风井	平煤神马建工集团	5.0	980.0		1996 年	1997 年
48	锡铁山铅锌矿副井	中国华冶科工集团有限公司	6.0	980.0		2008 年 11 月	2010 年 8 月
49	磁西煤矿一号风井	中煤一公司 49 处	7.0	980.0		2010 年	
50	鹤煤十一矿风井		5.0	980.0		2008 年	

表 7-36(续)

序号	井筒名称	施工单位	井径/m	井深/m	平均月进尺/m	开工时间	结束时间
51	鹤煤十一矿主井		5.0	980.0		2007 年	
52	凤凰山铁矿一期工程风井	中国华冶科工集团有限公司	6.5	985.0		2013 年 12 月	
53	杨村煤矿风井	淮南凿井处	7.8	986.0		2010 年	
54	潘一煤矿箕斗井	中煤矿山建设集团71 处	7.5	986.0		2009 年 4 月	2013 年 4 月
55	沙溪铜矿工程主井	铜陵铜冠矿山建设公司	6.5	986.3	44.2	2014 年	
56	杨村煤矿主井	中煤三公司 29 处	7.5	986.9	60.0	2012 年 11 月	
57	杨林煤矿风井		7.8	986.9		2010 年 2 月	
58	杨林煤矿主井		7.5	986.9		2009 年 6 月	
59	核桃峪煤矿回风立井	中煤三公司 29 处	7.0	987.0	75.0	2011 年 8 月	
60	红四煤矿副井	中煤五公司	7.0	988.0		2010 年 8 月	
61	信湖煤矿风井	中煤矿山建设集团	7.0	989.5		2010 年	
62	新庄煤矿副井	中煤五公司	9.0	990.3		2011 年 8 月	
63	陈亦庄矿副井	山东华新建筑工程公司	6.5	993.0		2008 年 8 月	
64	朱集煤矿西主井	中煤矿山建设集团71 处	6.0	993.2		2009 年 8 月	2010 年 1 月
65	恒源煤矿回风井	中煤矿山建设集团71 处	6.0	993.5		2012 年 5 月	
66	湖北三鑫公司采矿工程风井	金诚信矿业管理股份有限公司	4.0	994.0		2013 年 1 月	2015 年 7 月
67	谦比西矿北风井	金诚信矿业管理股份有限公司	6.5	995.0		2012 年 2 月	2013 年
68	鹤壁十一矿副井	中煤矿山建设集团71 处	6.5	996.5		2009 年	
69	湖南沃溪矿回风立井	湖南楚湘建设工程有限公司	5.0	996.7		2014 年	
70	湖南沃溪矿回风竖井	湖南楚湘建设工程有限公司	5.5	996.9		2014 年 1 月	
71	信湖煤矿风井	中煤三公司 29 处	7.0	996.9	84.0	2012 年 1 月	
72	谢李煤矿深部风井	淮南 39 处	8.0	998.0		1994 年 7 月	
73	平煤十一矿主井	平煤神马建工集团	5.0	998.0		1996 年	1997 年

表 7-36(续)

序号	井筒名称	施工单位	井径/m	井深/m	平均月进尺/m	开工时间	结束时间
74	大冶铁矿东副井	中国华冶科工集团有限公司	5.8	999.5		2008 年 5 月	2010 年 9 月
75	曲江煤矿风井	华建公司	7.0	1 000.0		1997 年 7 月	
76	大兴安岭岔路口钼铅锌矿 1# 探矿井	金诚信矿业管理股份有限公司	8.0	1 000.0		2012 年 9 月	
77	大兴安岭岔路口钼铅锌矿进风井	金诚信矿业管理股份有限公司	8.0	1 000.0		2012 年 5 月	
78	杨村煤矿副井	中煤一公司 49 处	7.5	1 000.7		2012 年 11 月	
79	杨林煤矿副井		7.5	1 001.9		2008 年 12 月	
80	铜陵有色沙溪铜矿主井	铜陵中都矿山建设有限责任公司	6.0	1 002.0		2014 年 1 月	
81	恒源煤矿改建工程回风井	中煤矿山建设集团 71 处	6.0	1 003.5	85.0	2012 年 5 月	2013 年 8 月
82	九道岭矿东风井	辽宁东煤基本建设公司 2 处	5.0	1 004.0		2014 年 1 月	
83	潘三矿深部进风井	中煤五公司 3 处	11.8	1 004.2		2010 年	
84	口孜东煤矿主井	中煤五公司 3 处	7.5	1 005.0		2007 年	2008 年
85	核桃峪煤矿副井	中煤一公司 49 处	9.0	1 005.0		2009 年 8 月	
86	口孜东煤矿中央回风井	中煤一公司 49 处	7.5	1 005.0		2007 年 6 月	
87	安居煤矿副井	中煤五公司 2 处		1 008.0		2009 年 12 月	
88	张集煤矿东回风井	中煤矿山建设集团 71 处	8.0	1 008.5	110.0	2013 年 3 月	
89	信湖煤矿主井	中煤矿山建设集团	6.0	1 009.0		2010 年	
90	平煤十一矿副井	平煤神马建工集团	6.5	1 010.0		1996 年	1997 年
91	顾桥煤矿回风井	中煤一公司 49 处	7.2	1 010.0		2007 年 7 月	2008 年 6 月
92	顾桥煤矿风井	中煤五公司	7.2	1 010.6		2008 年 7 月	2009 年 4 月
93	谢桥煤矿副井	中煤一公司 49 处	8.2	1 011.5		2008 年 9 月	2009 年 12 月
94	羊东煤矿副井	中煤一公司 49 处	7.0	1 013.7		2008 年 4 月	2009 年 7 月
95	朱集西矿副井	中煤五公司 3 处	11.0	1 015.2		2009 年 8 月	
96	朱集西矿主井	中煤五公司 3 处	8.0	1 015.2		2009 年 7 月	2010 年 12 月
97	望峰岗煤矿第二副井	鸡西矿建公司	8.1	1 015.7	104.5	2005 年	
98	玲珑金矿副井	中煤河北煤炭建设 4 处	7.8	1 017.5		2009 年	
99	恒源煤矿进风井	中煤五公司 3 处	7.0	1 018.5		2012 年 7 月	

表 7-36(续)

序号	井筒名称	施工单位	井径/m	井深/m	平均月进尺/m	开工时间	结束时间
100	恒源煤矿进风井	中煤五公司	7.0	1 019.0		2012 年 8 月	2013 年 8 月
101	谢李煤矿深部副井	淮南凿井处	8.5	1 020.0		1995 年	
102	弓长岭铁矿箕斗井	中国华冶科工集团有限公司	5.5	1 022.0		2009 年 8 月	2011 年 1 月
103	新庄煤矿风井	中煤五公司	7.5	1 025.3		2011 年 9 月	
104	张集煤矿东进风井	中煤五公司 3 处	7.2	1 027.5		2013 年 4 月	
105	祁南煤矿风井	中煤三公司 29 处	7.5	1 030.0	75.0	2012 年 2 月	
106	唐口煤矿主井	中煤五公司 3 处	6.0	1 030.2		2001 年 11 月	
107	淮北矿业集团回风立井	中煤三公司 29 处	7.5	1 030.5		2012 年 3 月	
108	口孜东煤矿副井	中煤三公司 29 处	8.0	1 032.0	83.0	2007 年 6 月	
109	唐口煤矿进风井	中煤五公司 3 处	7.0	1 033.0		2014 年 9 月	2015 年 12 月
110	潘一煤矿第二副井	中煤五公司 3 处	8.5	1 034.0		2009 年	2010 年
111	顾桥煤矿东回风井	中煤矿山建设集团 71 处	7.0	1 035.6	90.0	2014 年 4 月	
112	朱集煤矿副井	中煤五公司 3 处		1 036.0		2008 年 3 月	
113	朱集煤矿主井	中煤五公司 3 处	8.2	1 036.0		2006 年	
114	信湖煤矿副井	中煤矿山建设集团	8.1	1 037.0		2010 年	
115	鹤煤三矿副井		7.0	1 038.5		2007 年	
116	顾南煤矿进风井	中煤矿山建设集团 71 处	8.6	1 038.6		2007 年	
117	新疆哈图金矿混合井	铜陵中都矿山建设有限责任公司	5.5	1 039.0		2011 年 3 月	
118	信湖煤矿副井	中煤三公司 30 处	8.3	1 039.0		2011 年 6 月	2013 年 5 月
119	新巨龙煤矿东副立井	中煤一公司 10 处	7.0	1 041.8		2018 年 11 月	
120	湖北三鑫金铜股份有限公司新风井	金诚信矿业管理股份有限公司	5.0	1 042.0		2012 年 9 月	2014 年 1 月
121	唐口煤矿风井	中煤一公司	6.0	1 044.0		2001 年 1 月	2002 年 12 月
122	潘西煤矿立井	新汶工程公司	5.5	1 045.0		1996 年 2 月	
123	祁南二矿主井	中煤五公司	7.2	1 045.5		2012 年 3 月	2014 年 1 月
124	祁南二矿箕斗井	中煤五公司 3 处	7.2	1 045.5		2012 年 4 月	
125	朱集煤矿矸石井	中煤三公司 30 处	8.3	1 046.0		2007 年 5 月	2010 年 4 月
126	鸡冠嘴金矿二期混合井	金诚信矿业管理股份有限公司	4.5	1 050.0		2012 年 11 月	2013 年 8 月
127	孙村煤矿北风立井	新汶建井处	6.5	1 054.6	31.0	1986 年	1988 年 1 月

表 7-36(续)

序号	井筒名称	施工单位	井径/m	井深/m	平均月进尺/m	开工时间	结束时间
128	顾桥煤矿深部进风井	中煤矿山建设集团71处	8.6	1 058.1	85.0		2013 年 5 月
129	北票冠山煤矿主井	北票矿务局建井处	6.2	1 059.2	26.5	1980 年	1983 年 5 月
130	梁宝寺煤矿主井	中煤一公司 49 处	5.0	1 060.5		2009 年	2010 年
131	梁宝寺煤矿风井	中煤一公司 31 处	5.0	1 061.0		2009 年 6 月	
132	唐口煤矿副井	中煤一公司 49 处	7.0	1 061.1	117.0	2002 年 1 月	2003 年 1 月
133	顾桥煤矿东进风井	中煤矿山建设集团71处	7.5	1 062.6	90.0	2014 年 7 月	2015 年 8 月
134	祁南二矿副井	中煤五公司	8.2	1 063.5		2012 年 5 月	2014 年 1 月
135	湖南黄金集团辰州矿业公司沃溪坑 2# 明立井		5.5	1 068.0		2015 年	
136	朱集煤矿西矸石井	开滦矿务局建井 1 处	5.2	1 068.2		2008 年 12 月	2010 年
137	新城金矿副井	中煤五公司 3 处	7.5	1 070.0		2017 年 3 月	
138	李家湾锰矿副井	湖南涟邵建设工程公司	6.0	1 071.0	76.5	2013 年 12 月	2015 年 1 月
139	郑家煤矿风井	北票矿务局建井处	6.2	1 072.0	29.1	1984 年	
140	李家湾锰矿副井		6.0	1 073.4	110.0	2013 年 9 月	
141	平顶山一矿北三回风井	平煤神马建工集团建井 1 处	6.5	1 075.0		2010 年 7 月	
142	张小楼煤矿主井	徐州矿务局建井处	5.7	1 078.8	34.4	1991 年	1993 年 11 月
143	金川 18 巷立井	甘肃煤炭第一工程公司		1 080.0	86.8	2000 年 12 月	
144	湖北三鑫公司采矿工程主井	金诚信矿业管理股份有限公司	4.5	1 086.0		2012 年 8 月	2015 年 2 月
145	孔庄煤矿混合井	中煤五公司	8.1	1 088.0		2008 年 1 月	2009 年 1 月
146	铜陵有色沙溪铜矿副井	铜陵中都矿山建设有限责任公司	7.2	1 089.0		2013 年 11 月	
147	沙溪铜矿工程副井	铜陵铜冠矿山建设公司	7.2	1 089.6	52.8	2014 年	
148	梁宝寺煤矿副井	中煤矿山建设集团	10.2	1 090.5		2008 年	
149	梁宝寺煤矿二号井副井	中煤三公司 29 处	6.5	1 090.5	68.0	2009 年 4 月	
150	梁宝寺煤矿副井	中煤三公司 29 处	9.5	1 091.5		2009 年	2010 年
151	张小楼煤矿副井	徐州矿务局建井处	7.0	1 095.5	35.8	1991 年	1993 年 12 月

表 7-36(续)

序号	井筒名称	施工单位	井径/m	井深/m	平均月进尺/m	开工时间	结束时间
152	平煤六矿三水平风井	平煤神马建工集团建井1处	6.5	1 100.0		2008年1月	2009年12月
153	平煤四矿三水平回风井	平煤神马建工集团建井3处	6.5	1 113.5		2005年3月	2008年5月
154	平煤十矿三水平进风井	平煤神马建工集团建井3处	6.5	1 117.0		2006年1月	2008年
155	双合煤矿主井	中煤矿山建设集团71处	6.0	1 117.8	95.0	2011年4月	2012年5月
156	双合煤矿副井	中煤矿山建设集团71处	8.1	1 119.0		2011年4月	
157	李家湾锰矿主井	湖南涟邵建设工程公司	5.5	1 121.0	93.4	2013年12月	2014年11月
158	鸡冠嘴金矿三期主井	金诚信矿业管理股份有限公司	4.0	1 123.0		2012年11月	2013年
159	东瓜山主井	铜陵井巷公司	5.6	1 125.0		1991年5月	
160	程潮铁矿主井	中国华冶科工集团有限公司一公司	6.0	1 135.0	117.6	2006年2月	
161	凤凰山煤矿副井	中煤五公司3处	7.5	1 140.0		2013年1月	2016年7月
162	湖北三鑫金铜股份有限公司新主井	金诚信矿业管理股份有限公司	5.5	1 145.0		2012年9月	2014年3月
163	新城金矿回风井	中煤五公司3处	7.0	1 147.0		2016年1月	
164	大冶铜绿山矿Ⅺ号矿体开采混合井工程	金诚信矿业管理股份有限公司	7.5	1 150.0		2010年12月	2012年6月
165	招金矿业立井	辽宁东煤基本建设公司2处	6.0	1 151.0		2010年12月	
166	本溪大台沟铁矿1#探矿井	铜陵中都矿山建设有限责任公司	5.5	1 153.0		2013年12月	
167	中色非洲矿业公司谦比西铜矿东南矿体工程	铜陵铜冠矿山建设公司	7.2	1 154.4	52.8	2014年	
168	马城铁矿3#主井	湖南涟邵建设工程公司	6.5	1 165.5	61.3	2013年7月	
169	金川18巷副井	甘肃煤炭第一工程公司	6.5	1 166.0	86.8	2000年12月	
170	凤凰山铁矿一期工程主井	中国华冶科工集团有限公司	5.8	1 174.0		2013年1月	

表 7-36(续)

序号	井筒名称	施工单位	井径/m	井深/m	平均月进尺/m	开工时间	结束时间
171	湖北三鑫公司采矿工程新主井	金诚信矿业管理股份有限公司	6.5	1 180.0		2013 年 1 月	2015 年 7 月
172	赞比亚谦比西铜矿东南矿体副井	铜陵中都矿山建设有限责任公司	7.2	1 180.0		2014 年	
173	大兴安岭岔路口钼铅锌矿 2# 探矿井	金诚信矿业管理股份有限公司	8.0	1 184.0		2011 年 6 月	
174	桐柏鑫源矿主井	中国华冶科工集团有限公司	5.0	1 221.0		2012 年 4 月	2014 年 1 月
175	赞比亚谦比西铜矿东南矿体主井	铜陵中都矿山建设有限责任公司	6.5	1 251.0		2015 年 1 月	
176	大兴安岭岔路口钼铅锌矿 3# 探矿井	金诚信矿业管理股份有限公司	6.0	1 254.2		2012 年 8 月	2016 年 11 月
177	中色非洲矿业公司谦比西铜矿东南矿体工程	铜陵铜冠矿山建设公司	6.5	1 254.4	44.2	2014 年	2018 年
178	大红山铁矿箕斗竖井	湖南涟邵建设工程公司	5.5	1 279.0	83.5	2013 年 12 月	
179	山岭铁矿措施井	中煤河北煤炭建设 4 处	6.0	1 286.1		2012 年 11 月	
180	磁西一号矿井风井	河南煤炭建设公司	7.0	1 308.4		2011 年 5 月	2013 年 4 月
181	磁西一号矿井副井	中煤五公司 3 处	10.8	1 341.6		2011 年 6 月	2013 年 6 月
182	纱岭金矿回风井	中煤五公司 3 处	8.0	1 348.0		2019 年 5 月	
183	冬瓜山铜矿新辅助井工程	铜陵铜冠矿山建设公司	6.9	1 395.4	49.0	2015 年	2018 年
184	思山岭铁矿 1# 回风井	铜陵铜冠矿山建设公司	7.5	1 485.5	56.7	2014 年	
185	思山岭铁矿副井	中国华冶科工集团有限公司一公司	10.0	1 503.9		2012 年 11 月	
186	思山岭铁矿 1# 主井	湖南涟邵建设工程公司	6.3	1 505.0		2014 年 8 月	2019 年
187	会泽矿业分公司 3# 竖井	金诚信矿业管理股份有限公司	6.5	1 526.0		2013 年 1 月	
188	新城金矿主井	中煤五公司 3 处	6.7	1 527.0		2017 年 2 月	2020 年 1 月
189	瑞海矿业进风井	湖南涟邵建设工程公司	6.5	1 530.0	68.6	2017 年 2 月	2019 年 3 月
190	纱岭金矿主井	中煤五公司 3 处	6.8	1 599.0		2019 年 5 月	在建

7.8.9 中国 2011—2015 年井巷工作面数据统计

2011—2015 年井巷工作面月进度与工效见表 7-37。

表 7-37 2011—2015 年井巷工作面月进度与工效统计表

指标名称		单位	年度				
			2011	2012	2013	2014	2015
合计	平均月进度	m/月	109.94	100.63	108.50	110.34	105.89
	掘进工效	m^3/工日	1.283	1.388	1.403	1.502	1.637
立井	平均月进度	m/月	65.52	64.73	66.74	72.68	64.35
	最高月进度	m/月	209.00	179.00	172.00	190.60	180.00
	掘进工效	m^3/工日	1.170	1.165	1.359	1.494	1.488
斜井	平均月进度	m/月	87.88	86.47	88.47	87.79	79.57
	最高月进度	m/月	449.30	430.00	436.00	450.00	302.00
	掘进工效	m^3/工日	1.192	1.065	1.156	1.258	1.395
岩石平巷	平均月进度	m/月	100.67	93.84	92.66	92.87	83.12
	最高月进度	m/月	659.40	320.00	319.00	447.75	443.20
	掘进工效	m^3/工日	0.979	1.336	1.224	1.274	1.409
半煤岩平巷	平均月进度	m/月	173.75	166.78	130.82	137.09	139.23
	最高月进度	m/月	891.00	637.00	650.00	653.30	488.00
	掘进工效	m^3/工日	1.787	1.709	1.591	1.554	1.684
煤平巷	平均月进度	m/月	190.27	188.80	196.50	223.78	231.94
	最高月进度	m/月	1 400.00	1 050.00	1 439.00	1 222.70	847.00
	掘进工效	m^3/工日	2.524	2.450	2.449	2.411	2.746

2011—2015 年煤炭施工生产完成情况见表 7-38。

表 7-38 2011—2015 年煤炭施工生产完成情况统计表

指标名称	单位	总计	年度				
			2011	2012	2013	2014	2015
企业个数	个		96	95	93	91	85
一、企业总产值	亿元	6 331.33	1 131.12	1 347.26	1 434.23	1 296.92	1 121.79
施工产值	亿元	5 635.33	1 016.76	1 174.56	1 250.01	1 154.16	1 039.84
其中:1. 非煤炭行业产值	亿元	1 169.02	152.06	215.21	237.79	244.48	319.48
2. 矿建产值	亿元	2 125.71	384.64	447.32	452.63	453.37	387.76
3. 土建产值	亿元	2 848.38	486.02	577.51	656.25	585.11	543.49
4. 安装产值	亿元	515.30	109.74	107.78	106.79	101.37	89.62
二、全部从业人员	万人	190.53	38.14	42.09	41.92	37.09	31.29
三、劳动生产率							
全部人员	元/(人·年)	332 301	296 607	320 101	342 145	349 656	358 540
施工人员	元/(人·年)	329 725	298 225	321 226	333 828	339 022	361 149
矿建工人	元/(人·年)	176 402	304 451	324 409	322 990	308 961	347 041
土建工人	元/(人·年)	451 991	311 530	332 482	357 430	385 782	389 570
安装工人	元/(人·年)	354 056	332 238	330 374	348 766	380 203	350 913

表 7-38(续)

指标名称	单位	总计	年度				
			2011	2012	2013	2014	2015
四、井巷总进尺	万 m	911.96	179.89	182.28	197.97	196.00	155.82
其中:非煤炭行业	万 m	100.68	13.58	13.94	15.53	23.81	33.82
成巷效率	m/(人·年)	19.49	19.87	19.75	19.51	19.20	19.14
竣工验收的总进尺	万 m					104.34	98.03
其中:优良	万 m					47.50	67.51
五、房屋建筑面积							
施工面积	万 m^2	18 021.54	3 119.67	3 635.58	3 792.78	3 726.81	3 746.70
其中:本年新开工面积	万 m^2	6 351.86	1 634.48	1 368.56	1 142.80	1 268.60	937.42
竣工面积	万 m^2	4 904.87	856.78	898.37	1 154.69	1 040.64	954.39
其中:优良	万 m^2	666.74				299.07	367.67
其中:非煤炭行业	万 m^2	1 947.32	370.78	308.21	417.59	335.81	514.93
其中:住宅	万 m^2	1 546.47	376.74	466.60	703.13		
房屋竣工效率	m^2/(人·年)	62	55	52	63	70	68
六、安全事故死亡人数	人	67	33	24	3	6	1

2011—2015 年煤炭施工人员和劳动报酬情况见表 7-39。

表 7-39　2011—2015 年煤炭施工人员和劳动报酬情况统计表

指标名称	单位	总平均	年度				
			2011	2012	2013	2014	2015
一、期末总人数	万人	35.59	41.12	36.08	35.02	35.34	30.39
(一) 企业从业人员	万人	34.51	39.65	34.91	33.39	34.67	29.93
一级建造师	万人	0.24	0.21	0.21	0.25	0.25	0.28
1. 在岗职工	万人	17.63	20.03	19.12	16.88	16.95	15.17
(1) 工人	万人	11.81	13.82	13.06	11.13	11.27	9.77
矿建工人	万人	6.76	7.10	7.23	6.51	6.99	5.95
其中:井下工人	万人	5.13	5.65	5.70	4.75	5.23	4.34
土建工人	万人	3.31	4.96	3.64	2.86	2.60	2.49
安装工人	万人	1.45	1.68	1.60	1.30	1.39	1.27
(2) 工程技术人员	万人	2.37	2.36	2.68	2.51	2.21	2.11
(3) 管理人员	万人	2.35	2.40	2.43	2.41	2.39	2.14
(4) 服务人员	万人	0.75	0.73	0.70	0.89	0.77	0.64
(5) 其他人员	万人	0.46	0.72	0.43	0.34	0.32	0.51
2. 劳务派遣人员	万人	8.74		6.75	8.81	10.23	9.16
3. 其他从业人员	万人	7.06	5.48	9.04	7.70	7.48	5.60
其中:使用的农民工	万人	6.30	14.14	5.58	4.54	5.33	1.91
四、平均劳动报酬							
期末总人数平均工资	元/(人·年)	50 803.07	43 410.40	51 158.00	54 584.81	54 274.80	50 587.32
单位从业人员平均工资	元/(人·年)	51 586.09	45 321.30	51 969.00	55 553.61	53 327.78	51 758.75
在岗职工平均工资	元/(人·年)	54 388.39	46 898.30	52 837.00	60 092.82	57 962.22	54 151.59
劳务派遣人员平均工资	元/(人·年)	40 271.96		52 431.00	52 359.46	49 046.91	47 522.43

7.8.10　2017 年井巷工作面平均月进度与工效(表 7-40)

表 7-40 2017 年井巷工作面平均月进度与工效统计表

施工单位	合计		立井		斜井(及斜巷)		岩石平巷		半煤岩巷		煤平巷	
	成巷(成井)进尺/m	平均月进度/(m/月)	成井进尺/m	平均月进度/(m/月)	成井进尺/m	平均月进度/(m/月)	成巷进尺/m	平均月进度/(m/月)	成巷进尺/m	平均月进度/(m/月)	成巷进尺/m	平均月进度/(m/月)
煤炭建筑业施工企业总计	1 346 933	122.46	20 219	54.03	98 622	99.5	540 874	88.07	211 335	144.48	475 884	234.52
一、中国中煤能源集团有限公司(1)	175 000	86.86	8 200	52.31	6 470	123.9	99 982	71.96	7 088	93.86	53 259	156.23
(一) 中煤建设集团有限公司(2)	175 000	86.86	8 200	52.31	6 470	123.9	99 982	71.96	7 088	93.86	53 259	156.23
1. 中煤第一建设有限公司	72 567	109.36	2 194	78.39	1 651	81.65	40 523	89.66	4 801	121.51	23 398	188.89
① 中煤第一建设有限公司第十工程处	22 560	121.85	538	59.98	1 337	79.92	5 534	109.28	4 508	122.53	10 643	147.8
② 中煤第一建设有限公司第三十一工程处	22 560	121.85	538	59.98	1337	79.92	5534	109.28	4 508	122.53	10 643	147.8
③ 中煤第一建设有限公司第四十九工程处	26 854	83.3	1 020	87.78			25 834	83.14				
④ 中煤第一建设有限公司南阳坡分公司	22 560	121.85	538	59.98	1 337	79.92	5 534	109.28	4 508	122.53	10 643	147.8
⑤ 中煤第一建设有限公司内蒙古分公司	622	88.86					201	67	194	97	227	113.5
2. 中煤第五建设有限公司	102 432.67	75.8	6 006.38	46.64	4 819.3	150.6	59 459.3	63.43	2 286.7	63.52	29 861	137.58
① 中煤第五建设有限公司第一工程处	31 368.71	72.11	935.01	62.33			7 660.7	25.54	2 286.7	63.52	20 486.3	243.88
② 中煤第五建设有限公司第二工程处	30 827	56.67	1 582	31.02			20 289	55.89			8 956	68.89
③ 中煤第五建设有限公司第三工程处	30 598.76	99.35	3 489.17	55.38			26 690.59	110.29			419	139.67
④ 中煤隧道工程有限公司	4 819.3	150.6			4 819.3	150.6						
二、河北省(3)	30 535.7	79.79	2 025	68.18	3 673.2	88.72	24 623.5	80.84	214	30.57	0	
(一) 唐山开滦建设(集团)有限责任公司	1 722.7	50.67	180	30	570.2	142.55	758.5	44.62	214	30.57		
(二) 河北纵横工程有限公司	11 679	96.76	177	65.56	1 543	107.15	9 959	96.13				
(三) 河北中煤四处矿山工程有限公司	17 134	75.15	1 668	79.43	1 560	67.83	13 906	75.58				
三、山西省(15)	362 873.04	134.72	635.1	21.36	6 463.3	74.78	108 789	87.02	83 251.7	159.18	163 734	203.6

表 7-40(续)

施工单位	合计		立井		斜井(及斜巷)		岩石平巷		半煤岩巷		煤平巷	
	成巷(成井)进尺/m	平均月进度/(m/月)	成井进尺/m	平均月进度/(m/月)	成井进尺/m	平均月进度/(m/月)	成巷进尺/m	平均月进度/(m/月)	成巷进尺/m	平均月进度/(m/月)	成巷进尺/m	平均月进度/(m/月)
(一) 大同煤矿集团宏远工程建设有限责任公司	19 223	280.32					6 570	223.01	133	72.05	12 520	335.93
(二) 晋城宏圣建筑工程有限公司	64 129.04	182.75	235.1	11	3 449.3	70.91	9 005.4	122.06	28 396	285.67	23 043.5	213.9
(三) 山西宏厦建筑工程有限公司	413	76.2					256	74.64	157	78.89		
(四) 山西宏厦第一建设有限责任公司	38 483	91.48	75	49.34	447	71.75	26 506	88.03	4 062	79.26	7 393	122.04
(五) 山西宏宇诚铸建设工程有限公司	52 751	129.29					5 621	58.55	27 100	150.56	20 030	151.74
(六) 西山煤电建筑工程集团有限公司	49 955	84.73	325	47.51	2 000	75.3	34 195	69.5	2 917	157.17	10 518	230.56
(七) 山西西山金信建筑有限公司	3 790	107.52					2 290	81			1 500	214.9
(八) 山西西山金城建筑有限公司	1 000	166.67									1 000	166.67
(九) 山西西山矿业管理有限公司	9 022	171.1					1 023	89.97	808	342.37	7 191	184.38
(十) 山西潞安工程有限公司	71 000	147.3					10 300	95.37	10 200	104.08	50 500	182.97
(十一) 山西汾西工程建设有限责任公司	567	113.4			567	113.4						
(十二) 山西奔腾建筑工程有限公司	5 188	107.19					2 408	89.85	560	58.33	2 220	185
(十三) 山西华禧建筑安装有限公司	36 235	215.68					6 878	143.29	8 919	148.65	20 438	340.63
(十四) 山西煤炭运销集团晋能煤矿工程有限公司	3 125	781.25									3 125	781.25
(十五) 山西轩腾建设工程有限公司	7 992	163.1					3 737	116.78			4 255	250.29
四、江苏省(1)	33 773	115.57	22	73.33	2 450	243.78	16 850	84.23	6 420	180.79	8 031	173.34
(一) 江苏省矿业工程集团有限公司	33 773	115.57	22	73.33	2 450	243.78	16 850	84.23	6 420	180.79	8 031	173.34
1. 江苏省矿业工程集团有限公司矿建分公司	33 773	115.57	22	73.33	2 450	243.78	16 850	84.23	6 420	180.79	8 031	173.34

表 7-40(续)

施工单位	合计		立井		斜井(及斜巷)		岩石平巷		半煤岩巷		煤平巷	
	成巷(成井)进尺/m	平均月进度/(m/月)	成井进尺/m	平均月进度/(m/月)	成井进尺/m	平均月进度/(m/月)	成巷进尺/m	平均月进度/(m/月)	成巷进尺/m	平均月进度/(m/月)	成巷进尺/m	平均月进度/(m/月)
五、安徽省(2)	253 969	173.24	3 164	42.47	13 410	107.28	83 083	111.74	17 612	115.11	136 700	369.46
(一)淮北矿业(集团)工程建设有限责任公司	27 842	116.49			12 064	110.68	15 778	121.37				
(二)中煤矿山建设集团有限责任公司	226 127	184.29	3 164	42.47	1 346	84.13	67 305	109.7	17 612	115.11	136 700	369.46
1. 中煤第三建设(集团)有限责任公司二十九工程处	39 070	152.62					9 424	62	4 009	75.64	25 637	502.69
2. 中煤第三建设(集团)有限责任公司三十工程处	97 205	251.18	368	61.33			18 872	120.97	4 421	232.68	73 544	357.01
3. 中煤第三建设(集团)有限责任公司第三十六工程处	38 643.11	197.16	1 365.6	29.06			2 046	107.68	9 182	113.36	26 049.51	531.62
4. 中煤第七十一工程处有限责任公司	51 208.52	131.98	1 430.45	66.53	1 346	84.13	36 963	129.01			11 469	179.2
六、江西省(1)	60 122	106.41			3 682	102.28	25 542	99.39	21 189	94.17	9 709	206.57
(一)中鼎国际工程有限责任公司	60 122	106.41			3 682	102.28	25 542	99.39	21 189	94.17	9 709	206.57
1. 中鼎国际工程有限责任公司矿山隧道建设分公司	60 122	106.41			3 682	102.28	25 542	99.39	21 189	94.17	9 709	206.57
七、山东省(4)	96 236	208	268.2	44.7	1 968	70.79	11 496	90.39	8 440	147.04	74 063.8	303.17
(一)兖矿东华建设有限公司	69 031.8	2 091.87					3 158	87.72	6 655	138.65	59 218.8	300.15
1. 兖矿东华建设有限公司矿业项目部	69 031.8	2 091.87					3 158	87.72	6 655	138.65	59 218.8	300.15
(二)枣庄矿业集团中兴建安工程有限公司	5 557	69.64	38	9.5	1 968	70.79	3 341	73.59	210	80.77		
(三)山东华新建筑工程集团有限责任公司	2 005.2	143.23	230.2	115.1							1 775	147.92

表 7-40(续)

施工单位	合计		立井		斜井(及斜巷)		岩石平巷		半煤岩巷		煤平巷	
	成巷(成井)进尺/m	平均月进度/(m/月)	成井进尺/m	平均月进度/(m/月)	成井进尺/m	平均月进度/(m/月)	成巷进尺/m	平均月进度/(m/月)	成巷进尺/m	平均月进度/(m/月)	成巷进尺/m	平均月进度/(m/月)
(四) 山东方大工程有限责任公司	19 642	224.27					4 997	109.15	1 575	231.62	13 070	373.43
八、河南省(3)	55 537	132.39	1 673	98.41	1 224	51	41 079	122.99	5 247	139.99	6 314	902
(一) 平煤神马建工集团有限公司	28 632	99.42	1 673	98.41			26 959	99.48				
1. 平煤神马建工集团有限公司建井一处	14 426	106.86	1 673	98.41			12 753	108.08				
2. 平煤神马建工集团有限公司建井三处	11 425	92.89					11 425	92.89				
(二) 河南能源化工建设集团有限公司	23 634	286.54					12 673	324.95	5 247	139.99	5 714	
1. 河南国龙矿业建设有限公司	2 476	103.17					2 476	103.17				
2. 河南富昌建设工程有限责任公司	20 558	357.65					10 197	75.53	5 247	139.99	5 114	92.98
(三) 义煤集团永兴工程有限责任公司	3 271	66.76			1 224	51	1 447	60.29			600	600
九、湖南省(2)	78 838	105.26	1 962	75.46	2 115	88.13	61 940	106.98	12 821	106.84		
(一) 湖南涟邵建设工程(集团)有限责任公司	38 813	117.97	606	86.57			38 207	118.66				
(二) 湖南楚湘建设工程有限公司	40 025	95.3	1 356	71.37	2 115	88.13	23 733	92.35	12 821	106.84		
十、四川省(2)	26 254.8	120.43			9 105.8	252.94	5 843.4	81.16	5 887.2	89.2	5 418.4	123.15
(一) 成都环境工程建设有限公司	15 076.8	91.37			1 446.8	65.76	2 324.4	70.44	5 887.2	89.2	5 418.4	123.15
(二) 四川芙蓉川南建设工程有限公司	11 178	210.91			7 659	547.07	3 519	90.23				
十一、重庆市(1)	53 932.35	90.43	30	30	16 405.1	116.38	27 845.3	76.52	2 616	115.34	7 036	103.68
(一) 重庆巨能建设(集团)有限公司	53 932.35	90.43	30	30	16 405.1	116.38	27 845.3	76.52	2 616	115.34	7 036	103.68
1. 重庆川九建设有限责任公司	5 482	99.67	30	30			3 400	85	450	90	1 602	178
2. 重庆中环建设有限公司	14 794	289.91			2 654		4 540	158.3	2 166	144.4	5 434	
3. 重庆千牛建设工程有限公司	32 628	150.22			13 236		19 392	95.06				

表 7-40(续)

施工单位	合计		立井		斜井(及斜巷)		岩石平巷		半煤岩巷		煤平巷	
	成巷(成井)进尺/m	平均月进度/(m/月)	成井进尺/m	平均月进度/(m/月)	成井进尺/m	平均月进度/(m/月)	成巷进尺/m	平均月进度/(m/月)	成巷进尺/m	平均月进度/(m/月)	成巷进尺/m	平均月进度/(m/月)
4. 重庆巨能建设集团路桥工程有限公司	1 028.35	171.39			515.05	171.68	513.3	171.1				
十二、陕西省(1)	41 021.7	330	646	80.75	7 099.6	126.87	1 286.5	105.45	31 989.6	664.37		
(一) 陕西煤业化工建设(集团)有限公司	41 021.7	330	646	80.75	7 099.6	126.87	1 286.5	105.45	31 989.6	664.37		
1. 陕西中煤建设有限责任公司	2 689	344.74							2 689	344.74		
2. 陕煤化建设(集团)有限公司矿建三公司	4 887	165.6			1 794	105.78	106	88.33	2 987	263.17		
3. 陕煤化建设(集团)有限公司矿建二公司	9 432.5	122.5	646	80.75	5 305.6	136.04	1 180.5	107.32	2 300.4	121.07		
4. 陕煤化建设(集团)有限公司神府掘进分公司	24 013.2	200.11							24 013.2	200.11		
十三、甘肃省(2)	25 139.7	96.96	467.2	88.82	7 628.3	79.58	8 566.8	83.86	5 108.5	140.38	3 368.9	171.71
(一) 甘肃煤炭第一工程有限责任公司	23 639.7	95.98	467.2	88.82	6 128.3	73.96	8 566.8	83.86	5 108.5	140.38	3 368.9	171.71
(二) 甘肃华能工程建设有限公司	1 500	115.38			1 500	115.38						
十四、吉林省(1)	18 546	103.61	528	58.67	9 768	74					8 250	217.11
(一) 华煤集团有限公司	18 546	103.61	528	58.67	9 768	74					8 250	217.11
十五、黑龙江省(1)	35 155	61.03	598.3	54.39	7 159	69.17	23 946.7	58.99	3 451	62.07		
(一) 黑龙江龙煤矿山建设有限公司	35 155	61.03	598.3	54.39	7 159	69.17	23 946.7	58.99	3 451	62.07		

第 8 章　中国煤炭学会矿山建设与岩土工程专业委员会委员简介

8.1　矿山建设与岩土工程专业委员会委员名单

矿山建设与岩土工程专业委员会委员名单见表 8-1。

表 8-1　矿山建设与岩土工程专业委员会委员名单

序号	届数	姓名	学会职务	性别	出生年月	专业	职务与职称	工作单位
1	1	沈季良	主任	男	1915 年 4 月	矿井建设	副主任、教授级高级工程师	煤炭工业部技术委员会
2	4	濮洪九	名誉主任	男	1936 年 10 月	矿井建设	副部长、教授级高级工程师	煤炭工业部
3	4	陈明和	主任	男	1934 年 2 月	矿井建设	总工程师、教授级高级工程师	煤炭工业部
4	2	路耀华	副主任	男	1947 年 1 月	采煤专业	总经理、教授级高级工程师	中煤建设开发总公司
5	5	洪伯潜	名誉主任	男	1931 年 12 月	工业与民用建筑	副总工程师、教授级高级工程师、院士	煤炭科学研究总院
6	7	蔡美峰	名誉主任	男	1943 年 5 月	工程力学	院长、教授、院士	北京科技大学
7	3	何满潮	委员	男	1956 年 5 月	工程地质	主任、教授、院士	中国矿业大学(北京)
8	2	袁　亮	委员	男	1960 年 6 月	采矿工程	校长、教授、院士	安徽理工大学
9	5	顾大钊	委员	男	1958 年 5 月	矿井建设	总经理、教授、院士	神华集团有限责任公司科技发展部
10	3	陈湘生	副主任	男	1956 年 6 月	矿井建设	院长、研究员、院士	深圳大学
11	7	李术才	委员	男	1965 年 12 月	矿山建设	副校长、教授、院士	山东大学
12	2	雷景良	副主任	男	1939 年 1 月	矿井建设	常务副总经理、教授级高级工程师	神华集团有限责任公司
13	2	张胜利	副主任	男	1945 年 9 月	矿井建设	副总经理、教授级高级工程师	中国中煤能源集团有限公司
14	4	戴必清	副主任	男	1941 年 2 月	矿井建设	司长、教授级高级工程师	煤炭工业部
15	4	崔增祁	副主任	男	1937 年 1 月	矿井建设	总工程师、教授级高级工程师	中煤建设开发总公司
16	2	崔云龙	副主任	男	1924 年 7 月	矿井建设	主任、教授	中国矿业大学
17	3	史锦璧	副主任	男	1932 年 5 月	矿井建设	副局长、高级工程师	煤炭工业部基建局

表 8-1(续)

序号	届数	姓名	学会职务	性别	出生年月	专业	职务与职称	工作单位
18	1	虞　相	委员	男	1933 年 4 月	矿井建设	副院长、教授级高级工程师、研究员	煤炭科学研究总院
19	2	张永成	副主任	男	1932 年 8 月	矿井建设	所长、教授级高级工程师	煤炭科学研究总院北京建井研究所
20	6	周兴旺	主任	男	1960 年 1 月	矿井建设	副主任、研究员	中国煤炭科工集团有限公司科技发展部
21	8	刘志强	主任	男	1962 年 12 月	矿井建设	副院长、研究员	煤炭科学研究总院建井研究分院
22	4	安国樑	副主任(常务)	男	1936 年 9 月	工业与民用建筑	副所长、教授级高级工程师	煤炭科学研究总院北京建井研究所
23	6	杨仁树	副主任	男	1963 年 11 月	矿山建设	校长、教授	北京科技大学
24	6	程真富	副主任	男	1962 年 9 月	矿山开采	副总经理、高级工程师	淮北矿业(集团)有限责任公司
25	1	李　善	副主任	男	1921 年 7 月	矿井建设	副总经理、教授级高级工程师	中国国际工程咨询公司
26	5	刘长安	副主任	男	1945 年 11 月	矿井建设	副总经理、总工程师、教授级高级工程师	中煤第三建设集团公司
27	6	张开顺	副主任	男	1952 年 6 月	矿山建设	副总经理、研究员	新汶矿业集团有限责任公司
28	4	张鹏耀	副主任	男	1930 年 4 月	矿井建设	副主任、教授级高级工程师	煤炭工业部技术咨询委员会
29	5	张荣立	副主任	男	1956 年 2 月	矿山开采	副主任、高级工程师	煤炭工业部基建中心
30	7	赵士兵	副主任	男	1964 年 8 月	矿井建设	董事长、教授级高级工程师	中煤矿山建设集团有限责任公司
31	6	郑高升	副主任	男	1961 年 11 月	矿井建设	总经理、教授级高级工程师	甘肃华阳矿业开发有限责任公司
32	7	唐永志	副主任	男	1962 年 2 月	采矿专业	副总经理、总工程师、教授级高级工程师	淮南矿业(集团)有限责任公司
33	6	周国庆	副主任	男	1961 年 10 月	矿井建设	副校长、教授	中国矿业大学
34	7	代东生	副主任	男	1964 年 10 月	矿井建设	执行董事兼总经理、教授级高级工程师	中煤第五建设有限公司
35	8	徐杨青	副主任	男	1965 年 10 月	岩土力学	副总经理、总工程师、教授级高级工程师	中国煤炭科工集团武汉设计研究院有限公司
36	8	杨　杰	副主任	男	1964 年 6 月	矿井建设	副总经理、教授级高级工程师	中煤建设集团有限公司
37	2、3	徐文逵	秘书长	男	1932 年 1 月	矿井建设	教授级高级工程师	煤炭科学研究总院北京建井研究所

表 8-1(续)

序号	届数	姓名	学会职务	性别	出生年月	专业	职务与职称	工作单位
38	4	王长生	秘书长	男	1941 年 2 月	矿井建设	副所长、总工程师、研究员	煤炭科学研究总院北京建井研究所
39	4	李树青	秘书长	男	1933 年	矿井建设	处长、教授级高级工程师	中煤建设开发总公司
40	7	龙志阳	秘书长	男	1961 年 3 月	矿井建设	副总工程师、研究员	煤炭科学研究总院建井研究分院
41	1	任荣昌	委员	男	1924 年 3 月	矿井建设	总工程师、教授级高级工程师	淮南基建局
42	1	胡德铨	委员	男	1933 年 1 月	矿井建设	总工程师、教授级高级工程师	兖州矿务局
43	1	钟发楹	委员	男	1930 年 3 月	矿井建设	教授级高级工程师	煤炭工业部技术委员会
44	1	秦淞君	委员	男	1932 年 8 月	矿井建设	总工程师、教授级高级工程师	
45	1	曾士敏	委员	男		矿井建设	教授级高级工程师	中国矿业大学北京研究生部
46	1	蒋学乐	委员	男	1924 年 9 月	矿井建设	总工程师、教授级高级工程师	中煤一公司
47	1	曾小泉	委员	男	1928 年	矿井建设	总工程师、教授级高级工程师	辽宁省煤炭局
48	1	周文安	委员	男	1931 年 8 月	采矿工程	教授	山东矿业学院
49	1	王守道	委员	男		矿井建设	教授	阜新矿务局
50	1	吴　京	委员	男	1914 年 12 月	机械化采煤	教授级高级工程师	煤炭工业部技术委员会
51	1	于公纯	委员	男	1917 年 4 月	矿井建设	副局长兼总工程师、高级工程师	安徽省煤炭厅基建局
52	1	刘允秀	委员	男	1920 年 12 月	采矿专业	副指挥、总工程师、高级工程师	淮北煤炭基地建设会战指挥部
53	1	刘振国	委员	男		矿井建设	处长、总工程师、教授级高级工程师	中煤建筑安装工程公司
54	1	王　柯	委员	男	1913 年 3 月	矿井建设	总工程师、教授级高级工程师	兖州煤矿设计研究院
55	1	王永祥	委员	男	1923 年 11 月	矿井建设	总工程师、高级工程师	贵州省煤炭工业局
56	1	余　力	委员	男	1923 年	矿井建设	副主任、教授	中国矿业大学建筑系
57	1	李文英	委员	男	1908 年	矿井建设	副所长、教授级高级工程师	煤炭科学研究总院北京建井研究所
58	1	杜嘉鸿	委员	男	1923 年 8 月	矿井建设	教授	东北工学院
59	1	杨寿祺	委员	男		矿井建设	教授级高级工程师	
60	2	朱柏石	委员	男	1927 年	矿井建设	教授	阜新矿业学院

表 8-1(续)

序号	届数	姓名	学会职务	性别	出生年月	专业	职务与职称	工作单位
61	2	邸乐山	委员	男	1926年5月	矿井建设	院长、教授级高级工程师	煤炭工业部北京规划设计总院
62	2	何国纬	委员	男	1934年8月	矿井建设	院长、高级工程师	济南设计研究院
63	2	袁克智	委员	男	1930年9月	矿井建设	总工程师、教授级高级工程师	中煤第一建设有限公司
64	2	曹毓侠	委员	男	1928年	矿井建设	教授	淮南矿业学院
65	2	潘子芬	委员	男	1933年8月	矿井建设	经理、教授级高级工程师	淮北煤矿建设公司
66	2	鲍　仪	委员	女	1935年2月	矿井建设	副编审	煤炭工业出版社
67	2	周培恩	委员	男	1933年9月	矿井建设	总工程师、高级工程师	中煤建筑安装公司
68	2	马英明	委员	男	1936年	矿山与地下建筑	总工程师、教授	广州地铁总公司
69	2	吴理云	委员	男	1923年1月	采矿专业	教授	东北工学院
70	2	王怀义	委员	男		矿井建设	经理、教授	中国煤炭建设总公司
71	2	王介峰	委员	男	1927年9月	机械专业	处长、高级工程师	煤炭工业部基建司
72	2	李钟遥	委员	男		矿井建设	总工程师、教授级高级工程师	
73	2	潘泳文	委员	男		矿井建设	总工程师、教授级高级工程师	
74	3	王德民	委员	男	1936年5月	矿井建设	副院长、教授	山东矿业学院
75	3	王可敏	委员	男		矿井建设	处长、教授	煤炭工业部基建司
76	3	史天生	委员	男	1931年	矿井建设	教授	中国矿业大学
77	3	许振元	委员	男	1940年6月	矿井建设	总经理、高级工程师	国家开发投资公司国投煤炭公司
78	3	张　文	委员	男	1934年11月	矿井建设	副总工程师、教授级高级工程师	中煤建设开发总公司
79	3	李　瑞	委员	男	1917年9月	矿井建设	教授	焦作矿业学院
80	3	陈志国	委员	男		矿井建设	处长、教授级高级工程师	煤炭工业部生产司
81	3	佟承章	委员	男	1932年12月	矿井建设	总工程师、教授级高级工程师	辽宁省基建局
82	3	熊声誉	委员	男	1935年3月	矿井建设	经理、教授级高级工程师	淮北煤炭特殊凿井公司
83	3	曹文厚	委员	男		矿井建设	教授级高级工程师	
84	3	姚树声	委员	男		矿井建设	副司长、教授级高级工程师	
85	3	任惠钧	委员	男		矿井建设	总工程师、教授级高级工程师	
86	3	陈新万	委员	男		矿井建设	总工程师、高级工程师	
87	3	李继权	委员	男	1932年11月	矿井建设	副局长、教授级高级工程师	大同矿务局

表 8-1(续)

序号	届数	姓名	学会职务	性别	出生年月	专业	职务与职称	工作单位
88	3	黄　磊	委员	男	1938 年 4 月	矿井建设	副局长、高级工程师	淮南矿务局
89	3	邹承健	委员	男	1943 年 3 月	矿井建设	局长、教授级高级工程师	西山矿务局
90	3	王嘉宾	委员	男	1937 年 2 月	矿井建设	副局长、高级工程师	晋城矿务局
91	3	李跃庭	委员	男		矿井建设	副局长、教授级高级工程师	
92	3	莫立崎	委员	男	1944 年 12 月	矿井建设	总经理、研究员	兖矿集团有限公司
93	4	于占一	委员	男		矿井建设	副局长、教授级高级工程师	辽宁煤炭工业管理局
94	4	王继淳	委员	男		矿井建设	副局长、教授级高级工程师	陕西煤炭工业管理局
95	4	王印贵	委员	男	1936 年 3 月	矿井建设	局长、高级工程师	山西煤管局基建局
96	4、5	王捷帆	委员	男	1951 年 9 月	矿井建设	总编、编审	煤炭工业出版社
97	4	方守康	委员	男	1945 年 12 月	矿井建设	副局长、高级工程师	淮南矿务局
98	4	邓文芳	委员	男	1943 年 12 月	矿井建设	处长、高级工程师	河南煤炭工业管理局基建处
99	4	成家钰	委员	男		矿井建设	副司长、教授级高级工程师	煤炭工业部生产协调司
100	4	刘式如	委员	男	1943 年 9 月	机电专业	经理、教授级高级工程师	淮北煤炭特殊凿井公司
101	4	刘其兴	委员	男	1936 年	矿井建设	室主任、教授	西安矿业学院
102	4	沈　煜	委员	男		矿井建设	副总工程师、教授级高级工程师	河北省煤炭工业厅
103	4	李树文	委员	男	1936 年 9 月	工民建	副局长、教授级高级工程师	黑龙江煤炭工业管理局
104	4	李俊良	委员	男	1955 年 12 月	矿井建设	党委书记、研究员	煤炭科学技术研究院有限公司
105	4	程　桦	委员	男	1956 年 10 月	矿山建设	校长、教授	安徽大学
106	4	杜润泉	委员	男	1940 年 1 月	矿井建设	总经理、研究员级高级工程师	神华神府精煤公司
107	4	张建成	委员	男	1940 年 9 月	矿井建设	处长、教授级高级工程师	煤炭工业部科技教育司
108	4	陆德全	委员	男	1935 年 10 月	矿井建设	副经理、高级工程师	江苏煤炭基建公司
109	4	范　坚	委员	男	1937 年 11 月	矿井建设	总工程师、高级工程师	江西省煤矿建设公司
110	4	金克宁	委员	男	1951 年 1 月	机械制造	局长、高级工程师	鹤岗矿务局
111	4	杨铁春	委员	男	1936 年	矿井建设	教授	阜新矿业学院
112	4	庞棱生	委员	男	1933 年 5 月	矿井建设	副总工程师、教授级高级工程师	平顶山矿务局
113	4	赵光地	委员	男		矿井建设	副司长、教授级高级工程师	煤炭工业部规划发展司
114	4	钟亚平	委员	男	1945 年 4 月	矿井建设	总经理、教授级高级工程师	开滦(集团)有限责任公司
115	4	钟德辉	委员	男	1938 年	矿井建设	副院长、教授级高级工程师	北京煤炭设计研究院
116	4	郭晋蒲	委员	男	1940 年 12 月	矿井建设	教授	中国矿业大学
117	4	郭增瑗	委员	男	1940 年	机械制造	主任、研究员	煤科总院南京研究所
118	4	矫郁亮	委员	男	1960 年	矿井建设	副总经理、教授级高级工程师	神华集团公司东胜公司

表 8-1(续)

序号	届数	姓名	学会职务	性别	出生年月	专业	职务与职称	工作单位
119	4	高明德	委员	男	1938 年 5 月	矿山建设	副总工程师、高级工程师	淮北矿务局
120	4	王可寰	委员	男	1938 年 6 月	矿井建设	副总工程师、研究员	煤炭科学研究总院
121	4	王贵淳	委员	男	1941 年 10 月	矿井建设	副经理、教授级高级工程师	中煤第三建设公司
122	4	刘云涛	委员	男	1962 年 4 月	矿井建设	司长、教授级高级工程师	国家煤矿安全监察局安全监察司
123	4	王建平	委员	男	1955 年 2 月	矿井建设	党委副书记、教授	中国矿业大学
124	4	王明远	委员	男	1945 年 9 月	矿井建设	主任、教授	山东科技大学土木系
125	4	戴焕生	委员	男	1944 年 5 月	矿井建设	副局长、教授级高级工程师	淮南矿务局
126	5	于纪存	委员	男	1946 年 4 月	矿井建设	副局长、教授级高级工程师	陕西省煤炭工业局
127	5	王升鸿	委员	男	1943 年 1 月	采矿专业	副院长、教授级高级工程师	煤炭工业部武汉设计研究院
128	5	邓维国	委员	男	1944 年 8 月	矿井建设	总工程师、教授级高级工程师	中煤第一建设公司
129	5	白廷辉	委员	男	1967 年 2 月	地下工程	党委书记、主任、高级工程师	上海市人民政府国有资产监督管理委员会
130	5	乔秉越	委员	男	1942 年 7 月	矿井建设	副总经理、教授级高级工程师	永城煤电(集团)有限责任公司
131	5	陆　伦	委员	男	1962 年 11 月	矿井建设	总经理、高级工程师	中煤第五建设有限公司
132	5	何九洲	委员	男	1941 年 3 月	矿井建设	副总工程师、教授级高级工程师	大同矿务局
133	5	张向东	委员	男	1962 年 10 月	矿井建设	院长、教授	辽宁工程技术大学土木建筑工程学院
134	5	杨汉宏	委员	男	1960 年 10 月	采煤工程	董事长、教授级高级工程师	神华准能集团有限责任公司
135	5	段康廉	委员	男	1943 年	矿井建设	主任、教授	山西矿业学院采矿系
136	5	胡　林	委员	男	1955 年 11 月	岩土工程	副所长、研究员	煤炭科学研究总院南京研究所
137	5	柴顺志	委员	男	1960 年 4 月	矿井建设	总工程师、高级工程师	龙煤矿山建设有限公司
138	5	陶友山	委员	男	1962 年 4 月	矿井建设	教授级高级工程师	北京煤炭设计研究院
139	5	殷作如	委员	男	1960 年 12 月	矿业工程	总经理、教授级高级工程师	开滦(集团)有限责任公司
140	5	梁庚宸	委员	男	1944 年	矿井建设	副处长、教授级高级工程师	河北省煤炭工业局
141	5	常焕生	委员	男	1945 年	水利水电工程	总工程师、教授级高级工程师	中国水利水电第一工程局
142	5	傅挺宇	委员	男	1944 年 3 月	矿井建设	总工程师、教授级高级工程师	江苏省煤炭基建公司
143	5	赛云秀	委员	男	1963 年 5 月	矿山建设	党委书记、副教授	西安工业学院
144	5	康忠佳	委员	男	1942 年 11 月	采矿工程	院长、教授级高级工程师	煤炭工业合肥设计研究院

表 8-1(续)

序号	届数	姓名	学会职务	性别	出生年月	专业	职务与职称	工作单位
145	5	黄祖业	委员	男	1944 年 10 月	采矿工程	院长、教授级高级工程师	贵州省煤矿设计研究院
146	5	刘兴隆	委员	男	1942 年 6 月	工民建	副院长、教授级高级工程师	煤炭工业邯郸设计研究院
147	5	周少雷	委员	男	1961 年 12 月	选矿工程	总经理、教授级高级工程师	中煤国际集团北京华宇工程公司
148	5	吴文彬	委员	男	1937 年 12 月	采矿工程	总工程师、教授级高级工程师	煤炭工业部南京设计研究院
149	5	孔祥国	委员	男	1955 年 6 月	采矿工程	董事长、教授级高级工程师	中煤科工集团南京设计研究院有限公司
150	5	王燕宾	委员	男	1942 年 11 月	矿井建设	院长、教授级高级工程师	煤炭工业部西安设计研究院
151	5	孟　融	委员	男	1943 年 6 月	地下采煤	总工程师、教授级高级工程师	煤炭工业部西安设计研究院
152	5	戴少康	委员	男	1940 年 10 月	选矿工程	总工程师、教授级高级工程师	山西煤矿设计院
153	5	王结义	委员	男	1962 年 5 月	矿井建设	总经理、教授级高级工程师	北京圆之翰煤炭工程设计公司
154	5	孙　震	委员	男	1956 年 5 月	地下开采	总经理、研究员	天地科技股份有限公司设计研究院
155	5	吴嘉林	委员	男	1957 年 6 月	采矿工程	院长、教授级高级工程师	中煤国际工程集团武汉设计研究院
156	5	张通燮	委员	男	1945 年 9 月	采矿工程	院长、教授级高级工程师	重庆煤矿设计院
157	5	杨　彬	委员	男	1956 年 9 月	矿山建设	董事长、总经理、教授级高级工程师	煤炭工业郑州设计研究院股份有限公司
158	6	王学军	委员	男	1964 年 6 月	采矿工程	局长、教授级高级工程师	山西省煤炭地质局
159	6	王昌傲	委员	男	1962 年 1 月	矿井建设	总工程师、教授级高级工程师	中煤西安设计工程公司
160	6	王贵成	委员	男	1956 年 11 月	煤矿安全	局长、教授级高级工程师	内蒙古煤矿安全监察局包头煤监分局
161	6	史基盛	委员	男	1957 年 3 月	矿山机械化	总工程师、高级工程师	中煤特殊凿井(集团)责任公司
162	6	付厚利	委员	男	1966 年 4 月	矿井建设	副院长、教授	山东科技大学土木建筑学院
163	6	刘元管	委员	男	1966 年 7 月	矿井建设	总裁、教授级高级工程师	宁夏宝丰能源集团股份有限公司
164	6	纪洪广	委员	男	1963 年 4 月	矿井建设	副院长、教授	北京科技大学土木与环境工程学院
165	6	吴玉华	委员	男	1963 年 7 月	采矿工程	总工程师、教授级高级工程师	皖北煤电集团公司

表 8-1(续)

序号	届数	姓名	学会职务	性别	出生年月	专业	职务与职称	工作单位
166	6	张世芳	委员	男	1962 年 11 月	矿山建设	局长、教授级高级工程师	河南能源化工集团有限公司安监局
167	6	张彦禄	委员	男	1964 年 3 月	矿井建设	总工程师、研究员	中国煤炭科工集团有限公司
168	6	张耀飞	委员	男	1953 年 11 月	煤矿安全	副总工程师、教授级高级工程师	郑州煤炭工业集团公司
169	6	李功洲	委员	男	1964 年 12 月	矿井建设	经理、研究员	国投煤炭有限公司基建管理部
170	6	李宏达	委员	男	1960 年 4 月	矿井建设	院长、教授级高级工程师	煤炭工业太原设计研究院
171	6	汪仁和	委员	男	1956 年 12 月	矿井建设	院长、教授	安徽理工大学土木建筑学院
172	6	沈慰安	委员	男	1959 年 6 月	矿井建设	总工程师、高级工程师	中煤第五建设有限公司
173	6	闵　龙	委员	男	1959 年 5 月	采矿工程	副总经理、高级工程师	陕西煤业化工集团公司
174	6	陈远坤	委员	男	1955 年 3 月	矿井建设	副总工程师、教授级高级工程师	淮北矿业(集团)有限责任公司
175	6	陈俊焰	委员	男	1949 年 9 月	矿井建设	副总工程师、工程技术应用研究员	兖矿集团有限公司
176	6	岳燕京	委员	女	1952 年 4 月	矿井建设	副秘书长、高级政工师	中国煤炭学会
177	6	林鸿苞	委员	男	1960 年 5 月	矿山建设	副总经理、教授级高级工程师	山西约翰芬雷华能设计工程有限公司
178	6	金　川	委员	男	1956 年 2 月	矿井建设	副总工程师、教授级高级工程师	淮南矿业(集团)有限责任公司
179	6	赵广清	委员	男	1953 年 10 月	矿井建设	所长、教授级高级工程师	煤炭工业合肥设计研究院
180	6	赵永平	委员	男	1962 年 1 月	矿井建设	副处长、教授级高级工程师	内蒙古煤矿安全监察局监察一处
181	6	徐贵孝	委员	男	1955 年 11 月	煤矿建设	副总经理、教授级高级工程师	潞安矿业(集团)有限责任公司
182	6	徐辉东	委员	男	1967 年 12 月	矿井建设	副总经理、教授级高级工程师	中煤第三建设(集团)有限责任公司
183	6	董荣泉	委员	男	1955 年 3 月	矿井建设	副总工程师、教授级高级工程师	开滦(集团)有限责任公司
184	6	盛天宝	委员	男	1965 年 1 月	矿井建设	副总经理、教授级高级工程师	河南煤业化工集团
185	6	曾宪桃	委员	男	1963 年 4 月	矿井建设	院长、教授	河南理工大学土木工程学院
186	6	蒲耀年	委员	男	1959 年 12 月	矿井建设	副主任、教授级高级工程师	中煤能源集团技术管理中心
187	6	臧桂茂	委员	男	1961 年 5 月	矿井建设	副总工程师、教授级高级工程师	山东能源集团

表8-1(续)

序号	届数	姓名	学会职务	性别	出生年月	专业	职务与职称	工作单位
188	6	陈旭忠	委员	男	1971年4月	采矿工程	董事长、高级工程师	同煤国电同忻煤矿有限公司
189	6	何清江	委员	男	1961年4月	矿井建设	副总工程师、教授级高级工程师	鹤岗矿业集团有限责任公司
190	6	仝洪昌	委员	男	1963年9月	矿井建设	董事长、教授级高级工程师	中平能化建工集团有限公司
191	6	耿建平	委员	男	1960年9月	地下采煤	副院长、总工程师、教授级高级工程师	煤炭工业太原设计研究院
192	6	汪春芹	委员	男	1963年2月	矿井建设	副总工程师、教授级高级工程师	煤炭工业合肥设计研究院有限责任公司
193	6	徐　颖	委员	男	1965年8月	矿井建设	院长、教授	安徽理工大学土木建筑学院
194	6	李悦东	委员	男	1967年3月	矿井建设	总经理、教授级高级工程师	国投新集能源股份有限公司
195	6	赵世晨	委员	男	1960年11月	矿井建设	副总经理、总工程师、教授级高级工程师	国投哈密能源开发有限责任公司
196	6	刘希亮	委员	男	1964年11月	矿井建设	院长、教授	河南理工大学土木工程学院
197	6	张　洁	副秘书长	女	1967年10月	教育管理	主任、高级政工师	北京中煤矿山工程有限公司综合办公室
198	6	左永江	副秘书长	男	1970年11月	地质勘探	副主任、研究员	煤矿深井建设技术国家工程实验室
199	7	陈岐范	委员	男	1965年6月	矿山建设	副主任、高级工程师	兖煤菏泽能化有限公司万福煤矿筹备处
200	7	陈耀文	委员	男	1964年11月	矿井建设	总工程师、教授级高级工程师	中煤第一建设有限公司
201	7	杜贵文	委员	男	1969年5月	矿井建设	项目总设计师、教授级高级工程师	中国恩菲工程技术有限公司
202	7	高岗荣	委员	男	1963年1月	矿井建设	总工程师、研究员	天地科技股份有限公司建井研究院
203	7	宫守才	委员	男	1962年10月	矿山建设	副总经理、教授级高级工程师	中煤西安设计工程有限责任公司
204	7	胡彦华	委员	男	1965年1月	工程测量	总经理、教授级高级工程师	铜陵有色金属集团铜冠矿山建设股份有限公司
205	7	蓝成仁	委员	男	1963年7月	矿山建设	副主任、教授	河北工程大学资源工程学院
206	7	张梦彪	委员	男	1962年4月	矿井建设	副总经理、教授级高级工程师	中煤科工集团北京华宇工程有限公司
207	7	李德春	委员	男	1962年9月	地下采煤	副院长、教授级高级工程师	中煤能源集团邯郸设计研究院
208	7	李红辉	委员	男	1965年1月	矿井建设	总工程师、教授级高级工程师	金诚信矿业管理股份有限公司

表 8-1(续)

序号	届数	姓名	学会职务	性别	出生年月	专业	职务与职称	工作单位
209	7	居宪博	委员	男	1964 年 2 月	矿山建设	副总工程师、教授级高级工程师	国投新集能源股份有限公司
210	7	刘泉声	委员	男	1962 年 8 月	矿山建设	副院长、教授	武汉大学土木建筑学院
211	7	刘英杰	委员	男	1958 年 6 月	地下采煤	董事长、教授级高级工程师	重庆巨能建设(集团)有限公司
212	7	马芹永	委员	男	1964 年 11 月	矿井建设	院长、教授	安徽理工大学土木建筑学院
213	7	马维清	委员	男	1968 年 1 月	地下采煤	副总经理、教授级高级工程师	中国华北冶金建设有限公司
214	7	张超辉	委员	男	1965 年 7 月	矿井建设	总经理、教授级高级工程师	陕西煤业化工建设(集团)有限公司
215	7	乔卫国	委员	男	1963 年 4 月	岩土工程	院长、教授	山东科技大学土木工程与建筑学院
216	7	邱天德	委员	男	1980 年 9 月	矿井建设	所长、副研究员	中煤科工集团天地科技建井研究院井巷所
217	7	任　清	委员	男	1962 年 2 月	矿山机械	总经理、高级工程师	张家口宣化华泰矿冶机械有限公司
218	7	施佳音	委员	男	1967 年 12 月	矿井建设	总设计师、教授级高级工程师	中煤科工集团沈阳设计研究院有限公司
219	7	佟　强	委员	男	1968 年 3 月	矿山建设	副总经理、研究员	新汶矿业集团有限责任公司
220	7	王建平	委员	男	1965 年 3 月	矿井建设	副总工程师、研究员	中煤科工集团天地科技建井研究院
221	7	徐拴海	委员	男	1963 年 5 月	水文地质与工程地质	所长、研究员	中国煤炭科工集团西安研究院有限公司地质研究所
222	7	杨更社	委员	男	1962 年 7 月	矿井建设	党委书记、教授	西安邮电大学
223	7	杨小林	委员	男	1963 年 12 月	矿井建设	校长、教授	河南理工大学
224	7	林功旺	委员	男	1963 年 4 月	矿山建设	总工程师、教授级高级工程师	中煤科工集团南京设计研究院有限公司
225	7	于新胜	委员	男	1966 年 1 月	地下采煤	副总经理、总工程师、教授级高级工程师	中煤科工集团武汉设计研究院有限公司
226	7	袁庆国	委员	男	1962 年 1 月	矿井建设	副总经理、研究员	煤炭科学技术研究院有限公司
227	7	张顶立	委员	男	1963 年 2 月	采矿工程	院长、教授	北京交通大学土木建筑工程学院
228	7	张太平	委员	男	1963 年 1 月	采煤工程	董事长、总经理、教授级高级工程师	伊泰伊犁矿业有限公司

表 8-1(续)

序号	届数	姓名	学会职务	性别	出生年月	专业	职务与职称	工作单位
229	7	赵兴东	委员	男	1975年10月	矿井建设	系主任、教授	东北大学资源与土木工程学院
230	7	宗敦峰	委员	男	1962年11月	水电工程	总工程师、教授级高级工程师	中国电力建设集团有限公司
231	7	李建斌	委员	男	1962年10月	机械工程	董事长、教授级高级工程师	中铁工程装备集团有限公司
232	7	周茂普	委员	男	1962年12月	矿井建设	副总工程师、研究员	中煤科工集团太原研究院有限公司
233	7	徐锁庚	委员	男	1969年6月	矿山机械	总经理、研究员	南京科工煤炭科学技术研究有限公司
234	7	袁兆宽	委员	男	1965年1月	矿山建设	总工程师、教授级高级工程师	中煤第五建设有限公司
235	7	严民杰	委员	女	1973年11月	工业电气自动化	副总经理、教授级高级工程师	煤炭工业规划设计研究院有限公司
236	7	洪开荣	委员	男	1965年8月	隧道工程	常务副指挥长、总工程师、教授级高级工程师	中铁隧道局集团有限公司广州指挥部
237	7	陈根林	委员	男	1963年4月	机械制造	院长、教授级高级工程师	中煤科工集团上海研究院
238	7	谭亚辉	委员	男	1958年7月	放射性矿产地质与勘探	副总工程师、研究员级高级工程师	核工业北京化工冶金研究院
239	7	金　鑫	委员	男	1964年4月	矿山建设	副总经理、总工程师、教授级高级工程师	湖南楚湘建设工程集团有限公司
240	7	何芳现	委员	男	1961年10月	采矿工程	副总经理、教授级高级工程师	通用技术集团工程设计有限公司
241	7	余　斌	委员	男	1965年11月	采矿工程	副总经理、研究员	北京矿冶科技集团有限公司
242	7	李方政	委员	男	1972年9月	矿山建设	副总经理、研究员	北京中煤矿山工程有限公司
243	7	徐　亮	委员	男	1977年10月	采矿工程	副理事长、秘书长、高级工程师	中国煤炭建设协会
244	7	曹　平	委员	男	1959年10月	采矿工程	主任、教授	中南大学矿岩工程力学研究中心
245	7	张云利	副秘书长	男	1963年2月	矿井建设	副总工程师、研究员	中煤科工集团建井研究院
246	8	崔海涛	委员	男	1971年2月	矿井建设	总工程师、教授级高级工程师	北京市轨道交通建设管理公司
247	8	单仁亮	委员	男	1963年2月	矿山建设	党委书记、教授	中国矿业大学(北京)力学与建筑工程学院
248	8	邓楠	委员	男	1970年2月	采矿工程	总经理、总工程师、高级工程师	河南华康工程技术咨询有限公司

表 8-1(续)

序号	届数	姓名	学会职务	性别	出生年月	专业	职务与职称	工作单位
249	8	邓红卫	委员	男	1969年5月	水文地质	副院长、教授	中南大学资源与安全工程学院
250	8	高洪波	委员	男	1978年11月	地下采煤	总工程师、教授级高级工程师	中煤科工开采研究院工程有限公司
251	8	韩　雪	委员	男	1969年1月	矿山建设	院长、教授	黑龙江科技大学建筑工程学院
252	8	和孙文	委员	男	1966年11月	水利水电工程建筑	总工程师、教授级高级工程师	中国水利水电第十四工程局有限公司
253	8	黄　忠	委员	男	1970年6月	矿山建设	总经理、教授级高级工程师	中煤科工开采研究院工程有限公司
254	8	贾希林	委员	男	1966年2月	矿山建设	经理、高级工程师	中赟国际工程有限公司建设公司
255	8	雷　风	委员	男	1968年12月	矿山建设	副总工程师、研究员	中国大唐集团能源投资有限责任公司
256	8	李永强	委员	男	1965年1月	地下采煤	副总经理、总工程师、教授级高级工程师	重庆巨能建设(集团)有限公司
257	8	李建奇	委员	男	1964年4月	采矿工程	副总经理、教授级高级工程师	中国华冶科工集团有限公司
258	8	李长忠	委员	男	1968年7月	矿建工程	处长、研究员	中国国电集团公司工程建设部
259	8	刘双仲	委员	男	1971年7月	机械制造工艺与设备	院长、高级工程师	辽宁三三工业有限公司研究设计院
260	8	何希霖	委员	男	1963年9月	矿山管理	副总经理、研究员	山东能源新汶矿业集团有限责任公司
261	8	龙祖根	委员	男	1964年3月	采矿工程	总经理、研究员	贵州省煤矿设计研究院有限公司
262	8	马世志	委员	男	1965年10月	采矿专业	总工程师、教授级高级工程师	中国中煤能源集团有限公司
263	8	孟志强	委员	男	1972年8月	矿井建设	副主任、教授	河北工程大学资源工程学院
264	8	任建喜	委员	男	1968年2月	岩土工程	院长、教授	西安科技大学建筑与土木工程学院
265	8	谭　杰	委员	女	1971年7月	矿井建设	副总工程师、研究员	北京中煤矿山工程有限公司
266	8	王宗敏	委员	男	1963年10月	矿山建设	总经理、教授级高级工程师	中国水利电力对外有限公司华潘煤电一体化项目

表 8-1(续)

序号	届数	姓名	学会职务	性别	出生年月	专业	职务与职称	工作单位
267	8	杨双锁	委员	男	1963 年 6 月	采矿工程	系主任、教授	太原理工大学矿业工程学院地下工程系
268	8	叶继红	委员	女	1967 年 1 月	土木工程	院长、教授	中国矿业大学力学与土木工程学院
269	8	张安林	委员	男	1960 年 3 月	矿山建设	总工程师、教授级高级工程师	中煤科工集团北京华宇工程有限公司
270	8	周华群	委员	男	1969 年 12 月	矿井建设	总经理、研究员	北京中煤矿山工程有限公司
271	8	周晓敏	委员	男	1964 年 11 月	矿井建设	教授	北京科技大学土木与资源工程学院
272	8	祝明桥	委员	男	1968 年 1 月	岩土结构	院长、教授	湖南科技大学土木工程学院
273	8	冯月新	委员	男	1964 年 12 月	煤田及油气地质勘探	董事长、教授级高级工程师	大同煤矿集团宏泰矿山工程建设有限责任公司
274	8	薛　雷	委员	男	1974 年 3 月	会计学	总经理	中国铁建重工集团股份有限公司(煤炭战部)
275	8	庞军林	委员	男	1970 年 11 月	采矿工程	董事、总工程师、教授级高级工程师	内蒙古伊泰集团有限公司
276	8	宁兴刚	委员	男	1964 年 9 月	机械工程	董事长、高级工程师	陕西煤业化工建设(集团)有限公司
277	8	毕湘利	委员	男	1970 年 4 月	岩土工程	总工程师、教授级高级工程师	上海申通地铁集团有限公司
278	8	张瑞新	委员	男	1964 年 12 月	岩土结构	院长、教授	华北科技学院
279	8	王慧宇	副秘书长	女	1982 年 7 月	经济管理	副总经理	中国铁建重工集团股份有限公司(煤炭战部)

8.2　矿山建设与岩土工程专业委员会委员简介

1. 沈季良，男，汉族，1915 年 4 月生，江苏苏州人，大学文化程度，教授级高级工程师，中共党员。1935 年以优异成绩毕业于焦作工学院土木系，获工学学士学位。1949 年开始投身煤矿基本建设事业。历任淮南煤矿工程师、基建处处长，煤炭工业部基建总局淮南煤矿基本建设局总工程师，徐州煤矿基本建设局总工程师，宁夏煤管局总工程师，西北煤管局副总工程师，煤炭工业部基建司副总工程师，煤炭科学研究院建井所所长，煤炭工业部技术委员会委员、副主任，中国煤炭工业技术经济咨询中心高级专家、国家科委矿业学科组副组长，中国煤炭学会第 1、2 届副理事长，矿山建设与岩土工程专业委员会主任，中国矿业学院、焦作矿业学院兼职教授，硕士生导师，煤炭教育顾问总团副主任，煤炭工业出版社编审委员会副主任。曾当选安徽省、江苏省人大代表，出席过第一届国际采矿学术会议等。著有《料石砌碹》《井巷设计与施工》（中国矿业大学英文教材），合编《矿井英语注释——井巷工程》，合译《苏联矿井建设科学研究论文选》，主持国家标准《矿山井巷工程施工及验收规范》编写，总审校《快速建井》《煤矿建设》《井巷工程施工手册》等。主编的《建井工程手册》获全国优秀科技图书奖。从 20 世纪 50 年代起先后组织破全国纪录的安徽省谢一、谢二矿井快速施工，1985 年获煤炭工业部技术进步荣誉奖。在世界首创“震动沉井技术”，先后组织板桩法、冻结法、钻井法、注浆技术等科研、工程开发，为丰富和发展中国特殊凿井技术做出了重要贡献，作为有突出贡献的建井专家，获波兰煤矿“功勋矿工”荣誉称号，并载入《中国大百科全书矿冶卷》和《中国名人大词典(当代人物卷)》。

2. 濮洪九，男，汉族，1936 年 10 月生，安徽芜湖人，大专学历，教授级高级工程师，毕业于合肥矿业学院矿产地质与矿井建设系矿井建设专业。1956 年 9 月参加工作，历任煤炭科学研究院建井研究所技术员、工程师、课题组组长、室主任。1976 年至 1982 年，任煤炭科学研究院北京研究所党委副书记、建井研究所副所长、煤炭科学研究院党委副书记。1982 年至 1988 年，任煤炭工业部干部司副司长、司长，中国统配煤矿总公司人事部主任。1988 年至 1993 年，任中国统配煤矿总公司总经理、党组成员。1993 年至 2002 年任煤炭工业部副部长、党组成员，中央纪委驻煤炭工业部纪检组组长，国家煤炭工业局党组成员、中央纪委驻国家煤炭工业局纪检组组长，国家煤炭工业局(国家煤炭安全监察局)党组成员、中央纪委驻国家煤炭工业局纪检组组长，国家安全生产监督管理局(国家煤炭安全监察局)党组成员、中央纪委驻国家安全生产监督管理局纪检组组长。2002 年 12 月至 2009 年 1 月任中国煤炭工业协会第一副会长、党委书记。2001 年 9 月起任中国煤炭学会理事长，2002 年 9 月起兼任中国贸促会煤炭行业分会、中国国际商会煤炭行业商会会长。2007 年起担任国家能源专家咨询委员会副主任。

3. 陈明和，男，汉族，1934 年 2 月生，北京人，大专文化程度，教授级高级工程师，中共党员。1951 年考入煤炭工业部大同煤矿学校学习，1954 年 8 月毕业(参加工作后又参加西安矿业学院采煤系函授学习)，分配到西安煤矿基建工程公司铜川工程处工作，后在兰州工程处建设铜川三里洞煤矿、阿干镇煤矿，先后担任技术员、工长、主任技术员。1958 年调到煤炭工业部石嘴山基建局第二建井队建设石嘴山二号井，担任工程股长。1959 年调到煤炭工业部岱开煤田建井公司任工区副主任、生产科科长，建设石炭井二矿。1962 年在石炭井矿务局先后担任二矿副矿长、矿长及矿务局副总工程师。1975 年调到煤炭工业部工作，任煤炭工业部基建局工程处处长。1976 年后历任煤炭工业部基建局副局长、基建司副司长、建设总公司总经理，中国露天煤矿总公司总经理、安全监察局局长等职。1988 年任能源部煤炭总工程师兼煤炭司司长。1993 年任煤炭工业部党组成员、总工程师。1996 年 5 月任中联煤层气有限责任公司董事长。曾任第 4、5 届矿山建设与岩土工程专业委员会主任，中国煤炭学会第 4 届理事会副理事长，中国矿业联合会副会长，中国爆破协会副会长。在任煤炭工业部基建局副局长期间，组织实施我国第一座立井井塔(淮北朱仙庄立井)预建整移成功，缩短了矿井建井工期。组织 3 部立井施工装备会战，提高了立井施工机械化水平。从德国引进 2 台立井施工大钻机，提高了钻井装备水平。在中国露天煤矿总公司工作期间，参与国务院大型露天矿重大装备会战并受到国务院表彰。在能源部工作期间，组织实施联合国关于中国煤层气资源调查及开发专项，历时 5 年，项目圆满完成并受到联合国开发计划署的表彰，为我国煤层气开发打下了良好的基础。1996 年由煤炭工业部、石油部、地矿部共同组建成立中联煤层气有限责任公司(以下简称"中联公司")，任公司第一任董事长，中联公司的成立，标志着煤层气产业在我国开始起步，并得到了迅速发展。1992 年在能源部工作期间，组织编写《中国煤炭志》，任编委会副主任兼秘书长，历时近 6 年完成，于 1997 年出版。《中国煤炭志》的出版是中国历史上第一部完整的煤炭志书，在中国煤炭史上起到了承上启下的作用，该志书获国家图书出版二等奖。

4. 路耀华，男，汉族，1947 年 1 月生，山西清徐人，在职硕士研究生学历，教授级高级工程师，中共党员。1964 年考入太原煤矿学校学习采煤专业。享受政府特殊津贴。1968 年 12 月参加工作，十一届全国政协委员。1968 年 12 月分配到霍州矿务局工作，先后任圣佛矿政工组、武装部的团委干事、团委副书记。1975 年 7 月任矿务局团委副书记。1976 年 7 月任圣佛矿矿长、党委副书记。1977 年 8 月任辛置矿矿长、党委副书记。1981 年 9 月考入北京煤炭管理干部学院企业管理专业学习。1984 年 12 月调到山西省煤炭厅基本建设局工作，1985 年 10 月任山西省煤炭厅基本建设局副局长，1989 年任基本建设局局长。1989 年至 1992 年考入中国矿业大学北京研究生部学习企业管理专业。1992 年 3 月任中国统配煤矿总公司基建局副局长。1993 年 4 月任中煤建设开发总公司总经理、党委书记、总工程师。1995 年 9 月任煤炭工业部基本建设管理中心主任(基建司司长)。1996 年 9 月至 1997 年 7 月在中共中央党校学习。著有《煤炭工业企业实用词典》《学习与探索》等，主编的书籍有《中国煤矿建井技术》《煤炭工业基本建设管理》《实用工业工程技术与方法》《中国煤炭工业企业管理百科全书》等。该同志撰写的《煤矿基本建设在总承包中阔步前进》《论煤炭基本建设中的十大关系》《党的宗旨与社会主义本质》等 10 多篇论文，曾先后被中共中央党校《理论前沿》和《煤炭经济研究》等刊物刊登。1998 年 7 月至 11 月任国家煤炭工业局企事业改革司司长，1998 年 11 月至 2000 年 6 月任国务院稽查特派员，2000 年 6 月至 2010 年 4 月任国有重点大型企业监事会主席，2010 年 4 月至今任国务院国资委副部级干部。2011 年 4 月任中国煤炭工业协会三届理事会副会长。兼任中国煤炭学会常务理事、中国建筑业协会常务理事、中国施工企业协会理事、中国土木工程学会理事等。

5. 洪伯潜，男，汉族，1931 年 12 月生，福建厦门人，教授级高级工程师、博士生导师，1956 年毕业于浙江大学土木系，1997 年当选为中国工程院院士。现任中国煤炭科工集团有限公司首席科学家，煤炭科学研究总院副总工程师，北京中煤矿山工程有限公司学术委员会主任。1986 年被评为国家有突出贡献的中青年专家，1990 年 7 月首批获国务院政府特殊津贴。他热爱祖国、热爱煤炭事业，刻苦钻研、无私奉献、执着追求、开拓创新，勇攀科学高峰，体现出崇高的人品和严谨的学风。长期从事矿井建设大直径钻井法凿井技术的研究，是我国煤矿深大竖井钻井法凿井技术的开拓者之一。他先后主持完成了国家及部、院课题 30 多项，12 次获国家及省部级科技进步奖，其中国家科技进步一等奖 1 项、二等奖 1 项，部及行业科技进步特等奖 2 项、一等奖 1 项。负责并完成国家“六五”“七五”科技攻关项目“深井钻井法凿井技术的研究”，使钻井法成为我国首先通过 440 m 以上（钻深 508 m）表土不稳定含水地层、独具优势的大直径井筒特殊施工方法，综合技术达到国际先进水平。在此基础上，2001 年他又主持国家“十五”攻关项目“600 m 深厚冲击层钻井法凿井技术”课题研究，提出“约束混凝土井壁”新型结构及其设计理论与计算方法，亲自承担了井壁结构的设计与计算，为确保钻井工程的顺利实施，年过七旬的洪院士亲临现场，特别是最后下沉井壁的 30 多天里，他一直守在现场，深思熟虑各个技术细节，对现场技术人员和工人进行具体指导，每个环节严格把关，并及时组织会议研究解决偶发问题。2004 年 4 月 28 日，在他及有关技术人员的共同努力下，钻井法凿井在龙固矿深厚表土（546.48 m）不稳定含水地层成井 582.75 m 的井筒施工获得成功，创造了国内外纪录，综合技术达世界领先水平，并拥有自主知识产权。该项目获 2005 年煤炭工业科学技术特等奖，2006 年国家科学技术进步二等奖，为我国东部建井通过深厚冲积层提供了理论基础及实践经验。主要论著有《大直径煤矿井筒钻井法凿井》《中国科学技术前沿》《约束混凝土结构在井筒支护中的研究与应用》《钻井法凿井深井井壁在泥浆中的轴向稳定》和《巨野煤田开发条件及井筒特殊施工的关键技术》等。

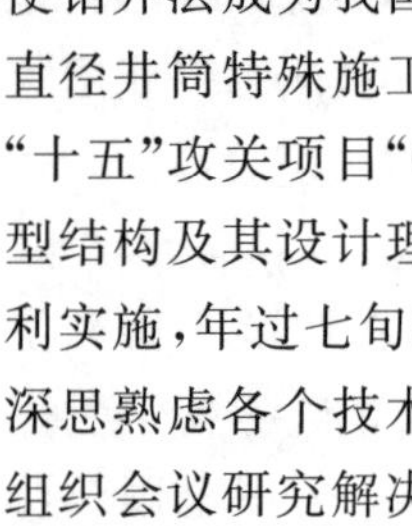

6. 蔡美峰，男，汉族，1943 年 5 月生，江苏如东人，教授。1967 年上海交通大学工程力学专业毕业，1968 年分配到国防科委第 710 研究所工作，任技术员、专业组长。1978 年考入北京钢铁学院（现北京科技大学）攻读采矿专业硕士学位，1981 年 1 月毕业留校任教至今。1985 年至 1990 年在澳大利亚新南威尔士大学做访问学者并攻读博士学位，获采矿岩石力学博士学位。历任北京科技大学采矿系副主任、资源工程学院院长、学术委员会主席、矿业工程国家一级重点学科首席学科带头人。兼任国务院学位委员会学科评议组成员、矿业工程学科评议组召集人，国际岩石力学学会教育委员会主席，中国金属学会常务理事兼采矿专业委员会理事长，中国岩石力学与工程学会副理事长。先后获 1999 年国家技术发明三等奖、国家科技进步三等奖，2000 年、2003 年、2007 年国家科技进步二等奖，2005 年国家级教学成果二等奖，2008 年、2009 年、2010 年分别被授予国家级教学名师、全国模范教师和全国优秀科技工作者荣誉称号。2013 年当选中国工程院院士。在岩石力学与工程、采矿工程优化和安全高效开采技术的研究与应用等方面取得了突出的成绩。针对我国地应力测量起步晚、测量难度大、地应力资料缺乏并严重制约采矿工程技术水平提高的问题，从 20 世纪 80 年代留学澳大利亚起，致力于地应力测量理论和方法的研究，建立了符合工程岩体特性的地应力测量分析理论，发明了一种高精度的地应力测量方法和装置，完成了 15 个矿山和地下工程的地应力场测量。相关成果在本领域国际权威刊物发表论文多篇，得到国际知名专家的高度评价，并被他们多次引用和介绍。针对金属矿床的形成过程和开采稳定性均受地应力控制的特点，提出了以地应力为切入点，根据矿山的实际工程地质和开采技术条件，通过科学的定量计算和分析，选择最合理的采矿方法，确定最佳的开采总体布置、采场结构参数、开采顺序和支护加固措施的金属矿采矿优化理论，并在实际工程中得到成功应用。出版学术专著 4 部，其中，《地应力测量原理和技术》是国内外第一部系统介绍地应力测量方法和实践的专著，《岩石力学与工程》等被北京科技大学和其他很多矿业、土木和地质类院校用作岩石力学课程的重要参考教材。发表学术论文 200 余篇，其中被 SCI 和 EI 收录 100 余篇(包括发表在 *International Journal of Rock Mechanics and Mining Sciences* 等国际权威刊物上的论文 20 余篇)。培养博士 39 名、硕士 39 名，指导博士后 13 名。

7. 何满潮，男，1956 年 5 月生，河南灵宝人，中共党员，矿山工程岩体力学专家，教授，中国科学院院士。1981 年毕业于长春地质学院工程地质专业，1985 年在该校获硕士学位；1989 年毕业于中国矿业大学(北京)力学系，获博士学位；2011 年获比利时蒙斯大学名誉博士学位。现任中国矿业大学(北京)深部岩土力学与地下工程国家重点实验室主任，兼任国际岩石力学学会中国国家小组主席、中国岩石力学与工程学会副理事长、中国岩石力学与工程学会软岩工程与深部灾害控制分会理事长，是国家自然科学基金重大项目首席科学家和国家“973”计划项目首席科学家，国家杰出青年基金获得者(1998 年)。长期深入矿井生产一线，致力于矿山工程岩体大变形灾害控制理论和技术的研究和实践，取得了系统的、创造性的成果。在矿山工程岩体大变形机理研究方面，从控制的角度出发，提出了“缓变型”和“突变型”大变形灾害的概念及分类；揭示了井下高温高湿环境引起软化大变形、强度衰减以及吸附瓦斯逸出的规律；在实验室第一次再现了岩爆发生的全过程，得出了岩爆强度决定于高应力岩体压缩弹性能、岩爆模式受结构面产状控制的重要结论。在矿山岩体大变形控制理论和技术方面，提出了以恒定支护阻力有效控制矿山工程岩体大变形灾害的恒阻大变形支护理念；研发了具有负泊松比效应的恒阻大变形锚杆(索)新材料，其恒阻运行长度等物理力学参数均居于国际领先地位；建立了恒阻大变形支护材料结构力学模型，推导了与工程岩体相互作用的能量平衡方程；提出了“预留变形量的恒阻大变形锚杆高预应力支护”新方法，实现了对矿山岩体变形能量的有控制性地释放；通过井下工业试验，揭示了恒阻大变形支护有效控制冲击破坏的机理，提出了通过超前切缝、释放坚硬顶板能量、无煤柱开采、避免应力集中和释放构造应力、综合控制岩爆发生的新方法。在配合控制理论和技术的实验研究方面，研发了井下环境岩体物理力学性质、大变形破坏模式、灾害控制技术相关的实验系统 13 套，均获国家发明专利，取得的实验研究成果受到国内外专家的高度评价，吸引了美国、加拿大、意大利等多位国外知名专家来实验室合作研究。作为第一完成人，相关研究成果获国家技术发明奖二等奖 1 项、国家科技进步奖二等奖 3 项；获国家发明专利、美国等发明专利共计 21 项；发表学术论文 138 篇，被国内外收录引用 7 506 篇次，其中，SCI 收录的 22 篇论文，有 6

篇被评为“岩石力学与采矿”等国际权威杂志的 TOP25 热点论文；有 4 篇次入选“中国百篇最有影响学术论文”；我国本领域权威杂志《岩石力学与工程学报》30 年统计，何满潮发表的论文以单篇 SCI 检索 37 次，SCI 总检索数 90 篇次排列论文作者第一。培养毕业了硕士 55 名、博士和博士后 40 余名，所领导的科研团队被评为教育部优秀创新团队，为我国矿山工程科技进步、矿山安全生产和人才培养做出了突出贡献。

8. 袁亮，男，1960 年 6 月生，安徽金寨人，教授，博士生导师，中共党员，煤炭开采及瓦斯治理专家，煤与瓦斯共采理论主要奠基人，中国工程院院士。现任安徽理工大学党委副书记、校长。2009 年 12 月当选为中国工程院能源与矿业工程学部院士。2007 年以来，袁亮获国家发明专利 9 项，并先后获国家科技进步二等奖 5 项，获省部级特等奖、一等奖 6 项，发表论文 40 多篇(其中 EI 收录 9 篇)，出版专著 3 部。先后获省部级科技进步奖 16 项，其中国家科技进步奖二等奖 4 项。被授予国家人事部国家有突出贡献的中青年专家，享受国务院政府特殊津贴。1991 年被国家教委、中宣部评为全国优秀大学毕业生，1993 年获中国科学教育基金会、孙越崎科教基金会优秀青年科技奖，1994 年获安徽省十佳青年工程师称号，1995 年获省五一劳动奖章和先进生产者称号，1996 年获煤炭工业部拔尖人才称号。1982 年毕业于安徽理工大学(原淮南矿业学院)，曾任淮南矿务局谢一矿工程师、副总工程师，淮南矿务局生产处主任工程师、副总工程师、生产处长等。1982 年以来，袁亮一直从事煤矿生产技术与管理工作，后负责全局技术管理和科研工作。在谢一矿工作期间负责全矿采区(区段)设计，共主持完成了 14 项采区设计，其中开采下解放层、A 组煤开采、谢三矿井柱开采设计等均取得明显的经济效益，既保证了矿井的安全生产又多采出煤 300 多万吨。他在工作中始终坚持推广运用新产品、新技术、新工艺，组织完成多项科研项目，分别荣获局科技进步一等奖 2 项、二等奖 1 项等。他还大力推进局科技进步，发展机械化，积极进行采煤方法和巷道布置的改革等，为实现全局第一个百万吨综采队做出了贡献。张集矿井经优化后 5 年建成，投资和工程量都比原设计减少一半以上。他认真组织科研攻关，解决矿区技术难题，实现依靠科技进步、确保矿区安全生产、提高效益的目标。他主持国家科技部“十五”科技攻关项目“矿山重大瓦斯煤尘爆炸事故预防与监控技术研究”，国家技术创新项目“淮南矿区极困难地质条件下锚杆成套支护技术”，2005 年国家重大产业技术开发项目“煤矿电网重大灾害的监控预警技术”，以及“淮南矿区水害防治技术研究”，负责全国 13 个亿吨级煤炭基地之一的淮南矿区的张集二井、顾桥煤矿、丁集煤矿和潘北煤矿。

9. 顾大钊，男，1958 年 5 月生，博士，教授，中国工程院院士，享受国务院政府特殊津贴。1988 年毕业于中国矿业大学，1995 年调到神华集团工作，负责神华科技创新体系建设、科技创新和科技成果管理工作。任神华集团有限责任公司科技发展部总经理，“煤炭开采水资源保护与利用”国家重点实验室主任，兼任中国煤炭学会科学技术情报专业委员会副主任委员、《煤炭工程》杂志专家委员会副主任委员、深部岩石力学与地下工程国家重点实验室学术委员会委员、国家“煤炭开发利用技术创新战略联盟”秘书长。1988年获博士学位，是我国矿山建设井巷特殊工程领域的第一位博士。1990年至1991年在澳大利亚新南威尔士大学进行博士后研究，在此期间，研制出被国外学者称为“顾氏材料(Gustone)”的相似材料。1993年在中国矿业大学被破格升为教授，成为当时全国矿山建设工程领域最年轻的教授。出版著作6部，发表论文50篇，培养硕士和博士5名。2003年获国家科技进步一等奖1项、省部级科技进步特等奖1项、省部级科技进步一等奖3项。顾大钊教授主持完成的“生态脆弱区煤炭现代开采地下水和地表水生态保护关键技术”获2014年国家科技进步二等奖。主编《井巷特殊施工设计与计算》(高校特殊凿井法教材)，参编《创建科技神华实现科学发展》(论文集)和《能源“金三角”煤炭开发水资源保护与利用》。

10. 陈湘生，男，汉族，1956年6月生，湖南湘潭人，博士，研究员，博士生导师，中国工程院院士，中共党员。1974年3月至1977年2月，在陕西省铜川市金锁公社袁家山大队东沟小队上山下乡；1977年3月至1978年1月，在陕西省铜川市陶瓷缸厂工作；1978年3月至1982年1月，在淮南矿业学院建井专业学习；1982年1月至1995年6月，在建井所工作(期间：1986年8月至10月在联邦德国柏林技术大学进修隧道工程技术；1991年9月至1992年1月在上海外国语学院出国人员培训部学习英语；1992年至1994年获英国剑桥大学资助及包玉刚基金会资助，作为高级访问学者在英国剑桥大学工程系从事岩土工程研究)；1995年6月至1999年4月，任建井所所长兼北京中煤矿山工程公司总经理[期间：1995年10月至2000年1月在清华大学(在职)学习，获岩土工程工学博士学位]；1998年8月至2001年2月，任中煤科技集团公司董事；1999年5月至2001年2月，任煤炭科学研究总院副总工程师兼总院股改办主任(筹组天地科技上市公司，任董事)；2001年2月调深圳市地铁有限公司，历任质量安全监督检查部经理、工程部经理、总工程师(2002年)兼工程部经理和总体技术部经理(2004年)、技术委员会主任；2007年6月起任深圳市地铁有限公司副总经理兼总工程师、技术委员会主任。他是地下工程、岩土工程、地层冻结和地铁工程专家，建立了中国第一套人工冻土物理力学试验标准，形成了以人工冻土单轴、三轴蠕变强度、蠕变性态、本构关系、冻胀融沉工程性质为基础的人工冻土力学基本理论。1986年首次提出了以冻结管/冻结壁变形极限为判据、考虑掘砌和边界条件的冻结壁“时空”设计公式，成为深部冻结壁设计的理论基础。他采用英国剑桥大学大型岩土离心实验机，在国际上首次成功地模拟了地层冻胀/融沉循环对地下管线的影响，并将这些成果应用到中国特大型矿——济宁二号矿井筒冻结优化设计，以及上海地铁、北京地铁和深圳地铁等市政工程中，成功解决了诸如黄浦江下8 m深处连接通道建设，深圳地铁一期建设中重叠隧道、最大桩基托换和隧道穿越建筑群、河流、软土地层等施工难题。主持完成国家级科研项目19项、工程项目37项，获国家科技进步二等奖2项，省部级科技进步一等奖6项、二等奖5项，出版专著7部，发表论文69篇。1993年获中国煤炭学会“优秀青年科技奖”；1995年被列为煤炭系统专业技术拔尖人才，入选“国家百千万人才工程”第一、二层次人选；1997年获第三届中国优秀青年科技创业奖；1997年享受国务院政府特殊津贴；2017年当选中国工程院院士。国际地层冻结学术大会组委会委员(代表中国)，中国制冷学会常务理事(1994—2004年)，中国煤炭学会理事，中国岩石力学与工程隧道掘进机工程分会常务理事，中国土木工程学会隧道及地下工程分会理事，中国土木工程学会岩土力学与工程分会理事，中国土木工程学会城市公共交通学会快速轨道交通委员会副主任委员。

11. 李术才，男，1965 年 12 月生，博士，教授，博士生导师，中国工程院院士，长江学者特聘教授，国家杰出青年科学基金获得者，新世纪百千万人才工程国家级人选，第九届中国青年科技奖获得者。山东大学副校长，岩土工程中心主任，大型地下洞室群教育部工程研究中心主任，中国岩石力学与工程学会副理事长，中国岩石力学与工程学会地下工程分会理事长，*Tunnelling and Underground Space Technology*（TUST）主编，《山东大学学报（工学版）》主编。主要从事隧道与地下工程灾害预报与治理方面的研究工作，承担了包括国家"863"计划项目、"973"计划项目、国家杰出青年基金及海外青年合作基金、国家自然科学基金重点及面上项目等国家及省部级项目 10 余项，企业委托国家重大工程项目 20 余项。获国家科技进步二等奖 4 项、省部级一等奖 5 项。发表 SCI/EI 收录论文 200 余篇，出版专著 4 部，获发明专利 120 余项。1996 年获中科院武汉岩土所岩土工程博士学位并留武汉岩土所工作，历任副研究员、研究员、施工过程知识创新小组组长和中科院武汉岩土所岩土力学重点实验室副主任和所学术委员会委员。2001 年调入山东大学工作，先后担任山东大学土建与水利学院院长、岩土与结构工程研究中心主任、大型地下洞室群教育部工程研究中心主任、山东大学副校长。2004 年入选教育部新世纪优秀人才，国务院特殊津贴专家，山东省有突出贡献的中青年专家，2006 年获第九届中国青年科技奖，2011 年入选泰山学者攀登计划，2012 年获评山东高校十大师德标兵，2015 年获山东省科技最高奖，2018 年获光华工程科技奖，2019 年当选中国工程院院士。

12. 雷景良，男，汉族，1939 年 1 月生，山西平遥人，大学文化程度，中共党员，教授级高级工程师。1958 年 8 月进入北京矿业学院矿山建设系学习，1963 年 8 月毕业后参加工作。先后担任河南鹤壁教场煤矿技术员，北京煤科院经济所技术员，燃化部煤炭开发组干部，煤炭工业部基建司副处长、副司长，煤炭工业部中煤建设开发总公司常务副总经理，能源部基建司司长，煤炭工业部规划中心主任。1965 年被评为煤炭工业部先进工作者，1978 年被评为中央直属机关先进工作者。1995 年 5 月调入神华集团筹备组工作。1995 年 10 月任神华集团有限责任公司常务副总经理。

13. 张胜利，男，1945 年 9 月生，山东济南人，山东矿业学院矿山建设工程专业毕业，教授级高级工程师，中国煤炭建设建筑施工大师，中国矿业大学客座教授，北京科技大学客座教授，中国建筑业协会建设工程技术专家委员会副主任委员、中国施工企业协会专家委员会副主任委员。曾任原煤炭工业部淮北矿建公司通风处副处长，原煤炭工业部第 36 工程处处长，淮北矿务局海孜矿矿长，淮北矿建公司总工程师、副总经理，中煤第一建设公司总经理、党委书记，煤炭工业部基建司副司长。

1999 年起任中煤建设集团公司董事长、总经理、党委副书记，2003 年起任中国中煤能源集团有限公司副总经理，2007 年任中国煤炭建设协会副会长。曾主持多个国家重大煤炭建设项目施工组织设计和施工管理；多次参加全国鲁班奖、国家级工法和科技项目评审工作；组织编审《煤矿井巷工程施工规范》等国家级、行业级标准 20 余部；主持省部级、行业级科技成果鉴定和工法评审达 200 余项；主编《煤炭行业工法汇编》3 部共计 240 余万字；主编《中国煤炭建设年鉴》(2006—2010 年)共计 120 余万字；在全国性学术会议和国家级刊物上发表学术论文 10 余篇；出版《立井表土施工》等专著。在任原煤炭工业部第 36 工程处处长期间，带领 36 工程处于 1985 年、1986 年分别荣获全国煤炭系统甲级处第一名、第三名，并连续两年获安徽省创最佳经济效益夺魁单位。1986 年被安徽省淮北市授予“优秀厂长”称号。主持的“钢结构件喷涂长效防腐”项目曾获煤炭工业部科技进步二等奖。主持的“立井冻土爆破”项目曾获安徽省科技进步奖。主编的《煤矿建设安全规定》由煤炭工业部颁布试行。曾组织领导了多个全国煤炭建设领域立井快速施工项目，创多项立井、平巷全国施工最高纪录，达到了世界先进水平。

14. 戴必清，男，1941 年 2 月生，毕业于山东矿业学院矿井建设系，教授级高级工程师，第 4 届中国煤炭学会矿山建设与岩土工程专业委员会副主任。曾任煤炭工业部司长，国家开发银行信贷局局长。

15. 崔增祁，男，汉族，1937 年 1 月生，浙江湖州人，大学文化程度，教授级高级工程师，中共党员。1954 年毕业于合肥矿业学院后即投身西北煤矿建设，先后任值班技术员、技术员、主管技术员、工程师。曾担任苏联援建的年产 120 万吨的王石凹矿井的技术负责人，多次创造立井施工全国纪录。1964 年被选调到煤炭工业部从事煤矿建设工程与技术管理，20 世纪 70 年代中期开始在淮南、淮北、邯邢、古交等八大煤炭基地建设中，负责建设施工方案的研究和施工组织设计审批，亲自参与攻关和会战，为我国大型矿井施工技术达到世界先进水平做出了贡献。他积极推进新技术的发展和采用现代的管理方式，1980 年在《立井作业方式探讨》一文中，倡导了立井井筒混合作业方式和机械化配套，在国内多个井筒蹲点实验取得显著成效，1986 年，组织该项技术参与国际投标，为我国煤矿建设赢得了第一个国际市场项目。他率先在煤炭建设系统推行全面质量管理、招标投标、工程监理、质量监督等先进管理方式，成为中国工程建设质量管理协会、中国煤炭质量管理协会和中国建筑业联合会首届理事会的理事。曾获国家教委科技进步奖 1 项、煤炭工业部科技进步奖 2 项、煤炭行业优秀著作奖 2 项。1990 年取得亚洲开发银行注册工程师资格，1994 年取得国家监理工程师资格。曾任煤炭工业部直属的中煤建设开发总公司总工程师、中煤输煤管道有限公司副总经理，并担任煤炭工业部技术咨询委员会委员、中国煤炭学会矿山建设与岩土工程专业委员会副主任、爆破专业委员会高级顾问。著有《煤炭建设》《立井施工》《中国煤矿建井技术》《煤炭基本建设管理》《煤矿建设招标与监理》等著作，并负责编制了1989年版的《矿山井巷施工及验收规范》等国家标准，在各种专业刊物中发表论文30余篇，在国际会议宣读论文2篇。由于他在技术业务上的成就，1988年和1992年分别被西安矿业学院和中国矿业大学聘为兼职教授，硕士生导师。1987年被国家科委聘请为国家科委进步奖和发明奖工程建设组评审委员，1994年被国家科委聘为国家秘密技术审查专家，1993年享受国务院政府特殊津贴。

16. 崔云龙，男，汉族，1924年7月生，河南扶沟人，教授，中共党员。曾任北京矿业学院党委委员、统战部部长，矿井建设系党总支副书记和副系主任，采矿系党总支书记并代系主任，中国矿业学院北京研究生部主任、党委书记，煤炭工业部教育顾问团总秘书长，《中国煤炭志》主编与编纂委员会副秘书长，全国高校矿山建设专业学术会议秘书长，中国煤炭学会矿山建设与岩土工程专业委员会副主任，煤炭工业部技术委员会、科学基金委员会、科技图书编审委员会及高校高级技能职称评定委员会委员。享受国务院政府特殊津贴，曾获煤炭工业部优秀工作者称号，并获省部级以上科技进步奖。长期从事矿山建设专业的教学、科研、管理和研究生指导工作，先后培养了一大批专业技术人才，1978年联合有关高校组织并建立了“全国高校矿山建设专业学术会议”，并在西安召开第一届学术会议，1980年出任该学术会议秘书长。参与编写了《井巷工程施工手册》等10余种科技专业书籍，发表各类学术论文20余篇。

17. 史锦壁，男，汉族，1932年5月生，辽宁锦西人，大专文化程度，高级工程师，中共党员。1952年阜新高级职业学校毕业后，分配到沈阳东北煤矿管理局工作，先后担任过蛟河、鹤岗、辽源建井工程处技术员、工程师，1965年调四川省渡口煤炭指挥部任主任工程师、副总工程师，1978年调北京中国人民解放军基建工程兵煤炭指挥部任工程处长，1983年转业到煤炭工业部工作，先后任基建总公司副总经理、审计局副局长、基建局副局长等职，1994年退休。

18. 虞相，男，汉族，1933年4月生，广东番禺人，大学本科，教授级高级工程师、研究员，中共党员。1956年9月毕业于北京矿业学院；1956年9月至1957年2月，在国家地质部三局工作；1957年3月至1978年9月，在煤炭科学研究总院建井所工作；1978年9月至1982年5月，任煤炭科学研究总院建井所副所长、所长；1982年5月至1994年7月，任煤炭科学研究总院副院长（在煤炭工业部技术司与煤炭科学研究总院合署办公期间同时承担技术司副司长职责）；1994年7月退休。在编制1963—1972年国家科学发展规划中，负责起草了矿井建设专业的十年规划。主持编制并组织实施煤炭行业及煤炭科学研究总院的“六五”“七五”和“八五”科技规划及各年度计划。曾获国家计委、科委和财政部联合颁发的“七五科技攻关突出贡献者”奖。筹备和主持了 1991 年在京召开的第 6 届国际地层冻结会议，主编了该次会议的论文集(英文版)。另发表科技论文 10 余篇，参与组织编写煤炭行业技术术语 2 本。曾任煤炭工业技术咨询委员会委员、北京煤炭学会副理事长、中国矿业大学兼职教授、国际地层冻结会议国际组委会委员等。1992 年享受国务院政府特殊津贴。

19. 张永成，男，汉族，1932 年 8 月生，辽宁辽中人，教授级高级工程师，硕士研究生导师，中共党员。1959 年 8 月，毕业于苏联顿涅茨工学院；1959 年 8 月至 1962 年 7 月，在煤炭科学研究总院建井所工作；1962 年 7 月至 1967 年 7 月，任建井所党支部副书记；1967 年 8 月至 1982 年 6 月，任建井所研究室副主任、主任和主任工程师；1982 年 7 月至 1993 年 7 月，任建井所所长；1993 年 8 月至 1994 年 7 月，任煤炭科学研究总院主任工程师；1995 年退休。现任中国老科协煤炭工业分会煤炭开发工程技术咨询专家委员会副主任、北京众智科威建设监理咨询所总监理工程师。他是煤矿特殊凿井(钻井、冻结、注浆)领域的专家。主持中国第一台大型竖井钻井机的试验研究工作，并于 1969 年钻成直径 4.3 m、深 90 多米的风井。主持上海 ND-1 大型钻井机的总体设计、300 m 钻井施工工艺研究。组织领导并参与安徽淮南、淮北煤矿冻结法凿井技术研究，使冻结法凿井达到成井直径 8.0 m、深 400 m 的水平，钻井法凿井达到钻井直径 9.3 m、深 500 m 的水平。主持中德深冻结井冻结壁变形量测项目研究。获全国科学大会奖 1 项，上海重大科研成果奖 1 项，煤炭工业部科技进步特等奖 1 项。出版著作 4 部，发表论文多篇。1991 年享受国务院政府特殊津贴。

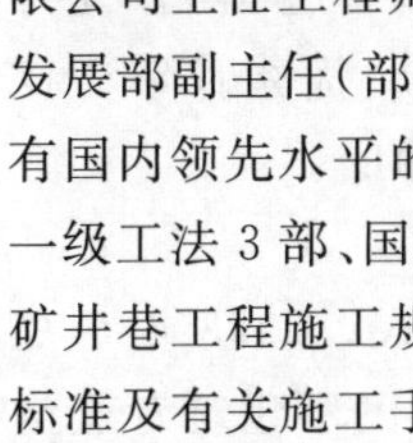

20. 周兴旺，男，汉族，1960 年 1 月生，江苏盐城人，硕士，研究员，博士生导师，中共党员。1982 年 1 月毕业于淮南矿业学院矿建专业；1985 年 8 月煤炭科学研究总院硕士研究生毕业；1985 年 8 月至 1995 年 9 月，历任煤炭科学研究总院建井所课题组长、研究室副主任；1995 年 9 月至 2010 年 9 月，任建井所副所长；2010 年 9 月至 2010 年 10 月，任建井所所长、建井分院院长；2010 年 10 月至 2016 年 5 月，任天地科技股份有限公司主任工程师、科技发展部主任；2016 年 5 月至今，任中国煤炭科工集团有限公司科技发展部副主任(部门正职待遇)。他是矿井建设领域注浆技术方面的学科带头人，建成了具有国内领先水平的多功能裂隙注浆试验台，开创了我国裂隙注浆研究的先河。创建国家级一级工法 3 部、国家级二级工法 2 部。获国家发明专利 3 项、实用新型专利 4 项。主编《煤矿井巷工程施工规范》国家标准，编制《煤矿安全规程》矿井建设篇章，审查国家、行业和企业标准及有关施工手册 20 余部。他在我国煤矿大力推广技术综合注浆法，使中国成为世界上第二个掌握该技术的国家，攻克了几十年阻碍我国矿井地面预注浆技术发展中水泥用量大、工期长、成本高和堵水质量难以保证的难题，形成了我国更新换代的井筒治水和快速建井新工艺。主持参加完成科研课题 12 项，获国家科技进步二等奖 3 项，省部级科技进步特等奖 2 项、一等奖 1 项，发表论文 30 余篇，出版著作 5 部。1996 年被列为煤炭系统专业技术拔尖人才，入选“国家百千万人才工程”第一、二层次人选，1997 年享受国务院政府特殊津贴。

1995年获中国科学技术发展基金会孙越崎科技教育基金“优秀青年科技奖”。任中国煤炭学会理事会理事，中国煤炭学会矿山建设与岩土工程专业委员会常务副主任、主任，中国土木工程学会隧道及地下工程分会理事会理事，中国岩石力学与工程学会地下工程分会常务理事。

21. 刘志强，男，1962年12月生，研究员。现任煤炭科学研究总院建井研究分院副院长，北京中煤矿山工程有限公司副总经理、首席专家，一直从事深井钻井及反井施工技术研究。他长期深入艰苦的水电工程一线和煤矿建设生产现场，努力钻研，在地下工程建设领域享有较高的知名度和权威性，为使北京中煤矿山工程有限公司在国内钻井及反井技术方面处于领先和部分成果达到国际先进水平做出了突出贡献。先后主持开发包括国内最大LM-400型在内的多种类型反井钻机，完成了创国内及世界纪录的深反井钻井562 m工程。注重科研探索与创新，近年来作为负责人之一完成了国家“十五”攻关项目“600 m深厚冲击层钻井法凿井技术研究”、国家科技部科研院所专项资金项目“深反井钻井技术及装备”及横向科研项目多项；起草行业标准2项；获专利1项；发表论文30多篇。获中国煤炭工业协会科学技术特等奖1项、省部级奖6项。被评为“国家百千万人才工程”人选、“煤炭系统专业技术拔尖人才”。他是我国第一批钻井法凿井技术方向的研究生，从1984年考入煤炭科学研究总院起，长期从事煤矿建井技术研究，主攻反井钻井技术、钻井法凿井技术，主持完成国家科技攻关、科技支撑、科研院所专项、行业技术和横向科研项目30多项，鉴定验收25项，获煤炭、电力等行业科技进步奖16项，基本奠定了我国反井钻机技术基础。在反井钻井工艺研究方面，进行岩石破碎、偏斜控制、钻进参数、风险评价等技术研究；在反井钻井装备研究方面，组织完成系列反井钻机、钻杆、钻头、滚刀研究，取得了多项创新性成果，现有技术及装备适用于所有地下工程领域，包括煤矿、冶金、非金属矿山、公路隧道、水电站、抽水蓄能电站等地面、井下的竖井、斜井工程，适应岩石单轴抗压强度达到300 MPa、深度达到600 m、钻井直径达到5 m。我国反井钻机技术及装备还推广应用到国外工程，先后在土耳其、马来西亚、哈萨克斯坦、泰国、巴基斯坦、赞比亚等国家和地区煤炭、水电等地下工程中成功应用。他组织申报、建设了“煤矿深井建设技术国家工程实验室”，为建井技术发展打下了试验基础。1990年被评为中国统配煤矿总公司“优秀青年知识分子”，1997年获中国科学技术发展基金孙越崎科学教育基金“优秀青年科技奖”，1998年入选“国家百千万人才工程”，2013年享受国务院政府特殊津贴。

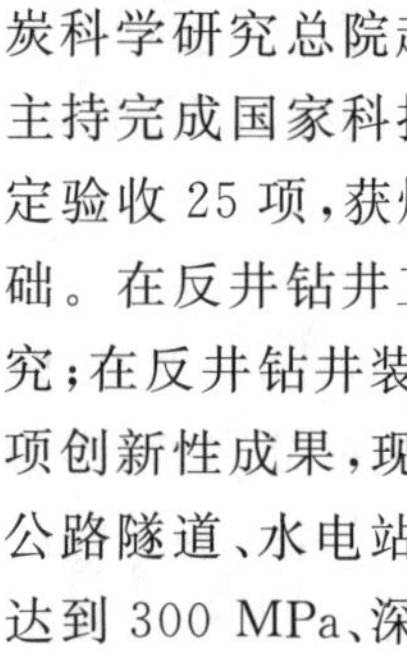

22. 安国樑，男，汉族，1936年9月生，河北怀安人。1953年9月至1956年在河北省唐山市开滦建筑工程学校工业与民用建筑专业学习；1956年9月至1960年在北京矿业学院矿井建设系矿山企业建筑专业学习；1960年8月提前毕业留校当助教到1962年9月，其间到天津大学进修1年；1962年至1963年，高教部不同意提前毕业，复学1年；1963年毕业（获优秀毕业生奖状），分配到煤炭科学研究院建井研究所，历任技术员、工程师、高级工程师、教授级高级工程师；1985年

至 1995 年任建井研究所副所长（主管科研、基建），北京中煤矿山工程公司副总经理、总工程师；1995 年起，任第 4 届中国煤炭学会矿山建设与岩土工程专业委员会常务副主任，煤炭科学研究总院第 4 届学位审定委员会委员，第 1～3 届《建井技术》编委会委员。主要研究普通法凿井和巷道掘进与支护。20 世纪六七十年代，参加大台立井反井与扩刷、鸡西河北立井四层大吊盘、活动金属模板平行作业、广州九号工程整体移动金属模板混凝土管子输料项目研究及湖南青山立井陕西黄陵平硐喷射混凝土技术推广。20 世纪 70 年代后期，从事巷道锚喷支护稳定性研究，成果被评为煤炭科学研究总院二等奖。1980 年后研究立井混合作业法凿井，确定整体金属模板和气动液压拆模泵，完成可行性研究和图纸设计，后该项目获行业科技进步三等奖。接续国家“六五”科技攻关项目的完成和部分停研项目的恢复（定向钻进），组织国家“七五”“八五”科技攻关项目论证材料的编写、审定、申报，批后的组织完成、鉴定和报奖的审查等。完成 200 多项成果，获数十项包括国家级一等奖在内的奖项。组织完成京西和煤炭科学研究总院本部的冻结实验室的建设和老建井楼申危新楼建设。在矿山建设与岩土工程专业委员会任职期间，每年组织一次学术研讨会，并编辑出版了《注浆堵水加固技术及其应用》等 4 册论文集。培养了硕士生 2 名，发表论文多篇。享受国务院政府特殊津贴。

23. 杨仁树，男，汉族，1963 年 11 月生，安徽和县人，博士，教授，博士生导师，中共党员。1989 年 7 月参加工作，现任北京科技大学校长。1982 年 9 月至 1986 年 7 月在淮南矿业学院采矿系学习，获学士学位；1986 年 7 月至 1989 年 9 月考入中国矿业大学北京研究生部矿山建设工程专业攻读硕士研究生，毕业后留校工作；1989 年 6 月至 1994 年 1 月任中国矿业大学北京研究生部研究生工作办公室主任兼研究生辅导员；1994 年 1 月至 1996 年 1 月任中国矿业大学北京研究生部研究生工作处处长兼学生党总支书记；1994 年 1 月晋升为副教授；1994 年 9 月至 1997 年 7 月在中国矿业大学在职攻读博士研究生，获工学博士学位；1996 年 1 月至 1998 年 1 月任中国矿业大学北京研究生部党委常委、副书记兼学生工作处处长；1998 年 1 月晋升为教授；1998 年 1 月至 2000 年 11 月任中国矿业大学（北京）党委常委、党委组织部部长兼统战部部长，2000 年 3 月至 2000 年 6 月在国家高级教育行政学院中青干部培训班学习；2000 年 11 月至 2003 年 5 月任中国矿业大学（北京）校长助理、党委常委、党委组织部部长兼统战部部长；2003 年 5 月至 2008 年 3 月，任中国矿业大学（北京）党委常委、副校长；2008 年 3 月至 2018 年 10 月，任中国矿业大学（北京）党委书记、校长。2004 年起连续当选为北京市海淀区第十三届和十四届人大代表。主要从事矿山建设与岩土工程研究和实践。先后培养出硕士、博士 25 名。科研成果获国家教委、教育部科技进步一等奖 3 项，煤炭工业科技进步一等奖 3 项、二等奖 2 项。1994 年获“孙越崎青年科技奖”，同年享受国务院政府特殊津贴；1996 年被授予中央国家机关优秀青年；1997 年被确定为“江苏省跨世纪学术、技术带头人培养对象（第二层次）”；1998 年获“霍英东青年科技奖”；2000 年 6 月荣获教育部首届“青年教师奖”；2003 年被评为“煤炭工业技术创新优秀人才”。

24. 程真富，男，1962年9月生，安徽砀山人，大学学历，高级工程师。1983年毕业于安徽理工大学，同年分配到淮北矿业集团朔里煤矿工作，历任技术员、副区长、科长、副总工程师、总工程师等职。2003年升任集团公司生产部长，2004年升任集团公司副总工程师，2009年升任集团公司副总经理，主管新井建设工作。

25. 李善，男，汉族，1921年7月生，江苏吴江人，大学学历，教授级高级工程师，中共党员。1945年7月毕业于重庆大学矿冶系；1949年8月参加工作，先后在四川天府、辽宁抚顺、吉林辽源、河南宜洛、湖南湖湘等煤矿井下采掘第一线工作，历任实习员、技术员、股长、副工程师、生产科长等职。1953年调任武汉煤矿设计研究院主任工程师、副总工程师。1964年调任水城煤矿设计研究院副院长兼总工程师。1973年后，历任煤炭规划设计总院副总工程师、中国煤炭加工利用协会常务理事、中国矿山技术经济研究会煤炭分会副理事长、中国煤矿设计咨询公司总工程师、中国国际工程咨询公司副总经理等职。1980年当选为中央国家机关第五次党员代表大会代表，并连任两届北京西城区人大代表。毕生从事煤炭科学技术工作，曾主持并参加过30余项矿区总体设计、近百项矿井初步设计，先后审查过矿区总体设计、矿井初步设计、单项工程设计等300余项设计文件，发表著作和论文20余篇。作为全国煤矿设计管理单位的技术负责人，主持修订了《煤炭工业设计规范》《煤炭工业设计工作条例》，有力促进了全国煤炭工业设计立法工作。

26. 刘长安，男，汉族，1945年11月生，江苏沛县人，教授级高级工程师，中共党员。1968年毕业于山东矿业学院（现山东科技大学）矿建专业，一级建造师，国务院政府特殊津贴享受者，2005年退休。在职期间曾任中煤第30工程处处长，中煤第三建设集团公司（现中煤矿山建设集团有限责任公司）总工程师、副总经理兼总工程师，退休后，曾任中煤第三建设集团公司技术总顾问等职。曾任苏鲁皖冀彭四省一市建井学术会副秘书长、安徽省煤炭学会建井专业委员会常务副主任、安徽省质量协会常务理事、安徽省工程评标专家。还曾任中国煤炭学会矿山建设与岩土工程专业委员会委员、副主任，中国煤炭建设工程评标专家，国家优质工程现场复查专家，全国建造师命题专家等职。大学毕业后一直从事煤炭基本建设工作，几十年来为煤炭基本建设献出了毕生精力，积累了丰富的施工经验，为煤炭基本建设事业做出了应有的贡献。多年来，获国家科技进步奖和省部级科技奖多项，并获省级优秀企业家、优秀矿（处）长、住建部建造师优秀命题专家等称号。多年来，数次参加或主持煤炭基本建设及相关行业的技术研究、现场重大工程事故处理论证会。发表科技论文多篇；多次参加煤炭基本建设方面的规范、规程的修编和编审工作；多次参加部级工法关键技术和工法的评审工作；参加了中国煤炭基本建设年鉴的编审工作；编写了煤矿国家优质工程现场复查大纲；数次参加全国矿业工程一级、二级建造师教材的编写和审查等工作。

27. 张开顺，男，汉族，1952 年 6 月生，研究员。曾任新汶矿业集团有限责任公司副总经理。在新汶矿业集团工作期间，一直分管新井建设工作。新汶矿业集团是 1956 年建企的老煤炭企业，资源严重枯竭，所以从 20 世纪 90 年代开始实施走出老区、发展新区的战略，先后在山东(3 对)、新疆(4 对)、内蒙古(6 对)、贵州(2 对)、宁夏(1 对)、安徽(1 对)新建 17 对矿井，他是新井建设的具体组织、实施者。在挂职翟镇煤矿建设期间，通过优化施工组织设计，实现了 20 世纪 80 年代末煤炭工业部提出的 500 m 井深当年开工当年到底的目标，矿井建设获国家鲁班奖。1988 年起主持利用国产设备快速建成孙村矿千米立井，是当时全国唯一从地面一次打到底的最深(1 054.62 m)立井，该项目获煤炭工业部一等奖。2001 年起兼任巨野矿区龙固矿井建设筹备处主要负责人，面临龙固矿井表土厚、地压大、地温高等世界级难题，带领团队开展国际、国内考察，与国内专家、科研单位、大专院校合作艰苦攻关，在现场坚守 4 年时间，利用钻井法和冻结法成功建成了年产 600 万吨的龙固矿井，矿井建设获国家鲁班奖，获国家科技进步二等奖 2 项。随后，又担任新汶矿业集团伊犁能源公司董事长，期间在积极推动 20 亿立方米煤制气项目建设进度的同时，与设计、施工单位一道优化设计、精心组织施工，建成了煤制气配套项目——伊犁矿区设计能力 600 万吨/年的 4 号矿井，被新疆维吾尔自治区煤炭局命名为新疆第一座现代化矿井，有力带动了新疆的发展。

28. 张鹏耀，男，汉族，1930 年 4 月生，辽宁沈阳人，大学学历，教授级高级工程师，中共党员。1952 年 8 月清华大学电机系毕业后分配到沈阳东北煤管局工作，不久调燃料部煤矿管理总局和后来的煤炭工业部技术司工作，担任过局长秘书、技术员、科长、工程师；曾参加《国家十二年科学技术发展规划》煤炭工业部分以及《煤炭工业技术发展方向》等编制工作；1959 年调二机部十二局任工程师、组长兼直属厂总动力师，长年蹲点现场抓基建安装、试生产，为我国生产第一批合格燃料做出重要贡献，受到部、局领导表彰；1973 年调回燃化部华北组工作；1975 年 1 月任煤炭工业部基建局技术处处长、高级工程师；1983 年 6 月任中国煤炭基本建设总公司副总工程师。曾担任一机、冶金、煤炭三部“井巷施工机械化配套新设备研制攻关领导小组”和国家科委“煤矿机械化自动化学组”掘进分组组长，对完善煤矿井巷施工机械化作业线，推广锚喷新技术，改进冻结、钻井、注浆等特殊凿井技术，提高煤矿地面建筑施工技术水平，推广井塔平移新技术以及加快两淮矿区重点建设，都做出过重要贡献。发表过《加快建井速度，缩短建井工期》《关于提高立井施工技术的若干意见》等 20 余篇论文报告。1985 年 9 月后任煤炭工业部技术咨询委员会副主任、煤炭基本建设协会常务理事、中国煤炭学会矿山建设与岩土工程专业委员会副主任委员。著作有《1981—1990 年期间新建和改扩建投产矿井调查研究报告》等著作，因参与《关于加速煤炭工业发展的若干意见》和《国家能源技术政策》的编写工作，获煤炭工业部部级集体荣誉表彰。1994 年 9 月离休。

29. 张荣立，男，汉族，1956年2月生，重庆人，工学博士，高级工程师，中共党员。1974年高中毕业即赴四川省秀山县插队落户，曾做过小学和中学民办教师；1978年初考入中国矿业学院地质系，1981年底毕业，获工学学士学位；1982年初分配到煤炭工业部基建司设计处工作；1983年被聘为助理工程师，在此期间，曾对淮南潘集二矿的地质构造、软岩支护等问题提出过独特的见解，在生产实践中被采纳并获益；曾参加过几十个大型矿区、矿井的项目审查；1986年考取出国研究生，赴苏联莫斯科矿业学院开采教研室学习，1991年获博士学位，在国外学习期间，曾对设计优化理论、模糊数学在优化中的应用等问题进行研究，并在苏联有关刊物上多次发表文章，在国际会议上做报告；1991年回国后，在国家能源投资公司技术开发部工作，被评聘为工程师，在此期间，曾主持审查几十部矿井设计，在有关关键技术问题上，多次提出优化方案，为国家建设节省了大量资金；1993年在中煤建设开发总公司工作，任国际合作部、项目开发部主任，被评聘为高级工程师，主持建设了微山洗煤厂等；1995年10月调任煤炭工业部基建中心设计管理处处长，后任基建中心副主任。

30. 赵士兵，男，汉族，1964年8月生，工程硕士，教授级高级工程师，工程建设高级职业经理人，一级建造师，中共党员。毕业于淮南矿业学院矿建专业，现任中煤矿山建设集团有限责任公司董事长。他是中国企业家联合会理事、中国施工企业管理协会理事、中国建筑业协会理事、中国煤炭建设协会常务理事、安徽省煤炭工业协会副会长、安徽省宿州市第二届人民代表大会主席团成员。由他承担的“济北矿区快速高效建设新技术”项目曾获2004年煤炭工业科学技术奖特等奖、山东省科学技术奖一等奖；由他担任项目经理所施工的山东岱庄煤矿副井工程，在表土冻结段施工中创出月成井183.1 m的全国纪录；在山东葛亭煤矿主井表土冻结段施工中，月成井218.1 m，再创全国最高纪录；其主持的“刘二副井基岩段全断面一次爆破”项目获淮北市科技进步二等奖；“主井井筒表土段快速施工”项目获淮北市科技进步三等奖。曾荣获“2003—2004年度全国建筑机械设备管理优秀经理”称号；2005年获安徽省建设系统“安康杯”活动先进个人。担任中煤矿山建设集团有限责任公司董事长以来，他团结班子成员，调整发展思路，推进科技创新，抓工程质量，集团经济效益大规模扩张，2005年末集团总产值20亿元，实现利润6 000万元，并持续保持良好发展势头。近年来，集团工程合格率达100%，优良品率达85%以上，其中有30余项技术获国家和省部级科技成果奖，20余项工程被评为“太阳杯”工程。集团还被评为“全国煤炭行业优秀企业”和“全国施工企业设备管理优秀单位”，2005年度“安徽省诚信施工单位”“重合同守信用”先进企业、“安康杯”竞赛先进企业；2005年度全国煤炭工业50强、安徽省建筑业企业50强。

31. 郑高升，男，1961年11月生，研究生学历，教授级高级工程师。毕业于淮南矿业学院矿井建设专业，曾任淮南矿务局谢一矿工程师、副科长，国投新集公司新集二矿总工程师，国投新集能源股份有限公司副总经理，第6届中国煤炭学会矿山建设与岩土工程专业委员会副主任，甘肃华阳矿业开发有限责任公司总经理。

32. 唐永志,男,汉族,1962 年 2 月生,教授级高级工程师。自 1983 年从淮南矿业学院采矿专业毕业后,他一直扎根于煤矿生产第一线,充分发挥自己在专业技术领域中的骨干作用,将专业特长运用到生产建设中去,有 20 多项成果受到省、部(局)级表彰,被煤炭工业技术委员会评为“企业科技进步有功人员”。通过对特厚含水表土层冻土力学性能的研究,创造了最深含水表土层 530 m、最深冻结深度 565 m 条件下冻结凿井综合月成井 71.3 m 的年度全国新纪录,淮南矿区新建的 20 个井筒使用该技术无一发生溃沙、淹井等事故,该成果 2005 年被评为省科学技术进步一等奖,煤炭工业十大科学技术成果奖。针对困扰多年的高瓦斯煤层突出现象,他进行了复杂特困条件下低透气性高瓦斯煤层边抽边掘瓦斯技术研究,基本杜绝了瓦斯超限现象,该成果 2004 年获中国煤炭工业科技成果二等奖。他还打破松软高突出煤层无法深孔钻进的旧观念,创造了 118 m 深孔钻进历史纪录,创新了我国煤炭开采技术理念,该成果 2003 年获国家安全生产监督管理局科技成果三等奖。面对被国家列为“超千米高瓦斯双突试验矿井”的一个个难题和挑战,他集思广益,科学编制施工方案,创新设计和管理,节约直接工程费用 4 000 余万元,工期提前 8 个月以上。

33. 周国庆,男,汉族,1961 年 10 月生,江苏扬州人,工学博士,教授,博士生导师。1982 年毕业于中国矿业学院矿井建设专业留校任教;1993—1995 年留学德国卡尔斯鲁厄理工学院岩土力学与岩石力学研究所。长期从事岩土力学与基础工程、冻土力学与工程以及矿井建设领域的教学和科研工作。讲授博士、硕士研究生及本科生课程 10 门,指导毕业多名博士、硕士研究生。主持或参与国家“973”计划项目子课题、国家自然科学基金重点项目等科研项目 30 多项,以第一作者和通讯作者发表学术论文被 SCI 检索 11 篇、被 EI 检索 42 篇,获批国家发明专利 30 余件。享受国务院政府特殊津贴,获中国矿业大学青年学术带头人、江苏省“333 人才工程”培养对象、江苏省“青蓝工程”跨世纪学术带头人、煤炭系统专业技术拔尖人才、江苏省高校科技先进工作者等称号。现任中国矿业大学副校长,深部岩土力学与地下工程国家重点实验室主任,岩土工程国家重点学科首席学术带头人,兼任煤炭工业技术委员会矿山建设专业委员会副主任、中国地下空间和地下工程学会常务理事、中国煤炭学会矿山建设与岩土工程专业委员会副主任和专家委员会委员、江苏省岩石力学与工程学会常务理事、江苏省力学学会岩土力学专业委员会副主任委员等职。

34. 代东生,男,1964 年 10 月生,河北张家口人,工学硕士,教授级高级工程师,国家注册一级建造师、注册安全工程师。1984 年毕业于山西矿业学院(现太原理工大学)矿井建设专业,长期从事煤炭基本建设、施工技术、生产管理、科技创新管理工作。现担任中煤第五建设有限公司执行董事兼总经理,被吉林大学研究生院聘为校外合作导师、中国煤炭工业技术委员会委员、中国煤炭学会矿山建设与岩土工程专业委员会副主任委员、煤矿支护专家委员会副主任。从 20 世纪 80 年代开始,参加邯邢煤炭基地和各矿区建设，长期从事生产技术、科技管理工作，参加了多个国家科技攻关项目。组织完善和巩固了中煤建设集团四级科技管理机构建设，他参加的科技创新成果获中国煤炭科技进步二等奖，并获多项省部级科技进步奖，参加多项工法开发；获鲁班奖 4 项。先后参与完成了《煤矿安全规程》《凿井工程图册》修编工作。开发立井智能化施工与装备、超深立井施工工艺、斜井轴向冻结与快速施工技术等，为我国矿山建设事业的发展做出了贡献。

35. 徐杨青，男，1965 年 10 月生，安徽安庆人，博士，教授级高级工程师，注册土木(岩土)工程师、一级注册建造师，全国注册土木(岩土)工程师考试命题专家，全国工程勘察设计大师，中国煤炭科工集团首席科学家，享受国务院政府特殊津贴。历任武汉中汉岩土工程技术开发公司总经理兼总工程师、华中科技大学客座教授等职，现任中国煤炭科工集团武汉设计研究院有限公司副总经理、专业总工程师，吉林大学、武汉工程大学兼职教授，中国建筑学会基坑工程专业委员会副主任委员，中国地质学会工程地质专业委员会常务理事，国际工程地质与环境协会委员，中国建筑学会工程勘察分会副主任委员，中国煤炭学会矿山建设与岩土工程专业委员会副主任委员，湖北省勘察设计协会副理事长，湖北省暨武汉市土木建筑学会副理事长、基坑工程专业委员会主任委员。1989 年毕业于中国科学院武汉岩土力学研究所岩土力学专业。参加工作以来，一直从事岩土工程勘察、地基处理、边坡和滑坡防治、采空区勘察与稳定性评价、深厚软土深基坑支护设计与理论研究以及企业管理工作，先后承担完成了全国 20 多个省、市、自治区的煤炭、交通、水利、市政、工民建等领域 100 余项各种复杂、重大的岩土工程项目，其中包括武汉等地 10 余条地铁线路，数十栋超高层建筑勘察，超深基坑工程，三峡库区滑坡与高边坡治理设计，以及世界上最长的输煤管道、世界上最大的矿井和最大的选煤厂等煤炭工程勘察、地基处理设计等项目。先后获“煤炭行业先进工作者”“湖北省青年岗位能手”“中国地质学会青年地质科技奖——银锤奖”“武汉市劳动模范”“武汉市黄鹤英才”“湖北五一劳动奖章”“武汉市优秀科技工作者”等荣誉称号。获全国优秀工程勘察设计奖银质奖和测量工程银质奖 2 项、铜质奖 1 项，省部级科技进步奖 2 项，全国优秀工程勘察设计行业奖一等奖 3 项、二等奖 3 项，省部级一等奖 11 项；已获发明专利 6 项、实用新型专利 4 项、计算机软件著作权 4 项；发表学术论文 78 篇，SCI/EI 检索论文 12 篇；出版专著 1 本、合著 3 本；主编国家规范 3 部，参编国家规范 7 部、地方规程 6 部；独立或联合培养硕士、博士生 20 余名。

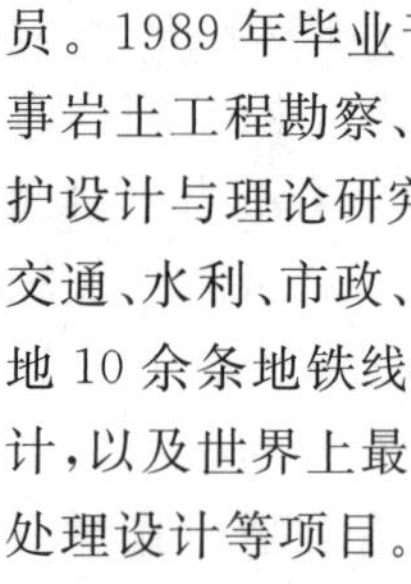

36. 杨杰，男，1964 年 6 月生，教授级高级工程师。毕业于西安矿业学院采矿系矿建专业，现任中煤建设集团有限公司副总经理。历任中煤第一建设公司第 31 处副总工程师、副处长、处长，中煤第五建设公司副总经理。2005 年获中国煤炭工业科学技术一等奖，获 2008、2009 年度煤炭行业优秀施工企业家称号，获 2014 年度煤炭企业管理现代化创新成果二等奖。主持并参与了国内外数十座大型、特大型煤矿及金属矿山建设的生产管理和技术管理工作。主持了国家重点研发计划课题、中煤能源集团重点科技项目等国家、行业前沿技术的研发工作，主持多项行业重大装备革新项目的实施工作。

37. 徐文逵，男，1932 年 1 月生，教授级高级工程师。毕业于北京矿业学院矿井建设系，在煤炭科学研究总院北京建井研究所工作，曾任第 2、3 届中国煤炭学会矿山建设与岩土工程专业委员会秘书长、《建井技术》编辑部主编。

38. 王长生，男，1941 年 2 月生，研究员，博士生导师。曾任中国煤炭学会理事、中国煤炭学会矿山建设与岩土工程专业委员会秘书长。1963 年毕业于北京矿业学院矿井建设系，同年到煤炭科学研究总院北京建井研究所工作，先后担任冻结研究室主任、所学术委员会第一副主任、建井研究所副所长、公司副总经理兼总工程师等职务。1979 年 8 月至 1980 年 11 月赴联邦德国进修冻结法技术；1988 年起为国际地层冻结冻土力学与热力设计工作组成员；1988—1992 年为中德国际技术合作项目“深井冻结壁变形的研究”负责人之一；1990 年起任中国制冷学会常务理事；1991 年在北京召开的第 6 届国际地层冻结会议担任国家组委会委员兼大会秘书长；1993 年起享受政府特殊津贴；1995 年起任煤炭工业部专用设备标准会井巷分会主任；1996 年任采矿核心期刊《建井技术》主编。多年来在冻结支护、冻结壁及冻结施工研究等方面取得卓越成绩，“孔集西风井沥青钢板混凝土柔性井壁的研究”等课题获煤炭工业部科技进步一、二、三等奖各 1 项。

39. 李树青，男，1933 年生，教授级高级工程师。毕业于北京矿业学院矿井建设系，曾任第 4 届中国煤炭学会矿山建设与岩土工程专业委员会秘书长、中煤建设开发总公司处长。

40. 龙志阳，男，1961 年 3 月生，硕士，研究员，硕士生导师，现任煤炭科学研究总院建井研究分院（北京中煤矿山工程有限公司）首席专家、副总工程师。1982 年参加工作以来一直从事井巷施工技术和设备研究工作，历任煤炭科学研究总院建井研究分院（北京建井研究所）室副主任、主任工程师、分公司副总经理、钻井研究所副所长、科研管理办公室主任。曾主持和参与了国家“六五”“七五”重点科技攻关项目，国家“十一五”重点支撑项目，国家“十二五”“863”计划课题，以及部重点、一般科研项目 30 余项，取得多项国际先进或国内领先成果。获国家科技进步二等奖 1 项，部级科技进步一等奖 2 项、二等奖 4 项、三等奖 3 项；获国家发明专利、实用新型专利 13 项；在全国性学术会议和刊物上共发表学术论文 60 余篇。开发了单一收缩口整体移动金属模板，建立了一种公认的模板脱模力计算方法；提出了一套完整的凿井新工艺和新装备，完成了千米基岩掘砌快速施工工艺、5 m 深孔液压凿岩钻架、5 m 深孔控制爆破技术、液压中心回转式抓岩机和迈步式液压模板设计研究，实现 4.2 m 段高掘砌循环作业，形成一套新的立井短段掘砌混合作业法及其配套施工装备。通过国家"十二五""863"计划项目"大型凿井井架及井壁吊挂关键技术与装备",开发了用于深井的迈步式吊盘;参加"矿山竖井掘进机研制"课题研究。主编《立井井筒施工技术》,参编《煤矿科技术语 第2部分:井巷工程》标准和《煤炭矿井工程基本术语标准》,是这两个标准的主要编写人员。1996年获孙越崎科技教育基金优秀青年科技奖、中央国家机关优秀青年,1998年被评为煤炭系统专业技术拔尖人才,2018年获国务院政府特殊津贴。他提出了我国凿井施工技术的发展方向,促进了我国凿井技术和主要装备的发展,使我国凿井技术和装备达到了世界先进水平。1999年起培养硕士研究生3名。

41. 任荣昌,男,汉族,1924年3月生,四川乐山人,大学学历,教授级高级工程师,中共党员。1948年7月毕业于武汉大学矿冶系,先后任淮南新庄孜矿实习员,谢一矿、淮南矿务局计划处公务员,新庄孜矿副主任工程师、副总工程师。1973年任淮南基建局副总工程师、总工程师,安徽省煤炭工业公司副总工程师,淮南矿建公司、淮南矿务局技术经济研究会副主任。1989年离休。曾任中国煤炭学会顾问,淮南矿务局名誉教授,1993年享受国务院政府特殊津贴。

42. 胡德铨,男,汉族,1933年1月生,安徽寿县人,大学学历,教授级高级工程师,中共党员。1954年毕业于西北工学院采矿系,毕业后分配到淮南工程公司(后改为淮南基建局)谢家集二号井(该井为国家第一个五年计划苏联援建的156项工程之一)工作,任实习生、技术员、掘进队队长、主管技术员,谢家集二号井提前投产后被评为矿井一等。1956年淮南基建局整体转入徐州,他到第一工程处负责大黄山一号井副井施工,第一次采用木板桩通过30 m厚表土层,试验深孔爆破,创井筒平均月进尺29.48 m,平巷全岩平均月进尺117 m、最高月进尺180.6 m,煤巷月进尺488 m的当时全国纪录,该矿井提前5个月投产,被煤炭工业部作为先进经验在全国推广。他先后参与徐州矿区权台、庞庄、东城、拾屯、王庄和桃园井施工,并在权台立井创井筒月进尺160.5 m及平巷月进尺550 m的当时全国纪录;在徐州矿区采用料石沉井法通过40～60 m流沙层,该法至今仍在应用。1956—1961年连续被评为局先进工作者。1968年进入兖州筹备南屯矿井开工和兴隆庄井,1966—1969年支援江西筹备涌山和建山两对井,1972年再到兖州矿区建设南屯、兴隆庄、北宿、鲍店、东滩、杨村、济二、济三矿井,先后任主任工程师、副处长、副总工程师、总工程师。他积极试验和推广三部会战的三大一深机械化施工,第一次试验使用大绞车、伞钻及液压滑模,在井下推广锚喷支护,并在北宿矿井实现全锚喷化施工。1987—1988年被煤炭工业部派到摩洛哥杰拉达矿立井井筒任技术顾问,1992年获煤炭工业部第一批教授级高级工程师和国务院政府特殊津贴。兖州矿区在11年内基本建成,该项目于1992年获国家科技进步特等奖(胡德铨排名第二)。参与编写《简明建井工程手册》《中国煤矿建井技术》《凿井工程图册》《中国煤炭工业百科全书(煤矿建设卷)》《煤矿冻结法开凿立井工程暂行技术规范》等。1994年退休后,先后为山东巨野、内蒙古、宁夏、陕西、新疆等地的矿井出谋划策,解决了很多技术难题。

43. 钟发楹，男，汉族，1930 年 3 月生，江西兴国人，博士，教授级高级工程师，中共党员。1950 年 2 月毕业于南昌大学工学院，1950 年 2 月至 1951 年 8 月在大同矿务局任技术员，1951 年 9 月至 1956 年 5 月在莫斯科矿业学院研究生学习，1956 年 6 月至 1958 年 2 月在徐州煤矿基建局第一建井工程处任副主任工程师，1958 年 2 月至 1972 年 7 月在煤炭科学研究总院北京建井研究所工作，1978 年 6 月至 1980 年 8 月在煤炭工业部教育司工作，1980 年 8 月任煤炭工业部技术委员会委员。

44. 秦淞君，男，汉族，1932 年 8 月生，教授级高级工程师。毕业于北京矿业学院矿井建设系，第 1 届中国煤炭学会矿山建设与岩土工程专业委员会委员。

45. 曾士敏，男，汉族，教授级高级工程师。毕业于矿井建设专业，在中国矿业大学北京研究生部工作，第 1 届中国煤炭学会矿山建设与岩土工程专业委员会委员。

46. 蒋学乐，男，汉族，1924 年 9 月生，浙江文县人，教授级高级工程师，中共党员。1951 年唐山交通大学采矿系毕业后，分配到大同矿务局煤峪口矿工作，先后任实习员、技术员、采煤区长；1952 年 11 月任大同矿务局基本建设局第一建井队队长、工地主任；1954 年任大同矿务局矿建公司主管工程师；1956 年 3 月任大同煤矿基本建设局包头建井工程处工程师；1958 年任包头矿务局基建主任工程师、代总工程师；1964 年任乌达矿务局技术负责人、五虎山矿会战指挥部副指挥兼总工程师；1972 年任内蒙古公乌素矿区生产建设指挥部技术负责人；1973 年任煤炭工业部邯邢煤炭建设指挥部副指挥兼总工程师；1985 年任煤炭工业部施工组织研究所所长。1955 年，大同矿务局新门洞矿井筒施工中遇特大含水层，煤炭工业部苏联专家组组长提出必须采用冻结法特殊施工通过含水层，当时国内无此设备，需从苏联进口，在即将停工的情况下，他提出并创造了"反工序施工"方法，很快通过了含水层，缩短了建井工期。1956 年，获全国煤炭系统先进生产者和全国先进工作者称号。

47. 曾小泉，男，1928 年生，教授级高级工程师。毕业于矿井建设专业，在辽宁省煤炭局工作，第 1 届中国煤炭学会矿山建设与岩土工程专业委员会委员。

48. 周文安，男，汉族，1931 年 8 月生，教授。1953 年毕业于中国矿业学院采矿工程专业，1963 年起在山东矿业学院从事教育、科研工作，曾任土木系系统工程研究所所长、山东省第七届人大代表。1980 年以前，主要从事矿井建设方面的教学与科研工作，并有 700 多万字的译著；1980 年以后，主要从事系统工程方面的教学与科研工作，著有关于系统工程方面的论著 600 多万字。作为项目负责人，有多个项目获能源部与山东省科技进步三等奖；合作著作《煤矿总工程师工作指南》荣获 1992 年国家新闻出版署"全国优秀科技图书"二等奖；"锚喷支护施工质量检测技术"项目荣获1998年山东省科技进步一等奖。1991年获山东省高校"先进科技工作者"称号,1992年享受国务院政府特殊津贴。他曾兼任煤炭工业部技术人才咨询委员会委员,中国煤炭学会系统工程专业委员会副主任委员,中国优选法、统筹法与经济数学研究会理事,项目管理研究委员会委员、顾问等。他的主要学术思想是:以系统论为基础,以建井系统分析为工具,以系统工程与计算机的应用为手段,服务于煤矿基本建设的管理改革,用项目管理对基本建设市场进行规范,以适应社会主义市场经济的需要与发展。退休后,他仍然孜孜以求,笔耕不辍,出版了《建筑施工企业项目管理》一书。

49. 王守道,男,教授级高级工程师。毕业于矿井建设专业,在阜新矿务局工作,第1届中国煤炭学会矿山建设与岩土工程专业委员会委员。

50. 吴京,男,汉族,1914年12月生,浙江临安人,硕士,教授级高级工程师。毕业于美国宾州大学机械化采煤专业。1949年5月至1950年4月任浙江省长兴煤矿经理、浙江省矿务局局长;1950年5月至1953年任中央财经委员会计划局工程师;1953年至1958年任煤炭工业部基建司工程师;1958年至1963年在鹤壁矿务局工作;1963年起在煤炭工业部基建司、北京矿务局工作,任煤炭工业部技术委员会委员。他创造的井巷锚杆喷浆综合支护法,已为矿山、铁路、水工隧道和国防工程广为采用。

51. 于公纯,男,汉族,1917年4月生,河北盐山人,高级工程师(享受教授、研究员待遇),中共党员。1945年毕业于西北工学院矿冶系。中华人民共和国成立前曾任开滦煤矿井下采矿工务员。中华人民共和国成立后先后任淮南煤矿基建局技术处处长、徐州煤矿基本建设局副总工程师,并先后担任过华东煤炭基建公司、西南煤矿建设指挥部、大屯煤矿建设指挥部的总工程师,安徽省煤炭厅基建局副局长兼总工程师,两淮煤矿建设总指挥部总工程师等职务。1988年12月离休。在淮南谢家集二号和三号新井建设中,由于采取了打破传统的施工程序,将当时国内大型矿井的建设工期缩短了2年以上;参加1956年全国煤炭系统及1959年全国先进生产者群英会。在覆有特厚表土的安徽两淮地区,首先组织采用大钻头钻井、深井双级压缩冻结、复合井壁等新技术,使井筒成功地穿过200～400 m厚不稳定的砂土地层。"冻结井复合井壁技术"获1985年国家科技进步二等奖(项目负责人)。

52. 刘允秀,男,汉族,1920年12月生,河北唐山人,中专文化程度,高级工程师,中共党员。1941年11月在开滦赵各庄矿任工务员,并在开滦矿务局工务员训练所学习采矿专业;1944年6月在苏州西山宝成煤矿任副总管;1946年1月在江苏省公路局镇江工务总段任工务员;1950年3月先后在抚顺矿务局任助理工程师、副工程师、副总工程师、副队长、队长、施工科长;1963年3月在辽宁省煤管局基建处任副主任工程师;1964年3月在华东煤炭工业公司基建处任副主任工程师;1970年7月先后在淮北矿务局石台煤矿筹备处、淮北市生产指挥组工程组任工程师；1972 年 5 月在淮北矿务局任副总工程师；1974 年在淮北煤矿基建局(后改为淮北煤炭基地建设会战指挥部)任总工程师；1980 年任淮北煤炭基地建设会战指挥部副指挥兼总工程师；1981 年 12 月调江苏省苏州市建委工作。

53. 刘振国，男，教授级高级工程师，毕业于矿井建设专业，曾任中煤建筑安装工程公司处长，第 1 届中国煤炭学会矿山建设与岩土工程专业委员会委员。

54. 王柯，男，汉族，1913 年 3 月生，河北邯郸人，大学学历，教授级高级工程师。1936 年从河南焦作工学院毕业后到河北开滦矿务局唐山矿工作，曾任副总工程师；1946 年调入淮南矿务局，历任副工程师、工程师、副总工程师等职务；1958 年调入安徽省煤管局，历任计划处处长、局设计院总工程师等职务；1965 年调任煤炭工业部水城煤矿设计研究院副总工程师；1974 年任兖州煤矿设计研究院总工程师。曾任安徽省政协第一、第二、第三届委员。1984 年离休。

55. 王永祥，男，汉族，1923 年 11 月生，河北怀安人，教授级高级工程师，中共党员。1944 年 2 月至 1945 年 2 月就读于日本秋田矿山专门学校，后在北平旧华北开发公司筱琢矿业所、韩桥管理所、阜新煤矿平爰矿、阜新煤矿公司工程师室任技术员、科员、工务员；1949 年 9 月任京西矿务局城子矿工程师，京西矿务局设计处、建井工程处工程师、总工程师；1964 年 10 月至 1980 年 9 月任西南煤矿建设指挥部、水城矿区建设指挥部、水城矿务局工程师、总工程师；1980 年 6 月任贵州省煤炭工业局总工程师、党组成员。他是贵州省第四届政协委员，第六届全国人民代表大会代表。1985 年 12 月离休。

56. 余力，男，汉族，1923 年生，辽宁沈阳人，教授，中共党员。1947 年毕业于交通大学土木系，同年赴晋冀鲁豫边区工作；1956 年获苏联莫斯科矿业学院工学副博士学位；回国后，历任开滦基建局副总工程师，中国矿业学院建筑系副主任，江苏省煤炭学会第 3 届副理事长，第 1～4 届中国煤炭学会理事。对特殊凿井深有研究，长期致力于煤炭地下气化技术的研究。1975 年创泥浆淹水沉井 103 m 深度国内纪录；1982 年创触变泥浆淹水沉井 192.75 m 世界纪录。撰写论文《沉井法的现状与发展》和《泥浆淹水深沉井的研究》，主编《特殊凿井》，合编《煤矿沉井法凿井》。

57. 李文英，男，1908 年生，辽宁铁岭人，教授级高级工程师，中国煤矿建设和研究工作的开拓者和奠基人之一。1934 年毕业于日本福岗市九州帝国大学工学院采矿科，获工学学士学位；同年 6 月在安徽淮南煤矿九龙岗矿任工务员；1935 年 5 月进入山西太原西山煤矿，历任工程师、井务主任、矿长；1938 年 2 月至 1939 年 2 月在四川南川东林煤矿任矿长、工程师；1939 年 3 月至 1939 年 12 月任四川荣昌复兴煤矿工程师；1940 年 1 月至 1941 年 12 月在四川永川县矿区勘探队任工程师、队

长;1942 年 1 月至 1942 年 7 月在四川北碚宝源煤矿任工程师;1942 年 8 月至 1944 年 5 月在四川江津县大山煤矿任矿长;1944 年 6 月至 1944 年 12 月在新疆钨矿工程处任工程师;1945 年 1 月至 1945 年 9 月在甘肃兰州阿甘镇煤矿任矿长、工程师;1945 年 10 月至 1946 年 10 月在山东青岛战时生产局鲁豫晋区任接收专员、工程师;1946 年 11 月至 1947 年 5 月在吉林省西安煤矿任资源委员会接收专员、安全科长、工程师;1947 年 7 月至 1947 年 8 月在吉林省英城煤矿任工程师;1947 年 9 月至 1948 年 8 月任吉林省蛟河煤矿工程师;1948 年 9 月至 1955 年 7 月任辽宁沈阳煤矿管理局计划处、矿务处和生产处科长、主任工程师;1955 年 8 月至 1956 年 5 月任辽宁北票矿务局总工程师;1956 年 6 月至 1972 年 2 月任煤炭科学研究总院北京建井研究所副所长;1972 年 2 月至 1977 年任煤炭科学研究总院北京研究所管理处副处长;1977 年至 1985 年任煤炭科学研究总院学术委员会负责人。1985 年 4 月离休。他是矿山建设工程的实践家,早在 20 世纪 30 年代在日本留学期间,就有意识地走遍了日本近一半的煤矿,学成归国后又任职于全国数十个煤矿,十分丰富的实践经验使他能顺利解决所遇到的矿山建设与生产中的各种难题。1956 年调任煤炭科学研究总院后着手组建我国第一个煤矿建设科研机构——北京建井研究所,并任技术副所长。1985 年离休后仍然关心国家煤炭事业的发展,并潜心研究我国西北干旱、沙漠地区寻找水源的问题,多次提出具体建议,并写出《我国大西北水的技术开发》一文,著有《工矿经营概要》一书。

58. 杜嘉鸿,男,1923 年 8 月生,浙江东阳人,教授,矿山注浆治水、岩土加固方面的专家。1949 年 6 月毕业于天津国立北洋大学,随后来到东北工学院采矿系井巷教研室任助教;1950 年 3 月至 1952 年 10 月,在哈尔滨工业大学读研究生,并获硕士学位;1978 年 5 月晋升为东北工学院副教授,并兼任东北工学院注浆公司经理;1978 年 9 月赴西班牙参加第四届格拉纳特国际矿山治水学术会议;1982 年 4 月赴匈牙利参加首届布达佩斯国际矿山治水学术会议,并担任大会执行主席。参加工作后,专心致力于教学和科研工作,多次获科技发明奖及省优秀论文奖,在国家期刊上发表论文 20 余篇,出版专著《化学注浆学》,并为国家培养了第一个注浆研究生。1981 年上半年建立了我国高等院校第一个注浆实验室,通过实验获得水泥-水玻璃、TACSS、丙烯酰胺等浆材的凝结时间、黏度、抗渗性及胶凝体的力学参数。他长期从事矿山建筑、注浆治水和岩土加固的理论、应用基础和工程技术的研究,20 世纪 70 年代以来,参加并完成冶金部、煤炭工业部等 10 个矿区的 19 个注浆堵水及加固工程,取得了许多创新性的成果。曾担任国际矿山治水学会会员、中国岩石力学与工程学会会员、中国新技术开发公司高级顾问、冶金部矿山司及云南省冶金局化学注浆高级顾问。1980 年 7 月经冶金部鉴定,获"铬渣木素"化学注浆材料发明奖,评为冶金部四等奖;1985 年 4 月在南芬铁矿获冶金部科技成果一等奖。

59. 杨寿祺,男,教授级高级工程师,毕业于矿井建设专业,第 1 届中国煤炭学会矿山建设与岩土工程专业委员会委员。

60. 朱柏石,男,汉族,1927 年生,教授。毕业于东北大学矿井建设专业,在阜新矿业学院从事冻结教学与科研工作,第 1 届中国煤炭学会矿山建设与岩土工程专业委员会委员。

61. 邸乐山，男，汉族，1926 年 5 月生，河北昌黎人，大学学历，教授级高级工程师，中共党员。1950 年毕业于天津北洋大学采矿系；1950 年至 1952 年在山东矿务局洪山矿参加长壁采煤法试验和掘进深孔爆破工作，在新汶孙村矿参加水砂充填设计和施工工作，任实习生和技术员；1953 年至 1972 年，在北京煤矿设计院参加计划管理、标准设计、矿井初步设计和总体设计工作，期间任技术员、工程师、主任工程师、项目负责人、设计总工程师和设计队长等，曾在晋城凤凰山矿井建设指挥部任设计队长兼指挥部副总工程师，参加了勘探、设计、施工、生产全过程的工作；1973 年至 1981 年在北京煤矿设计研究院做全国煤炭长远规划、全国能源产需平衡及可行性研究工作，任主任工程师、综合组长和规划处负责人等；1981 年被评为煤炭工业部先进生产工作者；1982 年至 1988 年，任煤炭工业部北京规划设计总院院长兼总工程师，教授级高级采矿工程师；1987 年 3 月至 1988 年 3 月任煤炭工业部北京规划设计总院总工程师兼代理党委书记。曾任中国煤矿设计咨询公司董事长、煤炭勘察设计协会副理事长兼秘书长、中国国际工程咨询公司专家委员会委员等。1988 年 3 月退休。

62. 何国纬，男，1934 年 8 月生，湖北钟祥人，高级工程师。1955 年毕业于重庆大学采矿系，先后在上海(华东)煤矿设计院及煤炭工业部济南设计研究院从事矿区矿井设计工作，历任项目负责人、室主任、总工程师、院长。1987 年晋升为教授级高级工程师，先后被评为全国煤炭工业劳动模范、国家中青年有突出贡献专家；1989 年被评为第一批中国工程设计大师；1991 年获国务院政府特殊津贴。任院长期间，济南设计研究院连续两次(1989 年、1997 年)获煤炭工业部优秀设计院称号。南屯矿井设计获首届国家优秀设计奖；负责设计的兴隆庄矿井是我国第一对年产 300 万吨的现代化矿井，获国家科技进步二等奖和国家优秀设计金奖；负责设计的济宁三号井是我国第一对年产 500 万吨的立井，2003 年年产 1 008 万吨，是世界上第一对年产达千万吨的立井，获“大世界吉尼斯之最”证书，设计获国家优秀设计金质奖，工程获国家鲁班奖。负责的“立井无轨运输”项目获国家优秀设计银奖。从 20 世纪 60 年代开始负责做兖州矿区总体规划和几个矿井设计，是矿区设计负责人之一。兖州矿区设计获全国最佳工程设计特等奖。“兖州矿区工程建设施工新技术”获能源部及国家科技进步特别奖。1994 年退休。

63. 袁克智，男，汉族，1930 年 9 月生，江苏镇江人，大专文化程度，教授级高级工程师，中共党员。1954 年安徽省淮南煤矿工业专科学校毕业，先后在吉林省辽源市西安建井工程处、通化市建井工程处任技术员；1957 年调山西省潞安矿务局二处、煤炭工业部第 10 工程处任技术科长、副处长、总工程师等职；1967 年随第 10 工程处支援四川省渡口矿区建设；1973 年又随第 10 工程处调至河北，参加邯邢煤炭基本建设会战，任煤炭工业部第 10 工程处总工程师、处长等职；1982 年任煤炭工业部第一建设公司副总工程师，1983 年任总工程师。从事煤炭基本建设工作 35 年，曾参加和负责过 8 对大中型矿井施工，期间他积极采用新技术、推广先进经验、优化劳动组合、组织机械化施工。1983 年到联邦德国进行技术考察；1987 年被铁道部、煤炭工业部邀请参加专家组的技术研究和对事故的处理工作。1959

年曾获山西省长治市先进工作者称号;1979年获河北省科技大会主井深孔光爆三等奖。享受国务院政府特殊津贴。1991年12月退休。第2届中国煤炭学会矿山建设与岩土工程专业委员会委员。

64. 曹毓侠,男,汉族,1928年生,河北高邑人,教授,硕士研究生导师。1953年毕业于北京矿业学院采矿系矿建专业。曾任淮南矿业学院井巷教研室主任,连续四届淮南市政协常委,中国煤炭学会第1、2届理事会委员,矿山建设与岩土工程专业委员会委员等职。主攻井巷施工工艺与技术。主编和参编的著作有《井巷工程》《简明建井工程手册》《井巷施工与计算示例》等。1994年退休。

65. 潘子芬,男,汉族,1933年8月生,安徽怀宁人,大专文化程度,教授级高级工程师,中共党员。1953年9月进入合肥矿业学院学习;1955年8月毕业分配到江苏省徐州市煤矿基建局工作,先后担任设计处、技术处技术员,后任宿县宿东煤矿筹备处芦岭工程处工程师,煤炭工业部29处副总工程师、革委会副主任,淮北煤矿基建局(指挥部)副总工程师兼施工处处长、局总工程师;1983年11月任淮北煤矿建设指挥部指挥、淮北煤矿建设公司经理。他主持的"冻结井复合井壁与压力测定"项目获煤炭工业部科技进步一等奖、国家科技进步二等奖。他曾被授予中国煤炭工业优秀经理、中国优秀建筑企业家、安徽省煤炭工业优秀企业家等称号。享受国务院政府特殊津贴。

66. 鲍仪,女,1935年2月生,上海人。1957年毕业于北京矿业学院矿井建设系,之后留校任教;1963年调到中国煤炭学会筹委会工作;1972年调到煤炭工业出版社任编辑、编辑室主任。在中国煤炭学会筹委会工作期间,创办了《煤炭学报》,成功地完成了学报创刊号和以后几期学报的出版、发行工作,为煤炭工业开拓了科技成果交流的园地。1972年,为填补"文化大革命"后煤炭科技图书缺乏、信息交流闭塞的状况,她组织带领现场科研、教学三结合专家编写组下矿发现、总结施工经验,编写了《平巷施工经验16推》等3部实用图书,这些经验很快得到推广,收到了很好的效果;1973年以后,先后组织编写了《井巷工程施工手册》《建井工程手册》《凿井图册》《煤矿总平面设计手册》《工程学力手册》等工具书,以及建井方面的专业图书,矿井建设方面的图书品种基本配套齐全,受到读者的欢迎和好评,其中《建井工程手册》《工程力学手册》获全国科技图书二等奖;1989年她提出为中国煤炭工业编写史册的选题,定名《中国煤炭志》,以填补中国煤炭工业无完善史册的空白,在她的倡议和努力下,并得到时任煤炭工业部胡富国部长支持,正式组成了"中国煤炭志编委会",完成了编写总纲,以及各省的编写组织。该套书共计有30余册,在后来的编辑们努力下,于1999年全部出版,结束了中国煤炭无志的历史。1985年获全国煤炭系统劳动模范,1988年获评副编审,1992年获国务院政府特殊津贴。

67. 周培恩,男,汉族,1933 年 9 月生,大学学历,高级工程师,中共党员。1955 年上海同济大学毕业,同年参加工作,先后担任过技术员、主管技术员、工程师、主任工程师,1982 年至 1993 年任中煤建筑安装公司总工程师。

68. 马英明,男,1936 年生,广西容县人,教授,博士生导师。我国著名地铁建筑专家,苏联顿涅茨理工大学矿山与地下建筑专业毕业。1959 年 8 月,他回国后先后在合肥工业大学、北京矿业学院和中国矿业大学任教,历任讲师、副教授、教授、博士生导师,担任过大学建筑系主任、建筑工程研究所所长等领导职务,曾获多项科技成果奖,是国家"七五"科技攻关项目的负责人。1989 年,他调入广州地铁总公司任总工程师兼处长,负责广州地铁一号线的技术工作。他编写出版了《工程测试》《特殊凿井》等 5 部专著,发表了 50 多篇学术论文。他的"圆形竖井地压的研究""广州地铁浅埋矿山工法综合技术"等研究成果为工程创造了巨大的经济效益和社会效益。自 1990 年起,他先后受聘为建设部城市地铁建设专家、广东省科技发展专家顾问委员会委员。

69. 吴理云,男,1923 年 1 月生,教授,中共党员。1950 年 8 月毕业于广西大学矿冶系采矿专业;1950 年 9 月至 1953 年 7 月,毕业于东北工学院采矿系研究生班,其中 1950 年 10 月至 1952 年 8 月院系合并由哈尔滨工业大学转入东北工学院。主要从事矿山建设和注浆治水、岩土加固机理方面的研究。中国金属学会采矿学会井巷工程学术委员会主任委员,中国煤炭学会矿山建设与岩土工程专业委员会委员,煤炭工业部组编《井巷工程施工手册》编委会编委。1996 年获东北工学院"先进工作者"称号;1978 年,"竖井机械化作业线(深孔爆破科研部分)"和"化学注浆过流沙层"成果获冶金部科技大会奖。发表学术论文 10 余篇。

70. 王怀义,男,汉族,教授。毕业于矿井建设专业,曾任中国煤炭建设总公司经理,第 2 届中国煤炭学会矿山建设与岩土工程专业委员会委员。

71. 王介峰,男,汉族,1927 年 9 月生,湖南湘乡人,高级工程师,中共党员。1948 年毕业于湖南省立高级工业学校机械专业,留校任教职员;1949 年中华人民共和国成立后,到阜新矿务局总机厂工作,任技术员;1952 年起在东北煤管局设计处、沈阳煤矿设计院工作,任技术员;1954 年 7 月调入煤炭工业部设计总局工作,任工程师、科长;1957 年调入基建司工作,先后担任工程师、高级工程师、副处长、处长等职。在阜新总机厂和东北煤管局工作期间获技术革新奖和优良工作者奖;在煤炭工业部机关工作期间,获煤矿井巷掘进锚喷支护国家科学技术进步一等奖,多次被评为部(司)局先进工作者。编写了

《基本建设60项经验》(1～4册)、《凿井工程图册》(1～5册)、《建井工程手册》(1～4册)等。

72. 李钟遥,男,教授级高级工程师,毕业于矿井建设专业,第2届中国煤炭学会矿山建设与岩土工程专业委员会委员。

73. 潘泳文,男,教授级高级工程师,毕业于矿井建设专业,第2届中国煤炭学会矿山建设与岩土工程专业委员会委员。

74. 王德民,男,1936年5月生,黑龙江依安人,教授,中共党员。1960年毕业于苏联列宁格勒矿业学院,回国后在淮南矿业学院任教,1963年调入山东矿业学院。曾任山东矿业学院副院长,兼任中国煤炭学会矿山建设与岩土工程专业委员会委员、山东土木工程学会隧道及地下工程专委会副主任,1998年退休。从事矿井建设专业教学、科研和学校管理工作30多年,做出了重要贡献。1971年参加山东省组织的我国第一台新型潜入式立井钻机研制工作,组织钻井试验与工程施工,为试制轻型强力钻井机进行探索;1981年参加深井(500～600 m)钻井法凿井技术的研究,并主持深井测井仪的研制工作;1983年SD-1型测井仪研制成功,并应用于我国第一口大直径深井钻井工程——淮南潘三西风井施工,准确测量出井筒直径和偏斜,该工程顺利通过440 m深厚表土层,在国内外均属突破性技术成就,1985年该测井仪获煤炭工业部科技进步三等奖;1987年钻井法凿井技术项目获国家科技进步一等奖;主持研制的SD-2A型测井仪,1993年获煤炭工业部科技进步三等奖;主持研制的灌注桩钻孔超声测井仪,为深基础工程施工提供了先进的检测手段。参编著作3部。1990年被评为全国高等学校先进科技工作者,1991年被评为省高等学校先进科技工作者,1992年享受国务院政府特殊津贴。

75. 王可敏,男,汉族,教授。毕业于矿井建设专业,曾任煤炭工业部基建司处长,第3届中国煤炭学会矿山建设与岩土工程专业委员会委员。

76. 史天生,男,汉族,1931年出生,甘肃兰州人,教授,博士生导师。1951年毕业于甘肃省兰州工业学校土木科;1960年毕业于苏联莫斯科矿业学院矿山企业建筑专业,获工程师称号;1987年2月至1991年5月任中国矿业大学矿山建筑系主任;1990年赴苏联莫斯科矿山企业学院科研高访半年;1992年5月享受国务院政府特殊津贴。曾任江苏煤炭学会矿井建设委员会副主任委员、《工程力学》编委。主持完成国家"七五"重点科研项目1项,国家自然科学基金项目2项、博士点基金项目1项,煤炭基金、部级和横向科研项目多项。获江苏省和煤炭工业部科技进步二等奖2项、三等奖4项,获实用新型专利2项。出版第一部系统论述立井井筒装备设计、计算及安装的专著,主编、合编专著多部,发表学术论文40余篇。

77. 许振元，男，汉族，1940 年 6 月生，江苏太仓人，大学学历，高级工程师，1993 年加入九三学社。1965 年在北京矿业学院矿井建筑系毕业后，分配到北京矿务局煤炭工业部第一工程处工作，参加了煤炭工业部岩巷掘进机械化科研工作、北京矿务局磁陈铁路隧道快速机械化施工和北京矿务局大安山煤矿建设；1970 年到燃化部煤炭开发组工作，参加了《立井二十项施工经验》《岩巷十六项施工经验》《斜井十四项施工经验》3 本书的编写工作，编写了《岩巷掘进操作技术问答》，并开始在煤炭开发组负责推广先进经验工作；1974 年在煤炭工业部基建司技术处工作，历任技术员、工程师、高级工程师、副处长、处长，主要负责煤炭基本建设快速施工。参与组织并验收了斜井掘进速度创世界纪录，岩巷、立井快速施工创全国纪录等工作。负责开拓煤矿基本建设新技术工作，主抓煤炭工业部、冶金部和一机部 3 部的立井掘进机械化、岩巷掘进机械化和斜井掘进机械化配套研究。负责立井、岩巷锚喷技术、深孔光面爆破技术、矿井防腐技术，以及立井钻井法施工技术与大钻机、冻结法施工技术、注浆技术（特别是黏土注浆技术）等研究，基本上形成了一套立井岩巷、斜井机械化作业线及施工技术。参与了《井巷工程施工技术》《立井凿井图册》的编写等工作。曾作为全国科技进步奖评委、煤炭工业部科技进步奖评委，评选了一批煤炭基本建设的科技进步奖。组织了煤炭系统唯一的一项国家科技进步特等奖，即“兖州依靠科技进步建设成一个现代化矿区”。1988 年在中国统配煤矿总公司基建局工作，同时在国家能源投资公司煤炭技术开发部任副主任；1994 年在国家开发投资公司能源业务部任副主任；1996 年在国家开发投资公司国投煤炭公司任总经理，主要控股建设了新集矿区、登封矿区铁路等一批煤矿、选煤厂、电厂、矿区铁路和水泥厂项目等。

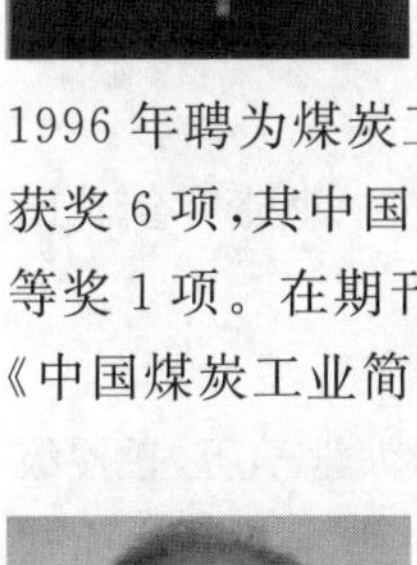

78. 张文，男，汉族，1934 年 11 月生，上海崇明人，大专文化程度，教授级高级工程师，中共党员。1956 年毕业于合肥矿业学院，同年分配到煤炭科学研究院北京建井研究所，从事特殊凿井研究，任课题组长；1958 年支援司法部，从事煤矿基本建设管理工作，任副处长、处长、副主任（副局级）；1991 年后调回中国统配煤矿总公司任基建局副总工程师（副局级）。1988 年聘为教授级高级工程师；1993 年享受国务院政府特殊津贴；1995 年聘为中国煤炭学会矿山建设与岩土工程专业委员会委员；1996 年聘为煤炭工程高级专业技术职称评审委员。他大力研究、推广应用特殊凿井法，共获奖 6 项，其中国家科技进步二等奖 2 项，煤炭工业部科技进步一等奖 2 项、二等奖 1 项、三等奖 1 项。在期刊、学术会议上发表论文多篇，参加编写出版的著作有《中国煤矿建井技术》《中国煤炭工业简明手册》和《地层冻结工程技术和应用——中国地层冻结工程论文集》。

79. 李瑞，男，1917 年 9 月生，河北抚宁人，教授，中共党员。1946 年 6 月毕业于西北工学院矿冶系，获工学学士学位；1946 年 7 月至 1981 年 9 月，任淮南矿务局工程师、副矿长，焦作矿务局主任工程师，鹤壁矿务局工程师、副总工程师、代总工程师，鹤壁市政协副主席；1981 年 9 月调焦作矿业学院任高级工程师、教授，硕士研究生导师；1983 年起，兼任焦作矿业学院学术委员会常务副主任、焦作市政协副主席、煤炭科技图

书编审委员会委员、河南省煤炭学会副理事长。承担的“立井锚喷支护作用机理及其稳定性的分析”科研项目,经鉴定在研究的某些方面达国际先进水平。参与编写或审定的主要著作有《井巷工程施工手册》《建井工程手册》,其中《建井工程手册》一书被评为全国优秀图书。

80. 陈志国,男,教授级高级工程师。毕业于矿井建设专业,第3届中国煤炭学会矿山建设与岩土工程专业委员会委员。

81. 佟承章,男,1932年12月生,教授级高级工程师。毕业于矿井建设专业,在辽宁省基建局工作,第3届中国煤炭学会矿山建设与岩土工程专业委员会委员。

82. 熊声誉,男,汉族,1935年3月生,江苏苏州人,大学学历,教授级高级工程师,中共党员。1958年毕业于北京矿业学院,在徐州基建局第二建井公司特殊施工队任技术员、主管技术员;后任煤炭工业部34处技术科副科长、主任工程师;1979年任两淮特殊凿井公司副总工程师、第一副经理;1986年任特殊凿井公司经理。他撰写的论文《潘集一号井东风井深井冻结设计改革》获安徽省1978年科技成果奖,“415 m深井冻结法凿井”获煤炭工业部1983年科技进步成果奖,“深井冻结壁温度场”获煤炭工业部1987年科技进步二等奖。1990年被建设部评为全国施工技术先进个人,1993年获“中国建筑家”称号;1992年享受国务院政府特殊津贴。1995年4月退休。

83. 曹文厚,男,教授级高级工程师。毕业于矿井建设专业,第3届中国煤炭学会矿山建设与岩土工程专业委员会委员。

84. 姚树声,男,教授级高级工程师。毕业于矿井建设专业,第3届中国煤炭学会矿山建设与岩土工程专业委员会委员。

85. 任惠钧,男,教授级高级工程师。毕业于矿井建设专业,第3届中国煤炭学会矿山建设与岩土工程专业委员会委员。

86. 陈新万,男,教授级高级工程师。毕业于矿井建设专业,第3届中国煤炭学会矿山建设与岩土工程专业委员会委员。

87. 李继权,男,汉族,1932年11月生,江苏邳州人,大学学历,教授级高级工程师,中共党员。1955年毕业于合肥矿业学院企业建筑系地面建筑专业,同年到大同煤矿基本建设局土建公司土一区任技术员;1958年3月任第2工程处土建工程主管技术员;1961年6月任安装处土建3工区主管技术员、工程师;1965年6月任煤炭工业部第6工程处晋华宫矿指挥部工程师;1966年10月任土建一工区工程师;1978年3月任基本建设处副主任工程师、副处长;1983年3月调燕子山工程处任处长;1983年10月

任大同矿务局副局长。长期从事基本建设工作，组织实施科技成果近百项，他领导组织并参与的“大断面斜井机械化配套及快速施工工艺”科技攻关项目获能源部科技进步一等奖、国家科技进步二等奖，撰写的论文《大断面斜井爆破法施工在中国的新发展》被收入美国矿井及工程学会文集。全国抗震防灾协会常务理事、全国空间结构学会山西省分会理事。

88. 黄磊，男，汉族，1938 年 4 月生，安徽寿县人，大学文化程度，高级工程师，中共党员。1953 年进入淮南煤校学习；1956 年 8 月毕业分配到安徽省煤炭厅技工学校做教师；1962 年 7 月任淮南矿务局机电处电气试验室技术员，并参加山东矿业学院矿山机电专业函授学习，1966 年 10 月毕业；1973 年 10 月任淮南煤矿基建局科研所工程师、副所长；1983 年 10 月任淮南煤炭建设指挥部副指挥，淮南煤炭建设公司副经理；1986 年 7 月任淮南矿务局潘二矿建设现场指挥组组长；1988 年 2 月任淮南矿务局副局长；1995 年 4 月任淮南矿务局调研员、谢桥矿井建设会战领导小组副组长。曾获 1960 年安徽省文教群英会先进工作者、1978 年安徽省科技先进工作者、1980 年和 1984 年安徽省劳动模范、1983 年煤炭工业部优秀科技工作者、1991 年煤炭工业部“重点工程建设青年功臣”和国家计委“共和国重点工程建设青年功臣”。曾任安徽省煤炭学会理事。参加完成的“主井液压滑模筑壁工艺”项目，获 1978 年全国科学大会奖；主持设计、研制的“主井滑模自动控制及自动调平装置”，经煤炭工业部鉴定并予以推广，1981 年获安徽省科技成果三等奖。编写《主井液压滑模筑壁》等书籍，撰写《冻结井筒滑模施工工艺应该肯定》《潘二西风井液压滑模筑壁装置及控制方法》《不断探索开创淮南煤矿新区基本建设管理新路》等论文。

89. 邹承健，男，汉族，1943 年 3 月生，江西南昌人，大学学历，教授级高级工程师，中共党员，享受国务院政府特殊津贴。1965 年 8 月毕业于山东矿业学院，同年到山西省西山矿务局西铭矿工作，先后担任过采煤队技术员、副队长、队长、主管工程师、副区长、区长；1980 年后任西山矿务局西曲矿筹备处副处长兼总工程师、矿长；1985 年 6 月任西山矿务局第一副局长，古交矿区建设指挥部总指挥；1990 年后兼任古交矿区总工程师、总经济师；1995 年 4 月任西山矿务局局长，同年 12 月兼任西山矿务局国能建设工程公司董事长。曾被评为山西省先进工作者和劳动模范，1989 年 4 月被中国煤炭企业管理协会评为“优秀局长”，1991 年被评为山西省重点建设先进工作者。曾任山西省煤炭学会常务理事、中国煤炭学会理事、中国煤炭学会矿山建设与岩土工程专业委员会委员、中国腐蚀与防护学会能源专业委员会委员、中国煤矿基本建设学会理事，以及中国矿业大学、山西矿业学院和淮南矿业学院客座教授，北京煤炭管理干部学院高级顾问兼客座教授。

90. 王嘉宾，男，汉族，1937 年 2 月生，山东黄县人，大学学历，高级工程师，中共党员。1962 年 7 月毕业于山西矿业学院，分配到晋城矿务局工作，历任矿技术员、采煤队长、生产科长、副总工程师、总工程师、矿长兼党委副书记；1983 年 1 月，任晋城矿务局基建副局长、局副总工程师兼成庄矿筹建处总指挥。他代表晋城矿务局参加世界银行对成庄矿井初步设计可行性研究评审工作，撰写了《成庄矿井大巷运输分析》一文，主持的一系列技术改造成果均被推广应用。1969 年获煤炭工业部“科技发明奖”，1988 年获省煤炭系统“科技进步一等奖”，1989 年被评为省煤炭系统“劳动模范”、晋城市“劳动模范”、晋城市“环保工作先进个人”。

91. 李跃庭，男，教授级高级工程师。毕业于矿井建设专业，第 3 届中国煤炭学会矿山建设与岩土工程专业委员会委员。

92. 莫立崎，男，汉族，1944 年 12 月生，江苏赣榆人，研究员，中共党员。1995 年，享受国务院政府特殊津贴。1970 年 8 月，毕业于山东煤矿学院；毕业后至 1996 年 3 月，先后任煤炭工业部第 28 处计划员、兖煤指挥部二处机电科长、土建工区党支部书记、二处副处长、兖州煤炭生产建设指挥部党委副书记、兖州煤炭基本建设公司经理、兖州矿务局第一副局长（正局级）；1996 年 4 月至 2003 年 10 月，任兖矿集团有限公司副董事长、副总经理、总经理、党委副书记、董事局常务副主席；2003 年 10 月至 2013 年 4 月任山东省参议员；2013 年 5 月 1 日退休。1998 年 3 月，当选为山东省第九届省人大代表；2002 年 4 月当选为第十届全国人大代表。他是国家科技进步特等奖——“兖州矿区工程建设技术”、国家科技进步一等奖——“兖州矿区煤炭综合生产技术”的主要完成人，先后被授予“全国工程建设管理先进个人”“山东省富民兴鲁劳动奖章”“山东省劳动模范”“山东省优秀企业家”、济宁市“五一劳动奖章”。先后被聘为中国国有资产管理学会常务理事、国家计委技术研究所特约研究员、中国矿业大学兼职教授、中国煤炭建设协会副理事长、中国煤炭经济研究会常务理事、中国煤炭企业家工作委员会委员、中国管理科学院学术委员会特约研究员、中国煤炭物资流动协会副会长、中国质量管理协会理事会常务理事、中国技术研究会企业分会副会长、山东省对外经济合作企业协会副会长、中国国际商会山东省分会副会长等。

93. 于占一，男，教授级高级工程师。毕业于矿井建设专业，在辽宁煤炭工业管理局工作，第 4 届中国煤炭学会矿山建设与岩土工程专业委员会委员。

94. 王继淳，男，教授级高级工程师。毕业于矿井建设专业，在陕西煤炭工业管理局工作，第 4 届中国煤炭学会矿山建设与岩土工程专业委员会委员。

95. 王印贵，男，汉族，1936 年 3 月生，河北唐山人，高级工程师，中共党员。1955 年 7 月开滦建筑工程学校毕业后到大同矿务局任技术员；1959 年 3 月先后在霍县矿务局任科长、处长、副局长、局长，获工程师职称，任局长期间主持开创了中罗合作开发霍县煤田的工作；1982 年 10 月至 1986 年 6 月任山西煤矿设计院院长，主持了曾获国家金质奖的西曲煤矿和镇城底洗煤厂的设计；1984 年在设计改革中成绩突出，曾受到晋升一级工资的奖励；1986 年 7 月后，先后任山西煤管局基建局副局长、局长，兼任质量监督中心站站长，在此期间质量监督中心站被评为国家级先进监督站。他曾编写了《煤炭建设工程质量监督》一书，此外还参编了《中国煤矿建井技术》和《中国煤炭志：山西卷》。

96. 王捷帆，男，1951 年 9 月生，汉族，北京人，编审，研究生学历，中共党员。1971 年作为知识青年到农村插队落户，在广阔天地接受贫下中农再教育；1972 年到北京矿务局机电修配厂铸工车间当翻砂工人；1978 年考入中国矿业大学建井专业学习，1982 年本科毕业；自 1982 年分配到煤炭工业出版社工作起，历任编辑，发行部科长、副主任，编辑室副主任、主任，总编室主任，副总编辑、代总编辑。自 1999 年主持出版社日常工作起至 2011 年底，和其他同志一起努力，共同创造了煤炭工业出版社历史上最好的经营业绩。曾任中国煤炭学会矿山建设与岩土工程专业委员会第 4、5 届委员，中国煤炭学会史志工作委员会秘书长。参与组织编辑的图书有 100 余种，其中，《中国煤炭志》《建井工程手册》《煤矿矿井采矿设计手册》《煤炭工业企业总平面设计手册》《简明建井工程手册》《采矿工程设计手册》等大型图书，在煤炭工业领域发挥了重要作用，取得了广泛的影响。担任责任编辑的图书涉及煤炭工业各个专业，代表性的有：《围岩力学分析中的解析方法》《煤矿建设招标与监理》《国际工程承包经营管理策略》《河北煤炭开发技术》《立井井筒施工经验》《矿工井下避灾》《煤炭工业内部审计》《建筑经济》《平顶山矿务局志》等。还主持策划了《煤矿安全培训通用教材》33 种、《中国煤炭志》34 卷、《煤矿工人安全必读丛书》11 种，以及其他多部教材、生产技术用书、工具书和资料书等。担任主要作者的著作有：《中国煤矿事故暨专家点评集》（任主编）、《中国煤炭志》（任副主编）、《煤矿技术管理工作指南》（任副主编）、《中国煤炭志编纂记》（任副主编）等。责编的《围岩力学分析中的解析方法》获第九届中国图书奖、《建井工程手册》获全国优秀图书二等奖、《平顶山矿务局志》获全国史志评选“金龙奖”、《煤矿建设招标与管理》获第三届中国煤炭企业管理优秀论著三等奖。《中国煤炭志》（任副主编）获 2001 年第十届全国优秀科技图书二等奖。

97. 方守康，男，汉族，1945 年 12 月生，安徽淮南人，中专文化程度，高级工程师，中共党员。1963 后 9 月进入淮南煤校矿建专业学习；1968 年 8 月毕业分配到淮南矿务局谢一矿，先后任工区技术员、副队长、队长、副区长、区长、工程科科长、副矿长；1990 年 3 月任矿务局生产工程处副处长；1991 年 4 月任淮南矿务局 42 工程处处长、处长兼党委书记；1995 年 4 月任淮南矿务局副局长；1995 年 12 月任淮南矿务局副局长兼国能建设工程公司经理。

98. 邓文芳，男，汉族，1943 年 12 月生，河南襄城人，中专文化程度，高级工程师，中共党员。1960 年进入包头市煤校矿建专业学习；1964 年毕业分配到内蒙古乌达矿务局三矿工作，后到河北省煤炭工业部第一建设公司、河南省煤炭厅基建处工作，先后担任过基建技术员、工程师、副队长、立井队队长、工程处副处长、基建处副处长；1991 年 4 月任河南煤炭工业管理局基建处处长、高级工程师。兼任中国煤炭学会专业委员会委员、河南省煤炭学会建井专业委员会委员、河南省设计协会常务理事。1981 年先后参加河北省和煤炭工业部先进集体和先进工作者代表大会，并获科技进步三等奖，多次被所在单位评为先进工作者。

99. 成家钰，男，教授级高级工程师。毕业于矿井建设专业，在煤炭工业部生产协调司工作，第 4 届中国煤炭学会矿山建设与岩土工程专业委员会委员。

100. 刘式如，男，汉族，1943 年 9 月生，浙江金华人，教授级高级工程师，中共党员。1960 年考入北京矿业学院机电专业，1965 年 8 月毕业；工作后先后担任过特凿公司技术员、第 2 工程处副总工程师、技术处副主任工程师、总工程师、副经理；1994 年 6 月任淮北煤炭特殊凿井公司经理。他组织攻关的“防止冻结管断裂技术”通过国家验收并被煤炭工业部评为煤炭系统“七五”攻关优秀项目；作为第一完成者完成的“谢桥西风井大直径薄井壁设计研究钻井施工技术”获煤炭工业部科技进步三等奖；作为主要成员参与的“复合型竖井楔齿破岩滚材料研究”获 1995 年机械部科技进步二等奖，“AS9/500 竖井钻机的研制”获国家科技进步二等奖、机械部科技进步一等奖，“300 m 井筒钻井法施工”获煤炭工业部科技进步特等奖。1988 年在《建井技术》上发表《我国钻井法凿井技术概况》论文 1 篇，参与编写了《煤矿安全手册》和《中国煤炭百科全书》。1993 年享受国务院政府特殊津贴。

101. 刘其兴，男，汉族，1936 年生，天津市人，教授。1960 年毕业于北京矿业学院建设系，毕业后主要从事矿井建设方面的教学与科研工作，曾任教研室副主任、主任等职。1996 年退休。发表了《现代凿井技术研究》《井筒涌水量预测的进化计算方法研究》和《冻结法凿井施工设备的完善》等论文。

102. 沈煜，男，教授级高级工程师，毕业于矿井建设专业，在河北省煤炭工业厅工作，第 4 届中国煤炭学会矿山建设与岩土工程专业委员会委员。

103. 李树文，男，汉族，1936 年 9 月生，山东烟台人，教授级高级工程师，中共党员。1955 年 7 月毕业于开滦煤校工民建专业，同年到鹤岗矿务局工作，先后在建井处、建设公司和煤炭工业部第 23 工程处工作，任技术员、段长、工区主任、技术科长；1966 年 2 月任鹤岗矿务局建设处副处长；1976 年任鹤岗矿务局副局长；1983 年 1 月任东煤基建局副局长；1984 年 9 月任东煤基建局局长；1991 年 4 月任东煤公司副总经理；1994 年 6 月任黑龙江煤炭工业管理局副局长。

104. 李俊良，男，汉族，1955年12月生，四川人，硕士，研究员，中共党员。1975年8月在四川自贡市三台农场插队；1982年毕业于中国矿业大学矿井建设专业；1998年7月中国矿业大学矿井建设专业在职研究生毕业；1982年2月进入煤炭科学研究总院北京建井研究所工作，先后取得助理工程师、工程师、高级工程师职称；1993年4月任煤炭科学研究总院北京建井研究所副所长；1995年2月任煤炭科学研究总院党委组织部部长；1999年4月任煤炭科学研究总院北京建井研究所所长；2000年3月任天地科技股份有限公司副总经理、北京中煤矿山工程有限公司总经理；2001年9月任煤炭科学研究总院科技发展部主任；2002年4月任天地科技股份有限公司副总经理；2006年9月任煤炭科学研究总院西安研究院党委书记、副院长；2008年8月任煤炭科学研究总院副院长；2009年9月任煤炭科学研究总院党委书记；2014年6月任煤炭科学技术研究院有限公司党委书记。他先后完成过包括国家科技攻关项目在内的各种科研课题几十项，主要涉及矿井的快速施工技术研究。担任天地科技主管投资和科研的副总经理后，对煤矿开采技术，特别是综合机械化采煤和机械化装备研究制造做了大量研究和管理工作。在专业期刊上发表论文20余篇，参与编著出版的著作有《简明建井工程手册》《煤炭可持续开发与利用》《跨世纪的煤炭新技术》等。获国家专利3项。“MJY型系列多用金属模板”和“凿井设备井内吊挂”获煤炭工业部科技进步二等奖；“立井短段掘砌混合作业及其配套设备的研究”和“YJM-3.5型模板”获煤炭工业部科技进步三等奖。

105. 程桦，男，1956年10月生，安徽巢湖人，博士，教授，博士生导师。1985年硕士毕业于淮南矿业学院矿山建设专业，1989年至1991年公派赴日本熊本大学土木工程系留学，1992年至1996年在同济大学攻读博士学位，期间，历任安徽理工大学（原淮南矿业学院）土木工程系副主任、主任，党委委员、副校长。2002年7月任安徽建筑工业学院党委副书记、院长。2010年1月任安徽大学党委委员、常委、党委副书记、校长。主要从事岩土工程结构、地下结构设计与计算理论的教学与研究工作。中国岩石力学与工程学会理事，安徽省岩石力学与工程学会副理事长，中国煤炭学会常务理事，安徽省土木建筑学会副理事长，安徽省力学学会副理事长，《岩石力学与工程学报》《煤炭学报》编委。我国煤炭行业拔尖人才，安徽省学科技术带头人培养对象，安徽省教育厅首批科技创新团队学科带头人（岩土工程结构计算理论与防灾减灾技术），安徽省高校教学名师，国家级教学名师，安徽省先进工作者，享受国务院政府特殊津贴和安徽省政府特殊津贴。近年来，获国家科技进步二等奖2项，省部级特等奖2项、一等奖2项、二等奖7项、三等奖3项，教育部科技进步二等奖1项。此外，在专业核心期刊、学术期刊上发表学术论文50余篇，其中《面向21世纪课程体系的改革》获安徽省教学成果二等奖。

106. 杜润泉，男，汉族，1940 年 1 月生，北京顺义人，研究员级高级工程师，中共党员。1957 年 9 月就读于北京矿业学院矿井建设专业；1962 年 10 月在内蒙古乌达矿区 87 处任技术员；1970 年 3 月起，任蒲白矿务局白水煤矿矿建技术员、工程师、建井处副总工程师、副处长、总工程师；1985 年 6 月任陕西煤炭建设公司经理；1990 年起任华能精煤神府分公司副总经理、党委常委；1996 年 1 月任神华神府精煤公司总经理、党委常委。

107. 张建成，男，1940 年 9 月生，教授级高级工程师。毕业于北京矿业学院矿井建设系，1972 年至 1998 年在煤炭科学研究总院北京建井研究所从事矿井建设科研工作，曾任煤炭工业部科技教育司处长。第 4 届中国煤炭学会矿山建设与岩土工程专业委员会委员。

108. 陆德全，男，汉族，1935 年 10 月生，浙江奉化人，大学学历，高级工程师，中共党员。1956 年 9 月进入北京矿业学院学习；1960 年 8 月毕业留校任助教；1963 年 9 月到煤炭工业部 27 处工作，在掘进队、技术科任技术员；1965 年 9 月任山东兖州基建指挥部生产组技术员；1967 年 5 月到江西工作，任江西基建指挥部生产组技术员、江西重工业局建井二处生产组矿建技术负责人和工程计划组组长；1973 年 9 月至 1978 年 3 月在江苏丰沛矿区指挥部二处任主管技术员；1978 年 4 月至 1985 年 1 月先后担任江苏省煤炭基建公司二处矿建工程师、副总工程师、处长等职务；1985 年 2 月任江苏煤炭基建公司副总工程师；1985 年 11 月任江苏煤炭基建公司副经理。1984 年获江苏省徐州市劳动模范称号；1993 年享受政府特殊津贴；1996 年 1 月被中国建筑业协会授予全国优秀建筑企业家称号。1995 年 12 月退休。

109. 范坚，男，汉族，1937 年 11 月生，浙江天台人，大学学历，高级工程师、国家级有突出贡献专家，中共党员。1954 年考入北京矿业学院建筑系；1958 年毕业分配到煤炭工业部徐州基建局第一工程处工作；1965 年调华东煤炭基建公司任技术员、技术负责人；1974 年到江西煤矿建设公司工作，担任过技术员、工程师、公司技术负责人、科研室副主任；1985 年任江西煤矿建设公司副总工程师；1988 年兼任江西省煤矿建设公司煤气工程公司总经理；1991 年 2 月任江西省煤矿建设公司总工程师、党委委员。中煤建设开发总公司专家委员会委员、中国矿山技术经济研究会煤炭研究会理事、中国煤炭学会矿山建设与岩土工程专业委员会委员和爆破专业委员会委员、中国软岩工程科技顾问、江西煤炭学会常务理事。在兼任公司质量控制小组组长期间，公司102队被煤炭工业部命名为“质量信得过单位”。他先后在全国和省级学术会议及刊物上发表论文30多篇，其中15篇获优秀论文奖。

110. 金克宁，男，汉族，1951年1月生，黑龙江呼兰人，大学学历，高级工程师，中共党员。1968年8月进入煤炭企业工作，先后在鹤岗矿务局地质队、贵州省六枝煤机厂工作；1973年2月进入北京矿业学院学习机械制造专业；1976年12月毕业分配到鹤岗煤矿工作，先后担任过技术员、党总支副书记、副矿长、党委副书记、党委书记及矿务局安全监察局副局长、局长；1992年1月任鹤岗矿务局副局长，主管基本建设等工作；1994年12月任鹤岗矿务局局长。他以开拓精神投身于鹤岗矿区改革实践，大刀阔斧整顿基本建设管理制度，完善内部市场机制，理顺经济关系，创建了基本建设系统物资材料交易市场；矿井建设也实现新突破，兴安煤矿新立井井筒施工工程当年准备、当年开工、当年竣工，创利用永久性井塔打井连续5个月月进尺破百米、最高月进尺120 m的国内好成绩。

111. 杨铁春，男，汉族，1936年生，教授。毕业于东北大学矿井建设专业，在阜新矿业学院工作，教授井巷工程课程，主要研究整体砌壁模板和迈步式小吊盘。第4届中国煤炭学会矿山建设与岩土工程专业委员会委员。

112. 庞棱生，男，汉族，1933年5月生，四川西充人，大专文化程度，教授级高级工程师，中共党员。1950年11月参加中国人民解放军，历任学员、班长、副排长等职；1952年入西北工学院采矿系学习；1954年8月毕业分配到黑龙江双鸭山建井公司任见习技术员；1955年5月调鹤岗东北煤矿第二基本建设局任技术员；1956年8月调平顶山煤矿基本建设局(后并入平顶山矿务局)，先后任技术员、工程师、副主任工程师等职；1981年1月任平顶山矿务局副总工程师；1983年至1985年间兼任平煤集团八矿建设指挥部副指挥长；20世纪80年代后期即从事新建矿井投产组织指挥工作，平顶山矿区原14对生产矿井，有10对由其参与和组织移交投产；1993年因有突出贡献享受政府特殊津贴；1994年退休；1995年担任煤炭工业部平顶山矿区国家重点建设项目联络员。

113. 赵光地，男，教授级高级工程师，毕业于矿井建设专业，曾任煤炭工业部规划发展司副司长，第4届中国煤炭学会矿山建设与岩土工程专业委员会委员。

114. 钟亚平，男，1945年4月生，教授级高级工程师。毕业于山东矿业学院矿井建设系，第4届中国煤炭学会矿山建设与岩土工程专业委员会委员。开滦(集团)有限责任公司副董事长、总经理，中国矿业协会、中国煤炭学会常务理事，中国煤炭协会理事。长期主持我国开滦(集团)的生产技术及全面工作，结合开滦矿区特点对华北地区煤田奥灰岩溶水赋存、构造规律进行防治探索研究，做出了突出贡献。主持的“开滦范各庄矿隐形导水构造探查与治理技术的研究”项目，1997年获煤炭工业部科技进步一等奖，1998年获国家科技进步三等奖；参与的国家科技攻关项目“华北型煤田奥灰岩溶水综合防治理论与技术”，1998年获煤炭工业部科技进步特等奖；主持的“开滦东欢坨矿建井工程涌水量立体预测研究”项目，2000年获煤炭工业部科技进步二等奖；主持的“开滦煤层顶底板水害防治与对策及水文信息系统研究”项目，被评为2000年度煤炭工业十大科技成果之一；另外还获国家科技进步二等奖、能源部科技进步二等奖各1项。先后合著出版了《深井冲击地压及其防治》《开滦煤矿防治水综合技术研究》等著作，在国内外刊物上发表论文20余篇。1992年获国务院政府特殊津贴，1996年被国家人事部授予“有突出贡献中青年科学、技术专家”称号，1997年获孙越崎能源大奖，2000年获“全国质量管理先进工作者”称号，2001年被评为“2000年度煤炭工业技术创新优秀人才”。

115. 钟德辉，男，汉族，1938年生，贵州贵阳人，大学文化程度，教授级高级工程师，中共党员。1962年毕业于重庆大学采矿系，同年分配到北京煤炭设计研究院工作，从事矿井设计，先后担任组长、主任工程师、副主任工程师、总工程师，1993年任副院长兼总工程师。1983年至1986年由国家教委选派作为访问学者赴英国诺丁汉大学采矿工程系学习。曾主持编制《煤矿矿井采矿设计手册》《矿井定型装备标准》，发表论文20余篇。1994年享受政府特殊津贴。

116. 郭晋蒲，男，汉族，1940年12月生，山西灵石人，教授，中共党员。1964年7月毕业于北京矿业学院矿山建筑系，1993年享受国务院政府特殊津贴。曾任中国矿业大学建筑工程学院井巷教研组主任、党支部书记，中国矿业大学建设监理咨询中心主任，中国矿业大学第二届教学委员会委员，中国矿业大学高等教育研究所第五届兼职研究员，第4届中国煤炭学会矿山建设与岩土工程专业委员会委员，煤炭工业部科技教育司第四届煤炭普通高等学校土木工程学科教材编审委员会委员，徐州市建设工程招标评价评委席评委，徐州市建设监理协会理事，中国矿业大学本科教学督导组组长，中国矿业大学学位与研究生教育专家咨询组成员，中国矿业大学关心下一代工作委员会委员和中国矿业大学建筑工程学院关心下一代工作委员会副主任等职务。从事煤炭高等教育和科研项目工作40余年，承担国家“七五”“八五”以及省部级攻关科研项目及横向科研咨询项目20多项，发表论文30多篇，参加编写《井巷设计与施工》《中国煤矿建井技术》等教材书籍4册。培养硕士研究生15名。先后荣获省部级科技进步奖和优秀课程建设奖7

项，其中二等奖 4 项、三等奖 3 项。获国家实用新型专利 3 项。

117. 郭增瑗，男，1940 年生，大学学历，研究员。1962 年毕业于北京矿业学院机械工程系机械制造专业，获工学学士学位，享受国务院政府特殊津贴。他从煤矿基层企业进入科研院所，长期主持和从事科研项目的研究，特别对我国煤矿建井施工技术、反井钻机施工技术、锚杆支护技术与装备等方面进行了深入的研究和探索。主持和参加国家攻关、煤炭工业部重点、国家科技部科研院所专项资金项目共 30 项，15 项科技成果获省级科技进步奖，获实用新型专利 20 项，发表科技论文 20 篇。主持研发了建井施工用稳步绞车钢丝绳张力检测系统，为立井施工提供安全保障。主持开发了第一代两柱三缸式反井钻机的研制，填补了我国煤矿反井钻机研究的空白，实现了我国煤矿溜煤孔等井下快速施工和机械化，提高其施工安全性能，为我国煤矿反井钻机的研究奠定了基础。首次提出了我国综掘巷道使用机载锚杆钻机研究的总体构想，主持了我国煤矿使用第一代机载锚杆钻机的研制，实现了我国煤矿综掘巷道锚杆支护快速施工和机械化，为我国煤矿机载锚杆钻机的研究奠定了基础。

118. 矫郁亮，男，1960 年生，教授级高级工程师。毕业于矿井建设专业，曾任神华集团公司东胜公司副总经理，第 4 届中国煤炭学会矿山建设与岩土工程专业委员会委员。

119. 高明德，男，1938 年 5 月生，北京市人，大学学历，高级工程师。1963 年毕业于北京矿业学院矿山企业建筑系矿山建设专业，后分配到淮北矿务局工作，历任设计处技术员，工程处副区长、区长、总工程师，基本建设处处长，矿务局副总工程师，主管基本建设技术工作。1998 年退休。主管负责过岱河、石台、杨庄等矿 10 余个井筒的装备、提升系统的机电设备安装及矿务局新建年产 20 万吨水泥厂的机电设备安装。主持基本建设技术工作时正是煤炭工业低谷时期，克服重重困难先后建成了桃园煤矿、祁南煤矿，筹建了淮北矿务局控股的淮北市淮武工程建设监理有限责任公司，担任该公司总经理至 2015 年 7 月。淮武监理公司对淮北矿业集团安全顺利地建成 10 余对矿井做出了突出贡献。

120. 王可寰，男，1938 年 6 月生，研究员。1963 年毕业于北京矿业学院矿山企业建筑系，后分配到煤炭科学研究总院北京建井研究所特殊室钻井组；1965 年到注浆组参加鸡西滴道矿水泥-水玻璃地面预注浆和壁后注浆工作；1969 年至 1973 年参加掘进机课题工作，并与铁道兵研究所、军区工程兵进行合作；1974 年重回钻井组工作；1979 年在煤炭科学研究总院技术处工作，承担节能和机械类项目推广组织工作；1982 年调煤炭科学研究总院计划处，承担课题项目计划工作；1988 年至 1989 年调能源部科技司计划处工作；1990 年调回煤炭科学研究总院学术委员会，主要从事煤炭科学基金工作，任副秘书长，主持学术委员会日常工作；1994 年调煤炭科学研究总院科研计划处，任处长，主持全面工作；1997 年调煤炭科学研究总院总工程师办，任副总工程师，主持日常工作；1999 年退休。曾担任过中国科学基金研究会理事、中国工程机械维修研究会理事、中国机械工程学会理事、摩擦学学会理事和中国煤矿机械工业协会理事等。长期从事特殊凿井、破岩刀具及相关材料、密封、摩擦磨损、硬表面制作等技术研究工作,有 10 多项科研成果,是我国早期系统研究用水泥-水玻璃浆液注浆堵水者之一。参与了我国第一口大直径钻井法凿井和大直径全断面斜井掘进机的研究,成功地研制了盘形滚刀、钻井楔齿滚刀、凿岩机钎头;提出岩石在机械力作用下产生裂纹、桥接岩石破碎的观点;在破岩刀具结构上做了必要处理,提高了破岩效率和刀具寿命;在摩擦学的研究中,提出了内外协同论的观点;在硬面堆焊的研究中,为减少内应力,提高不同材料的结合强度和适应不同的工况要求,提出了多层过渡的观点;在硬表面制作的研究中,为适应不同的工况要求,采用不同性能弥散粒子的方法制作功能层。这些研究成果,有些至今仍有参考作用,并有 3 项成果获省部级奖。1992 年享受国务院政府特殊津贴。被中国矿业大学聘为兼职教授,校外兼职博士生指导教师。1996 年主持越南冒溪煤矿突水灾害处理技术方案和实施。著有《氧乙炔火焰喷涂与喷熔》;先后在《煤炭学报》《煤炭科学技术》、工程机械及国际学术会议上发表论文 30 余篇。代表性论文有《YS1 型柱齿钎头的研究》《镍和镍基复合流镀层的腐蚀磨损协同研究》《钎头硬质合金表面改性的研究》《非晶态合金复合镀层的抗腐蚀性能》等。

121. 王贵淳,男,1941 年 10 月生,辽宁盖州人,教授级高级工程师,中共党员。1960 年 9 月进入北京矿业学院学习;1965 年 7 月毕业分配到中煤特殊凿井工程公司工作,先后担任过技术员、副主任工程师、副总工程师,中煤特殊凿井工程公司一处处长兼总工程师,中煤特殊凿井工程公司技术处副处长、总工程师;1994 年 6 月任中煤第三建设公司副经理。第 4 届中国煤炭学会矿山建设与岩土工程专业委员会委员。

122. 刘云涛,男,1962 年 4 月生,江苏丰县人,教授级高级工程师。1982 年 8 月毕业于淮南矿业学院采矿系;1982 年 8 月至 1989 年 5 月在义马矿务局工作,任工程师、科长;1989 年 5 月至 2000 年任永城煤电(集团)有限责任公司副董事长、总经理职务。曾任陕西煤炭安全监察局局长,现任国家煤矿安全监察局安全监察司司长。第 4 届中国煤炭学会矿山建设与岩土工程专业委员会委员。

123. 王建平,男,回族,1955 年 2 月生,内蒙古杭锦后旗人,博士、教授。1982 年 1 月毕业于中国矿业大学矿山建筑系,获学士学位,后留校任教;1986 年 9 月至 1987 年 10 月在柏林工业大学进修;1996 年 1 月至 1997 年 1 月在柏林工业大学做访问学者;1999 年 6 月获工学博士学位;1991 年晋升为副教授;1997 年晋升为教授。1995 年 5 月起任中国矿业大学建筑系副主任,建筑工程学院副院长、院长;2000 年 1 月起担任中国矿业大学教务处处长、副校长、党委副书记。中国煤炭建设协会理事、中国煤炭学会矿山建设与岩土工程专业委员会委员、《建井技术》杂志编委会副主任、江苏省土木工程学会工程管理分会委员、徐州市土木工程学会副理事长、徐州市监理协会副理事长。参加并完成了国家重点攻关项目《凿井设备井内吊挂》、国家自然科学基金项目《建构筑物下人工冻结土体冻胀融沉规律的研究》、煤炭院校优秀青年科学基金《利用钢筋混凝土永久井塔在人工冻结土层凿井的可靠性研究》等项目 10 多项。先后编写并出版教材 2 部、讲义 3 部，在国内外有影响的学术刊物上发表论文 30 余篇。完成的项目在工程领域得到了较多的应用，并取得了明显的经济效益和社会效益。荣获江苏省科技进步二等奖、江苏省煤炭科技进步一等奖、中国矿业大学科技进步一等奖等。多次获校教学质量奖、优秀教师等奖励。承担并完成省部级及校级教学研究课题多项，为教学改革、专业建设做出了贡献。1992 年被评为江苏省普通高校优秀青年骨干教师，1995 年 11 月被评为校后备学科带头人，1997 年被遴选为江苏省 333 工程人选。任教期间先后为本科生、研究生开设"井巷设计与施工""计算机辅助项目管理""矿井建设管理""工程建设信息管理""工程建设招标投标""项目管理"等多门课程。"井巷设计与施工"课程获江苏省普通高校二类优秀课程、中国矿业大学优秀课程。

124. 王明远，男，1945 年 9 月生，教授。山东科技大学矿井建设专业毕业，先后任山东矿业学院科研处副处长、土木系主任，山东科技大学土木系主任。1993 年享受国务院政府特殊津贴。兼任中国煤炭学会矿山建设与岩土工程专业委员会委员、中国煤炭工业协会支护专业委员会专家、山东省煤炭学会支护专业委员会主任、IPMP 国际项目管理专业资质认证评估师、泰安市城市规划委员会委员等。主要从事教学、科研工作，曾主讲过"井巷工程""钻眼爆破""项目管理"等 7 门课程。先后承担国家、省部级、企业委托科研项目 30 多项，其中"千米埋深矿井建设技术与应用"获国家科技进步二等奖，"锚喷质量检测""千米多立井快速建设技术"分别获省部级科技进步特等奖、一等奖，"深井硐室与巷道支护""软岩加固技术""系统工程在建井中应用"等项目获省部级科技进步二、三等奖 10 多项。主要著作有《井巷工程》《巷道掘进》《锚喷质量检测》《济北矿区快速建设新技术》《注浆技术》《刘庄矿快速建设》《项目管理》等，发表论文多篇。所开发的注浆锚杆、注浆锚索等配套专利产品，已在许多深井、软岩巷道中广泛应用，效果十分明显。

125. 戴焕生，男，汉族，1944 年 5 月生，河北唐山人，大学学历，教授级高级工程师，中共党员。1962 年进入山东矿业学院学习；1968 年在贵州水城矿务局红旗矿任技术员；1973 年任淮南矿区 96 工程处技术员和淮南煤炭建设指挥部安监局工程师、科长；1985 年任淮南矿建公司副经理；1986 年起先后任淮南矿务局潘三矿井、谢桥矿井建设现场指挥组组长，淮南矿务局教委主任、副局长；1995 年任淮南矿务局矿区工会主席。中国煤炭学会矿山建设与岩土工程专业委员会委员。

126. 于纪存，男，1946 年 4 月生，辽宁普兰店人，中专文化程度，教授级高级工程师。曾任蒲白矿务局建井工程处处长、副局长，陕西省煤炭工业局副局长，第 4 届中国煤炭学会矿山建设与岩土工程专业委员会委员。

127. 王升鸿，男，1943 年 1 月生，江苏镇江人，教授级高级工程师。1958 年进入青海省煤矿学校机电专业学习；1960 年提前毕业留校任教，并被派往辽宁煤矿师范学院物理系学习；1961 年进入阜新矿业学院改学采矿专业；1964 年毕业分配到焦作矿务局王村矿实习，后调入煤炭工业部武汉设计研究院工作，先后担任过技术员、设计组长、主任工程师、副处长、副总工程师；1990 年 10 月任总工程师；1996 年 1 月任副院长。他主持设计的工程项目获国家级奖、部级奖 2 项。1985 年被煤炭工业部评为全国煤炭工业劳动模范。他还兼中国煤炭学会理事，第 5 届中国煤炭学会矿山建设与岩土工程专业委员会委员。

128. 邓维国，男，汉族，1944 年 8 月生，教授级高级工程师，享受国务院政府特殊津贴。1968 年毕业于北京矿业学院，同年到中煤第 49 工程处工作，先后任技术员、工程师、工区主任、生产副处长、生产处长；1998 年任中煤第一建设公司总工程师。曾任中煤能源集团公司专家委员会委员、中国煤炭建设协会资深专家。2004 年 9 月退休。他长期在基层从事技术和管理工作，有较丰富的施工和实践经验，曾多次主持国内外大、中型矿井建设项目，例如峰峰矿业集团九龙矿、梧桐庄矿等。他负责的施工项目曾多次刷新主井月进和全井平均月进全国纪录，原煤炭工业部曾在其单位召开全国施工现场会。此外，曾负责土耳其国家硬煤公司卡拉洞矿新矿井工程的施工组织与管理。参与中国煤炭建设协会多个科技项目的鉴定及工法评审工作。在《建井技术》等杂志上发表论文多篇，主编了 5 册本公司施工技术方面的论文集，参与编审《煤矿井巷工程施工规范》等多部国家和行业规范。

129. 白廷辉，男，回族，1967 年 2 月生，河南柘城人，工学博士，高级工程师，中共党员。1992 年 4 月参加工作，曾任上海市地铁总公司副总工程师，上海城市轨道交通建设有限公司总经理，上海地铁建设有限公司副总经理、总工程师，上海申通集团有限公司总工程师、副总裁，上海市水务局(上海市海洋局)党组书记、局长等职。现任上海市人民政府国有资产监督管理委员会党委书记、主任。当选为中共上海市第八次代表大会代表，2002 年享受国务院政府特殊津贴，2002 年获首届上海科技英才。多次获国家、上海市科技进步奖，“地铁与公共建筑合建振动噪声影响分析及控制技术研究”2012 年获上海市优秀工程咨询成果一等奖。

130. 乔秉越，男，1942 年 7 月生，教授级高级工程师。1968 年毕业于北京矿业学院矿井建设系，曾任河南建井三处总工程师、河南矿业建设三公司经理、永城煤电(集团)有限责任公司副总经理，第 5 届中国煤炭学会矿山建设与岩土工程专业委员会委员。

131. 陆伦，男，1962 年 11 月生，高级工程师。1983 年山东矿业学院毕业，毕业后主要从事矿井建设、井巷工程建设和安全管理等工作，先后任中煤第五建设公司第三工程处技术员、技术负责人、副主任、主任、副总工程师、副处长、总工程师，中煤建设集团公司企业管理部副主任、经理，中煤建设集团公司生产协调部副主任，平朔煤炭工业公司副总经理，中煤建设集团有限公司副总经理、总工程师，中煤第五建设有限公司执行董事、总经理、党委副书记。主编了《露天煤矿工程施工规范》(GB 50968—2014)、《露天煤矿工程质量验收规范》(GB 50175—2014)等国家标准；发表了《平朔矿区主要环境岩土工程问题及对策》《平朔东露天工业场地地下水位变化特征及对策》《立井稳车悬吊牵引滑升模板筑壁》《立井快速施工技术的发展与应用》《超大直径深立井建井关键技术及成套装备》等论文。获 2013 年中国煤炭工业协会科学技术一等奖，2015 年国家科技进步二等奖。

132. 何九洲，男，汉族，1941 年 3 月生，河北唐山人，大学学历，教授级高级工程师，中共党员。1964 年 7 月北京矿业学院矿井建设专业毕业，分配到大同矿务局工程处任技术员；1973 年 3 月调大同矿务局云冈矿，历任工程师、科长、副总工程师、副矿长；1991 年 2 月任大同矿务局档案处副处长；1993 年 5 月任大同矿务局副总工程师；1995 年 2 月兼任大同矿务局技术中心副主任。科研项目“砂砾岩层顶板注水试验研究”获 1982 年度国家科技进步二等奖；“大同两硬条件下万吨级双高级工作面研究”获国家煤炭工业局 1998 年科技进步三等奖；“九五”煤炭工业部重点攻关项目“坚硬厚煤层综放开采关键技术研究”获 1999 年国家煤炭工业局科技进步特等奖。1996 年享受国务院政府特殊津贴。

133. 张向东，男，1962 年 10 月生，工学博士，教授。1983 年毕业于辽宁工程技术大学(原阜新矿业学院)，获工学学士学位；1986 年毕业于东北大学(原东北工学院)，获工学硕士学位；1997 年毕业于东北大学资源与土木工程学院，获工学博士学位。辽宁工程技术大学岩土工程学科带头人，辽宁省中青年骨干教师，主要从事岩土工程和交通土建方面的教学与科研工作。担任土木建筑工程学院院长和岩土工程研究所所长、中国岩石力学与工程学会东北分会理事、中国岩石力学与工程学会地面岩石工程专业委员会委员、中国煤炭学会矿山建设与岩土工程专业委员会委员、辽宁省土木工程学会理事。在科研方面,先后主持或参加国家自然科学基金、辽宁省科学技术基金、辽宁省教育厅科研基金、企业委托项目等37项。申请了2项专利,撰写科技论文80余篇,编写教材或著作5部,分别为《隧道力学》《锚杆支护配套技术设计与施工》《地下工程特殊施工技术》《工程建设监理概论》和《铁道工程概论》。其中,申请的实用新型专利"冻土三轴压力室"荣获省发明三等奖;主持的科研项目"新型充填注浆材料与注浆技术的研究"获市科技进步一等奖、省科技进步三等奖;撰写的论文多次受到不同级别的奖励,其中《软岩立井井壁与流变岩体相互作用实验分析》获世界华人重大学术成果。另外,获省自然科学学术成果一等奖3项、二等奖5项、三等奖3项;市科技进步一等奖6项、二等奖4项。在教学方面,先后为博士研究生、硕士研究生、本科生、专科生讲授16门课程,其中主讲的"土力学与地基基础"被评为省级优质课,主讲的"道路勘测设计"被评为校精品课。指导博士研究生5名、硕士研究生51名。多次被评为优秀教师,2001年获阜新市"十大优秀青年"称号和阜新市"五一劳动奖章",2005年获阜新市"劳动模范"称号。

134. 杨汉宏,男,1960年10月生,陕西绥德人,大学本科,教授级高级工程师,机电高级工程师,中共党员。采煤工程专业毕业,曾任神府东胜煤炭公司大柳塔煤矿矿长兼党委书记、大同煤矿集团有限责任公司副总经理、神华准能集团有限责任公司党委书记、董事长。第5届中国煤炭学会矿山建设与岩土工程专业委员会委员。

135. 段康廉,男,1943年生,教授。1965年毕业于北京矿业学院矿井建设系,后分配到山西矿业学院(现太原理工大学),一直从事高等院校的教学和科研工作,2003年退休。1978年至1980年任山西矿业学院采矿系副主任;1980年学校重用老干部、老教师,他从副主任退下后,回到教研室当副主任,不脱离教学;1984年学校成立了矿山建设工程系,任常务副主任;1986年矿山建设工程系被撤销,任采矿系副主任,分管科研和实验室研究;1993年被聘为教授,是当时山西矿业学院最年轻的教授,被推举为采矿系主任。第5届中国煤炭学会矿山建设与岩土工程专业委员会委员。

136. 胡林,男,汉族,1955年11月生,大学本科,研究员。1982年毕业于山东矿业学院(现山东科技大学)采矿系岩土工程专业,获工学学士学位,国家注册采矿工程师,煤炭工业技术委员会矿山建设专家委员会委员、中国煤炭学会矿山建设与岩土工程专业委员会委员、中国煤炭工业协会煤矿支护专业委员会副秘书长、江苏省煤矿机械协会理事。长期从事煤矿支护技术研究,主持和参加国家攻关、煤炭工业部重点、国家科技部科研院所专项资金、社会公益项目共24项,有10项科技成果获省级科技进步奖,获实用新型专利10项,发表科技论文20篇。他开辟了煤矿综掘巷道机载式超前临时支护系统、薄煤层炮掘巷道连续装载工艺及装备、卸压钻机及其远程控制技术、高应力软岩巷道帮底锚固装备及工艺技术等研究方向。其中机载临时支护装置技术填补了我国煤矿机械化临时支护技术的空白，首次实现煤矿掘进巷道临时支护的机械化，为煤矿掘进安全提供了安全保障，为临时支护系列化研究打下坚实的基础。成功地研究出高应力软岩巷道底部锚杆安全快速施工技术与装备，为我国煤矿底鼓治理理论提供实际施工支撑，同时也为软岩巷道底部锚杆施工安全提供了有力保障。

137. 柴顺志，男，1960 年 4 月生，高级工程师。毕业于阜新矿业学院矿井建设专业，曾任龙煤矿山建设有限公司建井工程处总工程师、二十二工程处处长，中国煤炭学会矿山建设与岩土工程专业委员会委员。

138. 陶友山，男，1962 年 4 月生，教授级高级工程师。毕业于北京矿业学院矿井建设系，在北京煤炭设计研究院工作，第 5 届中国煤炭学会矿山建设与岩土工程专业委员会委员。

139. 殷作如，男，汉族，1960 年 12 月生，江苏涟水人，研究生学历，教授级高级工程师，国家煤炭行业高级职业经理人，中共党员，享受国务院政府特殊津贴。1982 年 7 月参加工作；2001 年 6 月毕业于中国矿业大学矿业工程专业；1999 年 11 月任开滦(集团)有限责任公司总工程师，主管信息化工作；2006 年 1 月任开滦(集团)有限责任公司总经理；现任中国华电集团公司战略规划部主任。1998 年被国家煤炭工业局评为国家“百千万人才工程”煤炭系统专业技术拔尖人才，1999 年被唐山市评为劳动模范，2004 年被评为河北省有突出贡献的中青年专家，2005 年被评为河北省新世纪“333 人才工程”第一层次人选。自 2000 年 3 月召开开滦(集团)有限责任公司第一次信息化领导小组会以来，他作为信息化领导小组副组长主抓集团公司信息化工作，组织制定了《开滦信息系统总体规划》，到 2004 年底超额完成了总体规划的各项内容。“开滦煤层顶底板水害防治对策及水文信息系统研制”科研项目 2002 年获中国煤炭工业科学技术一等奖，排名第 3；“矿区管控监一体化信息网络系统的研究与应用”项目获唐山市科技进步二等奖，排名第 2；2002 年、2003 年信息化建设成果获开滦科技成果一等奖。2003 年信息化 500 强企业第 199 位，2004 年信息化 500 强企业第 150 位，2005 年被评为制造业信息化示范企业。开滦(集团)有限责任公司信息化工作经过初步测算,每年可节约成本 9 000 多万元。自 2005 年以来,开滦(集团)有限责任公司加大了煤矿安全信息化工作,对井下的甲烷、一氧化碳、温度、负压、风速、烟雾、设备开停、风门开关及馈电状态等参数进行实时监测,及时将有效信息发送给有关领导和技术人员,确保安全生产。制定了《开滦集团"十一五"信息化发展规划》。

140. 梁庚宸,男,1944 年生,教授级高级工程师。毕业于矿井建设专业,曾任河北省煤炭工业局副处长,第 5 届中国煤炭学会矿山建设与岩土工程专业委员会委员。

141. 常焕生,男,1945 年生,教授级高级工程师。毕业于水利水电工程专业,曾任中国水利水电第一工程局总工程师,第 5 届中国煤炭学会矿山建设与岩土工程专业委员会委员。

142. 傅挺宇,男,汉族,1944 年 3 月生,江西南昌人,教授级高级工程师,中共党员。1968 年 11 月毕业于北京矿业学院矿井建设专业,同年 12 月分配到湖南省煤炭基建一处(原煤炭工业部 46 处)工作,任技术员、主管技术员;1977 年 8 月起在江苏省煤炭基建公司工作,历任第四工程处助理工程师、副队长、副科长、副总工程师、副处长;1988 年 2 月任公司副总工程师兼工程技术处处长;1996 年 5 月任公司总工程师。在国家重点建设工程三河尖煤矿的建设中,他组织实施大循环作业,推广普及了中深孔光面爆破,广泛采用锚喷支护,采用无吊盘无吊挂的新方法施工主井箕斗装载硐室,解决了深井施工中吊盘旋转、长距离火成岩破碎区支护、千米小坡度倾角上山施工等难题,采用了包括井下制冷在内的综合治理措施,解决了该井施工中的热害问题,使全处各掘进队连续几年都达到了等级队的水平。因此他被评为 1984 年徐州市劳动模范、江苏省劳动模范和 1985 年度全国煤炭工业劳动模范。

143. 赛云秀,男,回族,1963 年 5 月生,甘肃平凉人,工学博士,副教授,中共党员。1984 年毕业于西安矿业学院矿山建设专业。历任西安矿业学院教务处副处长、建工系主任,1995 年 12 月任西安矿业学院党委副书记,1996 年 12 月起兼任纪委书记,2000 年 6 月任副院长,2002 年 12 月任中共陕西省委副秘书长,2005 年 7 月任西安工业学院党委书记。他长期从事土木工程设计与施工研究,曾兼任陕西省矿山建设专业委员会主任委员等。出版专著 2 部、教材 2 部,公开发表学术论文 60 余篇。获国家煤炭科技进步三等奖 1 项。

144. 康忠佳，男，汉族，1942 年 11 月生，江西南康人，教授级高级工程师。1965 年 7 月毕业于山东矿业学院采矿工程专业，同年分配到华东煤矿设计研究院（现煤炭工业合肥设计研究院有限责任公司）工作，先后担任多对矿井项目负责人、矿井设计主任工程师、院总工程师、院长兼党委书记等职务。先后荣获安徽省科技工作者和“五一劳动奖章”、全国优秀科技工作者和“五一劳动奖章”、煤炭工业部优秀设计一等奖、国家优秀设计银质奖、安徽省优秀勘察设计院院长称号等荣誉，2003 年被建设部授予中国工程设计大师称号。享受国务院政府特殊津贴。

145. 黄祖业，男，1944 年 10 月生，四川人，教授级高级工程师，中共党员。1967 年毕业于贵州工学院，同年 7 月到水城矿务局老鹰山煤矿任开拓技术员；1975 年调贵州省煤矿设计研究院工作，担任过矿区、矿井、十几个大中型项目的规划、可行性研究、初步设计、施工图设计的项目负责设计总工程师，负责组织这些项目的设计和施工；1988 年 2 月任贵州省煤矿设计研究院副院长，主管勘察、设计和部分科研工作；1994 年 6 月任院长。在 1983 年承担的松河矿可行性研究报告中，他提出的开拓方式“方案比较法的综合示例”被收入高等学校教材《煤矿地下开采方法》一书；他参加编制的《煤炭工业建设项目可行性研究评价》软件获校级优秀软件二等奖；他参加的“缓倾斜煤层开采系统设计方案优化模型研究”科研课题，获省科技进步三等奖。1984 年获省煤炭系统劳动模范。中国煤炭勘察设计协会理事、贵州省工程勘察设计协会常务理事、贵州省工程咨询协会常务理事、第 5 届中国煤炭学会矿山建设与岩土工程专业委员会委员。

146. 刘兴隆，男，汉族，1942 年 6 月生，山西太原人，教授级高级工程师。1967 年毕业于天津大学，分配到水电部五局从事科研工作，曾担任 3 项电站建设科研课题负责人，取得卓越成果，被评为局先进工作者；1976 年调煤炭工业邯郸设计研究院工作，完成了数十项工业与民用建筑设计，多次被评为院先进工作者；1983 年 7 月任土建室主任；1985 年 4 月任副院长；1994 年 5 月任党委副书记兼纪委书记，组织领导了阳泉矿务局费石沟矿、开路矿务局东欢坨矿、晋城矿务局成庄矿等大型煤矿的工业与民用建筑设计，为煤炭建设事业做出了贡献。第 5 届中国煤炭学会矿山建设与岩土工程专业委员会委员。

147. 周少雷，男，1961 年 12 月生，大学文化程度，教授级高级工程师。1982 年 8 月毕业分配到选煤设计研究院工作，曾任主任工程师、副处长，1994 年任选煤设计研究院副院长，中煤国际集团北京华宇工程公司总经理，第 5 届中国煤炭学会矿山建设与岩土工程专业委员会委员。

148. 吴文彬，男，1937年12月生，安徽嘉山人，中专文化程度，设计大师、教授级高级工程师，中共党员。毕业于淮南煤矿学校，参加工作以来，先后在安徽省煤矿设计院和煤炭工业部水城、兖州、南京设计研究院任技术员、工程师、设计项目负责人、主任工程师、计划处长、技术处长、总工程师室主任、副总工程师、总工程师等职。主持设计的300万t大型现代化鲍店矿井，1989年荣获国家优秀设计金质奖；“兖州矿区工程建设技术”1992年荣获国家科技进步特等奖。先后撰写了“兖州矿区建设的设计与实践”等10多篇论文，分别在国际采矿技术大会、国内专业技术会议及部级杂志上发表。1992年享受国务院政府特殊津贴，1994年建设部授予“全国设计大师”称号。1983年以来连续当选为山东省第六、七、八届人大代表。第5届中国煤炭学会矿山建设与岩土工程专业委员会委员。

149. 孔祥国，男，汉族，1955年6月生，山东汶上人，大学本科，教授级高级工程师，中共党员。毕业于山东科技大学采矿工程专业，享受国务院政府特殊津贴。1982年1月参加工作，历任煤炭工业部兖州设计研究院副处长、处长、副院长；2001年11月任煤炭工业部南京设计研究院副院长、党委书记；2013年8月任中煤科工集团南京设计研究院有限公司董事长、党委副书记。2005年10月至2006年1月在中央党校国资委分校干部进修班学习。

150. 王燕宾，男，汉族，1942年11月生，北京人，教授级高级工程师，设计大师，中共党员。1965年北京矿业学院矿井建设专业毕业后，分配到煤炭工业部西安设计研究院从事设计工作；1983年9月任总运处处长；1984年4月任副院长、院技术委员会委员；1995年9月晋升为教授级高级工程师；1997年9月任院长；1999年6月任中煤建设集团公司董事，兼任煤炭工业部西安设计研究院院长；2003年8月任煤炭工业部西安设计院院长，2004年3月退休。长期从事设计及管理工作，设计的陈家山煤矿工业场地总平面布置获煤炭工业部优秀设计一等奖。合著出版了《煤炭工业总平面设计手册》，发表过《浅谈现代化矿井地面总图布置》等多篇论文。1997年获国务院突出贡献奖并享受国务院政府特殊津贴，2000年获“全国优秀勘察设计院院长”称号，2003年被评为中煤能源集团企业先进经营管理者。

151. 孟融，男，1943年6月生，江苏沛县人，教授级高级工程师，中国勘探设计大师，中共党员。1965年毕业于西安矿业学院。曾任煤炭工业部西安设计研究院总工程师、技术委员会副主任。一直从事煤矿设计和矿区规划工作，先后共参加或主持过30多个矿井或矿区项目的设计工作。1985年至1994年主持了神府东胜矿区总体项目设计，包括神府矿区中心区规划设计和大柳塔矿井项目的各阶段设计并参与了项目建设的全过程。“大柳塔矿井一期工程”荣获煤炭工业部第八届优秀工程设计一等奖，排名第一；“神府矿区中心区规划”荣获陕西省第八次优秀工程设计一等奖，排名第一。上述两个项目分别经煤炭工业部和陕西省推荐参加 1998 年度国家级优秀工程设计金奖评选，其中“大柳塔矿井一期工程平硐”项目荣获国家优秀工程设计金奖。撰写的《依靠科技进步、发挥资源优势、深化设计改革，促进我国高产高效矿井的建设》论文获 1996 年“中国煤炭学会”优秀论文奖。

152. 戴少康，男，汉族，1940 年 10 月生，重庆人，大学学历，教授级高级工程师，中共党员。1958 年考入山西矿业学院选矿工程专业学习；1962 年毕业分配到太原选煤厂任技术员兼副工段长；1962 年 10 月调山西煤矿设计院工作，历任技术员、工程师、主任工程师、院副总工程师、总工程师。曾主持完成多个矿区及选煤厂设计工作，任项目负责人。设计完成的古交矿区镇城底选煤厂获国家优秀设计金奖。发表论文多篇，其中《镇城底选煤厂设计特点》《选煤厂洗水平衡及闭路循环的有效途径》等论文先后获省部级奖。1989 年被授予山西煤炭系统劳模，1991 年被国家计委、团中央授予“共和国重点工程建设青年功臣”称号，1994 年被评为“中国工程设计大师”。曾多次被国家及煤炭工业部聘请参加矿区及重点工程的评估、审查、咨询工作。

153. 王结义，男，1962 年 5 月生，安徽桐城人，中国勘探设计大师、教授级高级工程师。毕业于淮南矿业学院矿井建设专业，现任北京圆之翰煤炭工程设计公司总经理。曾任煤炭工业技术委员会矿山建设专家委员会委员、中煤国际工程设计研究总院副院长。获 2001 年度优秀工程咨询成果一等奖，2005 年煤炭行业（部级）第十二届优秀工程设计一等奖，承担国家 13 个大型煤炭基地规划项目设计，发表论文多篇。

154. 孙震，男，汉族，1956 年 5 月生，吉林榆树人，研究员，硕士生导师。1978 年 10 月考入阜新矿业学院地下开采专业学习；1982 年 7 月毕业后分配到中煤国际工程集团沈阳设计院工作，先后任工程师、教授级高级工程师、副院长、院长；2003 年 3 月任天地科技股份有限公司设计院院长；2007 年 9 月起任天地科技股份有限公司设计研究院副总经理、总经理、党总支书记。荣获“沈阳市十大杰出青年知识分子”及“煤炭工业部技术拔尖人才”称号。

155. 吴嘉林，男，1957 年 6 月生，陕西人，教授级高级工程师。中煤国际工程集团武汉设计研究院院长、党委书记。1982 年 1 月从西安矿业学院毕业后到焦作工学院任教；1984 年调入煤炭工业部西安设计研究院工作；2001 年 11 月任中煤国际工程集团武汉设计研究院院长、党委书记；2004 年被人事部和国务院国资委联合授予“中央企业劳动模范”荣誉称号。在担任武汉设计研究院院长期间，他带领全院职工大刀阔斧地革故鼎新，用现代企业管理的思路强化管理，使武汉设计研究院发生了翻天覆地的变化，新签合同额、营业额、职工人均收入、劳动生产率比其任职前增长 3 倍以上，年可比利润达 1 000 多万元，各项经济指标创建院以来最好水平。中煤国际工程集团武汉设计研究院先后荣获中国勘察设计优秀勘察设计院、煤炭工程勘察设计十强企业、湖北省工程勘察设计行业十强企业、武汉市高新技术企业、武昌区科技工作先进单位荣誉称号。

156. 张通燮,男,1945 年 9 月生,四川渠县人,大学文化程度,教授级高级工程师,中共党员。1965 年考入成都工学院电力系学习;1970 年毕业分配到重庆煤矿设计研究院工作;1975 年支援邯邢基地建设调到邯郸煤矿设计研究院,先后担任过机电技术员、组长、院办公室主任等职。1986 年以《东庞矿高次谐波分析及措施》参加电机工程学会、电力科学院系统所合办的"静止型无功动态补偿装置"学术讨论会。1991 年 5 月因在工程勘察设计中做出突出成绩获煤炭工业部部级二等奖荣誉证书。1990 年任重庆煤矿设计院党委副书记兼纪委书记,1994 年 5 月起任副院长、院长。

157. 杨彬,男,1956 年 9 月生,工程硕士,教授级高级工程师,中共党员。1982 年 7 月焦作矿业学院矿山建设专业毕业后分配到煤炭工业部郑州设计研究院工作,历任计划经营处副处长、副院长兼计划经营处处长等职务;1996 年 3 月任院长;2006 年 3 月任煤炭工业郑州设计研究院有限公司董事长兼总经理;2012 年 5 月任煤炭工业郑州设计研究院股份有限公司董事长兼总经理。任职期间,带领全体职工改革创新,开拓进取,保证了设计院的快速稳定发展,并顺利完成了改制任务。参与完成国家重点建设项目永夏矿区及陈四楼、车集、城郊等 10 余对大型现代化矿井的规划、设计和总承包工作,并承担了省重大科技攻关项目"河南煤炭液化发展研究"负责人工作,获国家级工程和科技奖励近 10 项。出版了《永夏矿区总体规划与矿井设计改革》《地层注浆堵水与加固施工技术》等著作,发表专业论文 10 余篇。曾任中国煤炭勘察设计协会理事、中国煤炭建设协会常务理事、河南省勘察设计协会副理事长、河南省矿井建设委员会主任、河南理工大学名誉教授等社会学术职务。为河南省矿井建设科技发展和科技兴煤战略做出了突出贡献,被省委组织部命名为河南省优秀专家;被省科技厅、省科协等四部门联合授予河南省十佳科技型功勋企业家称号;获全国煤炭行业优秀设计院长、河南省煤炭行业劳动模范等各类荣誉 20 余项,2008 年荣获河南省五一劳动奖章,2000 年被建设部授予全国优秀设计院长称号,2006 年、2013 年两次被中国勘察设计协会授予全国勘察设计行业优秀企业家称号。

158. 王学军,男,汉族,1964 年 6 月生,山西怀仁人,中央党校在职研究生学历,教授级高级工程师,中共党员。1984 年 12 月大同煤校采矿工程专业毕业;1984 年 12 月参加工作,历任大同矿务局四台矿副矿长,大同煤矿集团雁崖矿矿长、马脊梁矿矿长,大同煤矿集团副总经理、党委常委,山西省煤炭工业厅副厅长、党组成员;2011 年 8 月,任山西省煤炭地质局局长、党委副书记。1985 年在大同矿务局参与试制和使用水泥锚杆获得成功;1989 年参加大同矿务局"七五"攻关项目"综采原煤分层自动铺联网机构试验”获得成功；2002 年 5 月全国首次试验短臂工作面开采成功；2002 年主持近距离煤层开采获得成功。科研项目“特厚煤层综采工作面重型装备安全快速搬撤技术研究与应用”获 2008 年中国煤炭工业协会科学技术奖二等奖；“火成岩侵入影响的特厚破碎煤层全煤巷道支护技术研究”获 2008 年中国煤炭工业协会科学技术奖三等奖；“煤矿井筒穿越多层采空区施工技术研究”和“主巷不间断运输条件下全煤特大断面交岔硐室施工技术研究”获 2009 年中国煤炭工业协会科学技术奖二等奖。

159. 王昌傲，男，1962 年 1 月生，教授级高级工程师。毕业于矿井建设专业，曾任中煤西安设计工程公司总工程师，第 6 届中国煤炭学会矿山建设与岩土工程专业委员会委员。

160. 王贵成，男，1956 年 11 月生，教授级高级工程师。毕业于煤矿安全专业，曾任内蒙古煤矿安全监察局包头煤监分局局长，第 6 届中国煤炭学会矿山建设与岩土工程专业委员会委员。

161. 史基盛，男，1957 年 3 月生，高级工程师。1982 年毕业于山东矿业学院矿山机械化专业，分配到两淮特殊凿井公司，曾任中煤矿山建设集团有限责任公司总经理助理、中煤特殊凿井(集团)责任公司总工程师。他推动了世界钻井工艺的进步，也为我国建井机械化、自动化和信息化水平的提高做出了突出贡献。主持了“西部地区钻井泥浆技术”“厚层风积沙地层钢护壁筒施工技术”“泥浆护壁下反向扩孔钻进技术”“钻井法独立多口吸收技术”“超深钻井井筒竖向稳定支护技术”等课题的研究。“一扩成井快速钻井法凿井关键技术及装备研究”项目获 2012 年度国家科技进步二等奖。

162. 付厚利，男，1966 年 4 月生，教授。1983 年至 1987 年 6 月，在山东矿业学院矿井建设专业本科学习并获学士学位；1987 年 9 月至 1990 年 7 月，在山东矿业学院矿山建设工程专业硕士研究生学习并获硕士学位；1997 年 9 月至 2000 年 6 月，在中国矿业大学建筑工程学院岩土工程专业博士研究生学习，并获博士学位。1990 年硕士研究生毕业工作以来，一直在山东科技大学土木建筑学院从事岩土工程学科方面的教学、科研、管理工作；2000 年担任土木建筑学院副院长，分管学院的研究生教育、学位点申报、各类执业资格考前培训等工作。防灾减灾工程及防护工程硕士点学科带头人、山东省高校“地下工程重点实验室”负责人、中国岩石力学与工程学会测试专业委员会委员、山东省岩石力学与工程学会理事、青岛市图形与工程设计学会常务副理事长。针对我国深厚表土冻结法施工技术、深基坑支护及边坡加固技术的现状，带领团队开展相关理论、加固技术、监测技术等研究工作，先后参与完成国家自然科学基金项目 3 项，主持完成省部级项目 2 项；合作出版相关学术著作 3 部，主编教材 1 部；获专利 2 项；在国内外刊物及会议发表学术论文 40 余篇，其中被 EI 收录检索 4 篇。

163. 刘元管，男，1966 年 7 月生，教授级高级工程师。1987 年 7 月中国矿业大学矿山建筑系矿井建设专业毕业；2002 年至 2005 年于西安科技大学攻读硕士研究生；2006 年至 2007 年于清华大学继续教育学院攻读煤炭产业高级研修班。1987 年至 1999 年历任灵武矿务局基建处科员、副科长、主任工程师、处长；1999 年至 2002 年历任宁夏灵州集团有限公司建井工程处处长、神华宁煤集团公司建设部总经理（原羊场湾煤矿矿长）；2003 年至 2006 年历任宁夏煤业集团有限公司建井工程处、羊场湾二矿、羊场湾煤矿筹建处处长、矿长；2006 年至 2007 年任神华宁夏煤业集团建设工程管理部总经理；2007 年至 2008 年任神华宁夏煤业集团副总经理；2008 年至 2012 年任宁夏富宁投资集团董事长、党委书记；2012 年 5 月至 8 月任宁夏宝丰能源集团股份有限公司副总裁，2012 年 8 月至今担任宁夏宝丰能源集团股份有限公司总裁。

164. 纪洪广，男，1963 年 4 月生，山东青州人，博士，教授，博士生导师。北京科技大学土木与环境工程学院副院长。1984 年毕业于山东矿业学院矿井建设专业，获学士学位；1990 年毕业于山东矿业学院土木工程系，获硕士学位；1997 年毕业于东北大学矿山建设工程专业，获博士学位。1997 年至 1998 年在北京科技大学做博士后研究工作。兼任中国煤炭学会资深会员、理事，中国煤炭学会矿山建设与岩土工程专业委员会委员，中国岩石力学学会地下工程分会常务理事，中国岩石力学与工程学会地壳应力与地震专业委员会委员，中国无损检测学会第七届声发射专业委员会委员，第五届国家安全生产专家组专家等职。多年从事矿山岩石力学、矿井建设与岩土工程结构、矿震、冲击地压、岩爆等深部开采动力灾害的诱发机理与危险性分析、地应力测量、微震及声发射技术等领域的研究工作。承担国家“863”计划重点课题、“973”计划重点课题、国家自然科学基金重点项目及国家科技支撑项目等多项科研任务。获国家科技进步二等奖 3 项，省部级科技进步特等奖 3 项、一等奖 3 项、二等奖 5 项、三等奖 3 项。在国内外核心学术刊物及学术会议上发表论文 100 余篇，出版学术专著 1 部。2004 年享受国务院政府特殊津贴。培养硕士、博士研究生 90 余名。

165. 吴玉华，男，汉族，1963 年 7 月生，安徽肥西人，硕士，教授级高级工程师，中共党员。中国科技大学采矿工程专业毕业。1983 年 7 月进入皖北煤电集团孟庄煤矿工作，历任技术员、科长、矿副总工程师；1995 年 3 月任皖北煤电集团任楼煤矿总工程师、副矿长；1998 年 12 月任皖北煤电集团公司副总工程师；2004 年 7 月任皖北煤电集团公司总工程师。主持及参加完成的科研项目，获国家科技进步二等奖 2 项，省部级科技进步一等奖 1 项、二等奖 6 项、三等奖 12 项。在国家级核心期刊上发表学术论文 8 篇，出版著作《矿井水害综合防治技术研究》。1998 年获安徽省优秀青年科技创业奖、全省煤炭系统劳动模范，2005 年被煤炭工业技术委员会评为优秀技术人才，2006 年获淮北市重大科技成就奖，2007 年获安徽省青年科技奖，2008 年享受国务院政府特殊津贴，2010 年被授予“安徽省杰出专业技术人才”称号。

166. 张世芳，男，汉族，1962 年 11 月生，教授级高级工程师。1984 年 7 月焦作矿业学院矿山建设专业毕业，2003 年 7 月焦作工学院工程硕士毕业。历任永城煤电股份有限公司陈四楼矿副矿长、城郊煤矿矿长、公司副总经理、董事会董事，2005 年 5 月任永城煤电(集团)公司副总经理，现任河南能源化工集团有限公司安监局局长。

167. 张彦禄，男，1964 年 3 月生，硕士，研究员。毕业于阜新矿业学院，先后在七台河矿务局、中煤第一建设公司工作，主要从事煤矿建井技术及装备的研究；2002 年调至中国煤炭科工集团太原研究院，任院长、党委副书记。现任中国煤炭科工集团有限公司总工程师、中国煤炭建设协会副理事长。先后组织完成国家及省部级科研项目 20 余项，获国家科学进步二等奖 1 项，省部级奖励 6 项。出版专著《煤矿短壁机械化开采学科进展评估和发展》，在国内核心学术刊物上发表论文 20 余篇，主要有《我国防爆无轨胶轮车辅助运输的应用与启示》《七层框架大楼对角线倾倒快速爆破拆除》等。先后被评为全国煤炭机械工业优秀企业家、山西省优秀煤炭科技工作者等。

168. 张耀飞，男，1953 年 11 月生，教授级高级工程师。毕业于煤矿安全专业，曾任郑州煤炭工业集团公司副总工程师，第 6 届中国煤炭学会矿山建设与岩土工程专业委员会委员。

169. 李功洲，男，1964 年 12 月生，江苏滨海人，研究员。他是煤炭行业特殊凿井科技领头人，在深厚冲积层冻结凿井领域具有较深的学术造诣。1984 年大学本科毕业于中国矿业学院矿井建设专业，获工学学士学位；1991 年研究生毕业于煤炭科学研究总院矿山建设专业，获工学硕士学位。曾任煤炭科学研究总院北京建井研究所研究室副主任、监理所副所长，北京建井研究所副所长，建井研究分院副院长；煤炭科学研究总院第一批首席科学家，北京中煤矿山工程有限公司副总经理、首席专家、总工程师。现任国投煤炭有限公司基建管理部经理。主持或参与完成国家“七五”“十五”“十二五”科技攻关和省部级等科研项目 50 余项，发表论文 50 余篇，合作编著著作 5 部。主持或参与起草国家规范、标准 4 部，地方和行业标准、规范 3 部。有 18 项研究成果获国家及省部级、行业科技进步奖，其中，国家科技进步二等奖 3 项，省部级科技进步特等奖 1 项、一等奖 7 项、二等奖 3 项。享受国务院政府特殊津贴，曾获全国煤炭青年科技奖、茅以升北京青年科技奖、国家“新世纪百千万人才工程”国家级人选等荣誉。他在冻结法等特殊凿井理论和技术研究领域，取得多项重大科研成果和技术创新，为 600 m 左右冲积层下煤炭资源的开发提供了重要技术保障。他主持提出和建立了 400～500 m、大于 500 m 冲积层冻结壁设计方法和计算体系，解决了深厚冲积层的冻结壁设计理论问题。主持提出 600 m 冲积层多圈孔的布置原则和外圈主冻结孔、内侧增设辅助孔、防片帮冻结孔的三圈孔布孔工艺，开展冻结信息化施工研究，对冻结壁形成状态进行及时、准确预测预报，实现深井冻结安全、经济、优质、快速施工。主持开发出适宜于 600 m 左右冲积层冻结井筒用的 C60～C100 低温早强和低水化热防裂高性能混凝土材料及施工工艺，有效控制冻结段井壁总厚度，解决外层井壁压坏、内层井壁开裂难题。主持开发出适宜于近 600 m 冲积层钻井法凿井高强度防裂井壁制作材料和施工工艺，消除了井壁裂缝。主持完成松软含水岩层深井冻结、深长斜井冻结法凿井方面的部分关键技术难题。他研究的相关理论和技术还成功应用于国内外最深冻结井之一——新庄副井 908 m 深井冻结，解决了近千米深井冻结施工关键技术。此外，他还研究解决了当时国内外斜井冻结最深和冻结段最长的马泰壕主斜井冻结凿井关键技术难题和近百米深连续含水砂层斜井冻结凿井技术难题，并在西部深立井、深斜井工程中做出许多开创性的工作。

170. 李宏达，男，1960 年 4 月生，教授级高级工程师，山西省青年优秀设计专家。1983 年毕业于重庆大学采矿系矿井建设专业，同年分配到煤炭工业太原设计研究院工作，历任设计院室主任、副所长、所总工程师、院副总工程师；2000 年 11 月任总工程师；2003 年 6 月任院长、党委书记，同时兼任中国国际工程咨询公司专家、中国煤炭学会理事、中国煤炭建设协会常务理事、山西省煤炭工业协会常务理事、山西省煤炭学会常务理事、山西省勘察设计协会副理事长等职务。

171. 汪仁和，男，1956 年 12 月生，博士，教授，博士生导师。曾任安徽理工大学土木建筑学院院长、冻土研究所所长、土木工程计算中心主任、岩土工程学科带头人，安徽省高校“矿井建设工程”重点实验室主任，中国煤炭学会矿山建设与岩土工程专业委员会委员，中国煤炭学会特殊凿井专业委员会常务理事，华东地区基础力学与工程应用协会常务理事，安徽省力学学会常务理事，安徽省煤炭学会理事。主要研究深厚冲积地层冻结法凿井理论与技术，在人工多圈管冻结下冻结壁形成过程中的温度场、水分场和冻结应力场的耦合关系，深厚冲积地层多圈管冻结方案优化设计，冻结法凿井信息化施工技术等方向进行了较为深入的研究，并在工程实践中取得了良好的社会和经济效益。获省部级科技进步奖 4 项，地市级科技进步奖 3 项。发表学术论文 60 多篇，被 EI 收录 3 篇；编写教材 2 部。已培养研究生 20 多名。

172. 沈慰安，男，1959 年 6 月生，江苏泰兴人，高级工程师，享受国务院政府特殊津贴。1982 年毕业于中国矿业大学矿井建设专业。中煤第五建设有限公司总工程师，建井技术委员会会员，江苏省煤炭学会副理事长。先后参加并主持过淮北刘桥煤矿、徐州三河尖煤矿、河南新庄煤矿、甘肃金川龙首镍矿、甘肃海石湾煤矿等数十对大中型矿井的施工技术工作，先后负责组织 20 余对大中型矿井的施工技术管理工作。先后主持完成了“山东李福煤矿治水”“金川龙首镍矿极软岩施工与支护技术研究”“井筒过油气层防突技术研究”“复杂地层条件下冻结法凿井设计理论与施工关键技术”“孟加拉国巴拉普库利亚煤矿井下降温技术”“岩巷掘进机械化作业线技术研究”等多项技术课题研究工作，获国家级、省部级及煤炭行业科技进步奖多项。另外，还主编了国家标准《煤矿井巷工程质量验收规范》(GB 50213—2010)，审查了国家标准《煤矿井巷工程施工规范》(GB 50511—2010)。

173. 闵龙，男，1959 年 5 月生，研究生学历，高级工程师。曾先后在铜川矿务局鸭口矿、蒲白矿务局设计处工作，历任蒲白矿务局南桥矿生产科副科长、科长、副总工程师、总工程师，蒲白矿务局白水矿副矿长、矿长，蒲白矿务局安监局局长，蒲白矿务局副局长，蒲白矿务局党委委员、副局长，陕西煤业集团公司党委委员、副总经理，2006 年 9 月任陕西煤业化工集团公司副总经理。

174. 陈远坤，男，1955 年 3 月生，教授级高级工程师，中共党员。1982 年毕业于淮南矿业学院(现安徽理工大学)，同年参加工作，历任淮北矿业(集团)有限责任公司工程处技术员、工区主任、技术科长，1996 年任集团公司基本建设处副处长，2002 年任涡北煤矿筹备处主任，2004 年任集团公司分管煤矿建设的副总工程师；2015 年任淮北市淮武工程建设监理有限责任公司董事长、总经理。多次获国家及省部级科技进步奖，其中，国家科技进步二等奖 1 项，省部级及煤炭行业科学技术进步特等奖 1 项、一等奖 1 项、二等奖 4 项。发表论文多篇，培养工学硕士 3 名。

175. 陈俊焰，男，汉族，1949 年 9 月生，福建莆田人，工程技术应用研究员，一级建造师，中共党员。1982 年山东矿业学院矿井建设专业毕业，先后担任兖州矿务局七十工程处技术员、技术主管、总工程师，兖矿集团有限公司副总工程师。1982 年 1 月至 1996 年 12 月，在兖州矿务局七十工程处工作期间，在基层区队工作了 11 年，参与了矿井施工的技术管理和现场技术指导。1996 年 12 月以后作为兖矿集团分管基本建设的副总工程师参与兖矿集团重大项目的建设以及技术管理工作。参与了近 30 个煤矿、煤化工等项目的项目建议书、环境评价、可行性研究报告、初步设计的论证和审查，指导项目建设的组织实施和技术管理工作，对重大技术方案进行审查。“深厚表土冻结设计及应用新技术研究”获山东省科技进步二等奖、中国煤炭工业协会科学技术奖二等奖，“深厚表土冻结设计及井筒安全施工监测监控技术研究”获国家安全生产监督管理总局安全生产科技成果二等奖。2005 年被煤炭工业技术委员会评为企业科技进步有功人员。

176. 岳燕京，女，汉族，1952年4月生，北京人，高级政工师，中共党员。1968年11月至1971年10月，任云南生产建设兵团独立五团八连班长、文书；1972年至1976年10月，在新疆乌鲁木齐市第二机床厂检验科工作；1976年11月至1978年4月，在邯郸煤炭指挥部机械厂从事计量检验工作；1978年5月至1983年7月，在煤炭科学研究总院北京建井研究所工作；1983年8月至1987年12月，在煤炭科学研究总院党委组织部工作；1988年1月至1993年4月，任煤炭科学研究总院宣教处副处长、党委宣传部副部长（期间，1991年3月至1993年6月，在中央党校经济专业学习）；1993年4月至1995年6月，任北京建井研究所党委副书记；1995年6月至2000年9月，任北京建井研究所党委书记兼副所长（期间，2001年在中国人民大学研究生院工商管理硕士课程研修班毕业）；2000年9月至2004年4月，任北京中煤矿山工程有限公司党总支书记兼副总经理、监事；2004年4月至2006年3月，任北京中煤矿山工程有限公司党总支书记；2006年5月退休；2006年6月至2015年，任中国煤炭学会副秘书长、综合部主任。

177. 林鸿苞，男，1960年5月生，福建莆田人，教授级高级工程师。1982年毕业于淮南矿业学院（现安徽理工大学）采矿系矿山建设专业。毕业后先后在煤炭工业部兖州设计研究院和煤炭工业部南京设计研究院地下结构工程设计所工作，2002年起任中煤国际工程集团南京设计研究院副总工程师兼地下结构工程设计所所长，2009年5月起任山西约翰芬雷华能设计工程有限公司副总经理。中国煤炭工业技术委员会委员，中国煤炭学会矿山建设与岩土工程专业委员会委员，上海市建委科技委轨道交通技术委员会冻结技术专家。1998年被国家煤炭工业局评为煤炭系统专业技术拔尖人才，2000年享受国务院政府特殊津贴。先后有16个项目获国家及省部级科技进步、优秀设计、优秀软件开发奖。主持编制了我国第一部《煤矿立井井筒及硐室设计规范》。主持山东郭屯矿井立井井筒项目设计，该项目是我国当时穿过表土厚度最深(587.6 m)的立井井筒，冻结深度702.0 m，获2008年度国家安全生产监督管理总局“复杂地层条件下井筒安全建设关键技术研究”科技进步一等奖；“600 m特厚表土层冻结法凿井关键技术”获2009年国家科技进步二等奖。随着我国西部地区煤炭资源的开发建设，他将人工地层冻结法合理地应用到西部含水软岩地层井筒设计与施工之中，较为典型的成功案例为塔然高勒矿井冻结井筒断裂井壁修复工程，其含水软岩地层冻结法凿井井壁设计理念在类似地层条件下的井筒设计与施工中得到推广与应用，取得了较好的经济效益和社会效益。2000年起，将人工地层冻结技术引进到地铁工程建设领域，先后在上海、南京、杭州、天津、宁波、无锡、郑州、广州、武汉、沈阳、天津、香港等城市地铁，公路隧道工程和南水北调工程中应用，解决了我国沿江、沿海城市含水不稳定地层地铁特殊工程的设计与施工问题，为我国城市地铁建设做出了突出贡献。多个项目获省部级科技进步奖，如上海地铁4号线坍塌隧道修复工程获上海市科技进步二等奖。发表论文10多篇，主编和参编著作2部。

178. 金川，男，1956 年 2 月生，江苏南京人，教授级高级工程师。毕业于淮南矿业学院矿井建设专业，曾任淮南矿务局 42 处总工程师、国能工程公司副总经理、淮南矿业（集团）有限责任公司副总工程师，第 6 届中国煤炭学会矿山建设与岩土工程专业委员会委员。

179. 赵广清，男，1953 年 10 月生，教授级高级工程师。毕业于矿井建设专业，曾任煤炭工业合肥设计研究院所长，第 6 届中国煤炭学会矿山建设与岩土工程专业委员会委员。

180. 赵永平，男，1962 年 1 月生，教授级高级工程师。毕业于矿井建设专业，曾任内蒙古煤矿安全监察局监察一处副处长，第 6 届中国煤炭学会矿山建设与岩土工程专业委员会委员。

181. 徐贵孝，男，1955 年 11 月生，教授级高级工程师。毕业于大同煤校，曾任潞安矿务局工程处副处长、常村矿矿长，潞安矿业（集团）有限责任公司副总经理，第 6 届中国煤炭学会矿山建设与岩土工程专业委员会委员。

182. 徐辉东，男，1967 年 12 月生，教授级高级工程师。1987 年毕业于淮南矿业学院，历任中煤第二十九工程处技术员、技术组长、工区副主任、项目部副经理和项目部经理，中煤七十一工程有限公司副总经理，中煤第三建设（集团）有限责任公司施工技术处处长、副总经理、党委委员。1993 年 6 月，被聘为中煤第二十九工程处黄陵项目部经理，是我国煤炭建设领域较早采用项目法管理的探索者和实践者，被煤炭工业部评为“煤炭建筑施工企业优秀项目经理”。2003 年 6 月，负责的淮南矿业（集团）有限责任公司顾桥矿井总承包项目工程被评为“鲁班奖”，个人被评为鲁班奖项目经理；2005 年 2 月，负责土耳其库兹鲁、卡拉洞 TTK 煤矿提升系统工程总承包项目，积累了丰富的国际项目实施经验，被评为 TTK 煤矿提升系统工程总承包项目先进个人，被授予“ICPMU 国际工程项目经理”“IPMP A 级项目经理”。主持的“表土疏水致井筒破裂机理与高强高性能混凝土井壁材料应用研究”项目荣获 2013 年教育部科技成果奖，“深厚表土冻结立井高强高性能混凝土井壁材料及井壁破裂机理研究”项目荣获 2014 年教育部科学技术进步一等奖。荣获“全国建筑业科技进步与技术创新先进个人”“2012 年度茅以升科学技术奖——建造师奖”。获“一种凿井绞车钢丝绳过载保护系统”等 4 项国家专利；创建“大直径深立井新型施工装备与配套应用施工工法”等6项省部级工法。

183.董荣泉，男，1955年3月生，教授级高级工程师。毕业于矿井建设专业，曾任开滦（集团）有限责任公司副总工程师，第6届中国煤炭学会矿山建设与岩土工程专业委员会委员。

184. 盛天宝，男，1965年1月生，河南西平人，博士，教授级高级工程师。毕业于焦作矿业学院矿井建设专业，曾任焦作煤业集团有限责任公司副总经理，现任河南煤业化工集团副总经理，第6届中国煤炭学会矿山建设与岩土工程专业委员会委员，煤炭工业技术委员会矿山建设专家委员会委员。获2003年河南省科技进步三等奖，2005年中国煤炭工业科技进步三等奖，2007年中国煤炭工业科技进步二等奖，2008年中国煤炭工业科技进步一等奖，2009年国家科技进步二等奖，承担中国煤炭工业协会科技计划项目；获实用新型专利1项、发明专利2项；发表论文多篇，其中有多篇文章被EI收录。

185. 曾宪桃，男，1963年4月生，博士，教授。1985年毕业于焦作矿业学院矿井建设专业，获工学学士学位；1993年毕业于中国矿业大学，获工学硕士学位；1998年毕业于西南交通大学，获工学博士学位；2006年中国科学技术大学力学博士后流动站出站。全国优秀教师，湖南省教学名师，国家专业技术人才知识更新工程（“653”工程）首席专家，河南理工大学优秀中青年骨干教师、十大杰出青年，省重点学科“土木工程”学科带头人，省教育厅学术技术带头人，湖南工程学院结构工程学科带头人。历任焦作工学院土木建筑工程系副主任，河南理工大学万方科技学院副院长，河南理工大学基建工程指挥部副指挥长、基建处处长，河南理工大学土木工程学院院长，湖南工程学院建筑工程学院党委书记，湖南工程学院改造与维修加固研究所所长，湖南工程学院新校区指挥部副指挥长、基建处处长。在国内首次将玻璃纤维增强塑料引入煤矿井筒罐道作为钢质罐道耐磨防腐层，开辟了井筒装备防腐蚀技术的新途径，并将该成果在山东邹城市玻璃钢厂进行中试和产业化，到目前为止，已在郭二庄矿、张小楼煤矿等几十对矿井使用，使用时间最长的达15年以上，节约资金达1 200万元，产生了较大的经济效益和社会效益。创造性地提出了外贴纤维增强材料加固混凝土梁应变协调的准平面假定，并将此项技术应用到鹤壁煤业集团、焦作市医药管理局等单位工业和民用建筑的维修加固中，节约资金达1 000余万元，产生了较大的经济效益和社会效益。设计出了一种新型的复合材料预应力夹具，并将此项技术首次应用于平顶山煤业集团有限公司地面生产建筑物的加固工程中，受到了现场工程技术人员的好评。与加拿大麦吉尔大学合作，开展研制加载至5 000 kN双向等刚度加载系统，已申报国家专利，国内外尚无定型产品。

186. 蒲耀年，男，1959 年 12 月生，青海海东人，教授级高级工程师。1982 年 7 月毕业于西安矿业学院采矿工程系，同年在煤炭工业部邯邢基地建设指挥部工作，历任第十工程处矿建一队技术员、技术负责人、副队长，工程技术科副科长、科长，第十工程处副总工程师、总工程师、生产副处长、处长，中煤第一建设公司总工程师，中煤能源集团技术管理中心副主任等职务。一直从事矿山工程建设技术管理和建井技术研究与工程实践。曾参与国家"十二五""863"计划课题、国家科技重大专项和国家支撑计划等众多项目的联合技术攻关，以及 20 多个大型煤炭基地建设，施工建设足迹遍及国内外，带领团队协同创新，取得了多项国际、国内领先水平成果及施工新技术。曾受国务院安委会特邀，作为现场督导组专家，为某矿井建设中发生的重大安全事故隐患治理提供了有力的专业技术支撑。技术成果获国家科技进步二等奖 2 项、中国煤炭工业科学技术奖一等奖 3 项、河北省煤炭工业科学技术奖二等奖 4 项。创建国家级一级工法 3 部、二级工法 2 部。获国家发明专利 3 项、实用新型专利 4 项。主编《煤矿井巷工程施工规范》(GB 50511—2010)国家标准；编制《煤矿安全规程》矿井建设篇章；发表专业技术学术论文 10 余篇；审查国家、行业和企业标准及有关施工手册 20 余部；主编《矿井建设(施工)技术文件编制指南》1 部。中国煤炭工业矿山建设专家委员会委员，第五届国家安全生产专家组成员，《建井技术》编委会委员，中国施工企业管理协会工程技术专家委员会委员，中国建筑业协会建筑工程技术专家委员会委员。

187. 臧桂茂，男，1961 年 5 月生，山东招远人，教授级高级工程师。1984 年毕业于山东矿业学院矿山建筑系，主要从事煤炭矿井项目设计和生产技术管理工作。主要完成了山东龙口、肥城、枣滕、新汶、兖州、济(宁)北、黄河北、巨野矿区，内蒙古准格尔、上海庙矿区及东胜煤田，安徽淮南矿区，新疆大南湖、大井矿区，以及印度尼西亚、土耳其、埃塞俄比亚、孟加拉国、巴基斯坦等国的矿井新建及改扩建项目的矿区总体规划、项目前期咨询和矿井设计 80 多项。2000 年至 2003 年，为解决部分老矿井的永久煤柱、建筑物下压煤、高硫煤和千米埋深的煤炭开采应用问题，利用中国矿业大学余力教授的"长通道、大断面"专利技术，分别主持了山东新矿集团高科技产业化省级及国家级重点工程建设项目，成功建设了孙村矿、协庄矿和鄂庄矿地下气化站，生产出的地下煤气用于民用和工业燃料，为煤炭地下气化做出了突出贡献。2000 年至 2005 年，针对山东巨野矿区开发建设面临的特深厚表土层建井的世界级技术难题，主持了特深厚表土层冻结法和钻井法凿井关键技术的研究和攻关，解决了一系列技术难题，提出了深表土冻结法施工要"坚持强化冻结、坚持信息化施工"的设计理念，引用约束混凝土结构原理，将单内钢板＋钢筋混凝土复合井壁结构成功地应用于钻井法井筒支护，其研究成果达到了世界领先水平，为推动山东省乃至全国煤炭工业发展和矿井建设科技进步做出了突出贡献。获国家科技进步奖 2 项、省部级科技奖 5 项、国家科技咨询奖 1 项、省部级工程咨询奖 4 项、省部级优秀工程勘察设计奖 5 项。发表论文 10 余篇。曾获山东省"有突出贡献的中青年专家"称号。

188. 陈旭忠，男，1971年4月生，汉族，山西原平人，高级工程师，我国煤矿复杂地质条件下千万吨矿井建设和安全高效开采的开拓者之一。1993年毕业于中国矿业大学采矿工程专业。中国煤炭学会矿山建设与岩土工程专业委员会委员，《建井技术》编委会委员。先后主持、参与了30多项国家、省部级科研项目，获国家科技进步二等奖1项（大同矿区复杂开采条件煤炭火灾防治关键技术），省部级特等奖1项、二等奖5项、三等奖1项。2010年被评为山西省煤炭科技专家，2011年荣获孙越崎青年科技奖，2012年被评为山西省学术技术带头人，2013年获"全国煤矿支护优秀管理者"称号。他主持完成了大同矿区复杂开采条件煤炭火灾防治关键技术研究，攻克了大同矿区复杂开采条件煤炭火灾防治关键技术。发表《注浆加固处理斜井大冒顶》等论文10余篇，出版著作《注浆施工手册》1部，获5项发明专利。

189. 何清江，男，1961年4月生，教授级高级工程师。毕业于矿井建设专业，曾任鹤岗矿业集团有限责任公司副总工程师，第6届中国煤炭学会矿山建设与岩土工程专业委员会委员。

190. 仝洪昌，男，汉族，1963年9月生，河南遂平人，教授级高级工程师，中共党员。1985年7月焦作矿业学院采矿系矿井建设专业毕业，获学士学位。1985年8月参加工作，曾任平顶山矿务局第二建井工程处综合三队技术员、副队长、队长，平煤集团第一建井处工程科主任工程师、副科长、科长；1999年5月至2004年7月任第一建井处副总工程师、总工程师、生产副处长、处长；2004年7月至2008年4月任平煤集团副总工程师兼平煤建安公司董事长；2008年4月任中平能化建工集团有限公司董事长、党委书记。中国煤炭建设协会常务理事，中国煤炭工业协会全国理事会理事，中国煤炭学会矿山建设与岩土工程专业委员会委员，河南省安全生产监督管理局专家。参加工作以来，先后参加了平煤一矿、四矿、五矿、八矿、十一矿、十二矿、十三矿的建设和改扩建工程，参与了河南洛阳亚迪公司大郭沟煤矿、洛阳钼业集团主溜矸井、义煤集团新安矿和千秋矿、湖北大冶石头嘴铜铁矿、江苏徐州铁矿集团吴庄矿、河北唐山乐亭煤矿的矿井建设工程。曾主持及参加了20多项科技项目和课题攻关，发表《立井井筒施工中的综合防治水技术》等10余篇论文。凭借扎实的专业功底和长期的实践经验，在矿井建设和企业管理方面取得了显著成就，获"全国优秀企业家""全国煤炭先进科技工作者""河南省煤炭工业基本建设先进个人""河南省煤炭科技工作先进个人""平煤集团科技兴矿先进个人"等荣誉称号。

191. 耿建平，男，1960年9月生，山西平定人，教授级高级工程师。1983年8月毕业于山西矿业学院地下采煤专业，同年分配到煤炭工业太原设计研究院工作，历任煤炭工业太原设计研究院矿井所室主任、副所长、所长，国际工程部部长，副院长，副院长兼总工程师，院党委委员。山西省百佳工程师、山西省"333人才工程"学术带头人、全国工程勘察设计大师，享受国务院政府特殊津贴。兼任山西省煤矿建设协会副理事长，山西省能源研究会、山西省科技咨询业协会常务理事，全国优秀工程勘察设计委员会委员，《煤炭工程》杂志理事会专家委员会委员，山西省煤炭学会委员、学科带头人，中国煤炭学会矿山建设与岩土工程专业委员会委员，中国煤炭工业协会煤炭技术委员会高级顾问。荣获国家优秀设计奖 3 项、国家优秀咨询奖 8 项、省部级优秀设计和科技进步奖 6 项、部级优秀咨询成果奖 8 项、山西省中华人民共和国成立 60 周年优秀设计十佳成果奖 1 项。在国家级及省级刊物上发表专业技术论文数十篇。

192. 汪春芹，男，1963 年 2 月生，教授级高级工程师。1984 年毕业于淮南矿业学院矿井建设专业，一直从事煤矿工程设计研究工作。现任煤炭工业合肥设计研究院有限责任公司副总工程师。矿井建设专业技术带头人，安徽省设计大师，获安徽省政府特殊津贴。相继担任 10 余对大型、特大型矿井设计项目负责人。作为矿井建设专业技术负责人，主持 30 余对新建和改扩建矿井设计研究工作。针对两淮矿区新生界冲积层厚、水文地质条件复杂、地压大等复杂地质条件下影响煤矿井筒和硐室群建设的关键性问题，在煤矿井筒冻结法井壁结构、钻井法井壁结构设计和矿井大硐室及硐室群支护结构设计方面积极进行设计研究和技术攻关，取得了重要成果，获安徽省科学技术奖一等奖 1 项，煤炭行业（部级）第十五届优秀工程设计一等奖、煤炭行业优秀工程咨询成果二等奖等奖项近 20 项，全国优秀工程设计铜奖 1 项。作为主要研究人员获实用新型专利 7 项、发明专利 1 项。在国家核心刊物上共发表科技论文近 10 篇。国家一级注册结构工程师、注册造价工程师、注册咨询工程师、注册安全工程师、注册监理工程师及一级注册建造师。安徽省煤炭行业矿井建设专家、安徽省煤炭工业协会煤炭工业技术委员会委员、中国煤炭学会矿山建设与岩土工程专业委员会委员、安徽省煤矿安全生产标准化技术委员会委员、安徽理工大学硕士研究生指导老师。

193. 徐颖，男，1965 年 8 月生，博士，教授，博士生导师。1995 年毕业于中国矿业大学，获爆炸理论及应用专业硕士学位；2003 年毕业于中国科学技术大学，获工程力学专业博士学位。现任安徽理工大学科研基地建设与管理处处长，岩土工程学科带头人，长期从事土木工程材料、岩土工程爆破、矿山建设工程、工程结构稳定性分析等方向的教学和科研工作。历任安徽理工大学研究生处副处长、土木建筑学院院长、研究生院常务副院长、学位办主任、党委研究生工作部部长、自然科学处处长等。曾先后主持国家自然科学基金重点项目和面上项目 5 项，国家科技支撑计划子课题 2 项，教育部重点项目、高等学校博士点项目以及安徽省科技攻关等省部级科研项目 18 项，企业重大科研攻关项目 50 余项。研究成果先后获中国爆破行业协会科学技术一等奖和二等奖各 1 项（排名均第一）、安徽省科学技术三等奖 6 项（排名第一 3 项、排名第二 3 项）、中国煤炭工业协会科学技术三等奖 3 项（排名第一 1 项，排名第二 2 项）、安徽省教学成果奖一等奖 2 项（排名为第五和第六）、二等奖 1 项（排名第五）、三等奖 1 项（排名第一）。出版《地下工程爆破理论与实践》等学术专著、教材 6 部；在《岩石力学与工程学报》《煤炭学报》《中国科学技术大学学报》、*Journal of Theoretical and Applied Information Technology*、*Journal of Energy Engineering* 等国内外重要学术期刊上发表学术论文 180

余篇，其中被SCI、EI收录50余篇；获发明专利8项。获“安徽省优秀师德标兵”和“安徽省教学名师”称号，入选教育部新世纪优秀人才、安徽省技术带头人、安徽省高校优秀创新群体负责人，获安徽省优秀青年科技创新奖、淮南杰出青年科技创新奖和首届五四青年奖章。主要学术兼职有中国爆破行业协会副会长、中国煤炭工业技术委员会爆破技术与器材专家委员会主任、中国力学学会工程爆破专业委员会副主任委员、中国工程爆破专家委员会副主任等。提出了特殊地层爆炸注浆加固围岩理论与技术等，促进了煤矿爆破安全理论的发展。自2000年起，培养博士研究生15名、硕士研究生82名。

194. 李悦东，男，1967年3月生，教授级高级工程师。毕业于矿井建设专业，在国投新集能源股份有限公司工作，第6届中国煤炭学会矿山建设与岩土工程专业委员会委员。

195. 赵世晨，男，1960年11月生，教授级高级工程师。毕业于辽源煤炭工业学校大学班。曾在国投哈密能源开发有限责任公司任副总经理兼总工程师。负责国家“九五”重点科技攻关项目“煤层气开发增产强化措施”研究。“刘庄煤矿冻注凿主动三平行快速建井技术的研究与应用”“巨厚冲积层深大井筒钻井法凿井关键技术研究及工程应用”“人工快速解冻大深度冻融土地基及集中大荷载井塔基础综合研究”等系列技术攻关，克服了千米深井建井的技术难题。负责的刘庄煤矿建设项目（800万吨/年）荣获中华人民共和国成立60周年“百项经典与精品工程”称号。

196. 刘希亮，男，汉族，1964年11月生，山东寿光人，博士，教授，博士生导师。1985年6月毕业于中国矿业学院（今中国矿业大学）矿井建设专业，获工学学士学位；1988年6月毕业于焦作矿业学院（今河南理工大学）矿井建设专业，获工学硕士学位；2000年6月毕业于中国矿业大学岩土工程专业，获工学博士学位；2001年9月至2003年12月在山东大学材料科学与工程博士后流动站工作。2004年晋升教授。现任河南理工大学土木工程学院院长、中国岩石力学与工程学会教育专业委员会委员、中国岩石力学与工程学会地下工程分会理事、高等学校（矿业）“十一五”教材编审委员会委员、河南省土木工程学会深基坑与地基处理分会副主任、河南省焦作市招投标协会副会长、河南省安全生产应急救援专家组成员、河南省焦作市建设工程质量事故鉴定专家委员会委员、中国土木工程学会会员。获河南省科技进步二等奖2项。在《岩石力学与工程学报》《煤炭学报》等刊物上发表学术论文40余篇，其中EI收录7篇。

197. 张洁，女，汉族，1967年10月生，北京人，大学文化程度，高级政工师，中共党员。1990年7月毕业于首都师范大学教育管理系；1990年8月在煤炭科学研究总院参加工作，先后在煤炭科学研究总院团委、党委组织部工作，任干事、团委副书记等职；1999年5月调北京中煤矿山工程有限公司综合办公室工作，任副主任、主任。第6届中国煤矿学会矿山建设与岩土工程专业委员会副秘书长。

198. 左永江，男，1970 年 11 月生，研究员。1992 年从中国矿业大学地质勘探专业毕业后，一直从事矿井注浆及定向钻进技术研究与应用工作。曾任煤炭科学研究总院建井研究分院科研办副主任，煤矿深井建设技术国家工程实验室常务副主任、工程中心副主任，中国煤炭学会矿山建设与岩土工程专业委员会副秘书长，煤炭行业煤矿专用设备标准化委员会井巷设备分会技术委员会委员，中国岩石力学与工程学会软岩工程与深部灾害控制分会理事。主持或参加国家科技支撑计划及煤炭科学研究总院基金项目约 20 项，获煤炭科技进步一等奖 1 项、二等奖 2 项、三等奖 1 项；获发明专利 4 项、实用新型专利 4 项；在全国性学术会议和国家一级刊物上发表论文 20 多篇。作为负责人承担"十一五"国家项目"钻-注平行作业关键技术及示范工程"，实现了国内外首次钻井与注浆在一定的时间和空间内平行作业，使我国特殊凿井技术迈上新的台阶，该研究成果达到国际领先水平，并荣获煤炭科技进步一等奖。作为常务副主任组织了煤矿深井建设技术国家工程实验室的建设实施工作和验收，为我国煤矿深井建设技术研究、交流及人才培养搭建了新的平台。

199. 陈岐范，男，汉族，1965 年 6 月生，山东昌邑人，高级工程师，中共党员。1990 年 7 月到第七十工程处工作，历任见习技术员、技术员、助理工程师、掘进三区技术主管；1996 年 7 月任济宁二号矿综掘一区区长；1997 年 11 月任济宁二号矿巷修工区区长；1999 年 5 月任济宁二号矿综掘三区副区长；2001 年 4 月任济宁二号矿生产技术科副科长；2003 年 1 月任济宁二号矿皮带工区区长；2005 年 1 月任济宁二号矿风井筹建办公室主任；2008 年 10 月任济宁二号矿生产技术科科长；2010 年 11 月任内蒙古昊盛煤业有限公司副总经理、总工程师；2015 年 6 月任兖煤菏泽能化有限公司万福煤矿筹备处副主任。发表《石拉乌素煤矿冻结管缓凝水泥浆置换技术研究》等论文 8 篇。获鄂尔多斯能化公司 2011 年度安全生产先进个人、2012 年度先进工作者、2012 年度劳动模范，兖矿集团 2012 年度基本建设管理先进个人、2013 和 2014 年度基本建设先进个人。

200. 陈耀文，男，1964 年 11 月生，教授级高级工程师，国家一级注册建造师、注册安全工程师。1987 年毕业于阜新矿业学院采矿系矿井建设专业。现任中煤第一建设有限公司总工程师、中国煤炭工业协会煤矿支护专家委员会委员、中国煤炭学会矿山建设与岩土工程专业委员会委员、中国施工企业管理协会科学技术委员会首席"专家团队"、煤炭行业施工大师、河北省煤炭工业行业协会副会长等。长期从事矿井建设、生产技术、科技管理等工作，参与和主持矿山建设工程施工项目 30 余项，其中荣获鲁班奖 2 项、国家优质工程"银质奖"1 项、煤炭行业优质工程和"太阳杯"100 余项，入选"中国企业新纪录"工程 3 项；主持编写国家级工法 4 项、部级工法 20 余项。主持修编国家标准《煤矿井巷工程施工规范》(GB 50511—2010）和行业标准图册《立井凿井井架图册》等。主持完成了 50 余项立井、斜井井筒及大型硐室掘砌及安装工程施工组织设计的编制工作；主持开展立井井筒快速施工机械化配套方式及施工工艺技术研究及攻关工作，在千米立井施工的综合防治水及深部软岩施工方面进行了科技攻关及实践探索，进行岩石平巷快速施工机械化作业线及煤巷综掘作业线的建设工作。组织或参与实施了公司及以上重点科研项目70余项，获国家、省部级和集团公司各类科技进步奖20余项，其中“复杂地质条件下建井关键技术研究”荣获国家安全生产监督管理总局科学技术进步一等奖；参与完成的国家“863”计划科技项目“超大直径深立井建井关键技术及成套装备”荣获中国煤炭工业科学技术进步一等奖及国家科学技术进步二等奖；“斜井井筒分体式液压模板台车研制与应用”荣获中国质量协会质量技术奖优秀奖。获专利10余项。

201. 杜贵文，男，1969年5月生，教授级高级工程师，中共党员。1992年7月毕业于山东矿业学院（现为山东科技大学），获学士学位。1992年8月进入中国恩菲工程技术有限公司工作至今，一直从事金属非金属矿山井巷工程设计与研究工作，现任中国恩菲工程技术有限公司矿山工程专家、项目总设计师。曾负责和参与完成了国内外矿山工程设计60余项（其中担任项目总设计师15项），参与编制3项国家级规范，参与1项国家“十三五”重点攻关项目和6项一般科研项目，取得多项国际先进或国内领先成果。获国家级科技优秀设计铜奖1项，省部级科技一等奖3项、二等奖1项，部级咨询设计一等奖5项、二等奖2项，部级优秀设计一等奖2项、二等奖4项。获国家实用新型专利6项。在国家核心刊物上发表学术论文8篇。中国煤炭学会矿山建设与岩石工程专业委员会委员。

202. 高岗荣，男，1963年1月生，研究员。现任天地科技股份有限公司建井研究院总工程师、中国岩石力学与工程学会岩石锚固与注浆技术专业委员会委员。拥有建设部一级项目经理和一级建造师资质，2001年被评为第2界全国煤炭建设行业优秀项目经理。多年来一直从事工作面预注浆、旋喷注浆、岩土注浆和地面预注浆技术开发研究工作，具有扎实的理论基础和丰富的实践经验，熟练掌握各种旋喷注浆理论、施工工艺、机具设备等知识，具备承担重大技术攻关能力和现场工程技术难题的能力。主持申报和完成了“双高压高喷注浆技术的开发研究”“垃圾填埋场地下水污染的注浆治理技术”等多项国家级、部级课题研究工作，参加了“小孔多孔快速工作面预注浆技术研究”“高压喷射注浆法技术研究”“市政工程近水平旋喷机改制”“高架多功能高喷设备的研制”“劲性旋喷桩抗弯性能及型钢拔出力试验研究”等多项课题研究工作，使天地科技股份有限公司建井研究院在注浆技术方面处于全国领先水平。

203. 宫守才，男，1962年10月生，安徽凤阳人，教授级高级工程师，煤炭行业设计大师。1983年毕业于中国矿业学院采矿系。现任中煤西安设计工程有限责任公司副总经理。一直从事煤炭矿区总体规划、矿井咨询与设计技术工作，先后承担了数十项国家重点大型煤炭建设项目的技术咨询与设计工作。主持或参与了陕西榆神矿区一、二、三期规划区和榆横矿区南区、北区，山西乡宁矿区和平朔矿区，内蒙古准格尔矿区和上海庙矿区，宁夏鸳鸯湖矿区和红墩子矿区等十几个煤炭矿区总体规划的编制工作，对我国西部一些煤炭矿区的开发和煤矿的有序建设起到了指导性的作用，为国家煤炭基地规划建设打下了良好的基础。主持研究了我国西部一批千万吨级矿井建设项目的设计主要技术原则和建设方案，如平朔矿区的一、二、三号矿井和东露天煤矿，榆神矿区的锦界矿井、凉水井矿井、郭家滩矿井，榆横矿区的小纪汗矿井、大海则矿井、巴拉素矿井等，为煤矿项目的建设奠定了基础，矿井投产后，创造了良好的经济效益和社会效益。近年来一直参与中煤平朔矿区的煤矿建设和配套基础设施的设计工作，为平朔矿区的快速发展、实现露井联采和全国第二个亿吨级矿区建设提供了有效的咨询和设计技术服务。主持或参与了《煤矿巷道断面和交岔点设计规范》《煤炭工业矿井施工组织设计规范》《煤炭工业矿区总体规划规范》等多项煤炭行业设计规范的编制工作。主持或参加了"矿井通风网络分析""西部地区基岩冻结法凿井井壁结构设计研究""富水厚砂层斜井建井技术研究""陕北侏罗纪煤田开发地质灾害研究""中煤大海则矿井（3 000 万吨/年）设计关键技术研究""数字化矿井建设生产一体化三维协同设计"等多项科研工作。

204. 胡彦华，男，1965 年 1 月生，湖南安化人，教授级高级工程师。1986 年本科毕业于华东地质学院工程测量专业，2002 年 12 月硕士研究生毕业于中南大学测绘工程专业。现任铜陵有色金属集团铜冠矿山建设股份有限公司总经理、中国矿业发展战略联盟理事会理事、安徽省危险物品行业公共安全协会常务理事、安徽省工程爆破协会常务理事、安徽省测绘学会理事、安徽省地勘土地规划测绘专业高级职称评审委员会专家、铜陵有色金属集团控股公司测绘专业高级职称评审委员会组长。2014 年被评为安徽省第二届优秀科技工作者、全国第六届优秀科技工作者。他致力于超千米深井及长距离贯通工程建设的测绘理论、方法和设备的研究，主持了 20 余项重大测绘技术与科研项目。获省自然科学优秀学术论文三等奖 1 项、市科技进步三等奖 1 项、省部级施工工法 1 项、市科学技术协会优秀测绘工程一等奖 1 项，负责管理的赞比亚康克拉铜矿工程荣获国家优质工程奖。多篇论文和研究成果在核心期刊上发表，《千米深井矿床开拓测量技术的研究与实践》被评为中南大学优秀硕士论文，《千米深井施工测量机动指向装置的研制》被评为安徽省第四届自然科学优秀学术论文（三等奖）。主持完成的"安庆铜矿主井延深井筒装备预安装测量精确定位技术研究"，被评为铜陵市第七次科学技术进步奖三等奖；"冬瓜山辅助井精密定点测量工程项目"获 2006 年铜陵市科学技术协会优秀测绘工程一等奖；"千米深井开拓长距离平巷贯通控制测量工法"（YJG 106—2012）被评为省部级工法。

205. 蓝成仁，男，1963 年 7 月生，河北磁县人，硕士研究生，教授，硕士生导师，国家一级安全评价师，拥有高级爆破作业人员安全作业证。煤炭工业技术委员会委员、河北省工程爆破协会理事、河北省公安厅治安管理局爆破作业人员考核专家组成员、邯郸市人民政府安全生产专家组成员。1981 年 9 月考入河北煤矿学院采矿系采矿工程专业学习；1983 年 9 月，受学校委派，到中国矿业大学矿山建设系插班学习矿山建设专业；1985 年 7 月，完成学业回到河北煤炭建筑工程学院（原河北煤矿学院）任教；1989 年 9 月，考取中国矿业大学矿山建设系硕士研究生，研究方向为爆破技术及应用，1992年1月，研究生毕业，获硕士学位，再次回到河北煤炭建筑工程学院从事教学工作。在教学工作中，担任矿井建设专业负责人，主要从事土木工程(矿山建设方向)和采矿工程两个专业的教学工作，主讲"井巷工程设计与施工""工程爆破"等课程，指导学生毕业实习和毕业设计等实践性教学活动。在研究生教学中，承担"隧道及井巷工程""AutoCAD二次开发技术"等课程。研究方向为矿山压力与支护、隧道(井巷)开挖与支护等。1992年硕士研究生毕业后开始从事爆破技术研究与技术服务工作，主持并完成了多项拆除爆破工程，运用水压爆破、聚能装药等先进的爆破技术，取得了良好的社会效益和经济效益。2003年后参与了河北省煤矿安全评价、重大危险源评估、矿井生产能力核定等工作。"超深孔爆破卸压致裂顺层钻孔区域抽采消突技术"获2011年河北省煤炭工业协会科学技术二等奖；"半煤岩巷快速掘进技术"2013年通过山西省科技厅鉴定，项目达到国际先进水平。2014年8月成为煤炭工业技术委员会委员。

206. 张梦彪，男，1962年4月生，山西翼城人，教授级高级工程师，一级注册建造师。本科毕业于山西矿业学院矿井建设专业，研究生毕业于焦作工学院企业管理研究生班。1985年7月参加工作；1985年7月至2014年12月就职于中煤四十九工程处，任工区项目经理、副处长、党委委员；2014年12月至今就职于中煤科工集团北京华宇工程有限公司，任副总经理、党委委员、董事、执行监事。发表《运用锅底形中深孔光底爆破新技术加快立井基岩段施工速度》等论文10篇，主编《中煤科工集团北京华宇工程有限公司工程总承包项目管理工作手册》。获中国勘察设计协会工程总承包金奖1项、铜奖3项，中国煤炭工业协会科学技术特等奖1项，中国煤炭建设协会优秀工程总承包金奖5项、银奖2项。煤炭工业技术委员会矿山建设专家委员会1～3届委员。

207. 李德春，男，1962年9月生，教授级高级工程师。毕业于山东矿业学院地下采煤专业，曾任中煤能源集团邯郸设计研究院副院长，第7届中国煤炭学会矿山建设与岩土工程专业委员会委员。

208. 李红辉，男，1965年1月生，湖南长沙人，教授级高级工程师，中国有色金属建设协会设计大师，一级注册建造师，注册安全工程师。1986年毕业于焦作矿业学院，同年分配到长沙有色冶金设计研究院从事矿山建设设计工作；2003年到金诚信矿业管理股份有限公司工作，曾任总工程师、副总经理、竖井分公司总经理等，现任建井总工程师。第五届国家安全生产专家组专家，全国安全生产标准化技术委员会金属非金属矿山安全分技术委员会委员，中国有色金属建设协会标准化委员会第6、7届委员，中国有色金属建设协会工程建设安全分会第1届副理事长，第5届《建井技术》编委会委员，中国爆破行业协会第6届理事会理事，第6、7届北京工程爆破协会常务理事，第7届中国煤炭学会矿山建设与岩土工程专业委员会委员，全国标准化协会理事，中国有色金属学会矿山信息化智能化专业委员会第1、2届委员会委员。从事矿山行业设计、施工和管理工作30多年，致力于矿山井巷工程的技术进步和创新，参加了全国最深竖井的技术攻关和施工指导，超深竖井施工关键安全技术研究，“十三五”国家重点科研项目——深部金属矿建井与提升关键技术的研究。主编和参编了6项国家标准，发表8篇论文，获2项发明专利。获全国工程建设质量管理先进工作者、鲁班奖工程项目经理和“十二五”全国建筑业企业优秀总工程师等荣誉称号。

209. 居宪博，男，1964年2月生，江苏沛县人，教授级高级工程师。1985年毕业于中国矿业学院。长期从事煤矿建设事业，积累了丰富的现场实践经验。1985年至2002年在大屯煤电公司矿建公司工作，参加了大屯煤电公司龙东矿的建设与姚桥矿的改扩建，主持了山东省七五生建煤矿许楼井的施工，对于华东地区井筒基岩交界面段的破坏治理与预防积累了一套成功的方法，对冻土层与冻结砾石层施工创立了独特的施工方法；2002年至今在国投新集能源股份有限公司工作，任副总工程师。1995年主持的“冻结管射孔技术研究与应用”项目获江苏省煤炭工业技术进步一等奖。主持建设了国投新集能源股份有限公司刘庄煤矿、口孜东矿、板集煤矿。刘庄煤矿的建设创立了地面预注浆、冻结与井筒施工“三同时”的施工方法，通过人工快速解冻大深度冻融土上施工井塔、井塔施工与井筒下段及箕斗装载硐室平行施工等一系列创新方法，加快了煤矿建设，缩短了建设工期。通过创新管理与严格的质量控制，建成的刘庄煤矿荣获中华人民共和国成立60周年“百项经典与精品工程”称号。针对目前的深井冻结与大型机械化配套井筒施工方式，提出冻结管应深入稳定基岩10 m以上。为解决深井软岩混凝土支护破坏问题，提出了“先抗后让，抗让结合”的支护理念，目前已在淮南矿区成功应用。在总结一系列煤矿建设通风经验的基础上，提出在矿井永久主通风机上加装软启动装置实现风机转速无级可调，省去临时主通风机，避免了临时通风系统与永久通风系统的倒换环节，这一做法可大量节约施工费用与环节。这一系列的创新，为淮南煤矿建设事业的健康发展做出了重要贡献。

210. 刘泉声，男，1962年8月生，博士，教授。1983年7月本科毕业于山东矿业学院土木工程系矿井建设专业，获学士学位；1986年7月硕士研究生毕业于中国科学院武汉岩土力学研究所，获岩土力学专业硕士学位；2000年10月在职博士研究生毕业于中国科学院武汉岩土力学研究所，获岩土工程专业博士学位。1986年7月至2009年7月，在中国科学院武汉岩土力学研究所工作，其中1988年12月被聘为助理研究员，1994年6月被聘为副研究员，1996年12月被聘为研究员；1995年10月享受国务院政府特殊津贴；1997年8月至1998年7月和2001年1至6月分别受中国科学院和日本科技厅资助去日本进行客座研究和日本政府特别研究员研究工作；1998年7月至2000年3月任中国科学院武汉岩土力学研究所科研计划处处长，1998年7月至2002年5月任中国科学院武汉岩土力学研究所岩土力学与工程开放研究实验室（岩土力学与工程国家重点实验室前身）常务副主任。2008年度被评为教育部“长江学者”奖励计划特聘教授。2009年7月被武汉大学土木建筑学院聘为二级教授，同年11月任副院长。2013年被评为湖北省有突出贡献的中青年专家。现任国家“973”计划项目“深部复合地层围岩与

TBM相互作用机理及安全控制”首席科学家、岩土与结构工程安全湖北省重点实验室主任、国际岩石力学学会会员、中国能源学会副理事长、中国岩石力学与工程学会理事、中国岩石力学与工程学会地下工程分会副理事长、中国岩石力学与工程学会软岩工程与深部灾害控制分会常务理事、中国岩石力学与工程学会岩石力学测试专业委员会副主任委员、湖北省力学学会常务理事、《岩石力学与工程学报》和《岩土力学》编委、湖北省第十一届政协常委。曾任国家自然科学基金委员会第十二、十三届专家评审组成员。主要从事煤矿深部巷道围岩稳定控制理论与支护技术、煤矿深部软岩地应力测试方法和裂隙岩体温度-应力-水流耦合过程建模与模拟等研究，先后主持国家自然科学基金项目7项(面上项目4项、重点项目2项、国际合作重大项目1项)；主持国家“973”计划项目、技术创新基金项目、国家科技支撑计划项目、国家交通西部科技项目、国防科工委高放射性废物地质处置专项等10多项，重大工程科研项目20余项。获国家科技进步二等奖2项(2010年排名第一、2000年排名第二)、湖北省科技进步一等奖2项。发表学术论文110余篇，其中SCI收录论文40余篇，EI收录论文50余篇；出版专著2部；获国内发明专利12项，国际发明专利1项，国内实用新型专利7项；软件著作权3项。

211. 刘英杰，男，汉族，1958年6月生，山西洪洞人，教授级高级工程师，中共党员。1976年3月至1978年8月在甘肃省武都县当知青；1978年9月至1982年7月就读于西安矿业学院；1982年8月进入川煤九处工作，历任技术员、主管技术员、副总工程师；1995年5月任川煤九处副处长、总工程师；2002年1月任重庆巨能建设(集团)有限公司副总经理、总工程师、党委委员；2010年5月任重庆巨能建设(集团)有限公司董事、副总经理、党委委员，兼重庆川九建设有限责任公司董事长、党委委员；2013年2月任重庆巨能建设(集团)有限公司董事、总经理、党委委员，兼重庆川九建设有限责任公司董事长、党委委员；2013年12月任重庆巨能建设(集团)有限公司董事长、党委委员。社会职务有重庆市职称改革工作领导小组矿山工程技术高级职务评审委员会委员、中国煤炭建设协会专家组成员、重庆市工程建设矿山专业高级职称评委、重庆市巴渝杯评委专家组成员、重庆市建设委员会建筑行业专家库专家、中国煤炭工业协会煤炭工业技术委员会矿山建设专家委员会会员、重庆市工程爆破行业专家库专家。负责完成的“近水平厚煤层长距离石门揭煤施工工法”获“煤炭行业级(部级)工法”，“山西太原长沟煤矿过流沙层施工”获重庆市科技进步二等奖；负责施工的山西晋城寺河煤矿获2005年度中国建筑工程“鲁班奖”；参与的重庆市第九人民医院住院综合楼获2005年度重庆市巴渝杯优质工程奖；参与的重庆市骏逸新视界商住楼获2005年度重庆市巴渝杯优质工程奖，三期工程13、14号楼质量管理小组“天棚不抹灰工艺的现浇楼板平整度控制”课题获全国工程建设优秀质量管理小组称号；负责施工的“重庆松藻煤电公司打通一矿排矸副立井工程”荣获2011年煤炭行业工程质量“太阳杯”及“煤炭行业优质工程”奖。获重庆市建筑业协会2013年度“重庆市建筑业优秀经理”称号，中国施工企业管理协会2013年度“全国工程建设优秀职业经理人”称号。

212. 马芹永，男，1964年11月生，安徽宿州人，工学博士，教授，博士生导师。现任安徽理工大学土木建筑学院院长。先后被授予淮南市十大杰出青年、安徽青年科技奖、安徽省模范教师、安徽省教学名师、安徽省先进工作者等称号。先后承担国家自然科学基金、教育部博士点基金优先发展领域等课题8项；主编国家安全行业规范和安徽省地方标准各1部；获安徽省科学技术奖、国家安全生产科技成果奖和中国煤炭工业科学技术奖二等奖5项、三等奖6项；以第一作者发表学术论文50余篇，被SCI、EI收录26篇；获国家发明专利等5项。兼任国际岩石力学学会会员、中国岩石力学与工程学会理事、中国岩石力学与工程学会岩石动力学专业委员会副主任、中国煤炭学会爆破专业委员会副主任、安徽省岩石力学与工程学会秘书长。安徽省学术和技术带头人，所在的土木工程学科为一级学科博士点、安徽省重点学科。他认真指导博士和硕士研究生，结合工程建设实际，认真开展科研工作，致力于科技创新，重视科技成果转化。在技术研究与开发中解决了人工冻土爆破和硬岩井筒爆破中关键性的技术难题，研究成果达到国际先进水平，取得较大的经济效益和社会效益。负责完成的成果在山东鹿洼和淮南潘北矿等冻结井筒应用，炮眼利用率达95%以上，掘进速度提高3倍以上，解决了保证冻结管安全的关键性施工技术。山东省七五生建煤矿，冻结深度335.0 m，砂砾层总厚度215.11 m，该井筒掘进至57.95 m以后，井筒断面全部冻实，人工挖掘冻结砂砾层十分困难，每班进尺仅15 cm左右，为提高施工速度，他认真分析现场情况，制定可行的施工技术方案，取得了巨大成功，平均月成井95 m，节省工期5个月，该项成果的应用解决了工程难题。针对煤矿井下靠近煤层的特殊部位不易爆破，或附近有风管、水管、电缆等重要的仪器设备需要保护时，提出了煤矿井下静态破碎开挖技术，对静态破碎剂的反应速度、反应温度与时间之间的关系、不同水灰比下静态破碎剂最大膨胀压力进行了研究，并在淮南谢家集一矿、潘北矿、淮北杨庄矿、岱河矿和皖北朱集西矿等进行了工程应用，通过同行专家的评价，该研究成果总体技术水平达到国际先进水平。主编了国家安全生产行业标准《煤矿井下静态破碎技术规范》(AQ 1108—2014)。指导博士研究生9名(已毕业6名)、硕士研究生86名(已毕业65名)。

213. 马维清，男，1968年1月生，吉林松原人，研究生学历，教授级高级工程师，中共党员。现任中国华北冶金建设有限公司副总经理、首席专家。长期从事矿山建设工程管理及新技术的研究开发工作。曾获鲁班奖工程项目经理、河北省劳动模范、中国建筑业协会全国建筑业优秀项目经理、中国建筑业协会全国建筑业优秀总工程师等多项荣誉。曾任多座大型矿山建设工程的项目经理，具有扎实的专业知识与丰富的矿山建设工程项目管理经验，其主持的矿山工程有多项获国家优质工程奖及冶金行业优质工程奖。特别是草楼铁矿更是创造了大型地下矿山3年建成、1年达产的两项新纪录，被业界誉为冶金矿山建设的“草楼速度”。该项目获冶金矿山第一个“鲁班奖”，并获全国唯一一家矿山“五星级现场管理”荣誉，受到了国内外行业专家的高度赞誉。近几年来，主持了多项矿山建设领域的科研项目，取得了丰硕的技术成果。先后主持了“千米竖井凿井装备及机械化施工工艺研究”“草楼铁矿阶段深孔崩矿嗣后充填封闭技术应用与优化”“立井井筒装备及提升系统安装技术”“高风险富水地层矿山井巷掘进超前地质预报技术研究与应用”“长轴 145.4 m 椭圆形穹顶钢结构施工技术”，北京市科委重大科技成果转化项目“冶金矿山专用设备和产业化项目”、重大落地培育专项“1 500 m 竖井安全高效施工关键技术研究”，以及国家财政部施工新技术研发项目等。其中 3 项技术成果通过省部级以上科技成果鉴定为国内领先水平，获中国施工企业管理协会科学技术奖一等奖 1 项，中国建筑业协会技术创新成果三等奖 1 项。近 5 年来完成 6 项省部级工法；主持编写了《冶金矿山井巷工程施工质量验收规范》《冶金矿山井巷工程测量规范》《焊管设备安装工程施工验收规范》《冶金矿山井巷安装工程质量验收规范》4 项行业标准；申报国家专利 4 项；在国家级期刊发表论文 7 篇。

214. 张超晖，男，1965 年 7 月生，陕西澄城人，教授级高级工程师，中共党员，国家一级注册建造师，国家注册监理工程师，中国工程建设职业经理人。自 1986 年 7 月从学校毕业分配参加工作至今，一直从事矿井建设、工业与民用建筑施工及施工企业管理工作。参加工作以来，先后任陕西煤炭建设公司第五工程处技术员、科长、副处长、总工程师、处长；2002 年 3 月起，任陕西煤炭建设公司总经理助理、副总经理，主管施工生产技术等工作；2011 年 6 月起，任陕西煤业化工建设(集团)有限公司总经理、党委副书记，同时任陕西省建筑业协会副理事长、陕西省爆破工程协会常务理事。担任陕西煤炭建设公司副总经理期间，主持参建的 GZ40 勉县至宁强高速公路十一标段工程项目施工，采取了“新奥法”施工工艺，攻克了技术难题，荣获 2007 年度国家优质工程银质奖；独立主持的“华亭煤业大柳煤矿副立井开凿工程”“陕西中环公司工程建设项目”“鼓形旋转滤网”“滑模预应力钢索新技术应用”及“穿越粉细砂层巷道硅酸凝胶材料注浆加固和支护技术研究”项目，参加的“沿空留巷围岩控制及煤与瓦斯共采技术研究”等，分别荣获中国煤炭工业协会科学技术奖、山西省科技进步奖以及陕西煤业化工集团科技进步奖。担任陕西煤业化工建设(集团)有限公司总经理期间，主持的“回风立井风化基岩段井筒壁后注浆施工结构”及“回风立井井身工作面防治水施工结构”均获国家新型实用专利；主持的“强冲刷堤岸市政防洪综合工程施工工法”的研究和编制，获陕西省省级工法。正在主持开展“多项目并行施工进度控制技术”的理论研究及实践应用，取得阶段性突破。先后荣获陕西省煤炭系统“八五”劳动竞赛先进个人、铜川市第七届十大杰出青年、铜川市劳动模范、第四届陕西省优秀青年实业家、全国煤炭行业先进施工企业经营者、全国煤炭行业先进企业经营者、全国工程建设质量管理小组活动卓越领导者、陕西省优秀施工企业家、陕西省工程建设优秀 QC 小组卓越领导者等荣誉称号。

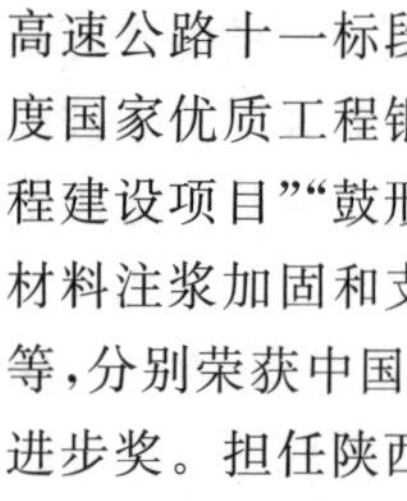

215. 乔卫国，男，1963 年 4 月生，博士，教授，博士生导师。山东科技大学土木工程与建筑学院院长，兼任山东岩石力学与工程学会副理事长、中国岩石力学与工程学会地下工程分会常务理事、中国煤炭工业技术委员会矿井建设专家委员会委员、中国煤炭学会矿山建设与岩土工程专业委员会委员。荣获教育部新世纪优秀人才、山东省有突出贡献的中青年专家、中国煤炭工业技术创新优秀人才等荣誉称号。主要从事矿山及城市地下工程不稳定岩体支护理论与技术、裂隙岩体注浆加固与堵水理论与技术研究。主持国家“十三五”重大科技专项子课题、国家自然科学基金、国家外国专家局国际合作项目、山东省自然科学基金等国家和省部级科研课题 15 项，承担企业委托项目 30 余项。获国家科技进步二等奖 1 项，省部级科技进步一等奖 2 项、二等奖 4 项，山东省教学成果二等奖 1 项、三等奖 1 项。

216. 邱天德，男，1980 年 9 月生，福建龙岩人，副研究员。毕业于辽宁工程技术大学，现任中煤科工集团天地科技建井研究院井巷所所长、中国岩石力学与工程学会软岩工程与深部灾害控制分会理事、煤炭行业煤矿专用设备标准化委员会井巷技术分会委员。全国煤炭青年科学技术奖获得者。长期从事煤矿井巷装备及安全技术研究，发表学术论文 20 余篇，负责编写标准 2 项，主持各类科研项目 10 余项，获发明专利 2 项。获中国煤炭工业专利奖二等奖 1 项、中国职业安全健康协会科学技术奖二等奖 1 项、中国机械工业协会科学技术奖二等奖 1 项、中国煤炭工业协会科学技术奖三等奖 3 项。负责发改委项目“煤矿支护 ϕ18.9 mm 锚索、机具研究与应用”，该技术在山西潞安矿业(集团)有限责任公司等煤矿中的应用表明，新型锚索与传统的常规锚索相比，锚固力大、抗蠕变变形能力强、不易被拉断。特别是在综放工作面沿煤层底板掘进的煤顶巷道、大断面巷道、开切眼和交岔点等施工中，存在顶板煤层破碎、跨度和断面大、巷道压力和变形大等情况，新型锚索可大大提高巷道支护的安全，解决复杂地质条件下的巷道支护问题，综合技术达到国际先进水平。负责中央国有资本经营预算重大技术创新及产业化资金项目“煤矿井下紧急避险系统装备及技术研究”和天地科技重点项目“KJYF-96/8 矿用可移动式救生舱的研究”，在煤矿井下发生灾变后人员可进行有效避险和防止二次事故伤害，已形成了一整套具有自主知识产权的井下避险系统装备技术体系，整体达到世界先进水平。负责国家“863”计划项目“大型凿井井架及井壁吊挂关键技术与装备”专题“液压整体迈步式凿井吊盘的研制”，首次在千米深井凿井配套设备中采用了全液压动力系统驱动液压迈步吊盘，简化了井筒施工设备布置，节省了大量稳车等设备，改善了现场工人的施工条件，与液压钻架、液压抓岩机、液压迈步模板等组成了大段高掘砌施工成套工艺装备。

217. 任清，男，汉族，1962 年 2 月生，河北张家口人，高级工程师，中共党员。1983 年 8 月至 2000 年 1 月在宣化采掘机械厂技术科历任科长、总工程师；2000 年 1 月至今任张家口宣化华泰矿冶机械有限公司总经理、总工程师(2009 年 4 月，组建河北宣钻重型机械有限公司，兼任董事长、总经理)。近年来先后获“张家口市科技进步奖”等多项荣誉，两次被评为“河北省创业功臣”，2013 年 12 月被中共河北省委、省人民政府授予“河北省科技型中小企业创业管理人才”荣誉称号。

218. 施佳音，男，汉族，1967年12月生，辽宁锦州人，教授级高级工程师，中共党员。1990年7月进入中煤国际工程集团沈阳设计研究院矿选所，历任采矿助理工程师、工程师、项目总设计师、采矿副所长；2005年8月任中煤科工集团沈阳设计研究院采矿副总工程师、所长、项目总设计师；2014年3月任中煤科工集团沈阳设计研究院有限公司采矿工程师、项目总设计师。1990年参加工作至今，先后参加或主持过矿区总体规划、矿井设计项目共69项，设计总规模达2.98亿吨/年，其中任项目总设计师兼主要设计人的300万吨/年以上的大型煤矿项目有48个，任项目总设计师兼主要设计人的15个项目获25个国家级和省部级奖。完成一、二类施工图设计381项。主编和参编国家规范3部，分别为《煤矿采区车场和硐室设计规范》《煤炭工业矿井工程建设项目设计文件编制标准》和《煤矿井底车场硐室设计规范》，发表论文4篇。独自编写煤炭系统矿井设计工具书《采矿工程设计手册》第五篇第十章。任国家"863"计划项目"特大型矿井提升系统关键设备的研制"课题骨干，沈阳市科技局科技计划"特大型箕斗(50 t)及配套装卸载设备研发"课题骨干。负责三台子二井、同忻矿井、不连沟矿井、灵东矿井和高头窑矿井共5个项目从方案、立项、建设到移交全过程总体设计及协调工作，现均已建成达产，经济效益十分显著。同时在软岩支护、井筒冻结、大直径井筒设计、超长缓坡斜井设计、井筒过风积沙和采空区施工、浅埋深放顶煤开采、大采高综采和大采高放顶煤综采、褐煤开采、千万吨特大型矿井设计、安全高效工作面设计等方面积累了丰富的设计经验、矿井建设经验和现场生产实践经验。设计的蒙泰不连沟煤业有限责任公司不连沟矿井及选煤厂获得了"鲁班奖"，扎赉诺尔煤业有限责任公司灵东矿井获得了"太阳杯"。

219. 佟强，男，1968年3月生，山东新泰人，博士，研究员。现任新汶矿业集团有限责任公司副总经理。先后主持完成了"轨道斜巷提升安全系统装置研究与应用""村下压煤开采及地表塌陷综合治理""矸石置换煤关键技术研究与应用""近700 m厚表土层冻结法凿井关键技术研究"等科研工作，并完成了"生产企业主导工序控制管理""安全管理模式的创新与实践""煤矿绩效管理"等管理类研究工作，"充填液压支架"获国家发明专利，获省部级科技进步奖23项，其中，省部级及煤炭行业科学技术一等奖6项。近年来分管集团公司基本建设工作，针对当前建设项目多、投资大的实际情况，超前谋划、准确定位、科学研究、规范管理，取得显著成效，特别是结合新疆、内蒙古、安徽不同地区、不同地质条件的矿井，因地制宜、科学论证，加强技术研究和现场施工管理，确保了项目的安全建设，有效保障了施工工期，同时建设投资得到了严格控制。2011年作为"近700 m厚表土层冻结法凿井关键技术研究"分管负责人，主持了项目可行性论证和主要施工技术的确定；研究了CF80钢纤维高强混凝土井壁的力学特性并研发其施工技术；研究了分散布孔冻结技术与工艺、超大型冻结站运转技术，提出了合理冻结、快速凿井的技术措施；主持撰写了技术总结部分章节。"龙固北风井穿过冲积层575.6 m"项目立项前，国外冻结法凿井技术的表土层厚度纪录为571.2 m(苏联雅可夫列夫铁矿2号井)，国内纪录为587.5 m(山东郭屯矿井主井)，该项目获中国煤炭工业科技进步一等奖，达到国际领先水平，研究成果可应用于同类井筒的建设，有广泛的推广应用前景。发表论文20余篇，出版专著《高产高效开采工艺理论与实践》。

220. 王建平，男，1965年3月生，江苏宜兴人，研究员，硕士生导师。1985年毕业于北京工业学院力学工程系，1991年在中国矿业大学获硕士学位。现任中煤科工集团天地科技建井研究院副总工程师、首席科学家，中国岩石力学与工程学会软岩工程与深部灾害控制分会第二届理事会理事，北京中煤矿山工程有限公司学术委员会委员。先后主持、参与完成了国家“十二五”科技支撑课题“蒙陕深部亿吨级煤炭基地建设关键技术”中子课题“蒙陕深部矿区立井建设关键技术研究”，“千米深井控制冻结凿井关键技术研究”及“深厚冲积层冻结法凿井技术”研究等多个项目，获省部级科技进步奖8项，其中，省部级及煤炭行业科技进步特等奖1项，煤炭工业十大科学技术成果奖1项、一等奖3项，上海市市政管理局二等奖1项、三等奖1项，中煤科工集团一等奖1项。1999年担任项目经理完成了国内第一个江底地铁联络通道的冻结项目，奠定冻结法施工在上海地铁联络通道施工中的主导位置。2001年完成我国第一个最长的全断面水平隧道的冻结工程，使我国的水平冻结技术取得了长足发展，为后来的水平冻结技术提供了良好的可借鉴经验。负责并完成当时国内净径最大的冻结井筒施工，主持设计了世界上最深(950 m)的冻结井筒的方案设计。发表论文41篇，参与编写技术规程1部。培养工学硕士4名。

221. 徐拴海，男，1963年5月生，陕西宝鸡人，研究员，硕士生导师，一级注册建造师、注册安全工程师、注册岩土工程师。1986年毕业于兰州大学地质系水文地质与工程地质专业，获理学学士学位。现任中国煤炭科工集团西安研究院有限公司工程地质研究所所长。任陕西省地质学会探矿工程专业委员会副主任委员等职，兼任西安科技大学和西安理工大学校外研究生导师。承担煤炭基金项目“矿区疏干地下水三维流与二维流对比研究”，联合国资助子项目“突水机理模型实验室建立及实验研究”，国家“十一五”科技支撑计划项目子专题“矿井水害快速治理技术与装备研制”，煤炭科学研究总院青年创新基金“煤矿中深部井巷软弱破碎带管棚支护计算模型和设计参数优化研究”；承担设计和施工项目“青海华电大通电厂输煤廊道深基坑支护工程”“陕西彬长大佛寺煤矿主、副斜井冒落带松散体管棚支护工程”“陕煤集团柠条塔煤矿主、副斜井穿越火烧区和含水煤层区注浆堵水工程”；承担勘察、设计和施工项目“青海S101线红土山高边坡和滑坡工程”；承担施工项目“晋福高速徐州西绕城煤矿采空区注浆处理工程”；承担咨询项目“宝鸡摩天院同心小区地质灾害勘察、危险性评估与治理方案设计”“内蒙古霍林河扎哈诺尔露天煤矿边坡工程地质勘察和稳定性评价”“韩城桑树坪煤矿矸石山环境治理科研报告、设计方案、施工设计”“宝鸡至汉中天然气管线勘察”等。将管棚技术引入煤矿井巷松散破碎体、断层带和复杂地质体支护施工中，成功解决了开滦东欢坨、彬长大佛寺等井巷工程问题，取得理想效果；将成熟的地质灾害、边坡治理技术应用到露天煤矿人工高边坡勘探和稳定性评价中，提高了优化开采工程设计的水平和安全性；参与或主持了多项国家、部委和企业技术研究项目，在注浆堵水设计、材料、施工工艺、设备配套等方面取得了成效，成功解决了多个矿井建设和生产中的实际问题。“井筒基岩冻结法施工解冻水害治理技术研究及应用”获陕西省科学技术一等奖，“双液浆变配比注浆快速堵水工艺及设备配套研究”获陕西省科学技术二等奖,“榆神府矿区小煤窑采空区突发性垮塌灾害成套防治技术”获陕西省科学技术一等奖。在各种学术刊物上发表论文 10 余篇,参与完成专著 1 部,培养毕业硕士研究生 2 名、在读 3 名。

222. 杨更社,男,1962 年 7 月生,陕西武功人,博士,教授,博士生导师。1984 年毕业于西安矿业学院矿井建设专业,获学士学位,同年考入西安矿业学院岩土工程专业研究生,1987 年获硕士学位后留校任教。1992 年考入西安理工大学攻读博士学位,1995 年 10 月获工学博士学位。1995 年 11 月至 1996 年 11 月赴日本国立鸟取大学工学部进修学习。1997 年至 1999 年在同济大学岩土工程研究所从事博士后研究。1998 年任西安科技大学建筑工程系副主任,2000 年任西安科技大学教务处处长,2003 年任西安科技大学副校长,2013 年任西安科技大学校长。2017 年 12 月任西安邮电大学党委委员、党委书记。兼任国际岩石力学与工程学会教育工作委员会副主任委员、中国岩石力学与工程学会副理事长、中国煤炭学会常务理事、中国煤炭工业协会理事、陕西省高等教育学会副理事长、陕西省岩石力学与工程学会副理事长、《煤炭学报》《岩石力学与工程学报》《地下空间与工程学报》《建井技术》等编委。主要从事岩土力学与工程数值计算方法及工程应用研究,以及高等教育教学管理研究。先后负责国家自然科学基金、教育部优秀青年教师基金、中国博士后基金等数十项科研项目,有 10 余项成果获国家、省部级奖励,其中国家教学成果二等奖 1 项,陕西省科技进步一等奖 1 项、二等奖 4 项。获陕西省优秀教学成果特等奖 1 项、一等奖 2 项、二等奖 4 项。出版学术专著 6 部,发表论文 100 余篇。培养博士后 9 人,指导博士研究生 16 人、硕士研究生 70 余人。先后获第三届“陕西青年科技奖”“陕西省优秀留学回国人员”、中国岩石力学与工程学会“青年科技奖”和教育部“优秀骨干教师”等荣誉称号。

223. 杨小林,男,汉族,1963 年 12 月生,博士,教授,博士生导师,中共党员。享受国务院政府特殊津贴专家,“新世纪百千万人才工程”国家级人选,河南省优秀专家。历任焦作矿业学院土木工程系副主任、焦作工学院教务处处长、河南理工大学副校长,洛阳工业高等专科学校校长、党委副书记,洛阳理工学院院长、党委副书记,现任河南理工大学校长、党委副书记。兼任教育部高等学校土木类和土木工程专业教学指导委员会副主任委员,中国岩石力学与工程学会教育工作委员会副主任委员。1979 年至 1983 年在焦作矿业学院矿井建设专业学习,获学士学位;1986 年至 1989 年在东北工学院研究生学习,获采矿工程硕士学位;1996 年至 1999 年在中国矿业大学(北京)学习,获岩土工程博士学位;1999 年至 2001 年在北方交通大学土木建筑工程博士后流动站工作。先后主持完成国家和省部级课题 30 余项,获省部级一等奖 2 项、二等奖 7 项。主持完成的“矿岩爆破块度的预测与控制”“煤矿深部巷道掘进施工关键技术及推广应用”分别获 2000 年、2013 年河南省科技进步二等奖;参加完成的“青藏铁路多年冻土带风火山隧道施工技术”项目获 2005 年国家科技进步二等奖,“高原高寒地区特长铁路隧道施工关键技术研究”项目获 2012 年度中国铁路工程总公司科学技术一等奖。主持完成了 30 余项大型拆除爆破工程,“大型工业建构筑物的爆破拆除技术”获 2003 年河南省科技进步一等奖。在《岩石力学与工程学报》《煤炭学报》和《爆炸与冲击》等刊物上发表学术论文 90 余篇,出版专著 3 部、教材 2 部,获专利 8 项。培养博士研究生 6 人、硕士研究生 26 人。

224. 林功旺,男,1963 年 4 月生,福建武平人,教授级高级工程师。1983 年毕业于淮南矿业学院,现任中煤科工集团南京设计研究院有限公司首席专家。一直从事煤炭行业咨询、设计、管理工作,历任主任工程师、矿山设计院院长、院副总工程师和总工程师,2011 年受聘为中国煤炭科工集团首席设计大师。长期从事煤炭规划、矿井咨询、设计方面的工作,先后主持完成了国家晋中煤炭基地离柳矿区、乡宁矿区等五个大型、特大型煤炭矿区规划编制;主持了山西沙曲一、二矿 800 万吨/年改扩建工程,邓家庄矿井,安徽宿县矿区祁南矿井等 30 多对矿井的咨询、设计工作;主持完成了澳大利亚、土耳其、土库曼斯坦等国家特大型煤矿、非煤矿山的规划、咨询、设计工作。获国家优秀工程咨询成果二等奖 1 项,省部级优秀工程咨询成果一等奖 5 项、二等奖 6 项。

225. 于新胜,男,汉族,1966 年 1 月生,山东人,教授级高级工程师,中共党员,享受国务院政府特殊津贴。1987 年 7 月至 2015 年 3 月,在武汉煤炭设计研究院(现中煤科工集团武汉设计研究院有限公司)工作,主要从事采矿设计、项目管理、技术管理等工作,历任室主任、总师办副主任、副总工程师、总工程师、总经理助理和项目负责人;2015 年 4 月至今任副总经理兼总工程师。作为主编编写了国家标准《煤矿井底车场硐室设计规范》(GB 50416—2007),作为副主编编写了《采矿工程设计手册》第三篇,作为主要编写人员编写了国家标准《煤矿井下热害防治设计规范》(GB 50418—2007)、《煤矿斜井井筒及硐室设计规范》(GB 50415—2007)、《煤矿建设项目安全设施设计审查和竣工验收规范》(AQ 1055—2008)等。

226. 袁庆国,男,汉族,1962 年 1 月生,吉林长春人,硕士,研究员。1982 年毕业于阜新矿业学院矿井建设专业,历任煤炭科学研究总院北京建井研究所办公室副主任、主任,煤炭科学研究总院成果处副处长,国家安全标志办公室常务副主任,煤炭科学技术研究院有限公司副总经理。主持和参加国家攻关、部重点科研项目 10 余项,取得多项国际先进或国内领先成果,获部级三等奖 2 项。共发表论文近 20 余篇,主编了《煤炭安全标志产品大全》等书。

227. 张顶立，男，汉族，1963 年 2 月生，教授，博士生导师。北京交通大学土木建筑工程学院院长，国家“973”计划项目“城市地下工程安全性的基础理论研究”首席科学家，国家“863”计划项目“大型跨海隧道钻爆法修建核心技术研究”负责人，中国岩石力学与工程学会常务理事、地下工程分会副理事长，中国土木工程学会工程风险与保险研究分会副理事长，中国锚固工程协会理事，国际岩石力学学会会员，中国国际工程咨询公司专家，桥梁与隧道工程国家重点学科带头人，隧道及地下工程教育部工程研究中心主任，“隧道及地下工程安全性控制”教育部创新团队带头人，《岩石力学与工程学报》《北京交通大学学报》《隧道建设》《煤》等杂志编委。他长期致力于隧道及地下工程设计理论与施工技术方面的研究和高层次人才培养，近十年来主要从事隧道及地下工程方面的研究和教学工作，在隧道病害、隧道注浆技术、海底隧道、安全风险控制、隧道围岩变形机理、支护与围岩“动态作用”体系、围岩稳定性评价体系和控制方法等领域取得了具有创新性的研究成果，形成系统的理论认识和核心技术体系。

228. 张太平，男，汉族，1963 年 1 月生，内蒙古卓资人，教授级高级工程师，中共党员。1987 年 7 月进入内蒙古乌达煤矿职工大学任教；1993 年 1 月进入神华神东公司工作，先后任副处长、矿长；2005 年 8 月至今，先后任内蒙古伊泰集团有限公司副总工程师，内蒙古伊泰京粤酸刺沟矿业有限责任公司董事长兼总经理，伊泰伊犁矿业有限公司董事长兼总经理、集团公司安委会主任。多次获优秀共产党员、优秀党务工作者、优秀领导干部、安全生产先进工作者、计划生育优秀领导干部等荣誉，2007 年 1 月 31 日被授予“2006 年度突出贡献者”荣誉称号，2007 年 5 月被授予全市五一劳动奖章，2007 年 6 月被评为“第三届中国企业教育培训师百强”。2013 年 3 月获国家能源科技进步二等奖，此外还获国家煤炭工业科技委十大科学技术成果奖，中国煤炭学会、中国煤炭工业协会科学技术二等奖，陕西省科技厅科技成果一等奖，陕西省煤炭工业局、陕西煤矿安全监察局、陕西省煤炭工业协会煤炭工业科技成果二等奖，神东公司科技成果特等奖。获实用新型专利 3 项。

229. 赵兴东，男，汉族，1975 年 10 月生，辽宁辽中人，教授，中共党员。2006 年 9 月进入东北大学采矿工程研究所工作，2011 年 1 月到加拿大不列颠哥伦比亚大学做访问学者，2013 年 7 月至今在东北大学采矿工程研究所任教授。获中国岩石力学工程学会优秀博士论文、辽宁省“百千万人才工程”千人层次、“十一五”期间全国黄金行业劳动模范等荣誉。主编的《井巷工程》教材获第二届冶金优秀教材二等奖；参与的“金青顶矿区深部采矿方法及其地压控制方法研究”项目获 2010 年中国黄金学会科技进步一等奖(排名第 2，校内排名第 1)，“三山岛金矿采场顶板地压活动规律及其控制方法研究”获 2010 年中国黄金学会科技进步一等奖(排名第 3，校内排名第 1)。主编《井巷工程》《采煤概论》《工程爆破技术》等教材。

230. 宗敦峰，男，1962 年 11 月生，河北怀来人，工程硕士，教授级高级工程师，中国科协委员，享受国务院政府特殊津贴。1983 年 8 月至 1986 年 5 月，任水利部长江水利委员会枢纽处技术干部；1986 年 6 月至 1992 年 10 月，任河北省张家口市水利局设计处助工、项目负责人；1992 年 11 月至 2004 年 10 月，任中国水利水电基础工程局有限公司副科长、科长、技术处总工程师、正处级项目经理、副局长、局长；2004 年 11 月至 2009 年 10 月，任中国水利水电建设集团有限公司副总工程师兼工程科技部主任、总工程师；2009 年 11 月至 2014 年 2 月，任中国水利水电建设集团有限公司总工程师、副总经理兼总工程师；2014 年 3 月至今任中国电力建设集团有限公司总工程师。组织了企业重大课题“高混凝土面板堆石坝施工关键技术研究与应用”的系列研究，课题研究取得了丰硕成果，并成功应用于公伯峡水电站和马来西亚巴贡水电站等几十个工程，相关技术成果被纳入行业规范，全面提升了我国高混凝土面板堆石坝施工技术水平，经济社会效益显著。课题成果被专家鉴定为国际领先水平，获国家科技进步二等奖、中国电力科学技术一等奖等奖项。编写电力行业水电施工标准 2 部；获国家专利 2 项、国家级工法 4 项；获国家科技进步奖二等奖 2 项，省部级科技进步特等（一等）奖 2 项、二等奖 3 项；获全国优秀科技工作者、全国建筑业优秀总工程师、潘家铮奖、中国电力科学技术杰出贡献奖等荣誉。

231. 李建斌，男，汉族，1962 年 10 月生，教授级高级工程师，中共党员。1982 年 8 月进入隧道局工作，历任一处汽车队副队长、队长，一处机电段副段长、段长，机械管理处处长；2001 年 7 月任中铁隧道集团公司设备物资部部长兼设备中心主任；2003 年 3 月任中铁隧道集团公司副总经理；2009 年 4 月任中铁隧道集团公司副总经理兼中铁隧道集团隧道设备制造公司董事长；2009 年 12 月任中铁隧道集团公司副总经理，中铁隧道装备公司董事长、党委书记；2010 年 12 月任中铁工程装备集团有限公司党委书记、董事长。2002 年主持的国家“863”计划项目“刀具-刀盘与液压驱动系统关键技术研究及其应用”，突破了盾构机刀具-刀盘与液压驱动系统关键技术；2012 年主持的国家重点工程项目“盾构装备自主设计制造关键技术及产业化”获国家科技进步一等奖；2014 年作为首席科学家主持国家“973”计划项目“TBM 安全高效掘进全过程信息化智能控制与支撑软件基础研究”。发表《盾构工程的工厂化管理初探》《双护盾 TBM 的地质适应性及相关计算》《双护盾 TBM 的技术特点及工程应用》《软岩盾构中具有小范围变径功能的切削装置》《预防土压平衡盾构因摩阻力过大而卡滞的研究》等论文。

232. 周茂普，男，1962 年 12 月生，博士，研究员，国家注册安全评价师。现任中煤科工集团太原研究院有限公司副总工程师、矿山固体钾盐开采技术装备研究院院长。自参加工作以来，一直从事煤矿短壁机械化开采、巷道支护、绿色充填开采以及矿山压力与岩层控制等方面的研究工作。主持或参与完成国家级、省部级各类课题 30 余项，发表论文 20 余篇，出版专著 1 部。中国短壁机械化开采首席专家，中国煤炭工业协会煤矿支护委员会副主任委员、专家，中国岩土锚固工程协会专家，中国岩石力学与工程学会软岩控制分会副理事长、专家，中国固体钾盐机械化开采专家。致力于煤矿短壁机械化开采理论与成套技术的研究，取得了多项创新性研究成果，形成了短壁开采成套技术体系，为煤矿提供了安全、高效的短壁机械化开采技术。提出了短壁充填开采技术，为解决“三下”压煤开采提供了切实有效的途径，研究成果有着较高的社会效益和经济效益。创新性地将大型采掘装备应用于固体钾盐地下开采，改变了固体钾盐传统开采模式，使固体钾盐开采走向机械化、规模化。

233. 徐锁庚，男，1969 年 6 月生，博士，研究员。现任南京科工煤炭科学技术研究有限公司党委副书记、总经理。一直从事矿山支护技术与装备理论研究和实践工作，特别在煤矿巷道掘进锚杆支护技术与装备方面进行了深入的研究和探索。历任煤炭科学研究总院南京研究所技术中心副主任、主任、副所长，南京科工煤炭科学技术研究有限公司副总经理、总经理。曾主持和参加国家科技部科研院所专项资金项目和其他科研项目 30 余项，取得多项国际先进或国内领先成果。获省部级科技进步一等奖 2 项，二、三等奖 3 项；获国家实用新型专利 15 项；在全国性学术会议和期刊上发表学术论文 30 篇。两次被煤炭科学研究总院评为“劳动模范”；两次被江苏省科工委授予“科技标兵”称号。首次提出了煤矿综掘巷道临时支护机械化的理念，开发了我国第一台机载临时支护装置，形成了一系列成套机械化临时支护技术体系与装备，提高了掘进巷道综合机械化水平和安全性能，加快了掘进速度。

234. 袁兆宽，男，1965 年 1 月生，大学本科，教授级高级工程师。江苏省煤炭学会副理事长、中国煤炭学会矿山建设与岩土工程专业委员会委员、中国施工企业管理协会科学技术委员会首席“专家团队”专家、中国煤炭建设协会施工大师，一直从事矿井建设施工生产与技术管理工作。历任中煤第五建设有限公司一处矿建技术员、工区主任、工程科副科长、副总工程师、总工程师，中煤第五建设有限公司副总工程师、总工程师。主持编制了多个大型矿井单项工程施工组织设计，在国内率先使用了临时煤仓过渡缓冲技术，兼作提升的回风井封闭井架形成全负压通风方式的矿井临时通风技术，在煤矿基建行业率先使用了岩巷凿岩台车、岩巷掘进机及煤巷奥钢联掘锚机，解决了二、三期工程快速施工的难题。曾主持和参与编写了 10 余部标准规范，组织实施 20 余项科研项目，多项成果达到国际领先、国际先进、国内领先水平。获国家科技进步二等奖 1 项、部级科技进步一等奖 1 项；获国家实用新型专利 10 项；在全国性学术会议和期刊上发表学术论文 10 篇。

235. 严民杰，女，1973 年 11 月生，上海人，教授级高级工程师。1997 年 7 月毕业于内蒙古工业大学自动化系工业电气自动化专业，分配至北京煤矿设计研究院工作。2002 年 9 月被评为工程师，2007 年 9 月被评为高级工程师，2013 年 9 月被评为教授级高级工程师。2015 年取得中央财经大学硕士学位。1997 年 7 月至 2000 年 7 月，北京煤矿设计研究院《煤矿设计》编辑部机电专业编辑；2000 年 7 月至

2002 年 9 月，中煤国际工程设计研究总院《煤炭工程》杂志社编辑部主任；2002 年 9 月至 2007 年 10 月，中煤国际工程设计研究总院《煤炭工程》杂志社副总编；2007 年 10 月至 2009 年 10 月，北京煤矿设计咨询公司副总经理、《煤炭工程》杂志社副总编；2009 年 10 月至 2013 年 11 月，煤炭工业规划设计研究院副院长、北京煤矿设计咨询公司副总经理、《煤炭工程》杂志社副总编；2013 年 11 月至 2017 年 12 月，煤炭工业规划设计研究院有限公司副总经理、北京煤矿设计咨询公司总经理、《煤炭工程》杂志社副总编；2017 年 12 月至今，煤炭工业规划设计研究院有限公司副总经理、《煤炭工程》杂志社总编。中国煤炭学会资深会员、中国煤炭学会学术期刊工作委员会副主任委员、中国煤炭学会矿山建设与岩土工程专业委员会委员、中国煤炭学会煤矿建筑工程专业委员会委员。荣获优秀工程咨询奖多项；发表论文多篇，如《试论煤炭工程咨询业知识服务创新》《提升中国煤炭产业竞争力的对策探讨》《煤炭科技型企业重组后的流程再造》《煤炭规划院多元化股权设置的思路探讨》等；著有著作多部，如《露天煤矿发展报告》《中国露天煤炭事业百年发展报告(1914—2013)》《中国煤炭建设志》。

236. 洪开荣，男，1965 年 8 月生，在读博士，教授级高级工程师，中共党员。中铁隧道局集团有限公司广州指挥部常务副指挥长、总工程师。参加了四川华能太平驿电站建设，完成了“岩爆防治技术研究”“水工隧道防水技术”课题研究；参加了内昆铁路建设，完成了“三线大跨铁路隧道修建技术”“瓦斯隧道防爆与施工技术”课题研究；参加了广州地铁建设，完成了“饱和含水砂层注浆加固浅埋隧道施工配套技术”课题研究，研发国家级“饱和动态含水砂层 TSS 管固砂堵水注浆工法”和盾构施工的水平及垂直运输设备，解决了软硬复合地层盾构施工技术难题，创日进 30 m、月进 405 m 国内盾构施工纪录。曾获第七届詹天佑铁道科学技术青年奖、洛阳市优秀青年科技专家、集团公司青年科技拔尖人才、甘肃省高校 1990—1991 年度科技进步二等奖、河南省科技进步二等奖、第四届“中央企业十大杰出青年”候选人。2017 年 4 月 21 日，入选中国工程院颁布的增选有效候选人提名名单。发表《高层建筑剪力墙连梁结构受力特性的研究》《对岩爆问题的分析与研究》《隧道及地下工程防水技术的探讨》等数十篇学术论文。

237. 陈根林，男，1963 年 4 月生，教授级高级工程师。毕业于西安矿业学院机械制造专业，现任中煤科工集团上海研究院院长，一直从事顶管机、盾构机、TBM 及矿用全断面掘进技术研究和装备制造、应用。完成国家“863”计划课题“地下立体交通工程箱涵顶进置换管幕施工工法”研究，并完成 1 450 mm×1 450 mm 全断面土压平衡顶管系统装备研发；作为项目负责人完成科技部科研院所技术开发研究专项资金项目“多用途智能顶管掘进机的研制”。申报 3 项发明专利和 12 项实用新型专利；获中国机械科学技术进步二等奖 1 项、上海市科技成果奖等 2 项。

238. 谭亚辉，男，1958年7月生，硕士，研究员级高级工程师，硕士生导师。1982年2月成都地质学院放射性矿产地质与勘探专业本科毕业，1997年华中师范大学硕士研究生毕业。现任中核集团科技带头人，核工业北京化工冶金研究院（中核矿业科技集团有限公司）副总工程师，享受国务院政府特殊津贴。一直在核工业科研院所从事铀矿采冶科研、设计工作，历任核工业第六研究所地浸采铀技术研究室副主任、科研计划处处长、常务副所长，核工业北京化工冶金研究院地浸采铀技术研究所所长、总工程师办主任、科技处处长、副总工程师。先后主持和参与铀矿采冶科研和工程设计等项目50余项。所完成的科研项目获国家科技进步二等奖1项，省部级科技进步特等奖1项、一等奖1项、二等奖2项、三等奖6项，中核集团科技进步特等奖2项、一等奖1项、二等奖1项、三等奖2项。获国家专利授权10项，发表学术论文40余篇，出版学术著作5部。培养硕士研究生5名。在近40年的地浸采铀工艺技术研究设计中，主持或参与了我国所有地浸采铀工程的试验研究和工程设计，是我国第一座千吨级地浸采铀大基地的总设计师；建立完善了我国酸法地浸采铀技术体系，创新了绿色环保的CO_2＋O_2地浸采铀技术，解决了低品位复杂砂岩型铀矿地浸开采的难题，使我国地浸采铀技术达到世界先进水平。

239. 金鑫，男，1964年4月生，大学本科，教授级高级工程师。中国煤炭建设协会专家委员会副主任委员，2020年被评为中国煤炭工业专家。1987年7月毕业于湘潭工学院，毕业后分配到湖南省白沙矿务局白山坪公司，担任磨田煤矿总工程师；1996年9月调大岭煤矿任矿长职务；2010年3月调湖南楚湘建设工程集团有限公司，任副总经理兼总工程师。

240. 何芳现，男，1961年10月生，教授级高级工程师。山东矿业学院采矿工程专业毕业，1983年8月参加工作，现任通用技术集团工程设计有限公司董事、副总经理。一直从事煤矿工程设计研究工作，历任煤炭工业济南设计研究院采矿室主任、技术处处长、副总工程师、分院院长等。曾获山东省优秀共产党员、中国煤炭行业设计大师等荣誉称号，享受国务院政府特殊津贴。工作30多年来，主持完成了山东煤炭资源规划，济北矿区、新疆准东煤田将军庙矿区等多个矿区煤炭发展规划，先后担任岱庄、唐口、葛亭、丁集、黑梭井等多项国家重点建设工程设计项目负责人。其中，作为第一项目负责人主持完成的岱庄、唐口、丁集矿井设计项目均获国家优秀设计银奖；组织参与完成的“济北矿区快速高效建设新技术”“淮南特厚表土层掘井关键技术研究及应用”均获省部级科技进步一等奖。组织研究解决了唐口千米立井地温、地压防治，丁集矿井高瓦斯双突矿井的瓦斯防治与利用，岱庄矿井村庄群下压煤开采等多项重大技术难题，并取得重要成果，推动了我国煤矿开采技术的发展。同时，积极参与煤炭行业《采矿工程设计手册》及标准规范等编制工作。获山东省科学技术奖一等奖1次、中国煤炭工业科学技术奖特等奖1次、煤炭工业优秀设计一等奖5次、国家优秀设计银奖3次、煤炭行业（部级）优秀工程咨询成果一等奖3次。

241. 余斌，男，1965 年 11 月生，研究员，中共党员。1986 年毕业于江西理工大学，溶浸采矿与低品位矿产资源开发利用领域著名专家，北京矿冶科技集团有限公司副总经理。国家“九五”科技攻关计划先进个人、首批“新世纪百千万人才工程”国家级人选、国防科工委国防科技高层次人才、中组部联系专家，享受国务院政府特殊津贴。从事采矿工程技术研究开发工作以来，先后主持完成了十几项国家重点攻关课题，获国家科技进步二等奖 1 项（排名第 2），省部级科技进步一等奖 5 项、二等奖 5 项、三等奖 4 项。获发明专利 2 项，发表论文 103 篇，出版著作 2 部，完成重要技术研究报告 45 部。在难采难选低品位氧化铜矿地下溶浸湿法提铜的研究开发和工业化过程中，解决了许多关键性的技术难题，在山西中条山公司铜矿峪铜矿建立了国内首家地下浸出直接提铜示范工程，取得了显著的经济效益，在溶浸采矿和低品位矿产资源综合开发利用领域具有很高的学术造诣。近年来，密切追踪本学科发展前沿，主持国家“十一五”攻关项目、“十一五”“863”计划重点项目、“科技部院所专项”“科技部社会公益专项”项目的立项论证、科研攻关和工程化实践工作，并为学科建设和人才培养做出了重要贡献。

242. 李方政，男，汉族，1972 年 9 月生，安徽庐江人，博士，研究员，硕士生导师，注册一级建造师，1994 年加入中国共产党。1997 年 8 月参加工作。现任中煤科工集团天地科技建井研究院副院长、北京中煤矿山工程有限公司副总经理。作为地层冻结学科带头人，提出基于指数积分函数的人工冻土瞬态温度场以及冻土与地基梁相互作用的冻胀效应解析方法，开发了冻土冻胀和融沉控制成套新技术，成功解决了千米深井、轨道交通立体交叉穿越冻结和浅覆土冻结的世界性难题；发明了液氮均匀冻结器，成为软土地层局部快速冻结或工程抢险的有效工法；开发出塑料管冻结免拔新技术，提升了盾构进出洞安全技术水平；首次提出富水土层隧道微扰动冻结的新理念，控制环境效应，拓展了冻结法在复杂条件下的应用范围。主持、参与完成科研项目 20 余项，获省部级科技进步一等奖 5 项、二等奖 1 项；获国家发明专利 2 项。编制行业规范 2 部，发表学术论文 20 余篇。荣获 2008 年度孙越崎青年科技奖，2009 年被列为上海市建设工程安全质量监督总站专家库人才。第三届中国煤炭工业技术委员会委员。

243. 徐亮，男，1977 年 10 月生，博士，研究员，硕士生导师。现任中国煤炭建设协会副理事长兼秘书长，先后在国家安全生产监督管理总局信息研究院、煤炭工业规划设计研究院、中国煤炭建设协会从事煤炭产业政策、煤炭市场分析、煤炭工程管理等方面的咨询和研究工作。曾主持和参与了国家“十二五”“863”计划课题和省部级重点、一般科研项目 20 余项，获国家自然科学基金项目、科技部政府间国际合作项目、能源基金会资助项目 10 余项，取得多项国际先进或国内领先成果。获省部级科技进步一等奖 1 项、二等奖 4 项，省部级工程咨询成果奖 19 项。获国家实用新型专利 2 项，在国际性学术会议和国家核心期刊上发表学术论文 30 余篇，出版著作 9 部。被聘为自然资源部矿产资源开发利用方案审查专家、教育部工程教育认证专家、北京大学国家资源经济研究中心特聘研究员等。

244. 曹平，男，1959年10月生，博士，教授，博士生导师。国家人事部、教育部等七部委“新世纪百千万人才工程”人选。1990年中南工业大学岩石力学专业博士研究生毕业，并获博士学位。先后任中国岩石力学与工程学会理事、湖南省岩石力学与工程学会副理事长、湖南省力学学会副理事长、国际岩石力学学会会员、中南大学资源与安全工程学院副院长、中南大学矿岩工程力学研究中心主任。长期从事岩石力学理论与应用研究，发表学术论文320余篇，其中国际学术论文62篇，被SCI收录70余篇，EI收录130余篇，获省部级科技进步奖10余项。《中南大学学报》《中国矿业大学学报》《中南大学学报(英文版)》编委，*International Journal of Fracture*、*Geotechnical and Geological Engineering* 等审稿人。

245. 张云利，男，汉族，1963年2月生，山东滨州人，研究员，硕士生导师，国家一级建造师，注册监理工程师。1984年毕业于山东矿业学院(现山东科技大学)矿山建筑系。长期从事矿井建设方面的科学研究、技术开发、技术咨询、工程施工、项目管理和科研管理等工作，历任北京中煤矿山工程有限公司冻结分公司副经理、北京众智科威建设监理咨询所所长、中煤科工集团建井研究院副总工程师及科研管理办公室主任。先后主持或参加了国家“七五”科技攻关项目“防止冻结管断裂技术研究”、国家“十二五”科技支撑项目“重大工程水泥与混凝土关键技术研究和应用”等科研项目20余项，主持或参加完成技术咨询项目20余项，主持或参加完成工程承包项目13项，作为总监理工程师主持完成十几个矿井的建设监理工作。多次参加行业标准、工法的评审工作。获国家及省部级科技进步奖15项，其中，国家科技进步二等奖2项，省部级科技进步一等奖3项、二等奖5项。获2002年度全国煤炭青年科技奖。发表论文20多篇，主持或参加编制煤炭行业标准7部。培养工学硕士1名。

246. 崔海涛，男，1971年2月生，汉族，硕士，教授级高级工程师。1998年中国矿业大学硕士研究生毕业，同年分配到煤炭科学研究总院北京建井研究所工作，一直从事矿山、公路、桥梁及地铁工程的设计、科研、技术咨询、现场施工、技术管理和建设管理工作，参加或主持煤矿项目4项、隧道项目2项、地铁工程项目20项。北京市建设工程评标专家、北京市轨道交通建设工程专家库专家、北京市危险性较大的分部分项工程专家库专家及北京市轨道建设管理公司技术委员会委员。多次参加地铁、热力、电力等重大项目设计、施工技术方案及重大安全风险源分部分项工程的审查和论证工作。参与了北京市建设工程技术企业标准《轨道交通隧道工程施工质量验收标准》编写。参与国家和省部级科研项目多项，获国家或省部级奖励3项。公开发表科研和技术论文25篇，获实用新型专利1项。多次被北京市轨道交通建设管理公司评为“优秀共产党员”，2008年被公司评为“北京2008奥运工程优秀建设者”，2009年被首都国庆 60 周年北京市筹备委员会授予“优秀工作者”，2010 年被北京市轨道交通建设指挥部评为“北京轨道交通优秀建设者”，2015 年被授予“首都劳动奖章”。曾担任研究设计单位项目技术负责人、施工单位项目经理、建设单位项目甲方代表、工程部长、总工程师、副总经理等职。

247. 单仁亮，男，汉族，1963 年 2 月生，江苏大丰人，工学博士，教授，博士生导师，中共党员。曾任中国矿业大学（北京）力学与建筑工程学院土木系主任、副院长、院长等职。现任中国矿业大学（北京）力学与建筑工程学院党委书记、城市地下空间工程学科负责人，中国煤炭建设协会副理事长，中国岩石力学与工程学会岩石动力学专业委员会副主任委员、岩石破碎专业委员会副主任委员、工程安全与防护分会常务理事，中国煤炭学会支护专业委员会特邀专家，北京市危险性较大工程安全专项论证组长级专家，《岩石力学与工程学报》《爆炸与冲击》《矿业科学学报》《建井技术》《煤矿支护》期刊编委，科技部、教育部、国家自然科学基金委员会项目评审专家。主持完成国家自然科学基金、煤炭科技攻关、煤炭科学基金、教育部博士点基金等 20 余项省部级以上项目，负责完成大型国企科技攻关项目 50 余项。作为第一作者在一级期刊或行业类核心期刊上发表了有较高影响的论文 120 余篇，70 多篇被 SCI、EI、ISTP 检索，其中《煤巷强帮支护理论与应用》论文获《岩石力学与工程学报》2016 年度优秀论文，《爆破动载作用下新喷射混凝土累积损伤效应的模型实验》获中国精品科技期刊顶尖学术论文。出版《土力学简明教程》《基础工程》2 部教材。目前负责铁路隧道、公路隧道、城市地铁、矿山井巷、深基坑与边坡等多项国家或大中型企业委托的科研项目。1996 年获煤炭工业部科学技术进步一等奖，2003 年获中国煤炭工业科学技术进步三等奖，2006 年获北京市教育教学成果二等奖，2007 年获中国人民解放军科学技术进步三等奖，2008 年获山西省科技进步三等奖，2011 年获国家科技进步二等奖，2015 年获山西省科技进步二等奖，2016 年、2017 年、2018 年先后获中国煤炭工业协会科学技术奖一等奖、二等奖、二等奖，2018 年获北京市教育教学成果一等奖和二等奖各 1 项。此外，还获发明专利 15 项，获中国矿业大学优秀教学质量奖和科技进步奖若干项。1998 年中央国家机关工委、青年联合会、团中央联合授予“中央国家机关优秀青年（科技类）”称号，2015 年享受国务院政府特殊津贴，2017 年获中国矿业大学（北京）孙越崎学者称号，2018 年获学校教学名师。

248. 邓楠，男，1970 年 2 月生，高级工程师，注册安全工程师，注册安全评价师。1992 年毕业于大连理工大学土木工程系，现任河南华康工程技术咨询有限公司总经理、总工程师。长期从事土木及矿山工程设计咨询，地基基础、隧道、冻结、注浆工程施工及工程管理。河南省、郑州市、洛阳市危险性较大的分部分项工程论证专家库成员。参加《河南省城市轨道交通联络通道冻结法施工技术规程》(DBJ 41/T 175—2017)起草工作，编写了《冻结法凿井施工手册》，任副主编；完成的“混凝土结构工程多层楼板连续支模施工安全控制”科研项目，2018 年度获河南省建设科技进步一等奖。

249. 邓红卫，男，1969年5月生，博士，教授，博士生导师。现任中南大学资源与安全工程学院副院长，一直从事地质工程、矿业工程和安全工程的教学与研究工作。1992年获水文地质学士学位，2005年获矿业工程硕士学位，2009年获中南大学博士学位。历任矿山研究院科研组长、责任专家，曾主持和参与了国家“八五”“九五”重点科技攻关项目。2007年调入中南大学，参加和负责国家“十一五”“十二五”“十三五”及部、省级项目10余项，企业项目30余项，取得多项国际先进或国内领先成果。获国家科技进步二等奖1项、省部级科技进步一等奖2项、其他奖10余项；多次获“优秀教师”奖。获国家发明专利、实用新型专利20余项；发表高水平学术论文70余篇，其中SCI、EI检索30余篇。培养博士、硕士研究生40名。

250. 高洪波，男，汉族，1978年11月生，河北人，博士，教授级高级工程师，中共党员。2004年太原理工大学采矿系硕士毕业，取得硕士学位；2012年太原理工大学博士毕业，取得博士学位。主要从事煤矿开采设计、煤层气抽采、充填开采、固体钾盐开发等方向的研究、勘探、设计、施工、管理等工作。2004年硕士毕业后到煤炭工业太原设计研究院集团有限公司工作，历任项目负责人、采矿室主任、副所长、计划部部长、战略科技中心主任、矿井二所所长，现任中煤科工开采研究院工程有限公司总工程师等职。负责完成各类大型、特大型工程项目、国家基金项目等10余项，获省部级以上奖项3项，发表论文8篇，获发明专利5项。

251. 韩雪，男，1969年1月生，吉林榆树人，工学博士，教授。校教学名师，黑龙江省岩土工程省级领军人才梯队带头人，现任黑龙江科技大学建筑工程学院院长，兼任中国煤炭学会矿山建设与岩土工程专业委员会委员、中国岩石力学与工程学会软岩工程与深部灾害控制分会副理事长、黑龙江省地震工程学会常务理事。主要研究领域为工程岩土体稳定性理论与控制技术。获教育部技术发明一等奖、中国煤炭工业协会科学技术奖三等奖。发表学术论文20余篇，主编大学专业教材3部，获专利3项。培养毕业研究生20人。

252. 和孙文，男，纳西族，1966年11月生，云南丽江人，大学本科，教授级高级工程师，中共党员。本科毕业于武汉大学水利水电工程建筑专业，现任中国水利水电第十四工程局有限公司总工程师、中国土木工程学会隧道及地下工程分会常务理事、中国大坝协会理事、中国工程爆破协会理事、云南省岩土力学与工程学会副理事长、云南省水力发电工程学会常务理事。2014年入选云南省首批“云岭产业技术领军人才”，曾荣获“龙滩建设功臣”“中国爆破行业有突出贡献科技专家”“茅以升科学技术建造师奖”等荣誉称号，享受国务院政府特殊津贴。自1988年7月参加工作以来，先后参与或主持了漫湾水电站、大朝山水电站、螺丝湾水电站、龙滩水电站等水利水电工程建设工作，对复杂地质条件下复杂地下洞室群的施工程序、施工方法、开挖与技术有深入的研究和见解，成功解决了多项施工技术难题。结合工程实践经验，主编了《中国水利水电地下工程施工》《地下工程施工技术》(《水利水电工程施工技术全书》第2卷第4册)、《地铁区间隧道零距离下穿运营车站矿山法施工关键技术》("轨道交通建造关键技术研究"丛书)3部著作；在《水利学报》《工程爆破》等核心期刊发表《水利水电地下工程若干问题浅议》等学术论文20余篇；参与的科技项目获云南省政府、行业协会、中国电力建设集团等各级科技进步奖20余项；主编2项国家级工法、12项省部级工法；获发明专利8项，实用新型专利26项；获"十一五"全国建筑业企业优秀总工程师、中国爆破行业有突出贡献科技专家等10余项荣誉称号。

253. 黄忠，男，1970年6月生，江苏如东人，硕士，教授级高级工程师，全国工程勘察设计大师，享受国务院政府特殊津贴。荣获全国煤炭青年科技奖，入选"新世纪百千万人才工程"国家级人选。获全国优秀工程设计金、银、铜奖各1项，省(部)级优秀工程设计一等奖3项，省(部)级优秀工程咨询成果一等奖4项、二等奖1项，省(部)级科技进步奖10项。

254. 贾希林，男，汉族，1966年2月生，河南鹤壁人，硕士，高级工程师，矿山一级建造师，中共党员。1987年7月参加工作，1987年7月至1998年11月在鹤壁矿务局工程处工作，先后任技术员、主管技术员、机电科副科长、机修厂厂长兼党支部书记，荣获1995年度、1996年度工程处劳动模范；1998年12月至2001年4月在河南鹤壁矿务局九矿工作，任副总工程师、副矿长；2001年5月至2004年8月在河南鹤壁矿务局工程处工作，任党委书记兼副处长；2004年9月至2012年4月，在河南煤化鹤煤集团富昌公司任党委书记、副董事长、董事长，荣获2006年度、2007年度鹤煤集团劳动模范，2008年度鹤壁市劳动模范；2012年5月至2015年3月任河南郑煤建设工程集团有限责任公司党委书记；2015年4月至今任中赟国际工程有限公司建设公司经理、河南中赟建设有限公司经理。

255. 雷风，男，汉族，1968年12月生，硕士，研究员。中国矿业大学(北京)硕士毕业，现任中国大唐集团能源投资有限责任公司副总工程师。1994年4月分配到煤炭科学研究总院工作，先后从事施工技术、工程管理、科研及经营管理等工作，先后参加多个地面预注浆、工作面注浆及井下注浆堵水等工程项目施工，以及大型煤矿基本建设管理和竣工验收工作。参与的科技项目主要有"邢东矿深井快速经济建井综合技术及工艺的研究""深井综合注浆工艺与定向钻进技术的应用""建筑物基础动态注浆处理新技术研究""垃圾填埋场地下水污染的注浆治理技术""劲性旋喷桩抗弯性能及型钢拔出力试验研究"等。参与编写煤炭行业标准1项，在全国性学术会议和国家级刊物上发表学术论文20余篇。

256. 李永强，男，1965年1月生，大学本科，教授级高级工程师，硕士生导师。重庆后勤工程学院毕业，现任重庆巨能建设(集团)有限公司副总经理、总工程师。历任四川煤矿建设第九工程处项目总工程师、项目经理、企业策划科科长，重庆巨能建设(集团)有限公司工程管理处处长、安全监察处处长、项目开发处处长、副总工程师兼工程部长。完成全国基础建设项目40余个，先后获国家优质工程奖、国家建设工程鲁班奖、全国市政金杯示范工程等省部级以上工程质量奖项20余项；获部级科技进步一等奖2项、二等奖3项。获专利13项、软件著作权1项，编写省部级以上工法2部，主编和参编标准6部。在全国性学术会议和国家级刊物上发表学术论文7篇。2015年获中国煤炭行业建设协会"优秀总工程师"、2018年获中国煤炭行业建设协会"建设工程施工大师"称号。中国煤炭建设协会副会长，中国煤炭行业建设专家委员会副主任，中国施工企业协会首席专家，中国建筑业协会评优专家，重庆市建筑业、爆破行业专家及科技进步奖评审专家，《施工技术》和《建井技术》期刊编委，重庆大学硕士研究生导师。主持创建了"国家高新技术企业""重庆市企业技术中心""重庆市地下工程精确爆破工程技术中心"以及"国家知识产权优势企业"等多个研发平台，为矿山及建筑施工领域长期提供技术服务和指导，为行业学科建设、技术创新和人才培养发挥了重要作用。

257. 李建奇，男，汉族，1964年4月生，大学本科，教授级高级工程师。参与国家"十三五"科技计划课题"金属非金属矿山重大灾害致灾机理及防控技术研究"。组织完成了31项省部级科技成果的关键技术鉴定，获省部级以上科技进步奖8项。负责管理的"北票保国铁矿铁蛋山矿区技改工程副井工程"获2011年全国建设工程优秀项目管理成果一等奖；"大直径1 500 m级超深竖井掘进施工关键装备及技术研究与应用"获中国施工企业管理协会2018年度科技进步一等奖；两项基建工程荣获冶金行业优质工程，获北京市科技进步奖1项、中国优秀专利奖2项。2010年创造了全国冶金矿山竖井基岩段钻爆法施工单钩提升月成井205.6 m的纪录，刷新了冶金矿山竖井月成井中国企业新纪录，使我国冶金矿山竖井施工月成井首次突破200 m大关。荣获全国"百佳新闻人物""中华优秀管理者""建矿先锋"等荣誉称号，获2010—2011年度中冶集团劳动模范。组织编写国家级标准1项，国家级工法5项，获国家专利5项。

258. 李长忠，男，汉族，1968年7月生，安徽和县人，研究员，硕士生导师。现任中国国电集团公司工程建设部处长、煤炭工业技术委员会矿山建设专家委员会委员、中国煤炭学会理事、中国煤炭建设协会理事。1990年本科毕业于中国矿业大学矿山建筑系，1993年获煤炭科学研究总院矿建工程专业工学硕士学位。毕业后一直从事矿山建设工程技术研发和管理工作，历任煤炭科学研究总院建井研究分院冻结研究室课题组长、副主任、主任，北京中煤矿山工程公司冻结工程公司项目经理、副总经理、总经理。主持和参加完成了煤炭工业重点科研项目、“十一五”国家项目及横向科研合作项目等 20 项，研究成果达到了国际先进、国内领先水平，获煤炭科技进步一等奖 2 项、三等奖 2 项。获国家发明专利 5 项、实用新型专利 1 项；在全国性学术会议和核心期刊上发表学术论文 30 余篇；主持编写了《人工冻土物理力学性能试验》系列标准，参与编写《旁通道冻结法技术规程》等标准。培养硕士研究生 4 名。有关深厚黏土层冻结的多项关键技术成果解决了两淮、黄河北等地区深表土层覆盖煤田的开发难题，研究开发的地层水平冻结技术为城市地铁隧道、基坑开挖维护等市政建设领域提供了可靠的工程技术保障。2008 年获全国煤炭青年科技奖。

259. 刘双仲，男，1971 年 7 月生，高级工程师。现任辽宁三三工业有限公司董事、研究设计院院长，兼任世界轨道交通发展研究会常务专家理事。一直从事盾构机/TBM 隧道掘进机研究工作，历任辽阳第二热电厂副总经理、辽宁北方重工机械制造有限公司总经理。作为项目带头人先后研发完成了岩石掘进机双向旋转式刀盘、隧道掘进机快速双模转换刀盘、盾构机分配盒定位检测装置等 5 项技术成果，获中国机械工业科学技术奖、中国优秀工业设计奖、改革开放 40 周年机械工业杰出产品奖、辽宁省科技进步一等奖、辽宁省科技重大专项支持等奖项。获 22 项发明专利和 94 项实用新型专利。面对不同地域特征、各地区复杂的地质结构，成功攻克地面变形、掘进失效、方向失准等国际公认的技术难题。在土耳其伊斯坦布尔新机场地铁项目、深圳地铁九号项目中，通过攻克技术难题、技术创新，取得两项世界纪录。深耕于辽宁省科技厅重大专项“全自动垂直盾构机及主轴承产品研制”项目，研发出全球首台具备掘进大直径竖井功能的全自动垂直盾构机。

260. 何希霖，男，1963 年 9 月生，山东新泰人，研究员，中共党员。现任山东能源新汶矿业集团有限责任公司副总经理，历任翟镇煤矿副矿长、华恒矿业党委书记、赵官煤矿矿长、翟镇煤矿矿长、新汶矿业集团有限责任公司总经理助理、内蒙能源董事长及总经理、新汶矿业集团有限责任公司副总经理。从事煤矿管理工作期间，研究的“采充留无煤柱开采一体化技术研究与应用”获中国煤炭工业协会科学技术奖一等奖，“大水高瓦斯复杂地质条件下薄煤层安全高效开采成套技术”获山东省企业技术创新一等奖，“管线穿越黄河方案技术研究”获山东省企业技术创新一等奖，“黄河北低渗透性难抽煤层瓦斯抽采机理及综合利用技术”获山东省企业技术创新二等奖，“薄煤层综采面超前支承应力分布的数值模拟研究”获山东省企业技术创新二等奖。个人先后被授予“山东省优秀企业家”“山东煤矿安全生产优秀矿长”“山东省富民兴鲁劳动奖章”“齐鲁好当家人”“全国煤炭行业优秀矿长”“全国煤炭工业节能减排先进个人”“全国煤炭工业科技创新人才”等荣誉称号。

261. 龙祖根，男，汉族，1964年3月生，湖南湘乡人，研究员，硕士生导师。1986年毕业于湘潭矿业学院，获采矿工程专业工学学士学位；1989年毕业于贵州工学院，获采矿工程专业工学硕士学位。现任贵州省煤矿设计研究院有限公司党委副书记、董事、总经理，贵州省煤炭学会秘书长，中国煤炭学会瓦斯地质专业委员会、科普工作委员会、矿山建设与岩土工程专业委员会委员，贵州大学客座教授、硕士生导师，国家注册采矿工程师、注册安全工程师、注册监理工程师、注册一级安全评价师、一级质量监督工程师、中国工程建设高级职业经理人。一直从事采矿工程设计和煤矿安全科研等工作，先后组织或主持完成50多项国家和省重点煤矿建设项目大、中型矿井工程项目及数百项小型煤矿工程项目的规划、咨询、设计及安全评价工作；主持或参与完成"矿井通风系统风流控制的计算机模拟及其在化处矿的应用""矿井通风优化设计的研究""盘江矿区瓦斯赋存规律及防治措施的研究""西南(贵州)煤矿瓦斯重大灾害防治关键技术研究""中国煤矿瓦斯地质图及全国矿井矿区省区瓦斯地质图编制"等10多项省部级科研项目及多项横向科研项目的研究；组织承担了多项大、中型矿井及小型煤矿建设监理工作和选煤厂的工程总承包工作；参编或审定多项设计规范；主持或参与多项咨询、设计项目的评估或评审工作；主持多项煤矿重大瓦斯事故调查的技术鉴定工作。获中国煤炭工业协会科学技术奖一等奖1项，国家安全生产监督管理总局安全生产科技成果奖三等奖1项，省科技进步三等奖2项、四等奖1项，六盘水市科技进步三等奖1项；获省部级优秀工程咨询成果一等奖1项、二等奖2项、三等奖2项；获省部级优秀工程设计二等奖2项；监理工程获煤炭行业工程质量"太阳杯"奖4项。获10多项实用新型专利。先后在国内中文核心期刊等发表学术论文50余篇，培养硕士研究生26名。获贵州省人民政府特别津贴、中国煤炭建设监理30年风采人物、煤炭工业建设工程质量监督优秀质监站站长、贵州省第二届青年科技奖、贵州省煤炭工业劳动模范等荣誉。

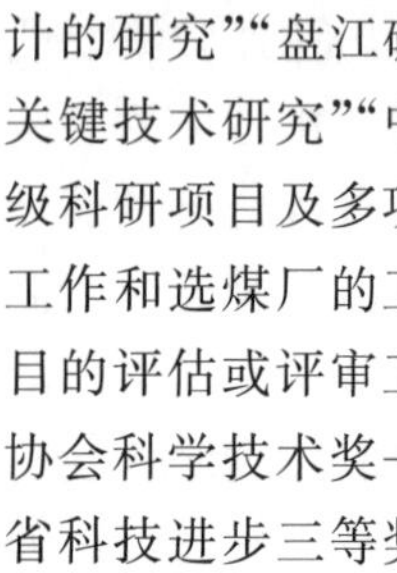

262. 马世志，男，汉族，1965年10月生，工程硕士，教授级高级工程师，享受国务院政府特殊津贴。1986年7月至1997年，历任平顶山矿务局十二矿技术员、副科长、副总工程师；1997年1月至2002年6月，历任平顶山煤业(集团)有限责任公司十二矿副总工程师、副矿长、矿长；2002年至2007年1月，历任平顶山煤业(集团)有限责任公司副总工程师、河南平禹煤电有限责任公司总经理、河南省新峰矿务局局长、河南能信热电有限公司董事长；2007年1月至2016年7月，历任中国中煤能源股份有限公司安全健康环保部经理，中国中煤能源集团有限公司安全监察局局长、生产技术管理部总经理、生产运营指挥中心主任、副总工程师；2016年7月至2018年11月，历任中国中煤能源股份有限公司鄂尔多斯分公司总经理兼党委副书记，中煤西北能源有限公司执行董事(法定代表人)兼总经理、党委副书记，鄂尔多斯市银河鸿泰煤电有限公司董事长(法定代表人)；2018年11月至今，任中国中煤能源集团有限公司总工程师。获教育部科技进步一等奖、河南省科技进步二等奖、中国煤炭工业协会科技进步二等奖等省部级科技成果奖10余项。获"中央企业劳动模范""孙越崎青年科技奖"等荣誉称号。

263. 孟志强，男，汉族，1972 年 8 月生，内蒙古包头人，博士，教授，硕士研究生导师，中共党员，注册安全工程师，注册安全标准化考评员，注册安全评价师。1991 年至 1995 年在河北煤炭建筑工程学院矿井建设专业本科学习，获工学学士学位；2004 年至 2007 年在河北工程大学硕士研究生学习，获工学硕士学位；2010 年至 2014 年在北京科技大学岩土工程专业博士研究生学习，获工学博士学位。2007 年 7 月进入河北工程大学工作，主要讲授“井巷工程”和“特殊凿井课程”。工作学习期间，参加国家自然科学基金项目多项，参与多项矿井施工组织设计，出版著作 1 部，申请发明专利 10 余项，发表论文 10 余篇。

264. 任建喜，男，1968 年 2 月生，博士，教授，博士生导师。陕西省普通高等学校教学名师，陕西省青年突击手。2001 年获中国科学院武汉岩土力学研究所岩土工程专业博士学位，2001 年至 2003 年在上海交通大学力学博士后流动站工作。现任西安科技大学建筑与土木工程学院院长，国家级矿山建设工程虚拟仿真实验中心主任，校土木工程一级学科博士点学科带头人，中国土木工程学会工程风险与保险分会理事，陕西省土建学会教育工作委员会副主任，陕西省岩土力学与工程学会常务理事。主要从事岩土损伤力学、岩土力学数值方法、城市地铁车站与区间隧道变形规律、复杂条件下煤矿巷道支护技术等方面的教学和研究工作。1999 年在国内外首次完成了三轴压缩下岩石损伤 CT 细观实时加载试验研究；2001 年完成的“三峡大坝左厂 1～5 号坝段安全系数评价”课题解决了三峡工程中的重大技术难题。获省级科技进步一等奖 1 项、二等奖 5 项，陕西省优秀教学成果奖特等奖 1 项、一等奖 1 项，陕西省优秀教材一等奖 1 项、二等奖 1 项。

265. 谭杰，女，1971 年 7 月生，山东莱州人，工程硕士，研究员。1993 年 7 月毕业于山东矿业学院矿井建设专业，分配至煤炭工业济南设计研究院工作，主要从事矿建和采矿专业设计及咨询工作，2007 年取得山东科技大学工程硕士学位，2008 年 12 月晋升工程技术应用研究员。注册监理工程师、注册咨询工程师、注册安全评价师。2013 年 8 月调至煤炭科学研究总院建井研究分院（北京中煤矿山工程有限公司）工作，任院副总工程师、科研工程中心主任、煤矿深井建设技术国家工程实验室常务副主任，主要从事与建井技术相关的科研、咨询等工作。获 2006 年度全国煤炭行业青年科技奖，2014 年 9 月被聘为第三届煤炭工业技术委员会委员。工作 20 多年来，先后参与 60 余对矿井的设计、咨询任务，多次参与建井重点攻关课题，先后获国家科技进步二等奖 1 项、省部级科技进步奖多项，国家设计银质奖 2 项，中国工程咨询协会优秀咨询成果奖多项。获实用新型专利 3 项、受理发明专利 3 项，参与编制及审查国家标准 3 项。

266. 王宗敏,男,1963年10月生,河南郑州人,工程硕士,教授级高级工程师。参加工作30多年来,一直从事工程技术管理工作,历任掘进队长、技术主管、工区主任、工程科长、副总工程师、总工程师、总经理,现任中国水利电力对外有限公司华潘煤电一体化项目总经理。在《煤炭科学技术》等期刊发表论文20余篇,在国际学术会议上交流论文2篇,出版著作《地层注浆堵水与加固施工技术》。获实用新型专利12项、发明专利6项、国际专利1项。获中国长江三峡集团有限公司科技进步奖2项,水力发电科技成果二等奖1项目,水利水电科学技术进步三等奖1项。

267. 杨双锁,男,1963年6月生,教授。现任太原理工大学矿业工程学院地下工程系教授。1980年9月至1984年7月,在重庆大学矿山工程物理专业学习,获工学学士学位;1992年9月至1995年6月,在山西矿业学院采矿工程专业学习,获工学硕士学位;1997年9月至2001年10月,在中国矿业大学采矿工程专业学习,获工学博士学位。历任太原理工大学矿业工程学院地下工程系副主任、主任。主讲"弹塑性力学""岩石力学""矿压控制""无煤柱开采""数值分析""顶板事故防治""结构动力学""岩土塑性力学""断裂力学""专业英语""相似模拟""地下工程稳定性控制"等课程;研究领域为采场矿压、巷道支护、冲击地压、开采沉陷、岩土工程等。提出了"支护-围岩相互作用的波动性平衡理论""整体锚固结构理论""大厚度锚固板支护理论"以及"小预紧力-大预期锚固强度支护理论"等。完成国家、省部级、国家重点实验室、校企联合攻关课题多项;获省部级科技进步奖10余项;出版专著1部、教材1部;获国家发明专利10余项;发表论文100余篇,其中,《回采巷道围岩控制理论探讨》获《煤炭学报》创刊50年最具影响力论文奖;培养硕、博士研究生60余人。

268. 叶继红,女,1967年1月生,博士,教授,博士生导师。国家杰出青年基金获得者,教育部新世纪优秀人才,江苏省特聘教授,中国矿业大学孙越崎学者。现任中国矿业大学力学与土木工程学院院长、中国土木工程学会空间结构委员会委员、中国土木工程学会风工程委员会委员、中国建筑学会结构抗倒塌专业委员会委员、江苏省地震工程学会副主任委员、《建筑结构学报》编委。分别于1989年7月和1991年12月在哈尔滨工业大学获学士和硕士学位,于1995年7月在同济大学获博士学位;于1998年和2001年圆满完成哈尔滨工业大学土木、水利博士后流动站和哈尔滨工程大学船舶与海洋工程博士后流动站的研究工作;2006年作为高级访问学者赴澳大利亚莫纳什大学进行短期合作研究。主要从事大跨空间结构、轻钢结构的抗震、抗风、抗火等研究。主持了国家杰出青年基金项目、国家自然科学基金重点项目、国家自然科学基金重大研究计划、国家科技支撑计划项目子课题、教育部博士点基金、江苏省自然科学基金等10余项项目的研究工作。在国内外土木类期刊ASCE、JCSR、*Journal of Wind Engineering and Industrial Aerodynamics*、《力学学报》《土木工程学报》《建筑结构学报》以第一或通讯作者发表SCI、EI收录论文100余篇,出版专著1部,参编国家标准《高耸与复杂钢结构检测与鉴定标准》(GB 51008—2016)。获 7 项国家发明专利。部分成果获教育部科技进步二等奖(第一完成人)。此外,还完成了北京四机位维修机库、北京老山奥运自行车馆等重要工程的现场测试、结构分析与安全评价等工作。国家共享精品课程“工程结构抗震与防灾”负责人,全国大学生结构设计竞赛专家组评委。所指导的研究生中,1 人获教育部博士研究生学术新人奖,1 人获江苏省优秀博士论文奖,3 人获江苏省优秀硕士论文奖。

269. 张安林,男,1960 年 3 月生,教授级高级工程师,煤炭行业设计大师,享受国务院政府特殊津贴。毕业于阜新矿业学院,现任中煤科工集团北京华宇工程有限公司总工程师、中国煤炭工业协会技术委员会委员。主要从事煤炭矿井建设咨询、开采设计和研究工作。先后参与或主持了江苏、山西、陕西、新疆及印度尼西亚等国内外的姚桥、徐庄、寺河、塔山、辛置、凤凰山、活鸡兔、潘西、宣东、屯留、SATUI、高河、常村、王庄、五阳、柠条塔、三道沟、砂墩子等 10 多座大型矿井的设计,同时还参与或主持了 20 余部矿井的技术咨询、矿区总体规划等的编制。参与和主持的矿井咨询、设计项目有 20 多项获国家设计金、银奖,国家优秀咨询成果一等奖,建设部鲁班奖,煤炭行业优秀工程设计一等奖。先后发表论文及译文 10 余篇;参加了数部规程、规范和标准的编制。

270. 周华群,男,汉族,1969 年 12 月生,江苏泰州人,硕士,研究员,硕士生导师,中共党员。1991 年 8 月毕业于中国矿业大学矿井建设专业;1991 年 8 月至 1996 年 8 月,在煤炭科学研究总院北京建井研究所工作;1996 年 8 月至 2008 年 10 月,历任煤炭科学研究总院秘书科科长、党群工作部副主任、天地科技股份公司综合办公室主任;2007 年 9 月至 2012 年 7 月,任北京中煤矿山工程有限公司党总支书记、副总经理;2012 年 7 月至 2016 年 11 月,任北京中煤矿山工程有限公司党委书记、副总经理;2016 年 6 月至今任天地科技建井研究院建井研究分院副院长;2016 年 11 月至今任北京中煤矿山工程有限公司总经理。参与完成科研项目 8 项,获中国煤炭工业协会科学技术奖一等奖 1 项、二等奖 1 项,发表论文 12 篇。中国煤炭学会第 7 届理事会理事。

271. 周晓敏,男,汉族,1964 年 11 月生,江苏人,博士,教授。1985 年开始从事地层冻结施工和技术研究,获硕士学位;1995 年任煤炭科学研究总院北京建井研究所冻结室副主任;1996 年任北京中煤矿山工程有限公司冻结分公司副经理,获建设部一级项目经理资质。现在北京科技大学土木与资源工程学院任教。1988 年参加山东邱集煤矿主、副井冻结及凿井工程的总承包,后在上海长沙路旁通道冻结加固等项目中任技术和经营主管;1995 年首次在山东枣庄远大石膏矿风井冻结工程中任项目经理;1996 年任上海杨树浦水厂泵站基坑冻结维护工程项目经理;1997 年任河北宣东二矿主副井冻结工程项目经理;1998 年任北京地铁大北窑车站隧道水平冻结工程项目经理;1999 年任北京地铁王府井车站西南风道冻结加固项目经理,上述项目均达到优良工程。在科研方面，自1991年以来，从事部重点课题2项，部一般课题5项，横向课题3项。部重点课题“深厚黏土冻结法凿井”获部级科技进步一等奖（排名第五），部重点课题“近水平冻结施工技术”获2000年煤炭工业十大科技成果奖（排名第二），“短砌中套井壁”获部科技进步三等奖（排名第二），“定向钻进推广应用”获部科技进步一等奖（排名第五），“北京地铁暗挖隧道水平冻结施工技术的研究”获北京市1999年科技进步三等奖（排名第三），此外还获其他地、市级别科技进步奖2项。在国内外发表论文20篇，其中《煤炭学报》2篇、《岩土工程学报》1篇、国际会议论文6篇。编著《城市地下工程》第十章等。1999年起培养硕士研究生20多名。

272. 祝明桥，男，1968年1月生，安徽太湖人，博士，教授，博士生导师。现任湖南科技大学土木工程学院院长，湖南省新世纪121人才，湖南省建筑施工安全技术专家，全国注册监理工程师。长期以来，一直从事土木工程专业教学、科研和管理工作，先后主讲“混凝土结构基本原理”“混凝土结构设计”“结构测试技术”等多门本科生和研究生课程。在混凝土结构基本理论及其新材料应用方面，先后主持国家自然科学基金项目、省自然科学基金项目等纵向项目8项，完成重大工程科研项目10余项；在国内外著名期刊发表论文60余篇，其中EI、ISTP收录20余篇；出版教材3部；获国家专利16项，其中发明专利6项。获湖南省科技进步奖1项。

273. 冯月新，男，1964年12月生，硕士，教授级高级工程师，中共党员。1993年12月毕业于中国矿业大学煤田及油气地质勘探专业，获工学硕士学位。1986年7月参加工作，历任大同矿务局地质处技术员、副科长，大同煤矿集团云冈矿副总工程师、总工程师等职，现任大同煤矿集团有限责任公司副总工程师、大同煤矿集团宏泰矿山工程建设有限责任公司董事长。自参加工作以来，始终致力于煤矿技术攻关工作，在煤矿地质勘探、开拓掘进及采煤等技术方面做了大量卓有成效的工作。主持或参与的“大同煤田穿越采空区三维地震勘探技术研究”“富水复杂地质体大断面巷道支护技术研究与应用”等项目取得了一定的创新成果。提出了煤层底板隔水质量分级方法，实现对底板危险性的定量评价；创立了底板破坏深度的应变测试法；基于数字全景成像技术的特厚煤层综放开采覆岩活动规律研究中，形成了20 m左右厚煤层综放一次采全高工作面的顶板控制技术体系，极大提升了煤炭安全开采的理论与技术水平，与国内外同类技术相比优势明显，填补了特厚煤层综放开采顶板控制理论研究的空白，项目整体达到国际先进水平。2013年被评为山西省学术技术带头人，2019年被评选为山西省“三晋英才”。申报的科技项目获中国煤炭工业科技进步一等奖1次、二等奖5次、三等奖3次，中国岩石力学与工程学会科技进步二等奖1次、三等奖1次，全国安全生产科技成果二等奖1次，中国循环经济协会科技进步三等奖1次，山西省科技进步二等奖1次、三等奖2次。

274. 薛雷，男，1974 年 3 月生，辽宁省党校公共关系管理专业研究生在读，2020 年获东北大学会计学专业学士学位。现任中国铁建重工集团股份有限公司（煤炭战部）总经理，多年从事工程机械及煤矿机械产品的生产、经营及管理等方面工作，熟知市场运作规律，精通行业政策及趋势，起步于销售、完善于公司管理的全领域。历任铁建重工包头有限公司副总经理，沈阳北方交通重工集团常务副总经理、集团副总经理、销售公司总经理、销售总监等职务。2015 年被沈阳市皇姑区评为“优秀共产党员”，2019 年被中国铁建重工集团股份有限公司评为“优秀经营管理人员”。

275. 庞军林，男，汉族，1970 年 11 月生，本科，教授级高级工程师，中共党员。1990 年毕业于重庆大学采矿工程专业；2006 年清华大学 MBA 毕业；2015 年 7 月至 2017 年 7 月在清华大学-澳大利亚国立大学攻读管理学硕士，获管理硕士学位证书。现任内蒙古伊泰集团有限公司董事、总工程师，主要从事煤炭安全高效开采、煤炭深加工等方面工作。1990 年 7 月至 2006 年 2 月在神华神东公司武家塔矿、活鸡兔矿、设计研究院、哈拉沟矿工作，历任工人、技术员、副科长、科长、副总工程师等职务；2006 年起历任内蒙古伊泰集团宏景塔一矿矿长，伊泰京粤酸刺沟公司董事长、总经理，酸刺沟煤矿矿长，内蒙古伊泰煤炭股份有限公司生产事业部总经理，内蒙古伊泰集团副总工程师，内蒙古伊泰煤炭开采及煤基油基合成工业研究院理事长、院长等职务。荣获“煤炭工业双十佳矿长”“鄂尔多斯英才”“草原英才”和“高层次人才”等荣誉称号；兼任中国煤炭学会理事，岩石力学与支护专业委员会、机电一体化专业委员会、矿山建设与岩土工程专业委员会委员，鄂尔多斯市科协副主席，鄂尔多斯煤矿安全生产科学技术服务专家委员会委员，内蒙古自治区煤炭标准化技术委员会第一届委员等社会职务。参与、主持多个煤矿及项目的建设、生产、研发，具备丰富的管理和技术经验。获省部级科技进步奖 4 项。发表论文 10 余篇。获发明专利 1 项、实用新型专利 3 项。2015 年被自治区评定为企业技术中心带头人，并组织完成公司第一个博士后科研工作站；2015 年为推动公司煤炭板块新工艺、新设备的研发，组织成立“煤矿开采与岩层控制技术及应用”院士专家工作站和“无煤柱自成巷技术研究与推广”院士专家工作站。作为伊泰集团煤炭板块安全负责人，支持组织酸刺沟、塔拉壕、宏一、大地 4 座煤矿通过国家安全生产标准化一级矿井验收。

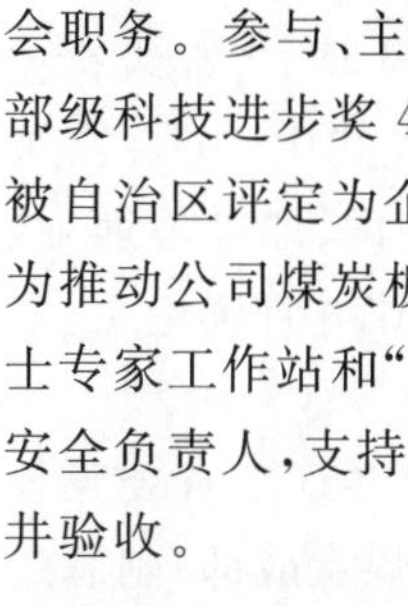

276. 宁兴刚，男，汉族，1964 年 9 月生，陕西临潼人，硕士，高级工程师，中共党员。1982 年 7 月本科毕业于西北建筑工程学院机械工程专业，现硕士研究生学历，取得工商管理硕士学位，高级职业经理人。自参加工作以来，一直从事矿井建设、工业与民用建筑施工技术及施工企业管理工作。先后任蒲白矿务局建筑安装工程处技术员、副队长、设备租赁公司经理、多种经营公司经理，陕西蒲白矿山工程公司总经理，陕西天工建设有限公司党委副书记、总经理；2008 年 12 月任陕西煤业化工建设（集团）有限公司党委副书记、总经理；2010 年 10 月兼任陕煤建设集团省级企业技术中心主任；2012 年 1 月任陕西煤业化工集团陕南投资开发公司党委书记、董事长；2017 年 7 月至今任陕西煤业化工集团有限责任公司总经理助理，陕西煤业化工建设(集团)有限公司联合党委书记、董事长。2018年5月任中国煤炭建设协会首届煤炭建设行业专家委员会副主任委员。所在企业获得了“省级企业技术中心”授牌,相继斩获2项“鲁班奖”工程、2项“长安杯”工程、40多项“太阳杯”工程、1项国家级绿色施工示范工程、1项国家二星级绿色建筑,2016—2019年度取得省级绿色施工示范工程16项,以及40多项省级科技进步奖、省级工法、国家专利授权等。企业荣获“全国优秀施工企业”、全国煤炭行业“AAA级信用企业”“陕西省建筑业先进企业”和“陕西省工程建设QC小组活动优秀企业”等称号,在全国煤炭施工企业综合排名中由第6位跃升至第4位。他先后荣获“全国煤炭系统优秀施工企业家”“新陕西新形象时代先锋人物”“陕西省工程建设质量管理小组活动卓越领导者”“渭南市优秀企业家”、蒲白矿务局“优秀职业经理人”等荣誉称号。

277. 毕湘利,男,汉族,1970年4月生,吉林长春人,博士,教授级高级工程师,中共党员。1993年7月参加工作,曾任上海申通地铁集团有限公司副总工程师,现任上海申通地铁集团有限公司总工程师。

278. 张瑞新,男,汉族,1964年12月生,内蒙古固阳人,博士,教授,博士生导师,中共党员。现任华北科技学院(中国煤矿安全技术培训中心)院长(主任)、学院(中心)党委副书记、总局党校副校长。先后在高校、外国矿业公司和大学、国家机关从事行政管理、科研教育、工程设计咨询、技术开发、工程管理等工作。获国家科技进步奖1项,省部级科技进步奖6项。先后在国内外发表学术论文80余篇,其中10余篇被ISTP、EI收录;出版教材和专著3部。先后赴英国、美国、印度尼西亚、波兰、澳大利亚等国访问考察,多次出席国际性学术会议并宣读论文。

279. 王慧宇,女,1982年7月生,本科。毕业于中共辽宁省委党校经济管理专业,现任中国铁建重工集团股份有限公司(煤炭战部)副总经理,10多年来一直从事煤矿机械产品的经营及管理工作,善于开拓市场,并精于掌握市场规律及发挥团队的力量。历任铁建重工包头有限公司部门总经理。

8.3 第1~2届煤矿规划设计专业委员会委员名单

第1～2届煤矿规划设计专业委员会委员名单见表8-2。

表 8-2　第 1～2 届煤矿规划设计专业委员会名单

序号	姓名	学会职务	性别	出生年月	专业	职务	职称	工作单位
1	李　铎	主任	男	1940 年 1 月	采矿	院长	教授级高级工程师	北京煤炭设计研究院
2	张荣立	常务副主任	男	1956 年 2 月	采矿	副司长	高级工程师	国家煤炭局基建司
3	姜庆俊	副主任	男	1956 年	采矿	处长	高级工程师	国家煤炭局基建司
4	何国纬	副主任	男	1934 年 8 月	采矿	名誉院长	教授级高级工程师	济南煤矿设计研究院
5	陈子彤	学术秘书	男	1956 年	选矿	副处长	高级工程师	北京煤炭设计研究院
6	卞昭庆	委员	男	1932 年 9 月	地质	设计大师	教授级高级工程师	北京煤炭设计研究院
7	王结义	委员	男	1962 年 5 月	采矿	副院长	高级工程师	北京煤炭设计研究院
8	谢树鹏	委员	男	1957 年 8 月	采矿	副处长	高级工程师	国家煤炭局基建司
9	张　贵	委员	男	1939 年 8 月	选矿	院长	教授级高级工程师	沈阳煤矿设计研究院
10	王秀岩	委员	男	1941 年 9 月	采矿	副院长	教授级高级工程师	沈阳煤矿设计研究院
11	关连义	委员	男	1941 年 11 月	机制	院长	高级工程师	重庆煤矿设计研究院
12	王燕宾	委员	男	1942 年 11 月	总图	院长	教授级高级工程师	西安煤矿设计研究院
13	康忠佳	委员	男	1942 年 11 月	采矿	院长	高级工程师	合肥煤矿设计研究院
14	王升鸿	委员	男	1943 年 1 月	采矿	副院长	高级工程师	武汉煤矿设计研究院
15	范士凯	委员	男	1936 年 9 月	地质	设计大师	高级工程师	武汉煤矿设计研究院
16	周德荣	委员	男	1941 年 1 月	采矿	院长	高级工程师	南京煤矿设计研究院
17	吴文彬	委员	男	1937 年 12 月	采矿	总工程师	教授级高级工程师	南京煤矿设计研究院
18	范振启	委员	男	1941 年 2 月	采矿	院长	高级工程师	邯郸煤矿设计研究院
19	戴少康	委员	男	1940 年 1 月	选矿	院长	高级工程师	太原煤矿设计研究院
20	倪剑飞	委员	男	1944 年	采矿	总工程师	高级工程师	太原煤矿设计研究院
21	李庚午	委员	男	1938 年 3 月	矿建	调研员	高级工程师	太原煤矿设计研究院
22	王步云	委员	男	1931 年 9 月	地质	副总	高级工程师	太原煤矿设计研究院
23	段锡章	委员	男	1939 年 11 月	选矿	院长	教授级高级工程师	选煤设计研究院
24	纪金连	委员	男	1933 年 6 月	选矿	副总	教授级高级工程师	选煤设计研究院
25	刘金贵	委员	男	1962 年	采矿	院长	高级工程师	哈尔滨煤炭设计研究院
26	刘成孝	委员	男	1941 年	采矿	书记	高级工程师	郑州煤矿设计研究院
27	郭均生	委员	男	1936 年 5 月	矿建	顾问	高级工程师	郑州煤矿设计研究院
28	李兴业	委员	男	1951 年	采矿	院长	高级工程师	长沙煤炭设计研究院
29	李成泰	委员	男	1939 年 1 月	机制	院长	教授	长春煤炭设计研究院
30	翟焕新	委员	男	1940 年 4 月	土建	副院长	高级工程师	广东重工建筑设计院
31	王作储	委员	男	1949 年 8 月	管理	院长	高级工程师	内蒙古煤矿设计研究院

表 8-2(续)

序号	姓名	学会职务	性别	出生年月	专业	职务	职称	工作单位
32	杨存部	委员	男	1956 年	机电	副院长	高级工程师	兰州煤矿设计研究院
33	吴德泉	委员	男	1954 年	机制	院长	高级工程师	杭州建筑设计研究院
34	江道黑	委员	男	1938 年	采矿	总工程师	教授级高级工程师	济南煤矿设计研究院
35	金元仲	委员	男	1946 年 12 月	采矿	院长	高级工程师	石家庄煤矿设计研究院
36	兰贵枝	委员	男	1953 年 12 月	采矿	代院长	高级工程师	江苏省第一工业设计院
37	侯云建	委员	男	1959 年 1 月	采矿	院长	高级工程师	昆明煤矿设计研究院
38	覃新平	委员	男	1960 年 6 月	采矿	院长	高级工程师	广西工业设计研究院
39	罗　晶	委员	男	1956 年	工民建	副院长	高级工程师	福建省煤炭设计研究院
40	赵永强	委员	男	1957 年	采矿	副院长	高级工程师	新疆煤矿设计研究院
41	于伯杰	委员	男	1940 年 5 月	采矿	总工程师	高级工程师	江西煤矿设计研究院
42	王彦青	委员	男	1962 年 6 月	矿建	院长	高级工程师	宁夏煤矿设计研究院
43	郭景江	委员	男	1943 年	采矿	院长	高级工程师	青海煤矿设计研究院
44	黄祖业	委员	男	1944 年 11 月	采矿	院长	高级工程师	贵州煤矿设计研究院

第 9 章　编写单位简介

9.1　中国煤炭学会

中国煤炭学会(以下简称"中煤学会")是由原煤炭部技术委员会主任、煤炭科学院原党委书记何以端,采矿专家、煤炭科学院院长王德滋,地质和采矿专家、北京矿业学院何杰,原煤炭工业部副部长贺秉章,原煤炭工业部技术司副司长张培江五位煤炭行业科技事业奠基人于 1962 年发起,同年 11 月 28 日,经中国科学技术协会批准(科协〔1962〕第 270 号)组建的煤炭行业科技工作者学术性社会团体,是中国科学技术协会所属全国学会之一。现有分支机构 38 个,基本涵盖了地质、采矿、洗选、装备、管理等全部与煤相关的专业技术学科。指导全国 21 个省级煤炭学会开展业务工作。现在中国科学技术协会会员管理系统中注册会员 25 000 人,主办《煤炭学报》、*International Journal of Coal Science & Technology* 和《当代矿工》等 2 本科技期刊和 1 本科普期刊。重要奖项有中国煤炭工业协会科学技术奖、煤炭青年科技奖、全国煤炭工业生产一线青年技术创新优秀论文。中煤学会是民政部社会组织评估 5A 等级、中国科协创新驱动助力工程优秀单位、全国科协系统先进集体,是中国科学技术协会科技工作者状况调查站点,并由中国科学技术协会批准,成立了煤炭清洁高效利用产业协同创新共同体。

中煤学会是党和政府联系煤炭科技工作者的桥梁和纽带,是繁荣和发展煤炭科技事业的重要力量。引领和服务煤炭科技创新一直是中煤学会工作的主要方向,多年来,在为政府部门重大决策提供咨询建议、为社会经济发展服务、承接政府转移职能、促进科研成果转化应用、开展科学普及,以及社会服务等多个方面,做了大量工作。

多年来,中煤学会重点开展"1248"品牌建设工作,即以打造国际一流的学术组织为目标,健全行业科技创新和新型学会治理两大体系,提升服务创新、服务社会和政府、服务科技工作者、服务自身发展四方面能力,建设学术交流合作与创新成果转化、学术科技评估与科技奖励、决策咨询与技术标准研制、科学普及与学术期刊群建设、行业智力资源智库、人才培养与继续教育、专业机构建设与管理、会员综合服务管理八大平台。

多年来坚持为会员单位提供学术交流、创新成果推广、科技信息、科技评价、人才评价与奖励、专业培训、展览展示以及青年人才的培养与推荐等方面服务。

9.2　中国煤炭建设协会

中国煤炭建设协会,原名煤炭基本建设管理协会,1986 年 5 月 25 日经原煤炭工业部批准成立,1991 年 11 月经民政部登记注册更名为中国煤炭建设协会。

中国煤炭建设协会是由全国煤炭行业地质、勘察设计、施工、监理、造价咨询、工程质量监督、科研院所等企事业单位、社会团体自愿组成的全国行业性协会，是经国家批准成立具有法人资格、非营利性的社会组织。中国煤炭建设协会每年召开理事会议，每4年举行换届选举。2017年12月6日召开了第8届会员代表大会，选举产生了新一届理事会，理事会由188名理事组成，其中，常务理事62人、理事长1人、副理事长17人(含兼职副理事长14人)。下设勘察设计委员会、工程造价委员会、工程统计委员会3个分支机构；秘书处、工程技术部、企事业部、会员部4个内设机构；另设独立法人事业单位1个，即煤炭工业建设工程质量监督总站。

中国煤炭建设协会遵循党和政府的路线、方针、政策，遵守宪法、法律、法规和国家政策，遵守社会道德风尚，按照社会主义市场经济的要求，在会员单位和政府部门之间发挥桥梁纽带作用，以经济效益为中心，面向实际、面向基层、面向企业，推动改革开放，改善企业经营管理，促进技术进步，提高企业效益，反映会员单位的愿望和要求，维护企业的合法权益，为会员单位服务，发挥社会公正、中介协调、联系广泛和专家群体作用，为我国煤炭建设行业的改革和发展做出了贡献。中国煤炭建设协会接受国务院国有资产监督管理委员会和民政部的业务指导和监督管理。

9.3 北京中煤矿山工程有限公司(煤炭科学研究总院建井研究分院)

北京中煤矿山工程有限公司(以下简称“北京中煤”)，原名为煤炭科学研究总院建井研究分院，其前身为煤炭科学研究总院北京建井研究所，成立于1957年，现隶属于中国煤炭科工集团天地科技股份有限公司，是经北京市科委确认的高新技术企业，是我国煤炭行业唯一从事地下特殊施工技术研究的专业机构，拥有钻井井壁、钻井刀具、钻井泥浆、冻土与冻结工艺、注浆工艺、注浆材料和矿井地温等7个实验室。北京中煤承办的《建井技术》杂志是国家科委批准的全国性矿山建设专业的综合性技术期刊，是中国科技论文统计源期刊。中国煤炭学会矿山建设与岩土工程专业委员会和煤炭行业煤矿专用设备标准化技术委员会井巷设备分会均挂靠在北京中煤。

北京中煤具有专业施工承包一级资质，已通过ISO 9001国际质量体系认证。北京中煤依靠高新科技型企业的技术实力，承担国家、行业(地方)、企业等科技攻关课题2 000余项，研发新产品1 500余种；为各大煤炭企业提供工程咨询、技术服务1 000余项，取得了800余项科研成果；拥有国家专利310余项，其中发明专利162项；荣获国家、省部级等各类奖项200余项，其中国家级奖励60多项；制修订国家、行业标准110余项，行业工法6项；发表科技论文上万篇。多项研究成果达到世界领先水平。

经过60多年的技术积累，北京中煤现已形成以深井冻结、深井注浆、深井钻井和强力反井施工为核心的地下工程特殊施工成套技术，在矿山、市政、水电、城建、有色金属等领域承建工程项目数百项。在产品研发方面，北京中煤充分发挥技术优势，目前已开发生产煤矿紧急避难硐室设备、井巷施工机具、反井钻机、建筑工程检测仪器等具有鲜明专业特色的产品设备，避难硐室和可移动救生舱已成功应用于煤矿与非煤矿山。

北京中煤下辖11个研究所、工程中心等二级单位，分别是冻结技术研究所、注浆技术研究所、钻井技术研究所、井巷技术装备研究所、矿山技术研究所、轨道交通工程研究所、定向钻进技术装备研究所、矿山支护与加固研究所、矿建工程处、煤炭生产管理公司、煤矿深井建设(国家)工程中心。

冻结技术研究所是专门从事人工地层冻结技术研发、设计、咨询和施工的专业研究所，有50余年的冻结法施工技术研究和工程施工经验，拥有设备完善、技术先进的冻土与冻结工艺实验室，获得国家及省部级各类奖励40余项，完成技术咨询项目60余项，起草和制定行业标准1项，荣获煤炭行业“太阳杯”工程1项。承建的核桃峪矿副立井冻结工程，冻结深度955 m，是目前世界上冻结深度最深的井筒；已经竣工的张集副井冻结工程，为国内连续黏土层最厚的冻结井筒，单层黏土层厚达169 m；已经竣工的泊江海子副井冻结工程，井筒净径10.5 m，为目前国内净径最大的冻结井筒。

注浆技术研究所是从事煤矿注浆材料、注浆工艺、注浆装备研究与开发的专业研究所，有50余年的注浆法施工技术研究和工程施工经验，承担国家及省部级科研项目50余项，完成注浆技术咨询、技术服务、注浆工程施工项目100余项，获得包括全国科技大会奖、国家科技进步特等奖、部级科技进步特等奖在内的各类奖励20余项，起草和制定行业标准4项，获得国家专利10余项。注浆技术研究所主持研究的煤矿井筒地面预注浆技术、工作面预注浆技术、井壁壁后注浆工艺、井下突水注浆技术、黏土水泥浆综合注浆技术、旋喷注浆技术、水泥-水玻璃注浆材料、黏土水泥浆注浆材料、以MG-646为代表的化学注浆材料，以及YSB系列液力变矩注浆泵、BQ系列高压注浆泵、KWS系列卡瓦式止浆塞、陀螺测斜仪、注浆自动搅拌监控系统等装备，在煤矿注浆领域得到广泛应用，为我国煤矿水害治理、安全快速建设提供了重要的技术支持。同时业务已拓展到冶金矿山、水利水电、地铁、城建等领域。

钻井技术研究所是从事以“钻”为特征的建井工艺、产品及应用技术开发的专业研究所，拥有井壁、刀具、泥浆、耐磨材料等专业实验室，完成了多项国家科技攻关项目和部级重点科研项目，制定行业标准10余项，获得国家专利10余项，获得包括国家、部级特等奖在内的各类奖项30余项。钻井技术研究所承担反井钻机和反井钻井施工技术的开发工作。自1985年第一台LM-120型反井钻机通过技术鉴定并投入批量生产起，先后研制LM-200和LM-90等型号反井钻机、破岩滚刀并成功开发相应的工艺技术。最新研制的BMC系列反井钻机，包括BMC200、BMC300、BMC400和BMC600型，能够完成施工直径5.0 m、深度600 m的钻井工程。该系列钻机投入市场后，受到煤炭、水电、化工、冶金等领域地下工程用户的欢迎。钻井技术以其安全、高效的特点在国内外工程领域得到广泛应用，有60余个矿井建设采用钻井法凿井技术。20多年来，反井钻井技术广泛应用于煤炭、水电、交通、冶金、金属矿山等领域，得到各行业地下工程用户的高度认可。

井巷技术装备研究所是从事井巷施工与工艺研究、煤矿紧急避险系统建设、施工设施及施工机具研制、生产和销售的专业研究所，拥有(CMC)制造计量器具生产许可证，先后承担国家、省部级研究项目10余项，获得国家专利20余项，制定行业标准10余项。研究所技术力量雄厚、创新手段完善、生产加工设备精良、检测手段齐全，在北京门头沟区拥有占地面积65亩的现代化生产基地，拥有一批经验丰富、追求卓越的科技人才和朝气蓬勃、技术过硬的工人队伍。研究所坚持以发展为核心、以创新为动力、以质量求生存。在激烈的市场竞争中，产品已在国内煤炭、建筑、冶金、水电、铁路等领域广泛应用。

矿山技术研究所是从事井下紧急避险系统、监测监控、人员定位、通信联络等设备的研究、开发、生产和销售的专业研究所。研究所坚持以发展为核心、以创新为动力、以质量求生存，充分发挥科研先导优势，以“市场没有我们创新，市场已有我们更优”的理念，紧密追踪国际最新技术，不断研发和生产具有国内领先水平的避难硐室、软体舱等，服务于煤炭与非煤行业。

轨道交通工程研究所，自 1998 年在国内首创地铁隧道旁通道水平冻结法施工技术以来，在市政工程领域中含有流沙、承压水、软弱地层、淤泥、砾石地层等高风险困难地层的工程施工和施工技术研究方面不断创新，为同行解决了许多施工和技术难题。迄今为止，已承建城市地铁隧道或公路隧道旁通道冻结工程 100 余项，盾构隧道端头井加固工程 30 余项，另外，还承建了多项市政工程中的深基坑冻结法加固工程。

定向钻进技术装备研究所是从事煤炭行业地面高精度定向钻孔装备、仪器研发及定向钻进技术研究的专业研究所，完成了多项国家及部级重点科研项目，制定行业标准 6 项，获国家专利 5 项，获国家、行业等科技奖励 20 余项，其中“综合注浆工艺——煤矿工程孔定向钻进技术及综合注浆法”获国家科学进步二等奖，“定向钻进技术研究与开发”获煤炭工业科技进步一等奖，“JDT-2 型冻结孔陀螺测斜仪”获全国科学大会奖。

矿山支护与加固研究所[天地金草田(北京)科技有限公司，以下简称“金草田公司”]，是煤炭科学研究总院控股上市公司天地科技股份有限公司的控股子公司，前身是煤炭科学研究总院建井研究所支护室。主要从事井下矿用材料和建筑结构胶的研发、生产、销售，建(构)筑物(建筑物、煤矿、地铁、隧道、桥梁等)加固改造工程，以及巷道支护工艺的研究。2003 年 1 月经北京市科学技术委员会确认为高新技术企业，2009 年 9 月获得房屋建筑工程施工总承包三级资质，2003 年 6 月获得特种专业工程专业承包不分等级资质证书，2004 年增项钢结构工程和防水工程三级资质。2002 年公司被评为“全国青年文明号”。金草田公司聘任中国工程院洪伯潜院士为首席专家。现有各类工程技术人员 30 名，其中高级职称人员 11 名、项目经理 12 名、会计师 1 名；现有工程部 6 个，施工工人 100 多人。金草田公司还是“全国建筑物鉴定加固标准技术委员会”委员等。如今，金草田公司自主研发的“金草田”牌加固产品和矿用材料已成为国内著名品牌，其中建筑用锚固树脂胶被原建设部鉴定为国内领先、达到国内外先进产品性能，并被列为建设部科技成果重点推广项目，2000 年获国家重点新产品证书。目前，公司生产的产品已有 6 大类 30 多种。

9.4 煤矿深井建设技术国家工程实验室

煤矿深井建设技术国家工程实验室(以下简称“实验室”)是由国家发改委批准设立，由北京中煤矿山工程有限公司牵头建设，面向煤炭等矿井建设技术的综合性研究与实验平台。实验室成立于 2008 年，包括北京试验系统和淮北现场检测系统两部分，其中北京试验系统主要包括冻结法、注浆法、钻井法凿井技术和深部硐室群支持技术 4 个研发平台，建筑面积 7 706 m^2；淮北现场检测系统包括钻井法和冻结法 2 个现场工程检测平台。

实验室自主研制了冻结法凿井模拟试验系统、直线式及旋转式滚刀破岩试验系统、井壁结构试验系统、高压模拟注浆系统、止浆机具试验系统、井下避险试验系统等，配备了大量先进的试验装备，并拥有一批高素质、高水平的研究人员，为我国煤炭深井建设技术的发展搭建了高水平、开放式研究与交流平台，为深井建设工程共性、关键性、前瞻性问题及国家重大矿山建设工程技术问题的研究提供了可靠的试验手段，并成为行业高层次科技人才的培养基地。

实验室已形成以中国工程院院士洪伯潜为领军人物的创新团队，现有固定人员69名，流动研究人员9名，固定人员中具有高级职称36人，其中博士生导师10人，博士7人，博士后2人，其中3人获孙越崎青年科技奖。

过去6年中，实验室紧紧围绕建设目标和任务，开展复杂条件矿井建设技术研究，并结合承担的项目向深地资源开采、深部地下空间利用、水利、交通等领域拓展。近年来，实验室紧贴国家战略和市场需求，调整方向，优化整合资源，围绕复杂条件矿井建设及地下空间开发利用等领域开展关键核心技术攻关、重大装备研制、工程化实验验证，在解决深部资源开发和深部地下空间利用等工程技术难题方面成果显著。近6年，共参加国家纵向课题11项；编制各类标准19项，其中主持12项(含国家标准2项)；获得国家专利79项，其中发明专利50项；授权软件著作权21项；获省部级及以上科技奖励36项，其中一等奖10余项；发表论文408篇。

9.5 中煤第一建设有限公司

中煤第一建设有限公司作为中煤建设集团有限公司下属骨干企业，总资产54.9亿元，注册资本32.65亿元，拥有矿山工程施工总承包特级，机电工程施工总承包一级，地基基础、钢结构、建筑装修装饰工程专业承包一级，以及冻结打钻、石油化工、建筑工程、隧道工程、地质钻探等资质。公司主要业务涉及大中型矿山建设、煤炭生产、采掘运营、机电安装、打钻冻结、房屋建筑、装饰装修、桥涵桩基、钢结构、大型土石方及大中型废弃矿山治理工程。公司拥有各类装备2万多台套，机械化作业线近百条，拥有各类专业技术人员1 500多人，一级建造师、二级建造师、注册安全工程师等国家注册认证专业人才300多人。下属10处、31处、49处、特凿公司、机电安装处、山不拉煤矿、朔州分公司、内蒙古分公司、职工医院、邯郸物流分公司、邯郸物业管理公司等单位。

公司成立40多年来，始终坚持“建一项工程，树一块牌子，交一批朋友，赢一方市场”的施工宗旨，先后参加了全国20余个省(区)的矿井建设和生产运营服务，以安全、优质、高效的业绩赢得了业主赞誉。通过ISO 9002质量体系认证，获得质量、环境、职业安全健康整合型管理体系证书。先后荣获175项省部级优质工程奖、44项全国煤炭建设工程“太阳杯”、13项中国企业新纪录，承建的河北东庞、山西寺河、山东阳城和赵楼等矿井工程荣获国家优质工程银质奖，承建的河北东庞、安徽刘庄、内蒙古不连沟等矿井工程问鼎中国建筑工程鲁班金像奖。在土耳其国家硬煤公司卡拉洞新副井施工中，打破了土耳其煤炭建井月成井全国纪录，中华人民共和国驻土耳其大使馆发来贺电表示祝贺，为祖国争得了荣誉。在上海、广州、武汉等地施工的防水帷幕、旁通道等冻结工程，已成为地铁施工的安全保障。

公司先后荣获全国守合同重信用企业、首批中国工程建设社会信用AAA级企业、中国优秀企业、全国五一劳动奖状、全国建筑百强企业、全国优秀施工企业、全国精神文明建设工作先进单位、全国“安康杯”竞赛优胜企业、全国模范职工之家、河北省先进基层党组织、河北省AAA级和谐企业等荣誉称号。

公司致力于专业化、机械化、信息化和创新型企业建设，参与起草5项国家及行业标准，先后荣获5项国家科技进步二等奖、86项省部级科技进步奖、12项国家级工法、52项行业工法。“光爆锚喷技术”获煤炭工业科学技术进步特等奖，“702 m深井冻结关键技术研究”

获煤炭工业十大科技成果奖，“千米埋深矿井建设技术及应用”“超大直径深立井建井关键技术及成套装备”“冻结风化基岩段中深孔爆破快速施工工法”等多项成果获国家科技进步奖和国家级工法。公司山不拉煤矿连续三年荣获国家一级安全质量标准化矿井和国家安全高效矿井称号，2016 年获得“煤炭工业先进煤矿”称号，2017 年通过国家一级安全生产标准化煤矿验收，先后有 5 项科技成果获实用新型专利，“顶板预裂沿空留巷技术与设备研究及应用”“矿井煤泥充填技术”“预裂爆破成套技术与装备研发及应用”等多项成果获行业和省部级科技成果奖，是国内优质喷吹煤、化工煤、冶金煤生产基地。

9.6 中煤矿山建设集团有限责任公司

中煤矿山建设集团有限责任公司（以下简称“中煤矿建集团”）隶属于安徽省国资委，2007 年 8 月由中煤第三建设（集团）有限责任公司和中煤特殊凿井（集团）有限责任公司合并组建而成，是一家跨行业、多元化经营的大型施工企业集团，是国内乃至国际矿山建设行业的领军企业，综合实力连续 14 年位居我国煤矿建设行业榜首。

中煤矿建集团注册资本金 10 亿元，资产总额 300 多亿元，具有矿山工程、公路工程总承包特级资质，建筑、市政公用、公路、机电等施工总承包一级资质和多个专业承包一级资质，主要从事矿山基本建设、采煤采矿和建筑、机电、市政、公路、地铁、隧道等基础设施建设以及房地产、园林绿化等业务。

目前，中煤矿建集团拥有 16 家子分公司，从业人员 2 万多人，各类专业技术人员 3 500 余人，其中正高级职称 44 人、高级职称 470 人，一、二级注册建造师 1 100 多人，享受国务院特殊津贴 20 人。中煤矿建集团施工足迹遍布全国 20 多个省、市、自治区及东南亚、中亚、非洲、印度、土耳其等国家和地区，在建施工项目 300 多个，现有各类施工装备 9 700 台套，年施工能力 200 多亿元。先后参与 400 多对大中型矿井建设，掘进和盾构进尺每年 30 余万米，采煤采矿能力达到每年 1 200 万吨；房屋建筑面积每年 600 余万平方米；施工高等级公路、地铁、铁路 2 000 余千米；具有 20 多个 PPP 项目建设管理经验，建成了一大批市政、桥梁、隧道及城市地标建筑。荣获省部级以上优质工程奖 371 项，其中中国建筑工程鲁班奖 13 项、中国土木工程詹天佑奖 1 项、国家优质工程奖 6 项和中国煤炭行业工程质量最高奖“太阳杯”奖 126 项。

中煤矿建集团始终坚持“国内领先、国际一流、永续发展”的企业愿景，设有国家认定的企业技术中心、煤矿深井建设技术国家工程实验室和博士后科研工作站，创出 5 项世界施工纪录和 38 项中国施工纪录，荣获国家级科技奖励 21 项、省部级科技奖励 159 项、国家发明专利及实用新型专利 439 项、国家级工法 11 项、省部级工法 74 项，参与了 23 项国家和行业规范、标准的编制及修订。

中煤矿建集团秉持“上下求索、激情跨越”的企业精神，推动企业“安全、集约、和谐、可持续”发展，得到了社会各界的肯定，多次获全国优秀施工企业、全国守合同重信用单位、全国煤炭行业优秀企业、中国工程建设社会信用 AAA 级企业、中国工程建设诚信典型企业、全国建筑业科技进步与创新先进企业、中国建筑业竞争力百强企业、全国设备管理先进单位、全国五一劳动奖状、全国安康杯竞赛优胜企业等荣誉称号。

9.7　中煤第五建设有限公司

中煤第五建设有限公司成立于 1987 年 12 月，1997 年 5 月加入中煤建设集团。2003 年 7 月，从中煤建设集团剥离，成为中国中煤能源集团有限公司的全资子公司。拥有国家施工总承包特级资质和 AAA 级资信等级证书，商务部批准的对外经营权、对外派遣劳务资质和许可证书。公司立足煤炭、多业发展，在国内先后参与了多个大型煤炭基地的项目建设，在国外承建了摩洛哥杰拉达煤矿、土耳其库兹鲁煤矿、孟加拉国巴拉普库利亚煤矿等数项国际工程建设。

公司成立 30 多年来，完成煤矿和其他矿山立井和斜井 278 个，完成掘进进尺 900 多千米。具备同时施工 23 个立井井筒，10 个斜井井筒，20 个二、三期工程的施工能力。公司全面创新管理体制，精心培育王牌施工队伍，矿井建设技术、能力和水平处于行业领先地位。在立井施工方面，公司拥有“立井混合作业工法”和“立井机械化快速施工工法”两个国家级施工工法，采用“五大、二自动、一深、一集中”以及小型挖掘机和中心回转抓岩机有机配套使用等施工工艺和施工方法，创出了国内立井施工表土月成井 216.9 m 的最高纪录，基岩月成井 162.6 m 的较高水平，连续 8 个月成井超百米（综合月进 112 m）的全国稳产高产新纪录。在斜井和平巷施工方面，公司拥有斜井机械化快速施工国家一级工法，保持斜井井筒大断面单月掘砌进尺 309 m 的全国最高纪录。在安装工程施工方面，具有安装大型井架及井筒装备的能力，安装的顾桥煤矿主井井架（高 73.3 m，重 853 t），创同类立井井架安装高度和质量新纪录。在土建施工方面，滑模施工享有较高知名度，完成了甘肃华亭煤矿高度达 80 m 的亚洲最高、最大的混凝土井塔施工任务。在冻结施工方面，冻结技术、工艺处于全国领先水平，在河南赵固煤矿冻结施工中冻结深度达 628 m。

公司不断加强工程质量管理，1998 年在煤炭建设系统率先通过 ISO 9002：1994 质量体系认证后，2001 年又通过了 ISO 9001：2000 质量管理体系认证。2004 年建立了质量、环境和职业健康安全一体化管理体系，并顺利通过了认证。承建的山西寺河煤矿工程项目获得 2005 年度中国建筑工程最高奖——“鲁班奖”和 2006 年度国家优质工程银奖，十余项工程荣获“太阳杯”，数十项工程获全国煤炭行业优质工程称号。公司坚持“安全为天，生命至尊”的安全理念，健全、完善并认真执行各项安全管理制度，其中第三工程处实现安全生产 4 周年。

公司多次获得全国优秀施工企业、全国用户满意施工企业、全国质量效益型先进企业、中国煤炭工业优秀企业、全国思想政治工作优秀企业、江苏省文明单位标兵、江苏省知名建设承包商等荣誉称号。目前，公司正在按照集团公司打造矿建施工企业王牌军的要求，向国际矿建市场转型，向非煤矿山及地铁、隧道建设市场转型，向煤炭生产服务转型，以促进公司的稳定、可持续发展。

9.8　中国华冶科工集团有限公司

中国华冶科工集团有限公司（以下简称“中国华冶”）是世界 500 强大型企业集团——中国冶金科工集团有限公司旗下的全资子企业，公司总资产 90 亿元，注册资金 14.3 亿元，生产施工设备6 610台(套)。现有职工4 800人,其中,高级专业技术人员348人,中级专业技术人员642人,注册建造师287人,注册工程师138人。公司总部坐落于北京经济技术开发区,在北京、天津、河北、重庆、山东、辽宁、安徽、西藏、青海以及海外等地设有分支机构。

中国华冶以工程总承包、矿业开发及相关服务为主业,主要从事矿山建设及生产、矿产资源开发、大型房屋建筑、公用场馆建设、冶金工程建设、市政公用建设、火力发电厂建设等业务。公司具有建筑工程、矿山工程施工总承包双特级资质;冶金工程、市政公用工程、机电工程施工总承包一级资质;电力工程、公路工程、铁路工程施工总承包三级资质;隧道工程、钢结构工程专业承包一级资质。公司通过了质量、环境、职业健康安全管理体系认证,是北京市高新技术企业,连续多年被评为"AAA级信用企业""重合同守信用企业",多次荣获"全国优秀施工企业""全国建筑安全生产先进集体""全国最佳形象企业""全国企业文化建设优秀单位""全国质量信得过单位"等荣誉称号。

公司技术创新成果显著,"1 500 m深大直径竖井安全高效施工关键技术研究"等科技成果达到国际领先水平,"无底柱分段崩落法采场出矿贫化过程控制的研究与应用"等科技成果达到国内领先水平,"竖井施工地表预注浆技术"等科技成果达到国内先进水平。主编和参编《冶金矿山井巷工程施工质量验收规范》等多项国家、行业标准规范。

公司在矿山、冶金、房建、电力、市政及路桥等领域创出了一大批国家级、省部级优质工程。其中,安徽金安矿业有限公司草楼铁矿工程、山西太旧高速公路北茹隧道工程获国家"鲁班奖";武钢500万吨球团工程创大型球团施工规模最大、工期最短的世界纪录;邯钢薄板坯连铸连轧、邯钢二冷轧、邯钢热轧、天钢烧结等工程获"国家优质工程奖";总面积14万平方米的大连星海世界博览广场工程,深受大连市政府的赞誉;大连体育馆项目,采用弦支穹顶索支结构,跨度145.4 m,预应力施工技术世界领先,工程荣获"国家优质工程奖";宁夏吴忠体育会展中心工程荣获"中国钢结构金奖";山西运城恒光·五洲观澜工程被中国建筑业协会授予"全国建筑业绿色建造暨绿色施工示范工程";本溪龙新矿业思山岭SJ1号竖井工程,创国内第一条完工的超过千米深度、超大直径的"双超"工程新纪录,成功打造了超深竖井施工品牌。创造并保持了冶金矿山平巷独头月掘进1 403.6 m的世界纪录、斜坡道工程月成巷245 m的全国纪录、竖井施工月成井205.6 m的中国企业新纪录等多项施工纪录。

公司成立45年来,秉承"诚信社会为本,客户满意为荣"的经营理念,愿与国内外各界精诚合作,共谋发展,共铸辉煌!

9.9 金诚信矿业管理股份有限公司

金诚信矿业管理股份有限公司(以下简称"金诚信股份")是一家集有色金属矿山、黑色金属矿山和化工矿山工程建设、矿山运营管理、矿山设计与技术研发等业务为一体的专业性管理服务企业,是行业内专注度最高的矿山开发服务企业之一。近年来,公司在采矿运营管理和矿山建设业务方面发展迅速,成就显著。

公司拥有矿山工程施工总承包一级资质和对外承包工程资格,全资子公司金诚信矿山工程设计院有限公司拥有冶金矿山工程专业设计甲级资质。公司是国内矿山行业最早通过质量、环境、职业健康安全管理体系认证的企业之一。金诚信股份于2015年6月30日在上海证券交易所主板挂牌上市，股票简称金诚信，股票代码603979。

金诚信股份注册资本金为5.83亿元，在境内外设有29家子公司、4家分公司及1家省级研发中心。公司拥有一支高素质、高水平的专业技术、管理人才队伍，现有中外籍员工约6 000余人，其中硕士及以上学历150余人，高级及以上职称人员100余人。

近年来，公司的机械装备实力有了大幅提升，目前拥有各类先进设备600余台套。除世界上处于技术领先地位的大孔台车、天井钻机等专业设备外，还有数量众多的掘进台车、中深孔台车、铲运机、提升机、大型卡车、服务车、锚杆锚索台车、喷浆台车等先进装备。公司与挪曼尔特合资在中国内地生产的地下矿山多功能服务车，处于世界领先水平。

金诚信股份现在境内外承担30多项大型矿山工程建设和采矿运营管理项目，其中百万吨级以上的采矿项目12项；竖井最深达1 526 m，斜坡道最长达8 008 m，目前均处于国内前列。同时，公司承接了国内最大的地下矿山——普朗铜矿的采掘工程，以自然崩落法年采矿1 250万吨的规模，雄踞全国首位。

历年来，金诚信股份荣获全国五一劳动奖状、全国创先争优先进基层党组织、中国建设工程鲁班奖、全国工程建设质量管理优秀企业、中国矿山采掘行业最佳自主创新企业、重合同守信用企业、中国有色金属建筑业优秀企业等100多项荣誉称号。“金诚信”商标被认定为北京市著名商标。

继往开来，已经吹响二次创业号角的金诚信股份正站在新的历史起点上，向着成为世界一流矿山企业的宏伟目标迈进。在习近平新时代中国特色社会主义思想的指引下，公司积极响应国家“一带一路”倡议，围绕国内国外“两个市场”的拓展开发，通过在矿山工程建设和采矿运营服务、设备制造、科技研发、资源开发、矿山产品与设备贸易“五大板块”上的全面布局来打造矿山建设的全产业链，做大做强企业，致力为民族矿山事业的发展做出持续的贡献。

9.10 铜陵有色金属集团铜冠矿山建设股份有限公司

铜陵有色金属集团铜冠矿山建设股份有限公司（以下简称“公司”）具有矿山工程施工总承包一级资质和国际工程承包经营资格，国家高新技术企业。公司主要为国内外非煤矿山提供矿山工程建设、采矿运营管理和矿山工程技术服务。

公司成立于1962年5月26日。2001年6月，根据原建设部关于建筑业企业资质管理规定，工商注册为企业法人，由“铜陵有色金属（集团）公司井巷公司”更名为“铜陵中都矿山建设公司”。2008年7月，根据安徽省省政府有关企业改革改制的文件精神，改制并更名为“铜陵中都矿山建设有限责任公司”。2013年5月，根据安徽省国资委批复精神，改制并更名为“铜陵有色金属集团铜冠矿山建设股份有限公司”。

公司在超深竖井施工、矿山大规模安全高效开采、大型硐室掘砌工程无轨化快速施工、矿山水害综合防治、矿山机电安装等领域形成多项国际先进、国内领先的核心施工技术，拥有省部级科技进步奖2项、专利46项，参编5项国家标准，取得58项省部级工法，开发116项企业级工法，获得多项国家、省部级优质工程。

近年来，公司坚持实施“走出去”战略，积极践行“一带一路”倡议，施工足迹遍布国内20多个省（自治区）和刚果（金）、赞比亚、津巴布韦、土耳其、哈萨克斯坦、蒙古、厄瓜多尔等国家，并在国内外市场塑造了铜冠矿建品牌形象。先后荣获全国优秀施工企业、全国建筑业先进单位、全国守合同重信用企业、全国建筑业 AAA 级信用企业、全国安康杯优胜单位、安徽省文明单位、安徽省政府质量奖提名奖、安徽省劳动保障诚信示范企业、安徽省卓越绩效奖、铜陵市市长质量奖等称号。

在新的发展征程上，公司将秉承“创造成就未来”的核心价值观，坚持国内外两个市场同步发展，精心培育八大项目基地，追求卓越品质，服务全球矿业，打造“设计、施工、运营”全产业链竞争优势，绿色施工，生态开采，为客户创造价值，致力成为全球卓越的矿业工程服务商。

参考文献

[1] 毕孔耜,马玉龙.地下工程施工新技术论文集[M].北京:煤炭工业出版社,1998.
[2] 毕孔耜,赵洪波,马玉龙.地面与地下建设新技术论文集[M].北京:煤炭工业出版社,1997.
[3] 陈明和,王建平,周兴旺,等.矿山建设工程新进展:2005全国矿山建设学术会议文集[M].徐州:中国矿业大学出版社,2005.
[4] 陈明和.地层冻结工程技术和应用[M].北京:煤炭工业出版社,2005.
[5] 陈文豹,田培,李功洲,等.混凝土外加剂及其在工程中的应用[M].北京:煤炭工业出版社,1998.
[6] 陈文豹,李功洲,张永成,等.永夏矿区总体规划与矿井设计改革[M].北京:煤炭工业出版社,2002.
[7] 陈文豹,汤志斌.冻结法施工:煤矿建设施工经验选编[M].北京:煤炭工业出版社,1993.
[8] 陈湘生,等.煤矿建设科研40年:纪念煤炭科学研究总院北京建井研究所建所40周年论文集[M].北京:煤炭工业出版社,1997.
[9] 崔云龙.简明建井工程手册[M].北京:煤炭工业出版社,2003.
[10] 崔云龙.矿井施工准备期工作指南[M].北京:煤炭工业出版社,1998.
[11] 崔云龙.矿山建设与岩土工程的理论与实践[M].徐州:中国矿业大学出版社,1998.
[12] 范铁锤,陈文豹,李功州,等.梁北矿立井快速施工与管理[M].北京:煤炭工业出版社,2001.
[13]《井巷施工五十项经验》编委会.井巷施工五十项经验[M].北京:煤炭工业出版社,1997.
[14] 雷元培,刘中岭.第一届全国采矿学术会议召开[J].煤炭工程,1984,16(1):2-4.
[15] 李明楼,崔喜旺.程潮铁矿主井机械化配套快速施工技术[J].煤炭科学技术,2007,35(5):58-62.
[16] 刘志强,洪伯潜.改革开放30年煤矿井筒建设技术及装备发展[J].建井技术,2011,32(2):4-7.
[17] 龙志阳,等.立井井筒施工技术[M].北京:煤炭工业出版社,1999.
[18] 龙志阳,桂良玉.千米深井凿井技术研究[J].建井技术,2011,32(1):15-20.
[19] 龙志阳,陆伦.立井快速施工技术的发展与应用[J].煤炭科学技术,1999,27(3):35-38.
[20] 龙志阳.立井短段掘砌混合作业法及其配套施工设备[J].建井技术,1998,19(3):1.
[21] 龙志阳.立井井筒利用永久设备掘砌安一次成井[J].建井技术,1989(1):12-15.
[22] 龙志阳.中国煤矿井巷施工技术现状[J].中国煤炭,2001,27(1):13-17.

[23] 路耀华，崔增祁. 中国煤矿建井技术[M]. 徐州：中国矿业大学出版社，1995.
[24] 煤炭科学研究总院北京建井研究所. 矿井建设现代技术理论与实践[M]. 北京：煤炭工业出版社，2005.
[25] 山东兖州矿务局. 兖州矿区建设施工技术[M]. 北京：煤炭工业出版社，1992.
[26] 宋群. 中国金属学会第二次矿建学术会议[J]. 金属矿山，1989(12)：45.
[27] 王林超，赵裕国. 爆破工[M]. 北京：煤炭工业出版社，1995.
[28] 王长生，苏立凡，张文. 地层冻结工程技术和应用：中国地层冻结工程 40 年论文集[M]. 北京：煤炭工业出版社，1995.
[29] 翁家杰. 地下工程[M]. 徐州：中国矿业大学出版社，1995.
[30] 杨春来. 煤矿建井与巷道支护技术新发展[R]. 北京：建井研究院，1998.
[31] 余纪生. 绞车操作工[M]. 北京：煤炭工业出版社，1998.
[32] 张荣立，何国纬，李铎. 采矿工程设计手册[M]. 北京：煤炭工业出版社，2003.
[33] 张胜利. 煤炭建设工法汇编：2000—2008[M]. 北京：煤炭工业出版社，2011.
[34] 张胜利. 煤炭建设工法汇编：2009—2010[M]. 北京：煤炭工业出版社，2013.
[35] 张世芳，李功洲，陈文豹，等. 永夏矿区深厚冲积层特殊凿井技术[M]. 北京：煤炭工业出版社，2003.
[36] 张永成，孙杰，王安山. 钻井技术[M]. 北京：煤炭工业出版社，2008.
[37] 张永成. 注浆技术[M]. 北京：煤炭工业出版社，2012.
[38] 张永成. 钻井施工手册[M]. 北京：煤炭工业出版社，2010.
[39] 赵明祥，龙志阳，杨永军. 千米立井井筒与井塔平行施工技术[J]. 建井技术，2014，35(1)：22-27.
[40] 郑传义. 信号把钩工[M]. 北京：煤炭工业出版社，1995.
[41] 中国煤炭建设协会. 中国煤炭建设年鉴：2006—2010[M]. 北京：煤炭工业出版社，2013.
[42] 中国煤炭学会矿井建设专业委员会，煤炭科学研究总院北京建井研究所. 注浆堵水加固技术及其应用：中国注浆技术 43 年论文集[M]. 北京：煤炭工业出版社，1998.
[43]《中国煤炭志》编纂委员会. 中国煤炭志：河南卷[M]. 北京：煤炭工业出版社，1997.
[44]《中国煤炭志》编纂委员会. 中国煤炭志：黑龙江卷[M]. 北京：煤炭工业出版社，1995.
[45]《中国煤炭志》编纂委员会. 中国煤炭志：辽宁卷[M]. 北京：煤炭工业出版社，1996.
[46]《中国煤炭志》编纂委员会. 中国煤炭志：内蒙古卷[M]. 北京：煤炭工业出版社，1999.
[47]《中国煤炭志》编纂委员会. 中国煤炭志：宁夏卷[M]. 北京：煤炭工业出版社，1997.
[48]《中国煤炭志》编纂委员会. 中国煤炭志：山西卷[M]. 北京：煤炭工业出版社，1997.
[49]《中国煤炭志》编纂委员会. 中国煤炭志：陕西卷[MJ. 北京：煤炭工业出版社，1997.
[50]《中国煤炭志》编纂委员会. 中国煤炭志：新疆卷[M]. 北京：煤炭工业出版社，1997.
[51]《中国煤炭志》编纂委员会. 中国煤炭志：云南卷[M]. 北京：煤炭工业出版社，1997.
[52]《中国煤炭志》编纂委员会. 中国煤炭志：综合卷[M]. 北京：煤炭工业出版社，1999.
[53] 周兴旺，程桦，张伟林，等. 矿山建设工程技术新进展：2009 全国矿山建设学术会议文集[M]. 合肥：合肥工业大学出版社，2009.
[54] 周兴旺，程桦，郑高升，等. 矿山建设工程技术新进展：2008 全国矿山建设学术会议文

集[M].合肥:合肥工业大学出版社,2008.
[55] 周兴旺,等.矿山建设工程新进展:2006 全国矿山建设学术会议文集[M].徐州:中国矿业大学出版社,2006.
[56] 周兴旺,邓文芳,黄德发.矿山建设学术会议论文选集[M].徐州:中国矿业大学出版社,2002.
[57] 周兴旺,李明远.全国矿山建设学术会议论文选集[M].徐州:中国矿业大学出版社,2004.
[58] 周兴旺,王建平,周国庆,等.矿山建设工程技术新进展:2013 年全国矿山建设学术会议论文集[M].徐州:中国矿业大学出版社,2013.
[59] 周兴旺,曾宪桃,余永强.矿山建设工程新进展:2007 全国矿山建设学术会议文集[M].西安:地图出版社,2007.
[60] 周兴旺,张向东.全国矿山建设学术会论文集[M].徐州:中国矿业大学出版社,2003.
[61] 周兴旺.我国特殊凿井技术的发展与展望[J].煤炭科学技术,2007,35(10):10-17.
[62] 周兴旺.注浆施工手册[M].北京:煤炭工业出版社,2014.